Deutschland und der Treibhauseffekt

Kay Golze

Deutschland und der Treibhauseffekt

Gesellschaftsphänomene und Perspektiven einer Energietransformation

Kay Golze
Berlin, Deutschland

ISBN 978-3-658-41432-0   ISBN 978-3-658-41433-7 (eBook)
https://doi.org/10.1007/978-3-658-41433-7

Die Deutsche Nationalbibliothek verzeichnet diese Publikation in der Deutschen Nationalbibliografie; detaillierte bibliografische Daten sind im Internet über https://portal.dnb.de abrufbar.

© Der/die Herausgeber bzw. der/die Autor(en), exklusiv lizenziert an Springer Fachmedien Wiesbaden GmbH, ein Teil von Springer Nature 2024

Das Werk einschließlich aller seiner Teile ist urheberrechtlich geschützt. Jede Verwertung, die nicht ausdrücklich vom Urheberrechtsgesetz zugelassen ist, bedarf der vorherigen Zustimmung des Verlags. Das gilt insbesondere für Vervielfältigungen, Bearbeitungen, Übersetzungen, Mikroverfilmungen und die Einspeicherung und Verarbeitung in elektronischen Systemen.
Die Wiedergabe von allgemein beschreibenden Bezeichnungen, Marken, Unternehmensnamen etc. in diesem Werk bedeutet nicht, dass diese frei durch jedermann benutzt werden dürfen. Die Berechtigung zur Benutzung unterliegt, auch ohne gesonderten Hinweis hierzu, den Regeln des Markenrechts. Die Rechte des jeweiligen Zeicheninhabers sind zu beachten.
Der Verlag, die Autoren und die Herausgeber gehen davon aus, dass die Angaben und Informationen in diesem Werk zum Zeitpunkt der Veröffentlichung vollständig und korrekt sind. Weder der Verlag noch die Autoren oder die Herausgeber übernehmen, ausdrücklich oder implizit, Gewähr für den Inhalt des Werkes, etwaige Fehler oder Äußerungen. Der Verlag bleibt im Hinblick auf geografische Zuordnungen und Gebietsbezeichnungen in veröffentlichten Karten und Institutionsadressen neutral.

Springer ist ein Imprint der eingetragenen Gesellschaft Springer Fachmedien Wiesbaden GmbH und ist ein Teil von Springer Nature.
Die Anschrift der Gesellschaft ist: Abraham-Lincoln-Str. 46, 65189 Wiesbaden, Germany

Geleitwort

Zunächst ein besonders herzlicher DANK an den Autor Kay Golze für dieses richtungsweisende Werk!

„Energiewende" war und ist schon seit Jahren ein Schlagwort, das dann weltweit immer stärker in das Bewusstsein aller Menschen auf unserem Globus eingesickert ist – inzwischen kann und muss jede/r wissen, dass schon in einigen Jahren die Klimaveränderungen nicht mehr umkehrbar sein werden mit der Konsequenz von immer mehr Taifunen, Überschwemmungen, Dürren, Ausbreitung von Wüsten als alltägliche Begleiterscheinungen unseres Wetters – mit furchtbaren Folgen für alle Menschen.

Durch das Missmanagement in einigen Ländern (z. B. jahrelange Genehmigungsverfahren durch unvorstellbare Bürokratie, teure Stromproduktion ohne Stromleitungen, übermäßige Abhängigkeiten von wichtigen Erzeugerländern) ist die Energiewende inzwischen meist ersetzt worden durch die „Energiekrise".

Die Meisterung dieses Bereichs „Energie" durch innovative, zukunftsweisende und praktikable Lösungen wird für die weitere Struktur von Wirtschaft und Gesellschaft in vielen Ländern entscheidend sein und damit für unser aller Existenz.

Umso wichtiger ist es gerade jetzt, sich mit ALLEN Alternativen zur Energiegewinnung zu beschäftigen, um wirklich eine dauerhafte, zuverlässige und bezahlbare Lösung zu finden.

Deshalb war und ist ein Werk wie dieses Buch von Kay Golze so wichtig wie nie, in dem ohne Scheu und ohne politische Vorbehalte der Energiebereich so umfassend beschrieben und kommentiert wird, dass nicht nur die Politik endlich die notwendigen Umsetzungsmaßnahmen treffen kann, aber auch der betroffene Bürger die Zusammenhänge und die Maßnahmen für die Zukunft verstehen und nachvollziehen kann.

Volker Schlegel, Botschafter, Staatsrat a.D.

Vorwort

Der neue Tag drängt sich in mein Schlafzimmer. Durch die Ritzen meiner Fensterläden pressen sich dünne Streifen von hellen Sonnenstrahlen in den vom Schlaf warmen Raum. Es ist Dienstag, der 25. August 2021. Schlaftrunken suche ich nach dem Schalter am Wecker, um diese nervtötende Werbung vor den Nachrichten verstummen zu lassen.

So oder ähnlich könnte der Anfang meines Buches lauten. Aber es wird doch eher ein Sachbuch, in dem ich die heutigen Entwicklungen zum Klimawandel vor dem Hintergrund von globalen Klimazielen, internationalen Klimaabkommen, sich engagierender und organisierender junger Menschen und dem realen globalen Klimawandel beleuchten werde. Ich versuche eine Bilanz einer Entwicklung der letzten 30 Jahre zu ziehen, in denen sich das Bewusstsein zum Thema Klima und Klimawandel dramatisch in der öffentlichen Wahrnehmung geändert hat. Ich ziehe aber auch eine Bilanz der Maßnahmen, die in diesem Zeitraum ergriffen wurden, und *versuche zu verstehen*, welchen Ursprung, welche Intentionen diese Maßnahmen hatten und haben. Ich möchte mit diesem Buch versuchen, nicht nur die üblichen Kritiken oder Beschreibungen zu dem einen oder anderen Aspekt zum Thema Klimawandel und Energiewende zu liefern, sondern eine Linie entwickeln, an der die *Mechanismen dieser Entwicklung* deutlich werden. Diese Entwicklungslinie wird ergänzend durch eine Bilanz der bisherigen Entwicklungen über einen Zeitraum von ca. 30 Jahren unterstützt. Als kritischer Beobachter unserer Zeit und als Mitglied „der Fraktion der Pragmatiker" (Betitelung durch verschiedene Gesprächspartner im Verlauf meiner Tätigkeit) interessieren mich vor allem die Zusammenhänge verschiedener Abläufe, also die Mechanik der „Uhr" und nicht die „Uhrzeit". Auf diesem Exkurs ist aus meiner Sicht eine *politische Neutralität* besonders wichtig, die trotz aller kritischer Betrachtungen die Grundlage aller Überlegungen ist. Aus dieser Sicht lassen sich in der Regel realistische Maßnahmen finden, die bei anderen Sichtweisen übersehen werden. Diese Grundhaltung möchte ich als eine Leitplanke für alle hier entwickelten Analyseergebnisse, Thesen, Bemerkungen und Hinweise verankern.

Eine weitere Leitplanke für mein Buch ist die Einnahme *unterschiedlicher Perspektiven* auf das hier in das Zentrum gestellte Thema. Nur mit dieser Leitplanke kann ich Hintergründe in der gesellschaftlichen Entwicklung über die letzten 30 Jahre verstehen, indem ich sie von mehreren Sichtwinkeln betrachte. Das Thema Klimawandel ist ein sehr menschliches Thema, das wir in unserer heutigen, modernen Zeit gesellschaftlich aufgegriffen haben und als Volk im globalen Reigen der Völker nutzen, nach innen und nach außen. Insofern ist nicht nur der heutige Klimawandel die Folge unserer menschlichen Aktivitäten, sondern auch seine Thematisierung und Nutzung. In der gesamten Menschheit gab es keine Zeit, in der über die klimatischen Zusammenhänge so völkerübergreifend debattiert wurde, wie in unserer heutigen Zeit. Die soziologische oder ökonomische Thematisierung des Klimawandels nimmt seit einigen Jahren Fahrt auf. Jedoch wird das Thema durch die Klimawissenschaften dominiert, die uns immer wieder die Folgen der klimatischen Änderungen vor Augen führen.

Bei den Arbeiten zu diesem Buch ist mir aufgefallen, dass es auch andere globale Themen gibt, die eine ähnliche Brisanz wie der Klimawandel haben (globales Artensterben; gigantische Plastifizierung/Vermüllung unserer Weltmeere, Strände und Landmassen; überdimensionaler globaler Ressourcenverbrauch von natürlichen Bodenschätzen [Kohle, Öl, zahlreiche Erze und Edelmetalle, seltene Erden, Sand, Land, etc.]), die jedoch nicht die öffentliche Aufmerksamkeit erhalten wie eben dieser Klimawandel. Mit der globalen gesellschaftlichen Schwerpunktsetzung dieses Themas, vor allem in den Industriegesellschaften, haben sich Zukunftsängste und daraus abgeleitete Sichtweisen entwickelt und es wurden vor allem in Deutschland zahlreiche Maßnahmen gegen den Klimawandel in Gang gesetzt. Dabei werden fast alle Handlungen unter einen durch die Klimawissenschaft angetriebenen, öffentlichen Zeitdruck gestellt, so, als wenn man sich vor einem Wetterphänomen - plötzlicher Hagelschauer, Wettersturz, Regenschauer - in Sicherheit bringen könnte oder wollte.

Das Thema Klimawandel ist Teil unseres „Zeitgeistes" geworden oder möglicherweise hat auch der Zeitgeist das Thema Klimawandel gefördert, weil er die Entwicklungsrichtung unserer eigenen Gesellschaft und die aller anderen Völker zunehmend bestimmt. Dabei ist der Zeitgeist ein eher lokal und für einen Kulturraum begrenztes Phänomen, das sich zum gleichen Zeitpunkt in unterschiedlichen Völkern sehr unterschiedlich ausprägt. Zudem kann sich der Zeitgeist sehr schnell in Abhängigkeit anderer Ereignisse ändern (z. B. Krieg in der Ukraine Anfang 2022). Durch die global vernetzten Ökonomien und ihren Gesellschaften entwickeln sich diese durch das Thema Klimawandel aufgebrachten Phänomene, wie klimatische Kipppunkte, Phänomene zu Flüchtlingsbewegungen, Wetterphänomene, die als Klimaauswirkungen wahrgenommen werden, etc., sehr schnell zu ganz unterschiedlichen positiven und negativen Auswirkungen bzw. Rückkopplungseffekten hinein in die Völker selbst (siehe zusätzlich Kapitel 2 „Zwischen Baum und Borke: Ökonomisches Desaster oder Klimaerwärmung?" und/oder Kapitel 4 „Gesellschaftsphänomen Klimawandel und die Sicherheitspolitik"), auch wenn mit der historisch entwickelten Themensetzung eine gute Absicht verbunden ist. Zusätzlich zu diesen nationenspezifischen Rückkopplungen entstehen in den unterschiedlichen Kulturen unterschiedliche Wahrnehmungen des Zeitgeistthemas Klimawandel, seine national sehr unterschiedliche Wertung sowie sich daraus ergebende Interpretationen und Handlungen (u. a. dass bei einigen Völker keine oder nur wenige nationale Maßnahmen zum Ausstieg aus der fossilen Energienutzung/Energieexporten vorangetrieben werden). In seiner Summe entsteht daraus seit Jahrzehnten das nicht triviale Ergebnis eines sich weiter global verändernden Klimas mit langfristig mächtigen und deshalb in verschiedenen Nationalstaaten unterschätzten, zukünftigen Konsequenzen.

Um an der Realität orientierte Lösungen finden zu können, begebe ich mich in diesem Buch auf die Suche nach den tatsächlichen, realen Ursachen des Themas Klimawandel, seinen Konsequenzen und daraus abgeleitet möglichst realistischen Lösungen. Dazu versuche ich einen etwas anderen Blickwinkel auf das Thema einzunehmen.

Ich fand selbst die Ergebnisse aus meinen zahlreichen Recherchen sehr spannend und teilweise vollkommen überraschend. Im Verlauf zu den Arbeiten zu diesem Buch interessierte mich immer mehr die Frage, warum ein seit Beginn der Erdgeschichte natürlicher Vorgang, wie der Klimawandel, der mit Blick auf die Menschheitsgeschichte erst seit Kurzem in den heutigen modernen Gesellschaften (ca. 100 Jahre) erkannt und bekannt geworden ist, eine heute so gewaltige gesellschaftliche und politische Bedeutung erlangt hat. Natürlich sind mir alle offiziellen Argumente dazu bekannt, nur ist das wirklich so? Kann das nur damit begründet werden, dass unsere Spezies für den Klimawandel heute die Verantwortung übernommen hat? Und was bedeutet es, wenn unsere global agierenden Gesellschaften die Verantwortung über die Auslösung/Verstärkung eines natürlichen Vorgangs übernehmen? Dem Einstieg in diese Frage möchte ich das erste Kapitel widmen. Mich interessiert aber auch die Frage, wie das alles zusammenpasst, wobei ich vermute, dass im Rahmen einer ersten Bilanz über die letzten 30 Jahre zur Eingrenzung unserer Klimagasemissionen technische Lösungen alleine nicht ausreichen werden.

Deshalb werde ich im ersten Kapitel etwas tiefer in die Entstehung von *gesellschaftlichen Rückkopplungen* mit den *natürlichen Ressourcen* einsteigen. Wir werden uns die Mechanismen in der Entwicklung eines kleinen Volkes auf der Osterinsel beispielhaft ansehen, um daraus verschiedene *Prinzipien* ableiten zu können, die auch für uns heute die „Zahnräder" der modernen Gesellschaft darstellen, wobei zu diesen historischen „Zahnrädern" im Verlauf unserer eigenen Entwicklungsgeschichte weitere hinzugekommen sind. Um im Bild zu bleiben, hat sich die Mechanik der „Uhr" etwas weiter entwickelt und ist damit komplexer als in der historischen Rückschau auf ein isolierte Kultur. Daraus möchte ich eine Art Basislinie oder roten Faden herleiten, der auch entlang der heutigen Entwicklungen beobachtet werden kann. Im ersten Kapitel können die Auswirkungen eines gesellschaftlichen „Zeitgeistes" bzw. eines in einer Kultur entstandenen gesellschaftlichen Kontextes auf sich verändernde natürliche Ressourcen erkannt werden, in dem die Handlungen des damals isolierten Volkes auf der Osterinsel (endemische Gesellschaft) stattfanden und heute die gleichen Fragen aufwerfen, wie sie damals hätten gestellt werden können. Ich möchte an dieser Stelle zusätzlich darauf hinweisen, dass mir die unterschiedlichen Interpretationen aus der Wissenschaft über die Gründe der Entwicklung der Kultur auf der Osterinsel bekannt sind. Dabei nehme ich nicht die Position eines Diskutanten ein, sondern die Position eines Beobachters, der eine Forschungslinie hier aufgreift.

Anschließend werde ich die deutsche Klimaentwicklung in den Fokus meiner Betrachtungen setzen und den Versuch einer Bilanz sowie vernetzter Perspektiven entwickeln, die auch unsere nationalen Vorstellungen über eine energetische Transformation integriert. Klima ist global, sodass rein national fokussierte Aktivitäten in vielerlei Hinsicht höhere Risiken in sich bergen, auf die ich später noch genauer eingehen werde. Wir befinden uns am Anfang einer fundamentalen gesellschaftlichen und politischen Entwicklung, in Deutschland, den einzelnen europäischen Ländern wie auch auf der internationalen Ebene. Diese globale und damit gigantische Entwicklung besser einordnen zu können, den Blick nicht nur auf das CO_2-Gas, allerlei Ausstiegsszenarien oder mögliche Technologien zur Dekarbonisierung zu richten, sondern die Entwicklung vor dem Hintergrund der gesellschaftlichen Verzahnung mit zahlreichen Lebensbereichen und einem gesellschaftlichen Zeitgeist zu verstehen, wird meinen Leitfaden bilden!

Das Buch wird die Klimaziele, die durch die Politik in Europa und Deutschland vorgegeben werden, als Anker unseres Exkurses aufnehmen. Die damit einhergehenden Auswirkungen und Folgen dieser politisch getriebenen Fokussierung, die jeden einzelnen Menschen bereits heute und in Zukunft direkt betreffen, werde ich genauer hinterfragen, genauso wie die Transformationsleistung in eine CO_2-freie oder -neutrale Gesellschaft abschätzen, die wir in den nächsten Jahren und Jahrzehnten aus heutiger Sicht aufbringen werden. In der Entwicklungszeit des Buches hat sich herausgestellt, dass sich der Kern des Themas Klimawandel und seine Bewältigung in einem Gleichnis bzw. in einer zentralen Metapher brennglasähnlich konzentrieren lässt: „Wann wurde der letzten Baum gefällt?" Ich werde diese Metapher aus diesem Grund noch häufiger verwenden. Im ersten Kapitel werde ich genau aufzeigen, was darunter zu verstehen ist.

Bisher sind nur Facetten oder Einzelthemen wie u. a. der Atomausstieg, Kohleausstieg, Netzausbau, Breitbandausbau, Digitalisierung, Entwicklung der künstlichen Intelligenz oder Elektromobilität und weitere Themen in der öffentlichen Debatte zu finden. Diese und viele weitere Themen werden sehr häufig direkt oder indirekt mit dem Klimawandel in Verbindung gebracht. Warnende Stimmen, dass sich die deutsche Gesellschaft mit den für eine gesellschaftliche Entwicklung kurzen Zeiträumen von zehn bis 20 Jahren für einen vollständigen Umbau einer Gesellschaft und ihrer Versorgungsökonomie übernehmen könnte, sind nicht oder sehr selten zu hören oder nur in ganz kleinen unbedeutenden Zirkeln zu finden. Wir sind am Anfang eines epochalen Gesellschaftsexperiments, für das keiner einen Plan, eine Strategie oder eine Zukunftsvision entwickelt hat, für das jedoch Überzeugungen, Ideologien und viele Ideen vorhanden sind. Der Zeitgeist bestimmt das öffentliche Interesse und die radikalen Ziele.

Der diffuse Anspruch eines Klimaziels bildet unsere europäische und deutsche gesellschaftliche Zielmarke. Das ist jedoch für einen epochalen, bewussten und aktiv betriebenen gesellschaftlichen Umbau viel zu vage und viel zu wenig.

Der beschleunigte und sich in disruptiven Strategien entwickelnde Umbau der deutschen Gesellschaft ist mit der Wahl einer neuen Regierung Ende des Jahres 2021 in Gang gekommen. Ein realistischer Transformationsplan, eine Vision oder ein Gesamtkonzept, wie unsere Gesellschaft sich zukünftig im Reigen der anderen Staaten in Europa und außerhalb von Europa aufstellen sollte, jenseits von CO_2-Zielen und im Kontext der globalen gesellschaftlichen Verschiebungen, ist nicht auszumachen. Mit dem Beginn des russisch-ukrainischen Kriegs Anfang März 2022 verschieben sich zusätzlich die öffentlichen und politischen Prioritäten und neue Realitäten werden sichtbar. Die neue Regierung erbt von ihrer Vorgängerin eine unscharfe, diffuse Hinterlassenschaft. Eine breite gesellschaftliche Diskussion, wo wir als Gesellschaft hinwollen, im Zusammenwirken der epochalen Herausforderungen des Klimawandels, des Artensterbens, der außerordentlichen, globalen Umweltverschmutzung, der gigantischen globalen Ausbeute natürlicher Ressourcen (u. a. Sandknappheit!), der in der Menschheitsgeschichte einmaligen Dimension in der Transformation von natürlichen Ressourcen in Kapital und seiner Akkumulation sowie den daraus folgenden soziologischen Folgen auf allen Ebenen der Gesellschaft oder wohin wir als Gesellschaft uns überhaupt entwickeln können, ist vollkommen unklar und damit auch ein gesellschaftlich unspezifischer Angstfaktor über die Zukunft jedes Einzelnen (siehe Kapitel 9.4 „Klimawandel, gesellschaftliche Stimmung und Zukunftsangst").

Die nächsten Kapitel möchte ich aus Sicht der „German Energiewende" als international bekannten Begriff und anerkanntes globales, strategisches Konzept zur Bekämpfung des Klimawandels etwas näher betrachten und so in den folgenden Kapiteln auf den globalisierten Ansatz überleiten, der für die Bekämpfung des globalen Klimawandels und der Deponierung von Klimagasen in der Atmosphäre eigentlich notwendig ist. In den folgenden Kapiteln entstehen neue Fragestellungen, die außerhalb des bisherigen Fokus der Diskussionen liegen. In den späteren Kapiteln werde ich auf die Frage der Strategie und ihre Bedeutung in der Klimapolitik genauer eingehen. Denn erst ein globales Handeln von möglichst vielen Völkern wird eine reale messbare Reduktion bei der Verschmutzung unserer Atmosphäre bewirken. Deshalb ist in Friedenszeiten die Diplomatie auf globaler Ebene der Schlüssel, den Klimawandel zu beeinflussen.

Eine fundamentale Frage zu all den großen Themen wie Klimawandel, Verschiebung von Wasserverfügbarkeiten und Nahrungsmittelanbau im Bezug zu nationalen Territorien, Artensterben, Ressourcenverbrauch und globale Plastifizierung/Vermüllung drängte sich mir auf. Deshalb werde ich im ersten Abschnitt damit beginnen, die soziologischen Leitplanken zu finden, und die Frage behandeln, ob eine Gesellschaft aus sich selbst heraus erkennen und handeln kann, wo und wann ihre eigenen Fehlentwicklungen korrigiert werden können. Was ist also der Normenkompass einer Gesellschaft und wie verschiebt er sich durch innere Entwicklungen, die wiederum auf den Normenkompass rückwirken und ihn damit verändern? Eine erste spannende, fast Science-Fiction-artige Reise in die Vergangenheit und dennoch in unsere eigene Zukunft. Mit diesem ersten Kapitel möchte ich die Grundlage für die sich als roter Faden durch das Buch ziehende Suche nach einer Antwort schaffen, warum wir als Gesellschaft gerade den Klimawandel, zunehmend in den Medien als Klimakrise tituliert, besonders herausgehoben haben, mediale Symbole dafür schaffen und besonders risikoreiche, politisch vorangetriebene gesellschaftliche Entwicklungen verfolgen, und nicht z. B. das globale Artensterben oder den seit langem bekannten und global vernetzten, überdimensionalen Ressourcenverbrauch reduzieren. Warum setzen wir als moderne Gesellschaften diesen einen Schwerpunkt, in dem Wissen, dass genau dieser bisher vor allem emotional getriebene gesellschaftliche Umbau doch die anderen globalen Themen weiter expansiv nutzen wird.

Ein Kapitel, das für mich bei den Arbeiten an dem Buch eine besondere Bedeutung erlangte, ist Kapitel 2 mit dem Titel „Zwischen Baum und Borke: Ökonomisches Desaster oder Klimaerwärmung?" In dem Kapitel bin ich der Frage nachgegangen, was die heutige Klimastrategie und Energiewende ökonomisch bedeuten könnte. In den Arbeiten zu diesem Kapitel haben sich mir Fragen erneut gestellt, die ich bereits vor sechs Jahren den Spitzen der IEA gestellt hatte. Die mit diesen Fragestellungen assoziierten Aussagen habe ich jedoch nicht in das Zentrum meiner Analyse gestellt. Vielmehr folge ich dem roten Faden und gehe der Frage nach, wie ein globaler *Political Change* mit dem Anspruch der Beherrschung des Klimawandels (siehe Pariser Abkommen zu Begrenzung des Klimawandels auf eine maximale Grad Celsius Zahl) gelingen kann und warum er bis heute nicht gelingt. Wir können davon ausgehen, dass die Politiker und Staatenlenker auf der ganzen Welt genau um das Thema Klimawandel wissen, jedoch tatsächlich funktionierende Maßnahmen in der Vergangenheit gescheut haben und auch weiterhin scheuen. Ich stelle mir die Frage, warum eine so große

Lücke zwischen dem *Wissen* und dem *Handeln* global zu sehen ist. Von vielen möglichen Antworten liefert das Kapitel eine mögliche Antwort.

In den weiteren Kapiteln werden wir uns verschiedenen Schwerpunktbereichen nähern. Besonders interessant fand ich die Arbeiten am Kapitel 5 und 8 zu der Bedeutung des Ersten Weltkriegs auf die Kohlendioxidemissionen. Wie wir sehen werden, war dieser globale Waffengang nicht nur ein unfassbarer Weltkrieg, sondern auch eine Wendemarke für die passiven und aktiven Kohlendioxidemissionen. In dieser Zeit und mit diesem Anlass verbunden wandelte sich endgültig die Bedeutung der Kohle als Hauptenergielieferant hin zum Erdöl. In diesem globalen Ereignis fand die Zeitenwende hin zum Ölzeitalter statt, in dem wir heute leben und das damit den Meilenstein in den Kohlendioxidemissionen darstellt.

Ein zentrales Kapitel zum Verständnis des Gesellschaftsphänomens Klimawandel ist das Kap. 9. In diesem Kapitel präsentiere ich ein neues Modell zum Verständnis dieses Phänomens. In dem Kapitel präsentiere ich ein weiteres Modell, das sehr gut die Entwicklung in Deutschland beschreibt und eine Erklärung zur gesellschaftlich priorisierten Themensetzung Klimawandel gibt. In diesem Zusammenhang ist auch das Kapitel 4 zu sehen. Ich empfehle zunächst das Kapitel 4 zu lesen, um aus der Sicht der heutigen Lage den Hintergrund für das Kapitel 9 zu entwickeln. Beide Kapitel ergänzen sich fast zu einem gesamten Bild, zu dem jedoch noch die folgenden Kapitel gehören.

Im Kapitel 11 „Konklusion" ziehe ich eine Bilanz anhand der analysierten und beschriebenen Fakten. Alle Kapitel zusammen enthalten jedoch immer wieder Bruchstücke einer gesamtheitlichen Bilanz, vollkommen neue Aspekte und Einsichten in bisher unbekannte Zusammenhänge, sodass das gesamte Buch eine Übersicht einer Bilanz und Anregung zu einer Strategieentwicklung darstellt.

Neben all den kommenden Fakten, Analysen und Beschreibungen möchte ich gestehen, dass genau die im ersten Satz dieses Kapitels poetisch beschriebene Situation des morgendlichen Tagesbeginns mich genau so des Öfteren geweckt hat, mit Unterstützung meines Radioweckers – „Guten Morgen, hier ist …"

Kay Golze

Danksagung

Meinen besonderen Dank möchte ich an meine liebe Frau *Dagmar* richten, die mich in der monatelangen Zeit der Buchentwicklung durch ihre Geduld, ihr Verständnis, ihre Freude und Zuversicht immer wieder unterstützt hat.

Ein weiteren besonderen Dank möchte ich *Irmgard Methner* widmen, die das Buch als erste in seiner Gesamtheit lesen durfte und die unzähligen Rechtschreibfehler mit großem Spürsinn sowie beharrlicher Sorgfältig markierte, sodass ich eine fehlerbereinigte Version meinem Lektor/Verlag vorlegen konnte.

In ganz besonderer Weise fühle ich mich *Volker Schlegel* verbunden, der mir sein Geleitwort zu diesem Buch gegeben hat. Unsere Freundschaft begann Mitte der 1990iger Jahren, sodass er einer der wenigen Personen ist, die mich am besten kennen und der mit diesem Hintergrund sein Geleitwort geschrieben hat. Ich bedanke mich deshalb ganz herzlich für diesen besonderen und für mich sehr wertvollen Beitrag zu meinem Buch.

Für die anregenden Hinweise sowie die vielen Diskussionen um das Thema herum mit *Wolfram Nieders* und *Jochen Scholz* möchte ich mich ebenfalls an dieser Stelle besonders und herzlich bedanken.

Was Sie erwartet

In dem Buch wird ein neuer gesamtheitlicher Ansatz zur Beschreibung des Klimawandels verfolgt. Eine analytische Suche nach den Ursachen und Auswirkungen des epochalen, globalen Phänomens außerhalb der Klimawissenschaften, jedoch unter ihrer Berücksichtigung. Die Analysen geben einen unerwartet umfassenden Blick in die innere Mechanik des Phänomens und öffnen neue Fenster zur Betrachtung. Auf dieser Basis wird das einmalige deutsche Gesellschaftsexperiment der Energietransformation durchleuchtet.

Die Teile:

- Analyse: Die innere Mechanik und seinen Wurzeln des Phänomens Klimawandel. Der Klimawandel in der Bilanz der letzten 30 Jahren.
- Verstehen: Gesellschaftliche Transformationsleistungen, Abhängigkeiten und Auswege.
- Handeln: Lösungsansätze dem globalen Klimawandel zu begegnen.

Was Sie erwartet

Der erste Teil verfolgt das Ziel, den Klimawandel als Phänomen in seiner Gesamtheit zu verstehen. Wie sich zeigt, ist der Klimawandel mehr als nur Klimaforschung.

Im zweiten Teil erfolgt eine analytische Abschätzung der Transformationsleistung für unsere deutsche Gesellschaft, um von den fossilen Energieträgern auf Wind und Sonne umschwenken zu können. Der Abschnitt steht im Kontext des ersten Teils und stellt eine Reihe von bisher unbeantworteten und neuen Fragen.

Der dritte Teil weist auf verschiedene mögliche Lösungslinien hin.

Inhaltsverzeichnis

1	**Das verpasste Zeitfenster**	1
1.1	Die Entstehung von gesellschaftlichen Fehlentscheidungen	5
1.2	Wann wurde „der letzte Baum gefällt"?	11
	1.2.1 Die Entdeckung	12
	1.2.2 Lage und Örtlichkeit	14
	1.2.3 Das Gebiet im Gleichgewicht	16
	1.2.4 Die Siedler	17
	1.2.5 Die Besiedlung, gesellschaftliche Entwicklung	18
	1.2.6 Die Kultur	21
	1.2.7 Symbole, Glaube und Verehrung ... und Konkurrenz	23
	1.2.8 Rituale	24
	1.2.9 Werkzeuge aus der Natur	26
	1.2.10 Natürliche Ressourcen	27
	1.2.11 (Über-)Nutzung von Ressourcen im gesellschaftlichen Kontext	28
	1.2.12 Die Anker und der Verlust gesellschaftlicher Ordnung	31
	1.2.13 Der Verfall	33

		1.2.14	Die innere Mechanik der Gesellschaft	34
		1.2.15	Den Blick weiten	37
	1.3	Eine turbulente Entwicklung		41
		1.3.1	Wann war der Zeitpunkt, an dem eine vorindustrielle Klimastabilität verlassen wurde?	56

2 Zwischen Baum und Borke: Ökonomisches Desaster oder Klimaerwärmung?   73

	2.1	Abhängigkeiten und Funktionseinheit der fossilen Energieträger	115
		2.1.1 Abhängigkeiten der Regionen	117
	2.2	Strategiewandel vom Verhinderungsanspruch zur Anpassung	125

3 Globale Fundamente im Konkurrenzkampf der Nationen   129

	3.1	Konkurrenz der Nationen	137
	3.2	Erweiterte Sicht auf die Populationsentwicklung	141
		3.2.1 Beispiel: Wandlung Chinas in einen Industriestaat	142

4 Gesellschaftsphänomen Klimawandel und die Sicherheitspolitik   147

	4.1	Was ist Sicherheit?	156
	4.2	Globale Kommunikationsinfrastruktur und Daten	159
	4.3	Fundamentale Sicherheitsbereiche	168
	4.4	Weitere sicherheitsrelevante Elemente	171
	4.5	Wertebasierte Außenpolitik im Zeichen des Klimawandels	179
	4.6	Energetische Abhängigkeiten	189

4.7	Quersubvention der NATO durch fossile Energien konsumierende Staaten	192
4.8	Wettbewerb der Staaten und der Wirtschaft	201
4.9	Ergänzungen und Anmerkungen	205

5 Wie entsteht der globale Wert der CO_2-Konzentration — 209

5.1	Schlüsselentwicklungen in den Kohlendioxidemissionen: Ein Kontinent im Aufbruch	227
5.2	Gesellschaftliches Klima im 19. Jahrhundert: Hintergrund der sich entwickelnden Industrialisierung und des industriell geprägten Kapitalismus	231
5.3	Die Ablösung der Kohle als Hauptenergieträger und die Entwicklung der Erdöl- und Gasmärkte	244
5.4	Die Entstehung der weltweit ersten Raffinerie: Öl wird zu Benzin und Diesel	253
5.5	Die Entwicklung der Erdölmärkte	255
5.6	Die Entwicklung der Gas- und Erdgasmärkte	258
5.7	Die Fundamente der realen Probleme einer globalen CO_2-Reduktion	260
5.8	Fossile Energien nach dem Zweiten Weltkrieg: Entstehung des IPCC	261

6 Wie entsteht die globale Durchschnittstemperatur? — 271

7		**Woher kommt die Wärme? Die kurze Geschichte des Treibhauseffekts**	283
	7.1	Unsere Atmosphäre, die Schicht des Lebens	288
8		**Der Erste Weltkrieg: Zeitenwende! Von der Kohle zum Erdöl**	299
9		**Gesellschaftspolitische Entwicklungen**	313
	9.1	Die Entwicklung der Abhängigkeiten von fossilen Energien	326
	9.2	Die Geschichte der Umwelt- und Klimabewegung	340
		9.2.1 Die Wurzeln des Zeitgeistthemas „Klimawandel"	347
		9.2.2 Hintergrund: Atomkraft und ideologische Barrieren in Deutschland	358
	9.3	Die Entstehung der internationalen Klimakonferenzen und einer internationalen Bewegung	364
		9.3.1 Das Pariser Klimaabkommen	373
		9.3.2 The really big things …	384
		9.3.3 Die Folgen	387
	9.4	Klimawandel, gesellschaftliche Stimmung und Zukunftsangst	391
		9.4.1 Entwicklung der Klimabewegung in Deutschland: Symbole, Glaube, Verehrung … und Konkurrenzen	394
		9.4.2 Die Dekade 1990–1999	403
		9.4.3 Die Dekade 2000–2009	418
		9.4.4 Die Dekade 2010–2019	424
		9.4.5 Beginn der Dekade 2020	432

Inhaltsverzeichnis XXVII

	9.4.6	Die Entwicklung der gesellschaftlichen Stimmung in Deutschland	433
	9.4.7	Emotionalisierung des Klimawandels: „Die Verkündigung"	444
9.5	Die Dimensionen der Zeitgeistentwicklung „Klimawandel" für Deutschland		460
	9.5.1	Dimensionen des Zeitgeistes	462
	9.5.2	Deutungsversuche	466
		9.5.2.1 Gruppenbildung unter dem Thema Klimawandel	469
	9.5.3	Zwischenstand	476

10 Transformationsleistungen zur Umstellung unseres Energiesystems — 479

- 10.1 Systemeffizienz bzw. Wirkungsgrade — 483
  - 10.1.1 PV-Anlagen (Photovoltaik-Anlagen) — 484
  - 10.1.2 Windkraftanlagen — 486
    - 10.1.2.1 Grundlagen — 491
- 10.2 Wind und Sonne als Energiequelle — 495
- 10.3 Transformationsaufwand mit Windkraftanlagen — 517
  - 10.3.1 Abschätzung: Ablösung von Kohlekraftwerken durch Windkraftanlagen — 522
- 10.4 Transformationsleistung mit Photovoltaikanlagen — 540
  - 10.4.1 Systemspeicher zur Transformation des Energiesystems — 553
- 10.5 Komponenten und Struktur heute und morgen — 554

10.6	Die gesellschaftliche Dimension der Energietransformation	555
10.6.1	Soziale Risiken	557
10.7	Wandlung der Wahrnehmung in der Bewertung fossiler Energieträger	558

11 Konklusion — 563

11.1 Lösungsansätze, dem globalen Klimawandel zu begegnen — 576

Verzeichnisse — 579

Über den Autor

Kay Golze, Der Autor stellt seit Jahrzehnten sein analytisches Verständnis und seine Innovationen für verschiedene Unternehmen und der Politik zur Verfügung. In den 2010er Jahren engagierte er sich in Zusammenarbeit mit Verbänden und Unternehmen für die Entwicklung der Elektromobilität in Deutschland. Im folgenden Jahrzehnt entwickelte er verschiedene Lösungen zur Anwendung von Wasserstoff im industriellen Maßstab. Als Mitglied des Forschungsnetzwerks stellt er seine Analysen einer breiten Wissenschaftsgemeinde zur Verfügung, sowie anderen Wissenschaftlern und Unternehmen. Seit über 25 Jahren stellt er punktuell seine Expertise verschiedenen Politikern und Landesregierungen der Bundesländer zur Verfügung.

Abbildungsverzeichnis

Abb. 1.1	Erdaufgang, vom Mond fotografiert	5
Abb. 1.2	Lage der Osterinsel	6
Abb. 1.3	Gebiet der Osterinsel von oben	15
Abb. 1.4	Eisbohrkernmessungen: Langzeitauswertung (Daten aus Parrenin et al. 2013; Snyder et al. 2016; Bereiter et al. 2015)	48
Abb. 1.5	Verweilzeit und Abbau von CO_2 in der Atmosphäre	51
Abb. 1.6	Das verpasste Zeitfenster	58
Abb. 2.1	Anteil von grüner Energieerzeugung weltweit	74
Abb. 2.2	Verlauf globaler Kohlendioxidemissionen 1850–2018	77
Abb. 2.3	Weltweiter Konsum fossiler Energieträger im Vergleichsjahr 2018	86
Abb. 2.4	Energieflussdiagramm der EU	101
Abb. 4.1	Abhängigkeit der Energiewende von der militärischen Energietransformation	198

Abb. 5.1	Messstationen für atmosphärische CO_2-Konzentrationen	211
Abb. 5.2	CO_2-Entwicklung seit Industrialisierung	212
Abb. 5.3	CO_2-Konzentration über 10.000 Jahre	214
Abb. 5.4	CO_2-Konzentration über 800.000 Jahre	215
Abb. 5.5	Korrelation von CO_2-Konzentration und Temperaturmittel	216
Abb. 5.6	Langzeitmessungen CO_2 und Temperatur	219
Abb. 6.1	Oberflächentemperatur über Land	280
Abb. 6.2	Oberflächentemperatur über Wasser (Meer)	280
Abb. 6.3	Oberflächentemperatur Land und Wasser kombiniert	280
Abb. 7.1	Langzeitmessungen von CO_2	295
Abb. 8.1	Kohleproduktion (Stein- und Braunkohle) von 1900 bis 1945	305
Abb. 8.2	CO_2-Zuwachs und Einsparungen im Zeitraum 1900 bis 1945	311
Abb. 9.1	Kulturell bedingte Entkopplung von Natur und Gesellschaft	315
Abb. 9.2	Weltölpreis und Verbrauch seit 1965	337
Abb. 9.3	Helmut Kohls Machterhaltungsprinzip der kollusiv adaptiven (grünen) Themensetzung	354
Abb. 9.4	Experimentelle Version eines H_2/O_2-Dampfgenerators	413
Abb. 10.1	Jahresprofile 2018 Wind und Sonne (PV-Anlagen)	498

Abb. 10.2	Jahresprofil PV-Energieeinspeisung 2018	499
Abb. 10.3	Überlagerte Jahresverläufe von Wind- und PV-Energieeinspeisung	500
Abb. 10.4	Regionen (Cluster) mit ähnlichen Windgeschwindigkeiten	509
Abb. 10.5	Zukünftiges deutsches regeneratives Energiesystem	511
Abb. 10.6	Regelleistung im Verbund mit Wind und PV, 2018	516
Abb. 10.7	Leistungsdauerlinie Windkraftanlagen	521
Abb. 10.8	Reale Stromeinspeisungen, Stichjahr 2018, aus Wind- und PV-Anlagen (Produktionsprofil)	533
Abb. 10.9	Verifikation der Ausbauziele anhand realer Ein- und Verbrauchsdaten von 2018 (Stichjahr)	536
Abb. 10.10	Durchschnittliche Sonnentage in Deutschland (Langzeitbetrachtung)	545
Abb. 10.11	Analyse der Umweltkosten regenerativer Energieträger in Cent/kWh	560

Tabellenverzeichnis

Tab. 1.1	Atmosphärische Verweilzeiten der Klimagase (IPCC)	52
Tab. 2.1	Globaler Primärenergieverbrauch 2019	84
Tab. 2.2	Fossile Energien und Werte	90
Tab. 2.3	Regionen: Produktion fossiler Energien	92
Tab. 2.4	EU fossile Energie, Import-Export	103
Tab. 2.5	Export fossiler Energieträger am BIP	112
Tab. 2.6	Förderregionen fossiler Energieträger	118
Tab. 5.1	IPCC Budget 2018	265
Tab. 8.1	Kohlendioxidemissionen in der Zeit des Ersten Weltkriegs	303
Tab. 8.2	a und b Kohleproduktion in europäischen Ländern während der beiden Weltkriege	307
Tab. 9.1	USA: Import-Export-Bilanz nach Energieträgern, [ktoe]*, 2018 (Jan–Okt)	332
Tab. 9.2	USA: Primärenergieverbrauch nach Energieträger	332

Tab. 9.3	Gründungsablauf verschiedener Umweltinstitute und anderer Einrichtungen	356
Tab. 9.4	Übersicht der Klimakonferenzen	366
Tab. 9.5	Entwicklung der Protestthemen in Deutschland, 1975 bis 2018	398
Tab. 10.1	WKA-Ersatz bestehender Kohlekraftwerke	527

1

Das verpasste Zeitfenster

In meinem ersten Kapitel möchte ich die Leitplanken zu dem komplexen Thema und der Analyse in diesem Buch entwickeln. Bei der Entwicklung des Buches haben sich mir Fragen aufgeworfen, die neben den rein technischen Aspekten auf verschiedene soziologische und politische Zusammenhänge hingewiesen haben. Diesen Fragen bin ich nachgegangen und dabei auf einen bisher nicht oder wenig thematisierten Zusammenhang gestoßen, der vieles zu erklären hilft: Können wir als globale menschliche Gesellschaft selbst erkennen, dass wir „den Ast, auf dem wir sitzen, bereits zu 90 % durchgesägt haben", und dann daraus ohne Katastrophen rationale Handlungen ableiten? Warum wir als globale Gesellschaft offensichtlich in den letzten 30 Jahren dazu keine wirksamen Handlungen entwickeln konnten, dazu werde ich im Rahmen der folgenden Analyse Antworten erarbeitet. Die spannende Zukunftsfrage wird aber darüber hinaus bestehen bleiben, ob wir als globale Gesellschaft in Zukunft für alle weiteren globalen Herausforderungen (Plastifizierung der Welt, Artensterben, Ressourcenverbrauch, Bevölkerungswachstum, Wanderung fruchtbarer Anbaugebiete aus angestammten Landesgrenzen hinaus, Wanderung der natürlichen Wasserkreisläufe aus bisherigen Landesgrenzen hinaus, Veränderung der Küstenlinien und damit Veränderungen von Landesgrenzen, höhere lokale Temperaturen in ganzen Regionen, Änderung der bekannten Vegetation und ihrer örtlichen Verteilung, zunehmende Wanderbewegungen von Menschen, Wanderbewegungen von klimatisch abhängigen Krankheiten, etc.) global wirksame und orchestrierte Handlungen organisieren können! Der Klimawandel erscheint dabei nur als ein Thema.

Das erste Kapitel geht anhand eines bekannten und dennoch vermutlich in den Details unbekannten Beispiels der Osterinsel einer fundamentalen Frage nach, ob und wann ein Volk aus sich selbst heraus erkennen kann, wann es einen Punkt seines eigenen Untergangs überschritten hat oder sich gerade auf dem Weg zu diesem Punkt befindet. Ein Gedankenexperiment: Wenn dieses Volk vom Wald lebt und für seine Existenz Bäume fällt, gibt es den einen Zeitpunkt, an dem der letzte Baum gefällt wird? Mit diesem Akt ist der Wald endgültig abgeholzt und die Ressource verschwindet mit allen Konsequenzen. Der Zeitpunkt 1 der Waldvernichtung ist jedoch nicht die Abholzung des sichtbaren, allerletzten Baumes, sondern ein Zeitpunkt 0 weit davor, an dem so viele Bäume gefällt worden sind, dass der Wald nicht mehr mithilfe seiner Regenerationsfähigkeit überleben wird. Untersucht man dieses Phänomen jedoch genauer, müssten die Baumfäller bereits sehr viel früher erkannt haben, dass ihr Wald bald vollständig abgeholzt sein wird. Die Frage stellt sich, warum die Baumfäller immer weiter fällen, bis der letzte sichtbare Baum dann tatsächlich gefällt ist. Was treibt sie an, ohne irgendeine Angst vor einer fernen Zukunft immer weiter die „Bäume" zu fällen? Im Kern stehen wir heute vor genau dieser Frage.

Ein in der Dimension kleines, aber reales Beispiel zur Illustration des abstrakten Gedankenexperiments kann in der globalen Fischerei betrachtet werden. Die Meere sind seit Langem in verschiedenen Fischarten dramatisch überfischt. Dennoch sind internationale Fangquoten oder Fangverbote kaum oder nur schwer durchsetzbar. Gleiches kann man bei der Vernichtung der Regen- und Tropenwälder weltweit beobachten (Brasilien, Asien, Afrika). Nationale Prioritäten haben Vorrang vor globalen Auswirkungen. Ähnliches Verhalten kann auch in der immer weiter sich ausdehnenden menschlichen Population beobachtet werden, die vermutlich u. a. ein Grund des globalen Artensterbens ist. Unsere wachsende Population verdrängt den Lebensraum anderer Arten. Natürlich gilt das auch für die immer weiter steigende Verschmutzung unserer Atmosphäre, deren Umkehrpunkt wir seit Jahrzehnten bereits überschritten haben (dazu habe ich ein eigenes Kapitel verfasst).

Die Analyse geht dieser fundamentalen, abstrakten Frage nach, weil diese beiden Zeitpunkte (0 und 1) besondere Wendemarken in der Entwicklung einer Gesellschaft darstellen, wann eine „einfache Umkehr" von einer Gesellschaft möglich gewesen wäre und wann der Zeitpunkt 1 der „letzte Baum wird gefällt" eintrifft. Mit der Betitelung einer „einfachen Umkehr" markiere ich den Vorgang, eine Verhaltenswandlung eines ganzen Volkes konfliktfrei zu organisieren. Der Zeitpunkt, an dem der „letzte Baum" gefällt ist, ist trivial für jedermann in dem Volk erkennbar. Als der Teil des Volkes, der vom Einschlag der Bäume lebt, den Zeitpunkt zu bestimmen, an dem z. B. noch zehn oder 100 Bäume standen und der Einschlag hätte vermindert werden müssen, ist höchst komplex. Genau dieses Verhalten kann an dem oben genannten Beispiel des internationalen Fischfangs beobachtet werden. In den

Verhaltensweisen der Völker und von ihren politischen Vertretern können ähnliche Mechanismen und Verhaltensprinzipien seit einigen Jahren zum Thema Klimawandel beobachtet werden. Ich möchte in dem folgenden Kapitel ein *Muster einer Zivilisationsentwicklung* herausarbeiten, die in ihren modellhaften Mechanismen Ähnlichkeiten zu unserer heutigen, vernetzten Welt, jedoch in erheblich größeren Dimensionen und einer höheren Komplexität aufzeigt. Dazu müssen wir tiefer in die Geschichte dieses kleinen Eilands Osterinsel und seiner Bevölkerung beispielgebend einsteigen. Blicken wir gemeinsam in das Uhrwerk dieser gesellschaftlichen Entwicklung eines kleinen Inselvolkes, das in Summe länger existiert als unsere heutigen Industriegesellschaften.

In einem anschließenden Teil möchte ich auf das Dilemma hinweisen, das bei einem hohen, selbst gewählten Zeitdruck oder vorwiegend ideologisch motivierten Aktivitäten zu genau dieser Implosion unserer globalen Zivilisation führen kann, wenn nicht mit einer fundierten, klugen Strategie in den zukünftigen gesellschaftlichen Wandel, die Transformation unserer Gesellschaften, eingetreten wird. Wir werden in den nächsten Jahren zwischen den Risiken eines langfristig ablaufenden Klimawandels und den in gleicher Dimension vorhandenen kurzfristigen ökonomischen Risiken abwägen müssen oder eine wirklich kluge Strategie auf Ebene der global vernetzten Staaten entwickeln müssen. Wir, als Menschheit, sitzen deshalb bereits heute, ohne dass es derzeit öffentlich thematisiert wird, zwischen „Baum und Borke". Ist dieser Moment vielleicht genau dieser erste Zeitpunkt 0, kurz bevor der „letzte Baum gefällt wird"?

Zwei spannende Kapitel 1.1 und 1.2 folgen, die sich ergänzen. Das folgende Kapitel 1.1 wird zudem unser

1 Das verpasste Zeitfenster 5

Abb. 1.1 Erdaufgang, vom Mond fotografiert, Quelle: By NASA/ Bill Anders, http://www.hq.nasa.gov/office/pao/History/alsj/a410/ AS8-14-2383HR.jpg, 22.11.2021

geistiger Leitfaden in diesem Buch werden und der rhetorischen Frage nachgehen, „wann wir den letzten Baum gefällt haben".

1.1 Die Entstehung von gesellschaftlichen Fehlentscheidungen

Bei meinen Nachforschungen zu verschiedenen Sichtweisen auf das Leitthema zu diesem Buch sind mir zwei Bilder nicht mehr aus dem Kopf gegangen. Das eine Bild (Abb. 1.1[1]) zeigt unseren Planeten, wie er über dem Mondhorizont aufgeht. Das Foto entstand 1968 auf der Apollo-8-Mission. Es wird als „Erdaufgang" bezeichnet.

---

[1] Quelle: By NASA/Bill Anders, http://www.hq.nasa.gov/office/pao/History/ alsj/a410/AS8-14-2383HR.jpg, 22.11.2021

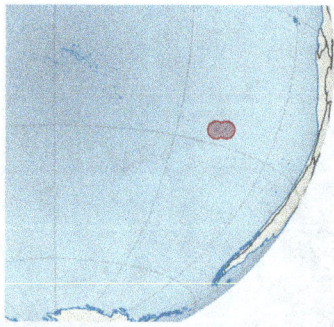

Abb. 1.2 Lage der Osterinsel, Quelle: Wikipedia, https://commons.wikimedia.org/w/index.php?curid=17036507 CC BY-SA 3.0, via Wikimedia Commons, 22.011.2021

Das zweite Bild (Abb. 1.2[2]) ist nicht so spektakulär, aber es hat eine ähnliche Message. Es zeigt die Osterinsel im Pazifischen Ozean (rot umrandete, blaue Punkt im Himmelblau des Ozeans). Auf dem Bild ist als kleiner blauer Punkt, umrandet von einem roten Kreis, die Osterinsel zu sehen. Beide Bilder zeigen überdeutlich, dass es um diese Oasen weit und breit nichts gibt. Für uns als Menschheit ist bereits der nächste Steinhaufen, der Mond oder der heute so häufig genannte Mars, unendlich weit entfernt und nur mit größten Anstrengungen für eine Handvoll ausgesuchter Menschen erreichbar. Ein ganzes Volk oder vielleicht die Menschheit wäre heute nicht in der Lage, diese „nahe gelegenen Orte" außerhalb unserer Lufthülle zu erreichen. Für diese Entfernungen zu einem nächsten Planeten sind wir heute die „primitive

---

[2] Quelle: Wikipedia, https://commons.wikimedia.org/w/index.php%3Fcurid%3D17036507
https://commons.wikimedia.org/wiki/File:Easter_Island_on_the_globe_(French_Polynesia_centered).svg
TUBS, CC BY-SA 3.0, via Wikimedia Commons, 22.11.2021

1 Das verpasste Zeitfenster

Gesellschaft", die diese Distanzen nicht überwinden kann oder eine Besiedlung eines anderen Planeten vornehmen könnte. Der Traum von anderen Sonnensystemen oder Galaxien ist reine Science-Fiction.

Die Osterinsel zeigt etwas Ähnliches. Um diesen kleinen Ort herum ist kein weiteres Land für eine primitive Kultur erreichbar. Um das nächste Festland erreichen zu können, wären seetaugliche Boote notwendig, ähnlich wie ein großes Raumschiff, das viele Menschen zum Mond oder Mars transportieren könnte. Das nächste Festland, die chilenische Küste, ist von der Osterinsel ca. 3526 km entfernt. Bis Tahiti sind es 4251 km über den offenen Ozean. Pitcairn ist als nächste Insel 2078 km weit entfernt. Die Osterinsel ist also ein Ort, der in der Erreichbarkeit unserer Erde zu einem anderen Planeten im Sonnensystem ähnlich ist, natürlich auf unterschiedlichen Niveaus der zivilisatorischen Entwicklung – jeweils ein Mikrokosmos gesellschaftlicher und kultureller Entwicklungen in ihrer Zeit. Die Osterinsel hat zudem eine Geschichte, die für unsere heutige globale Menschheitsentwicklung auf zukünftige Ereignisse hinweisen könnte, sofern wir sie verstehen wollen. Ich möchte nicht die Entwicklungen auf der Osterinsel als Gleichnis unserer heutigen Entwicklungen verstehen! Vielmehr interessiert mich – ähnlich einem Experiment in einem Reagenzglas – die „innere Mechanik" der damaligen „Inselgesellschaft". Auf der Osterinsel wurden gesellschaftliche und kulturelle, teilweise richtige und häufiger falsche Strategien verfolgt, die immer im Kontext der damaligen, zeitweise endemischen Inselkultur gesehen werden müssen. Um diese innere Mechanik in Bezug auf die Entscheidungen und Handlungen einer Kultur, eingebettet in ihren eigenen gesellschaftlichen Kontext, einen lokalen „Zeitgeist", geht es mir in diesem Kapitel. Verstehen wir die innere Mechanik einer relativ kleinen vergangenen Gesellschaft, könnten wir besser unsere heutigen Strategien zum Umbau unserer Nationen – und mehr oder weniger die politisch vorangetriebenen Forderungen zum Umbau ganzer Gesellschaften als Reaktion auf den Klimawandel – einordnen bzw. ihre Tragfähigkeit besser abschätzen.

Beide Orte haben eines gemeinsam: ihre räumliche Begrenztheit. Die Osterinsel wird durch das sie umgebende Meer begrenzt. Ein auf diesem Eiland technologisch relativ einfach entwickeltes Volk muss mit dem zurechtkommen, was ihm die Natur dieses Ortes zur Verfügung stellt bzw. was diese Kultur durch bestimmte Strategien mithilfe der Natur anbauen und ernten kann. Früchte anzubauen, die auf dem vorhandenen Boden, in dem Klima oder mit den Wasserverhältnissen nicht zurechtkommen, wird keinen Beitrag zur örtlichen Nahrungsmittelproduktion leisten. Die Menschen dieser Gesellschaft mussten somit lernen, und Strategien entwickeln, welche Früchte auf ihrer kleinen Oase gedeihen und sich langfristig für das Überleben an diesem Ort eignen. Gleiches gilt auch für das gesamte kulturelle und wirtschaftliche Selbstverständnis aller an dem Ort lebenden Menschen, wie z. B. eine Frucht auf diesem besonderen Boden gedeiht oder abstirbt.

Die Begrenztheit unseres Planeten in seiner Gesamtheit zu verstehen, fällt uns Menschen in allen Ländern schwer. Der Planet ist für eine einzelne Person sehr groß und gibt uns fast unendlich erscheinende Möglichkeiten. Durch unsere global hohe Population verdrängen wir die übrige Natur und schaffen damit zugleich auch Ausweichräume ab, wie sie in der früheren Menschheitsentwicklung zur Verfügung standen. Im politischen Feld hat man die fehlende Ausweichmöglichkeit von Völkern für Wanderbewegungen dadurch geregelt, dass heute die Unverletzbarkeit der bestehenden nationalen Grenzen global ein sehr hohes politisches Gut darstellt, weil unbesetztes Land, was keiner anderen Nation bereits gehört, fehlt. Es ist für einen

Menschen, unabhängig von seiner gesellschaftlichen Position, emotional/gefühlsmäßig schwer verständlich, dass dieser Ort „Erde" Grenzen haben sollte. Jedoch kommen wir noch vor ca. 100 Jahren aus einer anderen emotional verankerten Welt, in der es noch auf allen Ebenen Ausweichräume gab, in der es ein „da draußen" und ein „hier drinnen" gab. Das „da draußen" kann man heute in allen Gesellschaften in zahlreichen sprachlichen und kulturellen Verhaltensweisen finden. Die öffentlichen Äußerungen über die Suche nach einer zweiten Erde, z.B. die zukünftige Besiedlung des Mars oder ähnliche Dinge, erscheinen mir wie die Suche nach dem „da draußen", einem neuen Raum, in den man ausweichen kann, der jedoch heute verloren gegangen ist.

Aus diesen gesellschaftlichen Entwicklungen/Strömungen der letzten ca. 250 Jahre stammen auch zahlreiche Wirtschafts- und politische Konzepte, die sich heute etabliert haben und als „Selbstverständlichkeit" global verfolgt werden. Einzelne Kulturen lernen langsam. Viele unterschiedliche Kulturen lernen als eine globale Gesamtgesellschaft noch langsamer. Deshalb muss ein gewisses Verständnis aufgebracht werden, dass heute in den verschiedenen Nationen noch nicht vollständig verstanden wird, dass unser Planet in seiner Gesamtheit Grenzen hat und deshalb in der logischen Folge auch unser Handeln Grenzen haben muss. Das gilt zum einen auf der politischen Ebene, indem Territorien geachtet werden müssen, weil keine unbesetzte Landmasse mehr vorhanden ist. Auf der wirtschaftlichen Ebene gilt ein aus der historischen Entwicklung übernommenes und heute veraltetes Paradigma vom unendlichen Wachstum und von der Transformation natürlicher Ressourcen in abstrakte Werte sowie ihrer Akkumulation (Geld, Reichtum, Wohlstand) in sinnvollen Grenzen zu organisieren. Wenn wir als globale Gemeinschaft diese Konsequenz verstanden haben, dass z. B. ein unendliches Wirtschaftswachstum auf globaler Ebene eine langfristig falsche und ruinöse Strategie ohne reale Zukunft ist und in ihren Auswirkungen ähnliche gesellschaftliche Rückentwicklungen wie auf der Osterinsel sich entwickeln könnten, wir als Weltgemeinschaft eine neue Strategie entwickelt haben und den Übergang von der heutigen Wirtschaftsstrategie in die neue bessere Strategie konfliktfrei organisiert haben, haben wir die Grenzen unserer kleinen blauen Steinkugel realisiert.

Durch die Reise zu unserem nahen Mond können wir diese verletzliche Begrenztheit direkt im Bild des Erdaufgangs (Abb. 1.1) sehen. Die Abstraktion von einer kleinen Insel, die von den Weiten eines Ozeans umgeben ist, muss für unsere Erde nun nicht mehr vorgenommen werden. Wir können sie direkt sehen. Die Grenzen unseres kleinen Planeten zu erkennen, zu verstehen und aus dieser zukünftig bei allen Völkern vorhandenen Akzeptanz die richtigen Strategien auf allen Ebenen zu verfolgen, wird aus meiner Sicht im Schatten der Diskussionen zum Klimawandel die neue globale Aufgabe, die jedoch einen erheblichen Zeitraum einnehmen wird. Dieser globale Lernprozess wird aber nur dann stattfinden, wenn nicht andere Ereignisse wie Kriege, Wirtschaftskatastrophen, die nationale Fokussierung auf die Begrenzung einer globalen Durchschnittstemperatur mit hohen nationalen Risiken oder Ähnliches andere gesellschaftliche Prioritäten setzen. Insofern kann dieser wünschenswerte Lernprozess auch als ein fragiles Wohlstandsthema in den alten Industrienationen und als Zukunftsthema in den entwickelten Staaten sowie als gesellschaftliche Vision in allen anderen Ländern angesehen werden.

1.2 Wann wurde „der letzte Baum gefällt"?

Wie entsteht eine kritische Überforderung natürlicher Ressourcen? Wann war der Zeitpunkt, an dem „der letzte Baum gefällt wurde"? Diese Fragen erscheinen beim schnellen Lesen simpel oder trivial. Bei einer genaueren Betrachtung wird ein Universum an Komplexität sichtbar. Folgen Sie mir in diesem konzeptionellen und philosophischen Ansatz zum Verständnis der gesellschaftlichen Mechanik, die am Anfang immer im Kopf eines Menschen entsteht und nicht ein Naturgesetz ist. In diesem Kapitel schaue ich mit einem irgendwie reflexartigen Blick, fast wie zufällig, auf die Spiegelung einer längst vergangenen Erkenntnis, die im Spiegel unseres eigenen Verständnisses zur Natur sich matt und unwirklich vor unserem geistigen Auge abbildet. Ähnlich einer Zeitreise in die Zukunft betrachte ich in den folgenden Absätzen das Selbstverständnis einer untergegangenen Kultur. Man kann den gesellschaftlichen Kontext erahnen, in dem jeder einzelne Mensch aller heutigen Nationen dieses Planeten, am Ende aller nationalen und persönlichen Überheblichkeiten, doch auf einer kleinen blauen Insel in einem unendlichen Meer eines Nichts schwebt und davon überzeugt ist, die Welt, die Natur oder das Klima schützen zu können. Schauen wir uns nochmal gemeinsam den „Erdaufgang" an: Ist es nicht eher umgekehrt? Begeben wir uns gemeinsam auf die Suche nach der verpassten Zukunftsentscheidung.

Die folgenden Abschnitte in diesem Kapitel 1 reihen sich entlang einer zivilisatorischen Entwicklungslinie, die man heute in fast allen Gesellschaften wiederfinden kann. Durch die Globalisierung unserer Märkte und der internationalen Arbeitsteilung haben wir eine in der gesamten Menschheitsgeschichte unbekannte Perfektion an globaler und globalisierter Arbeitsteilung erreicht. Diese Arbeitsteilung ist auch ein wichtiger Bestandteil in der gesellschaftlichen Entwicklung meines Analyseobjekts, der Osterinsel. Damit bildet diese Arbeitsteilung ein erstes Zahnrad in der gesellschaftlichen Mechanik. Ich werde die Entwicklungslinie einer Kultur als Rahmen gesellschaftlicher Entwicklung in Rückkopplung zum natürlichen Umfeld am Beispiel der Osterinsel genauer ansehen und deshalb Details aus den einzelnen Phasen beleuchten. Die Prinzipien, die sich aus diesen Phasenbeschreibungen einer vergangenen Zivilisation ableiten lassen, können auf unsere heutigen Entwicklungen im wissenschaftlichen Sinn transponiert werden.

1.2.1 Die Entdeckung

Entdeckung eines Gebiets durch gezielte Suche einer Gruppe von Menschen oder per Zufall.

Die Osterinsel ist bekannt geworden, weil ihre monumentalen Steinskulpturen, die Moai, gewaltige Ausmaße haben und in den folgenden Jahrhunderten nach ihrer Entdeckung am 5. April 1722, einem Ostersonntag, den anderen Menschen unerklärbar erschienen. Das Gewicht der Skulpturen und Plattformen liegt zwischen 10 und 270 t, die durch die damaligen Menschen einer untergegangenen Kultur bewegt wurden. Ein Gewicht von 270 t können heutige Kräne nicht heben. Für derartige Massen werden diese modernen Maschinen gebündelt. Die vielen Rätsel dieser Insel faszinierten bereits ihren ersten Entdecker, den Niederländer Jacob Roggeveen. Er fand bei seiner ersten Ankunft auf der Insel nur undichte Kanus mit einer maximalen Länge von ca. 3 m, die vielleicht zwei Personen aufnehmen konnten. Roggeveen schrieb dazu: „Was ihre Boote betrifft, so sind diese im Hinblick auf die Verwendbarkeit schlecht und zerbrechlich, denn ihre Kanus werden aus vielfältigen kleinen Planken und innen aus leichten Holzbalken zusammengesetzt, und diese werden sehr klug mit fein gesponnenen Fäden zusammengehalten, welche man aus der zuvor benannten Feldpflanze gewinnt. Aber da ihnen die Kenntnisse und insbesondere das Material fehlen, um die große Zahl der Ritzen in den Kanus zu kalfatern und abzudichten, sind diese dementsprechend undicht, aus welchen Gründen sie gezwungen sind, die Hälfte der Zeit mit Schöpfen zu verbringen."[3]

Wie konnte so ein „Boot" Siedler über Tausende Kilometer über eine raue See transportieren? Wie konnte mit solchen Booten, mit denen auch Nutztiere, Werkzeuge, Nahrungsmittel, Wasserreserven, Samen und Pflanzen für eine Besiedlung mitgenommen worden wären, oder für eine Überfahrt von mehreren Wochen notwendiges Wasser und Nahrungsmittel transportieren? Das ist mit den damals gefundenen Booten nicht möglich gewesen. Ein weiteres Rätsel drängte sich förmlich dem Entdecker auf: Wie konnte ein Volk solche gewaltigen Steinsockel und Steinskulpturen fertigen, über mehrere Kilometer transportieren und vor allem anschließend aufstellen? Roggeveen vermerkte dazu in seinem Logbuch: „Die steinernen Bildsäulen sorgen zuerst dafür, dass wir starr vor Erstaunen waren, denn wir konnten nicht verstehen, wie es möglich war, dass diese Menschen, die weder über dicke Holzbalken zur Herstellung irgendwelcher Maschinen noch über kräftige Seile verfügten, dennoch solche Bildsäulen aufrichten konnten, welche volle neun Meter hoch und in ihren Abmessungen sehr dick waren."[4]

---

[3] Zitat aus: Steve Diamond, Kollaps, Fischer Verlag, ISBN-10: 3-10-013904-6.
[4] Zitat aus: Steve Diamond, Kollaps, Fischer Verlag, ISBN-10: 3-10-013904-6.

Eine weitere Frage drängte sich dem Entdecker auf. Unabhängig von den Methoden, wie die Steinsäulen aufgestellt wurden, würde Werkzeug wie Hebel aus Holz und starke Seile benötigt werden. Als Roggeveen die Osterinsel entdeckte, war sie kahl, Ödland, auf dem kein Baum oder höhere Büsche wuchsen. Er schrieb in sein Logbuch: „Ursprünglich, aus großer Entfernung, hatten wir besagte Osterinsel für sandig gehalten, und zwar aus dem Grund, dass wir das verwelkte Gras, Heu und andere versengte und verbrannte Vegetation als Sand angesehen hatten, weil ihr verwüstetes Aussehen uns keinen anderen Eindruck vermitteln konnte als den einer einzigartigen Armut und Öde."[5] Aber die Frage, die sich aufdrängte, war: Wo sind die ganzen Bäume geblieben, die früher offensichtlich auf der Insel vorhanden gewesen sein mussten?

1.2.2 Lage und Örtlichkeit

Klimatische und örtliche Eignung des neu entdeckten Gebiets zur Ansiedlung. Die Einleitung der Anpassung.

Die Osterinsel muss für die ersten Menschen bei ihrer Ankunft einen paradiesischen Eindruck hervorgerufen haben. Die Insel ist fast dreieckig (Abb. 1.3[6]). Sie entstand aus drei eng beieinanderstehenden Vulkanen, die sich über Millionen von Jahren dicht nebeneinander aus den Weiten des Meeres erhoben. Seit der Besiedlung der Insel brachen diese Vulkane nicht mehr aus und bewahrten deshalb die Siedler vor einem Untergang durch eine

---

[5] Siehe auch: Jared Diamond, Kollaps, Fischer Verlag, ISBN-10: 3-10-013904-6.
[6] Quelle: NASA image *created by Jesse Allen, Earth Observatory, using data obtained from the University of Maryland's* **Global Land Cover Facility**. https://earthobservatory.nasa.gov/images/5366/easter-island-rapa-nui, 03.05.2022.

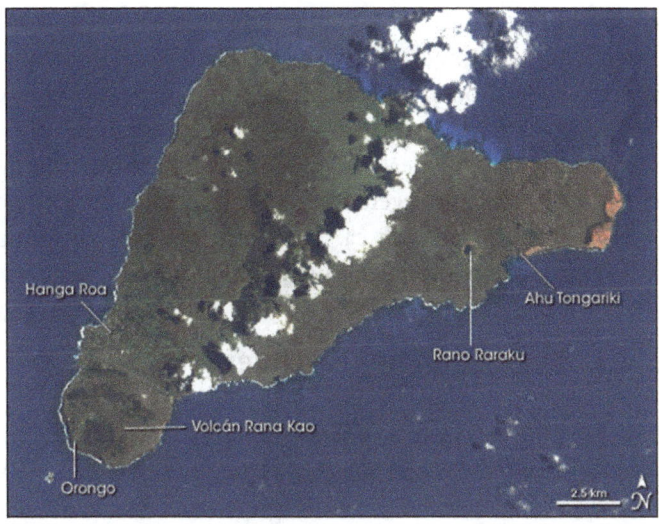

Abb. 1.3 Gebiet der Osterinsel von oben, Quelle: NASA image created by Jesse Allen, Earth Observatory, using data obtained from the University of Maryland's Global Land Cover Facility. https://earthobservatory.nasa.gov/images/5366/easter-island-rapa-nui, 03.05.2022

derartige Naturkatastrophe. Der letzte Vulkanausbruch erfolgte nach heutigen Erkenntnissen vor ca. 200.000 Jahren. Mit diesem Ausbruch entstand die größte Landfläche. Die Insel umfasst ca. 163 km². Die höchste Erhebung ragt im nördlichen Drittel der Insel mit ca. 500 m über die Wasseroberfläche empor. Tiefe Täler, Schluchten oder weitere Berge sind auf diesem Eiland nicht vorhanden. An der Südwestspitze, sowie im Osten der Insel, an der Halbinsel Poike, ragen steile, bis zu 300 m hohe Kliffe aus dem Meer. Sieht man von den Kratern der Vulkane mit ihren steilen Abhängen ab, ist die Insel eine sich leicht über den Meeresspiegel erhebende Landfläche. Das Eiland liegt auf 27° südlicher Breite, was einem subtropischen Klima mit einer heutigen Durchschnittstemperatur von 21 °C entspricht. Damit ist das Klima relativ mild und ideal zur Entwicklung üppiger Vegetation. Durch den Vulkanursprung ist der Boden sehr fruchtbar und bietet damit beste Voraussetzungen für den Wuchs von Pflanzen und Bäumen – klimatisch ideale Bedingungen zur Entwicklung einer reichhaltigen Vegetation, jedoch durch die geringe Niederschlagsmenge von ca. 1260 mm pro Jahr zu wenig Wasser für eine regenwaldähnliche Pflanzenwelt.

1.2.3 Das Gebiet im Gleichgewicht

Das neue Gebiet befindet sich im natürlichen Gleichgewicht. Klima, Wetter, Pflanzen, Boden, Regen und Vegetation befinden sich in einem sich selbst regenerierenden Zyklus. Die neuen Siedler profitieren von den vorhandenen natürlichen Ressourcen. Sie müssen alte, mitgebrachte Gewohnheiten ablegen und sich den neuen Bedingungen anpassen. Die Inselgesellschaft lernt, wie sie sich den neuen Bedingungen anpassen kann.

Die ersten Siedler mussten trotz des relativ trockenen und windigen Klimas ein kleines Paradies mit zahlreichen Bäumen und Pflanzen vorgefunden haben. Heute geht man davon aus, dass die ersten Siedler aus Polynesien kamen und diesen kulturellen Hintergrund auf ihrer Reise über den Ozean mitnahmen. Im Verhältnis zu den polynesischen Inseln ist die Osterinsel relativ kühl, weil ihre Heimatinseln im tropischen Gürtel liegen. Insofern konnten die ersten Siedler vermutlich keine oder nur wenige der ihnen bekannten Nutzpflanzen verwenden. Die Folge der geringen Niederschlagsmengen sind ebenfalls geringe, an der Oberfläche leicht zugängliche Süßwassermengen, die vermutlich auch den ersten Siedlern in nur kleinen Mengen zur Verfügung standen. Deshalb schufen sie am Boden der Vulkankrater Brunnen, um sich ganzjährig mit ausreichend Süßwasser versorgen zu können.

Durch das die Insel umgebende relativ kalte und tiefe Meerwasser mit einer Wassertemperatur von ca. 18 °C können Korallenriffe, wie in anderen Atollen anderer Inselgebiete, mit ihren Fischen und Schalentieren nicht für Menschen bis an eine leicht erreichbare Höhe unter der Wasseroberfläche wachsen. Die Küste der Insel fällt steil bis zu einer Meerestiefe von ca. 3000 m ab. In diesem Gebiet des Pazifiks kommen nur wenige Fischarten vor. Somit wird ein aus den Tropen bekannter Fischfang in den Gewässern rund um die Insel nicht möglich gewesen sein.

Zusätzlich ist die Osterinsel durch ihre abgeschiedene Lage mitten im Meer einem starken Wind ausgesetzt, der anhaltend über die Landoberfläche weht, so wie es auch in verschiedenen Reiseberichten anderer Inselbesucher beschrieben wird. Die Folge war vermutlich, dass der Wind für die frühen Siedlern Probleme bei der Landwirtschaft bereitet haben wird (fehlender Vegetationsschutz, Bodenerosion, …). Damit war diese abgeschiedene Insel zwar ein paradiesisch einsamer Ort, der jedoch klug bewirtschaftet werden wollte, um vielen Generationen der Neusiedler eine Zukunft geben zu können.

1.2.4 Die Siedler

Die neuen Siedler bringen aus ihrer ursprünglichen Heimat kulturelle Eigenschaften/Eigenarten mit, die sich an dem neuen Ort wandeln.

Die heutige Forschung geht davon aus, dass die Osterinsel von Polynesiern besiedelt wurde. Wie 1774 in einem Reisebericht dokumentiert wurde, konnte sich ein Mannschaftsmitglied von Captain James Cook's Bootsbesatzung mit den Inseleinwohnern in einem altpolynesischen Dialekt unterhalten. Weitere Indizien zeigten, dass die Siedler offenbar einen polynesischen Kulturstamm hatten. Ein weiteres Indiz dieses Kulturhintergrundes waren die typisch polynesischen Nutzpflanzen, die auf der Osterinsel teilweise heute noch angebaut werden und wurden, wie Bananen, Taro, Süßkartoffeln, Zuckerrohr und Papiermaulbeerbäume.

Aber wie wurde die Insel besiedelt? 1999 gelang es, mit dem experimentellen polynesischen Segelkanu Hokule'a eine 17-tägige Seereise von Mangareva zur Osterinsel erfolgreich durchzuführen – aus heutiger Sicht ein fast unvorstellbares, riskantes und lebensgefährliches Abenteuer, von Mangareva über eine offene See eine 15 km breite Insel im Nichts zu finden, ohne GPS oder eine andere moderne Navigationshilfe. Für mich ist bei den Arbeiten zu diesem Buch dieser an verschiedenen Stellen aufflammende, unglaubliche Mut dieser Menschen und Forscher voller Bewunderung, voller Respekt, beachtlich und zugleich faszinierend.

1.2.5 Die Besiedlung, gesellschaftliche Entwicklung

Nach der Erstbesiedlung des neuen Ortes entwickelt sich die Gesellschaft und beginnt zu wachsen. Das Anwachsen der Gesellschaft bedingt ein Wachstum auch in anderen Feldern, wie z. B. der Nahrungsmittelproduktion, Wassernutzung und Energieversorgung (Kochen, Wärmen, Werkzeugproduktion etc.). Der Ressourcenverbrauch steigt. Ein kultureller Austausch mit anderen Gesellschaften kann ein Motor für die Entwicklung der eigenen Gesellschaft sein, birgt jedoch auch Gefahren, z. B. durch die Einschleppung von neuen unbekannten Krankheiten, Landnahme oder von neuen Ideen/Überzeugungen, die eine Gesellschaft destabilisieren können. All diese Entwicklungen können auf der Osterinsel beobachtet werden.

In den ersten Datierungen ist die Osterinsel vermutlich um 300 bis 400 n. Chr. besiedelt worden. Bei der Bestimmung dieser ersten Daten waren offenbar zahlreiche Unsicherheiten/Unbekannte vorhanden. Interessant bei der Besiedlungsbestimmung ist, dass man u. a. auch mit der Radiokarbonmethode verschiedene Holzproben aus Grabbeigaben analysierte, die auf eine Bewaldung der Osterinsel schließen ließ. Spätere genauere Datierungen weisen auf eine Besiedlung um das Jahr 900 n. Chr. hin. Den Wissenschaftlern dienten Holzkohle und Knochen von Delfinen als Bestimmungsgrundlage eines genaueren Besiedlungszeitraums. Die Proben wurden aus den ältesten Erdschichten der Insel gewonnen. Heute geht man in der Forschung von einem Besiedlungszeitpunkt um das Jahrhundert 900 n. Chr. aus. Für unsere weitere Betrachtung ist jedoch der wissenschaftlich exakte Zeitpunkt der Erstbesiedlung der Osterinsel nicht relevant. Deshalb ist die modernere Datierung für unsere weitere Betrachtung ausreichend.

Nach verschiedenen Schätzungen von Archäologen betrug die Bevölkerung auf der Osterinsel zwischen 6000 und 30.000 Menschen, was einer geringen Bevölkerungsdichte von 35 bis 174 Menschen pro Quadratkilometer entspricht. Einige Wissenschaftler gehen von der etwas höheren Zahl von Einwohnern aus. Aus rein statistischen Gründen könnte eine zu geringe Bevölkerungszahl zu einem frühen Verschwinden der gesamten Kultur führen, weil zu wenige Menschen, eine zu geringe Population, die zukünftigen Katastrophen nicht ausgleichen können. Das Volk stirbt dann aus. Insofern ist eine Mindestanzahl an fortpflanzungsfähigen Menschen für das Überleben der Bevölkerung notwendig. Die Einschätzung der Bevölkerungszahl ist ein entscheidender Faktor für die Abschätzung des Verbrauchs der natürlichen Ressourcen. Sie muss in einem Gleichgewicht zwischen einer Mindestanzahl und einer Maximalzahl in Bezug auf ihren Ressourcenverbrauch liegen. Weitere Faktoren zur Einschätzung der Bevölkerungsentwicklung auf der Insel wurden/werden durch andere Disziplinen, wie Botaniker und Archäologen ermittelt.

So wurden zahlreiche lokale Epidemien nachgewiesen, die vor allem über die europäischen Besucher auf die Insel gebracht wurden und die Bevölkerung infizierten. Unter anderem führten diese Epidemien in den folgenden Jahrhunderten nachweislich zur Dezimierung der Inselbewohner. Eine zu geringe Population hätte beim Ausbruch einer lokalen Pandemie vermutlich zu einem vollständigen Aussterben der Bevölkerung geführt. Deshalb ist das Argument der höheren Bevölkerungszahl aus meiner Sicht plausibler.

Zum Zeitpunkt der ersten Entdeckung der Osterinsel im Jahr 1722 ernährten sich die Inselbewohner von selbst angebauten Früchten. James Cook beschrieb 1774 die Inselbewohner als „klein, mager, ängstlich und elend". Die ersten Siedler ernährten sich durch den Fang von Delfinen und örtlich ansässigen Vögeln. Wie die Inselforschung nachweisen konnte, starben nach einiger Zeit zahlreiche Vogelarten aus. Da die Osterinsel nicht über Riffe oder Buchten verfügt, konnten die Bewohner auf solche Meeresgebiete nicht zurückgreifen. Durch den hohen Jagddruck auf die auf der Insel lebenden einheimischen Tiere ging der Bestand verschiedener natürlicher Nahrungsbestände, wie u.a. die lokal ansässigen Vögel, in einem langsamen Absinken der Populationen zurück.

Die Inselbewohner entwickelten nach der Besiedlung über Jahre, Jahrzehnte und Jahrhunderte immer klügere Methoden in der Landwirtschaft, um in dem rauen Klima möglichst gute Ernten erzielen zu können. Diesen Lernprozess konnten sie auch weitestgehend nutzbringend und erfolgreich umsetzen. Mit diesen weit entwickelten, an die örtlichen Verhältnisse *angepassten* Anbautechniken konnten sich die Inselbewohner zunächst eine Ernährungsgrundlage schaffen. Dieser Lernprozess ist das Ergebnis der Rückkopplung zwischen den natürlichen Umweltverhältnissen und dem Überlebensdruck, Nahrung verfügbar zu haben.

1.2.6 Die Kultur

Die Gesellschaft entwickelt sich und prägt komplexere soziale Verhältnisse aus. Die Aufteilung der Urgesellschaft in verschiedene neue gesellschaftliche Fragmente ist Teil des Wachstums. Die neue Arbeitsteilung und neue Herrschaftsbereiche können eine Spezialisierung verschiedener gesellschaftlicher Aufgaben entwickeln, deren Zusammenspiel organisiert und kontrolliert werden muss. In dieser neuen gesellschaftlichen Fragmentierung entstehen untereinander eine kulturelle Konkurrenz sowie Arbeitsteilung und neue Abhängigkeiten von Ressourcen aus anderen Gebieten.

Ein weiterer wichtiger Faktor in der Analyse der gesellschaftlichen Mechanik des sich relativ isoliert entwickelnden Inselreichs stellte die Kultur der Inselgesellschaft dar. Wie bereits weiter oben erwähnt, stellten Forscher fest, dass die Inselbewohner aus der polynesischen Kultur stammen mussten und viele dieser kulturellen Eigenschaften mit auf die Insel nahmen. Somit gliederten sich auch die Inselgesellschaften in Häuptlinge und die sie umgebende Elite, sowie dem Volk auf.

Die gesamte Gesellschaft, die auf der Osterinsel in der Blütezeit lebte, teilte sich nach Einschätzung der Archäologen in ca. zwölf Gebiete auf. Die Gebiete hatten mit Beginn der Aufteilung in Herrschaftsgebiete alle einen Küstenteil und verliefen bis ungefähr in die Inselmitte, sodass sich die Insel unter den verschiedenen Familienverbänden oder Sippen ähnlich wie ein Kuchen mit Kuchenstücken aufteilte. Über weitere archäologische Indizien stellten die Forscher fest, dass über den Häuptlingen der Sippen eines einzelnen Gebiets so etwas wie eine Oberautorität oder König geherrscht haben musste, der alle einzelnen Gebietshäuptlinge zu einem gewissen Zusammenhalt und zur Koordination der Arbeitsteilung geführt haben musste.

Die Aufteilung der einzelnen Gebiete ist deshalb interessant, weil offenbar jeder Gebietshäuptling über bestimmte einmalige und für anderen Teile der Inselgesellschaft wertvolle Ressourcen verfügte, die von anderen Gebietshäuptlingen und ihren Sippenmitgliedern genutzt wurden. Von Archäologen wird dafür beispielhaft das Tongariki-Territorium genannt. In diesem Territorium befindet sich der Rano-Raraku-Krater. Dieses Gebiet stellte das beste Gestein für die Herstellung der *Statuen* zur Verfügung. In einem anderen Herrschaftsgebiet kann man noch heute das beste Gestein für die Herstellung der Werkzeuge und Fundamente gewinnen. Andere Herrschaftsgebiete weisen einen feinen Sandstrand auf, der ein einfaches Anlanden von Kanus für den Fischfang ermöglichte. Im Süden und Westen der Insel kann man die besten Gebiete für eine Landwirtschaft finden. Die Nistgebiete der Seevögel lagen vor der Südküste, die wiederum zu anderen Hoheitsgebieten gehörte.

Nach der Aufteilung der Gebiete und der Entdeckung ihrer spezialisierten Ressourcen mussten sich eine Zusammenarbeit, eine Arbeitsteilung und ein Austausch an Waren entwickelt haben. Diese Arbeitsteilung sowie der Austausch der Waren und vermutlich auch von „Dienstleistungen" mussten irgendwie zwischen den Herrschaftsgebieten koordiniert und vergütet worden sein. Konflikte, Unstimmigkeiten, sicherlich auch kriminelle Vorfälle müssen in dieser Phase der Gesellschaft geschlichtet und im Sinne einer friedlichen Gesellschaft befriedet worden sein. Eine „Oberautorität" hätte diese wichtige gesellschaftliche

Aufgabe ausfüllen können. Dennoch sind vermutlich auch Konkurrenzen und Rivalitäten zwischen den Herrschaftsbereichen entstanden.

Betrachtet man diese Entwicklung aus Sicht der notwendigen Fähigkeiten einer Stammesführung (Häuptling), müssen aus diesen Entwicklungen sich auch neue Organisationsfähigkeiten bei den Häuptlingen wie das Verhandeln mit anderen Häuptlingen, das Erkennen eines Bedarfs in der eigenen Sippe, die Kenntnis über die Sippen, die Dinge haben, die den eigenen Bedarf decken können, und vieles mehr entwickelt haben. Damit ein Stammesführer gegenüber anderen Häuptlingen sich in eine gute Verhandlungsposition bringen konnte, wird die Sippe kulturelle „Attribute" entwickelt haben, die gegenüber anderen Sippen einen sichtbaren Vorteil dargestellt haben müssen (eigenes Ansehen). Diese Attribute wurden vermutlich vor und bei den Verhandlungen zwischen den Sippen besonders herausgestellt und als Verhandlungsbestandteil eingesetzt, um Vorteile erreichen zu können. Diese Entwicklungen führen zum nächsten Abschnitt.

1.2.7 Symbole, Glaube und Verehrung … und Konkurrenz

Die sich entfaltende Gesamtgesellschaft entwickelt spirituelle Elemente in allen Herrschaftsbereichen, die als gesellschaftliche Attribute/Ausprägungen gegenüber den anderen am Ort ansässigen Gesellschaften verstanden werden können. Sie sind Bestandteil einer identitätsstiftenden und für den gesellschaftlichen Zusammenhalt notwendigen „Verankerung". Die Symbole dieser spirituellen Anker dienten auch einem Konkurrenzstreben der Herrscher untereinander sowie der nach innen und außen gerichteten eigenen Darstellung.

Die kulturellen Symbole, die Steinstatuen, liefern für die Archäologen den Beweis, dass über den Häuptlingen der einzelnen Gebiete eine oberste Autorität geherrscht haben musste. Die Statuen befinden sich in allen Häuptlingsgebieten. Statuen und Fundamente bestehen aus unterschiedlichen Gesteinen und wurden mit Werkzeugen aus anderen Gebieten hergestellt. Die Steinmetzarbeiten zur Herstellung der Statuen, der Transport und die Aufstellung mussten also über mehrere Territorien koordiniert werden.

Die lokalen Ressourcen mussten für diese Arbeiten geteilt worden sein. Offenbar lagen die einzelnen Gebiete auch im Wettstreit um ihr Ansehen um die „größtmögliche Verehrung" ihrer Ahnen (spirituelle oder Glaubensebene einer Gesellschaft). Jedes Territorium besaß deshalb eigene zeremonielle Plattformen mit Statuen (insgesamt 113 mit Statuen, 25 große Statuen, den Glaubenssymbolen). Zunächst musste ein friedlicher Wettstreit um die besten und größten Plattformen geherrscht haben. Derartige Wettbewerbe über die kulturellen höchsten Verehrungen entwickeln sich nach einiger Zeit – ohne starke gesellschaftliche Regularien – in der Regel zu erbitterten Wettkämpfen der unterschiedlichen Sippen (Aufschaukeln), wovon die Forscher auch in der Analyse der Gesellschaften auf der Osterinsel ausgehen.

1.2.8 Rituale

Symbole und Rituale dienen der öffentlichen Präsentation und werden nach außen für die Abgrenzung zu anderen Herrschaftsbereichen oder den Konkurrenten genutzt, nach innen dienen sie der Stärkung der Identität der Sippe bzw. dem Zugehörigkeitsgefühl eines Herrschaftsbereichs (Identitäts- und Identifikationsmerkmale).

Die kleineren Plattformen werden in ihrem Gewicht auf bis zu 300 t geschätzt. Die größeren Plattformen werden auf ca. 900 t Gewicht geschätzt, das von den Inselbewohnern bewegt wurde. Die Statuen auf den Plattformen werden als Moai bezeichnet. Nach dem heutigen Stand der Forschung stellen sie hochrangige Vorfahren oder Ahnen dar. Insgesamt wurden auf der Insel 887 behauene Statuen gezählt.

Eine Hälfte dieser Statuen wurde aus den Steinbrüchen abtransportiert und aufgestellt. Eine durchschnittliche Statue wiegt geschätzt 10 t und ist 4 m hoch. Die größte Statue wog ca. 87 t. Der Bau der Steinplattformen wurde auf eine gesellschaftliche Entwicklungsphase zwischen 1100 bis 1600 n. Chr. datiert, was einem Zeitraum von ca. 200 bis 700 Jahren nach der Erstbesiedlung entspricht. Zunächst besaßen die Plattformen keine Statuen, die erst später – nach dem Aufstellen der Plattformen – entstanden. Forscher gehen davon aus, dass die anschließend auf die Plattformen gestellten Statuen und ihre mit der Zeit zunehmende Größe ein Ausdruck des Wettbewerbs unter den einzelnen Häuptlingsgebieten waren.

Die genannten Daten sollen veranschaulichen, wie viel gemeinschaftlicher/gesellschaftlicher Aufwand, Nutzung von Ressourcen, Anzahl von beteiligten Menschen und dafür notwendiger Verbrauch an Nahrung aufgebracht werden mussten, um diese Ehren-, Glaubens- und Statussymbole herstellen sowie aufstellen zu können. Dieser Prozess war eine *Transformation* der natürlichen Ressourcen in einen abstrakten gesellschaftlichen Wert, der Macht und Größe repräsentierte, so wie wir heute natürliche Ressourcen in den abstrakten Wert von „Geld" umwandeln. Aber wie hoch war dieser Aufwand?

1.2.9 Werkzeuge aus der Natur

Symbole und Rituale haben innerhalb der Gesellschaften einen so hohen Wert, dass für ihre Herstellung und Erhalt alle verfügbaren Mittel ohne Einfluss von Rationalität genutzt werden. Damit entsteht eine irrationale, zur Erfüllung von gesellschaftlichen Symbolen und Ritualen scheinbar notwendige Handlung (Aufwand), die eine Schonung der natürlichen Ressourcen ausschließt. Die gesellschaftliche Priorität liegt in der Bedienung der Rituale mit den von ihr selbst geschaffenen Symbolen, sowie der Transformation/Umwandlung der dazu notwendigen natürlichen Ressourcen.

Wie hoch war der Aufwand dieser Inselgesellschaft, die fragmentiert in kleine Sippen mit „Gebietshäuptlingen" aufgeteilt war, um solche außerordentlich schweren Plattformen und Monumente herstellen, transportieren und aufstellen zu können? Einige Experimentalwissenschaftler konnten eine durch Experimente gestützte, plausible Methode zum Transport derartig großer und schwerer Steine aufstellen. Sie wird als „Kanuleiter" bezeichnet. Diese Kanuleiter besteht aus verschiedenen Holzbalken, die über lange Strecken verlegt werden. Über dieses Schienenkonstrukt werden dann die schweren Lasten gezogen.

Der Aufbau der Kanuleiter und das Ziehen der Lasten benötigen zahlreiche Arbeiter, die mit Wasser und Lebensmitteln versorgt werden müssen. Um Lasten von 10 bis 90 t über das Transportsystem ziehen zu können, wurden vermutlich 50–500 Menschen benötigt, die in einer synchronisierten gemeinsamen Leistung entsprechende Lasten bewegten. Für das Aufstellen und für andere Mechaniken notwendiger Hebel wurden zahlreiche Holzstämme benötigt, was bestimmte handwerkliche Fähigkeiten von Personengruppen voraussetzt. Die ersten europäischen Besucher bemerkten, dass auf der Osterinsel jedoch nur kleinere Bäume unter 3 m Höhe vorhanden waren. Wo waren die Bäume geblieben, die das Grundmaterial für Seile, Hebel, Transportschienen etc. geliefert hatten?

1.2.10 Natürliche Ressourcen

Die sich entwickelnde Gesamtgesellschaft auf der Osterinsel hat sich in verschiedene, auf unterschiedlichen Feldern konkurrierende Herrschaftsbereiche (Neu- oder Teilgesellschaften) aufgeteilt. Der Verbrauch natürlicher Ressourcen ist auf dem Inselgebiet insgesamt gestiegen. Die Konkurrenz zwischen den Teilgesellschaften ist ritualisiert. Die Rückkopplung dieser gesamtgesellschaftlichen Entwicklung mit den natürlichen Ressourcen ist real, jedoch nicht Bestandteil dieser gesamtgesellschaftlichen Entwicklung und damit nicht im gesellschaftlichen Fokus (kein Bestandteil eines gesellschaftlichen Kontextes). Offenbar wurde die Verfügbarkeit der natürlichen Ressourcen als im gesellschaftlichen Kontext „selbstverständlich" angesehen oder die Inselgesellschaft verstand sich im Rahmen ihres Glaubens als Herrscher über dieselben.

Wenn ich meine Recherchen richtig interpretiere, konnte die moderne Forschung nach eigenem Verständnis nachweisen, dass noch bis kurz nach der Besiedlung der Osterinsel ein subtropischer Wald mit hohen Bäumen und dichtem Gebüsch vorhanden gewesen sein musste. Man geht heute davon aus, dass große Palmen bzw. Riesenpalmen die Insel bewaldeten. Die Osterinsel musste bei der Ankunft der ersten Siedler ein artenreicher Urwald mit vorwiegend großem Palmenbewuchs gewesen sein, was auch den Transport der großen Steine ermöglicht hätte.

Durch vergleichende Studien von historischen Müllplätzen auf der Insel konnte festgestellt werden, dass sich im Verlauf der Besiedlung die Nahrungsgrundlage stark veränderte. So wurden u. a. die heimischen Landvögel vollkommen ausgerottet und standen deshalb in den späten Entwicklungsphase als Nahrungsquelle nicht mehr zur Verfügung. Die Palmen und Riesenpalmen, die einst auf der Insel heimisch gewesen sein mussten, verschwanden.

Man konnte nachweisen, dass vor allem Bäume zur Verbrennung der Toten in den Krematorien verwendet wurden (Bedienung von Ritualen). Die Krematorien auf der Osterinsel enthalten große Mengen an Knochenasche, die durch hohe Temperaturen und einen großen Einsatz von Brennmaterial entstanden waren. Der natürliche Urwald der Insel wurde vermutlich in Teilen auch für den Aufbau der Landwirtschaft gerodet (zivilisatorischer Flächenbedarf). Holz musste auch für den Bau von Kanus genutzt worden sein, um Fischfang betreiben zu können. Zusätzlich zu der menschlichen Nutzung des Urwaldes kamen eingeschleppte Ratten, die sich immer stärker ausgebreitet haben mussten. Das zeigen unzählige Fressspuren an historischen Funden von zahlreichen Früchten und Nüssen. Die Nager wurden später für die Bevölkerung selbst ein Teil ihrer Nahrung.

1.2.11 (Über-)Nutzung von Ressourcen im gesellschaftlichen Kontext

Die Rückkopplungsprozesse zwischen den Inselgesellschaften und den natürlichen Ressourcen beeinflussen sich gegenseitig. Die Zeiträume der Rückkopplungsprozesse mit ihren Auswirkungen sind für Gesellschaften schwer fassbar, fast unmerklich, da sie über mehrere Generationen ablaufen.

Können Gesellschaften einen lang andauernden Rückkopplungsprozess, den sie selbst ausgelöst haben, aufhalten? Welche Strategie muss eine Gesellschaft entwickeln, um diesen Rückkopplungsprozess zu ver- und zu be-stehen?

Heute gehen die Forscher davon aus, dass die Waldzerstörung unmittelbar nach der ersten Besiedlung um 900 n. Chr. begann. Mit dem ersten Besuch des Entdeckers Roggeveen im Jahr 1722, ca. 800 Jahre nach der Erstbesiedlung, muss der Kahlschlag bereits vollzogen worden sein, da Roggeveen keine hohen Bäume mehr gefunden hatte. Die meisten Palmnüsse stammen aus dem Jahr 1500 n. Chr. , also ungefähr 600 Jahre nach der Erstbesiedlung und einer gesellschaftlichen Entwicklung. Daraus kann abgeleitet werden, dass nach dieser Zeit die Palmen im Bestand abnahmen bzw. ganz verschwanden. Spätestens ab 1300 n. Chr., somit ca. 400 Jahre nach der Erstbesiedlung, kann eine radikale Entwaldung mit zunehmender Bodenerosion nachgewiesen werden. Auf der Poike-Halbinsel verschwanden die Palmen vermutlich um das Jahr 1400 n. Chr. Sedimentproben aus dem Krater des Rano Kao haben bestätigt, das für die Zeit um 1466 n. Chr. eine Trockenperiode herrschte. Der Wissenschaftler Grant McCall nimmt an, dass der Klimawandel in der Kleinen Eiszeit für die Destabilisierung und den Umbruch der Gesellschaft im 17. Jahrhundert mitverantwortlich war[7].

Zusammenfassend geht man davon aus, dass mit der Besiedlung der Osterinsel die Waldzerstörung begann, diese um 1400 n. Chr. und somit 500 Jahre nach Erstbesiedlung ihren Höhepunkt erreichte und 1500–1700 n. Chr. abgeschlossen wurde, was einem Zeitraum von ca. 600 bis 800 Jahren nach Erstbesiedlung entspricht. Damit

---

[7] Siehe auch: Anthropologe Grant McCall von der University of New South Wales.

verschwand der Wald vollständig und die heimischen Baumarten starben aus. Die Inselgesellschaft existierte damit in ihrem ursprünglichen kulturellen Verhalten wahrscheinlich ca. 600–800 Jahre, was einen langen kulturellen Zeitraum und mehrere Generationen an menschlicher Population umfasste. Die sich für die Menschen schleichend ändernden Umfeldverhältnisse konnten vermutlich nur über viele Generationen hinweg bemerkt werden, was eine Beobachtung, Dokumentation und Auswertung von Daten vorausgesetzt hätte. Ähnliches wäre auch in einem Prozess zur Verhinderung einer erkannten Katastrophe notwendig gewesen, was bereits auf die Probleme derart großer Zeiträume für eine Kultur hinweist.

Die Folge für die Inselbewohner war, dass sich damit ihre natürlichen Ressourcen dramatisch veränderten. Mit dem Verschwinden großer Bäume kam auch die Aufstellung der Statuen zum Erliegen, ihrer Glaubens- und Kultursymbole. Demzufolge änderte sich auch im Zuge dieser Katastrophe ihre kulturelle Grundlage. Alle von der Holzgewinnung abhängigen Tätigkeiten und Nutzungen mussten eingestellt werden oder verschwanden aus dem gesellschaftlichen Leben. Um die verbliebenen holzigen Sträucher muss es heftige Verteilungskämpfe gegeben haben. Zugleich mussten sich die Bestattungsmethoden und Verehrungsmethoden der verstorbenen Ahnen geändert haben, was einen tiefen kulturellen Wandel bedeutet haben musste.

Das Verschwinden des Waldes hatte auch Auswirkungen auf die Landwirtschaft auf der Insel, was Forscher nachweisen konnten. Nach der Abholzung der Palmen kam es zu starken Bodenerosionen, in deren Folge sogar ganze Siedlungen verlassen wurden. In der Konsequenz all dieser Auswirkungen entstanden eine Hungersnot, der Zusammenbruch der Bevölkerung und der sozialen Strukturen sowie ein gesellschaftlicher Niedergang mit

Hungerkatastrophen, lokalen Pandemien mit zahlreichen Toten, Schrumpfung der Population, lokalen Kriegen etc. Forscher konnten in der weiteren Entwicklung der Inselgesellschaft sogar Kannibalismus nachweisen, was einem vollständigen Zerfall der Gesellschaft nahekommt.

1.2.12 Die Anker und der Verlust gesellschaftlicher Ordnung

Die Legitimation der an der Spitze einer Gesellschaft stehenden Autoritäten basiert auf einem in die Zukunft gerichtetes „Wohlstandsversprechen" („eine bessere Zukunft"), das auch mit Ritualen und Symbolen verstärkt wird. Können diese Wohlstandsversprechen nicht mehr eingehalten werden, erodiert die Legitimation der gesellschaftlichen Autoritäten mit Folgen für die ganze Gesellschaft. In der Folge dieser Entwicklung entsteht eine gesellschaftliche Katastrophe, die von den Autoritäten hätte verhindert werden können, sofern ihnen dazu entsprechendes Wissen vorlag oder sie selbst es besaßen. Hier stellt sich die prinzipielle Frage, ob Gesellschaften bzw. Nationen im globalen Maßstab heute ebenfalls nur über Katastrophen lernen oder ob auf Basis rationaler Erkenntnisse diese Katastrophen im globalen Maßstab verhindert werden können.

Mit der Besiedlung der Osterinsel konnten die Häuptlinge und Priester ihre herausgehobene gesellschaftliche Stellung aus ihren Ursprungsgebieten übernehmen. Der Ahnenkult war sicherlich ein Teil ihres Glaubens. Die Statuen dienten der Verehrung dieser Ahnen, von denen man sich Wohlstand und eine reiche Ernte erbeten konnte. Die Statuen wurden auch zur Verehrung eigener verstorbener Angehöriger aufgestellt. Priester und Häuptlinge konnten ihre herausgehobene gesellschaftliche Stellung als ihre Vertreter zum Reich der Ahnen begründen und stellten dafür die Moai auf. Ihre Glaubensideologie wurde durch monumentale Statuen, die durch viele Menschen hergestellt und bewegt werden mussten, ausgebaut (Präsentation von Macht). Die Zeremonien mussten mit den Statuen und ihren hell scheinenden, durchdringend blickenden Augen eine starke Wirkung bei der restlichen Bevölkerung entwickelt haben. Dieser Glaubenskult wurde mit der Ausbeutung der natürlichen Ressourcen erkauft und funktionierte so lange, bis der „letzte Baum" des Urwaldes gefällt war. Das frühzeitige Erkennen einer Übernutzung der natürlichen Ressourcen, wie auch die daraus abzuleitenden Folgen und Handlungen für eine lokale Sippschaft/Herrschaftsbereich, wären originäre Felder der herrschenden Häuptlinge gewesen.

Um einen Bevölkerungsteil oder eine andere Sippe zu demütigen, wurden die Statuen nach den vorliegenden wissenschaftlichen Erkenntnissen umgestoßen. Ab dem Jahr 1868 konnten Seefahrer keine aufgestellten Statuen mehr entdecken. Nachdem die natürlichen Ressourcen auf der Insel dezimiert waren, konnten die Versprechungen der Eliten auf Wohlstand und reiche Ernten nicht mehr eingehalten werden. Forscher gehen davon aus, dass um die Jahre um 1680 eine „Revolution" auf der Insel stattfand und die vor dieser Zeit herrschenden Eliten gestürzt wurden. Die Gesellschaft auf der Osterinsel brach ab diesem Zeitpunkt auseinander. Bürgerkriege beherrschen offenbar nun das Inselgeschehen. Die Wohnsiedlungen wurden verlassen und andere Behausungen, wie u. a. auch Höhlen, wurden bewohnt. Nach mündlichen Überlieferungen der Inselbewohner wurden die letzten Statuen um das Jahr 1620 aufgestellt. Dieser Zeitraum zwischen 1620 und 1640 muss der Zeitraum gewesen sein, an dem die letzten Bäume zur Aufstellung der Götzen und damit dem Glauben und den Kulthandlungen geopfert wurden.

1.2.13 Der Verfall

Hat eine Gesellschaft die Glaubwürdigkeit ihrer Autoritäten verloren, beginnen gesellschaftliche Turbulenzen, die zahlreiche Opfer bedeuten können. Dieser Prozess des Verfalls kann über einen langen Zeitraum von mehreren Generationen der menschlichen Population andauern und damit von einer Gesellschaft selbst relativ unbemerkt bleiben.

Ein Hinweis auf den Verfall der Inselgesellschaft als ganzes konnten die Archäologen u. a. darin finden, dass die Plantagen zur Versorgung der Arbeiter in den Steinbrüchen zwischen 1600 und 1680 n. Chr. schrittweise aufgegeben wurden. Nach der *Blütezeit* der einzelnen Inselgesellschaften, in der insgesamt die größte Bevölkerungsanzahl erreicht wurde, die meiste Nahrungsmittelproduktion erzielt werden konnte, große ideologisch geprägte Konkurrenz zwischen den Klans und dem maximalem Verbrauch der natürlichen Ressourcen stattfand, brachen die einzelnen Inselgesellschaften schnell zusammen.

Die Überlebenden stellten sich in den folgenden Jahrhunderten dem gesellschaftlichen Wandel und auf die neuen Verhältnisse ein. Sie entwickelten auch einen neuen Glauben mit neuen Götzenbildern (Vogelmenschen, Vögel etc.), die nur sehr geringe natürliche Ressourcen verbrauchten. Die restliche Bevölkerung arrangierte sich so gut wie möglich, um mit den neuen Verhältnissen zu überleben, denn es war ihr nicht ohne Weiteres möglich, auf andere Inseln ausweichen zu können. Der Prozess der gesellschaftlichen Anpassung war damit eingeleitet und fand nun unter schlechteren Bedingungen für die übriggebliebene Gesellschaft statt, als sie es bei der Besiedlung des Ortes vorfanden.

Mit den katholischen Missionaren der europäischen Segler (ab 1864 n. Chr.), die die Osterinsel besuchten, wurden die letzten Reste der ursprünglichen Inselgesellschaft beseitigt. Ab 1872 n. Chr. waren lediglich noch 111 Inselbewohner übrig. Im Jahr 1888 n. Chr. annektierte Chile die Osterinsel.

1.2.14 Die innere Mechanik der Gesellschaft

Wie kann eine Gesellschaft lang anhaltende, die eigene Stabilität gefährdende Prozesse selbst erkennen und anschließend Korrekturen real wirksam auf allen notwendigen Handlungsebenen entwickeln? Kann eine Gesellschaft fundamentale Korrekturen selbst einleiten und durchführen oder sind gesellschaftliche Katastrophen unvermeidbar bzw. sind diese Katastrophen der eigentliche Lernprozess, den eine Gesellschaft durchleben muss?

Der interessante Zeitraum liegt zwischen der Erstbesiedlung um 900 n. Chr. und 1300 bzw. 1500 n. Chr., was einem Wachstums- und Wohlstandszeitraum von ca. 400 bis 600 Jahren entspricht. Die innere Mechanik des Verfalls dieser Inselgesellschaft scheint vor allem an einem großen Verbrauch natürlicher Ressourcen für das Ausfechten von gesellschaftlichen Konkurrenzen zu liegen. Es können im Wesentlichen natürliche Katastrophen wie z. B. ein Vulkanausbruch, Überschwemmungen etc. für den Untergang der ersten Inselgesellschaft ausgeschlossen werden. Die eingeschleppten Krankheiten in dieses isolierte Inselvolk, die zu schweren Pandemien und der Dezimierung des Inselvolkes geführt haben, betrachte ich nicht als einen natürlichen Einfluss, sondern als einen externen Eintrag durch andere Kulturen.

Interessant erscheint mir u. a. der zeitliche Verlauf dieser langen, lokalen Krise zu sein, der sich über mehrere Jahrhunderte erstreckte. Aufstieg und Niedergang dieser Kultur waren ein lange währender gesellschaftlicher Prozess, der über die Lebenszeit eines einzelnen Bewohners weit hinausragte. Einzelne Inselbewohner hatten deshalb nicht die Möglichkeit, ihre eigenen Erfahrungen für diesen langen Zeitraum nutzen zu können. Dazu war ihre eigene Lebenszeit zu kurz. Offenbar fehlte die Einsicht zu einer Notwendigkeit eines gesellschaftlichen Lernprozesses für diesen Bereich der Ressourcennutzung. Im Bereich der landwirtschaftlichen Anpassung an die örtlichen Verhältnisse scheint ein generationenübergreifender Lernprozess jedoch stattgefunden haben. Insofern konnten immer nur reaktive Entwicklungen auf aktuelle kritische Einflüsse von der Inselgesellschaft erfolgen. Ein gesellschaftliches Lernen über diesen langen Zeitraum im Kontext der kulturellen Sichtweisen und Überzeugungen war aus vielen Gründen offenbar nicht möglich (u. a. fehlende systematische Aufzeichnungen und ihre Auswertungen). Im Verlauf des Niedergangs (Krise) beschränkten sich die gesellschaftlichen Handlungen auf ein fundamentales und vom Überleben getriebenes Anpassen jedes Individuums.

In meiner Interpretation ist diese Inselkultur, wie viele andere Kulturen auch, durch innere Mechanismen in Krisen geraten, die von den damals führenden Autoritäten nicht oder falsch verstanden wurden. Aus diesen Fehlschlüssen wurden in konsequenter Folge falsche Maßnahmen von den gesellschaftlichen Autoritäten beschlossen, die jedoch *im Kontext des gesellschaftlichen Selbstverständnisses* lagen. So konnte als gesellschaftliche Wendemarke der „letzte Baum" gefällt werden, ohne dass diese isolierte Gesellschaft im Vorfeld ihrer Handlung auch nur die Vorstellung entwickeln konnte, welche Auswirkungen ihre eigenen Handlungen in einer ferneren Zukunft für sie hätten.

Eine genaue Übertragung der auf der Osterinsel abgelaufenen gesellschaftlichen Entwicklung kann natürlich auf unsere heutige Zeit nicht erfolgen. Aber es sind zahlreiche Ähnlichkeiten erkennbar (Aufteilung einer Besiedlungslandschaft in viele Völker, globale Arbeitsteilung, Austausch und Nutzung von Ressourcen zwischen Völkern, erheblicher Ressourcenverbrauch aller entwickelter Völker, verschiedene gesellschaftliche Selbsteinschätzungen/Überzeugungen/„Kulturen" mit fundamental unterschiedlichen gesellschaftlichen Prioritäten, Transformation von natürlichen Ressourcen in Geld/Kapital mit seiner Anhäufung als höchstes individuelles Streben, globale gegenseitige gesellschaftliche Abhängigkeiten, fehlende Ausweichmöglichkeiten auf andere Gebiete oder Planeten, etc.). Fundamental unterscheidet sich unsere heutige Zeit von der damaligen Inselwelt in den verfügbaren Daten über den Zustand unserer globalen Ressourcen. Unsere globale Gesellschaft ist durch Technologie zusätzlich in der Lage, den Austausch dieser Daten zu organisieren, sodass jedes Volk und seine Autoritäten gleiche Zugänge zu den Daten haben können. Ebenfalls haben wir global als moderne Gesellschaften eine generationenübergreifende Weitergabe an Erfahrungen und Wissen organisiert, was somit jede neue Generation in ein ähnliche Verantwortung setzt, wie die Generationen davon. Das Gleiche gilt ebenfalls für die aus den Daten ableitbaren möglichen Folgen für einzelne Völker bzw. ganze Regionen, die die Autoritäten auf der Osterinsel vermutlich nicht einschätzen konnten. Heute ist es möglich, auch Zeiträume außerhalb einer Lebenszeit eines Individuums abschätzen und daraus notwendige Handlungen ableiten zu können, sofern unsere heutigen „Autoritäten" das für notwendig erachten, die richtigen Maßnehmen auf Basis rationaler, in einer globalisierten Welt vernetzten und für eine Gesellschaft tragfähigen/akzeptablen Strategie(n) umzusetzen.

1.2.15 Den Blick weiten

Ich blicke zurück auf das erste Bild, den Erdaufgang über dem Mondhorizont. Nachdem ich zahlreiche Bücher, Berichte, Studien und andere Quellen über die Osterinsel gelesen hatte, musste ich immer wieder an dieses Foto denken. Dieser kleine blaue Planet ist in diesem unendlichen Meer der dunklen Leere eine Insel der Wärme und des Lebens, auf der sich über Millionen von Jahren natürliche Kreisläufe entwickelt haben, die wir noch heute nicht vollständig verstehen – ein Platz, der uns Nahrung und Wärme gibt, sodass wir in unserer heutigen Zeit eine nicht vorstellbare Bequemlichkeit, technologische Perfektion und umfassendes Wissen, sowie umfassende Kenntnisse in zahlreichen Wissensgebieten entwickeln konnten. Wir erleben eine Glanzzeit/Hochzeit einer globalen menschlichen Gesellschaft, die sich in verschiedene Hoheitsgebiete bzw. Machtbereiche unterteilt hat. Sie stehen untereinander in Konkurrenz, aber auch in Kooperation, und nutzen die natürlichen Ressourcen des Planeten, solange es dafür „Geld" gibt. Ihre am weitesten verbreitete Ideologie ist ein wirtschaftlicher Glaube an ein unendliches Wachstum sowie ein in die Zukunft gerichtetes Versprechen an jeden Einzelnen, ebenfalls Wohlstand und Macht erlangen zu können (das grundlegende Versprechen des Kapitalismus). Wachstum bedeutet die ständig während Wandlung von – bevorzugt – natürlichen Ressourcen in „Geld", dessen Anhäufung Reichtum, gesellschaftliche Anerkennung, Macht, Einfluss, Herrschaft über Andere und vieles mehr für die „Häuptlinge" der heutigen „Inselgebiete", wie auch für eine einzelne Person in diesem Umfeld

(Eliten), hervorgebracht hat. Wie in den einzelnen Völkern, so auch global, hat unsere menschliche Gesellschaft auf diesem Planeten zahlreiche Götzen, zu denen auch das Geld gehört. Aber auch der Glaube an ein unendliches Wachstum unserer heutigen „Wirtschaftsreligion" ist ein Glaubenssymbol, das uns heilig ist. Wir haben unsere eigenen Moai aus unseren kulturellen Steinbrüchen unserer Entwicklungsgeschichte gehauen und aufgestellt.

Die Forschung um die Vorgänge auf der Osterinsel hat zahlreiche Forscher beschäftigt und tut es immer noch, von denen einige auch der Überzeugung sind, dass der Wald auf der Insel durch natürliche Vorgänge verschwunden ist. Zur Vollständigkeit weise ich auf die unterschiedlichen Interpretationen der Daten aus der Inselforschung hin.

Ein Argument auf meinem Weg zum Verständnis um den Ablauf und der Bestimmung des Zeitpunktes, wann der „letzte Baum" (als Synonym für den Zeitpunkt der Unumkehrbarkeit in der Vernichtung einer natürlichen Ressource) gefällt wurde, ist, dass unsere modernen Gesellschaften mithilfe von Technologie das Problem der „fehlenden Bäume" als Vorstufe zum „letzten Baum" beabsichtigen zu lösen, bzw. sich auf den Weg gemacht haben, die dafür notwendige Technologie zu entwickeln. Mit Blick in Richtung anderer gesellschaftlicher Teile könnte auch argumentiert werden, dass … *der endgültige Beweis fehlt, dass es keine Bäume mehr geben wird,* und die Bereitstellungen von … *mehr Forschungsgeldern und neuen Forschungen zu diesem Thema sind unzureichend und müssen deshalb besser finanziert werden.* Ein an die Emotionen gerichtetes Argument kann man auch in den heutigen Zeitungen finden, wie … *in dem kein Beweis für einen „letzten Baum" vorhanden ist und die Warnung nur allgemeine Ängste schürt.* Ein weiteres Argument in unserer heutigen Zeit kann wahrgenommen werden, dass wir mithilfe von neuen

Technologien den angerichteten Schaden im Verbrauch von Ressourcen ausgleichen werden (in Bezug auf den Klimawandel z. B. Climate Engineering: Sonnenspiegel im Orbit zur Verringerung der Sonneneinstrahlung; große technische Anlagen zur CO_2-Entnahme aus der Luft [Air Cleaning]; durch Flugzeuge in den oberen Schichten der Atmosphäre ausgesprühte, dass Sonnenlicht reflektierende Mikropartikel, somit weniger Sonnenlicht auf die Erdoberfläche gelangen würde, …).

Bei allen Recherchen zu diesem Thema und einer Bilanz der Energiewende der letzten 30 Jahre, sowie den vor allem in diesem Kapitel dargestellten Grundlagen in der Entwicklungsmechanik in unseren vernetzten Gesellschaften sind mir für unsere heutige Zeit keine plausiblen Strategien, Konzepte oder Pläne begegnet, wie eine global sich ausbreitende, weiter wachsende menschliche Gesellschaft, die in zahlreiche politische, partikulare Ziele verfolgende, religiös vollkommen divergente Völker, die in kulturelle, wirtschaftliche und unterschiedlich reiche Kulturen unterteilt ist, die zudem allesamt in einem globalisierten Wettbewerb und Austausch von Ressourcen stehen, und die eine unfassbar kleinteilige, global organisierte Arbeitsteilung entwickelt hat, einen sich über Jahrhunderte entwickelnden Klimawandel verhindern will, ohne dabei wirtschaftliche, kriegerische oder andere Katastrophen vermeiden zu können. In der Konsequenz dieser nicht trivialen Zusammenhänge und vor dem Hintergrund der gesellschaftlichen Mechanik der oben beschriebenen Entwicklungen des Volkes auf der Osterinsel zeichnet sich ein binärer Entscheidungsbaum unserer zukünftigen Handlungsalternativen ab: die Katastrophe, durch die viele Völker in der Geschichte zahlreicher Nationen bereits gegangen sind, oder eine rational basierte orchestrierte globale Entwicklung zur Anpassung an sich ändernde Umweltverhältnisse.

Das scheint eine düstere Aussicht unserer eigenen Zukunft zu sein, was sie jedoch real nicht ist! Der Grund für eine positive Zukunftsaussicht liegt genau in dieser Erkenntnis, also dem Wissen um die Problemfelder, die Aufgabe und den Weg zur realistischen Lösung zu finden. Das genau unterscheidet auch unsere heutige globale Lage aller Völker, der globalen Gesellschaft, von zahlreichen anderen historischen Völkern und ihren Entwicklungen. Die große Frage stellt sich jedoch auf einem anderen Feld. Können wir uns als global vernetzte Gesellschaft auf realistische Entwicklungslinien untereinander verständigen, um ein kulturelles Verständnis über uns selbst und unsere Umwelt, das aus einem vorindustriellen Zeitalter stammt, zu modernisieren? Wir haben die Zeit, diesen Wandel einzuleiten und einen Modernisierungsprozess zu durchlaufen. Die hoffnungsvolle Nachricht ist: Es gibt keinen durch einen Klimawandel verursachten Zeitdruck. Das Fenster, in dem wir ein Jahrtausende währendes, klimatisches Gleichgewicht nicht gestört hätten, liegt zeitlich bereits weit hinter uns, wie wir im nächsten Abschnitt sehen werden. Der Klimawandel ist damit ein Fakt unseres heutigen und zukünftigen Daseins, mit dem wir nur noch nicht gelernt haben umgehen zu können. Unser Schwerpunkt unseres heutigen Handelns muss die *Vermeidung* zusätzlicher selbst verursachter Katastrophen, durch unter Zeitdruck/Panik und gesellschaftlicher Zukunftsangst entstanden Handelungsdruck sein, also die Vermeidung einer Emotionalisierung des globalen Problems *Klimawandel*. Diese seit Jahren entstehende, zunehmende *Emotionalisierung* (siehe auch Kapitel 3, 4, 9) verstellt uns global die Fähigkeit, pragmatische und funktionierende Lösungen finden zu können. Eine durch eine Emotionalisierung und in Panik handelnde Menschheit/Gesellschaft, sowie eine dadurch verursachte zusätzliche Krise wird uns in ihrer Folge/Auswirkung viel stärker beschäftigen und den Zeitgeist der Klimafokussierung wandeln bzw. von den notwendigen langfristigen globalen Lösungen entfernen.

1.3 Eine turbulente Entwicklung

Ich möchte nun der Frage nachgehen, wo ein Zeitpunkt in der Vergangenheit oder der Zukunft gewesen sein könnte, an dem wir das Klimasystem in dem „Systemzustand" der letzten 100.000 Jahre hätten halten können (0 °C Änderung der globalen Durchschnittstemperatur bzw. vorindustrielle Klimaverhältnisse). Zusätzlich möchte ich eine vereinfachte Modellvorstellung über das GLOBALE Klimasystem entwickeln. Eine modellartige Visualisierung eines hochkomplexen Klimasystems hilft, die Komplexität, die außerordentliche Systemgröße und unsere eigene Rolle für eine Problemfindung und -lösung so nahe wie möglich an reale Zielsetzungen heranzubringen. Damit entsteht eine Perspektive/Sichtweise, die zu neuen Ansätzen/Lösungen befähigen kann.

Das CO_2-System ist ein Teil des Klimasystems. Es besteht im Wesentlichen aus drei Elementen: der Atmosphäre, dem Ozean und der Landbiosphäre. Alle drei Systemelemente sind Subsysteme eines überlagerten Systems: dem Erdsystem mit seinem Trabanten Mond und den anderen Teilen unseres Sonnensystems (andere Planeten, Asteroiden etc.). Alle Teil- oder Subsysteme sind in verschiedener Weise miteinander rückgekoppelt und damit untereinander verbunden. Das Klimasystem insgesamt besteht noch aus wesentlich mehr Systembestandteilen, wie u. a. der Sonneneinstrahlung, der Planetenbahn, der

Rotationsachse, der Planetenneigung zur Sonne (Ekliptik) und vielen weiteren Teilen. Eine wesentliche Einflussgröße sind die menschlichen Emissionen an unterschiedlichen Gasen, aber auch die starken menschlichen Einflüsse auf die anderen Klimasubsysteme wie die Veränderung der Landoberflächen und Landstrukturen (z. B. künstliche Inseln, künstliche Oasen in Wüsten, Staubecken, künstliche Berge oder Bergabtragungen etc.) sowie die Meere. Mikroklimatische Auswirkungen haben u. a. Städte, künstliche Flüsse, Staudämme, Landwirtschaft, Forstwirtschaft, Viehwirtchaft, Industrie, Deponien, etc. und die zahlreichen Tagebaue zum Abbau von Bodenschätzen.

Welche verändernden Einflüsse all diese klimatisch wirksamen Teilsysteme insgesamt auf das Makroklima haben, wird erst in der letzten Zeit immer besser verstanden. Es ist aus meiner Sicht deshalb relativ unverständlich zu behaupten, dass unsere gesamten Handlungen nicht Auswirkungen auf das globale Klima hätten. Versteht man das Klimasystem als ein zusammenhängendes Teilsystem des Systems Erde, sind all diese Teilsysteme miteinander verbunden und untereinander rückgekoppelt. Dass wir auf unserer kleinen blauen Kugel wie Raumfahrer in einem Raumschiff mit einem Durchmesser von 12.756 km mit 961.200 km/h durch ein schwarzes Nichts rasen (mit 1.987.000 km/h relativ zur kosmischen Hintergrundstrahlung), hatte die Mondlandung dramatisch gezeigt und durch das wunderschöne Bild des Erdaufgangs dokumentiert. Wir befinden uns bereits auf einem großen Raumschiff, das uns Menschen und alle anderen Lebewesen perfekt versorgt, sofern wir unsere Versorgung nicht selbst abschalten. Das Klimasystem, das uns am Leben erhält, kann somit als komplex bzw. nichtlinear angesehen werden. Aber was bedeutet das?

Die Vorstellung des „Chaos", der Nichtlinearität, als ein möglicher Zustand eines Systems entwickelte sich vor allem mit den Arbeiten von Boltzmann. Er beschäftigte sich im 19. Jahrhundert im Wesentlichen mit der Thermodynamik und der statistischen Mechanik. Durch seine Arbeit wurde der Begriff der *Wahrscheinlichkeit* in die Physik als feste Größe eingeführt. Boltzmanns Sicht im 19. Jahrhundert war jedoch eher eine reduktionistische Sichtweise, in der er alle Dinge letztendlich als berechenbar angesehen hatte. In demselben Zeitfenster entdeckte Darwin den *Zufall* als Motor der biologischen Evolution. Zufällige Mutationen in Lebewesen schufen die Grundlage der Anpassung an ein sich änderndes Umfeld. Ende des 19. Jahrhunderts, mit der sich entwickelnden Industrialisierung, herrschte in der Wissenschaft ein reduktionistisches Weltbild vor, in dem alles wie eine Mechanik (mechanisches Uhrenwerk) funktionierte und damit auch berechenbar war. Mit der Entdeckung des Zufalls, wie in der Biologie und der Thermodynamik, öffnete sich jedoch das Fenster zu einer neuen Sicht auf komplexe, unberechenbare oder chaotische Vorgänge, die man über nichtlineare Gleichungen beschreiben kann. Die nichtlinearen Gleichungen waren Ende des 19. und Anfang des 20. Jahrhunderts bekannt.

Erst mit der Entwicklung des Computers konnten diese nur schwer handhabbaren nichtlinearen Gleichungen zur Lösung von unsteten Vorgängen nutzbringend eingesetzt werden. In einer nichtlinearen Gleichung können bereits sehr geringe Änderungen einer Variablen große Auswirkungen haben. Wenn sich ein System über einen langen Zeitraum und einen großen Wertebereich konstant verhält, ist das System stabil. Es schwingt in einer Periodendauer (Zyklusweite) und einer Amplitude. Das System kann bei Änderungen von bestimmten Parametern und Werten ein robustes Verhalten zeigen, sodass es trotz Störungen immer wieder in seinen bisherigen Zyklus zurückkehrt (typisch für zahlreiche natürliche Systeme ist eine 10- bis 25-%-Spitze-Spitze-Systemtoleranz). Trotz Änderungen in den Beziehungen seiner Elemente und einigen Werten verbleibt das System weiterhin in seinem stabilen Systemzustand oder kehrt nach einer Weile wieder in sein ursprüngliches Systemverhalten zurück. Dieses Systemverhalten wird als stabiles Systemverhalten bezeichnet. Ändert sich in diesem System jedoch ein bestimmter Parameter in einem sehr kleinen Wertebereich, kann das gesamte System umkippen und in einen neuen, turbulenten Zustand übergehen, der nicht mehr dem vorherigen Systemverhalten entspricht. Man kann diesen Effekt z. B. bei plötzlich auftretenden Materialbrüchen oder bei Luft mit hohen Windgeschwindigkeiten beobachten. Ein Bruch eines Materials – hier vereinfacht dargestellt – ist eine plötzliche Veränderung in der Gitterstruktur z. B. eines Metalls. Hohe Windgeschwindigkeiten führen in der Luft selbst zu neuen, untereinander wechselwirkenden Wirbeln. Der plötzliche Bruch eines Metalls oder die Entstehung von neuen, wechselwirkenden Wirbeln kann mit nichtlinearen Gleichungen dargestellt bzw. berechnet werden.

Bei linearen Gleichungen können die Lösungen eines Systems auf ein Anderes übertragen werden. Das Ergebnis der Gleichung kann somit auf andere lineare Systeme verallgemeinert werden. Die Lösungen von nichtlinearen Systemen können nicht ohne Weiteres auf andere Systeme übertragen werden. Sie verhalten sich chaotisch und teilweise unvorhersehbar. Kurven von nichtlinearen Systemen weisen Lücken, Schleifen, Rekursionen, Sprünge oder ähnliche Merkwürdigkeiten auf. Heute kann turbulentes Systemverhalten mit nichtlinearen Gleichungen annähernd gut beschrieben werden, wie z. B. die Wettervorhersage, die mit zunehmender zeitlicher Prognose immer unwahrscheinlicher wird, dass das prognostizierte Ereignis (z. B. Regen, Schneeschauer, Temperatur etc.) auch wirklich eintreffen wird. Lineare Gleichungen würden exakt für eine bestimmte Sekunde den Regentropfen an genau diesem Ort vorhersagen können. Umgekehrt fällt es schwer, in einem chaotischen, komplexen System ein Ereignis vorherzusagen, wie z. B., ob es um genau 14 Uhr an dem einen bestimmten Ort regnen wird. Das Gleiche gilt auch für die Vorhersage einer Lufttemperatur an einem bestimmten Ort oder in einer bestimmten Region zu einem bestimmten Zeitpunkt. Die Temperatur verhält sich in einem nicht linearen System genau so, wie man es mit den Formeln bestimmt hat. In einem nichtlinearen System würde z.B. die exakte Vorhersage am Anfang eines Jahres, ob der nächste Winter galt oder warm wird, bzw. WIE kalt oder warm der nächste Winter wird, nicht möglich sein. Die Prognose in diesem System könnte lediglich die Aussage treffen, dass ein Winter kommen wird. Hier kommt die Wahrscheinlichkeit zurück, mit der man dann ein Ereignis dennoch vorhersagen kann, indem man eine Wahrscheinlichkeit mit dem Ereignis verknüpft, dass dieser Regenschauer um 14 Uhr höchst wahrscheinlich auch an dem vorhergesagten Ort auftreten wird. Auf das Beispiel der Temperaturvorhersage bzw. der Prognose des Winters bezogen, würde man unter Angabe einer Wahrscheinlichkeit lediglich die Tendenz eines warmen oder kalten Winters vorhersagen können. Ob dann tatsächlich der Winter warm oder kalt geworden ist bzw. wie hoch die Temperatur an einem bestimmten Wintertag war, somit die Verifikation/Nachprüfbarkeit des Vorhersagemodells richtig oder falsch war, wird erst nach dem nächsten Winter möglich sein (Falsifizierbarkeit von wissenschaftlichen Thesen).

Nichtlineare Gleichungen können zwar so ein komplexes, chaotisches System wie z. B. das Wetter beschreiben und den Wissenschaftlern tiefe Einsichten in das Systemverhalten geben. Eine genaue Vorhersage über den Ort und den Zeitpunkt eines Ereignisses ist jedoch nicht möglich, wie man sie z. B. bei linearen Systemen durchaus bestimmen könnte. Ein anderes Beispiel für den komplizierten Einsatz nichtlinearer Systemgleichungen sind die Simulationen der Klimaforscher oder Klimamodellierer, die auf Basis von verschiedenen Gaskonzentrationen in der Atmosphäre, Erdbahnparameter, Wasserdampfkonzentrationen (das am stärksten wirkende „Klimagas"), Sonneneinstrahlung etc. unterschiedliche Szenarien erstellen und Prognosen für die Erderwärmung in den nächsten Jahrzehnten berechnen (erdgeschichtlich extrem kurze Zeiträume). Ohne ein Verständnis über chaotische, nichtlineare Systeme und den Einsatz von Hochleistungscomputern wären diese Prognosen nicht denkbar. Worin besteht nun der Unterschied dieser beiden Systemmodelle?

Nichtlineare Systeme wie unser Klima zeichnen sich vor allem dadurch aus, dass ihre Systemelemente und Teilsysteme miteinander *wechselwirken* bzw. miteinander *rückgekoppelt* sind. Alle Systemteile sind miteinander verbunden und wechselwirken. Wechselwirkung bedeutet, dass der eine Teil den anderen Teil beeinflusst und umgekehrt. Eine Änderung in einem Teilsystem wirkt sich auf alle anderen Systemteile unterschiedlich aus. Die kleine Änderung in dem einen Teilsystem kann sich somit auf das ganze System gravierend auswirken. In unserem Beispiel über den Regenschauer würde z. B. durch ein kleines Ereignis weit vom eigentlich prognostizierten Ort entfernt, an dem der Schauer abregnen sollte, die Wolkendecke aufbrechen und anstelle des Schauers die Sonne erscheinen. Die einfachste Rückkopplung ist die Heizung im Haus. Durch das Thermostat ändert sich der Zufluss des warmen

Wassers, abhängig von der Temperatur im Raum. Öffnet man z. B. ein Fenster, strömt kalte Luft in den Raum. Das Thermostat kühlt ab und öffnet den Regler für mehr warmes Heizungswasser, sodass die Raumtemperatur ansteigen kann. Es regelt die Raumtemperatur. Zusätzlich beeinflusst es jedoch auch den Zufluss von Wasser in die Heizung, was wiederum z.b. den Öl- oder Gasbrenner der Heizungsanlage beeinflusst (negative Rückkopplung bei genügend hoher Wohnraumtemperatur). Bei einer Fernheizung mit Tausenden von Heizungskörpern regeln alle Heizungen zusammen ein ganzes Kraftwerk, wie viel warmes Wasser zu den Häusern transportiert oder zurückgehalten werden muss, wenn die Wohnungen warm genug sind. Damit haben wir zwei wichtige Rückkopplungen in Systemen beschrieben, die positive und negative Rückkopplung. Die positive Rückkopplung verstärkt und die negative Rückkopplung schwächt ab bzw. wirkt dämpfend. Rückkopplung und Nichtlinearität kommen in fast allem vor, was wir kennen. Sie sind eine grundlegende Eigenschaft aller komplexen natürlichen Systeme.

So wie das Wetter als kleiner Bruder des Klimas, ist auch das Klima ein komplexes System, in dem zahlreiche Nichtlinearitäten und Rückkopplungen vorhanden sind. Man kann deshalb auch davon ausgehen – zugleich auch in der Erdgeschichte, wie in der oberen Grafik zu sehen ist, nachvollziehen –, dass unser Klima insgesamt nicht stabil ist. Es schwankt. Über die letzten Jahrtausende können Zyklen zwischen Warmzeit und Kaltzeit erkannt werden (Temperaturschwankungen der globalen Durchschnittstemperatur). In noch größeren Zeiträumen von Millionen Jahren werden weitere Zyklen erkennbar, die jedoch für meine Betrachtung nicht von Relevanz sind. In den letzten Jahrtausenden (ca. 800.000 Jahre) schwankte unser Klimasystem, in dem sich Warmzeit und Eiszeit abwechselten. Man kann diese Schwankungen der

Amplituden pro Periodendauer über den genannten Zeitraum auch als Systemzustand des Klimasystems verstehen, in dem unser jüngstes Klima in dieser durchschnittlichen Schwankungshöhe (Amplitude Spitze-Tal) so etwas wie einen stabilen Zustand erreichte (Abb. 1.4[8]). Die globalen CO_2-Konzentrationen betrugen in diesem vorindustriellen Systemzustand, mit geringer menschlicher Population, minimal um 170 ppm und maximal um 280 ppm CO_2-Konzentration (gemittelte Abschätzung). Eine Spitze an CO_2-Konzentrationen von ca. 300 ppm trat vor ca. 380.000 Jahren auf. Sie zeigt für den dargestellten Zeitraum einen statistischen Ausreißer, der die Systemstabilität offensichtlich nicht gefährdete und das System

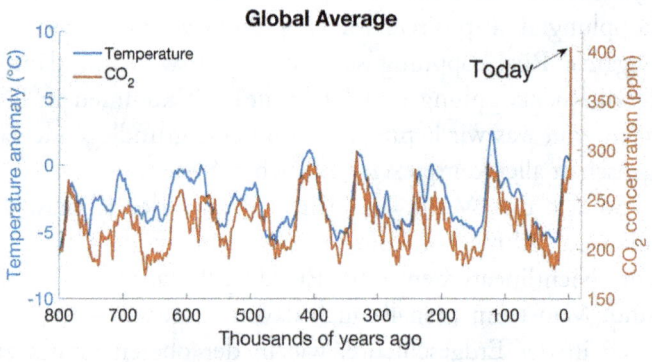

@benhenley, @dr_nerilie

Abb. 1.4 Eisbohrkernmessungen: Langzeitauswertung (Daten aus Parrenin et al. 2013; Snyder et al. 2016; Bereiter et al. 2015), Quelle: Ben Henley (Monash University), Nerilie Abram (Australian National University), https://theconversation.com/the-three-minute-story-of-800-000-years-of-climate-change-with-a-sting-in-the-tail-73368, 18.12.2021

---

[8] Quelle: Ben Henley (Monash University), Nerilie Abram (Australian National University), https://theconversation.com/the-three-minute-story-of-800-000-years-of-climate-change-with-a-sting-in-the-tail-73368, 18.12.2021.

anschließend wieder zu einem normalen Verhalten in den bisherigen Grenzwerten zurückkehrte. Die globale Durchschnittstemperatur (blaue Kurve) schwankte in ähnlichen Zyklen. An den Kurven der Grafik kann man gut erkennen, dass das Klimasystem nach einer hohen oder geringen CO_2-Konzentration jeweils wieder in einen anderen Systemzustand zurückfiel (Schwankungen). Dieser Rückfall von einem Hoch in ein niedrigeres Niveau und umgekehrt ist auf zahlreiche Rückkopplungen von Systemelementen im Klimasystem zurückzuführen. Deshalb kann für diese zeitliche Auflösung auch keine direkte optische Korrelation zwischen einer dem Temperaturanstieg vorlaufenden CO_2-Konzenration abgelesen werden. Für meine Betrachtung ist auch die Frage nach einem direkten oder indirekten Zusammenhang beider Kurven irrelevant. Relevant ist, dass es heute einen wissenschaftlich fundierten Zusammenhang, eine Rückkopplung, beider Systemgrößen gibt. Die Grafik zeigt auch, dass am rechten Rand gegen den Wert 0 Jahre von heute, der Ausschlag der klimawirksamen CO_2-Konzentration einen hohen Anstieg im Jahr 2021 mit ca. 420 ppm CO_2-Konzentration ausweist (Abb. 1.4 rechte Seite „Today"). Dieser Ausschlag zeigt die aktuelle globale Konzentration an CO_2-Gasen an. Interessant für meine Analyse sind der klimageschichtlich extrem kleine Zeitraum (Dynamik) und die Höhe des Anstiegs (Ausmaß/Dimension) am rechten Bildrand der Grafik. Dieser Anstieg ist wie ein Impuls, Anstoß oder eine Art „Explosion" eines spezifischen Systemparameters in einem globalen komplexen Systems, des Klimasystems.

Einige grundlegende Eigenschaften des Klimasystems, die quasi zyklische Schwingung in bestimmten Systemgrenzen und ihre relative Systemstabilität über einen für uns Menschen langen Zeitraum, habe ich bereits beschrieben. Eine weitere wichtige Eigenschaft ist die Systemträgheit. Das Klimasystem reagiert auf äußere Änderungen träge. Ein Indiz dafür kann auch in der oben dargestellten Grafik (Abb. 1.4) erkannt werden, denn die Zyklen (Periodendauer) liegen mehrere Tausend Jahre auseinander. Eine Hochphase der beiden Systemgrößen Temperatur und CO_2-Konzentration wechselten mit einer Periodendauer von ca. 100.000 Jahren von einem Maximum zu einem Minimum und umgekehrt. Dieser Zeitraum korreliert mit der Schwankung der Erdumlaufbahn um die Sonne, deren Verlauf einen wesentlichen Einfluss auf unser Erdklima hat. In kleineren Zeiträumen, wie z. B. einem Zeitraum von 1000 Jahren, werden weitere, kleinere Zyklen erkennbar. Diese Zeiträume sind jedoch für unsere menschliche Spezies unfassbar groß. Das relativ stabile Klima der letzten 100.000 Jahre hat mit Sicherheit die Entwicklung unserer Spezies unterstützt. Ein Klima reagiert somit in einem Zeitraum, der für einen einzelnen Menschen über seine eigene Lebensspanne weit hinwegreicht und damit etliche Generationen bzw. eine ganze Entwicklungsgeschichte einer Spezies überstreicht. Damit möchte ich zum Ausdruck bringen, dass die für die gesamte Menschheit bevorstehende, bewusst zu gestaltende Aufgabe, auf den Klimawandel zu reagieren, eine bisher ungeahnte Dimension hat, wobei heute noch unklar ist, wie diese zeitliche Dimension sich tatsächlich auswirkt und überhaupt von den Völkern in ihren Kulturen behandelt werden kann: Das Klima reagiert nach menschlichen Zeitvorstellungen sehr träge.

Neben den großen Massen, Energiemengen, Bewegungsgeschwindigkeiten, Turbulenzen, Rückkopplungen etc., die im Klimasystem interagieren, existiert ein weiterer wichtiger Faktor, die Verweilzeit der Klimagase in der Atmosphäre. Die verschiedenen Klimagase haben sehr unterschiedliche Verweilzeiten, wobei ich hier nur das CO_2 in der Abb. 1.5[9] betrachten möchte. Dennoch haben auch

---

[9] Quelle: Hansen J. et al., Dangerous human-made interference with climate: a GISS model-study, http://www.acamedia.info/sciences/sciliterature/globalw/residence.htm, Atmospheric Chemistry and Physics, Vol. 7 (2007), pp. 2287–2312, CC BY 2007 license, 08.12.2021.

die Verweilzeiten der anderen Klimagase Auswirkungen auf die Trägheit des Systems, was erneut die hohe Komplexität des Klimasystems deutlich macht. Die Abschätzungen der charakteristischen Verweilzeit eines Kohlendioxidmoleküls in der Atmosphäre ist eine komplizierte Mischung von verschiedenen Faktoren (siehe dazu auch IPCC, Working Group I[10]). Daraus kann man schließen, dass

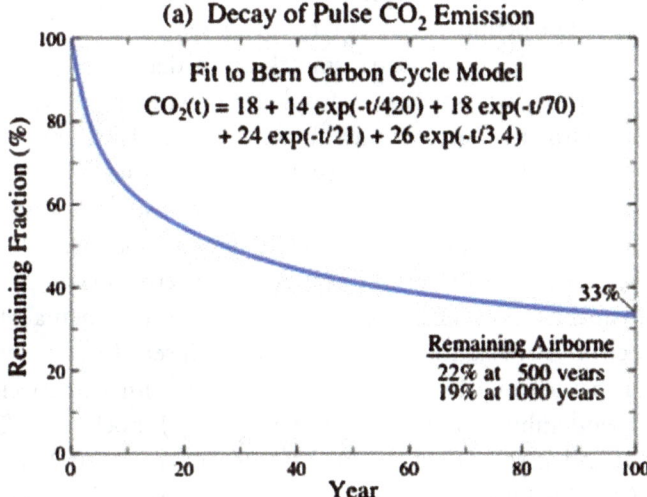

Abb. 1.5 Verweilzeit und Abbau von CO_2 in der Atmosphäre, Quelle: Decay of a small pulse of CO2 added to today's atmosphere, based on analytic approximation to the Bern carbon cycle model(Joos F et al., An efficient and accurate representation of complex oceanc and biospheric models of anthropogenic carbon uptake, Tellus, 48B, 397-417, 1996; Shine et al., Alternatives to the global warming potential for comparing climate impacts of emissions of greenhouse gases, Clim. Change, 68, 281-302, 2005, see equation given in figure).

---

[10] Verweis: IPCC Working Group I, https://archive.ipcc.ch/ipccreports/tar/wg1/016.htm, 08.12.2021.

1. fast die Hälfte der neu hinzugefügten Kohlendioxidmoleküle verbleibt wenige Jahrzehnte in der Atmosphäre verbleibt,
2. etwa 1/3 für ein Jahrhundert oder länger in der Atmosphäre verbleibt und
3. ca. 20 % nach 1000 Jahren noch vorhanden ist.

Ein Beispiel: Im Jahr 1990 werden von irgendeiner Quelle 100 t CO_2 emittiert. Von diesen 100 t CO_2 befinden sich im Jahr 2020 noch ungefähr 50 t in der Atmosphäre. Im Jahr 2090 befindet sich exakt von dieser einen Emission noch ungefähr 1/3 der Gasmoleküle in der Atmosphäre. Die Verweilzeit solcher atmosphärisch wirksamen Moleküle wird im Durchschnitt für ein bis zwei Jahrhunderte (100–200 Jahre) definiert (siehe auch Tabelle Tab. 1.1 weiter unten). Ich gehe deshalb davon aus, dass unsere CO_2-Moleküle aus den letzten 30 Jahren noch in 100–200 Jahren in der Atmosphäre zu einem erheblichen Anteil vorhanden sein werden und 20 % davon werden auch noch in 1000 Jahren vorhanden sein. Unsere Emissionen von heute, im Jahr 2022, werden demnach im Jahr Zweitausendeinhundertzweiundzwanzig (2122!) noch zu 1/3 vorhanden sein. Im Jahr 3022 werden noch ca. 20 % der CO_2-Moleküle aus diesem Jahr in der Atmosphäre nachweisbar sein. Das Molekül, das gerade in diesem Jahr abgebaut wurde, ist demzufolge im Durchschnitt ungefähr

Tab. 1.1 Atmosphärische Verweilzeiten der Klimagase (IPCC), Quelle: IPCC Working Group I, https://archive.ipcc.ch/ipccreports/tar/wg1/016.htm, 08.12.2021.

	CO_2	CH_4	N_2O	CFC-11	HFC-23	CF_4
Vorindustrielle Konzentration	um 280 ppm	um 700 ppb	um 270 ppb	zero	zero	40 ppt
Konzentration in 1998	365 ppm	1745 ppb	314 ppb	268 ppt	14 ppt	80 ppt
Konzentrationsänderungen	1,5 ppm/yr a	7,0 ppb/yr a	0,8 ppb/yr	-1,4 ppt/yr	0,55 ppt/yr	1 ppt/yr
Atmosphärische Verweilzeit	5 to 200 yr c	12 yr d	114 yr d	45 yr	260 yr	>50,000 yr

100 Jahre alt und stammt somit aus den Jahren um 1920. Zu diesem Zeitpunkt betrug die CO_2-Konzentration global ca. 300 ppm, also ca. 120 ppm weniger als heute. Die Welt hatte zu dieser Zeit wenige Industriestaaten, die globale Population betrug gerade mal ca. 1,93 Mrd. Menschen und der Erste Weltkrieg war gerade überwunden, der Zweite Weltkrieg war noch unvorstellbar. Dieser kleine Ausflug in die Grundlagen der Klimaforschung zeigt die zeitliche Dimension eines Klimawandels, die viel zu wenig bei den heutigen Strategievorschlägen und Lösungskonzepten, aber vor allem in den öffentlichen Diskussionen mit bedacht wird. Das gilt für die zahlreichen *Forderungen* nach schnellen Maßnahmen genauso wie für die *Erwartungshaltung* zahlreicher Klimaaktivisten, durch schnelle Änderungen Klimaeffekte in ihrer eigenen Lebenszeit erwarten zu können. Ich werde aber auf diesen Aspekt später noch einmal zurückkommen. Die Tab. 1.1[11] gibt die Richtwerte des IPCC für die Verweilzeit der Klimagase an.

Die Tab. 1.1 zeigt eindrücklich, dass lediglich Methan in einer Dekade in der Atmosphäre abgebaut wird. Methan ist jedoch klimatechnisch erheblich aggressiver als Kohlendioxid. Das nächste wichtige Klimagas, N_2O (Lachgas), wird über 100 Jahre abgebaut. Auch dieses Gas hat erhebliche Klimaeffekte. Zusätzlich möchte ich auf die Zuwachsraten der Klimagase schauen. Bei CO_2 ist ein durchschnittliches Wachstum von ca. 1,5 ppm/Jahr zum Zeitpunkt der Datenerhebung erkennbar. Bei Methan, dem mehrfach wirksameren Klimagas im Verhältnis zu CO_2, ist ein Wachstum von 7,0 ppb/Jahr ablesbar, was einem Bruchteil eines ppm entspricht. Die Konzentration

---

[11] Verweis: IPCC Working Group I, https://archive.ipcc.ch/ipccreports/tar/wg1/016.htm, 08.12.2021.

der Klimagase im vorindustriellen Zeitraum, also dem Zeitraum des stabilen Klimazustandes der letzten Jahrtausende, gibt eine gute Orientierung, welche Ausgangsparameter bei den Klimagasen im Klimasystem über einen längeren Zeitraum vorhanden waren. Weiterhin ist erkennbar, das bereits im Jahr 1998, dem Referenzjahr für zahlreiche Klimakonferenzen und Klimaanalysen, außergewöhnliche Zuwächse an Gasen in die Atmosphäre zu sehen waren.

In der Langzeitbetrachtung habe ich an den Eisbohrkernmessungen zeigen können, dass über die letzten 800.000–400.000 Jahre das Klima im Bereich einer CO_2-Konzentration zwischen ca. 170 und 280 ppm schwankte und einen Maximalwert von ca. 300 ppm annahm, was einer durchschnittlichen Schwankungsbreite (Amplitude von Spitze-Tal) von ca. 110 ppm entspricht (siehe vorherige Abb. 1.4). Diese Schwankungsbreite kann auch als stabiles Systemverhalten des Klimas verstanden werden, was sich in einem Bereich von ungefähr 110 ppm (Spitze-Spitze) globaler CO_2-Konzentration über einen langen Zeitraum etabliert hat. Die Periodendauer betrug ca. 100.000 Jahre. Die Temperaturen folgten der CO_2-Konzentration oder umgekehrt, was u. a. durch Schwankungen in den Erdbahnparametern, schwankenden Sonnenaktivitäten und Entwicklungen auf der Erde zurückzuführen ist. In den letzten ca. 60 Jahren ist ein exponentielles Wachstum bei der Klimagaskonzentration in der Atmosphäre mit einem Delta von ca. 140 ppm zum langzeitlichen, durchschnittlichen Maximalwert zu beobachten. Rein statistisch ist damit die Schwankungsbreite des langzeitlichen Klimasystems mehr als verdoppelt worden. Die Folge ist damit eindeutig erkennbar, dass das System in einen turbulenteren Zustand übergeht, der sich über einen langen Zeitraum weiterentwickeln wird. Dieser klimatisch wirksame Zeitraum übersteigt bei Weitem die Lebenszeit eines einzelnen Menschen.

Die *zivilisatorischen Konsequenzen* sind in dieser entstehenden neuen, turbulenteren Phase unserer globalen Umweltbedingungen für alle heute existierenden Völker epochal, sofern ein Volk in diesem langen Zeitraum des grundsätzlichen Wandels unserer Lebensgrundlagen überlebt. Dabei denke ich nicht vorrangig an die rein klimatischen Auswirkungen, sondern an die Folgen von örtlichen Verschiebungen von fruchtbaren Regionen, Fluchtbewegungen, regionale Verschiebungen der Regenmengen, der damit politischen und wirtschaftlichen Veränderungen und anderen zivilisatorischen Änderungen. Eine bisher wenig beachtete Folgewirkung wird auch die sich ändernde Artenvielfalt bzw. die Änderung der Artenzusammensetzung in einer Region sein. In der Konsequenz werden heute seit Jahrhunderten angestammte Gebiete mit bestimmten Umwelteigenschaften neue, andere Eigenschaften erhalten. Wie ich bereits darauf hingewiesen habe, läuft der Vorgang eines Klimawandels in einem für uns Menschen sehr langen Zeitraum ab (nach wissenschaftlichen Erkenntnissen über Jahrhunderte bzw. Jahrtausende). Diesen sehr langen Zeitraum über mehrere Generationen sehe ich als unsere wichtigste *Chance* an, sich diesen Änderungen im gesamten Existenzbereich einer Kultur anpassen zu können. Ebenfalls gibt dieser lange Zeitraum zusätzlich die Perspektive, die Anpassungen der heute stark bevölkerten und vernetzten Welt mit zahlreichen Völkern untereinander möglichst friedlich vornehmen zu können. Anpassung ist das Grundprinzip des Lebens auf unserem Planeten, auf große Herausforderungen seiner Umwelt/Mitwelt/Lebensgrundlagen reagieren zu können (siehe auch Darwin oder Humboldt). Die heutige Strategie zur Sicherung eines 1,5- oder 2,0-Grad-Ziels in den COP-Konferenzen (COP = Conference of the Parties fast aller Staaten der Welt zur Verabredung von Klimazielen) ist keine Strategie der Anpassung, sondern der Versuch einer Klimakontrolle für eine klimatische Zustandsbewahrung der letzten Jahrtausende. In der

Bilanz der letzten 30 Jahre wird jedoch sichtbar, dass diese Zielverfolgung nicht gelungen ist und vermutlich auch im globalen Rahmen weiterhin nicht gelingen wird, was nach diesem Zeitraum endlich als Selbsterkenntnis verstanden werden müsste. Deshalb müssen die nationalen Strategien von einem globalen Anspruch, in dem alle Völker idealerweise gleich handeln werden und damit ein globales 1,5-Grad-Ziel erreicht werden würde, zu einer vernetzten, nationalen Anpassungsstrategie auf allen gesellschaftlichen Ebenen geändert werden! Ein Strategiewechsel von der Verfolgung eines globalen Gradziels hin zu einer globalen, präventiven, zwischen den Staaten vernetzten Anpassung erscheint mir mehr als geboten, er ist zwingend notwendig. Damit gewinnen wir als einzelne Nationen auch Zeit für wirksame und in die Zukunft gerichtete, tragfähige Maßnahmen, die vor dem Hintergrund eines sehr sehr langen Zeitraums des Wandels zukünftigen Generationen hilft, mit neuen Umweltverhältnissen gut leben zu können. Jedes einzelne Volk wird den Wandel erfolgreich bestehen, wenn die Völker den Wandel gemeinsam managen und nicht versuchen, ihre gesamte Kraft auf das Verhindern eines Klimawandels zu konzentrieren.

1.3.1 Wann war der Zeitpunkt, an dem eine vorindustrielle Klimastabilität verlassen wurde?

Die wichtigen Parameter der heutigen Klimadiagnostik sind die globale CO_2-Konzentration in ppm (Parts per Million), die globalen Klimagasemissionen in CO_2-Äquivalenten (CO_2 in Mio. t), die globale Durchschnittstemperatur in °C (Grad Celsius), aber auch die globale Population der Menschen. Diese Daten habe ich in der folgenden Grafik Abb. 1.6 zu einem zeitlich übereinstimmenden

1 Das verpasste Zeitfenster

Ablauf zusammengeführt (bildliche Analyse). Dabei hat der letzte Parameter im Kontext des globalen Wirtschaftskonzepts, des Kapitalismus, eine besondere Bedeutung, auf die ich später noch genauer eingehen werde. In der Grafik habe ich anhand der mir verfügbaren wissenschaftlichen Daten[12] die globale CO_2-Konzentration, den Temperaturverlauf seit dem Jahr 1750 – seit der vorindustriellen Zeit – und die Population der Menschheit auf unserem blauen Planeten zusammengestellt. Die Kurven sind so aufgetragen, dass eine zeitliche Übereinstimmung gegeben ist und damit eine optische Korrelation möglich wird. Dabei sind für meine Abschätzung eine zeitliche Übereinstimmung, der Kurvenverlauf und der Zeitpunkt, an dem ein Verlauf einer Kurve in einen exponentiellen Verlauf übergeht, wichtig.

In der ersten Übersicht kann aus der Grafik abgelesen werden, dass um das Jahr 1906 eine globale CO_2-Konzentration von ca. 290 ppm gemessen wurde. Um das Jahr 1948 wurden ca. 320 ppm rechnerisch ermittelt. Der Anstieg in diesem Zeitraum lag bei ca. 30 ppm (in ca. 50 Jahren 30 ppm entspricht einer Wachstumsrate von 0,6 ppm/Jahr). Im Jahr 2021 lag die globale CO_2-Konzentration bei ca. 420 ppm, was einem ungefähren Anstieg von 100 ppm in 70 Jahren entspricht (Wachstumsrate beträgt 1,43 ppm/Jahr). Die Populationskurve folgt dieser exponentiellen Entwicklung ebenfalls um das Jahr 1950. Eine Sonderrolle nimmt in meiner Darstellung die Population

---

[12] Quelle: eigene Berechnungen u. Darstellung „CO_2 Emissions worldwide-owid-co2-data"; Daten: Weltbank, https://databank.worldbank.org/reports.aspx%3Fsource%3Dworld-development-indicators, 12.12.2021; Mauna Loa, Observatory, Hawaii, SIO, R. F. Keeling, S. J. Walker, S. C. Piper and A. F. Bollenbacher, https://scrippsco2.ucsd.edu/data/atmospheric_co2/primary_mlo_co2_record.html, 20.11.2021; NOAA National Centers for Environmental information, Climate at a Glance: Global Time Series, from https://www.ncdc.noaa.gov/cag/20.11.2021.

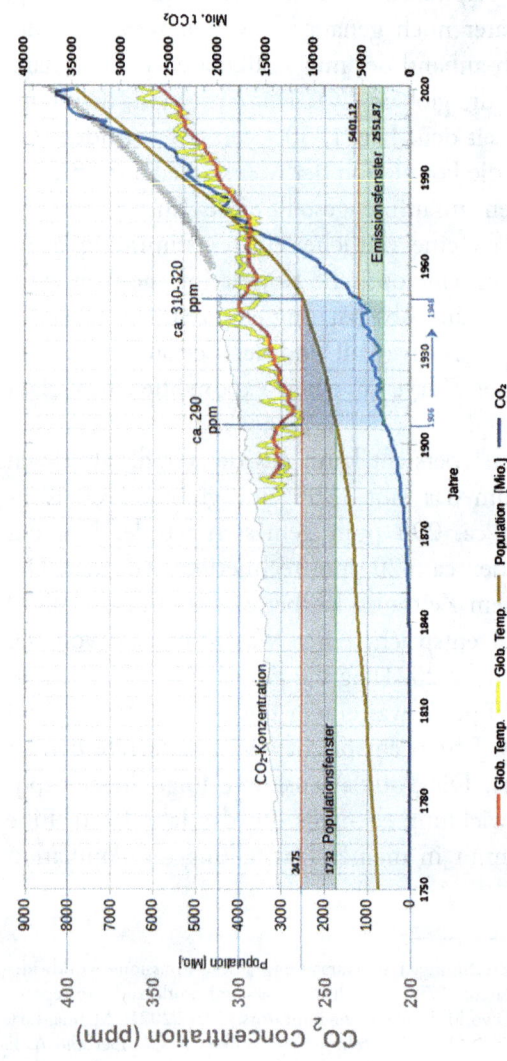

Abb. 1.6 Das verpasste Zeitfenster, Quelle: Eigene Darstellung. Datenquellen: eigene Berechnungen u. Darstellung „CO2 Emissions worldwhide-owid-co2-data"; Daten: Weltbank, https://databank.worldbank.org/reports.aspx?source=world-development-indicators#, 12.12.2021; Mauna Loa, Observatory, Hawaii, SIO, R. F. Keeling, S. J. Walker, S. C. Piper and A. F. Bollenbacher, https://scrippsco2.ucsd.edu/data/atmospheric_co2/primary_mlo_co2_record.html, 20.11.2021; NOAA National Centers for Environmental Information, Climate at a Glance: Global Time Series, from https://www.ncdc.noaa.gov/cag/ 20.11.2021

ein. Sie soll in dieser Darstellung nicht den Zusammenhang mit dem Emissionswachstum in der Vergangenheit darstellen, weil natürlich die Verteilung der Emissionen pro Nation sehr unterschiedlich war und ist. Eine höhere Population verbraucht mehr natürliche Ressourcen, heute und vor allem in Zukunft. Ein bisher wenig berücksichtigter Zusammenhang ist, dass die globale menschliche Population eine in die Zukunft gerichtete Option jedes einzelnen Volkes enthält, sein Recht auf Wachstum, Wohlstand, Unabhängigkeit sowie ein „gutes Leben" ebenso wahrnehmen zu können, wie das aller anderen Völker, u. a. wie die der sich ab dem Jahr 1750 entwickelnden und heute den Wandel beherrschenden Industrienationen. Die „alten" Industrienationen haben mit der Entwicklung ihrer eigenen Völker – der Industrialisierung – hin zu einem „besseren Leben" begonnen, sich ihren Wohlstand unter sehr großen zivilisatorischen „Entwicklungsschmerzen" (siehe auch Abschn. 5.2 „Gesellschaftliches Klima im 19ten Jahrhundert: Hintergrund der sich entwickelnden Industrialisierung und des industriell geprägten Kapitalismus") bis zu dem heutigen Wohlstandsniveau zu erarbeiten. Die Entwicklung der ersten europäischen Industrienationen ist geprägt von einerseits großem menschlichem Leid, Kriegen und starker Konkurrenz der damals bestehenden Herrschaftsgebiete untereinander, andererseits von Wissensentwicklung, Neugierde, Erfindergeist und Mut zu großen Risiken sowie vom Geist der Aufklärung, des Aufbruchs und des Wandels. Dabei war die Entwicklung von Wissen über die Natur und ihre Gesetzmäßigkeiten sowie dessen Nutzung durch die Entwicklung von Ingenieurwissen von zentraler Bedeutung. Diese Entwicklung musste bis heute für andere Völker ein *Signal* gewesen sein, ähnliche Ziele für ein „besseres Leben" für sich selbst zu verfolgen. Etwas später werde ich auf diesen Zusammenhang zurückkommen.

Ich möchte die anderen Langzeitkurven wie die Kohlendioxidemissionen, die globale Temperaturentwicklung und die CO_2-Konzentration der Abb. 1.6 in die Analyse aufnehmen und etwas genauer betrachten (siehe auch Kapitel 5 „Wie entsteht der globale Wert der CO2-Konzentration"). Im Jahr 1750, vor ca. 270 Jahren, herrschte eine Zeit, in der Europa in zahlreiche (ca. 200) Herrschaftsgebiete aufgeteilt war und das landwirtschaftliche Leben vorherrschte. Es war die vorindustrielle Zeit. Vor der Einführung der realen CO_2-Messungen durch den Chemiker Charles David Keeling (1958) konnten durch umfangreiche Messungen an Eisbohrkernen sehr genaue Messungen der globalen CO_2-Konzentration vergangener Epochen vorgenommen werden. Dazu wurden aus einem Eisbohrkern die mikroskopisch kleinen Gasblasen aus einer Schicht (zeitliche Epoche) extrahiert und chemisch analysiert. Die graue Kurve im Hintergrund der Abb. 1.6 (CO_2-Konzentration) zeigt den gesamten Verlauf dieser Entwicklung bzw. die ermittelten Daten aus den Gasanalysen. Aus dem Verlauf kann abgelesen werden, dass ab ca. dem Jahr 1780 bis ca. 1870 eine Erhöhung der Konzentration gegenüber den Jahren vor 1780 zu sehen ist. Der Verlauf der grauen Kurve blieb ca. 100 Jahre auf einem ähnlichen Niveau. Dieser Entwicklung der Kohlendioxidemissionen läuft die Kurve der CO_2-Konzentration mit einem Versatz von einigen Jahrzehnten hinterher und beginnt ihren exponentiellen Anstieg in den Jahren 1955–1960. Dieser Zeitraum, ab dem die Kurven in einen exponentiellen Verlauf übergehen, *wäre der relevante und ideale Zeitraum einer globalen Emissionskorrektur gewesen.*

Aus der Grafik kann zusätzlich die Entwicklung der globalen Temperaturkurve (gelbe und rote Kurve) abgelesen werden. Sie beginnt nicht im Einstiegsjahr 1750, sondern zeitlich erst im Jahr 1880. Die rote Kurve stellt den gleitenden Durchschnitt der Temperatur dar und beginnt deshalb etwas später, zeitlich hinter der gelben Kurve. Die Temperaturkurven stellen die globale Temperatur in Grad Celsius (°C) dar, wobei die y-Skala hier wegen der besseren Sichtbarkeit aufgeweitet ist. Die x-Skala entspricht der dargestellten Zeitskala. Die genaue Temperaturangabe ist hier in diesem Schaubild nicht von Relevanz, sondern ihr Kurvenverlauf! Beide Temperaturkurven wurden aus optischen Gründen in den oberen Bereich der Kurve der CO_2-Konzentration verlegt, sodass eine bessere Übersicht aller Kurven gegeben ist. An dem Verlauf kann grafisch abgelesen werden, dass die zeitliche Temperaturentwicklung der CO_2- und Emissionsentwicklung mit einem Versatz von ca. 20–25 Jahren hinterherläuft.

Um die Jahrhundertwende (um 1900) ist ein leichter Abfall der globalen Durchschnittstemperatur zu sehen (gelbe und rote Kurve). Erst ab ca. 1910 beginnt die globale Temperatur wieder anzusteigen und erreicht bis 1930 das Niveau des letzten Jahrhunderts. Zwischen 1940 und 1950 erreicht sie einen neuen Höchststand, sinkt über die nächsten Jahrzehnte etwas ab und bleibt recht konstant auf einem etwas höheren Niveau als im letzten Jahrhundert, obwohl CO_2-Konzentration und Kohlendioxidemissionen sich bereits seit Jahrzehnten in einem starken Anstieg befinden. Erst ab den 1980er Jahren folgt die globale Temperatur den anderen Kurvenverläufen.

An dem Zehn-Jahres-Trend (gleitender Durchschnitt) der gemessenen globalen Durchschnittstemperatur wird erkennbar, dass mit großer Wahrscheinlichkeit auch weiterhin/zukünftig ein starker Anstieg der globalen Temperatur zu erwarten ist (rote Kurve). Durch den wissenschaftlich sehr gut beschriebenen Zusammenhang von Klimagasen und Erwärmung, die zu einem globalen Treibhauseffekt führen, den weiterhin ansteigenden Klimagasemissionen, weiter ansteigender CO_2-Konzentration sowie durch Wachstumseffekte in der menschlichen Population und der Wohlstandsentwicklung/Nahrungsproduktion zahlreicher Staaten, dem Trägheitseffekt des globalen Klimas in Bezug auf Klimagaseintrag und Erwärmung sowie der mindestens 100–200 Jahre anhaltenden Verweildauer von CO_2 in der Atmosphäre muss von einem weiteren steil ansteigenden Verlauf bei den Schadstoffparametern und der globalen Temperaturentwicklung ausgegangen werden, was auch einige Modelle/Szenarien des IPCC zeigen. Eine Abflachung der *Temperaturkurve* oder ein Rückgang auf ein vorindustrielles Niveau ist in den nächsten Jahrzehnten – ich denke auch nicht in dem nächsten Jahrhundert – eher nicht zu erwarten.

In der statistischen Analyse kann eine interessante Entwicklung im Zeitfenster von ca. 1906 bis 1948 beobachtet werden (hellblauer Bereich). In dem oben genannten Zeitraum ist eine leichte Abflachung bei den Emissionen und der Konzentration zu sehen. Dagegen entwickelte sich im gleichen Zeitraum der Temperaturanstieg rasant (Nachlaufeffekt der vorherigen Emissionen?). In dem genannten, kurzen Zeitraum lag die globale CO_2-Konzentration bei ca. 290–320 ppm. In der klimatischen Langzeitbetrachtung von 800.000 Jahren stieg die Konzentration auf ein Maximum von 280 bis ca. 300 ppm und fiel anschließend wieder auf seinen bisherigen Grenzzyklus zwischen 170 und 280 ppm zurück. Daraus folgere ich, dass für das damalige Klimasystemverhalten eine Systemtoleranz bei den betrachteten Parametern von ca. 8–14 % angenommen werden kann (Abschätzung). Die Folge aus dieser groben Abschätzung wäre, dass das Klimasystem mit diesen Parametern an Kohlendioxidemission bzw. Emissionen an CO_2-Equivalenten und daraus folgender globaler CO_2-Konzentration in einem Fenster zwischen 302 und 319 ppm zu seinen ursprünglichen Zyklen von selbst zurückgefunden hätte. Diese Werte entsprächen ungefähr den Angaben im markierten Zeitfenster von 1906 bis 1948

1 Das verpasste Zeitfenster 63

(mit einer Schwankungsbreite von grafisch abgeschätzt ca. zehn Jahren), das ich in der Grafik hellblau markiert habe. Demzufolge hätten nach dem Jahr 1948 (max. plus zehn Jahre) keine zusätzlichen Treibhausgasemissionen in die Atmosphäre gelangen dürfen. Bei der hier vorgenommenen Betrachtung werden die vom Menschen verursachten Kohlendioxidemissionen als beeinflussbare Regelgröße angesehen. Hätte die Menschheit ab dem genannten Zeitraum keine weiteren Emissionen in die Atmosphäre abgegeben, wäre das Klimasystem vermutlich von selbst nach einigen Jahrzehnten in seinen Jahrtausende alten Systemzustand zurückgekehrt. Heute, im Jahr 2021, beträgt die globale CO_2-Konzentration ca. 420 ppm, bei einer steigenden Tendenz, und liegt damit weit außerhalb der angenommenen Systemtoleranz bzw. des Grenzzyklus des Klimasystems. Da das Klimasystem eine gewisse Trägheit besitzt, wird sich die hohe Dynamik einiger weniger Systemparameter erst mit einer sehr unterschiedlichen Zeitverzögerung in zahlreichen rückgekoppelten Unter- oder Teilsystemen, wie z. B. dem Wasserdampfhaushalt in der Atmosphäre, den Niederschlägen, lokalen Temperaturen, dem Oberflächenwasser, der Meereserwärmung, der Vegetation etc. vollständig auswirken. Entsprechende Entwicklungstendenzen können jedoch bereits heute beobachtet werden. Die Analyse deutet auf eine weitere Auswirkung hin, dass die Klimadynamik (langer Zeitraum), und in der Folge die lokale Wetterdynamik (kurzer Zeitraum), ansteigen werden oder anders formuliert: Die Dynamik des Klimasystems erhöht sich. Ein weniger bekannter Deutscher Forscher, Hermann Flohn, erkannte bereits 1941: „Mit einem Fortschreiten dieser sehr langsamen Erhöhung der Temperatur … muss gerechnet werden. Damit wird aber die Tätigkeit des Menschen zur Ursache einer erdumspannenden Klimaänderung, deren zukünftige Bedeutung niemand ahnen kann."

In den letzten 400.000 bis 800.000 Jahren befand sich das Klimasystem in einem gleichgewichtsähnlichen Zustand. Durch die exponentiellen Veränderungen wichtiger Systemparameter, die durch die Menschheit von außen in dieses System seit der Industrialisierung eingetragen wurden, wird das Klimasystem über wenige Jahrzehnte aus diesem lange vorherrschenden Gleichgewichtszustand mit einer heutigen (2021) globalen CO_2-Konzentration von ca. 420 ppm katapultiert. Ein weiteres stark ansteigendes Wachstum eines weiteren kritischen Systemparameters ist die Population als Zukunftsindikator für klimawirksame Emissionen. Ein Systemverhalten wie z. B. das Klimasystem in einem exponentiellen Wachstumsbereich zu ändern, ist fast unmöglich bzw. besonders aufwendig, riskant und teilweise unwirksam (Lernkurve), was man bei zahlreichen anderen natürlichen Systemen nachvollziehen kann, u. a. bei einer Virusinfektion mit ebenfalls einem exponentiellen Wachstum und ihrem Verlauf. So verhält es sich auch mit den Maßnahmen zur CO_2-Reduktion bzw. dem geforderten Umbau der globalen Gesellschaften und Wirtschaftssysteme zugunsten der Bewahrung klimatischer Verhältnisse eines vorindustriellen Zeitalters. Das Fenster, in dem die globale, menschliche Gesellschaft das über Jahrtausende stabile Klimasystem in seinem Zustand hätte bewahren können, scheint – wie bereits oben beschrieben – in den Jahren von 1906 bis 1948 gewesen zu sein. In diesem Zeitfenster betrug die Population ca. 1,7 bis 2,5 Mrd. Menschen weltweit. Die globalen Kohlendioxidemissionen betrugen ca. 2,6 bis 5,4 (heute ca. 34,8) Gt (Gigatonnen) pro Jahr und die CO_2-Konzentration betrug in dem Zeitfenster ca. 290 bis 320 ppm. Durch die Klimasystemträgheit hätten wir als Menschheit diese Werte für noch mindestens 100 bis 200 Jahre als maximale Grenzwerte global einfrieren müssen, um in Zukunft nicht in neue Klimaverhältnisse eintreten zu müssen. Der Weg der Völker war jedoch ein anderer. Das „Warum" wird in den späteren Kapiteln analysiert.

Heute befinden wir uns in einem exponentiellen Wachstum relevanter Systemparameter des Klimasystems. Durch technische Lösungen versuchen wir, ein imaginäres Ziel von 1,5 bis 2,0 °C globaler Temperaturanhebung zu verfolgen, indem wir in den nächsten Jahrzehnten mithilfe der erneuerbaren Energien (Energiewende) global CO_2-neutral werden wollen (Absichtserklärungen der meisten Staaten in den Klimaschutzabkommen). Nach meiner Interpretation der Daten haben wir längst den Zeitpunkt, spätestens in dem Zeitraum von 1948 bis 1955 hinter uns gelassen, an dem wir bereits „den letzten Baum gefällt" haben (siehe auch Abschn. 1.2). Mit der analytischen Suche nach der langfristigen oberen *Systemtoleranz des Klimasystems* der letzten 800.000 Jahren habe ich versucht, den Zeitpunkt zu bestimmen, an dem das System von selbst noch in seinen ursprünglichen, stabilen Zustand hätte zurückkehren können. In der Metapher „des letzten Baumes" aus der Entwicklung der Osterinsel stünden bis zu dieser oberen Grenze noch ausreichend „Bäume" zur Regeneration des natürlichen System zur Verfügung, sodass sich der „Wald" hätte selbst erneuern können, sofern keine weiteren „Bäume" gefällt worden wären, wie es jedoch auf der Osterinsel und in der Analogie zu den Klimagasen erfolgt ist. Die heutigen modernen Klimawissenschaften haben einen klimatischen Kipppunkt für das Jahrzehnt zwischen 2030 und 2040 ermittelt (eine genaue öffentliche Jahresangabe wie z. B. das Jahr 2030 halte ich für höchst problematisch. Die Lesart derartiger, präziser Angaben ist heute in der Öffentlichkeit, den Weltuntergang genau vorhersagen zu wollen/können und damit politischen Druck im gewünschten, eigenen Interesse auszuüben). Dieser offiziell kommunizierte Zeitraum eines Klimakipppunktes wäre in unserer Metapher exakt der

Moment, an dem tatsächlich der letzte Baum des Waldes gefällt wird, der jedoch nur den bereits laufenden Wandel in seiner Unumkehrbarkeit für alle offiziell sichtbar machen würde. Damit ist jedoch der Zeitpunkt zur Rückkehr zu einem vorindustriellen Klima in einem für Menschen nachvollziehbaren Zeitraum längst überschritten! Die heutige sich global immer stärker etablierende Strategie einer nationalen CO_2-Neutralität mit der Präferenz des Einsatzes technischer Lösungen, u.a. der Energiewende, sowie der Verfolgung eines maximalen globalen Temperaturanstiegs von 1,5 °C (Pariser Klimaabkommen) ist deshalb vollkommen verfehlt. Sie stellt eher den Versuch einer Bindung von besonderen Hoffnungen von Milliarden, vor allem junger Menschen dar, einer für diese Zielverfolgung gigantischen Kumulation an Ressourcen und der Ignoranz erheblicher globaler Risiken innerhalb der Völker und ihrem Konkurrenzverhalten untereinander, sowie der wirtschaftlichen Systeme. Auf Basis der Strategie der international als Begriff bekannten Energiewende erscheint diese internationale Zielsetzung unrealistisch, ein fataler Irrweg. Bei einer genaueren Betrachtung des Begriffs *Strategie* in dem gesetzten Kontext erweist sich jedoch die damit verbundene klare Zielsetzung, ihre konsequente Verfolgung und das damit verbundene planhafte Vorgehen als eine substanzlose Betitelung.

Die alten Industrienationen hatten ihre Industrialisierung vor ca. 250 bis 220 Jahren begonnen. Sie sind heute erneut die Staaten, die eine neue *Epoche des Wandels* (Initiator und Vorreiter in der Klimaanalyse, deren Datenbeschaffung, Interpretation der Daten, Schlussfolgerungen mit Klimazielen und Produktangeboten zur Entwicklung von Staaten hin zur Klimaneutralität) einleiten, die global einen ähnlichen Zeitraum benötigen wird, wie die Industrialisierung mit ca. 200 Jahren Entwicklungszeit selbst. Heute hätten wir, die Menschheit, jedoch das Wissen und die Fähigkeiten, eine derartige globale Entwicklung aktiv zu gestalten, um die in der Entwicklungsgeschichte der Industrialisierung durchlebten verheerenden gesellschaftlichen Verwerfungen zu vermeiden. Genau diese Fähigkeiten nutzen wir zurzeit jedoch nicht. Damit unterscheiden wir uns in dem grundlegenden Verständnis über die Verzahnung unserer heutigen und zukünftigen Wohlstandsentwicklung und der Nutzung der natürlichen Ressourcen offenbar noch nicht von der gesellschaftlichen Entwicklung der Klans auf der historischen Osterinsel.

Der sich heute entwickelnde gesellschaftliche Mechanismus im Umgang mit dem (Klima-)Wandel auf allen Ebenen ist noch unfertig und muss sich weiter entwickeln, damit die Chancen und Risiken in diese notwendigen Fähigkeiten zur bewussten Gestaltung dieses *Wandels* eingebracht werden können. Der Mechanismus kann kurz in dem sich entwickelnden Ablauf zusammengefasst werden: Die Menschheit verursacht klimaverändernde Emissionen zugunsten einer globalen Wohlstandsentwicklung. Damit verändert sie global ihr Umweltsystem, von dem sie abhängig ist. Diese Änderungen sind sehr langfristig und übersteigen die Lebenszeit einzelner Menschen und damit ihren Erfahrungshorizont. Diese nicht bewusst beabsichtigten, selbst verursachten Änderungen des natürlichen Umweltsystems birgt langfristige für die Wohlstandsentwicklung der Völker neue Chancen, ein anderes Wachstum und neuen Wohlstand generieren zu können. Die Umweltänderungen werden in Zukunft global stark zunehmen, so wie sich immer unser Trabant verändert hat. Das Bewusstsein der Völker, sich diesen neuen Bedingungen zu stellen, steigt. Damit steigt auch global eine Bereitschaft, neue Produkte zur Anpassung bzw. vermeintlichen Verhinderung der Umweltveränderungen einzukaufen. Auf Basis dieser Mechanik werden die Völker in Zukunft von diesem *Wandel* profitieren, die ihn verstehen und Produkte für andere Völker zur Anpassung an diesen Wandel zur Verfügung stellen können. Produkte zur vermeintlichen Verhinderung dieses (Klima-)Wandels werden nur eine geringe Zukunft haben. Windräder und PV-Anlagen erscheinen vor diesem Hintergrund eher als Übergangstechnologie, deren problematische Abhängigkeiten von ihren Standorten in einem sich ändernden Klimasystem in den späteren Kapiteln noch genauer betrachtet werden. Somit ist eine Entwicklung einer grundlegenden Strategie zur Anpassung ganzer Nationen dringend notwendig.

Deshalb wäre die Entwicklung einer dem Begriff *Strategie* würdigen Grundsatzvereinbarung auf globaler Ebene notwendig, in der der Klimawandel als eine zukünftige Änderung unserer Lebensverhältnisse über mehrere Generationen von allen Regierungen verstanden und kommuniziert werden müsste. Da der Klimawandel alle Völker betrifft, wäre die Entwicklung einer vernetzten, abgestimmten Strategie *zur globalen kooperativen Anpassung der Völker* notwendig. Sie würde damit dem Grundprinzip allen Lebens, das der Anpassung an sich ändernde Umweltverhältnisse, in den Handlungsmittelpunkt stellen. Beispiel: Ändern sich zukünftig die alt angestammten Anbaugebiete für Nahrungsmittel in einem Land oder Region, werden die sich ändernden Umweltverhältnisse bei ärmeren Völkern zu Wanderungsbewegungen/Flüchtlingsströmen führen. Bei reicheren Völkern werden in den Regionen wirtschaftliche Veränderungen stattfinden, die dann zu Wohlstandsverlusten bzw. einer Verarmung der örtlichen Landwirtschaft führen können/werden. Ein präventives Handeln der Regierungen aller Völker im Rahmen einer abgestimmten Strategie (anstelle eines Klimaabkommens, in dem als Ziel eine maximale globale Temperaturabweichung vereinbart wird) würde diese Entwicklung durch Anpassungen der Versorgungsströme, Unterstützungsleistungen und Ausgleichshandlungen zwischen den betroffenen Völkern bzw. Regionen regeln und damit heute bereits für die Zukunft absehbar zunehmende Konflikte verhindern, damit aber auch den Grundsatz der Unveränderbarkeit heutiger territorialer Grenzen sichern helfen. Dieser Ansatz könnte, ähnlich dem Völkerrecht, als ein Teil einer *Neue Charta der Nationen* entwickelt und ständig den sich ändernden Umweltbedingungen bzw. sozialen Bedingungen ganzer Regionen angepasst werden – ein lang anhaltender, stetiger Vorgang über Generationen und damit dem zeitlichen Verlauf des Klimawandels entsprechend. Die Charta könnte u. a. folgende Themenfelder enthalten:

- neue Sicherheits- und Verteidigungsstrategien, die die sich ändernden klimatischen Verhältnisse inkludieren (wie ändern sich die Machtverhältnisse z. B. im Nahen Osten mit den Ölreserven, wenn Rohöl und/oder Erdgas nicht mehr genutzt werden bzw. keinen Markt mehr finden);
- neue Strategien für sich fundamental ändernde Produktionsvoraussetzungen in der Industrie für eine globalisierte Weltwirtschaft mit vernetzten Lieferketten;
- „Umsiedlungsprojekte" ganzer Landwirtschaftsregionen zur Sicherung der Nahrungsmittelproduktion unter neuen klimatischen Bedingungen (Versteppung, Wasserknappheit, Pflanzen- und Insektensterben, ...);
- langfristig angelegte Umsiedlungsstrategien zur Vermeidung großer Wanderungsbewegungen ganzer Gesellschaften inkl. des darin enthaltenen Destabilisierungspotenzials in den Zielnationen;
- Strategie zur Erschließung neuer Territorien in anderen Ländern für zukünftig klimatisch bedrohte Gebiete und Völker;
- Wassersicherungsstrategien zur Versorgung von gefährdeten Gebieten, zur Anpassung an Wasserknappheit in

heute gut versorgten Gebieten wie auch Strategien bei einem Wasserüberschuss;
- Entwicklung von Ersatzprodukten schwindender natürlicher Produkte, wie z. B. Rohstoff Holz und anderes;
- etc.

Es ist zu befürchten, dass bei einer weiterhin nicht vorhandenen, fundierten, globalen „Transformationsstrategie" die nationalen Interessen unter dem Anpassungsdruck eines sich ändernden Klimas zwangsläufig zu Kriegen zwischen verschiedenen Völkern führen werden. Diese Konsequenz ist bereits heute eine zukünftige Option und wäre im globalen Kampf der Nationen auch folgerichtig. Eine Strategie auf der Ebene der UN zu entwickeln, die die Einleitung eines langsamen und vorsichtigen Umbaus der globalen Märkte als Wohlstandsbasis auf die absehbaren neuen Klimaverhältnisse vornehmen würde, hätte eher eine realistische Chance, die im Klimawandel enthaltenen Risiken zu minimieren, als die in den heutigen Proklamationen (1,5-Grad-Ziel) enthaltene Saat der zukünftigen Enttäuschung großer Bevölkerungsgruppen, mit dem darin innewohnenden Destabilisierungspotenzial ganzer Staaten.

Bereits heute haben Forscher die durch den Klimawandel auf uns zu kommenden Gefährdungspotenziale von verschiedenen Regionen auf der Weltkarte kartiert. Auf dieser Basis können heute Strategien für die in diesen Regionen angesiedelten Völker entwickelt werden, um den erlangten Lebensstandard in Zukunft erhalten zu können und damit Konflikte zu vermeiden. In der Konsequenz wird auch ein zweifelhaftes Ziel verlassen, die globale Erwärmung zu stoppen (Verhinderungsstrategie) und eine progressive Entwicklung angestoßen, den erreichten

Wohlstand für die in den betroffenen Regionen angesiedelten Völker langfristig zu erhalten (Anpassungsstrategie).

Damit wir den zeitlichen Anforderungen von Jahrhunderten eines sich ändernden Klimasystems gerecht werden, müssen andere Strategien gefunden werden, die die globale Gesellschaft auf ein neues Klima in den nächsten 100 bis 500 Jahren einstellt bzw. anpasst. Die bisher ungelöste und verdrängte Frage ist die Zeitdimension dieses erzwungenen gesellschaftlichen Wandlungsprozesses, wie wir einen bewusst eingeleiteten Umbau aller auf dem Globus existierenden Gesellschaften über Jahrhunderte konfliktfrei verankern können. Bei sich weiter verändernden klimatischen Verhältnissen in verschiedenen Regionen dieser Welt werden im Rahmen der heutigen politischen Verhältnisse die nationalen Prioritäten und Egoismen im Vordergrund stehen. Eine arbeitsteilige Nutzung von global verteilten Ressourcen kann zukünftig unter geänderten klimatischen Bedingungen zu neuen Abhängigkeiten und Begehrlichkeiten konkurrierender Staaten führen (u. a. neue Handelsrouten z. B. durch das Polarmeer), was zur Änderung des heutigen Status quo in der globalen Machtbalance führen wird. Im Kapitel 4 „Gesellschaftsphänomen Klimawandel und die Sicherheitspolitik" wird diese Entwicklung genauer analysiert. Der Glaube, mit dem heutigen Konzept der Energiewende den zukünftigen Herausforderungen einer globalen Klimaänderung beggnen zu können, damit eine sich bereits entwickelnde Erderwärmung stoppen zu können oder sogar ohne eine wirkliche Strategie auf einer nationalen Ebene der Generationenherausforderung beggnen zu wollen, ist das tieferliegende und gefährlichere Problem des Klimawandels.

2

Zwischen Baum und Borke: Ökonomisches Desaster oder Klimaerwärmung?

Die für die Staaten dieser Erde mit dem Klimawandel einhergehenden Folgen, den mit dem Klimawandel einhergehenden Wohlstandgefährdungen und den daraus entstehenden Folgen für das Leben der Menschen wurde beginnend vor ca. 30 Jahren von der Politik global erkannt und zu unterschiedlichen Aktivitäten auf nationaler Ebene weiterentwickelt. Da die klimatischen Wandlungsprozesse für uns Menschen sehr langsam verlaufen, werden notwendige Reaktionen auf die sich ändernden Umweltverhältnisse in vielen Staaten bzw. von ihren Regierungen nur sehr zögerlich aufgegriffen und in nationale Handlungen oder der Entwicklung einer für das jeweilige Land passenden Strategie verfolgt.

Aus diesen bis heute über alle Nationen betrachteten, relativ schwachen nationalen Aktivitäten zur Entwicklung von CO_2-Reduktionsstrategien (siehe Abb. 2.1[1], Stand 2018),

---

[1] Quelle: bp-stats-review-2019-full-report, https://www.bp.com/content/dam/bp/business-sites/en/global/corporate/pdfs/energy-economics/statistical-review/

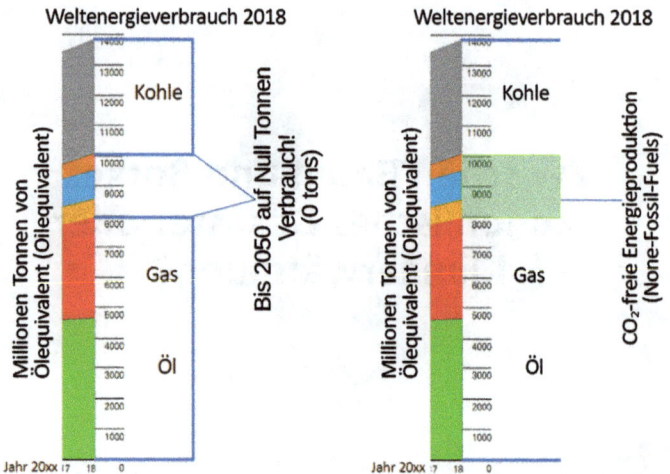

Abb. 2.1 Anteil von grüner Energieerzeugung weltweit, Quelle: bp-stats-review-2019-full-report, https://www.bp.com/content/dam/bp/business-sites/en/global/corporate/pdfs/energy-economics/statistical-review/bp-stats-review-2019-full-report.pdf, Seite 10 World consumption, 09.01.2022: Eigene Markierung in der Grafik.

die in ihren Ursprüngen (COP 1., COP = Conference of the Parties, jährlich stattfindende Vertragsstaatenkonferenz der UN-Klimarahmenkonvention) nicht zwischen Staaten abgestimmt wurden, hat sich in den letzten zehn Jahren die global akzeptierte **Strategie der German Energiewende** herausgebildet. Diese Strategie ist im eigentlichen und engeren Sinn keine Strategie, sondern eine internationale Vereinbarung von CO_2-Emissionszielen, die im Wesentlichen mithilfe von Technologienutzung erreicht werden sol-

---

bp-stats-review-2019-full-report.pdf, Seite 10 World consumption, 09.01.2022: Eigene Markierung in der Grafik.

len. Die international als Begriff bekannte „Energiewende" bezeichnet eine von anderen Staaten unabhängige Vorgehensweise in der nationalen Energie- und Klimapolitik, wie die auf dem eigenen Territorium genutzten fossilen Energien durch erneuerbare Energien ersetzt werden können oder durch Einsatz anderer Technologien eine Reduktion an Kohlendioxidemissionen erreicht werden kann. Das Konzept der Energiewende ist im Kern ein von einem Nationalstaat auf seinem Territorium organisierter *Verdrängungswettbewerb* der etablierten Absatzmärkte der fossilen Energien, ohne Berücksichtigung globaler Zusammenhänge. Diese global anerkannte, nationalstaatlich bezogene Transformationsstrategie ist ein Konzept, das ausschließlich die fossile Energieträger konsumierenden Staaten fokussiert und bis heute vollständig die produzierenden Staaten ignoriert!

Dabei geht man weltweit implizit davon aus, dass alle Staaten des Pariser Klimaabkommens aus dem Jahr 2015 oder eines ihrer Folgeabkommen ein *ehrliches Interesse* haben, die vereinbarten Ziele national umzusetzen, um einen Klimawandel zu begrenzen, was als relativ naive Einstellung von internationalen Interessen verschiedener Länder eingeordnet werden kann. Die Strategie der Energiewende hat sich über die letzten Jahrzehnte global etabliert, ohne dass diese Strategie in einem öffentlichen Diskurs in vielen Staaten hinterfragt, geplant oder international abgestimmt wurde. Das mit dem Begriff der Strategie bezeichnete, konsensuelle Vorgehen der Vertreter der Staaten, die an den COP-Konferenzen teilgenommen haben, konnte sich in meiner Interpretation dieses Vorgangs deshalb etablieren, weil keine anderen Modelle/Strategien bis heute zur Verfügung stehen bzw. keine umfassende und staatenübergreifende Strategie bisher erarbeitet wurde. Das Modell der Energiewende sowie der Begriff selbst wurden aus Deutschland bzw. den deutschen Vertretern auf den COP Konferenzen übernommen, weil es auf den

Klimakonferenzen auf der Ebene eines nationalstaatlichen Konzeptansatzes zur Reduktion von Kohlendioxidemissionen zur Verfügung stand. Deutschland, als konzeptioneller Ursprung dieser Energiewende, wird seit einigen Jahren mit dieser Strategie in manchen Medien gelobt[2] oder steht in öffentlicher Kritik[3]. Der Anteil der erneuerbaren Energie ist heute (2021) im globalen Maßstab noch zu gering (2018 ca. 3 % der Stromproduktion), sodass die Auswirkungen der Energiewendestrategie ökonomisch und ökologisch bisher nicht sichtbar werden.

Das Ergebnis der heutigen Strategie des nationalen Verdrängungswettbewerbs fossiler Energien durch erneuerbare Energien (Energiewende) zeigt nach ca. 30 Jahren auf der globalen Ebene keine erkennbare Wirkung und muss für diesen Zeitraum als gescheitert angesehen werden (siehe Abb. 2.2[4]). Die folgende Grafik Abb. 2.2 zeigt die globalen CO_2-Emissionen über die letzten ca. 150 Jahre. Mit dieser Strategie konnte bisher keine Minderung an den globalen Kohlendioxidemissionen erreicht werden. Vielmehr wurde in den letzten 30 Jahren, was ungefähr dem Tagungszeitraum der COP-Klimakonferenzen entspricht, fast jährlich ein neuer Emissionsrekord an Klimagasen erreicht. Das ist nachvollziehbar, weil mit der heutigen Strategie der Energiewende den Staaten, die fossile Energien fördern, global so etwas wie ein kalter Wirtschaftskrieg zugunsten einer nationalstaatlich geförderten Energieproduktion erklärt wird. Die Stabilität und der Wohlstand dieser Exportländer sind jedoch von dem Verkauf ihrer

---

[2] Verweis: https://www.nytimes.com/2015/12/04/world/europe/germany-may-offer-model-for-reining-in-fossil-fuel-use.html, 20.12.2021.

[3] Verweis: https://www.wiwo.de/technologie/green/energiewende-new-york-times-gibt-merkel-note-6/13547228.html, 20.12.2021.

[4] Quelle: Our World in Data, Hannah Ritchie, 02/09/2022, https://ourworldindata.org/co2-dataset-sources, 20.12.2021.

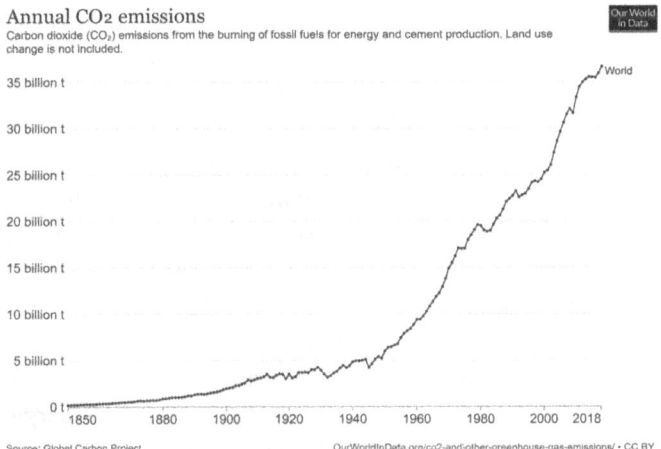

Abb. 2.2 Verlauf globaler Kohlendioxidemissionen 1850–2018, Quelle: Our World in Data, Hannah Ritchie, 02/09/2022, https://ourworldindata.org/co2-dataset-sources, 20.12.2021.

Erdöl-, Erdgas- und Kohleprodukte abhängig. Das Interesse dieser Exportstaaten ist, ihre fossilen Energieprodukte auch in Zukunft verkaufen zu können, um ihren Wohlstand und ihre innere Stabilität sichern zu können. Durch die internationale Vernetzung dieser Handelsware in globalen Rohstoffmärkten, der globalen Vernetzung dieser Märkte über die Börsen, sowie der in diesen globalen Handelsplätzen stattfindenden Wertbestimmung der fossilen Energieprodukte, erhalten fossile Rohstoffe zusätzlich eine von den Förderländern externalisierte, kapitalbasierte Stabilitätsfunktion des globalen Wirtschafts- und Währungssystems.

Damit ist die heute etablierte Strategie der Energiewende aus ökonomischer und politischer Sicht global höchst fragwürdig und riskant. Sie trägt das Potenzial einer globalen Destabilisierung über die fossile Energien handelnden Kapital- und Absatzmärkte in sich. Wie man seit Beginn des Jahres 2022 beobachten kann, entwickelt sich die Energiewende auch zu einer national politisch nutzbaren Waffe, um fossile Energieträger fördernde Länder zu isolieren, um selbst genügend Energieunabhängigkeit zu erhalten (neue deutsche Energiepolitik seit Beginn 2022, Zitat v. 28.02.2022 vom Bundesfinanzminister Christian Lindner (FDP): „Erneuerbare Energien leisten nämlich nicht nur einen Beitrag zur Energiesicherheit und -versorgung. Erneuerbare Energien lösen uns von Abhängigkeiten. Erneuerbare Energien sind deshalb Freiheitsenergien", in Bezug auf die Energieabhängigkeit von Deutschland und Europa von russischen fossilen Energieexporten). Diese Wandlung in der Funktion der Energiewende hin zu einem energiepolitischen Machtinstrument erhält damit zusätzlich zu der nationalstaatlich bezogenen CO_2-reduzierenden Aufgabe eine neue außenpolitische Funktion. In einem späten Kapitel werde ich noch einmal dieses höchst interessante Konzept in der Definition einer zukünftigen strategischen Waffe als politisches Instrument gegen fossile Energien produzierende Länder aufgreifen.

Zusätzlich zu dem Baustein in dieser internationalen Strategie möchte ich ein weiteres wichtiges Element in die Analyse einführen. In verschiedenen nationalen und internationalen Konferenzen wurde über die Ursache des Klimawandels diskutiert, mit dem Verhandlungsergebnis, dass im Wesentlichen die fossile Energien importierenden/konsumierenden Industriestaaten für die heutige globale CO_2-Verschmutzung der Atmosphäre verantwortlich gemacht worden sind. Die *Schuldfrage* ist für sich alleine stehend eine hoch moralische Position mit Konsequenzen, die in einem späteren Kapitel noch näher untersucht wird. Mit der Positionierung und Adressierung einer Schuldfrage auf globaler politischer Ebene wurde bei der dann folgenden Ausgestaltung nicht berücksichtigt, dass auch alle fossile Energieprodukte produzierenden Länder

(Förderländer/Exportländer) ihren Beitrag zu dieser Klimaentwicklung geleistet haben und aus dem Verkauf einen wesentlichen Anteil ihres Wohlstands bis heute begründen. Zusätzlich profitieren über den globalen Handel an den internationalen Börsen zahlreiche Investoren von dem Geschäft mit fossilen Energieträgern und sind damit ein weiterer indirekter Verursacher der globalen Kohlendioxidemissionen. Deshalb ist eine eindeutige Antwort, wer an der globalen Klimakrise verantwortlich ist und ob es einen einzigen Verursacher, bzw. ob eine kleine Gruppe von Staaten für die Klimakrise verantwortlich zu machen sind, eine moralisch hoch aufgeladene Schuldzuweisung, in der Analyse komplex und nicht einfach zu beantworten. Zusätzlich hilft die internationale Schuldzuweisung nicht bei der Problemlösung, sich im Konzert der Nationen einer globalen Lösung anzunähern, sondern lediglich neue politische Interesse zwischen Staaten zu formulieren. Eine eindeutige Zuweisung der Verantwortung an der Klimaerwärmung an eine Gruppe von Staaten, im Wesentlichen an die fossile Energien konsumierenden Staaten (Importländer), greift zu kurz und adressiert ausschließlich konträre politische Interessen. Diese These kann nach der Implementierung der Schuldfrage als politisches Instrument in den dann folgenden Klimaabkommen sehr gut nachvollzogen werden. Heute stehen die Staaten, die im Wesentlichen ihren Wohlstand aus dem Verkauf der fossilen Energien beziehen, in der Verantwortung, einen Wandel in der Förderung ihrer endlichen Ressourcen herbeizuführen bzw. ihr Geschäftsmodell vom Export fossiler Energien zu ändern.

Ein weiterer wichtiger Faktor in der Analyse einer globalen Klimastrategie ist, dass die meisten fossile Energieträger exportierenden Staaten andere kulturelle Grundlagen pflegen als die klassischen fossile Energieträger konsumierenden Staaten. Dieser Aspekt hat bisher eine in den Diskussionen um den Klimawandel nicht ausreichend berücksichtigte analytische Dimension, die zukünftig für eine diplomatische Verhandlungsstrategie der Staaten untereinander eine besondere Bedeutung erlangen könnte. Mit der Entwicklung konkurrierender Energieproduktionstechnologien auf Basis von Wind und Sonne zu den fossilen Energieträgern ist es nur eine Frage der Zeit, bis radikale politische Strömungen eine Verbindung/Abhängigkeit zwischen den fossilen Energierohstoffen, ihrer Förderung und ihrer *Glaubensrichtung* erneut entdecken (z. B. Anlass des Ölembargos im Jahr 1973). Viele Staaten, die heute fossile Energien besitzen, abbauen/fördern und am Weltmarkt verkaufen, haben zudem andere Wertvorstellungen über Staatsformen, Menschenrechte, Glaubenswerte etc. als die Länder, in denen hauptsächlich diese fossilen Energien verwertet/konsumiert werden. All diese Faktoren, wie Religion/Glaube und fossile Energieförderung, eine Radikalisierung und Glaubensausrichtung im Zugriff der Rohstofflager, Werteüberzeugungen beim Handel mit Rohstoffen etc. werden mehrdimensional durch die neue Zukunft konkurrierender Energiequellen (fossile Energiequellen vs. Non-fossil Fuels bzw. regenerative Energiequellen) in den Fokus internationaler Handelsmöglichkeiten treten. Der *Paradigmenwechsel* in den internationalen Verhandlungsstrategien zwischen den Staaten ist dabei von den USA unter *Joe Biden* (Antritt der US-Präsidentschaft am 20. Januar 2021) und der Europäischen Union, mit dem Einzug ihrer neuen Präsidentin der Europäischen Kommission *Ursula von der Leyen* (Antritt ab dem 1. Dezember 2019) eingeleitet worden, die als Grundlage für neue Verhandlungen zukünftig *Wertvorstellungen* (wertebasierte Außenpolitik) mit in die Verhandlungen einbringt (siehe u. a. Verhandlungen zwischen China, Russland, Iran und der EU).

Dieser *Paradigmenwechsel* in den internationalen *Verhandlungspositionen* bzw. des diplomatischen Rüstzeugs von einer interessenbasierten Verhandlungsstrategie hin zu einem neuen, moralisch definierten Faktor der Werte einer Staatengruppe ist höchst problematisch. Diesem Beispiel könnten in Zukunft auch radikale Gruppen oder andere Staaten folgen, die wiederum ihre eigenen Werte in den Vordergrund stellen werden. Mit zunehmender Konkurrenz der erneuerbaren Energien und der nationalstaatlich geförderten Verdrängung der Absatzmärkte für fossile Energieträger ist langfristig eine Radikalisierung der zukünftigen Handelsbeziehungen mit diesen Rohstoffen nicht ausgeschlossen. Dieser Entwicklungslinie folgend werden die heute noch geltenden Einflussbereiche großer Staaten auf ihre Energieversorgung mit z. B. Erdöl, wie den USA auf die Golfregion, sich mit fortschreitender globaler Entwicklung der erneuerbaren Energien oder anderer CO_2 freier Energiequellen grundsätzlich ändern. Ein Beispiel könnten in der neu ausgerichteten Orientierung Russlands hin nach Asien und der Abwendung von Europa gesehen werden. Die bisherige globale hegemoniale Sicherheitsarchitektur unter dem Führungsanspruch der USA, die sich vor allem aus den Folgen des Zweiten Weltkriegs herausgebildet hatte, wird sich zusätzlich zu anderen Wandlungsprozessen mit der Entwicklung neuer, konkurrierender Energiequellen gravierend wandeln.

Mit dem Angriffskrieg von Russland auf die Ukraine im März des Jahres 2022 ist ein weiterer globaler Faktor in der Strategiefindung einer globalen Energiewende sichtbar geworden: die der Energiesicherheit eines Staates und die der Bezugsquellen von Energie. Durch die sich nach dem Ende des Zweiten Weltkriegs (1945) über Jahrzehnte entwickelnden Beziehungen von Europa mit Russland hatten sich starke Abhängigkeiten zwischen Russland und den anderen europäischen Staaten etabliert, hier vor allem von Deutschland. Wesentliche Teile an fossilen Energien wurden aus Russland an die europäischen Industriestaaten geliefert. Dieses Zusammenwachsen von wirtschaftlich führenden europäischen Industriestaaten mit dem rohstoffstarken Russland als Energielieferant war und konnte nicht im Interesse der USA als globale Wirtschafts- und Militärmacht liegen. Mit dem Fall des Eisernen Vorhangs in den Jahren ab 1989 ging der Weltmacht langsam und stetig der wirtschaftliche und politische Einfluss auf Europa verloren. Deshalb könnte geostrategisch der Überfall des russischen Militärs auf die Ukraine im langfristigen Interesse der USA liegen, weil mit den auf den Überfall folgenden Sanktionen vieler Staaten dieses Zusammenwachsen des kontinentalen Europas mit Russland auf lange Zeit beendet worden ist. Politisch und wirtschaftlich eröffnen sich für die USA in Europa neue Absatzmärkte für ihre eigenen fossilen Energieträger (u.a. Fracking Gas), zum anderen aber auch ein neuer erhöhter politischer Einfluss auf die EU. Mit dem Krieg in der Ukraine konnte der Einfluss der USA als globale Führungsmacht auf das reiche Europa ausgebaut und mit neuen zukünftigen Abhängigkeiten von Energielieferungen gefestigt werden. Durch die gemeinsame Verfolgung eines ähnlich ausgerichteten Wertekanons in der Außenpolitik, der Herausstellung der Werte als neue globale politische Verhandlungsposition sowie der Bekämpfung eines sich selbst in diese Position gebrachten, gemeinsamen Feindes, Russland, konnte eine neue mehrdimensionale Allianz zwischen den USA und der EU eingeleitet werden.

Die Quellen der von den Menschen hervorgerufenen globalen Kohlendioxidemissionen sind im Wesentlichen die fossilen Energieträger bzw. ihre Produkte wie Öl, Gas und Kohle sowie ihre Folgeprodukte. Was gefördert wird, wird auch irgendwann und irgendwo auf der Welt verbrannt. Das in den fossilen Energieträgern über Jahrtausende oder Jahrmillionen gespeicherte Kohlendioxid wird mit jeder Förderung aus den uralten unterirdischen Lagerstätten in die Atmosphäre transportiert. Auf diesem Weg leisten diese Energieträger eine besondere Arbeit zugunsten der globalen Wohlstandsentwicklung. Im Jahr 2019 erfolgte weltweit die Primärenergieversorgung über folgende Energieträger (siehe Tab. 2.1[5]).

Daraus folgt, dass ca. 80 % (78,90 %) der weltweiten Energie auf Basis der fossilen Energieträger produziert und konsumiert wird (Stand 2019), von denen Kohle 25,3 %, Erdöl 30,9 % und Gas 22,7 % Anteil an der Gesamtenergiemenge tragen. Auf die Kohlendioxidemissionen bezogen werden durch die Verbrennung von Kohle 39,7 %, von Öl 33,3 % und von Gas 20,6 % emittiert.

Wenn heute ein Fass Erdöl, eine Tonne Kohle oder ein Kubikmeter Erdgas gefördert werden, werden sie auch weltweit verkauft, unabhängig davon, wo (weltweit) sie anschließend verbrannt werden. Der Ort/Staat einer Kohlendioxidemission, an dem durch die Verbrennung fossiler Energieträger diese Emissionen entstehen, ist für das globale Klima irrelevant. Aber wie sieht heute die tatsächliche Lage im globalen Maßstab aus? Wie sind die Tendenzen und wo liegen die Abhängigkeiten? Ist der Verbrauch an fossilen Energieträgern in den nächsten Jahrzehnten tatsächlich dauerhaft und für ein globales Klima auch global auf ein geringes Maß rückführbar und was bedeutet das für die Staaten und die globale Ökonomie? Oder besteht ein Missverhältnis zwischen Anspruch und Wirklichkeit?

---

[5] Quelle: https://ourworldindata.org/grapher/global-energy-consumption-source%3Fcountry%3D~OWID_WRL, CC BY 4.0, 22.11.2021, Eigene Auswertung und Berechnungen.

Tab. 2.1 Globaler Primärenergieverbrauch 2019, Quelle: Eigene Darstellung und Berechnung. Datenquelle: https://ourworldindata.org/grapher/global-energy-consumption-source%3Fcountry%3D~OWID_WRL, CC BY 4.0, 22.11.2021.

Energieträger 2019	%	TWh	"Jährliche Kohlendioxidemissionen Mill. t"	
Fossile Energien	**78,90**	**136.761**	**100**	**36.702.502.902**
Kohle	25,30	43.849	39,71	14.573.219.408
Öl	30,93	53.620	33,32	12.229.641.805
Gas	22,67	39.292	20,58	7.553.393.814
Zement			4,38	1.608.471.760
Flaring			1,18	434.595.520
Andere			0,83	303.180.595
None fossile fueles	**21,10**	**36.579**		
Wasserkraft	6,03	10.455		
Atomkraft	3,99	6.923		
erneuerbare Energien	**11.07**			
Wind	2,04	3.540		
Solar	1,03	1.793		
Traditionelle Biomasse	6,41	11.111		
Biofuels	0,66	1.143		
Andere Erneuerbare	0,93	1.614		
Summe	**100**	**173.340**		

Der weltweite Energieverbrauch stieg 2018 um 2,9 %. In den zwanziger Jahren des neuen Millenniums begann die weltweite Corona-Pandemie, in dessen Folge ein leichter Einbruch dieser Energieentwicklung statistisch nachgewiesen werden konnte. Somit fand das stärkste *Wachstum* des Energieverbrauchs seit dem Jahr 2010 im Vor-Corona-Jahr 2018 statt und war fast doppelt so hoch wie im Zehn-Jahres-Durchschnitt davor. Die Nachfrage nach allen Brennstoffen stieg weltweit. Bei Gas war die Nachfrage am höchsten: 168 Mio. t RÖE (Rohöläquivalente), was 43 % des weltweiten Anstiegs ausmacht. Bei den erneuerbaren Energien waren es 71 Mio. t RÖE, was 18 % des globalen Anstiegs entsprach. In der OECD stieg der Energiebedarf aufgrund des starken Wachstums der Gasnachfrage (70 Mio. t RÖE) um 82 Mio. t RÖE. In den Drittländern war das Wachstum der Energienachfrage (308 Mio. t RÖE) relativ gleichmäßiger verteilt, wobei Gas (98 Mio. t RÖE), Kohle (85 Mio. t RÖE) und Öl (47 Mio. t RÖE) den größten Teil des Wachstums ausmachten. In der folgenden Abb. 2.3[6] ist die Entwicklung im Verbrauch der fossilen und regenerativen Energieträger über die Zeit zu sehen. Die Grafik gibt eine Übersicht in Zehn-Jahres-Schritten (x-Achse), von 1993 bis 2018, und auf der y-Achse den Verbrauch (in Mio. t Rohöläquivalente, RÖE). Der dunkelorangefarbene Streifen zeigt in der Grafik die Entwicklung der erneuerbaren Energien. Der hellorangefarbene Streifen zeigt die Entwicklung der Atomenergie weltweit auf. Der hellblaue Streifen zeigt die Entwicklung der Wasserkraft. Die anderen Farbstreifen zeigen die Entwicklungen der drei fossilen Energieträger Kohle, Öl und

---

[6] Quelle: bp-stats-review-2019-full-report, https://www.bp.com/content/dam/bp/business-sites/en/global/corporate/pdfs/energy-economics/statistical-review/bp-stats-review-2019-full-report.pdf, S. 10, Grafik World consumption, 20.12.2021.

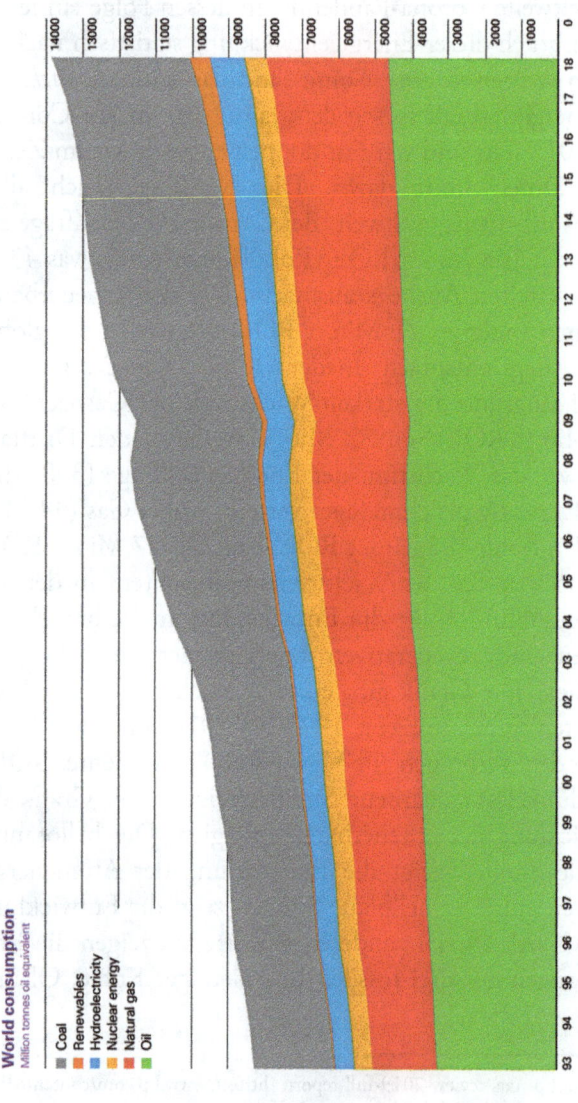

Abb. 2.3 Weltweiter Konsum fossiler Energieträger im Vergleichsjahr 2018

Gas, die als graue, rote und grüne Flächen in der Grafik zu sehen sind.

Konsequenterweise ist die globale Kohlenstoffemission einfach eine direkte Folge des globalen Energiewachstums und der geförderten Menge an fossilen Energieträgern. Zum Vergleich: Im Durchschnitt der letzten fünf Jahre war das globale Wachstum der Energienachfrage im Vergleich zum Jahr 2018 lediglich um 1,5 % höher. Das Wachstum der Kohlendioxidemissionen folgte dieser Entwicklung mit einer Zunahme von 1,4 %. Um eine Vorstellung über die ökonomischen Dimensionen einer globalen CO_2-Reduktion in den nächsten zehn bis 30 Jahren, bis zum Jahr 2030 bzw. 2050, erfassen zu können, die mit einer globalen Energiewende in Verbindung stehen, möchte ich in einem Beispiel eine kurze Abschätzung des *Kapitalwerts* von noch nicht gefördertem Rohöl vornehmen. Die nachgewiesenen Ölreserven werden heute mit ca. 1729,7 Mrd. Barrel (244,1 Mrd. t) angegeben. Bei einem langfristigen Durchschnittsverkaufswert von ca. 50 € pro Barrel ergibt das einen globalen Kapitalwert von ca. 86,5 Billionen €. Dieser Wert steht mit einer globalen Energiewende bei den Förderstaaten zur Disposition bzw. die Förderstaaten müssen auf diesen Wert zukünftig verzichten, unabhängig von dem zusätzlichen Handelsvolumen an den Börsen. Ähnliche Dimensionen an Kapitalwerten sind auch bei Gas und Kohle vorhanden, auf die die fördernden Staaten bei einem CO_2-Stopp verzichten werden müssen. Etwas später werde ich bei einer vertiefenden Analyse dieser wirtschaftlichen Dimension noch den Verteilungsfaktor einführen, also wo bzw. bei welchem Staat Teile diese Werte liegen.

Die IEA (International Energy Administration) hat in ihrer Analyse aus dem Jahr 2021 zur internationalen Energieentwicklung der flüssigen Brennstoffe das Zusammenspiel zwischen der weltweiten *Produktion* und dem *Verbrauch* veröffentlicht. Demnach läuft die Entwicklung in den letzten Jahren an fossiler Energieträgerproduktion fast gleichauf mit dem Verbrauch. Im Jahr 2020 war die Produktion leicht erhöht und überstieg den Bedarf etwas. Im Folgejahr sank die Produktion unter den Verbrauch, sodass Reserven aus dem Vorjahr aufgebraucht wurden. Die Analyse der IEA zeigt, dass beide Märkte, der Produktions- und der Verbrauchsmarkt bei den fossilen Energieträgern, miteinander rückgekoppelt sind, somit wechselwirken. Als unsichtbarer Dritter dieser beiden Märkte agieren die *Aktien- bzw. Kapitalmärkte*. Auf diesen Märkten werden die Werte von Waren, Unternehmen und Staaten festgelegt sowie gehandelt. Die Kapitalmärkte haben einen wesentlichen Einfluss auf die Renten von Milliarden Menschen und den Wohlstand von Staaten. Diese drei Marktteilnehmer am fossilen Energiemarkt (Produktion/Förderung, Verbrauch, Handel) beeinflussen jeweils den anderen und umgekehrt. Eine isolierte Betrachtung bzw. die Entwicklung und Verfolgung einer Strategie, die lediglich den einen Markt – hier den Verbrauchsmarkt – betrachtet (Aufbau von Wind- und Solarstromproduktion als nationale Verdrängung fossiler Energieträger), bedingt damit im globalen Maßstab erhebliche Auswirkungen auf die anderen beiden Märkte und ihre Marktteilnehmer.

Die Kapitalverflechtung der fossilen Energieträger über die globalen Börsen untereinander und in andere Märkte ist gewaltig und in ihrer Strukturtiefe zurzeit nicht erforscht (In welchen Aktien und Anlagen stecken Anteile von Werten fossiler Energieprodukte und mit welchen Abhängigkeiten?), sodass eine einseitige Verdrängung fossiler Energieträger aus einem einzigen Staat oder einer kleinen Staatengruppe noch keine Auswirkungen haben wird. Der Mechanismus dabei ist, dass ein Staat, der ausschließlich seine Energie aus Sonne und Wind beziehen würde (Deutsche Energiewende), über seine Staatsanleihen und andere Kapitalverflechtungen an den globalen Börsen durch die anderen Staaten subventioniert werden würde, die fossile Energieträger weiterhin konsumieren und damit den Handelswert der fossilen Energien aufrechterhalten würde. Das diese Wertsubventionierung in diesem zukünftigen Fall einen politischen Wert erhält und von dem energetisch transformierten und dann weitestgehend unabhängigen Land zu bezahlen sein wird, ist eine realistische Option. Für eine wirksame globale Strategie der CO_2-Vermeidung muss somit eine Strategie entwickelt werden, die die beteiligten Märkte und ihre Strukturtiefe sowie die mit einer Energiewende einhergehende Wertetransformation der fossilen Energieträger an den globalen Handelsplätzen berücksichtigt. Eine Forderung auf globale kurzfristige *„net-zero emissions"*[7] ist höchst problematisch, befeuert Ängste in der Öffentlichkeit und emotionalisiert das Thema (Eröffnungsrede von António Guterres, Generalsekretär der Vereinten Nationen, zur Klimakonferenz COP27 in Ägypten 2022: „Wir sind auf dem Highway zur Klimahölle" und „Wir kämpfen den Kampf unseres Lebens – und sind dabei zu verlieren …"; UN-Klimagipfel 2019, Rede von Greta Thunberg: „Wie können Sie es wagen …?") und ist in zahlreichen Facetten global gefährlich. Eine genauere Analyse zu diesem Baustein des Klimawandels erfolgt im Kapitel 9.4.7 „Emotionalisierung des Klimawandels: ‚Die Verkündigung'".

In der folgenden Analyse wird die Verteilung der fossilen Energieproduktion über die Exportstaaten bzw. Regionen untersucht, welcher Staat wie viel produziert und welche Staaten das sind. Bei dieser kurzen Übersicht wird das Referenzjahr 2018 erneut herangezogen, um eine durchgängige Vergleichbarkeit der Daten zu ermöglichen. In der Tab. 2.2 werden die Top 20 der Staaten aufgelistet, die die

---

[7] Siehe auch: IPCC Report https://www.ipcc.ch/sr15/, 09.2022; IEA Report https://www.iea.org/reports/net-zero-by-2050 and https://iea.blob.core.windows.net/assets/4719e321-6d3d-41a2-bd6b-461ad2f850a8/NetZeroby2050-AroadmapfortheGlobalEnergySector.pdf, 07.2022.

Tab. 2.2 Fossile Energien und Werte, Quelle: BP Statistical Database, https://www.bp.com/en/global/corporate/energy-economics/statistical-review-of-world-energy/downloads.html, 08.11.2021, eigene Berechnungen. Maßeinheiten in Megatonnen und Megatonnen-Equivalente [8]

Land	Kohleproduktion [Mte]	Gasproduktion [Mte]	Ölproduktion [Mt]	Summe [Mte]	Gesch. Werte [Millionen $]	Kumulative Werte [Millionen $]
China	1.836,02	138,80	189,11	2.163,92	793.078	793.078
US	367,79	723,07	670,24	1.761,11	645.447	1.438.525
Russian Federation	220,36	575,33	567,88	1.363,58	499.752	1.938.276
Saudi Arabia		96,39	576,82	673,21	246.730	2.185.007
Canada	29,18	152,00	257,75	438,93	160.868	2.345.874
Australia	312,67	108,35	14,69	435,72	159.691	2.505.566
Indonesia	328,67	62,60	39,52	430,80	157.887	2.663.452
India	305,70	23,64	39,55	368,89	135.199	2.798.651
Iraq		9,09	227,01	236,10	86.532	2.885.183
United Arab Emirates		49,90	176,69	226,59	83.044	2.968.227
Qatar		145,37	79,45	224,82	82.398	3.050.625
Norway		104,29	83,32	187,61	68.758	3.119.383
Kazakhstan	50,92	29,35	90,48	170,74	62.578	3.181.961
Brazil	2,36	21,64	140,22	164,22	60.186	3.242.147
Kuwait		14,49	146,85	161,34	59.130	3.301.278
Algeria	0,00	80,69	65,33	146,02	53.517	3.354.795
South Africa	143,63			143,63	52.640	3.407.435
Mexico	6,68	30,26	102,29	139,23	51.027	3.458.462
Nigeria		41,50	96,36	137,87	50.528	3.508.989
Colombia	57,90	11,05	45,58	114,54	41.977	**3.550.967**

meisten fossilen Energieträger zu diesem Zeitpunkt produzieren und verkaufen. Insgesamt produzieren weltweit 114 Länder fossile Energieträger (auf Basis der genutzten Datenbank, andere Datenbanken können leicht abweichende Zahlen liefern). Der Gesamtwert dieser Produktion betrug nur für das Referenzjahr 14,9 Billiarden USD pro Jahr. Bei dieser Abschätzung der Geldwerte gehe ich von einem langfristigen Durchschnittspreis/Basiswert von 50 USD pro Barrel aus. In Abhängigkeit des Basiswertes können natürlich diese Werte schwanken. Die Grundaussage, dass dieser Wirtschaftszweig heute weltweit eine außergewöhnliche und

---

[8] Quelle BP Statistical Database, https://www.bp.com/en/global/corporate/energy-economics/statistical-review-of-world-energy/downloads.html, 08.11.2021, eigene Berechnungen. Maßeinheiten in Megatonnen und Megatonnen-Equivalente

2 Zwischen Baum und Borke: Ökonomisches ...

nicht zu übersehende Größe bei einer globalen CO_2-Reduktion darstellt, ist von anderen Basisdaten unabhängig.

Die Top 20 der weltweit größten Produzenten der fossilen Energieträger sind u. a. die größten Länder dieser Welt, wie China, USA, Russische Föderation und Indien (rosa Felder). Mit Saudi-Arabien und anderen Staaten aus dem Nahen Osten (Irak, Katar, Kuwait, UAE Vereinigte Arabische Emirate = gelbe Felder) befinden sich wichtige Staaten in einer politisch fragilen Region. Zusätzlich wird in Zukunft nach den Berechnungen verschiedener Forschungsinstitute (u. a. Klimaprognosen und Entwicklung von Klimazukunftsszenarien: NASA, IPCC, Potsdam-Institut für Klimafolgenforschung etc.) genau diese Region bei dem Klimawandel quasi unbewohnbar werden. Ebenfalls befinden sich in der Liste aber auch Indonesien, Kanada, Australien und Norwegen. Diese Länder stehen bei Diskussionen um eine CO_2-Reduktion selten im Fokus. Das Gleiche gilt für Nigeria, ein auf dem afrikanischen Kontinent aufstrebender Staat, Kolumbien und Mexiko, südamerikanische Staaten. Zusammenfassend befinden sich in fast allen Regionen der Welt Staaten, die erhebliche staatliche Einnahmen, hier als Werte bezeichnet, mit dem Verkauf fossiler Energieträger erzielen und damit die Quellen der heutigen Kohlendioxidemissionen und der global ansteigenden CO_2-Konzentrationen sind.

Die Top 20 in dieser Liste erwirtschafteten im Jahr 2018 einen Gesamtwert von 3,6 Billiarden USD. Nach den Vorstellungen der in den internationalen Klimakonferenzen anwesenden Staaten sollen in den nächsten 30 Jahren (bis 2050) diese Wirtschaftswerte drastisch reduziert und die betroffenen Staaten und Börsen auf große wirtschaftliche Einnahmen im Gesamtwert von Billiarden USD pro Jahr verzichten sowie die Werte aus den Rohstoffreserven abschreiben. Dabei sind die mit den Reserven verbundenen Waren und erzielbaren Börsenwerte nicht einberechnet. Etwas später wird die Analyse um diesen wirtschaftlichen Hintergrund dieser Forderung erweitert. Zum besseren Verständnis möchte ich noch die Daten verteilt über die Weltregionen (Tab. 2.3) aufzeigen, damit die gesamte Situation besser sichtbar wird und eingeschätzt werden kann. Bei diesem Vorgang kann von einer über die nächsten Jahrzehnte anhaltenden Reaktion dieser Staaten in der einen oder anderen Form gerechnet werden. Welche Auswirkungen dieser ökonomische Druck im Rahmen der Energiewende auf die globalisierte Wirtschaft erzeugen wird, ist hoch komplex und wird zur Zeit von den politischen Entscheidungsträgern ausgeblendet. Eine Strategie, dieser Reaktion entgegen zu wirken, ist nicht bekannt.

Interessant an dieser Tab. 2.3 ist, dass der Kontinent Afrika in diesem Wirtschaftsbereich bereits aktiv geworden ist und in der Produktion der fossilen Energien bereits vor Europa liegt. Hier könnten für die nähere Zukunft neue Entwicklungen stattfinden, die weitere globale Kohlendioxidemissionen bedeuten werden.

Tab. 2.3 Regionen: Produktion fossiler Energien, Quelle: BP Statistical Database, https://www.bp.com/en/global/corporate/energy-economics/statistical-review-of-world-energy/downloads.html, 08.11.2021, eigene Berechnungen.[9]

Land	Kohleproduktion [Mte]	Gasproduktion [Mte]	Ölproduktion [Mt]	Summe [Mte]	Gesch. Verkaufswert [Millionen $]
Gesamte Welt	3.945,12	3.312,86	4.484,19	11.742,17	4.303.507
Nicht-OECD-Länder insgesamt	3.033,32	2.082,54	3.236,9	8.352,76	3.061.286
Asien-Pazifik insgesamt	2.865,83	538,79	360,7	3.765,33	1.379.994
OECD insgesamt	911,8	1.230,32	1.247,29	3.389,42	1.242.221
Gesamt Nordamerika	403,66	905,33	1.030,28	2.339,27	857.341
Naher Osten insgesamt	1,05	570,35	1.488,56	2.059,97	754.979
GUS insgesamt	275,22	723,37	714,9	1.713,48	627.992
Afrika insgesamt	164,05	207,6	393,53	765,18	280.437
Europa insgesamt	173,88	216,18	163,34	553,4	202.820
Gesamt S. & Cent. Amerika	61,44	151,23	332,88	545,55	199.944
Europäische Union insgesamt	124,32	59,17	21,89	205,37	75.269

---

[9] Quelle BP Statistical Database, https://www.bp.com/en/global/corporate/energy-economics/statistical-review-of-world-energy/downloads.html, 08.11.2021, eigene Berechnungen.

2 Zwischen Baum und Borke: Ökonomisches ...

Viele Menschen sind besser qualifiziert als ich, diese globale Entwicklung vor dem Hintergrund der öffentlichen Beschlüsse in den großen internationalen Klimakonferenzen, der realen ökonomischen Bedingungen und der öffentlichen Diskussion über den Klimawandel zu verstehen. Aber trotz des Pariser Klimaabkommens ist das Wachstum der Energienachfrage und der Kohlenstoffemissionen in den letzten Jahren nicht weniger geworden und der aktuelle Trend ist immer noch sehr weit von den Ansprüchen der Klimaabkommen und den vereinbarten Übergangspfaden entfernt, wobei Deutschland in dieser Hinsicht eine Sonderrolle einnimmt. Damit klaffen Hoffnung und Realität über alle Staaten der Welt mit ihren Bevölkerungen sehr weit auseinander.

Das IPCC und andere internationale Organisationen forderten bereits 2020 eine Vollbremsung bei den Kohlendioxidemissionen[10] (IPCC-Bericht: Sofortige globale Trendwende nötig: https://www.umweltbundesamt.de/themen/ipcc-bericht-sofortige-globale-trendwende-noetig; Zitat IPCC[11]: „Es ist jetzt oder nie, wenn wir die globale Erwärmung auf 1,5 °C (2,7 °F) begrenzen wollen", sagte Skea. „Ohne sofortige und tiefgreifende Emissionsreduktionen in allen Sektoren wird es unmöglich sein."), um eine globale Klimakatastrophe zu vermeiden (netto 0 % Kohlendioxidemission global bis 2050[12]). Jedoch würde höchstwahrscheinlich eine faktische „Vollbremsung" im Verkauf oder/und im Konsum der fossilen Energien (Öl, Gas,

---

[10] Quelle IPCC: https://www.ipcc.ch/site/assets/uploads/2020/07/SR1.5-SPM_de_barrierefrei.pdf, 20.10.2022.

[11] Quelle IPCC: https://www.ipcc.ch/report/ar6/wg3/resources/press/press-release/; 29.11.2022.

[12] Siehe auch: IPCC https://www.de-ipcc.de/media/content/AR6-WGII-SPM_deutsch_barrierefrei.pdf; 29.11.2022.

Kohle) – und in deren Folge in der Produktion (Förderung) – einen Kollaps der globalen Ökonomie herbeiführen und damit auch eine „Vollbremsung" der globalen Ökonomie bedeuten. Um diese Forderung des IPCC in der gesamtanalytischen Betrachtung besser einordnen zu können, werden im Kontext dieser Forderung einige fiktive Fragen aufgeworfen und damit die viel tiefer liegenden, vernetzten und rückgekoppelten Problemfelder sichtbar werden. Die folgenden Fragen stellen nur einen kleinen Ausschnitt weiterer Fragestellungen aus diesem Themenbereich dar und sollen nun analytisch den Fokus auf die gesellschaftlich-ökonomische Dimension der Klimafrage richten.

- Ist es somit realistisch vorstellbar, dass bis 2050 z. B. die OPEC, GCC-Staaten, Russland, die USA, verschiedene lateinamerikanische Staaten oder verschiedene afrikanische Staaten kein Öl oder Gas mehr fördern und damit ihr BIP (Bruttoinlandsprodukt) sinkt oder einbricht?
- Was würde es für die global agierenden und untereinander vernetzten Finanzmärkte bedeuten, wenn wir in den nächsten drei Jahrzehnten (bis 2050) weltweit auf der Produktionsseite (passive Kohlendioxidemissionen) signifikant Öl, Kohle und Gas einsparen, damit sie nicht verbrannt werden?
- Was ist die Folge, wenn das heutige ökonomische System der erdölproduzierenden Unternehmen, Staaten, Rohstoffmärkte und Investoren alles tun wird, um einen signifikanten Absatzeinbruch ihrer Produkte zu verhindern?
- Was würde es für die Weltökonomie – die „Märkte" und „Handelsplätze" (Börsen) – bedeuten, wenn ganze Staaten, ganze Regionen, die vom Verkauf von Öl und Gas abhängig sind, diese Einnahmen bis 2050 dauerhaft verlieren würden (Forderung der IPCC 2018: null Kohlendioxidemissionen bis 2050)?

2 Zwischen Baum und Borke: Ökonomisches ...

- Wäre es im Interesse der OPEC, ihre Strategie in Zukunft zu ändern und zu einem weltweiten Motor in der passiven CO_2-Reduktion (Abbau der Förderung fossiler Energieträger) zu werden, wenn sie eine Exit-Strategie aus der Förderung von fossilen Energieträgern offiziell beschließen würde? Und was hätte das für globale ökonomische, politische, strategische und sicherheitsrelevante Auswirkungen?
- Würden die Kunden der OPEC „Transformationszahlungen" zur wirtschaftlichen und gesellschaftlichen Anpassung (Transformation) der global agierenden und vernetzten Fossile-Energien-Industrie zur Verfügung stellen?
- Wie würden sich andere Staaten, die nicht der OPEC angehören, zu einer Exit-Strategie dieser Einrichtung verhalten?
- Wie kann eine künstliche Verknappung in der Förderung von fossilen Energieträgern im Rahmen einer globalen CO_2-Reduktion um mehr als 2/3 so gesteuert werden, dass die dann steigenden Rohstoff- und Konsumgüterpreise nicht zu einem Kollaps der Weltwirtschaft, zu Kriegen oder sogar einem Weltkrieg führen?
- Ist es denkbar, dass bei einer von den Klimawissenschaften prognostizierten, starken, globalen Erwärmung (über 3-Grad-Szenarien) in den nächsten 30 Jahren und den daraus folgenden globalen Katastrophen (z. B. Unbewohnbarkeit der Golfregion, von Teilen Afrikas, Asiens, Südamerikas), Staaten mit sehr geringen Kohlendioxidemissionen andere Staaten, die fossile Energieträger produzieren, <u>zwingen werden</u>, ihre Produktion zu verringern, um eine weitere Treibhausgasemission zu verhindern (Durchsetzung der „Vollbremsung")?
- Der Einfluss der NGOs, radikaler Gruppen, Umweltverbände, aber auch der Einfluss von wissenschaftlichen Einrichtungen zur Erforschung des Klimawandels auf die öffentliche Meinung ist in offenen Demokratien

in den letzten Jahren stark gestiegen. Könnten die bis 2021 stark in die Öffentlichkeit kommunizierten alarmistischen Warnungen und Untergangsszenarien der Klimawissenschaften und NGOs sich vielleicht auch nur in einem geringen Maß mit ihren Modellen bzw. daraus abgeleiteten langfristigen Prognosen irren (in positiver oder negativer Aussage) und welche Konsequenzen würde das für die Völker mit sich bringen?

Zusammenfassend: Mit der heutigen Strategie des staatlich initiierten und geförderten Verdrängungswettbewerbs von fossilen Energieträgern durch erneuerbare Energien wird die wirtschaftliche Stabilität wichtiger Länder, die vom Verkauf ihrer Erdöl-, Erdgas- und Kohleprodukte abhängig sind, in den nächsten Jahrzehnten infrage gestellt. Weltweit produzieren 114 Länder mindestens einen der fossilen Energieträger wie Öl, Erdgas oder Kohle. Die Abhängigkeit der Länder von dieser Produktion wird etwas später genauer analysiert. Der Wert dieser Produktion betrug 2018 insgesamt 14,919 Billiarden USD. Der monetäre Verzicht der Staaten auf die noch nicht erschlossenen Reserven bleibt dabei unberücksichtigt. Ökonomisch stehen mit der heutigen Strategie zusätzlich außergewöhnlich hohe Werte zur Disposition, die global über die Börsen gehandelt und verwaltet werden. Eine globale Verdrängung dieser Werte innerhalb relativ kurzer Zeit (ca. 28 Jahre) über eine globale Energiewende und ohne ein umfassendes Transformationskonzept der anhängigen Märkte, derzeit von der Politik auf die Anpassungsfähigkeiten der Märkte vertrauend, würde eine globale wirtschaftliche Katastrophe ohne Rückkehr in eine heute bekannte moderne Gesellschaft (Überwindung von Armut und Hunger, Gesundheitsversorgung, lange Lebenszeiten, Sozialstaat etc.) zur Folge haben, unabhängig von den damit zwangsläufig einhergehenden Kriegsfolgen.

2 Zwischen Baum und Borke: Ökonomisches ...

Ein möglicher Ausweg aus dem Klima-Ökonomie-Dilemma besteht in der Suche nach einem Substitut/Ersatz, der die fossilen Energien in einer gleitenden, längeren Übergangsphase ersetzt und zukünftig günstig von den heutigen Förderstaaten in großen Mengen hergestellt werden kann, auf den globalen Rohstoffmärkten gehandelt und von den heutigen Verbrauchsmärkten in zahlreichen Sektoren genutzt werden kann. Ein Ersatz der fossilen Energieträger. Alternativ müssten die vom Verdrängungswettbewerb betroffenen Staaten ihre Geschäftsmodelle und daran anhängende Industrien kurzfristig umstellen oder zugunsten einer globalen CO_2-Reduktion aufgeben. Ähnliche Vorgänge würde auf den internationalen Handelsplätzen, den Rohstoffbörsen, erfolgen müssen. Diese Vorstellung erscheint mir höchst unrealistisch. Ohne diesen *Ersatz der fossilen Energieprodukte* durch einen Ersatzstoff ist eine reale Reduktion der *passiven* CO_2-Quellen (Förderung fossiler Energieträger) ökonomisch *nicht* wünschenswert, da die globalen ökonomischen Folgen heute unkalkulierbar erscheinen, Transformationsstrategien in den betroffenen Staaten nicht vorhanden sind sowie eine Überführungs- oder Transformationsstrategie der Eigentumswerte des fossilen Energiemarktes, inklusive der Werte der fossilen Energiereserven, an den Börsen fehlt. Die fossilen Energieträger sind heute in der vernetzten globalen Ökonomie in Menge, Wert und in ihrer Existenz weltweit systembestimmend sowie stabilitätsgebend. Werden diese Märkte global zugunsten einer globalen CO_2-Reduktion in einem relativ kurzen Zeitraum aus politischen/klimatischen und gesellschaftlichen Gründen radikal geschrumpft oder geschlossen, gefährden wir uns im ökonomischen Feld selbst. Bei einer Suche nach einer globalen Strategie, dem ebenfalls globalen Klimawandel realistisch entgegentreten zu können, müssen diese Realitäten zwingend berücksichtigt werden.

Um eine Stabilisierung im globalen ökonomisch-politischen System auf dem Weg zu einer weltumspannenden CO_2-Vermeidung zu erreichen und nicht in eine Eskalation im Anstieg der globalen Temperaturen zu geraten, sich nicht in die Gefahr eines globalen Wirtschaftskriegs oder eines ökonomischen Kollapses der Börsen zu begeben, ist ein Strategiewechsel von der nationalstaatlich orientierten Energiewende zur Strategie eines global handelbaren „grünen Energieträgers" sowie einer Transformationsstrategie der fossilen Energiemärkte dringend notwendig. Der Schlüssel für diesen Strategiewandel ist ein Substitut der fossilen Energien, das Wasserstoff sein könnte. Wasserstoff erfüllt alle Kriterien eines global nutzbaren Substitutes fossiler Energieträger. Damit erhält Wasserstoff eine neue strategische Dimension in der Transformation der Staaten zu einer Klimagasneutralität. Der Strategiewandel kann eingeleitet werden, wenn sich mindestens zwei oder mehr Staaten in einem Rahmenabkommen zum Aufbau und zur Einführung einer Wasserstoffwirtschaft entschließen, was heute z. B. für Europa und/oder Deutschland erhebliche Vorteile mit sich bringen würde. Entlang dieser Linie werden mit dem Jahr 2022 erste Entwicklungen auf Regierungsebene sichtbar. Die Verabschiedung von nationalen Strategiepapieren ist nicht ausreichend. Die international aufgestellte Wasserstoffwirtschaft ist also der nationale Weg in einer global vernetzten Strategie zur Eindämmung der Klimaerwärmung.

Vor dem Hintergrund des seit Anfang März des Jahres 2022 ausgebrochenen russischen Angriffskriegs auf die Ukraine entstanden zunächst in Europa neue politische Sichtweisen, die die Abhängigkeit von Europa von den russischen fossilen Energieträgern für alle Regierungen in Europa spürbar werden ließen. Diese Entwicklung kann als ein exemplarisches und reales Beispiel, wie Importländer und ein Exportland fossiler Energieträger im internationalen Staatenverbund vor dem Hintergrund eines globalen Klimawandels mit einem kurzfristigen Verlust von Energiemärkten umgehen, analysiert werden. Die reflexartige Reaktion der Politik in den Nationalstaaten der EU, den wichtigsten Importländern der fossilen Energieträger aus Russland, war die Suche nach Flüssiggas (*liquefied natural gas*, LNG) aus u. a. den USA (weltweit einer der größten Lieferanten für LNG), aber auch aus anderen Exportstaaten auf der Welt. Hier ersetzt das LNG kurzfristig den Verlust von Erdgas für die Importländer. In einer längeren Perspektive würden die erneuerbaren Energien anstelle des LNG treten. Der Effekt auf das Exportland wäre exakt der gleiche: ein Verlust seiner Absatzmärkte. Das reale Beispiel von Russland zeigt jedoch, wie ein Exportland und die internationalen fossilen Energiemärkte mit dem Verlust eines fossile Energien importierenden Landes oder einer Ländergruppe (EU) umgehen, unabhängig davon, welche Seite und welche Gründe den Verlust der Absatzmärkte (Exportland) bzw. der Verlust der Energielieferungen (Importland) ausgelöst haben. Analytisch sind die Reaktionen der Staaten und der Märkte beispielgebend. Sie können als Vorlage für die in den nächsten 28 Jahren eingeleitete Entwicklung im Verdrängungswettbewerb der fossilen Energien aus den klassischen Verbrauchsmärkten angesehen werden.

An diesem Beispiel wird die fast unauflösbare Verzahnung von fossile Energieträger fördernden Ländern, dem Handel- und Transport sowie ihren Abnehmern überdeutlich. Das Exportland suchte sich neue Abnehmer seiner fossilen Energieträger. Ebenfalls konnten andere Staaten für die Abnahme der nun günstigen und verfügbaren fossilen Energieträger gefunden werden, sodass für das globale Klima keine Reduktion an CO_2-Emissionen zu erwarten ist. Das Beispiel zeigt auch, dass ebendiese Gelegenheit nur zögerlich und ohne strategische Grundlage in den Importländern für den Bau von Wasserstoffterminals und großen Wasserstofftankern genutzt wird, um mit mehreren Staaten die Produktion und die Lieferung von Wasserstoff (inkl. grünen Methans und anderer Wasserstoffträger) langfristig abzuschließen. Der Bau von Wasserstoffterminals nimmt den gleichen Zeitraum in Anspruch wie die Errichtung von Flüssiggasterminals, mit dem Unterschied, dass bei einer Fertigstellung dieser Terminals Wasserstoff als Ersatz für den fossilen Energieträger Flüssiggas zum Einsatz käme. An dieser sehr realen Reaktion kann erneut – trotz großer Klimakonferenzen und Klimaabkommen – die im Ergebnis globale Konzeptlosigkeit ganzer Staaten abgelesen werden, die der eigentliche Grund der bisher nicht vorhandenen CO_2-Reduktionen ist. An diesem realen Vorgang im Verlust eines fossilen Energiemarktes zeigt sich auch das Versäumnis der letzten Jahrzehnte, dass keine ernsthafte Entwicklung zum Aufbau einer globalen Wasserstoffinfrastruktur mit Transportkapazitäten vorangetrieben wurde. Hierbei wird zugleich auch der Kern des globalen Problems sichtbar, dass es tatsächlich keine vernetzte und abgestimmte Strategie zwischen den Staaten zur Wandlung der Energiebasis gibt und damit eine globale Reduktion an Treibhausgasen verhindert wird. Der Klimaalarmismus der vergangenen drei bis fünf Jahre (2015–2020) verschiedener Bewegungen, Institutionen, Organisationen und Parteien ist deshalb von der Realität nachweislich entkoppelt. Eine vertiefende Analyse dieser Entkopplung von der gesellschaftlichen Entwicklung und der realen Entwicklung erfolgt im Kap. 4 und 9.

Aber wie ist die Verteilung der Energienutzung im Verhältnis der nationalen Energieproduktion und des Imports von Energie? Ist eine nationale Energieproduktion z. B. für Deutschland oder die Europäische Union überhaupt durchführbar? Die vorhandenen Energiestrukturen in Europa zeigen, dass der Energieimport der meisten EU-

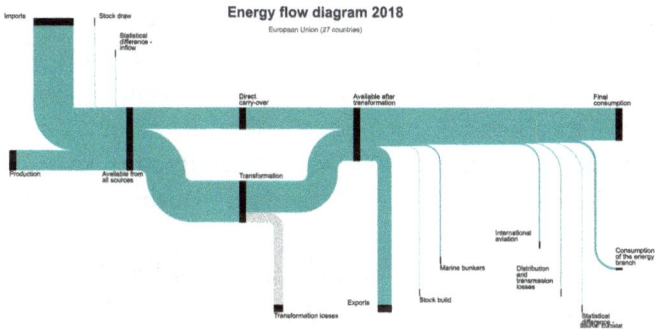

Abb. 2.4 Energieflussdiagramm der EU Quelle: Euostat, https://ec.europa.eu/eurostat/cache/sankey/energy/sankey.html?geos=EU27_2020&year=2018&unit=KTOE&fuels=TOTAL&highlight=_&nodeDisagg=0101000000000&flowDisagg=false&translateX=123.774&translateY=54.847999999999985&scale=0.8&language=EN#0, 16.01.2022

Länder erheblich ist, was im ersten Moment schlicht bedeutet, dass die EU mehr Energie verbraucht, als sie selbst erzeugen kann oder besitzt. Die EU-19 importiert ca. 2/3 ihrer fossilen Energieträger. Eine rein nationale Versorgung mit erneuerbare Energien in allen Sektoren ist aus heutiger Sicht nicht möglich. In der folgenden Grafik[13] (Abb. 2.4) ist dieser Energiefluss/Abhängigkeit vom Import an fossiler Energie im hier definierten Referenzjahr 2018 sichtbar. Die Grafik zeigt die offizielle Verteilung der gesamten, in der EU importierten, produzierten und genutzten Energie. Die Breite der Energieflüsse gibt einen Hinweis auf die Menge der jeweiligen Sektoren. Aus der Grafik können oben angegebene Verhältnisse gut nachvollzogen werden. In der Tab. 2.4 werden für eine vereinfachende Übersicht

---

[13] Quelle: Eurostat, https://ec.europa.eu/eurostat/cache/sankey/energy/sankey.html%3Fgeos%3DEU27_2020&year%3D2018&unit%3DKTOE&fuels%3DTOTAL&highlight%3D_&nodeDisagg%3D0101000000000&flowDisagg%3Dfalse&translateX%3D123.774&translateY%3D54.847999999999985&scale%3D0.8&language%3DEN#0, 16.01.2022.

nur die Region EU, der Euroraum und Deutschland als Einzelbeispiel dargestellt. Die Abhängigkeiten einer Region oder eines Staates vom jeweiligen fossilen Energieträger wird hier für jeden Energieträger in Prozent für das Jahr 2018 angegeben. Die Menge des Imports kann für den jeweiligen fossilen Energieträger daneben abgelesen werden.

Die Energieimportabhängigkeit von Öl, Petroleum und Gas beträgt in Deutschland über 95 % (Stand 2021). Die EU liegt bei den Ölimporten ebenfalls über 90 % (siehe Tab. 2.4[14]). Bei den Gasimporten beträgt die Abhängigkeit des Euroraums etwas mehr als 87 %. Die gesamte EU ist ebenfalls zu über 80 % von Gasimporten abhängig. Im Rahmen des europäischen Green Deals schlug die Kommission im September 2020 vor, das Emissionsreduktionsziel für Treibhausgasemissionen bis 2030 auf mindestens 55 % gegenüber 1990 zu erhöhen. Gesellschaftliche Ziele zu setzen ist sicherlich eine wichtige politische Arbeit. Wie weiter oben bereits an einem realen Beispiel dargestellt werden konnte, fehlen jedoch zu diesen Zielvorgaben die konkreten politischen Strategien, die vor dem Hintergrund der realen Zahlen an wesentlichen Importen fossiler Energien aufzeigen, wie solche Ziele ohne statistisch basierte Kompensationsverrechnungen erreichbar werden. Werden diese Weg von den Beschlussorganen nicht aufgezeigt, bleibt lediglich auf allen Ebenen das hohe gesellschaftliche Risiko zur Umsetzung dieser Ziele übrig. Damit treiben die politisch Verantwortlichen ihre Staaten, in diesem Fall ihre eigenen Wähler in ihren Demokratien, von denen sie in die Entscheidungsposition gewählt wurden, in eine sehr unsichere Zukunft. Am Ende dieses Kapitels werden

---

[14] Quelle: Eurostat, https://ec.europa.eu/eurostat/databrowser/product/view/NRG_IND_ID, 16.01.2022.

Tab. 2.4 EU fossile Energie, Import-Export, Quelle: Eigene Berechnung und Darstellung. Datenquelle: Eurostat, https://ec.europa.eu/eurostat/databrowser/product/view/NRG_IND_ID, 16.01.2022.

Jährlich	Feste fossile Brennstoffe		Öl- und Petroleumprodukte (ausschließlich Biokraftstoffanteil)		Erdgas	
Produkte	Importabhängigkeit (%)	Importe (1000 t)	Importabhängigkeit (%)	Importe (1000 t)	Importabhängigkeit (%)	Importe (Mio. m^3)
Europäische Union – 27 Staaten (ab 2020)	43,77	166.216,20	94,53	856.688,66	83,26	404.518,57
Eurobereich – 19 Staaten (ab 2015)	62,74	131.200,71	96,41	732.972,14	87,21	360.184,92
Deutschland	42,12	47.259,77	95,48	125.546,00	95,89	88.347,55

diese Daten nochmal für ein Gedankenbeispiel aufgegriffen. Auch in dieser rein politischen Zielsetzung des Green Deals liegt ein außerordentliches Potenzial an zukünftiger Enttäuschung ganzer Generationen, die sich bei einem Scheitern ihrer mit diesen Zielen verbundenen Erwartungen frustriert oder wütend in eine weitere Radikalisierung, Staatsverdrossenheit oder Ablehnung unserer demokratischen Gesellschaftsordnung zurückziehen werden, mit allen bereits heute in Teilen Deutschlands sichtbaren Effekte, Protestbewegungen und Demonstrationen.

Energieimporte (fossil und zukünftig nicht fossil) sind also auch in absehbarer Zukunft für Deutschland und die EU notwendig, sofern wir unseren Wohlstand, die Industrie, die medizinische Versorgung, die Nahrungsmittelversorgung, Wohnen und Reisen, Renten und Sozialversorgung, also unser gewohntes Leben behalten wollen. Energieex- und -importe und transportable, handelbare, grüne Energieträger sind demnach die Basis für eine globale CO_2-Reduktion in allen Sektoren der verschiedenen Staaten. Auf dieser Basis rückt das vom IPCC erklärte Ziel von netto 0 % Kohlendioxidemission in 2050 in eine an Realitäten orientierte Vision.

An dem Beispiel von Deutschland wird das besonders deutlich. Deutschland produziert heute (zum Zeitpunkt der Texterstellung dieses Buches) ca. 1/3 Strom durch erneuerbare Energien, im Wesentlichen abhängig von ihrer wetterbedingten jährlichen Verfügbarkeit. Für eine 100%ige Stromversorgung durch erneuerbare Energien würden theoretisch noch ca. 2/3 an Energieproduktion fehlen, die durch Wind und Sonne hergestellt werden müssten, um lediglich den energetischen Status quo im Strommarkt bedienen zu können. Bei dieser Betrachtung wird jedoch nur der kleinere Energiesektor der Stromproduktion beschrieben. Alle anderen Sektoren wie u. a. der Wärmebereich sind in dieser Abschätzung nicht enthalten. Sie würden in einer Gesamtabschätzung über den umzustellenden Energiebedarf eines Landes additiv zum Stromsektor hinzukommen. Jedoch wird der Bau zusätzlich notwendiger Großspeicher und der Aufbau anderer, zwingend notwendiger Technologien für die vollständige Ablösung der auf fossiler Energie basierten Stromproduktion in dieser Rechnung nicht berücksichtigt. In einem späteren Kapitel 10 („Transformationsleistungen zur Umstellung unseres Energiesystems") wird die Machbarkeit des heutigen Transformationspfades analysiert, wie die von der Politik avisierten 2 % der Landesfläche dafür benutzt werden können.

Der Mobilitätssektor verbraucht heute etwas weniger Energie als die heutige Gesamtmenge an produziertem Strom (Faustregel zur Abschätzung: Gesamtmenge an produziertem Strom × 2 = Energieverbrauch im Stromsektor und Verkehrssektor). Der Mobilitätssektor wird heute zu 98 % durch Energieimporte versorgt. Es ist derzeit jedoch rational nicht erklärbar (trotz bekannter Studien), wie eine vollständige Elektrifizierung des Mobilitätssektors CO_2-frei z. B. durch national erzeugte erneuerbare Energien erfolgen kann, wie eine Umstellung der Energieversorgung im Bereich Strom und Wärme bei einer Abschaltung aller Atom- und Kohlekraftwerke auf die Versorgung durch Wind und Sonne umgestellt werden kann und wie die Industrie in Deutschland vollständig durch Wind- und Photovoltaik bzw. Solarkraft elektrifiziert werden soll. Vor dem Hintergrund einer weiter oben beschriebenen fehlenden Importstrategie für Energie und einer global nicht vorhandenen Energiestrategie zur Transformation der fossilen Energieträger erscheint das eher ein gefährliches öffentliches Versprechen zu sein, das so in Zukunft nicht gehalten werden kann. Seit dem Jahr 2020 wurde zusätzlich eine Umstellung bzw. Elektrifizierung der Industrie in die öffentliche Debatte aufgenommen. Würde dieser Energiebereich zusätzlich mit in die Umstellungsbetrachtung des Energiesektors eingehen, wäre eine vollkommen irreale Vorstellung als Planungsgrundlage einer Energiewende definiert, vor allem, wenn man die Strominfrastruktur mit in diese Visionen einfließen lässt, die zurzeit im Hochspannungs-, Mittelspannungs- und Niederspannungsbereich in keiner Weise diese dafür notwendigen Kapazitäten ausweist (Netzentwicklungsplan). Der Hinweis aus Teilen der Wissenschaft, dass durch Einsparpotenziale diese Defizite kompensiert werden könnten, erscheint nicht schlüssig bzw. in den Details unrealistisch.

Der in Deutschland beschlossene und sich zeitlich überlappende Atomausstieg (AEXIT), Kohleausstieg (KEXIT) und die Mobilitätswende (MEXIT) können energetisch gelingen, wenn „grüne Energieträger" importiert und verteilt (z. B. mit Pipelines) werden könnten. Eine zusätzliche Baustelle wie die Umstellung der Industrie auf eine reine Stromversorgung sollte nicht als eine neue öffentlichkeitswirksame Baustelle in die staatlichen Transformationspläne aufgenommen werden, sofern man an einer realistischen Umsetzung der bisherigen Ziele wirklich interessiert ist. Der Import eines „grünen Energieträgers" kann mit dem Strategiewechsel zur Produktion von „handelbaren, grünen Energieträgern" (grüne Wasserstoffproduktion!) in z. B. den Golfstaaten, afrikanischen Staaten oder anderen Staaten möglich werden, was jedoch in dieser Übergangsphase zu erneuten strategischen Energieabhängigkeiten in Deutschland oder Teilen der EU führt. Dazu sind jedoch langfristig ausgelegte politische Rahmenabkommen zur Abnahme von grünem Wasserstoff notwendig (z. B. in Form eines Wasserstoff-PPA, PPA = Power Purchase Agreement), um die notwendigen Investitionen in den Exportländern wie auch den Importländern zum Aufbau der dazu notwendigen Infrastruktur zu ermöglichen.

Mit Blick auf die nationalen Bestrebungen von Deutschland, dass deutsche Konzept als Lösung einer globalen CO_2-Reduktion zu verstehen, müssen die Vertreter einer vorgezogenen Energiewende bis 2030 dringend eine öffentliche Präsentation einer realistischen Energietransformation für die Gesellschaft vornehmen, um vor allem im eigenen Land eine weitere Verängstigung großer Teile der Bevölkerung und die Verunsicherung der Fachleute/Entscheidungsträger zu vermeiden. Die Befürworter einer vorgezogenen Energiewende müssen die Fragen zur realistischen Machbarkeit beantworten. Die bisherigen Darstellungen und Erklärungen sind unzureichend. Finanzierungsfragen der Energietransformation treten vor dem Hintergrund dieser Aufgabe in den Hintergrund. Vor einer Transformation müssen nicht nur Ziele definiert werden, sondern im Wesentlichen die Wege zu diesen Zielen (funktional, technisch, organisatorisch, fiskalisch). Das gilt vor allem dann, wenn die politischen Protagonisten mit einer vorgezogenen Energiewende implizit (unausgesprochen bzw. heimlich) zukünftig auch einen spürbaren Wohlstandsverlust großer Bevölkerungsteile zugunsten von nationalen Energieeinsparungen, CO_2-Reduktionen oder eines Mobilitätsverzichts in ihren Maßnahmen einplanen. So kann z. B. ein Mobilitätsverzicht großer Bevölkerungsteile politisch durchgesetzt werden (mit dem Ziel einer nationalen CO_2-Reduktion), wenn die Energiepreise für die Fahrzeuge so stark angehoben werden, dass sich weite Teile der Bevölkerung nur noch selten Autofahrten oder Reisen werden leisten können, was in der Folge Rückwirkungen auf die Mobilität der Bevölkerung und vor allem die Automobilindustrie mit ihren Zulieferern hätte. Somit eine grundsätzliche Strukturänderung in den gesamten Verhältnissen des Landes nach sich zieht. In der aktuellen Entwicklung im März 2022 konnten alle Autofahrer an den Tankstellen Preise für 1 l Kraftstoff von über 2 € finden, was bereits bei vielen Pendlern und Transportunternehmen zu existenziell bedrohlichen Zuständen führte. Der Trend zu immer höher steigenden Energiepreisen wurde mit der Einführung der CO_2-Steuer politisch getrieben bereits eingeleitet. Die Geschichte ist voll von Beispielen, dass diese in der Politik meistens maskierten/verschwiegenen Auswirkungen – hier vor allem Mobilitätsverzicht, Pleiten im Mittelstand, Abwanderung von Industrie, Verarmung von Teilen der Bevölkerung durch extrem hohe Energiepreise – zunächst die ärmeren Bevölkerungsschichten getroffen haben, gefolgt vom Mittelstand. Politisch ist jedoch diese Entwicklung wohl wünschenswert und wird so auch in Deutschland verfolgt, weil damit die öffentlich definierten Reduktionsziele an Treibhausgasemissionen teilweise erreicht werden können (ärmere Bevölkerungsschichten und weniger Industrie im eigenen Land verbrauchen weniger CO_2, was weniger Emissionen bedeutet, womit die Emissionsziele erreicht werden können). Diese Entwicklung, und das dieser Entwicklung zugrundeliegende Konzept/Ideologie, ist vor dem Hintergrund einer auch in Zukunft stabilen Gesellschaft, in der eine hohe Prosperität vorhanden ist, höchst bedenklich und bereits im eigenen Land in der langfristigen Perspektive gefährlich.

Um den Grad der wirtschaftlichen Gefährdung durch eine konzertierte globale Energiewende besser einschätzen zu können, wird hier die nationale Produktion der fossilen Energieträger eines Landes in Bezug auf das Bruttoinlandsprodukt (BIP) gesetzt. Bei dieser Betrachtung wird davon ausgegangen, dass eine hohe dauerhafte Absenkung des BIP auch Auswirkungen auf den Wohlstand des Landes hat. Sinkt das BIP dauerhaft, sinkt in der Regel auch der nationale Wohlstand. Dabei muss die Höhe der Abhängigkeit des jeweiligen Landes vom Export fossiler Energien berücksichtigt werden. Ist die Abhängigkeit der Produktion und der Exporte der fossilen Energieträger die wesentliche Einnahmequelle eines Staates, sind natürlich die Auswirkungen einer dauerhaften Absenkung dieser Einnahmen gravierender, als wenn die Abhängigkeiten gering sind (grundlegendes Konzept der EU-Sanktionen gegen Russland im Jahr 2022). Der Produktionsmenge fossiler Energieträger als

2 Zwischen Baum und Borke: Ökonomisches ...

isolierte Größe ist für eine Einschätzung eines Gefährdungs- und Abhängigkeitspotenzials eines Staates nicht ausreichend. Mit dem Bezug der nationalen fossilen Energieproduktion auf die Höhe des jeweiligen BIP kann die Höhe des Einflusses der nationalen Produktion fossiler Energieträger für ein Land abgeschätzt werden und damit das Gefährdungspotenzial, wenn zukünftig bzw. ab 2050 keine fossilen Energieträger mehr produziert werden (dürfen).

Wie im Folgenden zu sehen ist, ist das Ergebnis dramatisch und zeigt zugleich, dass viele Länder von dem Verkauf der fossilen Energieträger in ihrem Wohlstand in hohem Maß abhängig sind. Als ein prominentes Beispiel können die Sanktionen gegen den Iran aufgezählt werden, die einen Großteil der fossilen Energieexporte aus diesem Land unterbinden. Somit können nur geringe staatliche Einnahmen mit dem Verkauf fossiler Energien erzielt werden. Zwar haben diese bereits lange aufgestellten Sanktionen gegen den Iran bisher nicht zu dem gewünschten politischen Inlandseffekt geführt, sie zeigen aber einen erheblichen Wohlstandsverlust in der Zivilgesellschaft. Ein weiteres aktuelles Experiment (ab dem Jahr 2022) mit ähnlichen Sanktionen gegen Energieexporte wird zurzeit von verschiedenen Staaten gegen Russland durchgeführt. Das Ergebnis ist offen, wie die russische Gesellschaft darauf reagieren wird. Interessant wird der Rückkopplungseffekt zu beobachten sein, wie sich die Energiesanktionen der EU gegen Russland auf die Staaten der EU und ihre Wirtschaft selbst auswirken werden (Anmerkung: für das Jahr 2023 prognostiziert der IFW für die Welt und Russland ein Wirtschaftswachstum, für Deutschland eine Rezession).

Den Grad der Abhängigkeit eines Landes von seinen *Energieexporten* habe ich in sieben Gruppen eingeordnet. In Gruppe 1 beträgt der Anteil der nationalen fossilen Energieproduktion und entsprechender Exportverkäufe zwischen 73 % (Maximalwert) und knapp 30 % vom BIP.

In Gruppe 2 befinden sich Staaten mit einer nationalen Energieproduktion zwischen 20 und 30 %. In Gruppe 3 sind alle Staaten zusammengefasst, die einen Anteil zwischen 10 und knapp 20 % Abhängigkeit aufweisen. Die Gruppe 4 enthält alle Staaten mit einem Anteil zwischen 5 und 10 % vom BIP in der nationalen Produktion fossiler Energieträger. Mit dieser Gruppe ist die Grenze zwischen den Staaten mit einer erheblichen oder noch bedeutenden Abhängigkeit in der fossilen Energieproduktion und einem globalen Verkauf dieser Energieträger gezogen. Die folgende Gruppe 5 listet alle Staaten zwischen 3 und 5 % auf. Je nach Leistungsfähigkeit eines Landes kann diese Abhängigkeit bei einer zukünftigen Reduktion auf null immer noch erhebliche Auswirkungen haben. In Gruppe 6 sind alle Staaten mit einer Abhängigkeit zwischen 1 und 3 % aufgelistet. Die letzte Gruppe 7 enthält alle Staaten mit einer Abhängigkeit, die unterhalb von 1 % liegen.

Die ersten drei Gruppen, mit einer Abhängigkeit im BIP in den Energieexporten zwischen 10 und 75 %, enthalten insgesamt 24 Staaten, die im Wesentlichen in instabilen Regionen liegen oder selbst als instabile Staaten gelten. Die Russische Föderation (Russland) fällt mit einem Anteil von ca. 14 % in der Liste dieser Staaten etwas heraus. Wir bereits weiter oben angedeutet, findet mit diesem Staat auch gerade ein Experiment statt, in dem man das Land wirtschaftlich sehr stark sanktioniert und auch die Energieexporte sanktionieren will (ähnlich dem Iran). Ob sich die Russische Föderation auf Dauer dieser von außen erzwungenen Verarmung der Gesellschaft ohne Widerstand fügen wird oder ob Gegenmaßnahmen unbekannter Art getroffen werden, ist heute noch nicht absehbar. Ein mögliches Szenario könnte sein, dass Russland seine eigenen und reichlich vorhandenen, fossilen Energieträger zukünftig für einen eigenen Ausbau der Binnenwirtschaft nutzt und damit zu einem der größten CO_2-Emittenten hinter USA, Indien und China werden könnte. In der Folge hätten die auf Basis der politischen

2 Zwischen Baum und Borke: Ökonomisches …

Werte der EU getroffenen Sanktionen einen hohen Preis zulasten der global weiter steigenden Klimagaskonzentrationen durch einen neuen, großen Emittenten. Bei diesem Experiment ist zusätzlich davon auszugehen, dass Kohlendioxideinsparungen in einer internationalen Dimension nicht erwartet werden können, da die EU selbst neue Lieferanten zum Ausfall ihrer fossilen Energieimporte verpflichtet. Dieses Experiment der erzwungenen Exportreduktion fossiler Energieträger mit einer der größten Atommächte der Welt ist zudem in mehreren Dimensionen extrem gefährlich und offenbar zurzeit mithilfe der Diplomatie nicht abwendbar. Hinweise auf die möglichen Klimafolgen dieses Experiments sind in diesen Zeiten von den Umweltverbänden nicht zu vernehmen.

Wird in die Betrachtung die Gruppe 4 von Staaten mit hinzugenommen, dann summiert sich die Anzahl der von der Produktion/Förderung fossiler Energieträger abhängigen Staaten auf 31 Staaten, mit prominenten Staaten wie Norwegen und Ägypten. Das kann als eine bedeutende Anzahl von Staaten angesehen werden, die in den nächsten drei Jahrzehnten nach den Vorstellungen der Klimawissenschaften, Umweltverbände und anderen sowie nach den letzten internationalen Klimakonferenzen (Paris, Bonn, Kattowitz) unter Führung Deutschlands, Frankreichs und Polens mittelfristig ihren Wohlstand reduzieren werden bzw. ihre staatlichen Einnahmen aus der Produktion fossiler Energieträger verlieren werden. Die Tab. 2.5[15] (Daten der Weltbank) zeigt, welche Anteile die Produktion fossiler Energien und ihr Export auf das nationale BIP (Bruttoinlandsprodukt) der Staaten haben. Diese Daten ändern sich jährlich, sodass diese Analysen in anderen Jahren zu anderen Rankings führen werden. Ich ordne diese Daten

---

[15] World Bank: World Development Indicators, https://databank.worldbank.org/reports.aspx%3Fsource%3Dworld-development-indicators, 18.12.2021.

Tab. 2.5 Export fossiler Energieträger am BIP, Quelle: Eigene Darstellung und Berechnung. Datenquelle: World Bank: World Development Indicators, https://databank.worldbank.org/reports.aspx?source=world-development-indicators#, 18.12.2021

Group	Group index	Rank	Country	Natural gas rents (% of GDP)	Oil rents (% of GDP)	Coal rents (% of GDP)	Sum. Fossil fuels (% of GDP)	GDP (current Million US$)
1	1	1	Timor-Leste	57,8341	15,2779	0,0000	73,112	1.583,8762
	2	2	Iraq	0,2415	44,7903	0,0000	45,032	227.367,47
	3	3	Kuwait	0,6080	44,0551	0,0000	44,663	138.182,40
	4	4	Congo, Rep.	1,3153	42,7798	0,0000	44,095	13.670,04
	5	5	Libya	0,7987	42,5032	0,0000	43,302	52.607,89
	6	6	Saudi Arabia	0,7233	28,8596	0,0000	29,583	786.521,83
2	1	7	Azerbaijan	3,7727	25,3076	0,0000	29,080	47.112,94
	2	8	Oman	2,2918	26,6986	0,0000	28,990	79.788,77
	3	9	Equatorial Guinea	5,3661	22,6622	0,0000	28,028	13.097,01
	4	10	Angola	0,7775	26,2315	0,0000	27,009	101.353,23
	5	11	Brunei Darussalam	13,6586	11,6562	0,0000	25,315	13.567,35
	6	12	Turkmenistan	14,4544	9,6168	0,0000	24,071	40.765,43
	7	13	Iran, Islamic Rep.	2,6642	20,4056	0,0054	23,075	294.356,68
	8	14	Qatar	4,8855	17,3098	0,0000	22,195	183.334,95
	9	15	Gabon	0,2764	20,3242	0,0000	20,601	16.867,33
	10	16	Chad	0,0000	20,5531	0,0000	20,553	11.239,17
3	1	17	Algeria	2,7152	15,6237	0,0000	18,339	174.910,88
	2	18	Kazakhstan	1,6459	15,5810	1,0531	18,280	179.339,99
	3	19	United Arab Emirates	0,7377	16,5870	0,0000	17,325	422.215,04
	4	20	Russian Federation	3,6702	10,0125	0,5163	14,199	1.657.328,87
	5	21	Uzbekistan	9,9813	1,9076	0,0523	11,941	52.633,14
	6	22	Mongolia	0,0000	2,4240	8,7061	11,130	13.178,09
	7	23	Nigeria	1,4676	8,8408	0,0004	10,309	397.190,48
	8	24	Trinidad and Tobago	6,2031	3,9927	0,0000	10,196	23.679,92
4	1	25	Papua New Guinea	6,4028	2,3588	0,0000	8,762	24.109,51
	2	26	Mozambique	4,3995	0,0997	4,1336	8,633	14.845,87
	3	27	Norway	2,8052	5,2456	0,0008	8,052	436.999,69
	4	28	Ecuador	0,0160	7,1695	0,0000	7,186	107.562,01
	5	29	Suriname	0,0000	6,8932	0,0000	6,893	3.996,25
	6	30	Egypt, Arab Rep.	1,1901	5,5703	0,0000	6,760	249.713,00
	7	31	Malaysia	3,1739	2,8891	0,0177	6,081	358.791,60
5	1	32	Ghana	0,1724	4,6138	0,0000	4,786	67.299,28
	2	33	Colombia	0,1674	3,8794	0,7124	4,759	334.198,21
	3	34	Bahrain	1,9719	2,4256	0,0000	4,398	37.801,46
	4	35	Yemen, Rep.	0,1239	4,2645	0,0000	4,388	21.606,14
	5	36	Bolivia	1,8383	2,2215	0,0000	4,060	40.287,65
	6	37	Cameroon	0,6330	3,1206	0,0000	3,754	39.973,84

Tab. 2.5 (Fortsetzung)

Group	Group index	Rank	Country	Natural gas rents (% of GDP)	Oil rents (% of GDP)	Coal rents (% of GDP)	Sum. Fossil fuels (% of GDP)	GDP (current Million US$)
	7	38	Sudan	0,0000	3,5605	0,0000	3,561	30.964,35
	8	39	Myanmar	3,3046	0,2294	0,0106	3,545	67.144,73
	9	40	Indonesia	1,0324	1,1762	1,0835	3,292	1.042.271,53
	1	41	Vietnam	0,5810	1,5602	0,3585	2,500	245.213,69
	2	42	Australia	1,3391	0,3145	0,7931	2,447	1.428.529,57
	3	43	South Africa	0,0316	0,0056	2,4032	2,440	404.842,12
	4	44	Mexico	0,1054	2,2680	0,0273	2,401	1.222.408,20
	5	45	Tunisia	0,2650	1,9580	0,0000	2,223	42.570,27
	6	46	Brazil	0,0580	2,0538	0,0072	2,119	1.916.933,71
	7	47	Canada	0,0692	1,7805	0,0851	1,935	1.721.853,33
	8	48	Argentina	0,3794	1,4151	0,0001	1,795	524.819,74
6	9	49	Ukraine	1,0375	0,3220	0,4144	1,774	130.891,05
	10	50	Thailand	1,0112	0,7155	0,0284	1,755	506.611,07
	11	51	Niger	0,0000	1,6346	0,0325	1,667	12.808,66
	12	52	India	0,0495	0,4523	1,1512	1,653	2.701.111,78
	13	53	Albania	0,0284	1,5452	0,0336	1,607	15.156,43
	14	54	Cote d'Ivoire	0,4632	1,1162	0,0000	1,579	58.011,47
	15	55	Belize	0,0000	1,3601	0,0000	1,360	1.915,90
	16	56	China	0,1715	0,4342	0,5771	1,183	13.894.817,55
	17	57	Pakistan	0,5311	0,4927	0,0623	1,086	314.567,54
	1	58	Congo, Dem. Rep.	0,0001	0,9342	0,0000	0,934	47.146,00
	2	59	Romania	0,3950	0,4359	0,0295	0,860	241.457,40
	3	60	Serbia	0,0875	0,4793	0,2264	0,793	50.640,65
	4	61	Cuba	0,0469	0,6885	0,0000	0,735	100.050,00
	5	62	United Kingdom	0,1357	0,5250	0,0019	0,663	2.900.791,44
	6	63	Tajikistan	0,0017	0,1073	0,5418	0,651	7.765,01
	7	64	Denmark	0,1280	0,4876	0,0000	0,616	356.841,22
	8	65	United States	0,0294	0,3756	0,1970	0,602	20.611.860,93
7	9	66	Belarus	0,0264	0,5604	0,0000	0,587	60.031,26
	10	67	Peru	0,2505	0,3283	0,0031	0,582	222.574,70
	11	68	Afghanistan	0,0426	0,0019	0,5355	0,580	18.053,23
	12	69	New Zealand	0,3345	0,1872	0,0347	0,556	212.225,73
	13	70	Croatia	0,2052	0,3343	0,0000	0,540	62.247,87
	14	71	Bangladesh	0,4739	0,0262	0,0188	0,519	274.038,97
	15	72	Botswana	0,0000	0,0000	0,4458	0,446	16.914,25
	16	73	Zimbabwe	0,0000	0,0000	0,3956	0,396	18.115,54
	17	74	Poland	0,0649	0,0535	0,2667	0,385	587.411,75
	18	75	Netherlands	0,3384	0,0287	0,0000	0,367	913.597,09

Tab. 2.5 (Fortsetzung)

Group	Group index	Rank	Country	Natural gas rents (% of GDP)	Oil rents (% of GDP)	Coal rents (% of GDP)	Sum. Fossil fuels (% of GDP)	GDP (current Million US$)
	19	76	Estonia	0,0000	0,3544	0,0000	0,354	30.474,61
	20	77	Kyrgyz Republic	0,0032	0,1360	0,2012	0,340	8.271,11
	21	78	Philippines	0,1893	0,0733	0,0689	0,332	346.842,09
	22	79	Bosnia and Herzegovina	0,0000	0,0000	0,3103	0,310	20.177,41
	23	80	Tanzania	0,2806	0,0000	0,0174	0,298	57.003,71
	24	81	Barbados	0,0025	0,2943	0,0000	0,297	5.086,50
	25	82	Kosovo	0,0000	0,0000	0,2918	0,292	7.878,51
	26	83	Hungary	0,1123	0,1451	0,0137	0,271	160.586,83
	27	84	Guatemala	0,0072	0,1954	0,0000	0,203	73.208,58
	28	85	Bulgaria	0,0062	0,0227	0,1325	0,161	66.363,42
	29	86	Czech Republic	0,0089	0,0134	0,1301	0,152	248.950,10
	30	87	Israel	0,1488	0,0023	0,0000	0,151	373.641,24
	31	88	Turkey	0,0042	0,1060	0,0405	0,151	778.471,90
	32	89	Madagascar	0,0000	0,1444	0,0000	0,144	13.760,03
	33	90	Eswatini	0,0000	0,0000	0,1393	0,139	4.665,42
	34	91	Benin	0,0000	0,1305	0,0000	0,131	14.262,41
	35	92	Montenegro	0,0000	0,0000	0,1153	0,115	5.504,17
	36	93	Italy	0,0238	0,0698	0,0000	0,094	2.090.910,88
	37	94	Ireland	0,0888	0,0000	0,0000	0,089	384.853,69
	38	95	Georgia	0,0100	0,0515	0,0055	0,067	17.599,70
	39	96	Austria	0,0227	0,0437	0,0000	0,066	454.945,88
	40	97	Greece	0,0005	0,0281	0,0337	0,062	211.945,90
	41	98	Chile	0,0187	0,0151	0,0139	0,048	297.571,69
	42	99	Germany	0,0134	0,0158	0,0176	0,047	3.975.347,24
	43	100	Zambia	0,0000	0,0000	0,0437	0,044	26.311,59
	44	101	Slovenia	0,0031	0,0001	0,0289	0,032	54.137,14
	45	102	Lithuania	0,0000	0,0263	0,0000	0,026	53.724,66
	46	103	Malawi	0,0000	0,0000	0,0242	0,024	9.880,68
	47	104	Senegal	0,0190	0,0000	0,0000	0,019	23.116,70
	48	105	Slovak Republic	0,0091	0,0011	0,0060	0,016	105.561,22
	49	106	Moldova	0,0001	0,0131	0,0000	0,013	11.456,73
	50	107	Jordan	0,0107	0,0010	0,0000	0,012	42.932,11
	51	108	Japan	0,0073	0,0010	0,0004	0,009	5.036.891,74
	52	109	France	0,0000	0,0084	0,0000	0,008	2.789.593,98
	53	110	Kenya	0,0000	0,0053	0,0000	0,005	92.202,96
	54	111	Morocco	0,0017	0,0029	0,0000	0,005	118.096,23
	55	112	Korea, Rep.	0,0027	0,0005	0,0012	0,004	1.724.845,62
	56	113	Nepal	0,0000	0,0000	0,0035	0,004	33.111,53
	57	114	Spain	0,0002	0,0018	0,0013	0,003	1.420.300,23

als eine Grundlage zur Erarbeitung von Leitlinie in einer realistischen Strategie zur CO_2-Reduktion ein.

2.1 Abhängigkeiten und Funktionseinheit der fossilen Energieträger

Die Tab. 2.5 zeigt, dass die Abhängigkeit der *Exportländer* beim Energieträger Kohle sehr gering ist. Die stärkste Abhängigkeit der Exportstaaten besteht bei Gas und Öl. Das ist deshalb so interessant, weil bei den *Importländern* Öl überwiegend für die Mobilität eingesetzt wird und zu einem geringen Teil in die chemische Industrie geht; Gas wird wiederum überwiegend in der Industrie und im privaten Bereich zur Energie- bzw. Wärmeversorgung eingesetzt. Hinzukommen bei den Importländern nationale Kohlevorkommen und Kohleimporte, die häufig in großen Teilen für die inländische Verstromung und Wärmeproduktion genutzt werden. Interessant an Deutschland ist, dass große Gasmengen (32 Mrd. m³ gesichert, 450 Mrd. m³ technisch erschließbares Erdgas aus Kohleflözen, bis zu 2,3 Billionen m³ technisch erschließbares Erdgas aus Schiefergesteinen)[16] durch moderne Bohrtechnik im eigenen Land erschlossen werden könnten. Diese Gasvorkommen werden jedoch nicht erschlossen. Vielmehr werden kostenintensive Flüssiggasimporte aus anderen Ländern vereinbart, in denen ähnliche Bohrtechniken, wie zur Erschließung deutscher Gasvorkommen, eingesetzt werden. Es zwängt sich der Eindruck auf, dass man im eigenen Land nicht die Technologien zur Rohstoffge-

---

[16] Quelle: https://www.bveg.de/die-branche/erdgas-und-erdoel-in-deutschland/erdgasreserven-in-deutschland/, 05.12.2022.

winnung einsetzen möchte, wie sie in anderen Ländern genutzt werden, weil offenbar damit verbundene Umweltbelastungen nicht im eigenen Land akzeptabel erscheinen, jedoch in anderen Ländern akzeptabel erscheinen. Mobilität, Industrie und Energieproduktion (Strom und Wärme) sind damit die wesentlichen Sektoren der fossilen Energienutzung auf der Importseite. Die grobe Aufteilung zeigt damit bei den Importländern Abhängigkeiten im Bereich der Industrie, Strom, Wärme und Mobilität, bei den Exportländern im Verkauf von Gas, Öl und Kohle. Förderung, Export, Import und Nutzung bilden damit eine international vernetzte „Funktionseinheit der fossilen Energieträger", die weltweit über die Finanzmärkte verbunden ist und Abhängigkeiten auf beiden Seiten etabliert hat. Erst bei einer Berücksichtigung dieser Funktionseinheit in ihrer gesamten Komplexität können darauf aufbauend in einer CO_2-Reduktionsstrategie globale Effekte bei den Klimagasemissionen erreicht werden.

Die Daten in der letzten Gruppe 7 sind überraschend. Grob kann diese Gruppe als Gruppe der Industriestaaten zusammengefasst werden. In dieser Gruppe liegt auch Deutschland mit einem Wert von 0,047 % für den Anteil fossiler Energieproduktion am BIP. Die in dieser Gruppe zusammengefassten Staaten importieren wesentliche Energieanteile zur Versorgung ihrer eigenen Länder. Es ist zu vermuten, dass diese Versorgung in großen Teilen aus den Ländern erfolgt, die in den anderen Gruppen liegen, bei denen die fossilen Energieexporte einen höheren BIP-Anteil einnehmen. Ein mögliches zukünftiges Problem könnte sich aus diesem Zusammenhang entwickeln, dass vor allem Deutschland, mit einer sehr geringen nationalen Abhängigkeit in der *Produktion/Förderung* und im Export dieser fossilen Energieträger, ein Verzicht auf diese fossilen Energieträger besonders leicht fallen würde, sofern die *Importabhängigkeit* in Form einer nationalen Energietransformation gelöst wird. Mit dem etwas weiter oben genannten Vorschlag einer Strategiewende hin zu einer Wasserstoffstrategie als fossiles Energiesubstitut würde sich dieses international sichtbare Glaubwürdigkeitsproblem vermutlich verhindern lassen.

2.1.1 Abhängigkeiten der Regionen

Im Folgenden wird die Analyse auf die Regionen ausgeweitet und hinterfragt, welche Regionen auf unserem Planeten besonders von der Produktion fossiler Energieträger abhängig sind. Die Definition der Regionen der Weltbank wurde übernommen. Die Tab. 2.6 gibt dazu einige Hinweise. Die Daten basieren, wie bisher auch, auf dem Stichjahr 2018, weil vor allem für dieses Jahr eine vollständige Datenbasis aller Staaten/Länder vorhanden ist und sich noch keine Einflüsse der Pandemie, als statistischer Sondereffekt, auswirken. Die Tab. 2.6 ist in drei Gruppen unterteilt. In Gruppe 1 befinden sich alle Regionen mit einem Anteil zwischen 10 und 25 % fossiler Energieproduktion sowie einem hohen Exportanteil. In Gruppe 2 sind Regionen zwischen 1 und 10 % Abhängigkeit aufgelistet. In der letzten Gruppe 3 befinden sich alle Regionen mit einer Abhängigkeit im BIP kleiner 1 %.

Auch in dieser Analyse über die Regionen zeigt sich, dass in der Europäischen Union eine radikale globale CO_2-Reduktion auf Basis der Verdrängung fossiler Energieträger durch erneuerbare Energien aus einer komfortablen Position heraus gefordert werden kann. In unserer Region beträgt die Abhängigkeit unseres Wohlstands von der fossilen *Energieproduktion* 0,1 % vom BIP. Wir importieren somit fast die gesamte fossile Energie, die wir selbst verbrauchen. Gegenüber anderen Staaten, vor allem aus der Gruppe 1, könnten dann Forderungen nach einem

Tab. 2.6 Förderregionen fossiler Energieträger, Quelle: Eigene Darstellung und Berechnung. Datenquelle: World Bank: World Development Indicators, https://databank.worldbank.org/reports.aspx?source=world-development-indicators#, 18.12.2021

Group	Group Rank	Rank	Region	Natural gas rents (% of GDP)	Oil rents (% of GDP)	Coal rents (% of GDP)	Sum. Fossil fuels (% of GDP)	Value (current Million US$)	GDP (current Million US$)
1	1	1	Arab World	1,1150	21,5530	0,0000	22,67	616.100,62	2.717.932,65
1	2	2	Middle East & North Africa	1,1517	19,1635	0,0005	20,32	681.910,54	3.356.566,98
1	3	3	Middle East & North Africa (IDA & IBRD countries)	1,3005	17,7208	0,0012	19,02	248.042,57	1.303.939,96
1	4	4	Middle East & North Africa (excluding high income)	1,2842	17,4987	0,0012	18,78	247.991,34	1.320.216,56
1	5	5	Fragile and conflict affected situations	1,1223	14,3878	0,0639	15,57	244.740,76	1.571.477,64
1	6	6	Pre-demographic dividend	0,7737	13,4012	0,0555	14,23	191.186,28	1.343.501,31
1	7	7	Other small states	3,0054	9,3158	0,0201	12,34	54.492,85	441.549,51
1	8	8	Small states	2,7962	8,0405	0,0168	10,85	57.254,25	527.518,56
2	1	9	Europe & Central Asia (excluding high income)	2,3107	6,2467	0,3435	8,90	304.765,75	3.423.986,14
2	2	10	Africa Western and Central	0,9978	7,4016	0,0008	8,40	62.303,41	741.691,62
2	3	11	Europe & Central Asia (IDA & IBRD countries)	1,9547	5,2633	0,3272	7,55	307.363,93	4.073.645,76
2	4	12	IDA blend	1,6194	4,7175	0,0307	6,37	61.522,46	966.188,38
2	5	13	Sub-Saharan Africa (excluding high income)	0,5243	4,7720	0,6045	5,90	103.374,53	1.751.867,21
2	6	14	Sub-Saharan Africa (IDA & IBRD countries)	0,5239	4,7677	0,6040	5,90	103.373,97	1.753.414,90
2	7	15	Sub-Saharan Africa	0,5239	4,7677	0,6040	5,90	103.373,97	1.753.414,90
2	8	16	Early-demographic dividend	0,5373	4,0075	0,4917	5,04	564.833,30	11.214.753,52
2	9	17	Lower middle income	0,7140	2,8385	0,6230	4,18	306.766,36	7.346.924,05
2	10	18	Africa Eastern and Southern	0,1727	2,8162	1,0509	4,04	40.872,26	1.011.723,27
2	11	19	Least developed countries: UN classification	0,5777	3,0523	0,0772	3,71	39.373,32	1.062.085,62
2	12	20	Caribbean small states	1,9506	1,6756	0,0000	3,63	2.730,98	75.312,83
2	13	21	IDA total	0,9657	2,5852	0,0562	3,61	77.371,06	2.145.000,92
2	14	22	Middle income	0,5574	2,3332	0,4839	3,37	1.045.632,93	30.985.606,99
2	15	23	Low & middle income	0,5530	2,3214	0,4804	3,35	1.053.766,04	31.411.239,80
2	16	24	Late-demographic dividend	0,5737	2,3399	0,4325	3,35	753.563,68	22.520.234,55
2	17	25	IDA & IBRD total	0,5433	2,2576	0,4716	3,27	1.067.586,76	32.622.680,83
2	18	26	IBRD only	0,5137	2,2346	0,5005	3,25	990.214,49	30.478.923,45
2	19	27	Upper middle income	0,5088	2,1762	0,4408	3,13	738.891,79	23.638.682,95

2 Zwischen Baum und Borke: Ökonomisches ... 119

Tab. 2.6 (Fortsetzung)

	20	28	Heavily indebted poor countries (HIPC)	0,3136	2,0864	0,0971	2,50	19.160,31	767.292,16
	21	29	Latin America & Caribbean (excluding high income)	0,1288	1,9968	0,0583	2,18	107.135,28	4.905.598,92
	22	30	Latin America & the Caribbean (IDA & IBRD countries)	0,1501	1,8918	0,0559	2,10	114.578,92	5.462.065,05
	23	31	**World**	**0,2889**	**1,5136**	**0,2413**	**2,04**	**1.762.808,93**	**86.251.213,55**
	24	32	Latin America & Caribbean	0,1447	1,8260	0,0535	2,02	115.460,68	5.703.878,67
	25	33	Low income	0,1835	1,3396	0,1914	1,71	7.276,93	424.435,64
	26	34	Europe & Central Asia	0,4360	1,1112	0,0628	1,61	373.788,58	23.217.309,66
	27	35	East Asia & Pacific (IDA & IBRD countries)	0,3495	0,5555	0,5683	1,47	243.879,89	16.553.933,36
	28	36	East Asia & Pacific (excluding high income)	0,3495	0,5555	0,5683	1,47	244.181,43	16.574.964,99
	29	37	South Asia (IDA & IBRD)	0,1255	0,4027	0,9149	1,44	49.593,06	3.436.593,92
	30	38	South Asia	0,1255	0,4027	0,9149	1,44	49.593,06	3.436.593,92
	31	39	High income	0,1369	1,0485	0,1037	1,29	703.149,84	54.542.278,70
	32	40	IDA only	0,4147	0,7881	0,0780	1,28	15.099,03	1.178.812,54
	33	41	East Asia & Pacific	0,3032	0,3733	0,4005	1,08	284.529,76	26.416.317,60
	1	42	North America	0,0325	0,4838	0,1883	0,70	157.409,17	22.340.938,60
	2	43	OECD members	0,0969	0,3705	0,1110	0,58	309.250,59	53.465.599,78
3	3	44	Post-demographic dividend	0,0993	0,3125	0,1098	0,52	263.321,26	50.482.183,43
	4	45	Central Europe and the Baltics	0,1021	0,1203	0,1273	0,35	5.753,99	1.645.327,23
	5	46	European Union	0,0420	0,0412	0,0180	0,10	16.175,97	15.971.540,03
	6	47	Euro area	0,0335	0,0218	0,0059	0,06	8.381,99	13.692.226,06
							Summary	14.919.928,86	

sofortigen Stopp an allen passiven Kohlendioxidemissionen (Stopp aller Förderungen von fossilen Energieträgern, bevor sie verkauft und verbrannt werden) leicht aufgestellt, sowie wirtschaftlich verkraftet werden. Die Staaten der EU könnten auf dieser Basis konsequent den Ausbau von *Nonfossil Fuels* (internationaler Begriff der IEA zur Titiluerung/Kennzeichnung CO2-freier Energiequellen) vorantreiben, die Importabhängigkeit von fossilen Energieträgern konfliktarm und wohlstandswahrend vermindern und somit langfristig ein vollständigen Verzicht vom Import fossiler Energien erreichen. Das Gleiche gilt auch für die Region Nordamerika, die OECD-Mitglieder und auch für den gesamten Euro-Währungsbereich.

Unabhängig von der tatsächlichen Realisierbarkeit eines globalen energetischen Ersatzes der fossilen Energieträger durch erneuerbare Energien, der zusätzlich analysiert werden müsste, drängen sich einige weitere Fragen auf. Was bedeutet es, wenn wir nach IPCC-Vorgaben (2050 weltweite CO_2-Neutralität)[17] und einigen Regierungen die fossilen Energieträger in den nächsten zehn bis 30 Jahren vollständig aus der weltweiten Nutzung mithilfe der Energiewende verdrängen (siehe auch.[18] EU-Klimaneutralität bis 2050 rechtsverbindlich)? Wie bereits weiter oben beschrieben, müsste im Rahmen dieser Zielerreichung eine Produktionsleistung von global ca. 15 Billiarden USD aufgegeben oder wertmäßig umgewandelt werden. Die Folge wird vermutlich eine globale Wirtschafts-, Finanz- und Vermögenskrise ungeahnten Ausmaßes, sofern nicht eine realistische Transformationsstrategie gefunden wird! Sind von dieser Entwicklung mehrere Staaten einer Region betroffen, kann das zu einem Dominoeffekt führen. In der Analyse über die Regionen steht die „Arabische Welt" an erster Stelle (siehe Tab. 2.6), die von der Produktion fossiler Energien abhängig sind, direkt gefolgt von den Regionen „Mittlerer Osten & Nordamerika", „Mittlerer Osten & Nordafrika (IDA & IBRD countries)" und „Fragile und Konflikt betroffene Gebiete". In der Logik der Energiewende und der internationalen Klimakonferenzen (COP-Konferenzen, COP = Conference of Parties) sollen in den nächsten zehn bis 30 Jahren (Ziel 2050) 31 bis 57

---

[17] Quelle: https://www.admin.ch/gov/de/start/dokumentation/medienmitteilungen.msg-id-72416.html, 06.12.2022.

[18] Quelle: https://www.europarl.europa.eu/news/de/headlines/society/20180305S TO99003/reduktion-von-co2-emissionen-klimaziele-und-massnahmen-der-eu#:~:text=Reduktion%20von%20CO%E2%82%82-Emissionen%3A%20Klimaziele%20und%20Ma%C3%9Fnahmen%20der%20EU,gegen%20den%20Klimawandel%20…%207%20Weitere%20Informationen%20, 06.12.2022.

Staaten in ihrem BIP drastisch und dauerhaft reduziert werden. Nimmt man die ersten beiden Gruppen aus der Tabelle der Regionen zusammen, wären davon Staaten wie Russland und fast alle Länder des Nahen Ostens betroffen. Alleine diese Anzahl der Staaten, die durch die globale Energiewende wirtschaftlich und in ihren staatlichen Geschäftsmodellen im Verkauf fossiler Energieträger gefährdet werden, ist bedenklich. Die heutige Energiewende kann somit ohne Einschränkung als eine gefährliche Strategie mit globalem Ausmaß bezeichnet werden und muss vor diesem Hintergrund dringend reformiert werden. Die Folge dieser Entwicklung wäre vermutlich eine Ausweichstrategie der Exportländer zum Verkauf ihrer fossilen Energieprodukte an Schwellenländer zu günstigen Preisen, so wie es bereits bei den Sanktionen gegen den Iran bzw. bei dem Energiekrieg von Russland und der EU zu sehen ist (siehe u. a. Indien: Einkauf von günstigem Erdgas aus Russland zur Kompensation der wegfallenden Energieexporte in die EU). Damit wäre jedoch für das globale Klima kein Vorteil verbunden, lediglich der Ort der Verbrennung würde sich ändern. Dieser Zusammenhang wird etwas später noch einmal aufgegriffen und in die Gesamtanalyse einfließen.

Wie bereits weiter oben beschrieben wurde, gibt es einen dritten großen Spieler bei diesem globalen Poker: die Börsen oder Finanzmärkte. Sie sind die Handelsplätze für die heutigen fossilen Energieträger. Ohne sie wird kein Barrel Öl, keine Tonne Kohle oder ein Kubikmeter Gas verkauft oder verbrannt. Sie handeln mit diesen Rohstoffen und folgen im Wesentlichen einer Marktlogik. Bei Rohöl wird über Jahrzehnte sichtbar, dass die Konsumentenpreise z. B. an den Tankstellen für fossile Energien (Autogas, Benzin, Diesel) relativ unabhängig von dem Konsumverhalten der Autofahrer sind. Die Preisbildung findet nicht an den Tankstellen statt. Der Markt dieser Ölprodukte ist somit nicht der Verbrauchsmarkt, sondern die globalen Börsen, an dem die Preise entstehen. Zum besseren Verständnis wird in dem folgenden Beispiel diesen überlagerten Zusammenhängen und Abhängigkeiten etwas genauer nachgegangen. In dem fiktiven Gedankenbeispiel nehmen wir die Zahlen von Eurostat, die ich in den ersten Absätzen dieses Kapitels aufgelistet habe. Grundlage der einfachen Abschätzung ist der Green Deal der EU, der bis 2030, demnach in ca. acht Jahren, eine Reduktion der Kohlendioxidemissionen um 55 % für alle Länder der EU definiert hat. Die EU importiert *166,22 Mio.* t feste fossile Brennstoffe (Solid fossil Fuels), *856,69 Mio.* t Öl und Petroleum sowie *404,52 Mio.* m³ Erdgas. Bei der geplanten Reduktion innerhalb der EU wird in dieser einfachen Abschätzung von einer Reduktion der fossilen Energieimporte von 40 % ausgegangen, um die eigenen Industrien zu schonen. Das Ergebnis wäre in unserem Gedankenexperiment ein um 40 % reduzierter Import über alle fossilen Energieträger.

Real sind die CO_2-Ziele der EU nicht nur auf die fossilen Energieträger bezogen, sondern sollen in dem Green Deal alle CO_2-Quellen umfassen. Da die EU erhebliche Mengen dieser Produkte abnimmt, würde ein in den nächsten Jahren zunehmender Verzicht an fossilen Energieimporten zu einem stetig ansteigenden Angebotsüberschuss an fossilen Energieprodukten am Weltmarkt führen, sofern die Förderländer nicht ihre Produktion drosseln werden (was bereits erfolgt ist, jedoch aus anderen Gründen). Wie in den letzten Jahrzehnten an den Märkten zu sehen war, werden bei einem Überangebot die Fördermengen gedrosselt, damit die Preise am Weltmarkt stabil gehalten werden können. Die Märkte können auf derartige Entwicklungen mit steigenden oder mit fallenden Preisen reagieren. In einer ersten Reaktion würde ein Börsen-Trader eine über den normalen Preis nicht verkaufbare Menge an z. B. Rohöl versuchen, zu einem niedrigeren Preis im Markt anzubieten. Da sich dieser Handelsablauf auch über alle anderen fossilen Energieträger erstrecken wird, werden die entsprechenden Produkte im Preis nach den Gesetzen des Marktes fallen. Der Preisverfall ist jedoch ein willkommenes Signal an andere Länder, diese jetzt billigen Energieträger aufzukaufen. Für z. B. Afrika bzw. die etwas entwickelten Staaten auf diesem Kontinent könnte in Zukunft diese Verdrängungsentwicklung der fossilen Energien aus Europa ein Weckruf zum Einkauf und zur Nutzung billiger fossiler Energien für die eigene Wohlstandsentwicklung werden, was einen Anstieg an Kohlendioxidemissionen nach sich ziehen würde, sofern die Fördermengen in den Exportstaaten nicht drastisch reduziert würden. In der Folge könnten zwar die Reduktionen der fossilen Energieimporte in die EU eine Verringerung der CO_2-Emissionen in der Staatengemeinschaft bedeuten, jedoch hätten sie global *keinen* Effekt. Im Ergebnis ist das weltweit unkoordinierte Verfolgen von *partikularen CO_2-Reduktionszielen* für das globale Klima aller Voraussicht nach eher eine Katastrophe und damit der Green Deal auf Basis der heutigen Energiewende ein *national political green washing*.

Wägt man nun die globalen Risiken der politisch motivierten und getriebenen Energiewende gegen die Risiken eines langfristig ablaufenden Klimawandels in einer Risikoanalyse ab, erscheinen die eher kurzfristig angelegten nationalen Maßnahmen in ihren Folgen erheblich risikoreicher als die langsam sich entwickelnden Folgen des Klimawandels, an die sich alle Lebewesen bisher immer angepasst haben.

Dabei ist zusätzlich zu berücksichtigen, dass eine Strategie zur Eindämmung der Klimaerwärmung (1,5- oder Zwei-Grad-Ziel) eher als ein öffentliches Placebo oder als eine politische Inszenierung erscheint, als ein sich an der

Realität ausgerichtetes Langfristziel. Die Klimawissenschaftler des IPCC haben analysiert, dass ein Klimawandel sich über Jahrzehnte bzw. Jahrhunderte erstreckt bzw. dass eine Klimaänderung Jahrtausende anhalten wird (Verweilzeit von CO_2 in der Atmosphäre[19]), was auf der Zeitskala des globalen Klimasystems eine hoch dynamische Entwicklung darstellt, jedoch auf der menschlichen Lebensskala etliche Generationen umfasst. Ebenfalls hat das Global Monitoring Laboratory (National Oceanic & Atmospheric Administration, NOAA Research) in 2021 die höchste jemals von Menschen gemessenen Luftkonzentration an CO_2 von 412 ppm gemessen[20] (im Jahr 2022 waren es 414,6 ppm). Diese Konzentration entspricht ungefähr dem CO_2-Gehalt in der Atmosphäre vor ca. 35 Mio. Jahren. Es erscheint vor diesem Hintergrund mehr als unwahrscheinlich, dass die heutige politische Strategie zur Eindämmung der Klimaerwärmung (Zwei-Grad-Begrenzung) realistisch ist und damit eine Erfolgsaussicht in der selbst gesteckten Zielumsetzung besitzt sowie eine realistische globale Reduktion der Kohlendioxidkonzentration in den nächsten Jahrzehnten erreicht wird. Diese politisch motivierte, öffentliche „Fehlinterpretation" der Realitäten verhindert jedoch einen nationalen und internationalen Strategiewechsel hin zu einer langfristig angelegten, nationalen Anpassungsstrategie an die kommenden klimatischen Änderungen. Das politisch motivierte Festhalten an dieser fatalen Entwicklung wird die emotional stark aufgeladene Erwartungshaltung von Millionen Menschen bereits heute absehbar enttäuschen.

---

[19] Verweis: IPCC Working Group I, https://archive.ipcc.ch/ipccreports/tar/wg1/016.htm, 08.12.2021.

[20] Quelle: https://gml.noaa.gov/ccgg/trends/global.html, 08.12.2022.

2.2 Strategiewandel vom Verhinderungsanspruch zur Anpassung

In der Konsequenz der vorherigen Analyse entwickeln sich die Staaten auf mehreren Ebenen, politisch getrieben, in eine hoch risikoreiche und sich weiter global destabilisierende Zukunft. Dabei wird häufig von den führenden Spitzen einer Gesellschaft ignoriert, dass in Phasen einer globalen weltwirtschaftlichen Krise – abhängig vom gesellschaftlich spürbaren Schweregrad – die Mittel und Motivationen für Klima- oder Umweltschutz vollkommen zum Erliegen kommen würden. Das Maß des öffentlichen Interesses an dem gesellschaftlichen Thema Klimawandel ist nach meiner Auffassung an das Maß des Wohlstands verschiedener gesellschaftlicher Gruppen gekoppelt. Je mehr Gruppen einer Gesellschaft nicht mehr die „Wohlstandsressourcen" (überschüssige finanzielle Mittel, gesichertes Einkommen durch sichere Arbeitsplätze etc.) für das Thema Klimawandel direkt oder indirekt aufbringen können, umso stärker wird das Thema aus der öffentlichen Themensetzung verdrängt werden. Die ganz persönlichen Überlebensnotwendigkeiten werden bei wirtschaftlichen und/oder sozialen Krisen in den Vordergrund treten. In der Konsequenz muss eine funktionierende und erfolgreiche Energietransformation bzw. eine damit einhergehende CO_2-Reduktion in einem Staat in friedlichen und prosperierenden, gesellschaftlich stabilen, wohlstandsfördernden Verhältnissen organisiert werden.

Die ökonomischen Risiken der heute in der Öffentlichkeit diskutierten Strategie der Energiewende zur globalen CO_2-Reduktion sind hoch. Sie trägt ein erhebliches Risikopotenzial in sich. Das gilt für die nationalen Auswirkungen wie auch die Auswirkungen für die internationale

Ebene. Somit sitzen wir zwischen einem **ökonomischen Baum** und einer **klimatischen Borke**. Dennoch ist eine globale CO_2-Reduktion so schnell wie möglich notwendig, wobei der Zeitdruck, um ein bestimmtes Datum oder Jahrzehnt einhalten zu wollen, realistisch nicht begründet ist (siehe Kapitel 1 „Das verpasste Zeitfenster") und politisch motiviert erscheint. Die sehr hoffnungsvolle Botschaft für die Zukunft ist, wir haben Zeit und damit die Möglichkeit, eine realistische global funktionierende Strategie zu entwickeln, unsere globalisierte Wirtschaft, unsere Völker und unser zukünftiges Leben auf neue Klimaverhältnisse in den nächsten Hunderten von Jahren anpassen zu können, wenn wir grundsätzlich von einem **Verhindern** auf ein **Anpassen** auf allen Ebenen umschwenken. Ob das jedoch in die Ideologien verschiedener Gruppen passt, ist fraglich. Ihre Ziele sind kurzfristig. Der Klimawandel stellt ein Themenspektrum für diese partikulare Zielverfolgung und optimale Handlungsgründe zur Verfügung (siehe Kapitel 9 „Gesellschaftspolitische Entwicklungen").

Im nächsten Kapitel möchte ich mir das Prinzip unseres Wirtschaftssystems etwas genauer ansehen. In diesem Kapitel konnte der unsichtbare dritte Mitspieler im Handel der fossilen Energien zwischen Export- und Importländern betrachtet werden, die globalen Handelsplätze/Börsen und die damit verbundenen Werte (Kapital). In dem System der fossilen Energieträger, ihrer Gewinnung/Extraktion, dem globalen Handel damit, ihrem Transport und dem Verbrauch/Konsum/Nutzung, hat das Kapital eine besondere Bedeutung bei der Auswahl der richtigen Strategien gegen den Klimawandel. Auf welcher Basis diese Abläufe funktionieren ist ein wichtiges Verständnis im *Uhrwerk* des gesellschaftlichen Zusammenspiels verschiedener Kräfte. Die Basis unseres Wirtschaftssystems, die kapitalzentrierte freie und soziale Marktwirtschaft (kurz Kapitalismus), ist im Wesentlichen über einen Zeitraum von ca. 250 Jahren entstanden und stark in den Wurzeln unserer Industriestaaten sowie als globales Funktionsprinzip im Austausch von Waren und Gütern zwischen Staaten verankert. Dieses Modell wurde in den letzten Jahrzehnten immer mehr auch von anderen Staaten übernommen, so u. a. von China als eine der zukünftig führenden Volkswirtschaften mit einem sozialistischen, politisch nicht kapitalistischen System. Da jedoch das kapitalistische System eine rein menschliche Auslegung seines eigenen Handelns ist, ist es ein Element eines durch uns selbst kontrollierbaren Mechanismus im Umgang mit den natürlichen Ressourcen, wie die Produktion der Moai auf der Osterinsel (siehe Kapitel 1, Abschnitt 1.2 „Wann wurde ‚der letzte Baum gefällt' "?), der sich vermutlich auch alles unterordnen musste. Im nächsten Kapitel analysiere ich diesen Teil des „Uhrwerks", wie er mit dem Klimawandel wechselwirkt bzw. damit verwoben ist.

3
Globale Fundamente im Konkurrenzkampf der Nationen

These: Die Imagination und/oder Vision des modernen Kapitalismus (kapitalzentrierte Ökonomie) liegt in dem Versprechen der Teilhabe (immaterielles Versprechen) und des Wohlstands (materielles Versprechen) für alle Menschen. Es ist ein in die Zukunft gerichtetes, imaginäres Versprechen des Systems an jeden Einzelnen. Deshalb hat sich der Kapitalismus in seinen idealtypischen Formen (freie Marktwirtschaft, soziale Marktwirtschaft) auch mit der Änderung der Gesellschaften seit der französischen Revolution bzw. mit der Entwicklung des 18. Jahrhunderts zu offeneren Strukturen und Teilhabe an der Macht (Demokratieversprechen) so gut entwickelt und ist deshalb als Teil eines globalen gesellschaftlichen Teilsystem der heutigen Staaten nicht oder nur sehr langfristig änderbar. Der Kapitalismus kann damit als ein freiheitliches Versprechen in der Wohlstandsentwicklung eines jeden Einzelnen in Staatsformen mit einem demokratischen Versprechen bzw. einem Versprechen an gesellschaftlicher Teilhabe angesehen werden. Ein zentrales Element des Kapitalismus ist das Wachstum. Wirtschaftswachstum ist deshalb ein Mittel, ein Werkzeug – und kein Selbstzweck –, eine Gesellschaft zu entwickeln und zugleich die Vision des Kapitalismus in der Bevölkerung zu verwirklichen, um starke Ungleichgewichte in eben dieser Gesellschaft nicht durch Radikalisierung, Polarisierung und Unterdrückung ausbrechen zu lassen (siehe USA). „Wachstum" oder das Wachstumsversprechen in einer Gesellschaft ist deshalb eine in die Zukunft projizierte Sicherheit in den individuellen Erwartungen eines Bürgers für sich und seine Kinder an der gesellschaftlichen Teilhabe. Das Prinzip des Kapitalismus hat sich seit der Moderne langsam über alle Kontinente und fast alle Staaten der Erde verbreitet. Er hat sich zu einem globalen nichtspirituellen Glauben entwickelt, der neben dem individuellen spirituellen Glauben existiert und in vielen Völkern langsam eine höhere Bedeutung eingenommen hat, als die historisch verankerten spirituellen Glaubensarten.

Durch die vor mehreren Jahrhunderten beginnende Weiterentwicklung der Wirtschaft in zunächst wenigen europäischen Gesellschaften, in der sich die Kreislaufwirtschaft in eine Konsumgesellschaft[1] umformte, entstand vor allem nach dem Zweiten Weltkrieg mit den 1950er und 1960er Jahren das Konzept des Verbrauchers[2] bzw. Endverbrauchers. Damit entstand die Konsumwirtschaft als Weiterentwicklung eines industrialisierten Kapitalismus, die für ein Wachstum den möglichst schnellen Umschlag von Waren benötigt. Als Teil dieser Konsum-

---

[1] Siehe auch: https://de.wikipedia.org/wiki/Konsumgesellschaft, und https://www.grin.com/document/195894, 06.12.2022.
[2] Siehe auch: Verbraucherforschung https://www.ratgeber-verbraucherzentrale.de/media1154098A.pdf, 04.02.2021.

wirtschaft hat sich die Abfallverwertungswirtschaft[3] additiv entwickelt und global ausgeweitet. Aus Rohstoffen werden kurzlebige Waren, die der Endverbraucher nutzt und wegwirft bzw. von der Abfallwirtschaft entgegengenommen wird. Der Aufbau der Abfallwirtschaft in den Industrienationen hat vor allem den Effekt, dass die konsumierten Waren mit einem guten Gewissen jedes Einzelnen, jedes Endverbrauchers, entsorgt – weggeworfen – werden können. Die damit verbundene Message/Botschaft, vor allem in den europäischen Industrienationen, ist: „Das Wegwerfen ist gut". Heute ist die Abfallwirtschaft ein wichtiger Teil des Wachstumsversprechens.

Die durch den Konsumenten weggeworfene Ware wird durch ein ähnliches Produkt ersetzt oder durch ein vermeintlich besseres ausgetauscht, das ggf. einen höheren Preis erzielen kann. Die Konsumwirtschaft hat neben der Abfallwirtschaft die Werbeindustrie entwickelt, die mit allen möglichen psychologischen Mechanismen den Durchsatz von Waren in einer Gesellschaft bzw. eines Marktes (es können auch mehrere Gesellschaften verschiedener Staaten sein) beschleunigt. Produktionsindustrie, Abfallwirtschaft und Werbewirtschaft sind damit zentrale Elemente der Konsumwirtschaft, in der der Konsument ohne Einfluss in einem Netz von scheinbaren Notwendigkeiten und Abhängigkeiten eingewoben ist. Die Macht des Konsumenten in einer Konsumwirtschaft ist ein Narrativ der Konsumwirtschaft und imaginär. Heute steht Wachstum für einen immer schnelleren Durchlauf (Umschlag) von mehr Gütern und Waren, was der eigentliche Belastungsfaktor bzw. die Ausbeute unserer natürlichen Ressourcen ist. Damit ist aber die Annahme, dass der Kapitalismus den Klimawandel ver-

---

[3] Siehe auch: https://de.wikipedia.org/wiki/Abfallwirtschaft, 06.12.2022.

ursacht hat, eine diskussionswürdige bzw. strittige These und somit auch alle Forderungen zu seiner Abschaffung. Die Konsumwirtschaft mit ihrem künstlich angefeuerten Stoffdurchsatz ist viel näher an der Problemlage großer, klimawirksamer Emissionen.

Im Hinblick auf die globalisierte und vernetzte Entwicklung des Kapitalismus, hin zu einer globalisierten, arbeitsteiligen Konsumwirtschaft, ist die andere Belastungsdimension die Menge an produzierten Waren im Wachstum verschiedener Nationen. Bei der Produktion von Waren und Gütern entsteht mit dem Produkt ein „Umweltrucksack", der die Summe aller eingesetzten Ressourcen (Rohstoffe, Energie, Produktionsabfälle, Arbeitsleistung, Investitionen, Gehälter etc.) einer Ware enthält. In unserer heutigen Konsumgesellschaft wird mit der Kette Produktion → Werbung → Kauf → Gebrauch → Wegwerfen auch der „Umweltrucksack" weggeworfen. Damit werfen wir als Verbraucher immer auch einen Teil der für die Ware ausgebeuteten natürlichen Ressourcen weg. Dieses „Wegwerfen" ist die letzte Phase eines Transformationsprozesses von natürlichen Ressourcen in hauptsächlich künstliche Ressourcen (u. a. auch Geld), die in den natürlichen Kreislauf nicht oder nur nach sehr langer Zeit wieder eingegliedert werden können. Dieser Transformationsprozess ist ausschließlich auf eine kostenoptimale Umsetzung von Ressourcen in eine Ware optimiert („Design") und nicht auf eine für die Umwelt möglichst kurzfristige und einfache Wiederaufnahme der eingesetzten Stoffe. Damit liegt die ausschließliche Verantwortung, ob Stoffe aus weggeworfenen Waren von den natürlichen Umweltprozessen einfach und kurzfristig adaptierbar bzw. wieder in den globalen Stoffkreislauf aufgenommen werden können, bei der Produktionsindustrie und nicht in der Hand des Konsumenten. Das „Design" einer Ware bestimmt die eingesetzten Stoffe mit ihren Eigenschaften.

Sie liegen bei dem Transformationsprozess am Anfang der Warenproduktion und den gewünschten Produkteigenschaften.

Durch die Endlichkeit der natürlichen Ressourcen und ihrem heute verschwenderischen Verbrauch durch die – im Wesentlichen – Konsumwirtschaft laufen die heutigen Gesellschaften in das gleiche Problem vieler anderer, historischer Zivilisationen hinein, mit dem Unterschied, dass durch die Anzahl der heute lebenden Bewohner und die globalisierte Wirtschaft keine „Pufferzonen" vorhanden sind. Ein an die Umweltbedingungen nicht angepasster Verbrauch natürlicher Ressourcen wie z. B. auf der Osterinsel (klassisches Beispiel für Aufstieg und Niedergang einer endemischen Nation) führte zum Untergang des dort lebenden Volkes, ohne dass dadurch andere Völker in Mitleidenschaft gezogen wurden. Die berühmte Frage „Was dachte sich der Mensch auf der Osterinsel, als er den letzten Baum fällte?" ist leicht zu beantworten. Er dachte sich nichts dabei, denn für ihn war sein Handeln im Kontext seines gesellschaftlichen Daseins und Agierens normal, so zu handeln und auch einen letzten Baum zu fällen (siehe auch Kapitel 1, Abschnitt 1.2 „Wann wurde ‚der letzte Baum gefällt'?").

Denn jeder Mensch lebte in einem kulturellen und wirtschaftlichen Paradigma bzw. einer nationalen „Kultur" (bei uns ist es der Kapitalismus mit dem Streben nach Geld und Wohlstand), das ihn zu seinen Handlungen veranlasst. Die Frage müsste eher lauten: „Kann eine Gesellschaft mit ihren fundamentalen und über Jahrhunderte erfolgreich entwickelten Paradigmen überhaupt erkennen, wann sie den Zeitpunkt überschreitet, ihre eigene Lebensgrundlage zu vernichten?" Dieser Zeitpunkt liegt lange vor dem „Fällen des letzten Baumes". Wie im ersten Abschnitt 1.2 dieses Buches beschrieben, ist ein klassisches Beispiel die Osterinsel. Auf ihr herrschten ideale Lebensbedingungen für die angekommenen Seefahrer. Die sich ansiedelnden Menschen konnten ihre Kultur schnell entwickeln. Die Nutzung bzw. Ausbeute der natürlichen Ressourcen hatte jedoch keine Nachhaltigkeit im Schein des Überflusses der vorhandenen Ressourcen. Damit entspricht diese gesellschaftliche Mechanik in ihren grundlegenden Abläufen genau auch unseren heutigen Prozessen, jedoch in einer weltumspannenden Dimension. Mit den sich entwickelnden Prozessen auf der Osterinsel entstanden in ihrer Folge irreversible Auflösungsprozesse (Kampf um Nahrung, Brennholz, Bedienung von Glaubenshandlungen etc.) der endemischen Inselkultur.

Das gesellschaftliche Paradigma in den Industrienationen besteht somit aus einem über Jahrhunderte entstandenen kapitalistischen Konzept, wie *jeder* zu einem persönlichen Wohlstand („ein besseres Leben") kommen könnte. Dieses Konzept hat sich als Kapitalismus in diesen Nationen etabliert und ist für andere Nationen zu einem Vorbild geworden. Aus diesem Konzept entstand in der Moderne des 20. Jahrhunderts die *Konsumwirtschaft*, die sich ebenfalls globalisierte, also von anderen Nationen übernommen wurde und wird. Wie in den vorherigen Absätzen beschrieben, nutzt das Konzept der Konsumwirtschaft natürliche Ressourcen, u. a. auch fossile Energie, um die Waren und Produkte herstellen zu können. In diesem kapitalistischen Prozess der Konsumwirtschaft ist für jeden einzelnen Menschen eines Landes das Zukunftsversprechen enthalten, zu Wohlstand gelangen zu können. Dieses für jedes Individuum angelegte Zukunftsversprechen ist der Kern des Kapitalismus und damit realistisch nicht ohne weiteres ablösbar durch irgendein - bisher unbekanntes - anderes/neues Konzept. Im Vergleich zu den Jahrhunderten zuvor wurde dieses Versprechen tatsächlich in einem großen Umfang in zahlreichen Ländern eingelöst und macht es damit auch

3 Globale Fundamente im Konkurrenzkampf ... 135

in Zukunft attraktiv. Ein besonders anschauliches Beispiel ist in dieser grundlegenden, globalen, gesellschaftlichen Mechanik China. Noch vor wenigen Jahrzehnten waren die überwiegenden Bewohner Chinas sehr arm. Die Sterblichkeit war hoch, das Durchschnittsalter gering. China war ein Agrarstaat. Mit der Übernahme der kapitalistischen Konsumwirtschaft konnte das Land Wohlstand und ein besseres Leben für Millionen Menschen herstellen.

Aber wie steht das im Zusammenhang mit dem globalen Klimawandel? Zum Beispiel konnte China[4] seine Bevölkerung durch ein starkes und rasantes Wachstum an Wohlstand und Macht entwickeln. Einhergehend mit dieser Entwicklung wurde die Intensivierung in der Nutzung fossiler Brennstoffe und globaler Ressourcen vorangetrieben; keine Reduktion oder Einschränkung im Verbrauch diese Rohstoffe. Das Modell des Kapitalismus mit seinem Versprechen an gesellschaftlicher Teilhabe und Wohlstand wurde übernommen – ohne dabei das politische Modell zu ändern –, was für viele Bewohner Chinas ihren persönlichen Wohlstand brachte. Die Wandlung von China vom Agrarstaat zum Industriestaat folgt der Logik, die bisher erfolgreichen wirtschaftlichen Paradigmen der anderen Industrienationen zu übernehmen und zu intensivieren (Aufholen), damit beispielgebend auch für andere Nationen. Das steht jedoch globalen Klimazielen diametral entgegen, denn das mit dem Kapitalismus und seiner Weiterentwicklung hin zur Konsumwirtschaft verbundene materielle Versprechen

---

[4] Siehe auch: https://www.merkur.de/wirtschaft/china-wirtschaft-bip-wirtschaftswachstum-exporte-corona-90466451.html, und https://www.bpb.de/themen/asien/china/326971/das-chinesische-wirtschaftsmodell-im-wandel/, und https://de.wikipedia.org/wiki/Wirtschaftsgeschichte_der_Volksrepublik_China, 24.05.2022.

benötigt sehr viel Energie (z.B. Gas, Kohle und Erdöl) und günstige, zugängliche natürliche Ressourcen. Ein weiterer Grund für die globalen Bestrebungen des chinesischen Staates ist, sich seinen weltweiten Einfluss auf Gebiete mit Rohstoffreserven zu sichern. Durch die gesellschaftliche und wirtschaftliche Entwicklung von China, der intensiven Nutzung fossiler Energien und anderer Ressourcen, nimmt die globale CO_2-Konzentration weiter zu. Treten andere Staaten wie z. B. in weiteren Ländern Asiens, Afrikas oder Südamerikas ähnliche Entwicklung – jedoch in einem geringeren Ausmaß sichtbar – an, ist ein weiter erhöhter CO_2-Ausstoß und damit eine höhere globale Kohlendioxidkonzentration unvermeidlich. Die politische Führung von China nimmt zurzeit die sich durch den Klimawandel weltweit ändernden Rahmenbedingungen hin, um zukünftig auch unter geänderten klimatischen Rahmenbedingungen ihre Interessen wahren oder ausweiten zu können. Diese bewusste Entwicklungsabschätzung eines Volkes und seiner Prioritätensetzung durch seine Regierung ist bisher in den europäischen Industriestaaten in Bezug auf den Klimawandel nicht verstanden worden. Diese Staaten sehen die klimatisch problematischen, in Zukunft aktivierbaren Emissionspotenziale von nicht- oder teilentwickelten Staaten nicht und treiben mit ihren eigenen Entwicklungen riskante *Gesellschaftsexperimente* voran, anstelle alle Kraft in die zukünftige Vermeidung dieser globalen Emissionspotenziale in anderen Staaten zu setzen. Damit liegt jedoch der Fokus der Industrienationen auf ihren eigenen Emissionsentwicklungen, die im Wesentlichen durch ihre eigenen fossilen *Energieimporte* bestimmt werden, zusätzlich im Gesamtvolumen der heutigen und zukünftigen globalen Emissionen eher gering sind. Mit dieser Fokussierung kann jedoch ein globaler Klimawandel nicht reduziert oder eingedämmt werden. Zusätzlich fehlt ein

Angebot an die Staaten mit einem möglichen/absehbaren zukünftigen großem fossilen Energieverbrauch, sowie ihrer Wohlstandsentwicklung, ein anderes Modell als die der Konsumwirtschaft übernehmen zu können.

3.1 Konkurrenz der Nationen

Damit verlagert sich der eigentliche Fokus einer globalen Klimapolitik von der Verfolgung der im *Pariser Abkommen* definierten Ziele einer globalen CO_2-Reduktion bzw. eine globale Erwärmung über 1,5 bis 2.0 °C zu verhindern real auf das zukünftige Bestehen in der Konkurrenz von Staaten im globalen Wettbewerb unter sich ändernden Klimabedingungen. In dieser Entwicklungslinie kann der Klimawandel auch als bereits heute nutzbares strategisches Mittel im Konkurrenzkampf der Staaten eingesetzt werden (u. a. frühzeitige Sicherung von exterritorialen Gebieten mit Zugang wichtiger natürlicher Ressourcen zur späteren politischen Nutzung unter anderen klimatischen Bedingungen; siehe auch Chinas Strategie der Neuen Seidenstraße). Kriege werden in diesem Kontext vermutlich eher die Ultima Ratio sein. Vielmehr wird der Zugang zu natürlichen Ressourcen, Wasser, bewohnbarem Land, beackerbarem Land (Landwirtschaft) und Halbfertigprodukten (vorverarbeitete Rohstoffe wie z. B. Lithium, seltene Erden, …) zukünftig den Wohlstand von Nationen bestimmen. Die Staaten mit dem Zugang zu diesen Ressourcen werden zukünftig mit dem Fortschritt eines sich erwärmenden Klimas für diese Zugänge einen politischen Preis verlangen.

Eine eher nationale Option von Staaten, deren Territorium in den nächsten 100 bis 500 Jahren nach den Prognosen der Klimawissenschaften unbewohnbar wird (vermutlich viele Staaten des Nahen Ostens, Südamerikas,

Teile von Afrika, Teile von Asien), wird die Eroberung anderer Territorien werden, um ihre alten Territorien verlassen zu können. Da jedoch in unserer heutigen Welt keine freien Gebiete ohne Staatenzugehörigkeit vorhanden sind (fehlende Pufferzonen für Wanderungsbewegungen von Völkern), werden Kriege um nutzbare Territorien unter diesem Anpassungsdruck dann wohl doch unausweichlich werden. Um diese Kriege jedoch in der Zukunft führen zu können, werden Ressourcen und vor allem (fossile) Energie benötigt werden. Ein weiterer *strategischer Zukunftsfaktor* wird der Verbund mit anderen Staaten, die Allianz, sein. Ein sich weiter abzeichnender dritter Faktor werden die *politischen Werte* darstellen, die die Zugehörigkeit zu einer Allianz ermöglichen werden. Wer in den Kriegen der Zukunft nicht über die notwendigen Zugänge von Energie bzw. „Zukunftsenergie" verfügt, keiner Allianz von anderen Staaten angehört, wird diese Kriege um Territorien nicht führen können.

Der Ausweg eines betroffenen Staates aus diesem Dilemma kann u. a. in der Organisation großer Flüchtlingsströme bestehen (siehe auch: Balkanroute[5]). Sie werden bereits heute als politisches Mittel zur Abwehr oder Durchsetzung von Interessen einer Nation eingesetzt (siehe auch: Verhandlungsaufnahme von Deutschland mit der Türkei 2015[6]). In der Folge kann auch nach Innen eine Flüchtlingspolitik genutzt werden („Zuwanderung

---

[5] Siehe auch: u. a. https://www.uno-fluechtlingshilfe.de/informieren/fluchtrouten/balkanroute, 05.12.22; https://www.nzz.ch/international/fuenf-jahre-balkanroute-wie-die-fluechtlingskrise-europa-veraendert-ld.1574778, und https://www.deutschlandfunk.de/fluchtursachen-syrien-perspektiven-einer-loesung-100.html, und https://www.focus.de/politik/ausland/ukraine-krise/inflation-und-fluechtlinge-mit-getreide-spielchen-verfolgt-putin-zwei-ziele_id_111456075.html 06.12.2022.

[6] Siehe auch: u. a. https://www.faz.net/aktuell/politik/fluechtlingskrise/kommentar-schwierige-strategie-13860765.html, 06.12.2022;

als Antwort auf den demografischen Wandel?"[7]). Staatenbünde wie die EU, die ihr außenpolitisches Paradigma einer interessenbasierten Politik in eine wertebasierte Politik geändert haben (siehe Koalitionsvertrag aus dem Jahr 2021 von SPD, Grüne, FDP[8]), werden damit zu einem sehr erpressbaren Gebiet, das ohne Waffen mit dem Druck auf ihre eigenen Werte über Flüchtlingsströme schrittweise erobert werden kann; zumindest unter Druck gesetzt werden kann. Die heutigen europäischen Staaten wären derzeit nicht in der Lage, einen solchen hybriden Angriff verteidigen zu können, ohne ihre Werte aufzugeben und damit international erheblich an Glaubwürdigkeit zu verlieren[9]. An dieser Stelle kann jedoch nicht genauer auf das Thema „Flüchtlingspolitik als strategisches Mittel in der Politik"[10] als Folgeerscheinung eines Klimawandels und seiner Nutzung als politisches Mittel eingegangen werden.

Ein weiterer Faktor im sich anbahnenden Konkurrenzkampf der Nationen unter sich ändernden Klimabedingungen wird die Entwicklung von neuen Kriegsgeräten sein, die eine „Zukunftsenergie" wie z. B. nichtfossile Brennstoffe bzw. Energieträger nutzen können. Kriegsgeräte mit diesen Eigenschaften haben

---

[7] Siehe auch: u. a. https://www.bpb.de/shop/zeitschriften/izpb/demografischer-wandel-350/507791/politische-strategien/, 06.12.2022.

[8] Siehe auch: u. a. https://www.spd.de/fileadmin/Dokumente/Koalitionsvertrag/Koalitionsvertrag_2021-2025.pdf, 06.12.2022.

[9] Siehe auch: u. a. https://www.mkw.nrw/system/files/media/document/file/mkw_nrw_planspiel_festung_europa.pdf, und https://www.swp-berlin.org/publikation/risiken-und-nebenwirkungen-deutscher-und-europaeischer-rueckkehrpolitik, 07.12.2022.

[10] Siehe auch: u. a. https://www.bpb.de/themen/migration-integration/laenderprofile/290977/europaeische-asyl-und-fluechtlingspolitik-seit-2015-eine-bilanz/, und https://www.europarl.europa.eu/factsheets/de/sheet/151/asylpolitik, und https://www.bosch-stiftung.de/sites/default/files/publications/pdf_import/Migration_Strategy_Group_Mehr_Kohaerenz.pdf, 07.12.2022.

zukünftig eine Kontrollfunktion. Nationen, die diese Kriegsgeräte produzieren, werden sich in ihrer Landesverteidigung von zukünftigen Zugängen zu fossilen Brennstoffen *unabhängig* machen können, die von Nationen mit Zugang zu diesen Ressourcen als mögliches politisches Druckmittel eingesetzt werden könnten. Im Umkehrschluss werden Waffensysteme auf Basis von fossilen Brennstoffen in ihrer Funktionsfähigkeit vom Zugang zu den fossilen Energiequellen bzw. von dem *Wohlwollen* von Förderländern immer stärker abhängig werden. Länder, die über ein großes Territorium mit großen fossilen Energiereserven verfügen (Russland, China, Indien, USA, …), haben strategisch deshalb zukünftig einen Vorteil. Sie können ihre Waffensysteme auf Basis fossiler Energien ohne Einfluss von anderen Bezugsquellen weiterhin betreiben und einsetzen. Der Transformationsaufwand der Waffensysteme in eine von fossilen Energieträgern unabhängige Funktionsweise entfällt. Eine Umrüstung bestehender Systeme auf nichtfossile Energien betrifft im Wesentlichen die Staaten mit hohen *Energieimporten fossiler Energieträger*, denn ihre Energieimporte betreffen den zivilen **und** militärischen Bereich. Ebenfalls wird der Handel mit von fossilen Energien unabhängigen Waffen und Kriegsgeräten eine Möglichkeit der politischen Einflussnahme auf die Käuferstaaten beinhalten. Strategisch ist damit die verstärkte und performante Entwicklung dieser Kriegsgeräte sowie die Entwicklung einer Produktionsmöglichkeit nationaler „Zukunftsenergie" ein zukünftig strategisch wichtiges politisches Mittel eines Staates, seine Interessen auch in nicht allzu ferner Zukunft international durchsetzen zu können. Das wird vor allem für die Staaten gelten, die nur über wenige eigene natürliche Ressourcen verfügen, wie zahlreiche Staaten der Europäischen Union. In einem späteren Kapitel (4 ff) wird dieser wichtige Zusammenhang im Rahmen der energetischen Transformationsanalyse für Deutschland genauer untersucht.

3.2 Erweiterte Sicht auf die Populationsentwicklung

Vor dem Hintergrund des vorherigen Abschnitts erscheint die Betrachtung der menschlichen Population aus einer anderen Sicht wichtig zu sein. Zusammenfassend: Wie weiter oben beschrieben wurde, enthält die Industrialisierung der heutigen Industriestaaten das Signal an alle anderen Völker – und ist bis heute evident –, sich selbst über den Weg der Industrialisierung ein „besseres Leben" zu erarbeiten. Grundlage dieses Zukunftsversprechens eines „besseren Lebens", das dieses Entwicklungsbeispiel der heutigen Industriestaaten mit sich bringt, ist das heute etablierte Modell des Kapitalismus. Die Hoffnung auf Wohlstand und ihre erfolgreiche Realisierung sowie gesellschaftliche Prosperität sind aber gekoppelt an einen Energieverbrauch, Technologie und Ressourcennutzung, die möglichst kostenlos für diese partikulare Entwicklung eines Volkes genutzt werden können.

Das Wachstum an menschlicher Population in den unterschiedlichen Staaten ist deshalb aus analytischer Sicht ein in die Zukunft gerichteter *Indikator* von sehr unterschiedlichen Völkern (u. a. die zehn wichtigsten Schwellenländer wie Brasilien, China, Indien, Indonesien, Malaysia, Mexiko, Philippinen, Südafrika, Thailand, Türkei = 3753 Mio. Einwohner im Jahr 2020), Wohlstand für ihre eigene Bevölkerung zu generieren. Weitere Völker werden dieser Entwicklung folgen (u. a. Völker aus Afrika). Die globale Populationsentwicklung ist damit ein *Zukunftsindikator*, welcher die globalen Kohlendioxidemissionen, Rohstoffnutzung und weitere Ressourcenverbräuche einschließt (siehe u. a. Brasilien[11], Regierungspräsident Bolsonaro: „… dass er das Amazonasgebiet vor allem als wirtschaftliches Nutzgebiet sieht und weitere Flächen für Landwirtschaft und Bergbau erschließen will."). Je höher die Population und der Wohlstand in den heute noch wirtschaftlich wenig entwickelten Ländern ansteigt, umso größer wird der innere kulturelle Druck dieser Länder werden, auch einen höheren Wohlstand entwickeln zu wollen. Ein weiterer Trigger einer verstärkten Wohlstandsentwicklung könnte der Klimawandel selbst sein, in dessen weiteren Verlauf die Regierungen von heute noch nicht entwickelten Ländern mit dieser zukünftigen eigenen Wohlstandsentwicklung einen verbesserten Schutz ihrer Bevölkerung gegen die Schäden im eigenen Land organisieren könnten. Durch die Nutzung günstiger fossiler Energien aus den heutigen fossile Energien exportierenden Ländern werden infolge dieser Entwicklung höhere CO_2-Konzentrationen in der Atmosphäre unvermeidlich.

3.2.1 Beispiel: Wandlung Chinas in einen Industriestaat

Interessant und beispielgebend ist in diesem Kontext die Entwicklung von China (Teil der in der Tabelle Tab. 2.5 genannten Länder in den Top 10). Noch bis Mitte der 1970er Jahre galt China[12] als Agrarstaat, wie bereits in den

---

[11] Siehe auch: https://www.dw.com/de/bolsonaro-und-der-regenwald-eine-bilanz/a-63060457, 06.12.2022.
[12] Siehe auch: http://german.chinatoday.com.cn/2018/jjwirtschaft/201905/t20190505_800166825.html#:~:text=Nach%20Chinas%20WTO%2DBeitritt%20Ende,als%20der%20internationale%20Markt%20war.,

vorherigen Abschnitten darauf hingewiesen wurde. Mit den ersten vorsichtigen Reformen in den Jahren ab 1978 konnte sich China zu einer Industrienation entwickeln und seiner Bevölkerung eine in der Zeit unter dem Herrscher Mao Zedong (gestorben 1976) undenkbaren Wohlstand verschaffen. Der Preis dieser Entwicklung war und ist ein hoher Ressourcen- und Energieverbrauch sowie die Führungsposition in den globalen Klimagasemissionen. Diese Wohlstandsentwicklung kann prinzipiell (zukünftig) anderen Staaten nicht untersagt werden. Heute nehmen die Top 10 der Schwellenländer mit einer Population von 3,7 Mrd. Menschen eine wichtige globale Stellung in ihrer wirtschaftlichen Entwicklung und den damit verbundenen globalen Emissionen und Ressourcenverbräuchen ein (Industriestaaten in 2020 ca. 1,3 Mrd.[13]). Sie bilden zusätzlich einen zukünftigen riesigen Markt für den Absatz von Produkten und stellen über das Doppelte an Menschen des Landes China und ca. das Dreifache aller heutigen Industriestaaten dar, die nach *mehr Wohlstand* trachten. Die Entwicklung der Population gewinnt damit als *Zukunftsindikator* eine besondere Bedeutung in der Betrachtung der zukünftigen Klimaentwicklung.

Analytisch ist zu berücksichtigen, dass die Frage, wer die Kohlendioxidemissionen verursacht hat, aktuell verursacht oder in Zukunft verursachen wird, aus Sicht einer Systementwicklung, also wie sich das Klimasystem

---

und https://de.wikipedia.org/wiki/Wirtschaftsgeschichte_der_Volksrepublik_China, und https://www.grin.com/document/153659, 15.11.2022.

[13] Quelle: Bundesinstitut für Bevölkerungsforschung, https://www.bib.bund.de/DE/Fakten/Fakt/W07-Bevoelkerungszahl-Wachstum-Industrielaender-ab-1950.html#:~:text=Zu%20Beginn%20der%201950er%20Jahre,etwa%20auf%20diesem%20Niveau%20stabilisiert, 18.11.2022.

in den nächsten 100 bis 500 Jahren entwickeln wird, unerheblich ist. Ebenfalls erscheint die Frage, *wie* und *wohin* sich die Emissionsquellen über die Zeit in andere Länder verschieben werden, vor dem Hintergrund eines globalen Klimaproblems ohne Priorität. Diese Faktoren sind eher für politische Auseinandersetzungen von Völkern und die Erhebungen von politisch motivierten Ansprüchen geeignet. Ob Klimagasemissionen aus großen und tauenden Permafrostgebieten oder aus Kohlekraftwerken stammen, ist für das Klimasystem unerheblich. Es funktioniert nach Naturgesetzen. Die Auswirkungen dieser Emissionen haben wir in jedem Fall als Menschheit *gesamtheitlich* zu tragen. Ob wir, die entwickelten Länder, die Nutzung von Kohle, Öl oder Erdgas als Entwicklungsmotor für eine Nation, die sich im Stadium eines Schwellen- oder Entwicklungslandes befindet, in Zukunft aus globalen klimatischen Gründen verweigern, untersagen oder verhindern werden können, ist eine außerhalb dieses Buches weitergeführte Diskussion. In diesem Kontext steht zukünftig auch eine wertebasierte Außenpolitik der Industrienationen, auf deren Zusammenhang zu den genannten Faktoren hier nur hingewiesen werden kann.

Damit ist ein weiteres Zahnrad im Uhrwerk des Themas Klimawandel untersucht worden, dass ein globalisierter *Glaube* an ein Versprechen zum Wohlstand allumfassende Folgen mit sich bringt. In diesem Kontext sei noch einmal auf die beispielgebenden Entwicklungen auf der Osterinsel als ein Rad in der gesellschaftlichen Mechanik im ersten Kapitel dieses Buches hingewiesen, in der die steinernen Glaubenssymbole ähnliche gesellschaftliche Folgen für das Inselvolk zu haben schienen. Rekapitulierend ist dieses Versprechen die Basis eines internationalen Konzepts, das wir Kapitalismus nennen. Es hat u. a. China in wenigen Jahrzehnten zu einem wohlhabenden und international einflussreichen Staat werden lassen und damit auch für andere Völker **bewiesen**, dass das Konzept des Kapitalismus ohne eine politische Wandlung funktioniert. Die Untersuchung zeigte weiterhin, dass der Anker dieses Wohlstandsversprechens eine Transformation natürlicher Ressourcen ist.

Die Analyse zeigt die Konsequenz auf, dass die Frage nach dem Zugang zu natürlichen Ressourcen eine politische Frage im Wettbewerb der Nationen unter sich ändernden klimatischen Rahmenbedingungen ist. In der einen Dimension ist ein Zukunftsversprechen nach mehr Wohlstand der nationale Kitt für eine ausbalancierte Gesellschaft. Die zweite Dimension ist der Zugang zu natürlichen Ressourcen und die dritte Dimension ist die Transformationsfähigkeit von natürlichen Ressourcen in Waren und Geld, sodass sich das Versprechen für wenige eines Volkes erfüllt. Daraus folgt eine individuelle, bis zu einer gesamtgesellschaftlichen Sogwirkung, die als Wachstum angesehen werden kann. Bleibt dieses Wachstum aus, werden ganze Staaten instabil. Aus diesen Dimensionen entstehen Folgen, auf die in den letzten Absätzen dieses Kapitels nur unvollständig aufmerksam gemacht werden konnte, damit der Themenrahmen dieses Buches eingehalten werden kann. In weitergehenden Diskussionen außerhalb dieses Buchen können die hier vorgestellten Gedanken weiter vertieft werden.

4

Gesellschaftsphänomen Klimawandel und die Sicherheitspolitik

In diesem Kapitel wird ein nicht vollständiger Einblick in die Sicherheitspolitik verschiedener Staaten erarbeitet. Auch diese, hier nur unvollständig vorgestellten Zusammenhänge in dieses Themenfeld, könnten einen Anstoß zu weiterführenden Überlegungen und Diskussionen geben. Vor dem Hintergrund der Suche nach dem Räderwerk, dem Uhrwerk, zur Entwicklung des gesellschaftlichen Klimas bzw. dem sich über 30 Jahre entwickelnden Zeitgeist der Klimawandelthematik sind die von Staaten definierten Sicherheitsüberlegungen ein wesentlicher und ganz zentraler Teil der öffentlichen Meinungsbildung. Der Zeitgeist bestimmt die Richtung einer gesellschaftlichen Entwicklung. Damit ist jedoch auch eindeutig definiert, dass es keine zentrale Leitstelle für die Entwicklung eines gesellschaftlichen Themas gibt.

© Der/die Autor(en), exklusiv lizenziert an Springer Fachmedien Wiesbaden GmbH, ein Teil von Springer Nature 2024
K. Golze, *Deutschland und der Treibhauseffekt*,
https://doi.org/10.1007/978-3-658-41433-7_4

Prinzipiell entsteht ein Zeitgeist[1] („Zeitgeist, in einer bestimmten Zeit vorherrschende Ausprägung geistiger Orientierungen, Lebensstile und gesellschaftlich geteilter Ideen und Werte."[2]) in einem Kulturraum durch teilweise zufällige Strömungen von öffentlichen Meinungen, Nachrichten oder Ereignissen. Dennoch muss darauf hingewiesen werden, dass heute jede politische Partei mit großem Aufwand versucht, für ihre Interessen und Ideale/Ideologie die öffentliche Mehrheitsmeinung zu gewinnen, somit den Zeitgeist im Interesse ihrer politischen Agenda zu lenken (siehe auch: Stiftungen der deutschen politischen Parteien und ihre Arbeit[3]). Noch bis Ende der 1980er Jahren war die offizielle Leitlinie der damaligen Westdeutschen Politik aller Parteien, eine Leitmeinung/Meinungsführerschaft in der Gesellschaft vorgeben zu müssen. Auf Basis dieser Grundüberlegungen habe ich dieses Kapitel geschrieben, um die Mechanismen zur Lenkung des Zeitgeistes in unseren westlichen Gesellschaften besser zu verstehen, in denen das Thema *Klimawandel* und „wie gehen wir damit um" ein Teil dieser Strömung ist.

„Der Klimawandel als globaler Trend beeinflusst bereits heute die Lebensbedingungen von Hunderten von Millionen Menschen. Klimatische Veränderungen haben zudem signifikante und existenzbedrohende Folgen für zahlreiche Staaten und ihren Bevölkerungen", heißt es

---

[1] Siehe auch: https://www.qualitative-research.net/index.php/fqs/article/view/723/1564, und https://www.tagesspiegel.de/wissen/selbstbegrenzung-und-selbstdistanz-3849094.html, und https://www.grin.com/document/993324, und https://www.uni-bielefeld.de/(de)/ZiF/AG/2013/09-19-Hakenbeck.html, 14.10.2022.

[2] Quelle: https://www.spektrum.de/lexikon/psychologie/zeitgeist/17113, 07.12.2022.

[3] Siehe auch: https://de.wikipedia.org/wiki/Parteinahe_Stiftung_(Deutschland), 13.12.2021.

4 Gesellschaftsphänomen Klimawandel und ...

bereits im Weißbuch 2016 zur Sicherheitspolitik und zur Zukunft der Bundeswehr[4]. Dabei wird insinuiert, dass es sich bei den Auswirkungen der durch den Klimawandel begründeten Änderungen im Wesentlichen um abhängige Menschen oder Betroffene handelt. Im Umkehrschluss sind jedoch genau diese Staaten mit dem heutigen Wissen, sowie den technischen Möglichkeiten in der Lage, einen bewussten Einfluss zum Schutz ihrer Völker auf den anstehenden Wandel ausüben zu können. Damit ist aber die Sichtweise, dass wir diesem Prozess schutzlos ausgeliefert sind, unbegründet. Alleine das Wissen in unserer heutigen Zeit um einen Klimawandel ist in der gesamten Menschheitsgeschichte einmalig.

In dem vorherigen Kapitel 3 wurde auch die Problematik der Förderungen/Extraktionen der fossilen Energien, vor dem Hintergrund von wirtschaftlichen Abhängigkeiten von Staaten und ihrer Instrumentalisierung durch Regierungen, behandelt. Dabei konnte aufgezeigt werden, dass diese Abhängigkeiten sicherheitsrelevante und politische Aspekte haben. Diese Aspekte gelten für Förderländer/Exportländer wie auch für Importländer. Das Problem der weltweit größten Förderländer ist, dass sie ihr staatliches *Geschäftsmodell* zu wesentlichen Teilen auf den Verkauf fossiler Energieträger ausgelegt haben und ihr *Wohlstand* damit von dem Verkauf ihrer „Produkte" abhängt. Die Änderung dieses *Geschäftsmodells* ist eine sicherheitsrelevante Frage globalen Zuschnitts, weil auch die Importländer erhebliche strategische Abhängigkeiten vom Import fossiler Energien entwickelt haben. Eine mögliche Auflösung dieser beidseitigen Abhängig-

---

[4] Quelle: Bundesministerium der Verteidigung, https://www.bmvg.de/de/aktuelles/auswirkung-klimawandel-sicherheitspolitik-5055556, 12.12.2021.

keiten hat globale Folgen, die in diesem Kapitel betrachtet werden.

Auch die Importländer sind vom Import fossiler Energien direkt in ihrer Wohlstandsentwicklung abhängig. Das gilt für die industrielle, wirtschaftliche Ebene, wie für die staatliche Einnahmen. Die über die Steuern erhobenen staatlichen Einnahmen auf fossile Energien machen einen nicht unwesentlichen Teil des BIP in den Importländern aus, so auch vor allem in der Eurozone. Somit sind auf beiden Seiten der fossilen Energiekette (Förderung, Export, Transport, Import) erhebliche wirtschaftliche und fiskalische Abhängigkeiten gegeben, die bei einer „Zero Kohlendioxidemission" direkt zum Tragen kämen. Die Energiewende, als global etablierter Begriff zur Verdrängung der fossilen Energien aus den nationalen Energiemärkten, gibt jedoch auf diese grundlegenden Probleme auf der Export- und Importseite keine Antworten. Solange diese Antworten fehlen, ist heute die Energiewende auf vielen gesellschaftlichen und internationalen Ebenen eine höchst gefährliche Strategie für die Staaten und bedarf deshalb einer dringenden Reform.

In den sicherheitspolitischen Überlegungen der letzten 30 Jahre breitete sich vor allem die Erkenntnis über die Abhängigkeit militärischer Fähigkeiten von fossilen Energieimporten bzw. ihren Zugängen im Konfliktfall aus. Deutschland als rohstoffarmes Land ist in einem militärischen Konfliktfall, unabhängig von der Größe seiner Armee und seinen Rüstungsausgaben (deutscher Bundeskanzler Olaf Scholz: 100 Mrd. € zusätzliche Militärausgaben[5]), wesentlich von den Importen fossiler Energien abhängig. Das gilt für (fast) alle anderen EU-

---

[5] Siehe auch: https://www.bmvg.de/de/aktuelles/mehr-als-100-milliarden-euro-bundeswehr-sicherheit-5362112, 12.12.2021.

Staaten ebenfalls. Dadurch ist die EU als Wirtschaftsgemeinschaft, unabhängig von ihren Militärausgaben und Armeegrößen, strategisch vermutlich nicht in der Lage, längere Militärkonflikte durchhalten zu können, sofern der Import fossiler Energien unterbrochen würde. Strategisch ist deshalb für die Sicherheitsarchitektur der EU eine verlässliche Bündnistreue zwischen der EU und den USA – oder einem anderen Land mit eigenen ausreichenden fossilen Energien – von zentraler Bedeutung, eine militärische Auseinandersetzung über einen längeren Zeitraum durchhalten zu können. Zu diesen strategischen Reserven und Absicherungen gehören auch die nationalen Kohle- und Gasvorkommen, sowie ihre Erreichbarkeit/Abbaubarkeit. Die EU wäre vermutlich in einer Sicherheitsanalyse ein interessantes Objekt für andere Staaten, weil ein großer Reichtum in diesem Staatenbund vorhanden ist, zurzeit jedoch strategisch eine sehr geringe eigene militärische Verteidigungsfähigkeit gegeben ist (wirtschaftlicher Riese mit geringen eigenen Verteidigungsfähigkeiten). Die sehr hohen Abhängigkeiten vom Import fossiler Energien wären dabei nur ein Faktor.

Ein Grundsatz bei dieser Beobachtung ist, dass alle an die Oberfläche geförderten, fossilen CO_2-Bestände irgendwann in die Atmosphäre gelangen. Deshalb kann eine vom IPCC und der IEA geforderte globale CO_2-arme oder sogar CO_2-freie Zukunft nur eine erhebliche Reduktion der globalen fossilen Energieträger in ihren *Fördermengen* bedeuten (passive CO_2-Reduktion), was bei einer zu kurzen Zeitspanne des Reduktionsprozesses in seiner Konsequenz zu einer Destabilisierung ganzer Regionen führen könnte. Bei den Importländern führt diese Forderung zu der Konsequenz, dass ihre Armeen zukünftig nicht mehr mit fossilen Energien versorgt werden sollen bzw. könnten. Die strategische Konsequenz dieser Entwicklung wäre auch eine stetige

Verknappung der Energieträger auf der Förderseite, was neue und weitere Entwicklungseffekte in der Versorgung von Armeen in den anderen Staaten initiiert. Die Folge davon ist eine vollständige Umstellung aller Armeen der Welt auf Wasserstoff oder synthetische Kraftstoffe (und weitere Kraftstoffe), zumindest bei den Ländern, die fossile Energien importieren müssen. Aus der heutigen Sicht erscheint die Umstellung auf synthetische Kraftstoffe der plausibelste aber auch teurere Weg zu sein. Die Folge dieser Entwicklung wäre dann eine neue Abhängigkeit von dem *Herstellungsprozess* dieser synthetischen Kraftstoffe, der Ressourcen und ebenfalls Energie benötigt. Der Aspekt der wirtschaftlichen Kosteneffizienz bei der Nutzung dieser Ressource als ein kriegsentscheidender Faktor, der vor allem bei einer Umstellung der zivilen Wirtschaft auf eine Kriegswirtschaft zum tragen kommen würde, wird hier nicht weiter verfolgt und soll an dieser Stelle den Hinweis an die Ökonomen geben, dieses Themenfeld im Rahmen einer Energietransformation genauer zu untersuchen. Diese Kausalität an Kosten (ggf. von Importkosten bzw. von Produktionskosten) im Verteidigungsfall von CO_2-freien Energien für die Verteidigung, die Nutzbarkeit eigener fossiler Energiereserven zur Versorgung der Bevölkerung bzw. zum Betrieb einer Kriegswirtschaft, der Zugang zu Energieimporten im Krisenfall und den damit einhergehenden Abhängigkeiten, sowie die gesamtheitliche Umstellung der Energiebasis für den zivilen UND militärischen Bereich im Rahmen einer Energietransformation, auch vor dem Hintergrund der Entwicklungsgeschichte der fossilen Energien als Machtinstrument verschiedener Staaten, führt zu der Frage, welche Auswirkungen der Klimawandel auf die Sicherheitspolitik von Ländern hat und welche Verschiebungen sich dabei ergeben könnten. Ebenfalls stellt sich die Frage, welche Szenarien verschiedene Staaten entwickeln werden,

4 Gesellschaftsphänomen Klimawandel und …

um mithilfe des Klimawandels Vorteile für ihre Vormachtstellungen bzw. Volkswirtschaften zu erhalten.

Auf der Münchner Sicherheitskonferenz sagte im Jahr 2021 der Vorsitzende Wolfgang Ischinger: „Wir tun noch so, als ob wir von Panzern und Nuklearwaffen bedroht werden. Im 21. Jahrhundert entscheidet aber die Herrschaft über Daten und technologische Systeme den Wettbewerb. Da fällt schon auf, dass China in der Klimatechnologie die Führung übernimmt." Dieser Hinweis hat nur seine Gültigkeit, wenn keine Kriege geführt werden und damit das real vorhandene Kriegsgerät nicht als politisches Instrument zum Einsatz kommt. In den Krisenzeiten eines Kriegs gelten dann andere Grundsätze. Der zweite Einwand dieses Gedankens wäre, dass die real vorhandenen Kriegsgeräte natürlich eine Bedrohung darstellen und – das ist der zentrale Widerspruch – ein globalisierter Wettbewerb von Firmen aus unterschiedlichen Staaten nur in Friedenszeiten funktioniert. Der Hinweis von Wolfgang Ischinger ist jedoch für das Verständnis zur Entwicklung des Zeitgeistes, in dem der Klimawandel über das letzte Jahrzehnt eine dominierende Bedeutung eingenommen hat, bedeutsam. Für das öffentliche Framing von Nachrichten ist die Herrschaft der Daten von zentraler Bedeutung. Das Framing gibt auch eine Erklärung zu der gesellschaftlichen Stellung des Themas Klimawandel und der damit verbundenen *Emotionalisierung*, die vor allem in den letzten Jahren in ihrer thematischen Entwicklung an Bedeutung zugenommen hat.

Erweitern wir den Analyseraum mit weiteren wichtigen Abhängigkeiten u. a. zur energetischen Transformation der EU-Staaten bzw. auch Deutschlands. Zu dem Spektrum zählen u.a. die genannten „Daten" u.a. aus Satellitensystemen, auf die im Krisenfall uneingeschränkt zugegriffen werden muss, der Import und die Produktion von Energie zur Versorgung der Verteidigung bzw. des Militärs, der Zugang zu wichtigen Rohstoffen zur Produktion von Waffen und Munition, sowie zur Versorgung der Bevölkerung, die Versorgung mit Nahrungsmitteln und Wasser, und vieler weiterer energieabhängiger Elemente. Bei der Kontrolle z. B. von seltenen Erden, die für neue Technologien (Windenergieanlagen, Chipfertigung, Digitalisierung etc.) benötigt werden, belegt China den ersten Platz. Damit wird deutlich, dass fossile Energien und andere Rohstoffe in unserer ökonomisch vernetzten Welt generell ein Potenzial für machtpolitische Einflussnahmen haben und so auch von der Politik eingesetzt werden. Die Einflussnahme auf all diese energieabhängigen bzw. in der Energietransformation eingebetteten Faktoren erfolgt, je nach Kulturhintergrund der jeweiligen Regierung, mehr oder weniger verdeckt in lang-, mittel- oder kurzfristige Strategien eingebettete Handlungen (vom Projekt Neue Seidenstraße bis zu sofortigen verhängten Sanktionen gegen verschiedene Staaten), um dem eigenen Volk in der globalisierten Welt einen Vorteil zu verschaffen. Das führt uns zu der Frage, was *Sicherheit* und in diesem Kontext auch Sicherheitspolitik eigentlich bedeuten. Bei dieser Fragestellung liegt der Fokus auf der *Einbettung in die Klimathematik*, die global und unabhängig von politischen Landesgrenzen ist. Bei all den Recherchen zu diesem Buch, sind mir keine konkreten Planungen zur Umstellung eines Militärs, hier vor allem in Deutschland und der EU, auf CO_2-freie Kraftstoffe und ihre militärische Versorgung (Umstellung der Logistik) bekannt geworden.

In vielen Staaten werden grundsätzliche Ausrichtungen im Bereich der Innen-, Außen- und Militärpolitik – heute auch als Verteidigungspolitik bezeichnet – in Doktrinen[6]

---

[6] Siehe auch: https://de.wikipedia.org/wiki/Milit%C3%A4rdoktrin, 07.12.2022.

4 Gesellschaftsphänomen Klimawandel und ... 155

festlegt. Diese Doktrinen können von verschiedenen Staaten öffentlich nachgelesen werden (z. B. USA[7], Russland[8], EU-Staaten, NATO, ...). Sie enthalten die Prinzipien, nach denen die entsprechenden politischen Handlungsfelder bearbeitet werden. In Deutschland galt nach dem Zweiten Weltkrieg lange das Prinzip der Landesverteidigung, das zunächst von den damaligen Siegermächten mit aller politischen Vorsicht für den Aufbau der deutschen Bundeswehr erlaubt wurde. Über die folgenden Jahrzehnte änderten sich die globalen Verhältnisse und der Eiserne Vorhang verschwand als Konfliktgrenze zwischen zwei großen „Völkerblöcken". In den 1990er Jahren wurden neue Doktrinen in Deutschland, den europäischen Ländern, der NATO, den USA, Russland und anderen Ländern entwickelt. Sie wurden in den folgenden Jahrzehnten immer wieder den sich wandelnden globalen Verhältnissen angepasst und weiterentwickelt. Sie sind heute die Grundlage für eine Strategieentwicklung zur energetischen Transformation der Streitkräfte auf CO_2-neutrale Energieträger. Die energetische Transformation der Streitkräfte in einem Land erzwingt bei jedem Militär neue Technologien, enorme Kosten und in den Armeen neue Strukturen. Diese Übergangsphase ist per se ein Risikofaktor in den jeweiligen Armeen. Ob aus diesen oder anderen Gründen deshalb eine Energietransformation von Streitkräften auf CO_2-freie oder CO_2-neutrale Kraftstoffe bzw. Energieversorgung erfolgen wird, ist unklar. Damit relativieren sich aber die politischen Forderungen zu einer gesellschaftlichen Klimaneutrali-

---

[7] Siehe auch: https://de.wikipedia.org/wiki/Milit%C3%A4rdoktrin_der_Vereinigten_Staaten, und https://www.bundesheer.at/wissen-forschung/publikationen/beitrag.php?id=2676, 03.12.2022.

[8] Siehe auch: https://www.bundestag.de/resource/blob/412840/2d4ad1e108ccf499692bad325c8c6d48/wd-2-052-15-pdf-data.pdf, und https://www.swp-berlin.org/publikation/russlands-neue-militaerdoktrin, 03.12.2022.

tät bis 2045, weil die Transformation dann nur eine Teilumstellung eines Staates betreffen würde.

4.1 Was ist Sicherheit?

Aber was ist nun eigentlich eine „Sicherheit" für einen Staat in den Zeiten des beginnenden Klimawandels? Am Beispiel Deutschland kann nachvollzogen werden, dass aus der reinen Landesverteidigung, die in der jungen Bundesrepublik den Aufbau der Bundeswehr mit Soldaten und Waffen begründete, eine exterritorial handelnde Armee ab dem Jahr 1999 (Kosovokrieg vom 28. Februar 1998 bis zum 10. Juni 1999. NATO Einsatz vom 24. März 1999 bis zum 9. Juni 1999 im Rahmen der Operation Allied Force) und 2001 entwickelt wurde. Diese Wandlung des nationalen Sicherheitsbegriffs Deutschlands wurde von dem damaligen Verteidigungsminister Peter Struck in den berühmten Satz zur Rechtfertigung des exterritorialen Bundeswehreinsatzes in Afghanistan gekleidet: „Die Sicherheit der Bundesrepublik Deutschland wird auch am Hindukusch verteidigt."[9] In Bezug auf unsere heutige Zeit gleichen sich die öffentlichen Darstellungen u. a. zu umfangreichen Waffenexporten und Militärhilfen, wie z. B. zum Ukrainekrieg von Marie-Agnes Strack-Zimmermann (FDP, MDB): „In der Ukraine werden auch unsere Werte verteidigt"[10], vom 19. September 2022; oder von Annalena Baerbock (Die Grünen, MDB, Außenministerin

---

[9] Quelle: https://www.heise.de/tp/features/Die-Sicherheit-Deutschlands-wird-auch-am-Hindukusch-verteidigt-3427679.html, 20.12.2021.

[10] Quelle: https://twitter.com/mastrackzi/status/1571785683756253186%3Flang%3Dde, 06.12.2022.

ab 2022): „Die Ukraine verteidigt auch unsere Freiheit, unsere Friedensordnung"[11] in der Tagesschau vom 28. August 2022. Ab dem Jahr 2002 (zum Ereignis 9/11 am 11. September 2001) wurden zugleich neue Begriffe wie hybrider Krieg, Cyberwar, abstrakte Bedrohung und viele andere Begriffe entwickelt, die alle dem öffentlichen Zweck einer verbesserten „Sicherheit" und dem Schutz der eigenen Bevölkerung dienen sollten. In demselben Zeitraum änderten sich die Militärdoktrinen von Deutschland, verschiedenen EU-Staaten, der NATO[12], den USA und zahlreichen anderen Staaten grundlegend. Unter dem neuen staatlichen Verständnis von „Sicherheit" konnten nun Angriffskriege irgendwo auf der Welt geführt werden, Drohnen über fremde Länder fliegen und ohne Kriegsgrund gegen ein Land deren Menschen töten (siehe auch: Veröffentlichungen von Edward Snowden[13]). Diese Doktrinen sind heute die Grundlage von Ländern, die fossile Energien exportieren (signifikante Mengen aus USA, Türkei und Norwegen) und im wesentlichen importieren (im wesentlichen Staaten der EU und des NATO Verbundes).

Die heutigen *Risiken* werden auch unter dem Sammelbegriff *Instabilität* zusammengefasst. Mit dem Begriff der *Sicherheit vor Risiken* konnten somit auf den Nationalstaat bezogene Sicherheitsanforderungen, die in der Regel einen Gegner von außen annahmen, in exterritoriale oder auch innerstaatliche Szenarien umgewandelt werden. Mit dem neuen Sicherheitsbegriff wurde die frühere nationalstaatliche Sicherheitsstrategie den globalisierten Märkten

---

[11] Quelle: https://m.facebook.com/193081554406/posts/10160570452604407/, 06.12.2022.

[12] Siehe auch: NATO Library Catalog https://n10314uk.eos-intl.eu/N10314UK/OPAC/Search/AdvancedSearch.aspx, 07.12.2022.

[13] Siehe auch: https://de.wikipedia.org/wiki/Edward_Snowden, 06.12.2022.

angepasst und Einsätze in anderen Staaten wie auch im Inneren (auf dem eigenen Territorium) legitimiert. Im Nordatlantikvertrag wurden diese Einsätze als „Out of Area" im Jahr 1992 definiert, weil sie außerhalb der Gebiete der Unterzeichnerstaaten stattfinden. Mit dieser fundamentalen Neuausrichtung der Doktrin der NATO änderte sich der Charakter des ehemaligen reinen Verteidigungsbündnisses grundsätzlich.

Die neuen *Risiken* werden nicht mehr, wie noch bei der früheren *Bedrohung*, an konkreten Akteuren festgemacht. Als Risiken können alle *Entwicklungen* wahrgenommen werden, deren Ausgang offen ist und aus denen irgendwann eine Störung des globalen Kapitalverwertungsprozesses bzw. eine Störung im Funktionieren des Wirtschaftsmodells entstehen kann[14]. Mit diesem weitgefassten Sicherheitsbegriff ist im Prinzip alles, was in einer Gesellschaft, der Politik und der Ökonomie weltweit passiert, für den Zugriff des Militärs interessant, da die prinzipielle Offenheit aller Veränderungen in einem Staat, zwischen Staaten oder durch allgemeine Entwicklungen hervorgerufen (z. B. Klimawandel), ein mögliches Risiko darstellt. In diesem neuen strategischen Ansatz entfällt der Bezug zu einem konkreten Gegner. In der Konsequenz entfällt die Option zu Verhandlungen, die deeskalierend wirken können. Mit einem *abstrakten Risiko* lassen sich keine Verhandlungen führen, etwa im Rahmen von vertrauensbildenden Maßnahmen oder Abrüstungskonferenzen.

In der Logik dieser Sicherheitsstrategie/Sicherheitspolitik kann gegen *Risiken* nur eine *Risikovorsorge* ein-

---

[14] Hinweis: Zukünftige (ab 2050) legitime Option im fortschreitenden Klimawandel gegen sich entwickelnde Staaten, zur Vermeidung von Kohlendioxidemissionen?

gesetzt werden. Anders als früher nimmt das Militär daher nicht mehr die Rolle des letzten Mittels ein, sondern wird als eines von vielen, als normales Instrument zum *Krisenmanagement* angesehen. Der Einsatz von Militär gegen die eigene Bevölkerung wird wieder legitim (salonfähig). Damit dringt aber das militärische Handlungsfeld auch in soziale Bereiche der eigenen Bevölkerung ein, die traditionell nicht als militärischer Handlungskontext, vor allem in Deutschland[15], angesehen wurden. Im internationalen Kontext wird mit dieser Entwicklung die Krisenprävention mit zivilen Mitteln zurückgedrängt und durch völkerrechtlich nicht gedeckte militärische *Präventivkriegsführungen* ersetzt.

4.2 Globale Kommunikationsinfrastruktur und Daten

Mit dem geänderten Sicherheitsbegriff, vor dem Hintergrund der Globalisierung und der parallel dazu verlaufenden Entwicklung der Kommunikationsmedien ab Anfang der 1990er Jahre (Ende des ARPANET), entstanden auch vollkommen neue strategische Überlegungen, die zu neuen strategischen Szenarien wie „Cyberwar" oder „Information Warfare" geführt haben (siehe auch: Think Tank RAND Corporation). Die Folge war die Gründung der „School of Information Warfare and Strategy" an der National Defense Uni-

---

[15] Siehe auch: https://www.bundeswehr.de/de/aktuelles/meldungen/ausnahmesituationen-einsatz-bundeswehr-innern, und https://www.bundesverfassungsgericht.de/SharedDocs/Entscheidungen/DE/2012/07/up20120703_2pbvu000111.html, 07.12.2022.

versity in Washington. Die hier entwickelten Strategien wurden in die Strategiepapiere des US-Generalstabs „Joint Vision 2010" und „Joint Vision 2020" aufgenommen. Als Standardwerk wurde das Buch „War and Anti-War" von Alvin und Heidi Toffler angesehen, in dem eine neue Form des Kriegs vorhergesagt wurde, die auf der *Beherrschung der Information* basiert. Im Rahmen dieser Entwicklungen ist auch der Begriff der „Full Spectrum Dominance" geprägt worden. Die Ausprägungen dieser Strategie kann u.a. heute, ca. 30 Jahre nach den ersten Überlegungen zu diesem Themenfeld, in der Klimabewegung und anhand des Gesellschaftsthemas Klimawandel analytisch beobachtet werden. Andere Beispiele einer Informationsdominanz bzw. Meinungsmanipulation großer Bevölkerungsteile konnten bei den Wahlen von Donald Trump, USA, beobachtet werden. Viele weitere Beispiel in der Nutzung dieser Strategie sind heute, den Jahren 2022 und folgend, präsent.

Wenn jedoch in den Kriegen der Zukunft nicht mehr die Feuerkraft, sondern die Informationsvorherrschaft entscheidend ist, dann zielt die Krisenstrategie nicht mehr auf die Hardware des Gegners – seine Infrastruktur und Produktionskapazitäten, sein Militär –, sondern auf den Geist der Menschen in einer anderen Volkswirtschaft. Dabei soll die Selbst- und Umweltwahrnehmung des Gegners so strukturiert werden, dass er dem Willen des Angreifers folgt, ohne mit Gewalt gezwungen zu werden (George Stein). „Das Angriffsziel des Informationskrieges ist dann das menschliche Denken, speziell das Denken derer, die die Schlüsselentscheidungen über Krieg und Frieden treffen" (Information Warfare [8], in: Airpower Journal, Nr. 1), so Prof. George Stein am Army War College. Auf dieser Basis wurden weitere Konzepte für weitergehende Formen der Kriegsführung entwickelt, die unter den Leitbildern „Netwar"

4 Gesellschaftsphänomen Klimawandel und …

oder „Neocortical War" zusammengefasst werden. Sie beinhalten eine Ausweitung des Kriegsbegriffs auf alle Konfliktformen in der Gesellschaft, die mit öffentlichen Mitteln ausgetragen werden (Beispiel 1 siehe auch: Entwicklung der öffentlichen Informationen zum Russland-Ukraine-Krieg in verschiedenen Medien[16]; siehe auch: die Rolle der Medien in der öffentlichen Wahrnehmung von Ereignissen in „Die Vierte Gewalt", Precht & Welzer, S. Fischer). Informationen gelten dabei zunehmend als Waffe. Die Vordenker in den Universitäten, Colleges und amerikanischen Think Tanks sind der Überzeugung, dass in der gezielten konzertierten Zusammenarbeit zwischen Nichtregierungsorganisationen (NGOs), parteinahen Wissenschaftsinstituten und Stiftungen, Journalisten, Medienkonzernen und Social-Media-Konzernen einerseits sowie diese Zusammenarbeit steuernden, staatlichen Informationsstellen eines Landes andererseits, ein gewaltfreies Äquivalent für militärische Macht gefunden wurde. Mithilfe von Theorien der Medienforschung (Medienreichhaltigkeitstheorie[17], Social-Presence-Theories[18]) und der Sozialforschung (Impression-Management[19], Self-Disclosure-Theories[20]) entwickelten die Forscher Kaplan und Haenlein im Jahr 2010 eine Klassifikation, die soziale

---

[16] Siehe auch: https://www.deutschlandfunkkultur.de/berichterstattung-ukraine-russland-krieg-100.html, und https://www.deutschlandfunk.de/berichterstattung-ueber-klimawandel-journalismus-oder-100.html, und https://www.researchgate.net/publication/320473451_Klimawandel_in_den_Medien, 05.12.2022.

[17] Siehe auch: https://de.wikipedia.org/wiki/Medienreichhaltigkeitstheorie, 07.12.2022.

[18] Siehe auch: https://en.wikipedia.org/wiki/Social_presence_theory, 07.12.2022.

[19] Siehe auch: https://en.wikipedia.org/wiki/Impression_management, 07.12.2022.

[20] Siehe auch: https://en.wikipedia.org/wiki/Sidney_Jourard, und https://www.researchgate.net/publication/301789757_Self-Disclosure_Theories_and_Model_Review, und https://en.wikipedia.org/wiki/Self-disclosure, 07.12.2022.

Medien in sechs unterschiedliche Gruppen einteilt: Kollektivprojekte (z. B. Wikipedia), Blogs und Mikroblogs (z. B. Twitter), Content Communities (z. B. YouTube), soziale Netzwerke (z. B. Facebook), MMORPGs und soziale virtuelle Welten (Virtual Game Worlds und Virtual Social Worlds). Diese Überzeugungen wurden in fast allen Staaten der EU, besonders in Deutschland und England, übernommen.

Staatliche *Sicherheit* ist damit zu einem weit gefassten Begriff geworden und nicht nur auf die eigene Landesverteidigung bezogen. Er rechtfertigt heute zahlreiche staatliche Maßnahmen, die nach innen und nach außen vor den 1990er Jahren nicht denkbar gewesen waren. Durch diese weite Auslegung und die damit implizit vorausgesetzte Legitimation entsprechender Handlungen werden zukünftig auf den Klimawandel „sicherheitsbezogene" Handlungen zur *Krisenprävention* einen neuen Risikofaktor zwischen den Staaten, aber auch innerstaatlich darstellen. Im neuen Kontext der von staatlichen Stellen definierten *Werte* entsteht eine hybride Legitimation auf staatlicher Ebene, militärische Mittel u. a. bei der Verletzung dieser Werte einsetzen zu können. Insofern liegt in der heutigen politischen Auslegung des Sicherheitsbegriffs eines jeden EU- und NATO-Staates und zugleich der von der Politik bzw. durch Deutschland vorangetriebenen Verdrängung fossiler Energien in der EU ein reales extremes Risiko, was mit einer weiteren Annäherung an die politisch definierten Dekarbonisierungszeitpunkte 2035, 2045, 2050 ansteigt.

Um die politischen Fundamente der heutigen Sicherheitspolitik der wichtigsten Staaten dieser Welt noch besser verstehen und die Einordnung in zukünftige, möglicherweise durch den Klimawandel begründete, kriegerische Auseinandersetzung zur Krisenprävention erkennen zu können, sind die nach dem Fall der damaligen Sowjetunion entstandenen neuen Doktrinen in zahlreichen Staaten der Welt, ihre Auslegung und ihre innere Logik von besonderer Bedeutung. Normaler Weise hat ein Staat ein fundamentales Interesse, sich gegen Angriffe auf sein eigenes Territorium zu verteidigen. Dazu unterhalten die Staaten eigene Armeen, produzieren oder beschaffen Waffen und stellen Kapital aus ihrem BIP zur Verfügung. Mit dem Wandel der technischen Möglichkeiten, der datentechnischen Vernetzung der Welt, dem in den 1990er Jahren politisch eingeführten globalen Welthandel, der daraus folgenden globalen Arbeitsteilung und der damit einhergehenden wachsenden Abhängigkeit von Staaten, entstanden neue Bedrohungsmöglichkeiten basierend auf sehr unterschiedlichen staatlichen Interessen. Heute kommen zu diesen staatlichen *Interessen* in ihrer Bestimmung volatile staatliche *Werte* hinzu, wie sie u. a. im Koalitionsvertrag der deutschen Regierung nach der Wahl zum 20. Deutschen Bundestag im Jahr 2021 verankert worden sind. Ähnliche Erweiterungen der staatlichen Sicherheitsinteressen können auf der EU-Ebene festgestellt werden. Mit den Lissabon-Verträgen[21] wurden auf EU-Ebene[22] die *Werte* als politische Grundlage der Staatengemeinschaft neu eingeführt.

Eine der bekanntesten neuen Bedrohungen, die ausschließlich durch die Entwicklung der modernen digitalen Technologien entstanden ist, ist der Cyberwar oder Cyberkrieg. Ich möchte an diesem sehr gut nachvollziehbaren Komplex etwas tiefer in die Sicherheitsinteressen von Staaten eintauchen, damit etwas später auf diese neuen *Sicherheitsinteressen* im Rahmen eines Klima-

---

[21] Siehe auch: https://www.europarl.europa.eu/factsheets/de/sheet/5/vertrag-von-lissabon, 06.12.2022.

[22] Siehe auch: https://european-union.europa.eu/principles-countries-history/principles-and-values/aims-and-values_de, 06.12.2022.

wandels eingegangen werden kann. An dem Beispiel des Cyberwar kann das Prinzip aufgezeigt werden, wie die staatlichen Interessen und ihr Sicherheitsbegriff verbunden sind und welche neuen, komplexen Bedrohungen zusätzlich zu den mit dem Thema der realen Klimaveränderungen entstehen. Diese neuen staatlichen *Sicherheitsinteressen,* die mit der Thematisierung des Klimawandels aufkommen, sind bisher nicht definiert und multidimensional. Sie können aber als eine Linie eines Entwicklungsprozesses ab Anfang der 1990er Jahre verstanden werden, in dem sich der rein präventive Charakter des Sicherheitsbegriffs (z. B. eigene Landesverteidigung) in eine neue und sich ausweitende Interpretation auf vielen weiteren Feldern entwickelt.

Der Begriff „Cyberwar" ist bis heute nicht eindeutig definiert. Daraus folgt auch, dass es im völkerrechtlichen Sinn schwierig ist, den Cyberkrieg offiziell als kriegerische Handlung zu deklarieren. Unter dem Begriff versteht man im Allgemeinen eine Manipulation von verschiedenen, über das Internet erreichbaren Unternehmen, Einrichtungen oder staatlichen Stellen unter Zuhilfenahme moderner Informationstechnologie mit kriegerischen Merkmalen. Was jedoch diese *kriegerischen Merkmale* sind, ist nicht klar definiert. Werden z. B. in mehreren Krankenhäusern[23] durch einen Cyberangriff die Computer so manipuliert, dass ein üblicher und normaler Betrieb der Häuser nicht mehr möglich ist, kombiniert mit einer Forderung nach einer Geldzahlung für die Freigabe von Daten, kann das als kriegerischer oder terroristischer Akt verstanden werden. Es kann auch

---

[23] Siehe auch: https://www.zeit.de/news/2022-01/14/cyberangriff-auf-kliniken-am-bodensee-hintergrund-unklar, und https://www.handelsblatt.com/technik/sicherheit-im-netz/cyberkriminalitaet-todesfall-nach-hackerangriff-auf-uni-klinik-duesseldorf/26198688.html, 03.12.2022.

als krimineller Akt eingestuft werden. Dasselbe gilt auch für die Manipulation von Stromnetzen, Kraftwerken oder die Manipulation der Kommunikationsinfrastruktur des Deutschen Bundestages[24], wie sie tatsächlich erfolgte. So wurde z. B. das Kommunikationsgerät (Mobiltelefon) der damaligen Bundeskanzlerin Angela Merkel von einem „befreundeten Staat", der CIA der USA, manipuliert, sodass die Gespräche bzw. Verbindungen zu anderen Kommunikationsteilnehmern der Kanzlerin mitgelesen werden konnten. Keines dieser Beispiele wurde bisher als kriegerischer Akt eingestuft oder führte zu einer militärischen Intervention.

Führt ein Land als „militärische Aktivität" (auch dieser Terminus ist nicht eindeutig definiert, was u. a. Drohnenangriffe legitimiert) einen Cyberangriff aus, ist er zunächst auf den virtuellen Raum, den Cyberspace, ausgerichtet. Dieser virtuelle Raum ergibt sich durch über das Internet erreichbare andere Rechner und andere technische Systeme, die heute datentechnisch ohne Kontrolle an politischen Landesgrenzen einfach weltweit angesprochen werden können. Insofern ist es eigentlich kein Raum, sondern eine sehr große Zahl von vernetzten technischen Geräten in unterschiedlichen Ländern an unterschiedlichen Orten, deren Funktion reale Dinge wie die Wasserversorgung oder die Stromproduktion ausführt. Das Ziel eines „Cyberangriffs" ist zunächst, informationstechnische Einrichtungen und Netzwerke so zu stören, dass wichtige Funktionen wie die Kommunikation, das Finanzsystem oder die Energie- und Wasserversorgung nicht mehr mög-

---

[24] Siehe auch: https://de.wikipedia.org/wiki/Hackerangriffe_auf_den_Deutschen_Bundestag#:~:text=2018%20noch%20andauerte.-,Angriff%20im%20Jahr%202021,von%20Crackern%20namens%20Ghostwriter%20vermuten., und https://www.spiegel.de/thema/hackerangriff_auf_den_bundestag/, 03.12.2022.

lich sind bzw. in ihrer Funktion beeinflusst/kontrolliert werden. Dadurch kann einem Land oder einer Gesellschaft ein Schaden zugefügt werden, so wie ein realer Angriff mit Kanonen oder Raketen. Cyberwar kann auch begleitend zu konventionellen kriegerischen Handlungen durchgeführt werden, um deren Erfolgsaussichten zu steigern (Beispiele sind u.a. der Irak-Krieg und der Ukraine-Krieg).

Cyberangriffe werden heute von fast allen modernen Staaten ausgeführt. Ihre Ziele sind das Ausspionieren der Wirtschaft, der Wissenschaft, der Politik oder des Militärs, vor allem aber der Bevölkerung über soziale digitale Medien. Sie sind heute Teil der Spionagemaßnahmen von Staaten. Ein Merkmal eines Cyberwars sind Angriffe auf die genannten Teile eines Staates. In einem nächsten Schritt findet das Infiltrieren von informationstechnischen Einrichtungen mithilfe von Schadsoftware wie Viren, Würmern oder Trojanern statt. Die Systeme lassen sich mithilfe dieser Schadsoftware manipulieren oder stören. Diese Attacken werden heute vor allem in Staaten durchgeführt, in denen ein anderer Staat freie Wahlen manipulieren will. Die damit einhergehenden Desinformationen wurden bereits in den letzten 15 Jahren häufig beobachtet und auch von Wahlkandidaten für ihre eigenen Ziele eingesetzt. Wie zu beobachten ist, erfolgen diese Angriffe auf die Sicherheitsinteressen eines Staates nicht nur von außen, sondern auch von innen. Eine genaue, tatsächliche und nachgewiesene Zuordnung dieser Informations- und Meinungsmanipulation (hybride Angriffe) zu einem anderen Staat, oder durch „meinungsmanipulative" Aktivitäten innerhalb eines Landes wird heute immer undeutlicher. Als ein Beispiel, von vielen weiteren hybriden Angriffs auf die öffentliche Meinung in Deutschland können u.a. die als „Klimakleber" bekannt gewordenen Aktionen der Gruppe „Letzte Generation" (Deutscher Teil von ähnlichen Gruppen mit anderen Namen in anderen EU-Ländern) benannt werden. Sie werden durch Spenden, jedoch vor allem durch den amerikanischen Climate Emergency Fund finanziert, wie zahlreiche Recherchen renommierter Journalisten ermittelt haben (Zeit Online, Merkur, Fokus und Andere).

Die Waffen des Cyberkriegs entstehen durch Software und Programmierung. Sie werden zur Entwicklung entsprechender Schadsoftware verwendet, die dann über Angriffs- bzw. Verbreitungsszenarien mithilfe der digitalen Netze zu den Zielgeräten transportiert wird. Die moderne digitale Informationstechnik ist damit ein neues Sicherheitsrisiko, das lange so nicht eingestuft wurde.

Die moderne Destabilisierung einer Gesellschaft erfolgt heute durch das gezielte Verbreiten von Fehlinformationen. Sie kann ein Ziel eines Cyberwars sein. Da in vielen Fällen die Urheber einer Cyberattacke nicht zu identifizieren sind und häufig keine offiziellen militärischen oder staatlichen Institutionen zugeordnet werden können, wird häufiger der Begriff des Cyberterrorismus verwendet.

Abwehrmaßnahmen eines Cyberkriegs oder anderer Cyberangriffe sollen wichtige Kommunikations- und Kommandostrukturen sowie Versorgungssysteme schützen. Damit stellt sich die Frage der Abgrenzung, welche Handlungen eines anderen Staates oder einer in dem Staat handelnden Gruppe als kriegerischer Akt erkannt werden und zu entsprechenden Gegenmaßnahmen führen. Heute befindet sich ein moderner Staat in zahlreichen direkten oder indirekten Abhängigkeiten. All diese Abhängigkeiten sind potenzielle Möglichkeiten anderer Staaten, Einfluss ausüben zu können.

4.3 Fundamentale Sicherheitsbereiche

Neben den externen Abhängigkeiten, zu denen auch der Cyberspace gehört, gibt es fundamentale Elemente eines Staates, die seine Existenz begründen oder erhalten. Sie sind zugleich in einer Sicherheitsarchitektur auch die Elemente mit höchster Aufmerksamkeit und Wichtigkeit. Zu diesen zählen sein eigenes Territorium, seine eigenen Rohstoffe, seine landeseigene Infrastruktur, die Versorgung der Menschen mit Wohnen, Energie, Wasser und Nahrung, seine landesweite Informationshoheit sowie seine soziale und politische Stabilität. Wohnen erscheint in dieser Aufzählung vermutlich als ein bisher unbekanntes Element. Das Sicherheitselement Wohnen hat jedoch über die letzten Jahrzehnte gezeigt, dass bei einer größeren Verdrängung der einheimischen Bevölkerung aus ihren Wohnungen durch z. B. den Verkauf an ausländische Investoren eine langfristige Destabilisierung von bestimmten Teilen der Bevölkerung einsetzt (Gentrifizierung). Als ein bekanntes Beispiel für den bewussten Missbrauch dieses Sicherheitselements „Wohnen" im Rahmen und als Element eines hybriden Angriffs kann das Beispiel in den palästinensischen Gebieten unter dem Begriff „Siedlungspolitik"[25] der israelischen Regierung angesehen werden. Abgemilderte Beispiele können in verschiedenen Großstädten der EU wie Paris, London, Berlin, München etc. untersucht werden, die auch unter dem Begriff der *Gentrifizierung*[26] zusammengefasst werden. Diese indirekte Destabilisierung wird heute gesellschaftlich vor allem in Deutschland durch

---

[25] Siehe auch: https://de.wikipedia.org/wiki/Israelische_Siedlung, 02.12.2022.
[26] Siehe auch: https://de.wikipedia.org/wiki/Gentrifizierung, 02.12.2022.

Begriffe wie *bunte Gesellschaft* oder *offene Gesellschaft*[27] teilkompensiert. Der Verlust an Wohnen durch ausländische Aktivitäten schafft jedoch bei der betroffenen Bevölkerung langfristig ein Binnenklima gegen den eigenen Staat, weil die vertriebene Bevölkerung ihre Heimat an nicht einheimische, neue Eigentümer abgeben muss und ihr eigener Staat sie nicht vor diesem Verlust schützt.

Tritt der Klimawandel in Zukunft stärker in das Bewusstsein wohlhabender Menschen aus besonders betroffenen Regionen wie z. B. dem Nahen Osten oder afrikanischen Ländern, kaufen sich diese Bewohner irgendwo in der EU zahlreiche Wohnungen, Häuser, ganze Quartiere oder Straßenzüge (zahlreiche Beispiele können bereits heute genannt werden[28]), sodass häufig die dort ehemals ansässige Bevölkerung schrittweise verdrängt wird. Der durch den freien Markt unkontrollierte, rein private Handel mit Wohneigentum ist vor dem Hintergrund des sich entwickelnden Klimawandels und dem Sicherheitsanspruch eines Staates bedarf einer kritischen Analyse. Das gilt jedoch auch für landwirtschaftliche Flächen, die für die lokale Versorgung eines Staates wichtig sind. Auch der heute unkontrollierte Handel mit diesen Kernressourcen wie dem eigenen Grund und Boden eines Landes ist vor dem Hintergrund des Klimawandels ein erstrangiger Einflussfaktor anderer Staaten und insofern nicht mehr zeitgemäß. Die Anpassung der *Sicherheitsdoktrin* an diese modernen innerstaatlichen Gefährdungspotenziale ist dringend notwendig. Bereits im Mittelalter wurden Staaten mithilfe von Provokateuren

---

[27] Siehe auch: https://de.wikipedia.org/wiki/Offene_Gesellschaft, 02.12.2022.

[28] Siehe auch: https://www.stadtentwicklung.berlin.de/wohnen/wohnungsmarkt/eigentuemerstruktur_berlin.shtml#eigentumskonzentration_juristische_personen, und https://www.stadtentwicklung.berlin.de/wohnen/wohnungsmarkt/eigentuemerstruktur_berlin.shtml#eigentumskonzentration_einzeleigentuemer_natuerliche_personen, 02.12.2022.

destabilisiert, soziale Unruhen inszeniert und eine innere politische Stabilität torpediert, um anschließend von einem anderen Staat ausgeplündert oder übernommen zu werden. Damit wird deutlich, dass diese Elemente eines Staates seit Langem Angriffsziele von anderen Mächten darstellen. Mithilfe der modernen, digitalen, vernetzten Systeme, aber auch heutiger Gesetze, können besonders diese klassischen Angriffsziele eines Staates ohne direkte kriegerische Konsequenzen angegriffen werden, wie bereits weiter oben beschrieben wurde.

Ein weiteres Ziel der Sicherheitspolitik eines Staates ist der Schutz der national arbeitenden und international arbeitsteiligen Wirtschaft, bzw. seine exterritoriale Infrastruktur wie Pipelines und Seekabel. Sie ist heute in der Regel global vernetzt und damit per se ein Angriffsziel. Über nationale Gesetze versuchen andere Staaten, diese *globale Arbeitsteilung* so zu konstruieren, dass ein Knowhow-Abfluss an die lokalen Beteiligungspartner erfolgen muss, wenn von einem Unternehmen mit Sitz in dem einen Staat eine Tochtergesellschaft in dem anderen Staat gegründet wird (siehe Gründungsbedingungen von Tochterunternehmen in u. a. China, ...). Vor dem Hintergrund eines gesellschaftlich thematisierten Klimawandels ist vor allem der Bereich Wirtschaft zukünftig vermutlich das bedeutendste Angriffsziel in einem Staat bzw. seine exterritorialen Infrastrukturen. Verliert ein Staat seine wirtschaftliche Leistungsfähigkeit (Gefährdungspotenzial ab dem Jahr 2022 in der EU und Deutschland durch Energieembargos[29]/Energieverknappung, sehr hohe Energiepreise und Inflation) oder verliert ein Staat sein

---

[29] Siehe auch: EU-Sanktionen gegen Russland: https://www.consilium.europa.eu/de/policies/sanctions/restrictive-measures-against-russia-over-ukraine/sanctions-against-russia-explained/, und https://www.bundesnetzagentur.de/DE/Gasversorgung/aktuelle_gasversorgung/start.html, 07.12.2022.

Know-how in Kernbereichen seiner Wirtschaft an einen anderen Staat (Aufkauf von Unternehmen in Deutschland[30] durch chinesische Investoren), wird er langfristig sein Wohlstandsniveau verlieren und damit nach innen über einen längeren Zeitraum destabilisiert. Diese Form der modernen Kriegsführung ist der optimale Fall, weil damit bei der angreifenden Partei erhebliche Ressourcen eingespart werden und der eigene Wohlstand bzw. der globale Einfluss stark durch den Wirtschaftsaufschwung wachsen kann[31]. Damit schließt sich diese kritische Auseinandersetzung an die Analyse aus dem vorherigen Abschnitt an. Die Analyse hat gezeigt, dass das heutige Geschäftsmodell vom *Verkauf fossiler Energien* unter dem strategischen Thema *Klimawandel* zusätzliche Verluste an Wohlstand in den betroffenen Staaten durch bisher wenig beachtete Entwicklungen hervorbringen wird und langfristig zu einer Destabilisierung dieser Staates führen könnte.

4.4 Weitere sicherheitsrelevante Elemente

Heute stellt die territoriale Integrität einen wesentlichen Stabilitätsfaktor in einer eng verwobenen Welt dar. Wie in dem vorherigen Kapitel analysiert, wird damit zugleich deutlich, dass durch den Klimawandel ein wichtiges Element staatlicher Sicherheitsinteressen (Wanderungs-

---

[30] Siehe auch: https://die-deutsche-wirtschaft.de/deutsche-unternehmen-in-chinesischem-besitz/, 06.12.2022.

[31] Siehe auch: http://library.fes.de/gmh/main/pdf-files/gmh/1969/1969-12-a-747.pdf, und „Industrie und Empire: britische Wirtschaftsgeschichte seit 1750", Eric J. Hobsbawm. Aus dem Englischen übersetzt von Ursula Margetts. Edition Suhrkamp.

bewegungen von ganzen Völkern, Flüchtlingsbewegungen aus von Klimakriegen ausgelösten Konflikten, Wanderungsbewegungen durch Wohlstandsgefälle und andere Faktoren, …) höchst gefährdet ist. Das Gleiche gilt für weitere oben genannte, fundamentale Elemente eines Staates. Verfügt z. B. ein Staat wie China, USA oder Russland über eine große Anzahl von eigenen Rohstofflagern oder verfügen diese Staaten über eine große territoriale Fläche zum Anbau von Nahrung, zur Um- oder Neuansiedlung von eigenen Bewohnern wegen klimatischer Änderungen, haben diese Staaten gegenüber anderen Staaten zukünftig im Rahmen eines Klimawandels erhebliche Vorteile. Mit diesen Vorteilen wurden und werden Abhängigkeiten geschaffen. Würde in diesem Kontext z. B. in der EU, beispielhaft in Deutschland, die Witterungslage sich in den nächsten 30 Jahren so ändern, dass nur noch 1/3 bis 1/4 der bisherigen Niederschläge (Stichjahr 2020) vorhanden wären, würden sich die Landwirtschaft, die Landschaft und das Leben der Menschen dramatisch ändern. Viele Menschen würden aller Voraussicht nach dann in andere EU-Länder ausweichen, was erhebliche Konsequenzen für den Staat und seine Wirtschaft hätte, jedoch auch Auswirkungen auf die anderen Länder im EU-Staatenverbund mit sich bringen würde (siehe auch innerafrikanische Migrationsbewegungen aus ähnlichen Gründen, wie Dürren, Wassermangel, Bodenerosionen).

Nicht direkt von anderen Staaten angreifbare Elemente im Rahmen von Klimaänderungen sind die Infrastruktur innerhalb eines Landes, mit Ausnahme von exterritorialen Installationen (siehe Pipeline Nordstream), und bisher das Wohnen. Heute wird jedoch das staatliche Sicherheitselement Wohnen durch die Öffnung als internationale Handelsware zur gesellschaftlichen Disposition gestellt und schafft damit im Rahmen eines Klimawandels einen neuen erheblichen innerstaatlichen

Unsicherheitsfaktor, der bisher noch nicht in seiner besonderen Bedeutung erkannt wird. Wie bereits weiter oben beschrieben, werden zusätzlich zu den unter verstärkten klimatischen Änderungen in der EU wandernden Menschen die wohlhabenden Bürger aus den durch den Verkauf fossiler Energien reich gewordenen Nationen in klimatisch bewohnbaren Staaten Immobilien kaufen und die einheimische Bevölkerung mit ihrem Kapital verdrängen (Modell der Gentrifizierung). Die Migration aus diesen Staaten der Erde kann bereits heute in Anfängen beobachtet werden, wobei kühlere europäische Staaten bei diesen Personen offenbar besonders beliebt sind. Damit ist Wohnen ein Sicherheitselement im Rahmen des Klimawandels in einem Staat, das heute indirekt angreifbar ist.

Das Element *Energie* ist über die noch heute gängige Abhängigkeit durch fossile Energieimporte direkt beeinflussbar. Würde ein Staat eine vollständige Autonomie durch regenerative Energie erzielen können, wäre die Umstellung seiner Armee auf diese nationale, autarke Energiequelle zwingend notwendig, da sonst in der eigenen Landesverteidigung kein strategischer Vorteil vorhanden wäre. Im Krisenfall würde sich die energetische Autonomie im zivilen Bereich durch starke Abhängigkeiten von fossilen Energieimporten umkehren. Das gilt nicht für Länder mit großen eigenen fossilen Energielagern. Sie werden auch in Zukunft ihre Armeen im Friedens- und Kriegsfall mit eigenen fossilen Energien versorgen können, zugleich auch eine energetische Unabhängigkeit und Dekarbonisierung im zivilen Bereich erreichen können. Wie im vorherigen Abschnitt analysiert, sind die meisten Staaten der EU von fossilen Energieimporten fundamental abhängig. Die EU hat eine Transformation ihrer auf fossilen Energien basierenden Industrieproduktion beschlossen. Eine Transformation ihrer gesamten Streitkräfte auf nichtfossile Energieträger ist bisher nicht bekannt. Dekliniert man dieses sehr zentrale Sicherheitsfeld weiter durch und betrachtet dieses große strategische Versäumnis der letzten 30 Jahre, kann man nur mit einem gewissen Sarkasmus darauf hinweisen, dass es zukünftig vermutlich (hoffentlich) keine „Batteriepanzer" und die dann dafür notwendigen Ladesäulen im Schlachtfeld geben wird.

Die postulierte Zeitenwende ist mit dem Einmarsch der russischen Armee am 24. Februar 2022 in die Ukraine eingeläutet worden. Sie überdeckte ab Anfang März 2022 vorhersagbar die öffentlichen Diskussionen vor allem in Deutschland um den Klimawandel. Diese Zeitenwende hat starke Auswirkungen auf die Energieimporte der EU und die angestrebte globale CO_2-Reduktion. Als Reaktion auf den Einmarsch wurde die Russische Föderation mit sehr starken wirtschaftlichen, finanziellen, organisatorischen und imagetragenden (Ausschluss aus zahlreichen Vereinigungen, Organisationen, Arbeitskreisen, Gremien etc.) Sanktionen durch eine Allianz von Staaten[32] belegt. Dazu ist anzumerken, dass über die letzten 30 Jahre zahlreiche andere Staaten mit ebenfalls starken Sanktionen belegt wurden und keine dieser Maßnahmen zu einem Sturz der jeweiligen Regierungen geführt haben. Die Maßnahmen wurden öffentlich immer als eine wichtige Bestrafung der Regime publiziert und damit moralisch legitimiert[33]. In diesem

---

[32] Siehe auch: https://www.wiwo.de/politik/ausland/ukraine-krieg-infografik-welche-laender-russland-sanktionieren-und-wer-sich-enthaelt/28312140.html, 06.12.2022.

[33] Siehe auch: Russland: https://www.solarify.eu/2022/03/26/342-prominenten-aufruf-zum-energie-embargo/, und https://www.sueddeutsche.de/politik/russland-embargo-prominente-deutschland-1.5544304, und https://www.bundesregierung.de/breg-de/themen/krieg-in-der-ukraine/eu-sanktionen-2007964, und Iran: https://www.bafa.de/DE/Aussenwirtschaft/Ausfuhrkontrolle/Embargos/Iran/iran_node.html, 05.12.2022.

4 Gesellschaftsphänomen Klimawandel und …

Kontext steht u. a. auch der Krieg gegen den Irak, Krieg gegen Afghanistan etc. In diesem Zusammenhang möchte ich auf das Kapitel 4, Abschnitt 4.2 (Globale Kommunikationsinfrastruktur und Daten) verweisen, in dem die Mechanismen der öffentliche Meinungsgestaltung analysiert werden.[34]

Analysiert man jedoch den Anfang 2022 ausgebrochenen Konflikt Russland-Ukraine unter der Perspektive der Konkurrenz der Nationen vor dem Hintergrund einer notwendigen globalen Zusammenarbeit zur Verhinderung einer Klimakrise ist auffällig, dass weder China noch die USA ein Interesse an einer engen Verbindung zwischen Russland und der EU entwickelt haben. In der hier vorgelegten Analyse kann in den folgenden Zeilen nur sehr oberflächlich auf diese Zusammenhänge verwiesen und der interessierte Leser zu eigenen Nachforschung zu diesem Themenkomplex ermuntert werden. Diese Länder (USA und China) haben vollkommen unterschiedliche Absichten und Motivationen, eine zu starke Bindung beider Teile des geografischen Europas (westlicher und östlicher Teil) aufkommen zu lassen. Der geografisch westliche Teil Europas verfügt über wenige Bodenschätze, ist ein relativ dicht besiedeltes Gebiet (EU-Raum) und ist einer der stärksten Wirtschaftsräume der Welt. Der geografisch östliche Teil Europas (vor allem Russland) verfügt über große Bodenschätze, große fossile Energievorkommen und eine große, unbesiedelte Landfläche u. a. zum Anbau von Lebensmitteln ebenso wie mögliche Flächen zur Energieerzeugung durch Wind und Sonne – zusammen besonders strategisch wichtige Elemente in der Konkurrenz von Nationen

---

[34] Siehe auch: Die Vierte Gewalt, Wie Mehrheitsmeinung gemacht wird, auch wenn sie keine ist. Precht & Welzer, S. Fischer, ISBN 978-3-10-397507-9.

und einer Wohlstandssicherung unter den kommenden klimatischen Änderungen. Eine Orientierung Russlands nach Westen würde die Unabhängigkeit der EU gegenüber den USA stärken, in dessen Folge die NATO strategisch vermutlich geschwächt würde. Langfristig könnte aus diesem Zusammenschluss (EU und Russland) eine von zahlreichen Ressourcen unabhängige neue Weltmacht in wirtschaftlicher und militärischer Hinsicht entstehen, die dann als neuer politischer Faktor auf der Welt in Konkurrenz zu den USA und China sich entwickeln würde. Eine Orientierung Russlands nach Osten würde China in seinem Expansionsstreben unterstützen (dazu im Jahr 2023 die Grundlagen geschaffen worden). Ein Zusammenschluss der EU mit Russland würde einen neuen globalen Machtfaktor in Konkurrenz zu den USA und zu China schaffen sowie eine hohe Versorgungssicherheit und Unabhängigkeit der wirtschaftlich starken EU-Länder auf zahlreichen Ebenen für die Zukunft begründen.

Diese mögliche neue Konkurrenz auf zahlreichen Ebenen (wirtschaftlich durch die EU, militärisch durch Russland, strategisch durch die große Landfläche und ihre großen Bodenschätze) wollen beide Großmächte, USA und China, nicht. Eine entscheidende Frage stellt sich jedoch aus der Sicht von Russland mit seiner heutigen Regierung: Welche Interessen verfolgt dieses Land für seine eigene Zukunft und in welcher Richtung tendieren diese Vorstellungen wirtschaftlich, gesellschaftlich, strategisch? Aus der heutigen Perspektive ist zu vermuten, dass sich die drei größten Länder auf dem eurasischen Gebiet wie Russland, Indien und China zu einer neuen interessenbasierten Staatengemeinschaft zusammenschließen werden und im Wandel des

Klimas aus diesem Zusammenschluss für sich die besten strategischen Voraussetzungen entwickeln könnten. Mit dem Angriffskrieg der russischen Regierung gegen die Ukraine wurde als Reaktion der EU mit umfassenden Sanktionen faktisch Russland als ein europäisches Land politisch und wirtschaftlich ausgeschlossen. Strategisch könnte sich infolge dieser Entwicklungen mit der territorialen Grenze Russlands eine politische eurasische Linie zu den europäischen Anrainerstaaten entwickeln.

Aus der analytischen Sicht liefert rational der Angriffskrieg Russlands auf sein Nachbarland eine für andere Staaten strategisch nutzbare Komponente, die nach innen und außen auf unterschiedlichen Feldern nutzen werden (siehe beispielhaft Indien[35]: „Indien kauft russisches Öl und verkauft es teuer nach Europa"[36]). Betrachten wir vor diesem Hintergrund die möglichen strategischen Optionen des transatlantischen Bündnisses etwas genauer. Diese Betrachtung der möglichen Optionen ist deshalb von großem Interesse, weil bei einer zukünftigen neuen Blockbildung, auf die später noch eingegangen wird, eine auf globaler Ebene notwendige Zusammenarbeit zur CO_2-Reduktion erheblich erschwert werden wird. Mit dem Fall des Eisernen Vorhangs Ende der 1990er Jahre (Ende des Warschauer Paktes) entfielen zudem wichtige strategische Aspekte der westlichen Militärdoktrinen, die in dem Satz zusammengefasst werden können: „Prinzipiell ist der NATO bei Auflösung des Warschauer Paktes 1991

---

[35] Siehe auch: https://finanzmarktwelt.de/indien-russland-oel-gas-profiteur-233834/, 04.12.2022.
[36] Quelle: https://www.berliner-zeitung.de/wirtschaft-verantwortung/mega-deals-indien-kauft-russisches-oel-und-verkauft-es-teuer-nach-europa-li.235748, 06.12.2022.

der Gegner und damit der ursprüngliche Daseinszweck abhandengekommen. Seitdem sucht die Allianz nach neuen Aufgaben."[37] Mit einem *Eisernen Vorhang 2.0* quer durch Europa wäre der Einfluss der USA auf die EU und das strategische Ziel eines neuen/alten Nukleargegners auf Augenhöhe, Russland, auf einem weit entfernten Schlachtfeld außerhalb der USA, dem westlichen Europa, ein Meilenstein im Ausbau ihrerglobalen Vorherrschaft mithilfe der von den USA dominierten/angeführten NATO. Aus Sicht der USA wäre dann eine weitestgehende Eigenständigkeit der EU oder sogar eine weitere eigenständige Konkurrenz auf den globalen Märkten obsolet und unter Kontrolle. Mit dem sich neu entwickelnden *Eisernen Vorhang 2.0* kann die EU unter die transatlantische Kontrolle gebracht werden. Die Energieabhängigkeiten von Russland kann nun gegen die neue/alte Energieabhängigkeiten durch die USA installiert wird, die bereits Ende des 19. Jahrhunderts so dominant war, dass große Bestrebungen Deutschlands vorgenommen wurden, dieser Abhängigkeit zu entfliehen (siehe Kapitel 5, Abschnitt 5.3 „Die Ablösung der Kohle als Hauptenergieträger und die Entwicklung der Erdöl- und Gasmärkte"). Mit diesem neuen Einfluss der USA auf die EU und der NATO würden auch neue Absatzmärkte für die US-amerikanische Wirtschaft langfristig erschlossen und von ihr dominiert werden sowie eine geeinte Allianz gegen China langfristig aufgestellt werden könnte.

---

[37] Quelle: https://www.abendblatt.de/politik/ausland/article106786306/Weltpolizei-oder-Wertegemeinschaft-was-wird-aus-der-Nato.html, 18.05.2022.

4.5 Wertebasierte Außenpolitik im Zeichen des Klimawandels

Mit Ernennung des 46. Präsidenten Joseph Robinette Biden am 20. Januar 2021 wurde eine relativ unbemerkte, aber zentrale Änderung in der amerikanischen Außenpolitik vorgenommen. Sie wurde von Joe Biden mit den Worten in seiner Rede vom 4. Februar 2021 beschrieben: „America is back" und wird wieder eine „moralische Führungskraft"[38] werden. Er versprach in Zukunft eine von moralischen Werten geleitete Außenpolitik zu verfolgen. Der deutsche Kanzler Helmut Schmidt sagte: „Das Entscheidende ist nicht das moralische Argument, sondern die moralische Grundlage der eigenen Politik." Ein weiterer diplomatischer Hinweis auf eine Abspaltung der EU von Russland mithilfe der NATO verbarg sich in einer Rede mit der Ankündigung von US-Präsident Biden: „Wir werden unsere Bündnisse wieder aufbauen."[39] Das „wir" bezog sich im Wesentlichen auf die in der NATO versammelten Staaten. Ende 2021 wurde die alte Regierung unter Angela Merkel in Deutschland abgewählt und eine neue Koalition verankerte im Koalitionsvertrag[40] eine „wertegeleitete" Außenpolitik[41]. Damit übernahm sie die Doktrin der amerikanischen

---

[38] Quelle: https://www.dw.com/de/joe-biden-america-is-back/a-56461915, 05.06.2022.

[39] Quelle: https://www.stern.de/politik/ausland/joe-biden---wir-werden-unsere-buendnisse-wieder-aufbauen----erste-aussenpolitische-rede-30364588.html, und https://www.welt.de/politik/ausland/article225748715/Joe-Bidens-Rede-im-Aussenministerium-Amerika-meldet-sich-zurueck.html, 05.06.2022.

[40] Siehe auch: https://www.bundesregierung.de/breg-de/service/gesetzesvorhaben/koalitionsvertrag-2021-1990800, 14.07.2022.

[41] Siehe auch: https://www.tagesspiegel.de/politik/wie-ist-das-nun-mit-baerbocks-wertegeleiteter-aussenpolitik-4295971.html, 05.12.2022.

Administration in einen deutschen Koalitionsvertrag, offenbar ohne Reflexion auf deren Auswirkungen. Mit der Unerfahrenheit und Unwissenheit der neu ernannten Minister der deutschen Regierung im Dezember des Jahres 2021 und einer Abspaltung Russlands von der EU unter einer „wertegeleiteten" Außenpolitik Deutschlands sowie einer „moralischen Führung" der USA wurden die Grundlagen für eine neue „Blockbildung" auf lange Zeit gelegt, die zu einer Dominanz der USA über alle NATO-Staaten und damit über die EU führt.

In der logischen Folge erhält die NATO als Verteidigungsbündnis ihr strategisches Feindbild zurück und damit vor allem durch ihre europäischen Staaten auch historisch begründete Existenzgrundlage. Die wesentliche Zukunftsfrage ist, ob sich in dieser neuen Konstellation das *Handlungsgebiet* der NATO im Sinne des sich gewandelten Sicherheitsbegriffs und der neuen Doktrin der Verteidigung von *Werten* auch außerhalb des Bündnisgebiets der EU-Staaten, für Asien in Verbindung mit Japan und Australien, in Afrika[42] (z. B. für „humanitäre" oder friedenserzwingende Einsätze in verschiedenen Ländern zur Verhinderung von Flüchtlingsströmen), den Nahen Osten (Irak, Iran, Syrien, …) oder Lateinamerika, unter Einsatz durch den Klimawandel hervorgerufenen „Krisensituationen" oder dadurch notwendige „friedenserzwingende" Maßnahmen ausweiten wird (Out-of-Area-Einsätze unter Leitung der NATO). Würde sich diese Entwicklung über die nächsten Jahrzehnte etablieren, könnte sich die NATO unter der Führung der USA zu einem weltweit operierenden Staatenverbund aufstellen, der sich u. a. auch gegen China positionieren könnte und

---

[42] Verweis: https://www.bmvg.de/de/themen/dossiers/engagement-in-afrika/herausforderungen/instabilitaet/neue-kriege, 12.12.2021.

im Interesse der USA die eigene Vormachtstellung unterstützen würde. Die Grundlagen dazu wurden bereits geschaffen, auf die weiter unten noch genauer eingegangen wird. Insofern entwickeln die strategische Partnerschaften von China und Russland, in der China als mächtigster Repräsentant des Comprehensive Economic Partnership[43] (RCEP, größte Freihandelszone, 15 Asien-Pazifik-Staaten, 1/3 der Weltbevölkerung, 30 % des globalen Bruttoinlandsprodukts) sowie der BRICS[44]-Staaten auftritt, eine neue globale Lage, die sich erst in den nächsten Jahrzehnten auswirkt und damit zeitlich parallel die durch die Klimaziele begründete wirtschaftliche und energetische Transformation der EU-Staaten begleiten wird.

Anfang der 1990er Jahre beschlossen die Mitgliedsstaaten der NATO mithilfe eines neuen strategischen Konzepts das Bündnis neu auszurichten. Zu diesem neuen Konzept gehörten vier zentrale[45] Elemente: 1) die Ausweitung und Erweiterung nach Mittel- und Osteuropa, 2) die „Europäisierung" der Allianz, 3) die Bereitschaft, als Mandatsnehmer der Vereinten Nationen bzw. der OSZE aufzutreten, und schließlich 4) die Bereitschaft, notfalls auch ohne UN-Mandat zu intervenieren.

Die Bereitschaft von NATO, Vereinten Nationen und der OSZE, Einheiten für sogenannte Peace-keeping-Maßnahmen[46] zur Verfügung zu stellen, stellt eine drastische Veränderung im Aufgabenfeld der NATO dar.

---

[43] Quelle: https://rcepsec.org/, 06.12.2022.

[44] Quelle: https://de.wikipedia.org/wiki/BRICS-Staaten, 06.12.2022.

[45] Verweis: https://www.uni-muenster.de/NiederlandeNet/nl-wissen/politik/aussenpolitik/nato.html, 12.12.2021.

[46] Siehe auch: https://www.nato.int/cps/en/natohq/topics_52060.htm#:~:text=%20Air%20policing%20missions%20are%20collective%20peacetime%20missions,NATO%20F-16s%20have%20intercepted%20Russian%20aircraft%20repeatedly%20, 06.12.2022.

1992 erklärte der NATO-Rat seine Bereitschaft, „Friedensoperationen" auch außerhalb des eigenen Bündnisgebiets zu unterstützen („Out-of-Area-Einsätze"). Ein unter dieser neuen Ausrichtung erfolgter Einsatz fand im Bosnienkrieg 1992 statt. Die bis dahin größte Militäraktion des Bündnisses fand Ende August 1995 statt, als Kampfflugzeuge in der Operation Deliberation Force serbische Stellungen in Bosnien-Herzegowina bombardierten. Im Dezember 1995 ermächtigte der UN-Sicherheitsrat die NATO, den Waffenstillstand in Bosnien notfalls mit militärischer Gewalt zu sichern. Im Jahr 1998 engagierte sich die NATO erstmals ohne Mandat der UN im Kosovokonflikt. Nach dem 11. September 2001 setzten die USA zum ersten Mal den Bündnisfall nach Artikel 5 des NATO-Vertrages in Kraft. Im „Kampf gegen den Terrorismus" konnten sich jedoch die NATO-Mitglieder nicht auf eine gemeinsame Linie einigen. Unter diesem Titel entschlossen sich die USA 2003, den Irak in Zusammenarbeit mit NATO-Staaten, jedoch offiziell ohne NATO Beteiligung anzugreifen. Deutschland und Frankreich beteiligten sich nicht an den Kampfhandlungen des von den USA geführten Angriffskriegs. Eine große Zahl von NATO-Staaten bildete, gemeinsam mit den USA, die sogenannte „Coalition of the Willing", die gemeinsam den Angriffskrieg im Oktober 2001 gegen Afghanistan begannen. In Afghanistan leitete die NATO die „International Security Assistance Force" (ISAF) sowie die Antiterrormission „Enduring Freedom". Unter Leitung der NATO oder den Vereinigten Staaten wird künftig eine schnelle NATO-Response-Force-Truppe in „Krisensituationen" an „friedenserzwingenden" Maßnahme (Peace Enforcement) eingesetzt werden[47] können.

---

[47] Verweis: https://www.uni-muenster.de/NiederlandeNet/nl-wissen/politik/aussenpolitik/nato.html, 12.12.2021.

Die öffentlich im Wesentlichen moralisch begründete Abkehr der EU von Russland in der Energieversorgung ersetzt bestehende Abhängigkeiten durch neue. Die strategischen Abhängigkeiten in der Verteidigungsfähigkeit der EU sind damit erheblich gestiegen und entwickeln die EU weg von einer politisch unabhängigen Entscheidungsfähigkeit. Prinzipiell ist eine wertegeleitete Außenpolitik, und für einen Staatenverbund nach innen gerichtete wertegeleitete Politik, eine höchst gefährliche Doktrin, da (konkurrierende) Werte auch von anderen Staaten als *unverhandelbar* angesehen werden können. Wenn sich diese Werte wie z. B. von Demokratien und Autokratien nicht vereinbaren lassen, bleib nur noch Krieg als Konfliktlösung, weil ein diplomatischer Ausweg versperrt ist. Beispiel: Vor dem Hintergrund der analytischen Konsequenz aus dem vorherigen Absatz könnte zukünftig – ab 2050 globale Klimaneutralität aller Staaten – wegen der Verletzung einer *moralischen Wertenorm*, z.B. dem Verstoß gegen das Pariser Klimaabkommen oder die in einem seiner Folgeabkommen vereinbarte „Klimaneutralität", die Einhaltung dieses „moralischen" Wertes westlich geprägter Staaten mit „friedenssichernden Maßnahmen" gegen erdöl- oder erdgasfördernde Länder (passive CO_2-Emittenten) durchgesetzt werden.

Werte können als individuelle, mit einer zeitlichen Verfallszeit versehene Standpunkte einer Regierung oder Administration angesehen werden. Sie können sich auch von Regierung zu Regierung oder in Demokratien von Legislaturperiode zu Legislaturperiode ändern oder in ihren Auslegungen variieren, was aus Sicht von anderen Staaten eine verlässliche Außenpolitik erschwert oder verunmöglicht. Interessen von Staaten können als universelle politische Werkzeuge angesehen werden und öffnen damit auch für schwierige diplomatische Fälle einen Ausweg, ohne in kriegerische Handlungen verfallen zu müssen.

Grundlage der deutschen Regierungsbildung, die sich am 8. Dezember 2021 neu bildete (Ampel-Koalition), war die im Koalitionsvertrag der Ampelparteien (SPD, Die Grünen, FDP) verankerte „wertebasierte" Politik. Mit diesem neuen Konzept der Innen- und Außenpolitik – auch wenn es moralisch erstrebenswert erscheint – hat sich Deutschland über die nächsten Jahre in eine diplomatische Sackgasse manövriert, was sich langfristig auf klimapolitische Ziele auf internationaler Ebene wie auch auf internationale Beziehungen mit anderen Staaten negativ auswirken kann. Wie in den vorherigen Absätzen beschrieben, ist das wertebasierte politische Grundkonzept in eine militärische Stärke der NATO Allianz mit weitreichenden, global ausgerichteten Handlungsoptionen eingebettet. Mit der energetischen Abhängigkeit von fossilen Energieträgern im Verbund der NATO bzw. EU, unter der in der Energieversorgung zukünftigen Vorherrschaft durch die USA, ist die EU im Militärischen strategisch – unabhängig von ihren Militärausgaben – sehr verletzlich und eigenständig kaum selbst handlungsfähig. Ein energetischer Ersatz fossiler Energien durch Windparks und Sonnenkollektoren im Rahmen einer Energiewende ist keine realistische Zukunftsperspektive für die Energieversorgung einer Landesverteidigung im Krisenfall.

Der wesentliche Unterschied zwischen einer wertebasierten Politik und einer interessenbasierten Politik besteht also vor allem in den Prinzipien der *Universalität* der Interessen und der *Individualität* von Werten. Ein weiterer Nachteil einer wertebasierten Diplomatie als *Werkzeug* in der globalen Reduktion fossiler Energien in den nächsten 25 Jahren ist eine über lange Zeit konsistente Umsetzung der eigenen Werte. Kann diese Konsistenz über die Zeit nicht durchgehalten werden, verliert damit die Außenpolitik eines Staates erheblich an Glaubwürdigkeit. Zusätzlich entsteht bei der internationalen Durchsetzung der eigenen Wertvorstellung eines Staates oder Staatenverbundes gegenüber anderen Staaten implizit eine Missionierung anderer, was als „koloniales Gebaren" oder „unangemessenes" Verhalten von den anderen Staaten interpretiert werden könnte (siehe auch: Kritik zum Besuch US-Außenminister Blinken[48]). In Bezug auf den Klimawandel mit seinen weitreichenden, globalen Folgen ist analytisch das in dem neuen Prinzip der wertebasierten Außenpolitik ein latentes Problem, was einer globalen Zusammenarbeit der Staaten zur Überwindung fossiler Energienutzung entgegenstehen könnte.

Beispiel: Die EU (ab 2017) und das deutsche Parlament thematisierten seit Jahren die Pipeline Nord Stream 2[49] als ein Instrument für mögliche Einflussnahmen gegen das Exportland[50] Russland, was in den ersten Jahren gegen die Interessen von Deutschland stand (Vereinbarung von Deutschland und Russland zum Bau einer Erdgaspipeline zwischen beiden Ländern, die Planung der Pipeline begann 2011, die Realisierung wurde 2015 begonnen). Die USA brachten im Jahr 2017 ein Gesetz gegen das Pipelineprojekt mit dem Namen CAATSA (Countering America's Adversaries Through Sanctions Act[51]), was mit „Amerikas-Gegner-durch-Sanktionen-bekämpfen-Gesetz"

---

[48] Siehe auch: http://german.china.org.cn/txt/2021-07/08/content_77614267.htm, 09.12.2022.

[49] Siehe auch: https://en.wikipedia.org/wiki/Nord_Stream_2, 10.12.2022.

[50] Siehe auch: Tagesschau 2021: https://www.tagesschau.de/wirtschaft/weltwirtschaft/nord-stream-2-eu-gipfel-101.html, oder FAZ 2020 https://www.faz.net/aktuell/wirtschaft/klima-nachhaltigkeit/fast-alle-eu-staaten-kritisieren-amerika-fuer-nord-stream-2-drohung-16905326.html, und HBS 2018, https://www.boell.de/de/2018/06/11/acht-gruene-gruende-fuer-den-verzicht-auf-nord-stream-ii, 09.12.2022.

[51] Quelle: https://www.congress.gov/bill/115th-congress/house-bill/3364/text, 20.12.2022.

übersetzt werden könnte. Im Dezember 2019 folgte im US-Senat ein gegen das Pipelineprojekt gerichtetes zweites Gesetzt mit dem Namen PEESA (Protecting Europe's Energy Security Act[52]), was mit „Gesetz-zum-Schutz-der-europäischen-Energieversorgungssicherheit" übersetzt werden kann. Interessant an diesem Vorgang ist, dass hier ein Staat, in dem Fall die USA, über eine unabhängige andere Staatengruppe (EU) Gesetze zur Einflussnahme, unwidersprochen von der EU als betroffener, beschließt. Dazu wurde im öffentlichen Raum im Wesentlichen die Argumentation der Energieabhängigkeit von Deutschland und der EU thematisiert. Diese Abhängigkeit hätte auch von beiden Seiten der Nord-Stream-Pipeline gesehen werden können, weil in diesem Fall die Abhängigkeiten Deutschlands und der EU auf der Energieimportseite lagen und bei den Staatseinnahmen auf der Exportseite, also bei Russland.

Der Grund für das Projekt war ein von Deutschland und Russland interessengeleitetes Vorgehen, unter dem damaligen Bundeskanzler Gerhard Schröder (SPD) in einer Regierungskoalition mit Bündnis 90/ Die Grünen, von Oktober 1998 bis November 2005 (Kabinett Schröder I[53] und II[54]). Dieses interessengeleitete Vorgehen der damaligen Koalition war zugleich eine Annäherung von Deutschland und der EU an Russland sowie umgekehrt[55] (Rede 2001 im Bundes-

---

[52] Quelle: https://www.congress.gov/bill/116th-congress/senate-bill/1441, 10.12.2022.

[53] Siehe auch: https://de.wikipedia.org/wiki/Kabinett_Schr%C3%B6der_I, 10.12.2022.

[54] Siehe auch: https://de.wikipedia.org/wiki/Kabinett_Schr%C3%B6der_II, 10.12.2022.

[55] Siehe auch: https://www.bundestag.de/parlament/geschichte/gastredner/putin/putin_wort-244966, 09.12.2022.

tag vom Präsidenten der Russischen Föderation, Putin). Die nationalen Interessen Deutschlands wurden von der Nachfolgeregierung unter Angela Merkel am Dezember 2005 offiziell übernommen und bis zur Abwahl Ende 2021 fortgeführt. Mit der darauffolgenden Regierung, der „Ampel" (SPD, Die Grünen und FDP), änderte sich das „diplomatische Konzept" Deutschlands grundsätzlich. An diesem Beispiel kann der Wandel von der interessenbasierten Diplomatie hin zu einer wertebasierten Diplomatie nachvollzogen werden, in dem die „Werte" als politisches Instrument von Staaten bereits eingesetzt wurden und werden. An dieser Stelle kann keine weitergehende Analyse zu dem Projekt Nord Stream 2 mit seinen umfassenden geopolitischen Zusammenhängen vorgenommen werden. Jedoch muss angemerkt werden, dass ein erheblicher Einflussfaktor auf die Entwicklungen zu diesem Projekt mit Beginn des Kriegs Russlands gegen die Ukraine aufgetreten ist. Hier kann lediglich der Mechanismus im Wandel der diplomatischen Strategie an einem Beispiel dargestellt werden, wobei heute die mittel- und langfristigen realen Auswirkungen dieses Strategiewandels im Verbund von Deutschland, den europäischen Staaten und den USA nicht absehbar sind und damit ein neuer Unsicherheits- und Risikofaktor in der internationalen Energiepolitik eingeführt wurde.

Der Präzedenzfall ist mit der Realisierung des *Energieimports als Sanktionsinstrument* gegen ein Energieexportland nun eingetreten, sodass zukünftig auch andere Staaten, die sich nicht den Werten der EU[56] unterordnen, energiewirtschaftlich sanktioniert werden könnten. Da es weitere Exportländer fossiler Energien an die europäischen

---

[56] Siehe auch: https://european-union.europa.eu/principles-countries-history/principles-and-values/aims-and-values_de, 09.12.2022.

Staaten gibt, die nicht die Werte der EU teilen, sind diese Länder in Zukunft einem höheren Sanktionsrisiko ausgesetzt. Mit diesem Präzedenzfall in der politischen Instrumentalisierung der Struktur von fossilen Energieströmen auf beiden Seiten der Kontrahenten wandelt sich das abstrakte Risiko der Energieabhängigkeit, auf der Seite der Förderung und seinem Verkauf, sowie auf der Seite des Imports und dem Konsum, in ein reales Szenario mit neuen zukünftigen Dimensionen.

Die Kehrseite dieser neue Außenpolitik ist, dass zukünftig auch Lieferstaaten fossiler Energien bzw. andere Staaten dieses neue Werteparadigma für sich entdecken und stark abhängige Energieimportstaaten wie die EU damit beeinflussen. Aus dieser prinzipiellen beidseitigen Gültigkeit und Anwendbarkeit einer politischen Doktrin für alle weltweiten, politischen Akteure kann in kurzer Zeit eine unüberwindbare Positionierung verschiedener Kontrahenten entstehen. In dieser Situation wäre ein diplomatischer Ausweg über Verhandlungen blockiert, weil *Grundwerte* eines Staates oder Staatenverbundes nicht verhandelbar sein können. Dieses neue Paradigma der *wertebasierten Politik* nach innen und nach außen schafft neue internationale Realitäten im Energiebereich, die andere Staaten analysieren, verstehen und für sich nutzen werden. Welche Folgen diese neuen politischen Realitäten für die globalen CO_2-Reduktionsziele haben werden, ist nicht abschätzbar. Es entfällt zukünftig ein diplomatisches Ausbalancieren von Interessen zwischen Staaten, ersetzt durch eine den Werten der EU bzw. den „westlichen" Staaten entsprechende Verhaltensweise (als wertebasierte Staatengemeinschaft), sofern nicht andere Staaten (z. B. China, Katar, Saudi-Arabien, Brasilien, Indien, Algerien etc.) ihre Werte als ihre eigenen außenpolitischen Leitlinien entdecken bzw. einsetzen.

In Bezug auf die EU und ihre heutige sehr große Abhängigkeit von Energieimporten sowie anderen Rohstoffimporten wäre eine mögliche Konsequenz der neuen wertebasierten politischen Doktrin, eine kurzfristige (ca. zehn Jahre) vollständige Energieunabhängigkeit von Energieimporten zu erlangen. Um einer zukünftigen Kontraposition an „Werten" von energieexportierenden Staaten nicht schutzlos ausgeliefert zu sein, hätte dieses Ziel zwangsläufig Vorrang vor CO_2-Reduktionszielen. Diese Kausalität der neuen politischen Doktrin und ihrer Folgen in der Energieversorgung der EU hin zu einer Energieautarkie sowie einer globalen Zusammenarbeit der Staaten für eine globale Reduktion fossiler Energienutzung ist bisher nicht öffentlich formuliert oder diskutiert worden.

4.6 Energetische Abhängigkeiten

Auf der anderen Seite erscheint im energetischen Sektor eine langfristige Zusammenarbeit zwischen Russland, dem größten Flächenland der Erde und einem großen Exporteur fossiler Energie (passiver CO_2-Emittent), sowie Europa in mehreren Dimensionen dringend wünschenswert, um eine auf längere Sicht globale Zielerreichung in der CO_2-Reduktion zu erreichen und einen stabilen Kontinent über die nächsten Jahrzehnte bzw. für Generationen vor dem Hintergrund eines globalen Klimawandels zu gewährleisten. Zwischen Russland und der EU existieren heute zahlreiche Pipelines, über die die EU und Deutschland (Nord Stream 1 und 2 [nicht genehmigt], NEL [BBL], Jamal, Jagal, Opal, Soyuz und Transgas, TAG, Bruderschaft, Turkstream, Blue Stream) mit Gas versorgt werden könnte. Es hat sich jedoch gezeigt, dass die Nutzung von Pipelines immer zu Abhängigkeiten auf beiden Seiten der Röhren führt und deshalb in einen Kontext gestellt wird. Entfällt dieser Kontext durch neue politische Entwicklungen, die in der Regel sich über Jahrzehnte abzeichnen, kann jede Pipeline zu unerwünschten Effekten auf beiden Seiten der Röhre führen. Deshalb ist eine Pipeline als solche nicht das Thema einer Auseinandersetzung, sondern ihr Kontext, in den eine Pipeline gestellt wird (als wirtschaftliches Instrument oder/und als politisches Instrument).

Diese Instrumentalisierung von Energieströmen als politische Waffe zur Durchsetzung eigener „Werte" oder zur „Bestrafung" anderer Staaten, unabhängig, ob sie per Pipeline oder per Schiff organisiert sind, ist das eigentliche Thema. Insofern ist die EU, wie weiter oben beschrieben, insgesamt im Energiebereich erheblich von anderen Staaten abhängig und damit auch beeinflussbar, unabhängig davon, ob sich der Lieferstaat in einem aktuellen Zeitraum als akzeptabler Partner aufstellt oder sich als ein „befreundeter" Staat anbietet. Durch die weitergehende Instrumentalisierung der Energieströme im Rahmen der neuen wertebasierten Doktrin verschiedener Staaten wird ein Paradigmenwechsel in der Handelsware Energie und ihrer Anbieter eingeleitet, deren Auswirkung langfristig vor allem für energieimportierende Länder nicht eingeschätzt werden kann, mit Sicherheit aber neue Risiken für die Importländer schafft. In dieser Konsequenz könnte zukünftig ein neues Verhandlungsinstrument zur globalen CO_2-Reduktion in Form einer „Wasserstoffdiplomatie" eingeführt werden. Sie sollte von Werten unabhängig und interessengetrieben sein sowie im Kern eine hohe Verlässlichkeit ausweisen. Folgen andere Staaten den neuen wertebasierten Doktrin der EU, wird eine wertebasierte Energiepolitik auf globaler politischer Ebene uns eher in kriegerische Auseinandersetzungen führen, als in eine CO_2-freie Zukunft.

Technologisch hätten Deutschland und die EU mit der Pipeline Nord Stream 2 eine weltweit einmalige kontinentale Infrastrukturbasis geschaffen und die Möglichkeit einer global beispiellosen vorbildlichen Klimaschutzzielsetzung, sowie der Entwicklung einer Wasserstoffwirtschaft zugunsten einer globalen CO_2-Reduktion in relativ kurzer Zeit realisieren können. Mit dieser Infrastruktur wäre eine grüne Energieversorgung (Energieimport) nach Europa und Deutschland in ausreichender Menge für die Zukunft gesichert gewesen. Für das Exportland des grünen Wasserstoffs wäre erstmalig ein internationales Beispiel geschaffen worden, wie sich ein fossile Energien exportierendes Land in seinem Geschäftsmodell langfristig durch eine kontinentale Energiepartnerschaft zur Entwicklung einer Wasserstoffwirtschaft gewandelt hätte. Für das Klima wäre dieses pragmatische, an Klimazielen und damit an globalen Interessen orientierte Vorgehen ein Vorteil gewesen. Das weiter oben beschriebene Beispiel zeigt jedoch eindrücklich, dass im globalen Konkurrenzkampf der Nationen die Reduktion der globalen CO_2-Konzentration in der Atmosphäre heute anderen Interessen untergeordnet ist.

Insofern ist die Energieabhängigkeit eines Landes oder Staatenverbundes nur ein Element von einer Reihe weiterer externer Einflussfaktoren. Eine Unabhängigkeit eines Staates von Energieimporten zu fordern oder voranzutreiben ist deshalb zwar medienwirksam, vor allem in Krisenzeiten, löst aber das Problem von externen Abhängigkeiten in einer global arbeitsteiligen Welt nicht.

4.7 Quersubvention der NATO durch fossile Energien konsumierende Staaten

Die energetische Abhängigkeit von fossilen Energieträgern hat jedoch noch eine weitere, viel interessantere Dimension. In der folgenden Analyse wird der Fall untersucht, in dem fossile Energien fördernde Länder (Energieexportländer, kurz Exportländer/Exportland genannt) ihre Produkte den fossile Energien importierenden Ländern (Energieimportländer, kurz Importländer/Importland genannt) über die Börsen, den globalen Handelsplätze verkaufen. Der Fall, in dem ein Exportland sich selbst mit fossilen Energieträgern versorgt, wird hier nicht betrachtet, wäre jedoch eine genauere Analyse wert. Die Förderung der fossilen Energieträger, und hier vor allem das Erdöl, wird mithilfe von Infrastruktur (Extraktion/ Förderung > Lagerung > Transport > Raffinerie) aus den prähistorischen Lagerstätten geholt und verkauft. Sie endet in der Regel bei den Raffinerien, die aus dem Erdöl zahlreiche Mineralölprodukte herstellen. Ab diesem Verteilpunkt werden zwei große Verbrauchsbereiche versorgt: der zivile und der militärische Konsumbereich. Beide Konsumbereiche/Nutzungsbereiche verbrauchen unterschiedliche *Mengen* dieser Mineralölprodukte zu unterschiedlichen *Zeiten* und *Konsumphasen*. Im zivilen Bereich werden weltweit großen Mengen an fossilen Mineralölprodukten zu Friedenszeiten verbraucht/verbrannt. Im militärischen Bereich werden in der gleichen Zeit relativ geringe Mengen der Mineralölprodukte verbraucht. Das Verbrauchsverhältnis kehrt sich in Kriegszeiten um. In dieser Zeit konsumiert der zivile Bereich erheblich weniger Mineralölprodukte als der militärische Bereich. Bei einem normalen wirtschaftlichen Verhältnis von Importländern und Exportländern wird der Verkauf der Mineralölprodukte u. a. zur *Finanzierung der Infrastruktur* zur Förderung der Mineralölprodukte genutzt. In Friedenszeiten übernimmt die wesentliche Finanzierung dieser Infrastruktur der zivile Bereich durch seinen Verbrauch. In Kriegszeiten erfolgt die Finanzierung dieser Infrastruktur mit dem Einkauf der Mineralölprodukte durch den importierenden, kriegführenden Staat und andere keinen Krieg führende Importstaaten, an die geliefert wird. Steigen für den kriegsführenden Staat die Importpreise zum Einkauf der fossilen Energien erheblich, kann es zu einer Zahlungsunfähigkeit des Importlandes kommen. Mit einer Zahlungsunfähigkeit oder einem Abschneiden im Zugang des fossilen Energiestroms wäre eine Kriegsteilnahme des kriegsführenden Importlandes beendet, weil die Versorgung der Streitkräfte mit Treibstoffen nicht mehr möglich wäre (Teilthema im Zweiten Weltkrieg in der Versorgung der deutschen Truppen: Mineralölsicherungsplan[57]). Der sich in einer kriegerischen Auseinandersetzung befindliche Importstaat hat andererseits die Option, den Exportstaat zu annektieren, um die Öl- bzw. Energieversorgung seiner Armeen zu sichern (z. B. USA, NATO), was in der Regel eine weitere kriegerische Auseinandersetzung mit sich bringen würde (Problem der Prioritätensetzung und Abwägung von Zielerreichungen im Krisenfall).

Da heute die internationalen Börsen einen wesentlichen Einfluss auf die Preisgestaltung der fossilen Energieträger haben, wäre eine genauere Analyse für ein Importland über die Preisabhängigkeit ihrer zu

---

[57] Siehe auch: https://de.wikipedia.org/wiki/Mineral%C3%B6lsicherungsplan, und https://www.spiegel.de/geschichte/zweiter-weltkrieg-lebenssaft-der-wehrmacht-a-946446.html, 10.12.2022.

importierenden Mineralölprodukte in Kriegszeiten essenziell (additive Betrachtung der Versorgung mit fossiler Energie im Krisenfall außerhalb von vertraglichen Sonderbedingungen mit anderen Staaten). Diese Preisabhängigkeit von Dritten (Börsen, Tradern, …?) könnte in einem Krisenfall eine kriegsentscheidende Dimension im Zuge der Energietransformation Deutschlands und anderer EU-Staaten entwickeln. Damit ist nicht nur der Zugriff auf die Mineralölquellen (physische Abhängigkeit), sondern auch die Preisgestaltung ein Analyseobjekt für einen Kriegsfall eines Importlandes. Im Fall der EU bzw. der NATO-EU-Mitgliedsstaaten wäre eine genauere Analyse über die Importabhängigkeiten von fossilen Energieträgern insofern wichtig, da sie über die tatsächliche Einsatzfähigkeit einer Streitkraft eines Landes bzw. eines Staatenverbundes über einen noch zu definierenden Versorgungszeitraum Aufschluss geben könnte (verfügbarer Bezugszeitraum = Versorgungszeitraum = Einsatzzeitraum). Sie könnte auch zu dem Ergebnis führen, dass trotz einer erheblichen Ausstattung an Kriegsgerät eines Landes keine längere Einsatzfähigkeit der Armee besteht, weil die langfristige Versorgung mit fossiler Energie für das Kriegsgerät im Krisenfall durch die zivilen Transformationsanstrengungen unsicher geworden sind. Bei einem längeren Konfliktfall wäre eine ständige Versorgung des Importlandes durch die Exportländer mit fossilen Energien notwendig, die dann durch eine Kriegswirtschaft oder eine Verschuldung bezahlt werden müssten. Wie dieser Fall sich stabil über Jahre aufrechterhalten ließe, wäre eine andere analytisch zu klärende Frage. Bei einem größeren Konflikt ist die Abhängigkeit der in die Schlacht ziehenden Streitkräfte von den Importleistungen, den Importpreisen und ggf. Störmanövern (vulnerable Logistik, politische Einflussnahmen etc.) auf beiden Ebenen ein Kriterium der fossilen Energieabhängig-

4 Gesellschaftsphänomen Klimawandel und ...

keiten. Ich möchte mit diesem Hinweis verdeutlichen, dass eine rein physische Abhängigkeit der Importländer von fossilen Energieträgern im Zivilbereich nicht isoliert vom militärischen Bereich betrachtet werden darf. Die Abhängigkeiten von fossilen Energieträgern eines Staates sind multidimensional und verschieben sich je nach Konsumzeit (Friedenszeit und Krisenzeit).

Aus diesem Hinweis ergeben sich jedoch für eine gesellschaftliche Energietransformation, wie sie in Deutschland vorangetrieben wird, besondere und sehr weitreichende Konsequenzen. Die Zielsetzung von Deutschland ist im Wesentlichen, die CO_2-Reduktion der gesamten Gesellschaft zum Klimaschutz. Diese gesellschaftspolitische Zielsetzung ist ebenfalls auf alle anderen Länder anwendbar, die in einer ähnlichen Versorgungsabhängigkeit von fossilen Energien wie Deutschland sind, was für viele EU-Staaten zutrifft. Deutschland verfolgt das Ziel, bis 2030, 2038 bzw. 2045 seine Energie im zivilen Bereich vollständig aus Wind und Sonne zu beziehen (nationale Energiewende). Die geplante Transformation der Energieproduktion sieht zurzeit keine Transformation des militärischen Bereichs vor bzw. ist sie öffentlich nicht bekannt.

Im Friedensfall, Übungsfall und Krisenfall würde die Versorgung des Militärs über importierte fossile Energien erfolgen. Die benötigten Mengen wären zu den jeweiligen Ereignissen unterschiedlich. Da sich Deutschland im Verbund der NATO befindet, ist heute ein rein deutscher Konfliktfall fast ausgeschlossen. Deshalb hat die folgende Analyse real eine wesentliche größere Dimension, als an dem folgenden Einzelbeispiel Deutschland gezeigt wird. Mit dem Beispiel können jedoch die Mechanik, die Abläufe und Abhängigkeiten aufgezeigt werden. Im Friedensfall wären die Verbrauchsmengen an fossilen Energien beim Militär gering. Das Gleiche gilt auch für den Übungsfall, auch im NATO-Verbund. Der deutsche Steuerzahler würde die Finanzierung der fossilen Energien für das nationale Militär aufbringen und damit einen Teil der Infrastruktur zur Produktion fossiler Energien in den Exportländern finanzieren. Bei einer Umsetzung der Zielvorgaben der EU ist bis 2050 eine Vollversorgung mit „Non-fossil Fuels" aller EU-Staaten vollbracht. Bei diesem Szenario wird davon ausgegangen, dass das Militär der EU bzw. der NATO nicht auf erneuerbare Energien transformiert wurde, sondern auch über das Jahr 2050 eine Versorgung der Streitkräfte mit fossilen Energien erfolgen wird, so wie es heute der Standard ist. Eine zum zivilen Bereich parallele energetische Transformation der NATO-Streitkräfte ist vermutlich zeitlich und finanziell undurchführbar.

In dem hier skizzierten Szenario stellt sich jedoch die Frage, ob zukünftig genügend *fossile Energien exportierende Staaten* noch am Weltmarkt für langfristige kriegerische Auseinandersetzungen von *energetisch transformierten Importstaaten* zur Verfügung stehen werden und wer bei den Exportstaaten die *Infrastruktur zur Erdölproduktion*, die für eine Versorgung der Streitkräfte in den dann ehemaligen Importstaaten benötigt wird, finanziert. Werden energetisch transformierte EU-Staaten nach 2050 den Erdölexportstaaten einen Preis dafür zahlen, dass sie ohne Lieferung von fossilen Energieträgern ihre Infrastruktur für einen möglichen Krisenfall in den Importstaaten funktionssicher erhalten? Die im zivilen Bereich energetisch transformierten NATO-Staaten würden in Friedenszeiten von den Exportstaaten sehr wenig fossile Energien abnehmen, weil der zivile Bereich keine fossilen Energien mehr nachfragt und damit vermutlich eine Vorhaltung an Erdölförderungsinfrastruktur bei den Exportstaaten nicht rechtfertigen würde. Die erste Konsequenz ist, dass die heutigen erdölexportierenden Staaten auch in Zukunft ihr Geschäftsmodell zur Förderung fossiler Energien beibehalten müssten. Das würde jedoch der weltweiten Reduktion an CO_2-Emissionen widersprechen. Die zweite Konsequenz ist, dass die erdölexportierenden Länder genügend zahlende Kunden weltweit auch nach der energetischen Transformation der NATO-Staaten (EU-Staaten) haben müssten, damit ihre Produktionsinfrastruktur für fossile Energieträger weiter aufrechterhalten werden kann. Nur damit würden andere Länder außerhalb der EU bzw. der NATO, die fossile Energien verbrauchen und von den Exportländern abkaufen, die Infrastruktur der Ölförderung zur Versorgung der Militärs der NATO-Staaten mit fossilen Kraftstoffen indirekt finanzieren. Würden alle Staaten der Welt auf erneuerbare Energien umstellen (vollständige Dekarbonisierung, keine CO_2-Emissionen nach 2060), würden die Exportländer fossiler Energien ihre *Ölproduktionsinfrastruktur* abbauen müssen, weil keine ausreichende Finanzierung für deren Erhalt und Betrieb im Friedensfall vorhanden wäre, um für einen Krisenfall die Streitkräfte eines anderen Landes mit Treibstoff versorgen zu können. Es müssen somit immer genügend Staaten vorhanden sein, die fossile Energien von den Exportländern im Friedensfall zivil verbrauchen (konsumieren und global CO_2 emittieren), damit weiterhin für andere Staaten mit vollzogener nationaler Energiewende im Zivilsektor die Ölversorgungsinfrastruktur der Exportstaaten für die Versorgung des Militärsektors in den transformierten Importstaaten zur Verfügung stehen kann (siehe Abb. 4.1).

Die Folge aus dieser Entwicklung wäre jedoch, dass die zivile „Energiewende", wie heute sie global verfolgt wird, nur wenige Staaten tatsächlich durchführen dürften, damit bei diesen Staaten die Energieversorgung im militärischen Bereich auch in Zukunft gewährleistet ist (Quersubventionierung der Infrastruktur in den Exportstaaten

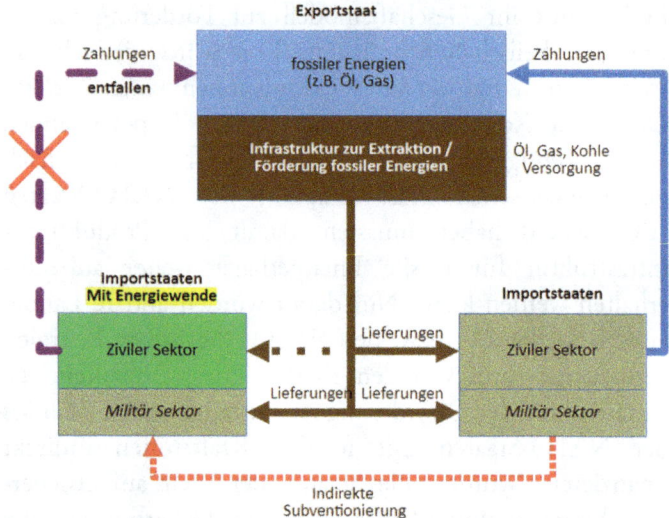

Abb. 4.1 Abhängigkeit der Energiewende von der militärischen Energietransformation, Quelle: Eigene Darstellung

durch energetisch nicht transformierte Staaten). Die dann von der Nutzung der Energiewende ausgeschlossenen Staaten müssten weiter fossile Energien konsumieren und damit indirekt die Aufrechterhaltung der Infrastruktur bei den fossile Energien exportierenden Staaten gewährleisten. Ebenfalls dürften sich die *Geschäftsmodelle* der Exportstaaten zum Verkauf fossiler Energien nicht ändern, was jedoch eine Grundforderung zur Einhaltung der globalen Klimaziele wäre und die Anstrengungen Deutschlands und anderer Staaten zur Umstellung/Dekarbonisierung ihrer Gesellschaft erst zum Erfolg führen würde. Im Ergebnis würden global keine signifikanten Mengen an fossilen Energieförderungen und ihr Konsum verhindert werden und damit auch keine CO_2-Emissionen, sodass die Energiewende eine für sehr wenige reiche

Staaten privilegierte nationale Entwicklung auf Kosten anderer Staaten ist, wie in unserem Beispiel Deutschland bzw. die EU-Staaten. Aus globaler Sicht ist für das *Naturphänomen Klimawandel* die heutige *Energiewende* keine sinnvolle Maßnahme der Energietransformation von fossilen Energieträgern hin zu Non-fossil Fuels (in der Atomenergie enthalten ist), sondern eine zukünftige Abgrenzungsstrategie mit zahlreichen Konsequenzen für wenige privilegierte Staaten, sowie hohen Risiken.

Andere Staaten werden in Zukunft diese Zusammenhänge mit einer nationalen Energiewende und der Versorgung des militärischen Bereichs mit fossilen Treibstoffen erkennen und die daraus neu entstehende strategische Abhängigkeit in politische Forderungen oder in neue Strategien umsetzen. Der Ausweg aus dieser Kausalität der zivilen und militärischen Energietransformation ist, dass eine Energietransformation einer Zivilgesellschaft mithilfe der nationalen Energiewende ursächlich auch die eigene Landesverteidigung, sein Militär, betrifft, unabhängig von seiner Einbindung in ein Bündnis oder nicht.

Somit muss bei einer funktionierenden Energiewende im zivilen Bereich eine vollständige Umstellung der militärischen Energieversorgung sichergestellt werden, was besondere Konsequenzen vor allem im Verbund der NATO hat. Plant man jedoch die Nutzung *synthetischer Kraftstoffe* als Ersatz fossiler Kraftstoffe auf dem nationalen Territorium, müssten Anlagenkapazitäten für einen Krisenfall bereits in Friedenszeiten aufgebaut und ständig unterhalten werden. Die Abhängigkeiten von diesen Anlagen/Technologien bzw. Produktionskapazitäten im Krisenfall wären neu zu analysieren (Ort, Dimension, Logistik, …), was hier den Rahmen sprengen würde. Insofern wäre eine zivile Nutzung synthetischer Kraftstoffe wünschenswert, um damit die Rechtfertigung für den nationalen Aufbau und den Betrieb dieser Anlagen im Friedensfall darstellen zu können. Die Realität ist jedoch die Entwicklung der Batterietechnologie für die Mobilitätswende. Vor dem Hintergrund der hier vorgestellten Einflussfaktoren erscheint mir die Energietransformation der deutschen Gesellschaft, mithilfe der nationalen Energiewende, vollkommen undurchdacht, sowie strategie- und planlos, infolgedessen sich für unsere Zivilgesellschaft mit höchst gefährlichen Perspektiven, unabhängig vom Klimawandels zu entwickeln.

Die heute gedachte Energiewende zeigt damit auf der strategischen Sicherheitsebene keine Vorteile, sondern provoziert durch den nationalen Verdrängungswettbewerb von fossilen Energien in den Importländern Interessenkonflikte mit den fossile Energien exportierenden Ländern, die im Rahmen des Klimawandels ihre strategischen Vorteile nutzen werden. Die Elemente Energie, Wasser und Nahrung können durch die Importabhängigkeiten eines Landes als Sicherheitselemente generell angegriffen werden. Mit dem sich weiterentwickelnden Konkurrenzkampf der Nationen zeigt der *Klimawandel* als zukünftig nutzbares *politisches Instrument* klare Vorteile zugunsten der fossile Energien exportierenden Länder und zuungunsten der fossile Energien importierenden Länder. Industrienationen wie Deutschland, mit einer hohen Fähigkeit, Rohstoffe in Produkte zu veredeln, jedoch dazu fast alle notwendigen Ressourcen zu importieren, müssten durch die politische Zielsetzung motiviert werden, endlich Strategien zu entwickeln, die die erheblichen multidimensionalen Gefahren (CO_2-Ziele, Schutz der Wirtschaft, Schutz der eigenen Bevölkerung, Transformationen auf verschiedenen Ebenen etc.) einer Energiewende beseitigen.

4.8 Wettbewerb der Staaten und der Wirtschaft

Der Wettbewerb der Staaten untereinander ist zum prägenden Merkmal der internationalen Politik geworden. Wird sich die heutige internationale Ordnung durch den Klimawandel ändern und welche Haupteinflüsse werden diesen Wandel antreiben? Wie wirkt sich der Klimawandel auf den zunehmenden Systemwettbewerb zwischen demokratischen und autokratischen Systemen aus? Das heutige geopolitische Umfeld ist zunehmend vom Wettbewerb der Staaten und ihrer (benötigten/notwendigen) globalen Kooperation geprägt. Wie wird sich dieser Wettbewerb auf die Kooperationsbereitschaft bzw. diese Bereitschaft im Wettbewerb der Staaten mit dem Klimawandel entwickeln? Welche heutigen Abhängigkeiten beeinflussen den Wettbewerb der Staaten und werden sich mit dem Klimawandel an Dominanz oder abschwächendem Einfluss ändern? Die EU stellt seit einigen Jahren ihre Werte in dem Mittelpunkt eines gemeinsamen Fundaments seiner Mitgliedsstaaten. Werden diese Werte zukünftig als Grund eines Zusammenschlusses von Staaten ausreichend sein, wenn der Klimawandel neue herausfordernde Anpassungen in den europäischen Staaten an sich ändernde Umweltbedingungen (Wasserverteilung, Landwirtschaft, Landverfügbarkeit, Binnenwanderbewegungen von EU-Einwohnern etc.) notwendig macht? Gibt es eine „westliche Antwort" auf wachsende Großmachtrivalitäten vor dem Hintergrund eines wachsenden Klimawandels?

Die hier vorgestellten Ausführen können nur ein Ausschnitt dieses Themenbereichs darstellen und Hinweise, Fragen und Anregungen liefern. Über die letzten 20 Jahre konnte eine rasante Entwicklung bzw. Auslegung/Erweiterung/Überdehnung des Sicherheitsbegriffs festgestellt werden, der im Kontext des sich entwickelnden Klimawandels, einer globalen Zusammenarbeit von Staaten in der Reduktion der Klimagase und einer globalen Transformation verschiedener Gesellschaften hin zu klimagasneutralen Staaten steht. Im Rahmen einer Bilanzierung einer Energiewende über die letzten Jahrzehnte sind diese interessanten Entwicklungen mit der zunehmenden öffentlichen Thematisierung des Klimawandels zu sehen, sodass er (Klimawandel) nun auch für die weitere Entwicklung der staatlichen Sicherheitsdoktrin in verschiedenen Staaten interessant wird. Dabei bedrohen uns langfristig global durchaus auch das Artensterben, die Abholzung riesiger, für das Weltklima wichtiger Waldgebiete, der zunehmende Ressourcenverbrauch oder die Vermüllung großer Flächen der Meere. Insofern sind die Sicherheitsanforderungen eines Staates im Rahmen der global sich etablierenden Themensetzung *Klimawandel* eine rein zufällige und dem Zeitgeist entsprechende Entwicklung, die auch anders verlaufen könnte. Der Klimawandel wird deshalb über die letzten 30 Jahre zunehmend auf staatlicher Ebene sowie im Konkurrenzkampf der Nationen als politisches und gesellschaftliches Instrument entwickelt und eingesetzt. Dazu werden Verbindungen zum Klimawandel geschaffen (Aufbau eines politischen oder gesellschaftlichen Kontextes), die auch unter anderen Überschriften angesiedelt werden könnten. Somit stellen sich die folgenden Fragen: Könnte der Klimawandel als strategische Waffe im Konkurrenzkampf der Nationen von einzelnen Staaten genutzt werden und, wenn ja, wie? Unter welchen Umständen kann ein Staat sich zukünftig an den Klimawandel besser anpassen als ein anderer Staat? Kann der Klimawandel von Staaten als Vorteil genutzt werden, um ihren Einfluss global ausbauen zu können?

Auf dieser gedanklichen Linie folgend sind die folgenden ausgesuchten Fragen im Rahmen der Sicherheitspolitik formuliert, die sich in Bezug auf das heutige Militär, ihrer Energiebasis und einer Energietransformation stellen. In diesem Zusammenhang entstehen zwangsläufig Fragen über die Wandlung der heute erdölexportierenden Staaten des Nahen Ostens und anderer Staaten, welche zukünftige Rolle sie im internationalen Handel einnehmen werden. Die Liste der folgenden Fragen kann hier nur ein Teilspektrum des Themenfeldes abdecken und zu einer Weiterentwicklung anregen:

Welche Auswirkungen hat der Klimawandel auf die militärischen Streitkräfte, die heute hauptsächlich ihre Energie aus Erdöl beziehen? Im Rahmen einer Transformation der Streitkräfte stellt sich die Frage, ob die energetische Effizienz zukünftiger CO_2-freier/neutraler Militärtechnik im Vordergrund steht, um die mitgeführte Energie pro Gerät optimal nutzen zu können? Wie hoch ist die Abhängigkeit der Sprengstoffproduktion eines Landes vom Import von Erdöl oder anderer notwendiger Rohstoffe? Welche chemischen Produkte werden zukünftig alternativlos durch Erdöl produziert werden müssen, ohne dass mögliche Ersatzstoffe genutzt werden können? Wird zukünftig Rohöl (nach 2050) noch am Markt gehandelt werden, oder wird die Produktion von Halbfertigwaren/Vorprodukten der chemischen Industrie in den Staaten erfolgen, die heute Rohöl verkaufen (Änderung des Geschäftsmodell zum Export von fossiler Energie in daraus handelbare Vorprodukte für eine chemische Industrie in anderen Ländern)? Wandeln sich die heute rohölexportierenden Staaten zu Exportstaaten von chemischen Vorprodukten aus Rohöl in großen Chargen, die in die Importstaaten von der dort ansässigen chemischen Industrie anstatt von Rohöl importiert werden? Was könnte diese neue Abhängigkeit durch die Produktion von Schlüsselprodukten aus Erdöl für die Zugänge zu Erdölreserven für die heutige Industrie in den Importstaaten bedeuten (Verlagerung, Abwanderung, ...)? Wandeln sich die heute großen Erdölkonzerne wie BP, Shell, Agip etc. in Chemiekonzerne für rohölbasierte Vorprodukte?

Wie können sich die Auswirkungen aus Sicht des Kapitals darstellen?

Der gesellschaftliche Übergang von der heutigen Wirtschaft in eine dekarbonisierte Wirtschaft dauert Zeit und kostet hohe Investitionen. Wie können diese Mittel im internationalen Feld für zahlreiche Staaten zukünftig aufgebracht werden und wer gewinnt mit diesen Investitionen an Einfluss? Ist der Einfluss über die Investitionen auf eine Dekarbonisierung der Wirtschaft internationalisierbar (Beschaffung von Investitionen am Kapitalmarkt bzw. über internationale Investoren) und was hat das für Konsequenzen für den Umstellungsprozess/Transformationsprozess? Hier werden neue Einflussbereiche sowie strategische Abhängigkeiten sichtbar und auch von verschiedenen Staaten bereits stark ausgebaut.

In Bezug auf die Nahrungsmittelproduktion könnten sich folgende Fragen im Bereich der Sicherheitspolitik entwickeln:

Stehen Daten/Modelle über die Regionen der heutigen wesentlichen „Kornkammern" der Welt zur Verfügung, die eine Prognose über Temperatur, Niederschläge und Windaufkommen in den nächsten zehn, 20 und 30 Jahren zu den jeweiligen Regionen geben können? Können fundierte Abschätzungen oder Modelle über Temperatur-, Niederschlags- und Windentwicklungen zukünftiger Anbaugebiete von Nahrungsmitteln bis 2050 entwickelt werden? Welche Folgen wird der Klimawandel auf die heutige globale Nahrungsmittelproduktion und ihren Handel haben? Welche Länder entwickeln in dieser Hinsicht besondere Abhängigkeiten? Welche Wanderungstendenzen werden sich aus dem Klimawandel für die globale Nahrungsmittelproduktion ergeben (Anpassung der Logistik zur Verteilung muss mitwandern)? Welche Auswirkungen werden die Wanderungen auf die globalen Nahrungsmittelmärkte und an anderen Börsen ausgehandelte Preise haben?

Der Klimawandel als gesellschaftliches Thema entwickelt eine außergewöhnliche, globale Wirkung auf zahlreiche gesellschaftliche, politische und ökonomische Felder, die heute noch nicht ganz überschaut werden können. Über die letzten 30 Jahre hat sich der Klimawandel als Begriff und öffentliches Thema weltweit etabliert. Waren noch Anfang des Millenniums sicherheitspolitische Themen wie Terror, Terrorabwehr und Cyberwar auf der staatlichen Agenda, so wächst der Klimawandel langsam in die Aufmerksamkeit der Staaten und ihrer Regierungen, vor allem als zukünftiges Instrument zur Durchsetzung ihrer Interessen. Dazu werden die bereits von den Staaten und Staatenbünden ausgefertigten Sicherheitsdoktrinen weiterentwickelt. In diesem Zusammenhang kann sich die analytische Betrachtung von Transformationsszenarien der Streitkräfte, parallel zu dem zivilen Bereich, auf nichtfossile Energien, zu einem neuen globales Themenfeld entwickeln.

4.9 Ergänzungen und Anmerkungen

Der staatliche und gesellschaftliche Umgang mit dem weltweit gesetzten Thema Klimawandel kann zu einem neuen globalen Wohlstand in verschiedenen Staaten führen. Welche Staaten sich in diesem lange ablaufenden und fundamentalen Umweltwandel behaupten werden, steht heute noch nicht fest. Das steigende politische und wirtschaftliche Risiko der sich weiterentwickelnden

Machtverschiebungen des heutigen globalen Status quo unter den Bedingungen einer sich ändernden Umwelt stellt eine globale Herausforderung dar. Im Kapitel 9 „Gesellschaftspolitische Entwicklungen" wird das Thema „Klimawandel" aus gesellschaftlicher Perspektive betrachtet.

Um die bisherige Bilanz der deutschen Energiewende besser verstehen zu können, werden beginnend mit dem folgenden Kapitel 5 die Fundamente des Themas Klimawandel etwas genauer betrachtet. Sie passen hervorragend zu dem gerade beschriebenen Thema der sicherheitspolitischen Entwicklung. Zusammen mit den Kapiteln 6 und 7 bilden beide Themenbereiche Klimawandel und Sicherheit das Fundament zum Kapitel 9 „Gesellschaftspolitische Entwicklungen".

Die Themensetzung und Fokussierung des Klimawandels als gesellschaftliches Topthema, und nicht die eines anderen globalen Themas (u. a. Artensterben, Waldverlust, Meeresverschmutzung, Plastifizierung, …), ist ein Teil einer Entwicklung, die vor allem in den letzten 30 Jahren aus den Industriestaaten, vorwiegend fossile Energien importierende Länder, heraus vorangetrieben wurde. Mit dieser Themensetzung eröffnen sich vor allem für die Industriestaaten neue Zukunftsperspektiven, auf wirtschaftlicher Seite und der damit verbundenen Wohlstandsentwicklung, auf der Innovations- und Produktseite, auf der sicherheitspolitischen Seite und in vielen anderen Bereichen, dem andere Staaten erst einmal in ihren eigenen Entwicklungen folgen müssen. Insofern kann die globale Thematisierung des Klimawandels und ihre mit Hilfe von den international aufgestellten Klimawissenschaften stark unter einen öffentlichen Zeitdruck gesetzte Transformationsgeschwindigkeit, hin zu einer globalen Klimaneutralität, auch als eine in die Zukunft gerichtete *Wohlstandabsicherung* der heutigen Industriestaaten gegenüber anderen Staaten angesehen werden, sofern die genannten Risiken minimiert werden. Die Dimensionen und verschiedene Kernfragen, welche gesellschaftlichen, politischen und wirtschaftlichen Risiken auf welchen Feldern dabei die Industriestaaten eingehen, wurden in den vorherigen Kapiteln analytisch aufgegriffen.

In der Konsequenz wird eine vollständige nationale Energiewende hin zu einer CO_2-freien Gesellschaft nur für wenige wohlhabende Staaten in der Welt möglich sein. Diese Staaten werden ihre militärischen Geräte, die auf Basis fossiler Energien ihre Sicherheit garantieren, nur sehr langsam auf eine andere, CO_2-freie Energiebasis umstellen. Im Wesentlichen fehlen heute die Strategien und Technologien, einen derartigen Wandel im militärischen Bereich durchführen zu können. Deshalb müssen die fossile Energie importierenden Staaten (Energiewendestaaten) genügend andere Staaten ohne Energiewende am Markt halten (globale Kohlendioxidemissionen), damit die Infrastrukturen in den fossile Energien exportierenden Staaten durch einen weiteren Verkauf (ziviler Konsum) ihrer Produkte finanziert werden. Staaten wie z. B. Deutschland und die EU-Staaten treiben den Aufbau von *Non-fossil Fuels* (erneuerbare Energien, Atomkraft, Wasserkraft, Wasserstoff) voran, damit sie ihren zivilen Sektor ab einem bestimmten Jahr als CO_2-freie oder CO_2-neutrale Gesellschaft definieren können und den *moralischen Wert* wie „Klimaneutralität", „Klimawirksamkeit" etc. für sich in Anspruch nehmen können. Im Kontext einer neuen, den Werten verpflichteten Außenpolitik, entwickeln die Energiewendestaaten ein neues politisch-strategisches Instrument, was jedoch noch nicht vollständig „ausformuliert" scheint.

Mit der Energiewende werden aus dem zivilen Sektor die fossilen Energien verdrängt, sodass die Infrastruktur zur Produktion fossiler Energien in den Exportstaaten nur noch von Staaten ohne Energiewende finanziert wird. Im Kriegsfall von Staaten mit vollzogener Energiewende (= CO_2-freie Zivilgesellschaft, jedoch fossile Energien abhängiger Militärsektor) werden die Armeen in diesen Staaten von den Exportstaaten mit fossilen Treibstoffen vollständig versorgt. Ein Staat mit vollzogener nationaler Energiewende ist in dieser Folge im Militärsektor zu 100 % abhängig von fossile Energien exportierenden Staaten, sodass die Exportstaaten im Krisenfall von den Energiewendestaaten zuallererst annektiert werden müssten, damit sie ihre eigene Verteidigungsfähigkeit ausüben könnten (genauere Analyse in Form einer Strategieanalyse notwendig).

Die Profiteure dieser Entwicklung in Friedenszeiten werden die wenigen Staaten sein, die eine im zivilen Sektor vollzogene Energiewende durchgeführt haben, solange andere fossile Energien konsumierende Staaten diese Querfinanzierung der Ölinfrastruktur dulden oder akzeptieren werden, oder über einen moralischen Wert sich selbst verpflichten eine Energietransformation mit Produkten aus den Industriestaaten durchzuführen. In Summe erscheint die Energiewende ein Projekt von Industriestaaten zur Absicherung ihres eigenen Wohlstands, eines neuen globalen moralischen Imperativs der Politik der CO_2-Neutralität, eines durch die Energiewende vorangetriebenen, nationalen, positiven Images der CO_2-freien Gesellschaft, der Entwicklung neuer „grüner" Produkte für den Weltmarkt (Alleinstellung) mit einer wertebasierten Marktdurchsetzung und der Entwicklung neuer technologischer und informationstechnologischer Abhängigkeiten anderer Staaten zu sein. Somit sind jedoch auf dem heute erkennbaren eingeschlagenen Weg zur Verfolgung von globalen Klimazielen (Pariser Klimaabkommen) bisher nicht erkennbare Vorteile für das globale Klima oder einer global wirksamen CO_2-Reduktion real vorhanden.

5

Wie entsteht der globale Wert der CO_2-Konzentration

Die Untersuchung der Energiewende kann nicht ohne einen Rückblick auf die Entwicklung und Geschichte der CO_2-Konzentrationen erfolgen. Das Treibhausgas CO_2 ist in den letzten Jahrzehnten immer stärker in den Fokus der Öffentlichkeit getreten und zu einem Anker der globalen, der EU- und der nationalen Klimapolitik geworden. Die Menschheit verfolgt anhand der globalen Gaskonzentration in der Atmosphäre, wie sich die Weltgemeinschaft auf diese Klimaentwicklung eingestellt hat und was ihre Maßnahmen sind. Für ein besseres Verständnis der Klimathematik und welchen Einfluss dabei das CO_2, Methan und andere Klimagase haben, werden in diesem Kapitel die wissenschaftlichen Ursprünge dieses wichtigen Messwerts betrachtet. Ich gehe der Frage nach, woher die globale CO_2-Konzentration kommt bzw. wie sie entsteht?

Wir als Weltgemeinschaft erleben heute, am 8. April 2021, eine am Mauna Loa Observatory auf Hawaii gemessene CO_2-Konzentration von ca. 421,36 ppm[1]. Dieser Messwert gilt als Richtwert einer globalen atmosphärischen CO_2-Konzentration. Da dieser Wert jedoch zu diesem Zeitpunkt keinen konsolidierten Jahresmittelwert darstellt, zeigt er lediglich den Stand der aktuellen Messungen an. Der für das Jahr 2021 gemittelte Wert lag bei 414,72 ppm[2]. Die Messungen werden von den wissenschaftlichen Einrichtungen des MADE Mauna Loa Observatory (MLO) auf Big Island von Hawaii (USA), der National Atmospheric and Oceanic Administration (NOAA) sowie der Scripps Institution of Oceanography (SIO) durchgeführt und dokumentiert. Das Mauna Loa Observatory (MLO) verfügt über die am längsten zurückreichenden direkten atmosphärischen Messungen auf Basis hochpräziser Messinstrumente.

Die ersten Messungen wurden von dem Wissenschaftler Charles David Keeling von der Scripps Institution of Oceanography (SIO) im März 1958 durchgeführt. Seit diesen ersten Messungen wurden kontinuierlich die Messungen am SIO dokumentiert, sie zählen heute zu den wichtigsten Kontrolldaten über die globale CO_2-Konzentration, ihre Zuwachsdynamik und ihre Entwicklung. Weitere Standorte zur CO_2-Messung befinden sich in Barrow (Alaska), Amerikanisch-Samoa und am Südpol. Die Abb. 5.1[3] zeigt die heute vorhandenen Messstationen auf der Erde, die sich an diesen Messungen beteiligen.

Zusätzlich zu diesen Stationen gibt es ca. 500 weitere Standorte. Jede Messstation kann über das Internet

---

[1] Quelle: CO2-Earth, https://www.co2.earth/co2-records, 03.10.2021.
[2] Quelle: https://www.climate.gov/news-features/understanding-climate/climate-change-atmospheric-carbon-dioxide, 10.12.2022.
[3] Quelle: Umweltbundesamt, https://www.umweltbundesamt.de/gaw#die-gaw-globalstationen, 03.10.2021.

5 Wie entsteht der globale Wert der … 211

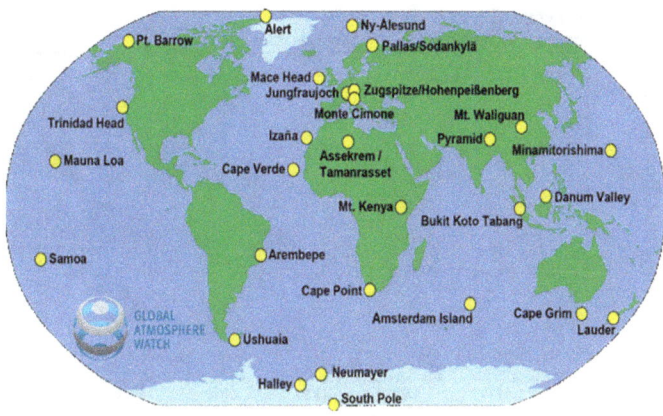

Abb. 5.1 Messstationen für atmosphärische CO_2-Konzentrationen, Quelle: Umweltbundesamt, https://www.umweltbundesamt.de/gaw#die-gaw-globalstationen, 03.10.2021

abgefragt werden. Insgesamt können 215 Internetseiten in 51 Ländern aufgerufen[4] werden. Interessant ist, dass alle Messgebiete eine ähnliche Dynamik und Tendenz der Messwerte anzeigen. Über diese Verifikation des oben angegebenen Leitwertes ist ein Referenzwert definiert, an dem sich die globale Entwicklung der CO_2-Konzentration ablesen lässt und der in der Grafik (Abb. 5.2[5]) dargestellt werden kann. Prinzipiell liefern andere Messstationen andere Messwerte. Das liegt vor allem an den örtlichen Bedingungen, die die CO_2-Konzentration im Umfeld der Messstationen schwanken lassen. Welche Messmethoden, Messtechniken und Messwertinterpretationen erfolgen,

---

[4] Quelle: NOAA, https://gml.noaa.gov/dv/site/, 03.10.2021.
[5] Quelle: Keeling Curve, https://keelingcurve.ucsd.edu/pdf-downloads/, http://bluemoon.ucsd.edu/co2_400/co2_800k_zoom.pdf, C. D. Keeling, S. C. Piper, R. B. Bacastow, M. Wahlen, T. P. Whorf, M. Heimann, and H. A. Meijer, Exchanges of atmospheric CO2 and 13CO2 with the terrestrial biosphere and oceans from 1978 to 2000. I. Global aspects, SIO Reference Series, No. 01-06, Scripps Institution of Oceanography, San Diego, 88 pages, 2001., 03.10.2021.

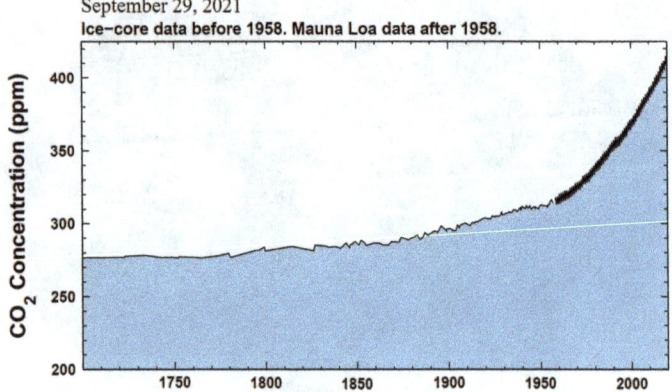

Abb. 5.2 CO_2-Entwicklung seit Industrialisierung, Quelle: Keeling Curve, https://keelingcurve.ucsd.edu/pdf-downloads/, http://bluemoon.ucsd.edu/co2_400/co2_800k_zoom.pdf, C. D. Keeling, S. C. Piper, R. B. Bacastow, M. Wahlen, T. P. Whorf, M. Heimann, and H. A. Meijer, Exchanges of atmospheric CO2 and 13CO2 with the terrestrial biosphere and oceans from 1978 to 2000. I. Global aspects, SIO Reference Series, No. 01-06, Scripps Institution of Oceanography, San Diego, 88 pages, 2001., 03.10.2021.

kann auf der Seite https://gml.noaa.gov/ccgg/about/co2_measurements.html im Detail nachgelesen werden. Für die Ermittlung der atmosphärischen Messwerte an Klimagasen bzw. ihrer atmosphärischen Zusammensetzung wurde das Global Atmosphere Watch[6] (GAW) Programm der Weltorganisation für Meteorologie (World Meteorological Organisation, UNO/WMO) zur globalen Überwachung der Atmosphäre installiert.

Durch die Auswertung von Eisbohrkernen konnten Bestimmungen an CO_2-Konzentrationen vor den ersten realen Messungen ab dem Jahr 1958 vorgenommen werden. Für die Langzeitbestimmung

---

[6] Quelle Umweltbundesamt, https://www.umweltbundesamt.de/gaw#global-atmosphere-watch, 16.12.2021.

5 Wie entsteht der globale Wert der ...

der CO_2-Konzentration über mehrere Tausend Jahre wurden ebenfalls Eisbohrkerne ausgewertet. In der Abb. 5.2 ist ein Zeitraum ab 1700 dargestellt. Die Grafik zeigt den Übergang der Eisbohrkernmessungen zu den atmosphärischen Gasmessungen ab 1958. Würden die Eisbohrkernmessungen stark abweichende Daten der realen Messungen zeigen, wäre ein abrupterer Übergang sichtbar.

Über einen längeren Zeitraum von 10.000 Jahren (Abb. 5.3[7]) und 800.000 Jahren (Abb. 5.4[8]) lassen sich auf Basis der Eisbohrkerndaten die beiden Grafik darstellen, aus der sich über die gesamten Zeiträume die CO_2-Konzentration ablesen lassen.

Die Langzeitanalyse der globalen atmosphärischen CO_2-Konzentration zeigt sehr deutlich, dass über Tausende von Jahren der CO_2-Gehalt immer Schwankungen ausgesetzt war. Der Maximalwert in den letzten 800.000

---

[7] Quelle https://keelingcurve.ucsd.edu/pdf-downloads/ : Site: https://www.ncdc.noaa.gov/paleo-search/study/9959, https://doi.org/10.1029/2006GL026152, Citation: MacFarling Meure, C., D. Etheridge, C. Trudinger, P. Steele, R. Langenfelds, T. van Ommen, A. Smith, and J. Elkins. 2006. The Law Dome CO2, CH4 and N2O Ice Core Records Extended to 2000 years BP. Geophysical Research Letters, Vol. 33, No. 14, L14810 10.1029/2006GL026152.; Citation: Lüthi, D., M. Le Floch, B. Bereiter, T. Blunier, J.-M. Barnola, U. Siegenthaler, D. Raynaud, J. Jouzel, H. Fischer, K. Kawamura, and T.F. Stocker. 2008. High-resolution carbon dioxide concentration record 650,000–800,000 years before present. Nature, Vol. 453, pp. 379–382, 15 May 2008., 03.10.2021.

[8] Quelle: https://keelingcurve.ucsd.edu/pdf-downloads/ : Site: https://www.ncdc.noaa.gov/paleo-search/study/9959, DOI: https://doi.org/10.1029/2006GL026152, Citation: MacFarling Meure, C., D. Etheridge, C. Trudinger, P. Steele, R. Langenfelds, T. van Ommen, A. Smith, and J. Elkins. 2006. The Law Dome CO2, CH4 and N2O Ice Core Records Extended to 2000 years BP. Geophysical Research Letters, Vol. 33, No. 14, L14810 10.1029/2006GL026152.; Citation: Lüthi, D., M. Le Floch, B. Bereiter, T. Blunier, J.-M. Barnola, U. Siegenthaler, D. Raynaud, J. Jouzel, H. Fischer, K. Kawamura, and T.F. Stocker. 2008. High-resolution carbon dioxide concentration record 650,000-800,000 years before present. Nature, Vol. 453, pp. 379-382, 15 May 2008., 03.10.2021

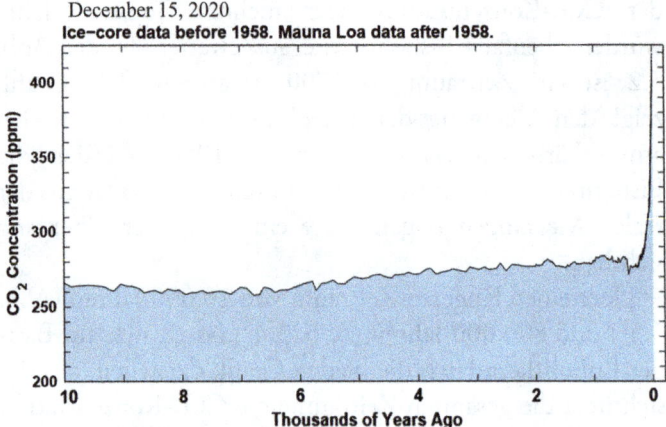

Abb. 5.3 CO_2-Konzentration über 10.000 Jahre, Quelle: https://keelingcurve.ucsd.edu/pdf-downloads/ : Site: https://www.ncdc.noaa.gov/paleo-search/study/9959, DOI: https://doi.org/10.1029/2006GL026152, Citation: MacFarling Meure, C., D. Etheridge, C. Trudinger, P. Steele, R. Langenfelds, T. van Ommen, A. Smith, and J. Elkins. 2006. The Law Dome CO2, CH4 and N2O Ice Core Records Extended to 2000 years BP. Geophysical Research Letters, Vol. 33, No. 14, L14810 10.1029/2006GL026152.; Citation: Lüthi, D., M. Le Floch, B. Bereiter, T. Blunier, J.-M. Barnola, U. Siegenthaler, D. Raynaud, J. Jouzel, H. Fischer, K. Kawamura, and T.F. Stocker. 2008. High-resolution carbon dioxide concentration record 650,000-800,000 years before present. Nature, Vol. 453, pp. 379-382, 15 May 2008., 03.10.2021

Jahren lag bei ca. 280 ppm, was einer globalen CO_2-Konzenration um das Jahr 1700 entspricht. In unserem letzten Jahrhundert des vorherigen Jahrtausends bzw. im neuen Millennium zeigt sich ein deutlicher Anstieg dieses klimawirksamen Gases, gepaart mit einer hohen Dynamik bzw. einem Anstieg in sehr kurzer Zeit (wenige Jahrzehnte). Diese Entwicklung kann in beiden Grafiken Abb. 5.3 und Abb. 5.4 am rechten Grafikrand abgelesen werden. Beachtenswert ist, dass die CO_2-Konzentrationsschwankungen der beiden Langzeitanalysen über einen

5 Wie entsteht der globale Wert der ...

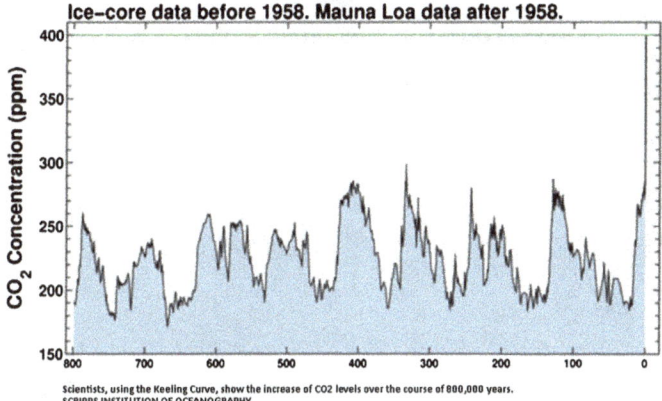

Abb. 5.4 CO_2-Konzentration über 800.000 Jahre, Quelle: https://keelingcurve.ucsd.edu/pdf-downloads/ : Site: https://www.ncdc.noaa.gov/paleo-search/study/9959, DOI: https://doi.org/10.1029/2006GL026152, Citation: MacFarling Meure, C., D. Etheridge, C. Trudinger, P. Steele, R. Langenfelds, T. van Ommen, A. Smith, and J. Elkins. 2006. The Law Dome CO2, CH4 and N2O Ice Core Records Extended to 2000 years BP. Geophysical Research Letters, Vol. 33, No. 14, L14810 10.1029/2006GL026152.; Citation: Lüthi, D., M. Le Floch, B. Bereiter, T. Blunier, J.-M. Barnola, U. Siegenthaler, D. Raynaud, J. Jouzel, H. Fischer, K. Kawamura, and T.F. Stocker. 2008. High-resolution carbon dioxide concentration record 650,000-800,000 years before present. Nature, Vol. 453, pp. 379-382, 15 May 2008., 03.10.2021

Zeitraum von mehreren Tausend Jahren erfolgten, was in der vorherigen Grafik Abb. 5.3 und Abb. 5.4 sehr gut nachvollzogen werden kann. Sie bilden auch den Hintergrund der im Kapitel 1 „Das verpasste Zeitfenster" entwickelten Thesen bzw. Überlegungen. Ein CO_2-Anstieg in einem Zeitraum von ca. 200 Jahren auf einen fast doppelt so hohen Maximalwert der letzten 800.000 Jahren kann als außergewöhnliches Phänomen angesehen werden, was nicht ohne Langzeitfolgen die globalen Verhältnisse des Klimasystems verändern wird.

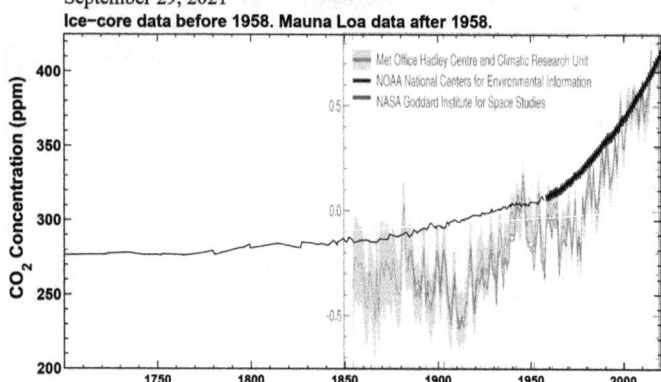

Abb. 5.5 Korrelation von CO_2-Konzentration und Temperaturmittel. Quelle: https://keelingcurve.ucsd.edu/pdf-downloads/ : Site: https://www.ncdc.noaa.gov/paleo-search/study/9959, DOI: https://doi.org/10.1029/2006GL026152, Citation: MacFarling Meure, C., D. Etheridge, C. Trudinger, P. Steele, R. Langenfelds, T. van Ommen, A. Smith, and J. Elkins. 2006. The Law Dome CO2, CH4 and N2O Ice Core Records Extended to 2000 years BP. Geophysical Research Letters, Vol. 33, No. 14, L14810 10.1029/2006GL026152.; Citation: Lüthi, D., M. Le Floch, B. Bereiter, T. Blunier, J.-M. Barnola, U. Siegenthaler, D. Raynaud, J. Jouzel, H. Fischer, K. Kawamura, and T.F. Stocker. 2008. High-resolution carbon dioxide concentration record 650,000-800,000 years before present. Nature, Vol. 453, pp. 379-382, 15 May 2008., 03.10.2021 & https://www.metoffice.gov.uk/weather/climate/science/global-temperature-records, 3.10.21

In der Abb. 5.5[9] habe ich die gemessenen globalen Mittelwerttemperaturen seit 1850 in °C mit den gemessenen CO_2-Konzentrationen in ppm (Parts per Million) übereinandergelegt. Die Zeitskalen der Kurven wurden zeitlich entsprechend angepasst. Die in der Mitte der Grafik sichtbare graue, vertikale Linie zeigt die Mittel-

---

[9] Quelle: siehe Fußnote & https://www.metoffice.gov.uk/weather/climate/science/global-temperature-records, 03.10.2021.

5 Wie entsteht der globale Wert der ...

werttemperaturen in °C. Sie schneidet die Zeitskala im Jahr 1850. Die CO_2-Konzentrationen stammen aus Eisbohrkernmessungen und reichen deshalb vor das Jahr 1850 zurück. Die in der rechten Teilgrafik (nach dem Jahr 1850) dargestellten globalen Mittelwerttemperaturen wurden vom Met Office Hadley Centre and Climatic Research Unit, dem NOAA National Centres for Environmental Information und dem NASA Goddard Institute for Space Studies erhoben und in Abb. 5.5[10] zusammengestellt. Alle drei von den Einrichtungen MET, NOAA und NASA ermittelten Messkurven zeigen ähnlich verlaufende Trends. Die Grafik zeigt eindrucksvoll, wie der Verlauf der Temperaturabweichung vom globalen Mittelwert dem Verlauf der CO_2-Konzentration nachläuft. Die Temperaturkurve stellt die Differenz zum Mittelwert aus dem Zeitraum von 1961 bis 1990 in °C dar, was auch als Abweichung vom Mittelwert bezeichnet werden kann. Der in Abb. 5.5 dargestellte Verlauf der CO_2-Konzentration zeigt einen flacheren Anstieg zwischen 1940 und 1960 (siehe auch Kapitel 1 „Das verpasste Zeitfenster"). Ab 1960 steigen die CO_2-Konzentrationen kontinuierlich bis auf die heutigen Werte[11]. Die Werte vor 1960 basieren auf indirekten Messungen, wie bereits beschrieben. Ab 1958 wurde erstmals direkt gemessen und in den Folgejahren wurden die Messungen und Messverfahren immer

---

[10] Quelle: Global-average temperature records, Dr Peter Stott, Head Climate Monitoring and Attribution at the Met Office, Grafic at Met Office https://www.metoffice.gov.uk/weather/climate/science/global-temperature-records, Site: https://www.ncdc.noaa.gov/paleo-search/study/9959, https://doi.org/10.1029/2006GL026152, Citation: MacFarling Meure, C., D. Etheridge, C. Trudinger, P. Steele, R. Langenfelds, T. van Ommen, A. Smith, and J. Elkins. 2006. The Law Dome CO_2, CH_4 and N_2O Ice Core Records Extended to 2000 years BP. Geophysical Research Letters, Vol. 33, No. 14, L14810 10.1029/2006GL026152., 03.10.2021.

[11] Siehe auch: https://www.climate.gov/news-features/understanding-climate/climate-change-atmospheric-carbon-dioxide, 30.11.2021.

weiter verfeinert. Die Temperaturkurve folgt der CO_2-Konzentration mit einer zeitlichen Verzögerung (Klimaträgheit?). Ab ca. 1880 zeigt die Kurve einen Rückgang der globalen Temperaturabweichung, die ihren Sockel um 1910 erreicht. Diesem Verlauf läuft die globale CO_2-Konzentration mit einem leichten Aufwärtstrend entgegen. Der anschließende Temperaturanstieg endet zwischen 1940 und 1950.

Die Langzeitmessungen in der Abb. 5.6[12] bilden die Grundlage für eine weitergehende Untersuchung. Bei dieser Grafik läuft der Zeitstrahl von links nach rechts in umgekehrter zeitlicher Richtung, wie bei den vorherigen Grafiken. Der Achsenschnittpunkt der y-Achse mit der x-Achse auf der linken Seite der Grafik ist das Jahr null, heute. Mit zunehmenden Werten auf der Zeitachse zeigt die Grafik in die Vergangenheit (Alter) in Einheiten von 1000 Jahren.

Die Klimaforschung kann über einen umfassenden Datenschatz von Eisbohrkernen relativ gut in eine klimatische Vergangenheit unseres Planeten schauen. Ich

---

[12] Quelle: https://www.nature.com/articles/nature06949/figures/2, black step curve: Jouzel, J. et al. Orbital and millennial Antarctic climate variability over the last 800,000 years. Science 317, 793–796 (2007), Parrenin, F. et al. The EDC3 chronology for the EPICA Dome C ice core. Clim. Past 3, 485–497 (2007); solid circles in purple, blue: Monnin, E. et al. Atmospheric CO_2 concentrations over the last glacial termination. Science 291, 112–114 (2001), Siegenthaler, U. et al. Stable carbon cycle–climate relationship during the Late Pleistocene. Science 310, 1313–1317 (2005); brown, green curves: Indermühle, A., Monnin, E., Stauffer, B., Stocker, T. F. & Wahlen, M. Atmospheric CO_2 concentration from 60 to 20 kyr bp from the Taylor Dome ice core, Antarctica. Geophys. Res. Lett. 27, 735–738 (2000), Petit, J. R. et al. Climate and atmospheric history of the past 420,000 years from the Vostok ice core, Antarctica. Nature 399, 429–436 (1999), Pepin, L., Raynaud, D., Barnola, J. M. & Loutre, M. F. Hemispheric roles of climate forcings during glacial–interglacial transitions as deduced from the Vostok record and LLN-2D model experiments. J. Geophys. Res. 106, 31885–31892 (2001), Raynaud, D. et al. The record for marine isotopic stage 11. Nature 436, 39–40 (2005), 30.11.2021.

5 Wie entsteht der globale Wert der ... 219

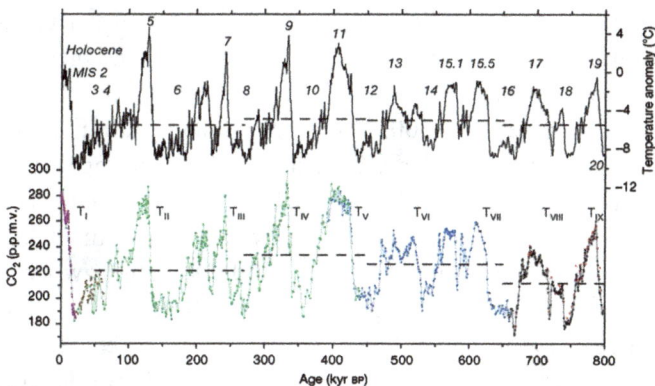

Abb. 5.6 Langzeitmessungen CO_2 und Temperatur, Quelle: Quelle: https://www.nature.com/articles/nature06949/figures/2, black step curve: Jouzel, J. et al. Orbital and millennial Antarctic climate variability over the last 800,000 years. Science 317, 793–796 (2007), Parrenin, F. et al. The EDC3 chronology for the EPICA Dome C ice core. Clim. Past 3, 485–497 (2007); solid circles in purple, blue: Monnin, E. et al. Atmospheric CO2 concentrations over the last glacial termination. Science 291, 112–114 (2001), Siegenthaler, U. et al. Stable carbon cycle–climate relationship during the Late Pleistocene. Science 310, 1313–1317 (2005); brown, green curves: Indermühle, A., Monnin, E., Stauffer, B., Stocker, T. F. & Wahlen, M. Atmospheric CO2 concentration from 60 to 20 kyr bp from the Taylor Dome ice core, Antarctica. Geophys. Res. Lett. 27, 735–738 (2000), Petit, J. R. et al. Climate and atmospheric history of the past 420,000 years from the Vostok ice core, Antarctica. Nature 399, 429–436 (1999), Pepin, L., Raynaud, D., Barnola, J. M. & Loutre, M. F. Hemispheric roles of climate forcings during glacial–interglacial transitions as deduced from the Vostok record and LLN-2D model experiments. J. Geophys. Res. 106, 31885–31892 (2001), Raynaud, D. et al. The record for marine isotopic stage 11. Nature 436, 39–40 (2005), 30.11.2021

komme damit auf die Langzeitgrafik[13] Abb. 5.4 der CO_2-Konzentration zurück, die wir uns nun etwas genauer ansehen wollen.

In den letzten 800.000 Jahren haben die Forscher Schwankungen in der CO_2-Konzentration nachgewiesen und Indizien der Klimavariabilität gesammelt. Aus der Abb. 5.6[14] kann abgelesen werden, dass die CO_2-Konzentration über die letzten 800.000 Jahre zwischen einem Wert um ca. 100 ppm und ca. 300 ppm schwankte. Dieser Kurve können entsprechende globale Temperaturwerte zugeordnet werden. In der Abb. 5.6 werden die Temperaturabweichungen dargestellt, die sich auf einen Bezugswert einer mittleren Temperatur des letzten Jahrtausends beziehen. Ich möchte nicht weiter auf die Erhebung der Daten eingehen, die im Rahmen des *European Project for Ice Coring in Antarctica,* kurz EPICA, erarbeitet worden sind. EPICA lief im Jahr 2004 aus.

Die Messungen aus den Eisbohrkernen wurden mit Meeressedimenten (marine Sedimente) zur Interpretation verglichen bzw. validiert. Marine Sedimente sind ein ausgezeichnetes Klimaarchiv, welches zeitlich wesentlich weiter zurückreicht als dasjenige der Eisbohrkerne. Die Messung von CO_2-Konzentrationen an polarem Eis erfolgte über die Extraktion der Luft in den eingeschlossenen Bläschen. Innerhalb eines Eisbohrkerns muss zwischen verschiedenen charakteristischen Tiefenintervallen unterschieden werden. Die Extraktion der mikroskopisch kleinen Bläschen aus den entsprechenden

---

[13] Quelle: https://www.nature.com/articles/nature06949/figures/1, Siegenthaler, U. et al. Stable carbon cycle–climate relationship during the Late Pleistocene. Science 310, 1313–1317 (2005), Data plot at Loulergue, L. et al. New constraints on the gas age-ice age difference along the EPICA ice cores, 0–50 kyr. *Clim. Past* **3**, 527–540 (2007), 30.11.2021.

[14] Quelle: siehe Fußnote.

Proben ist sicherlich keine einfache Aufgabe. Durch Vergleiche mit anderen Klimaarchiven können dann die Daten interpretiert werden.

Direkte atmosphärische CO_2-Messungen wurden von den Wissenschaftlern Keeling und Whorf erstmals 1957 durchgeführt. An polaren Eisbohrkernen wurden erste Messungen der CO_2-Konzentration von Neftel (1985), Friedli (1986) und Etheridge ab dem Jahr 1996 durchgeführt. Die Messungen überdecken sich mit den direkten atmosphärischen Messungen. Damit konnte gezeigt werden, dass die Eisbohrkernmessungen und die Messungen der aus dem Eis extrahierten Luft für das Zeitintervall der direkten Messungen der atmosphärischen Luftzusammensetzung übereinstimmten und den historischen Luftzustand korrekt wiedergeben. Die vorindustriellen CO_2-Werte entsprechen einem Zeitraum von ca. 1000 Jahren mit einem Maximum von 280 ± 5 ppmv. In den letzten 250 Jahren konnte von diesem Wert der letzten 1000 Jahre ein Anstieg um ca. 140 ppm (Jahr 2021) nachgewiesen werden. Das entspricht einer Anstiegsrate, die, bezogen auf den statistischen Mittelwert der letzten 1000 Jahre von ca. 150 ppm, sich fast verdoppelt hat und damit alle anderen Dynamiken in den letzten 420.000 Jahren[15] bei Weitem übertrifft.

Die momentan noch und bereits rund 10.000 Jahre andauernde Warmzeit, das Holozän, zeichnet sich durch ein warmes und besonders stabiles Klima aus. Dass die CO_2-Konzentration während dieser Zeit dennoch von 260 auf 280 ppmv angestiegen ist, haben Messungen an Eisproben gezeigt. Die Langzeitmessungen über die letzten 800.000 Jahre geben einen Einblick in die Klima-

---

[15] Siehe auch: Falkowski, 2000: https://www.globalcarbonproject.org/global/pdf/Falkowski2000.pdf, 19.01.2022.

geschichte unseres Planeten. Forscher stellen sich die Frage, wie lange die momentane Warmzeit des Holozäns andauern könnte. Sie zeichnet sich durch sehr stabile Erdbahnparameter aus. Durch Studien an Eisschildmodellierungen (Modelle zur Eisschildentwicklung) konnte gezeigt werden, dass diese Warmperiode vermutlich weitere 50.000 Jahre andauern könnte. Die Studien zeigen, dass nach diesem Zeitraum eine neue Eiszeit mit einem glazialen Maximum von 100.000 Jahren eintreten könnte. Wissenschaftler konnten nachweisen, dass CO_2-Schwankungen gegenüber antarktischen Temperaturschwankungen üblicherweise mit einer Verzögerung von ca. 200 bis 1000 Jahren erfolgen[16] bzw. nachlaufen. Dieses Verhalten der beiden Parameter Temperatur und CO_2-Schwankung kann offenbar an unterschiedlichen Orten der Süd- und Nordhalbkugel beobachtet werden. Diese Verzögerungen (Vor- oder Nachlauf) sind jedoch im Vergleich zu den Zeitskalen der Eiszeit-Warmzeit-Zyklen sehr klein und kein Widerspruch dazu, dass CO_2 als verstärkendes Element der beobachteten großen Eiszeit-Warmzeit-Temperaturausschläge wirkt. Die Auslösemechanismen für die Veränderung vieler Klimavariablen in Zeitskalen von mehreren Tausend Jahren sind Veränderungen der Sonneneinstrahlung, die wiederum von den Änderungen der Erdbahnparameter abhängig sind[17]. Während der Eiszeiten macht das CO_2, im Gegensatz zum Treibhausgas Methan, nicht alle schnellen Temperaturänderungen in der Nordhemisphäre mit. Die Mechanis-

---

[16] Siehe auch: https://www.nature.com/articles/nature10915/, und https://www.researchgate.net/profile/Jeremy-Shakun, und http://climatecat.eu/ufaqs/5-warum-hinkt-die-co2-konzentration-der-temperatur-hinterher/, und https://www.weltderphysik.de/gebiet/erde/nachrichten/2019/erderwaermung-global-und-rasant/, 19.01.2022.

[17] Quelle: https://www.scinexx.de/news/geowissen/erdbahn-als-klimapendel/, und https://www.spektrum.de/lexikon/geographie/klimaschwankung/4165, 19.01.2022.

men, die die hohen Amplituden von 60 bis 100 ppmv zwischen Eiszeiten und Warmzeiten verursacht haben, sind noch nicht vollständig geklärt. Zumindest während der letzten 650.000 Jahre ist kein signifikanter Trend in den CO_2-Konzentrationen festgestellt worden. Die Kopplung von CO_2-Konzentration und Temperatur hat sich in diesem Zeitintervall nicht signifikant verändert[18].

Interessant ist, dass sich mit dem Beginn des 19. Jahrhunderts der Wohlstand einiger Völker stark entwickelte und in dessen Folge zunächst der Abbau von Kohle stark anstieg. Bereits mit dem ausgehenden 18. Jahrhundert entstanden wichtige Erfindungen, die sich in den beiden folgenden Jahrhunderten weiter fortsetzten. Die maschinellen Verbesserungen von zahlreichen Erfindern Ende des 18. und Anfang des 19. Jahrhunderts flossen in die Konstruktionen neuer Maschinen ein. Sie bildeten immer stärker die Grundlage einer Mechanisierung zahlreicher Arbeitsprozesse, die bisher manuell durchgeführt wurden (z.B. Webstühle). Im 19. Jahrhundert sind vor allem durch die beiden Megatrends der Kohleförderung und der Kohlenutzung in unterschiedlichsten Einsatzgebieten (Entwicklung von Maschinen in der Industrie, aufkommende erste Dampflocks, Entwicklung der Eisenbahn, Kohle zum Heizen in Wohnhäusern, Kohle zum Antrieb von Kriegsschiffen etc.) die Anfänge der globalen atmosphärischen CO_2-Anreicherungen gelegt worden. Kohleförderung und Kohlenutzung waren jedoch die Folge gesellschaftspolitischer Zielsetzungen und Erwartungen, die durch die Lieferung des Energieträgers Kohle bedient und erfüllt werden konnten.

---

[18] Urs Siegenthaler, 2006: Atmosphärische CO_2-Konzentration der letzten 650.000 Jahre anhand von Messungen an Antarktischen Eisbohrkernen. Siehe auch: https://pubmed.ncbi.nlm.nih.gov/18480821/, und https://doi.pangaea.de/10.1594/PANGAEA.728135, 17.01.2022.

Das 19. Jahrhundert war durch die Entwicklung des englischen Empires geprägt, das sich anschickte, zu einer weltweiten Großmacht zu werden, und bestrebt war, mit aller Macht seinen globalen Einfluss weiter auszuweiten. Dazu waren Energie und Technologie notwendig. Die Entwicklung des englischen Empires zu einer damaligen Weltmacht gründete sich vor allem auf einen globalen Handel, einer starken Seeflotte und starken Finanzhäusern, die vor allem in London ansässig waren und die Expansion des Empires auch im eigenen Interesse finanzierten. Die Londoner Finanzmacht begründete sich im Wesentlichen durch die Kolonialgebiete und einen dominierenden globalen Handel. Der Schutz dieses globalen Handels wurde durch die starke englische Seeflotte dieser Zeit garantiert. Einnahmen aus den Kolonialgebieten stärkten das Mutterland und ihren globalen Herrschaftsanspruch, der zum Ende des ausgehenden Jahrhunderts seinen Höhepunkt erreichte. Zum Ende der 1890er Jahre war Großbritannien die vorherrschende Weltmacht in wirtschaftlicher, politischer und militärischer Hinsicht.

Die Ursprünge der Industrialisierung, der Wohlstandsentwicklung und der Mechanisierung liegen nach meiner Interpretation nicht in der aufkommenden Mechanisierung manueller Arbeitsleistung. Diese häufig zu findende Sichtweise auf die Anfänge der Industrialisierung ist lediglich eine Folge gesellschaftspolitischer Entwicklungen bzw. sich dafür öffnender gesellschaftlicher Rahmenbedingungen. Die gesellschaftspolitischen Rahmenbedingungen zu dieser Zeit lagen in dem Machtstreben einer ersten Weltmacht, England, was der Katalysator technologischer Erfindungen in zahlreichen Wissens- und Anwendungsgebieten wurde. Zusätzlich entstand in diesem Entwicklungssog ein gesellschaftliches Klima für neue wissenschaftliche Sichtweisen und Erfindungen, die von kapitalstarken privaten Personen verstanden wurden und zur Vermehrung ihres Reichtums eingesetzt werden konnten, mit dessen Hilfe u. a. ein immer effizienterer Abbau von Kohle ermöglicht und notwendig wurde. Zusätzlich war der Staat bereit, an Privatpersonen Lizenzen für den Abbau und die Nutzung der Kohle zu vergeben (siehe auch Abschn. 5.3).

In diesem globalisierten Sog an Machtstreben wollten die damaligen europäischen Großmächte wie Russland, Frankreich, Spanien, Deutschland, Italien und andere damalige europäische Staaten (u. a. auch die Staaten in Amerika) nicht zurückstehen. So konnten durch neue Maschinen in der Kohleförderung u. a. neue Belüftungssysteme für die Gruben installiert werden, was tiefere und größere Mienen ermöglichte. Die Nachfrage und der Abbau größerer Mengen Kohle wurde jedoch zu dieser Zeit nicht durch ein „Marketing" der damaligen Kohleindustrie erreicht, sondern es entstand ein durch eine politisch-wirtschaftlich getriebene Expansion der damaligen Weltmacht England ein außerordentlicher Bedarf an Energie, in dessen Expansionsfolge in zahlreichen anderen Staaten (Nachholeffekt) eine immer größere Kohleförderung benötigt wurde. In diesem Rahmen konnten die Brennstoffe auch zu relativ günstigen Preisen in der aufkommenden Industrialisierung der europäischen und amerikanischen Staaten genutzt werden und Maschinen mit heute unvorstellbar schlechten Wirkungsgraden manuelle Arbeiten wirtschaftlich ersetzen. Somit trieben also die globalen Ansprüche der damaligen Weltmacht England den stetig steigenden Abbau fossiler Brennstoffe als Energielieferant globaler, hegemonialer Ansprüche voran. In der Folge dieser Entwicklung entstand Wohlstand und die Möglichkeit zu einem gesellschaftlichen Aufstieg, der wiederum einen Sogeffekt auf die Zivilgesellschaft ausübte und die scheinbare Möglichkeit für ein besseres Leben eines jeden Einzelnen bot.

Die Entwicklung Großbritanniens zur Großmacht wurde auch u. a. durch die Wirren auf dem europäischen Kontinent (z. B. Schlacht von Waterloo vom 18. Juni 1815, Sieg über Napoleon und Wiener Kongress zur Neuordnung von Europa) beflügelt. Mit dem Wiener Kongress, der vor der Schlacht von Waterloo am 9. Juni 1815 endete, dem Sieg von Wellington (England) und Blücher (Preußen) über Napoleon (Frankreich) in Waterloo und der damit endenden Vorherrschaft Frankreichs in Europa – bzw. Napoleons Abdankung am 22. Juni 1815 und damit dem Ende des französischen Kaiserreichs – stieg Großbritannien zur dominierenden Seemacht auf.

Der Wiener Kongress war die Folge der Niederlage Napoleon Bonapartes in den Koalitionskriegen. Der Kongress wurde zur Neuordnung von Europa mit fast allen damaligen Staaten Europas abgehalten (acht Signatarstaaten des Vertrages von Paris; 33 Fürsten, freie Städte und souveräne Staaten Deutschlands; zwölf nichtdeutsche souveräne oder früher souveräne Staaten; 67 Mitglieder des mediatisierten Reichsadels; 28 Delegationen mit partikularen Interessen). In dessen Folge wurde Europa neu aufgeteilt und neue Staaten entstanden. Diese Entwicklungen in Europa förderte die Vormachtstellung Englands und war die Grundlage für die nächsten Jahrzehnte dieses Jahrhunderts, den Welthandel für englische Kaufleute sowie die englische Expansion voranzutreiben.

Die ideologische Grundlage des expansiven Welthandels lieferten die Überlegungen und Schriften von Adam Smith (1723–1790), der bereits Jahrzehnte zuvor den absoluten, *freien Handel* („An Inquiry into the Nature and Causes of the Wealth of Nations", ein 1776 erschienenes Werk über den Wohlstand der Nationen) und die *freiwillige Unterwerfung* der Gesellschaft unter den Automatismus der Marktmechanismen proklamierte. Die Doktrinen Adam Smith' wurden in der Expansion des sich weiter globalisierenden Handels immer stärker zur Handlungsgrundlage im aufsteigenden Empire. Freihandel wurde zu einem Machtinstrument, mit dem die britische Vorherrschaft wichtige Handelsbeziehungen für sich festlegen und den *Zugang* zu den globalen Märkten und Kolonien kontrollieren konnte. Bereits zu dieser Zeit wurden die Rohstoffreserven der Welt wie Kohle und Erze zu einem wichtigen politischen Machtfaktor.

5.1 Schlüsselentwicklungen in den Kohlendioxidemissionen: Ein Kontinent im Aufbruch

Wie im vorherigen Abschnitt entwickelt, war mit dem ausgehenden 19. Jahrhundert Großbritannien die dominierende Weltmacht. Es gründete seine Macht vor allem auf einer starken Seeflotte, dem globalen Handel, zahlreichen Kolonien, einem starken Finanzsystem sowie der Kontrolle der Rohstoffreserven, in deren Sogwirkung Technologieentwicklung im militärischen und zivilen Bereich wie u. a. die globale Entwicklung der Eisenbahn in zahlreichen europäischen, aber auch auf dem amerikanischen Kontinent entstanden. Eine wichtige technische Grundlage für die britische Dominanz in diesem Zeitraum war vor allem die Entwicklung der Dampfmaschine, die die Energie der Kohle in Dampf wandelte und damit eine Mechanik in Gang setzen konnte. Mitte des 19. Jahrhunderts kamen vor allem in den damaligen amerikanischen Staaten immer mehr Raddampfer zum Einsatz. 1818 überquerte der erste Raddampfer den Ärmelkanal. 1838 überquerten zwei

Dampfschiffe den Atlantik. Allerdings wurde das erste Schiff, das vollständig ohne Segel in Betrieb genommen wurde, erst 1889 von Alexander Carlisle konstruiert und in Dienst gestellt.

Eine ähnliche Entwicklung konnte bei der Eisenbahn als zweites wichtiges strategisches Transportmittel beobachtet werden. 1804 wurde für die Bergwerksschienenbahn in Merthyr Tydfil in Südwales die erste selbstfahrende Zugmaschine in Betrieb genommen. Die Entwicklung der schienenbasierten Eisenbahn hat jedoch eine interessante Vorgeschichte. Die Eisenbahnen wurden vor allem im 18. und 19. Jahrhundert durch Pferde angetrieben bzw. gezogen. Durch die sich verteuernden Futtermittel wurde der Einsatz von Dampfmaschinen lukrativ. 1825 wurde die Strecke zwischen „Stockton and Darlington Railway" mit einem von einer Dampfmaschine gezogenen Waggon in Betrieb genommen. 1830 wurde eine weitere Strecke in Betrieb genommen. 1840 wurde der Betrieb der ersten, nach einem Fahrplan betriebenen Stecke für Personen- und Güterverkehr aufgenommen. 1828 wurde die erste Lokomotive in den damaligen USA in Betrieb genommen. 1869 entstand in den damaligen USA die erste transnationale Verbindung zwischen der Ost- und Westküste. Der Siegeszug der Eisenbahn als Transportmittel für Menschen und Güter war nicht mehr aufzuhalten. Der Export dieser Technologie in andere Länder hatte für die damaligen Kolonialmächte wichtige strategische und wirtschaftliche Gründe. Mit dem Export der Lokomotive in die Kolonialgebiete wurde zudem der Verbrauch an Kohle weiter angeregt.

Ein weiterer Megatrend des ausgehenden 18. und des 19. Jahrhunderts war die Produktion und Nutzung von Erdgas bzw. Stadtgas. Diese Gase waren der Anlass, die Entwicklung der heutigen Gasinfrastruktur zu beginnen, um diese Gase in die Haushalte der Menschen transportieren zu können. Die Geschichte[19] der Gasversorgung vor allem in Europa, England und den damaligen amerikanischen Staaten fällt mit der sich breit entwickelnden Kohlenutzung und der Erfindungen von Maschinen zusammen. 1786 entwickelt der französische Ingenieur Philippe Lebon d'Hambersin einen Apparat, der aus Holz und Öl „Leuchtgas" produzierte und zum Leuchten und Heizen nutzte. Er nannte diesen Apparat die „Thermolampe". Für die „Thermolampe" wurde das erste Patent 1799 an Philippe Lebon d'Hambersin in Paris erteilt, in der Gas als Leuchtmittel verwendet wurde. Die erste Gasaußenbeleuchtung wird in Philadelphia (USA) der Öffentlichkeit präsentiert. Dem Deutschen Friedrich Albrecht Winzer gelang es in den Jahren 1807–1808, die ersten Gaslaternen zur Straßenbeleuchtung entlang der Pall Mall, City of Westminster in London, in Betrieb zu nehmen. In England erteilte König Georg III. das Privileg an Friedrich Albert Winzer (Windsor), Gas zur Städtebeleuchtung zu verwenden. 1811 wurden die ersten öffentlichen Gasbeleuchtungsversuche in Deutschland, in Freiberg (Sachsen), durchgeführt. Das weltweit erste Gasunternehmen wurde von dem deutschstämmigen Kaufmann Friedrich Albrecht Winzer 1812 in London gegründet. Am 1. April 1814 wurde das Londoner Stadtviertel St. Margareth durch Gas beleuchtet, was der Öffentlichkeit zeigte, das ganze Stadtteile kontinuierlich beleuchtet werden konnten. 1816 folgte die erste Gasbeleuchtungsanlage in Berlin.

1860 fuhr das erste gasbetriebene Automobil von Paris nach Joinville. In Deutschland wurde drei Jahre, im Jahr 1863, der erste Gasmotor (Gaskraftmaschine) vom

---

[19] Verweis: https://www.dvgw.de/der-dvgw/geschichte/gaserzeugung-1890, 19.12.2021.

Erfinder Nikolas August Otto gebaut und verbessert. Etwas später, im Jahr 1876, entwickelte nun der vom Erfinder zum Unternehmer gewordene Nikolas August Otto den ersten Viertaktmotor mit einer verdichteten Gasladung, der zur Grundlage aller modernen Ottomotoren wurde. Der von Otto entwickelte Gasmotor war der erste Motor, der serienmäßig produziert wurde. Diese kleine Sammlung historischer Entwicklungen im Gasmarkt soll zeigen, dass auch in diesem Technologiefeld eine starke Innovationskraft in dieser Zeit vorherrschte und den Ursprung in der Entwicklung der englischen und europäischen Gasnutzung darstellt. Mit der Entwicklung von Gasanwendungen entstand auch ein erster „Gasmarkt" mit der gleichzeitigen Entwicklung von dazu notwendiger Infrastruktur (Gaserzeugung, Gastransport, Gasnutzungstechnologie).

Das 19. Jahrhundert war ein Jahrhundert der Wandlung gesellschaftlicher Teilhabe an der Macht und der in Europa geführten Kriege, des technologischen Aufbruchs, in dem die ersten Dampfschiffe, Dampfloks und damit die Eisenbahn, die ersten Automobile sowie Straßenbeleuchtungen auf Basis von Erd- und Stadtgas sowie Kohle als Heiz- und Brennstoff zum Einsatz kamen. Diese damalige gesellschaftliche Entwicklung, ausgehend von England, übergreifend auf Europa und die damaligen USA, ist die Grundlage der heutigen historischen Industrienationen. Sie zeigt die Wurzel und das gesellschaftliche Umfeld der damaligen Zeit, in dem so eine Entwicklung möglich wurde. Um im Bild der vorherigen Kapitel zu bleiben, beschreibt es nicht die Mechanik der Uhr, sondern ist das Gehäuse, in das die gesellschaftlichen Zahnräder und Mechaniken zum Thema Klimawandel eingebettet sind.

5.2 Gesellschaftliches Klima im 19. Jahrhundert: Hintergrund der sich entwickelnden Industrialisierung und des industriell geprägten Kapitalismus

Aufbauend auf dem vorherigen Abschnitt, in dem der gesellschaftliche Ursprung der Technisierung, Mechanisierung und Automatisierung (Industrialisierung) vorwiegend in den europäischen Staaten kurz gestreift wurde, wird in diesem Abschnitt die gesellschaftliche und politische Einbettung dieser Entwicklung etwas genauer betrachtet. Der Abschnitt ist ein weiteres zentrales Zahnrad in dem gesellschaftlichen Uhrwerk, das hier analysiert wird. Es zeigt die andere, nichttechnische Seite, auf der die Mechanisierung das gesellschaftliche Leben in den verschiedenen europäischen Gesellschaften immer stärker durchdringen konnte. Zusammen mit dem vorherigen Abschnitt wird deutlich, dass es vier wichtige Strömungen in dieser Zeit gab: 1) den Aufbruch durch neues Denken, Erfindungen, Mechanisierung und damit verbundene fantastische Entwicklungen in der damaligen Zeit, die in der Öffentlichkeit viele Menschen begeisterten, 2) den Umbruch vor allem der europäischen Gesellschaften in neue Strukturen, gepaart mit Krieg, Hunger und großem Leid der Menschen, 3) den neuen Möglichkeiten und Hoffnungen durch sich neu bildende Gesellschaftsbereiche (Unternehmer, Erfinder, Mittelstand, …) in Verbindung neuer Technologien sowie 4) Entdeckung und Zugang immer breiterer Bevölkerungsteile zu fossilen Energien mit den damit verbundenen realen Verbesserungen für die einzelnen Menschen

(u. a. Ofenheizung, Straßenbeleuchtung, Mobilitätsfortschritte durch Dampfschiffe und Eisenbahnen, ...). Um diese Strömungen als zentrale gesellschaftliche Entwicklung hin zu einem Klimawandel als gesellschaftliche Erkenntnis der Moderne, sowie als Naturphänomen und Reaktion dieser Entwicklung zu verstehen, sind die folgenden Abschnitte entwickelt worden. Sie beschreiben die zentralen Zahnräder im gesellschaftlichen Uhrwerk, die auch als *Industrialisierung* und Ursprung des Klimawandels bezeichnet werden.

Ausgehend vom Wiener Kongress von 1814/1815 wurde Europa neu geordnet und die dominanten Staaten wie Frankreich, Großbritannien, Russland, Österreich und Preußen etablierten untereinander ihre Einflusssphären. Mit dem Wiener Kongress wurde die Zeit der Restauration eingeleitet, in der die Regierungen in den jeweiligen Ländern die Wiederherstellung der traditionellen monarchischen Gesellschaftsordnung vorantrieben (Erhaltung der Herrschaftsordnung). Die Idee der Französischen Revolution ließ sich auch nach dem Sieg 1815 über Napoleon nicht dauerhaft zurückdrängen. Der Zeitgeist brachte neue Rechte und Reformen in der Form von neuen Parlamenten und Wahlrechten. Der Zeitgeist stand gegen eine Restauration im Sinne einer Wiederherstellung der vorrevolutionären Gesellschaftsverhältnisse. In der ersten Jahrhunderthälfte prägte vor allem das Ringen um neue Verfassungen die innenpolitischen Kräfte. In Frankreich und Großbritannien reagierte man auf die revolutionären Kräfte mit der politischen Emanzipation und den Reformen, die eine größere Beteiligung des Volkes einleiteten. In den Ländern wurden damit die Grundlagen einer parlamentarischen Monarchie gelegt. Russland, Preußen und die Habsburgermonarchie verschlossen sich diesem Zeitgeist des politischen Wandels. Die Monarchien ließen keine „Volkssouveränität" zu. In vielen Regionen Europas hatten sich soziale Spannungen aufgebaut, die sich in der „europäischen Revolution" von 1848/1849 entluden. Heute kann man als langfristiges Ergebnis dieser europäischen Konflikthandlung einen Langzeiteffekt ausmachen, in dem die Bauernbefreiung und Agrarreformen abgeschlossen wurden, das Verfassungsprinzip durchgesetzt wurde, die individuellen Grundrechte weitgehend gesichert und eine Parlamentarisierung der politischen Ordnung eingeleitet wurden.

In der Zeit von 1815 bis 1853 herrschte in Europa ca. 40 Jahre überwiegend Frieden. Die nach 1815 folgenden Jahrzehnte sollten durch grundlegende Umwälzungen geprägt sein! Neben den zahlreichen Kriegen, die in diesem Jahrhundert stattfanden {1820–1847 Revolutionsversuch in Italien, 1821–1832 Griechischer Unabhängigkeitskrieg, 1823 französische Invasion in Spanien, 1826–1828 Russisch-Persischer Krieg, 1830–1833 belgischer Unabhängigkeitskrieg, 1847 Sonderbundskrieg in der Schweiz, 1848 Großpolnischer Aufstand, 1848/49 Sardinisch-Österreichischer Krieg, 1848/49 Ungarische Revolution, 1848/49 Badische Revolution, 1848–51 Schleswig-Holsteinische Erhebung, 1853 Montenegrinischer Krieg, 1853–1856 Krimkrieg, 1859 Sardinischer Krieg, 1860–1870 italienische Unabhängigkeitskriege, 1864 Deutsch-Dänischer Krieg, 1866 Preußisch-Österreichischer Krieg bzw. Deutscher Krieg, 1870/71 Deutsch-Französischer Krieg, 1872–1876 Dritter Karlistenkrieg (Spanien), 1876–1878 Serbisch-Osmanischer Krieg, 1877–1878 Russisch-Osmanischer Krieg, 1878 Okkupationsfeldzug von Österreich-Ungarn in Bosnien, 1885–1886 Serbisch-Bulgarischer Krieg, 1897 Türkisch-Griechischer Krieg, 1898 Spanisch-Amerikanischer Krieg = ein Jahrhundert der Kriege}, erstritt sich das Bürgertum neue Freiheiten. In vielen europäischen Staaten wurden neue Verfassungen eingeführt, die ein neues Verhältnis zwischen Bürger und Staat festlegten, was vor dem Hintergrund der technischen Entwicklungen und der damit verbundenen neu entstehenden „Mittelklasse" mit neuen Ansprüchen berücksichtigt werden musste. Erste neue politische Parteien wurden in diesem Jahrhundert gegründet. Ich gehen etwas später noch etwas genauer auf das spannende gesellschaftliche Klima dieser Zeit ein, ohne das eine „industrielle Entwicklung" bzw. „die Industrialisierung" nicht möglich gewesen wären.

1871 gründete sich das deutsche Kaiserreich und vereinte mit diesem Akt zahlreiche kleinere Bundesländer. Dem ging 1815 der Deutsche Bund voraus. Er war die Grundlage für die Diskussionen in der Frankfurter Nationalversammlung 1848/49 für die Entstehung des Deutschen Reichs. Während der Zeremonie zur Reichsgründung am 18. Januar 1871 im *Spiegelsaal von Versailles* befand sich das Kaiserreich noch im Deutsch-Französischen Krieg. Parallel im Zeitraum der Jahre von 1848 bis 1870 tobten in Italien drei Unabhängigkeitskriege. Am 17. März 1861 wurde Viktor Emanuel II. in Turin zum König Italiens ausgerufen. Das Königreich Italien war geboren und vereinte zahlreiche kleine Herrschaftsgebiete.

Das gesellschaftliche Klima im 19. Jahrhundert war geprägt von fundamentalen Reformen, die ihren Ursprung in der Französischen Revolution hatten und in den von den napoleonischen Kriegen besetzten Gebieten eingeführt wurden. Die Ausstrahlung dieser staatlichen Reformen wurde von zahlreichen Fürstentümern aufgegriffen. Die feudalen Gesellschaftsordnungen in Europa lösten sich auf. Europa war in den letzten Jahrhunderten durch Monarchien geprägt. Die *Legitimation* eines Monarchen wurde durch die Kirche bestimmt bzw.

war *durch Gottes Gnaden* gegeben. Im 19. Jahrhundert wurde diese Legitimation durch zahlreiche Gruppen in der Gesellschaft der Staaten infrage gestellt, Reformen wurden gefordert, Parlamente gegründet und eine Wahl der Bürger wurde eingeführt. Die vormals in kleinere Herrschaftsgebiete zersplitterten Gebiete formten sich zu den heute in Europa bekannten Ländern und hatten den Wunsch, ein besseres Leben führen zu wollen, als sie es vorher kannten.

Eine weitere wichtige gesellschaftliche Entwicklung wurde durch neue Drucktechniken eingeleitet, die der gedruckten Nachrichten. Das erste Massenmedium entstand. Mit dieser neuen Technik konnten sich gesellschaftliche Meinungen und Entwicklungen nun viel schneller verbreiten als in den Jahrhunderten vorher. Die Hürde von Bildung und die Fähigkeiten, die gedruckten Texte lesen zu können, wurden durch „Erzählungen" (Gerüchte oder Mundpropaganda) ausgeglichen. In England wurde die Pressefreiheit formal ab 1830 eingeführt und in Deutschland im Jahr 1874. Mit den aufkommenden gedruckten Massenmedien entstanden neue *politische Ideologien*, wie u. a. in der zweiten Hälfte des Jahrhunderts die Ideologie des *Sozialismus*.

Die Jahrtausende alten Strukturen der Stände lösten sich auf und wurden schrittweise durch bürgerliche Strukturen ersetzt. In der Ständegesellschaft waren der gesellschaftliche Rang eines Menschen und die damit verbundenen Rechte an die Geburt gebunden. Mit der Entwicklung der bürgerlichen Gesellschaft lösten sich diese Abhängigkeiten auf. Der einzelne Mensch einer Gesellschaft hatte prinzipiell gleiche Rechte und Pflichten. Durch die unterschiedlichen Voraussetzungen eines Individuums an Reichtum, Beziehungen, Bildung und Geschlecht konnten jedoch diese prinzipiellen Rechte des Einzelnen nicht von jedem auch gleich genutzt werden. Diese Unterschiede führten zur Entwicklung von neuen gesellschaftlichen Schichten. Mit der Entwicklung neuer Technologien, Entstehung von Fabriken, Entstehung neuer Märkte, angetrieben durch fossile Energieträger, prägten sich die gesellschaftlichen Schichten immer weiter in ihren sozialen Unterschieden aus. Die Ungleichheiten in den einzelnen Gesellschaften waren in ganz Europa vor dem Hintergrund dieser Entwicklungen groß. Die Strukturen des Adels blieben dagegen größtenteils erhalten. Der Adel entwickelte wirtschaftliche Aktivitäten und stärkte damit seine auch weiterhin vorhandene bedeutende gesellschaftliche Stellung.

Im Verlauf des 19. Jahrhunderts entstanden in ganz Europa viele *Nationalstaaten*. Mit der Entstehung von Nationalstaaten wurde auch die *Staatsbürgerschaft* eingeführt. Mit ihr wurde eine Person einem Nationalstaat als zugehörig erklärt. Damit erhielt eine Person erstmals eine dokumentierte persönliche Identität zu einem Staat, einem Kulturraum, einem weitestgehenden einheitlichen Sprachraum, die über die früheren Stände weit hinausging. Andererseits entwickelten sich auf dieser Grundlage auch klar unterscheidbare Zugehörigkeiten von einzelnen Personen aus verschiedenen Nationalstaaten heraus. Die *nationale Identität* entfaltete sich und mit ihr die Ideologie der Nationalisten, die die Idee von *einheitlichen Charaktermerkmalen* eines Staatsvolkes entwickelten. Daraus konnte sich für die neuen Nationen ein starkes Wir-Gefühl aufbauen und eine Abgrenzung zu Anderen und anderen Nationen etablieren. Zum Ende des 19. Jahrhunderts entwickelte sich ein „Rennen" um die Vorherrschaft der führenden europäischen Nationen auf dem Kontinent Afrika[20]. Die Kolonialisierung Afrikas wurde vor allem getrieben durch die Erwartung der Regierungen,

---

[20] Siehe auch: https://de.wikipedia.org/wiki/Wettlauf_um_Afrika, 12.12.2022.

von einflussreichen Industriellen und Bankern, neue Rohstoffe zu finden und neue Absatzmärkte nutzen zu können. Die noch existierenden Monarchien traten auch aus Prestigegründen in die *Konkurrenz der europäischen Staaten* ein, die meisten Kolonien für seinen eigenen Staat erobert zu haben. Ein Prestigekampf um die meisten eroberten Kolonien (eine Parallele zum ersten Kapitel 1, Abschnitt 1.2.7 „Symbole, Glaube und Verehrung … und Konkurrenz", in dem beschrieben wird, wie die Klans ebenfalls heftige Prestigekämpfe austrugen). Durch diese Entwicklung der nationalen Identitäten auf Basis einer starken nationalen Ideologie in den jeweiligen Ländern, ihrer technologischen Entwicklungen, ihrer Nutzung fossiler Energien und ihrer Modernisierung in den Städten fühlten sich die Europäer und US-Amerikaner, die vor allem durch europäische Auswanderer geprägt waren, allen anderen Kulturen überlegen! Ihre „Überlegenheit" verband sich mit dem christlichen Glauben und der Vorstellung bzw. der Gewissheit, die Völker Afrikas von ihren Idealen, ihrer Kultur und ihrem christlichen Glauben missionieren zu müssen. Vor allem England gliederte in beispielhafter Weise die neuen Kolonien in seine Verwaltungsstrukturen ein und expandierte bis Ende des Jahrhunderts zur Weltmacht, dem britischen Empire[21].

In dem in Europa[22] vorherrschenden gesellschaftlichen Klima des Wandels, der Auflösung jahrhundertealter gesellschaftlicher Strukturen, der Bildung neuer gesellschaftlicher Klassen, den in Europa weitergeführten kriegerischen Konflikten und dem damit verbundenen Erfolgsdruck der Eliten, den neuen technischen Entwicklungen und der Expansion der Nationen zu welt-

---

[21] Siehe auch: https://de.wikipedia.org/wiki/Britisches_Weltreich, 12.12.2022.
[22] Siehe auch: https://de.wikipedia.org/wiki/Geschichte_Europas, 12.12.2022.

umspannenden Kolonialmächten entstanden neue Märkte, die Rohstoffe und fossile Energie in bisher nicht bekannter Dimension nachfragten, damit auch ein immer stärker sich kumulierender Reichtum und Wohlstand in den Ländern entstand. Europa war vor allem in diesem Jahrhundert der Kontinent mit den meisten Staaten, die aus Rohstoffen komplexe Produkte herstellen, transportieren/exportieren und betreiben konnten. Diese technologischen, wirtschaftlichen und durch politische Machtansprüche sich verstärkenden Entwicklungen (u. a. Kolonialisierung von Afrika aus Prestigegründen) der sich neu bildenden Nationalstaaten ließen vor allem die europäischen, aber auch andere Staaten, wie die damaligen amerikanischen Staaten bzw. sich vereinigenden Staaten, zu den heutigen Industrienationen werden.

Die Energiebasis dieser Entwicklung basierte im 19. Jahrhundert hauptsächlich auf der fossilen Kohle, gefolgt vom sich entwickelnden Gas als weitere Energiequelle. Die oben beschriebene komplexe gesellschaftliche Entwicklung in Europa war der Katalysator für fossile Energien konsumierende Maschinen als Teil dieser gesellschaftlichen Entwicklung und dem Entstehen einer neuen bürgerlichen Schicht, die Reichtum und Einfluss erlangen konnte. Die Industrie, inklusive einer chemischen Industrie, entwickelte sich auf Basis fossiler Energien mit allen technischen Details, die für die Verarbeitung dieser fossilen Energieträger notwendig waren und heute unsere technische und gesellschaftliche Grundlage darstellen.

Noch etwas verdeckt entwickelte sich ebenfalls im 18. Jahrhundert eine Alternative zur Kohleförderung: die Nutzung von *Erdöl*, das mit dem Ende des 19. Jahrhunderts zusätzlich zu einem wichtigen internationalen Machtinstrument werden sollte. Damit entsteht die *dritte* fossile Energiequelle, neben Gas und Kohle. Die erste kommerzielle, erfolgreiche Erdölbohrung erfolgte 1858 unter Leitung von Georg Christian Konrad Hunäus[23] im niedersächsischen Wietze. Dieser Fund war jedoch zufällig, weil man eigentlich nach Braunkohle suchte. 1859 suchte Edwin L. Drake[24] erstmalig gezielt nach Öl und fand am Creek in Titusville, Pennsylvania, eine erste Lagerstätte. 1853 destillierte Abraham Schreiner in Borysław (ukrainische Stadt) ein klares Destillat, was zu ersten kontinuierlichen Erdölförderungen in Europa führte[25]. Der Amerikaner Abraham P. Gesner[26] entwickelte ein Verfahren zur Gewinnung von Petroleum aus Ölschiefer, was er 1855 patentieren ließ. Diese Entdeckung war die Grundlage für die dann folgende systematische Suche und die sich anschließend entwickelnde industrielle Exploration von Lagerstätten zur Förderung von Erdöl. Petroleum wurde vor allem als Leuchtmittel bis Anfang des 20. Jahrhunderts eingesetzt. Erst mit der Entwicklung des Automobils bzw. der Entdeckung, dass Erdöl auch in Kesseln alternativ zur Kohle verbrannt werden und Motoren antreiben konnte, entstanden eine neue Nachfrage und Begehrlichkeiten nach diesem Rohstoff. Noch bis 1914 waren nur wenige Schiffe der englischen Marine von Kohlefeuerung auf Ölfeuerung umgerüstet worden. Wir werden uns der Entwicklung des Erdöls als Hauptenergieträger in einem eigenen Kapitel widmen.

In den vorherigen Abschnitten wurde eine Übersicht in der Entwicklung und den Anfängen verschiedener fossiler Energiequellen präsentiert. In den folgenden

---

[23] Siehe auch: https://de.wikipedia.org/wiki/Georg_Hunaeus, 13.12.2022.

[24] Siehe auch: https://de.wikipedia.org/wiki/Edwin_L._Drake, 13.12.2022.

[25] Quelle: https://de.wikipedia.org/wiki/Erd%C3%B6l#Historische_Verwendung_und_F%C3%B6rderung, 08.01.2022.

[26] Quelle: https://de.wikipedia.org/wiki/Erd%C3%B6l#Historische_Verwendung_und_F%C3%B6rderung, 08.01.2022.

Abschnitten werden die gesellschaftlichen Umfeldbedingungen dieser Zeit in den einzelnen Bereichen Kohle, Öl und Gas untersucht. Das Schlagwort, dass die heutigen globalen Kohlendioxidemissionen im Wesentlichen von der *Industrialisierung* stammen, erscheint oberflächlich und eigentlich schlagwortartig. Die hier gezeigten Analysen zeigen eher einen allgemeinen gesellschaftlichen Trend in England und Europa, sowie eine durch die Auswanderung zahlreicher Europäer in die damaligen amerikanischen Staaten exportierte gesellschaftliche Entwicklung von erheblichen gesellschaftlichen Umbrüchen. Die *Industrialisierung* war ein Teil der gesellschaftlichen Umbrüche, der Befreiung von alten Herrschaftsstrukturen, Armut und Unterdrückung, und stand im Kontext dieser Entwicklung. Im Rahmen der damit verbundenen Entwicklungen entstanden neue Märkte, die immer mehr Menschen versorgen konnten, was einen zaghaften Wohlstand für die Menschen in den jeweiligen Staaten brachte. Die mit den damaligen gesellschaftlichen Umbrüchen einhergehenden und sich entwickelnden Kohlendioxidemissionen, wie z. B. durch den Aufbau einer Schwerindustrie, Bau neuer Dampfmaschinen, Kohle für die private Versorgung zum Heizen und Kochen (z.B. der Londoner Nebel) etc., waren ein Teil dieses gesellschaftlichen Umbruchs, ungeplant, ungewollt und unbedacht. Eine Gesellschaft, die nun nach einem besseren Leben streben konnte, sich von den Jahrhunderte lang vorherrschenden Strukturen der Unterdrückung, durch eine herrschenden Elite *von Gottes Gnaden,* befreien konnte und jetzt eine Teilhabe an der Macht (Wahlen) erreichte. Mithilfe von technologischen Erfindungen, eine sich neu erschaffende Industrie entstand, mit neuen Erkenntnissen aus den sich entwickelnden Wissenschaften neue visionäre Vorstellungen diskutiert wurden, in dieser Sogwirkung ein materieller Wohlstand für viele erreichbar wurde, sowie prinzipielle Freiheiten sich entwickelten, mit dem Versprechen für jeden Einzelnen Wohlstand in Zukunft erlangen zu können (Kapitalismus). Das waren die Fundamente des gesellschaftlichen Wandels, in dessen gesellschaftlicher Befreiung dieser Staaten Wohlstand für ganze Völker, die heutigen *alten Industriestaaten*, aufgebaut werden konnte. Die Ursache war demnach nicht die Industrialisierung, sondern der Wunsch und die Gelegenheit der europäischen Völker ein besseres Leben erreichen zu können, in dessen Folge die *Industrialisierung* erfolgte. Demnach sind die heutigen Kohlendioxidemissionen aus dieser Entwicklungsphase Europas und Englands eine Folge vom Aufbruch dieser Völker in ein Zeitalter mit weniger Armut, weniger Krankheiten, längerer Lebenszeit, mehr Bildung, individueller Freiheit, sozialer Absicherung (Entwicklung einer allgemeinen Krankenversicherung 1883), politischer Partizipation, Entwicklung des Rechts, Technologieentwicklung, Wohlstandsentwicklung für viele und dem Aufbruch in die Moderne.

Diese Einsicht ist besonders wichtig, weil die heutige globale atmosphärische Konzentration an CO_2 nur über einen längeren Zeitraum (hunderte Jahren) aufgebaut werden konnte, um das heutige Niveau von ca. 420 ppm (im Jahr 2020) zu erreichen. In den frühen Jahren des in verschiedenen Staaten stetig steigenden Kohlekonsums (18. Jahrhundert und 19. Jahrhundert) entstanden Nachfrage und Angebot an Kohle in zahlreichen gesellschaftlichen und wirtschaftlichen Bereichen. Die Vermutung/These ist, dass zunächst die natürlichen Systeme der Erde diese steigenden Emissionen aus einer kleinen Anzahl von Staaten aus der Kohleverbrennung kompensieren konnten (Toleranz natürlicher Systeme). Erst mit der Überschreitung eines Schwellwerts an Emissionen durch die verbrannten fossilen Energieträger der Kohle im 19. Jahrhundert und mit Beginn des 20. Jahrhunderts additiv, sowie in Folge eine verstärkte Emissionen durch die beiden Energieträger Erdöl und Erdgas, zusätzlich eine Änderungen der Landoberfläche durch zivilisatorische Entwicklungen (Waldrodungen, neue Siedlungen, weltweiter Tagebau, Stauseen, Städtebildung, Landschaftsversiegelung etc.), wurden vermutlich die natürlichen Kompensationsmechanismen des globalen Klimasystems (Überschreitung der Abbaufähigkeit der natürlichen Treibhausgassenken) überfordert (Überschreitung von Systemtoleranzen) und die Voraussetzungen für einen exponentiellen Anstieg der Treibhausgase erst möglich, wie es heute zu beobachten ist. Nach den Langzeitaufzeichnungen der Kohlendioxidemissionen (siehe auch Abb. 5.6) und meinen eigenen statistischen Interpretationen müsste dieser Punkt in den Jahren von 1906 bis 1948 (1954) liegen. Folgt man den wissenschaftlichen Theorien zu dieser Thematik eines Kipppunktes („Point of no Return"[27]), wäre theoretisch dieser Punkt der letzte Umkehrpunkt, die letzte realistische Möglichkeit der Menschheit gewesen, die damaligen vorindustriellen klimatischen Verhältnisse, die über Jahrtausende mit einer CO_2-Konzentration zwischen 140 und 280 ppm lagen, sichern zu können. In den Klimawissenschaften und in der Politik wird ein Zeitraum bis 2050[28] angegeben (Zitat Bundesumweltamt: „Um eine derartige Stabilisierung [der

---

[27] Siehe auch: http://thepointofnoreturn.org/index.shtml, https://www.science.org/content/article/climates-point-no-return, und https://www.scientificamerican.com/article/have-we-passed-the-point-of-no-return-on-climate-change/, und https://www.futura-sciences.com/de/klimawandel-wie-lange-dauert-es-noch-bis-zum-point-of-no-return_6931/, und https://news.un.org/en/story/2018/09/1018852, und https://www.researchgate.net/publication/353825110_Climate_breakdown_has_passed_the_point_of_no_return, 11.12.2022.

[28] Quelle: https://www.umweltbundesamt.de/sites/default/files/medien/publikation/long/3283.pdf, Absatz: 4.1 Begründung der Minderungsmaßnahme, 16.12.2022.

Treibhausgasemissionen] zu erreichen, ist es erforderlich, dass die globalen Emissionen noch höchstens etwa bis zum Zeitraum 2015 bis 2020 steigen dürfen, um dann bis 2050 auf unter die Hälfte des Niveaus von 1990 zu sinken."[29]). Beide Zeitpunkte könnten richtig sein. Um in dem im ersten Kapitel 1 entwickelten Bild zu bleiben: Der erste Umkehrpunkt ist der Zeitpunkt, an dem „der letzte Baum gefällt wird", aber noch sichtbar wenige „Bäume" vorhanden sind (Verweis auf das Kapitel 1 und 2). Der zweite Umkehrpunkt, der von den Klimawissenschaften definiert wird, könnte der Punkt sein, an dem „der tatsächlich letzte Baum gefällt wird". Generell kann aber davon ausgegangen werden, dass keine *Apokalypse* zu irgendeinem heute ausgerufenen Zeitpunkt auf uns wartet. Vielmehr werden die Auswirkungen heutiger CO_2-Anreicherungen über Jahrhunderte in der Atmosphäre sich entwickeln, verbleiben und über eben diese Zeiträume in einem schleichenden Prozess auch erst ihre volle Wirkung entfalten. Wie weiter oben bereits beschrieben, sollten sich verstetige Änderungen für uns erst in für das Klima kurzen Zeiträumen von ca. 500 bis 1000 Jahren vollständig auswirken. Dieser für uns Menschen lange Zeitraum ist zugleich auch unsere *Chance zur Anpassung*, unsere Zivilisationen nicht durch eine geschürte Panik, Angst und scheinbare Auswegslosigkeit in gesellschaftlich fatale Abgründe zu stürzen, die wir dann zusätzlich selbst herbeigeführt haben. In dem folgenden Kapitel wird der Übergang von der intensiven Kohlenutzung zur Öl- und Erdgasnutzung betrachtet, was im Wesentlichen unsere heutige globale Situation in der Nutzung fossiler Energie beschreibt.

---

[29] Quelle: https://www.umweltbundesamt.de/themen/klima-energie/klimawandel/zu-erwartende-klimaaenderungen-bis-2100, 16.12.2022.

5.3 Die Ablösung der Kohle als Hauptenergieträger und die Entwicklung der Erdöl- und Gasmärkte

Mit dem Beginn des 20. Jahrhunderts war England zu einer globalen Macht und Industrienation aufgestiegen. Kontrahent auf dem europäischen Festland war vor allem das deutsche Kaiserreich. Durch die rasante technische Entwicklung auf verschiedenen Ebenen wurde die Bedeutung des Öls immer deutlicher. Mit Beginn des neuen Jahrhunderts hatten die meisten Staaten Europas und Englands und die USA die Bedeutung des Öls als neuer Energieträger und als strategische Waffe in der Verwundbarkeit der nationalen Interessen erkannt.

1904 setzte der britische Geheimdienst unter dem neu ernannten obersten Admiral der Marine, Captain Fisher[30], einen Ausschuss ein, der Vorschläge erarbeiten sollte, wie für die englische Kriegsflotte die Ölversorgung zukünftig sichergestellt werden könne. Der Persische Golf gehörte zu dieser Zeit noch zum Osmanischen Reich. Persien gehörte zu dieser Zeit noch nicht zum britischen Empire. Bereits im Jahr 1892 warnte der spätere Vizekönig von Indien, Lord Curzon[31], schriftlich vor der Vergabe von Konzessionen an Russland zum Bau von Häfen im Persischen Golf[32]. Lord Curzon benannte

---

[30] Siehe auch: https://de.wikipedia.org/wiki/John_Fisher,_1._Baron_Fisher, 11.12.2022.

[31] Siehe auch: https://de.wikipedia.org/wiki/George_Curzon,_1._Marquess_Curzon_of_Kedleston, 12.12.2022.

[32] Siehe auch: Bücher von Lord Curzon: Russia in Central Asia (1889) https://archive.org/details/russiaincentrala032476mbp; Persia and the Persian Question (1892) Persia and the Persian Question, volume I (bahai-library.com); Problems of the Far East (1894) https://archive.org/details/in.ernet.dli.2015.533900.

mögliche Bestrebungen dieser Art als eine vorsätzliche Beleidigung Englands, die einer Kriegsprovokation gleichkäme. 1905 änderte sich die Lage zugunsten der britischen Regierung. Unter der Führung von Sidney Reilly[33], der vom britischen Geheimdienst nach Persien geschickt wurde, sollten die Schürf- und Förderrechte auf mineralische Rohstoffe von dem Geologen und Ingenieur William Knox D'Arcy[34] abgekauft werden. Knox D'Arcy studierte die persischen heiligen Schriften und stieß dabei auf die „Feuersäulen", die an den heiligen Stätten des altpersischen Feuergottes Ormuzd[35] brennen sollten. Er glaubte an einen realen Grund dieser Mythen und durchstreifte die ehemaligen Orte altpersischen Glaubens. Er sollte Jahre später in der Gegend von Schuschtar[36] im Norden des Persischen Golfs erfolgreich Öl finden.

Seine Arbeiten und Reisen wurden um die Jahrhundertwende auch vom damaligen persischen Schah Mosaffar ad-Din[37] bemerkt. Schah Mosaffar ad-Din wandte sich an den Ingenieur Knox D'Arcy, um Pläne zur Modernisierung von Persien zu entwickeln. Einer dieser Pläne war der Bau eines Eisenbahnnetzes quer über das Land. Knox D'Arcy erhielt vom Schah für seine Tätigkeiten 1901 eine königliche Konzession mit weitreichenden Nutzungsmöglichkeiten und zwar „… für einen Zeitraum von 60 Jahren alle Rechte und die unbegrenzte Freiheit, auf persischen Boden Untersuchungen und Bohrungen vorzunehmen. Die dabei im Erdboden gefundenen Substanzen sollten ohne Aus-

---

[33] Siehe auch: https://de.wikipedia.org/wiki/Sidney_Reilly, 12.12.2022.
[34] Siehe auch: https://de.wikipedia.org/wiki/William_Knox_D%E2%80%99Arcy, 12.12.2022.
[35] Siehe auch: https://de.wikipedia.org/wiki/Ahura_Mazda, 12.12.2022.
[36] Siehe auch: https://de.wikipedia.org/wiki/Schuschtar, 12.12.2022.
[37] Siehe auch: https://de.wikipedia.org/wiki/Mozaffar_ad-Din_Schah, 12.12.2022.

nahme sein unantastbares Eigentum bleiben."[38] Eine sehr weitreichende Vereinbarung, die erst später von beiden Parteien in ihrer tatsächlichen Tragweite erkannt wurde.

Damit verfügte Knox D'Arcy über eines der wertvollsten Dokumente seiner Zeit. Mit diesem Dokument hatte er damit für seine Erben und Rechtsnachfolger die Exklusivrechte über die Ölvorkommen in Persien bis Ende der 1960er Jahre. Diese Rechte sollten nun an England fallen. Doch Knox D'Arcy wollte mit dem Pariser Bankhaus Rothschild, das als Vertreter der französischen Regierung auftrat, einen Vertrag über eine gemeinsame Ölfördergesellschaft unterzeichnen, was den britischen Interessen nicht entsprach. Da Knox D'Arcy auf erste Ölfunde getroffen war und damit nach seiner Sicht seine Vermutung bestätigt wurde, wollte er 1905 wieder zurück in seine Heimat Australien. Der Entsandte des britischen Geheimdienstes, Sidney Reilly, gab sich gegenüber dem streng gläubigen Knox D'Arcy als Priester aus und überzeugte ihn, seine Exklusivrechte nicht den baptistischen Franzosen zu überlassen. Er bot Knox D'Arcy an, seine Rechte an die britische Anglo-Persian Oil Company[39] zu übertragen. Zum Vertragsabschluss kam der Schotte Lord Strathcona[40], der der größte Anteilseigner der Anglo-Persian Oil Company war. Mit dem Vertragsabschluss gelangte eine der damals größten Öllagerstätten in die Kontrolle der britischen Regierung.

In dem gleichen Entwicklungszeitraum, ab 1888, erhielt eine Gruppe Industrieller unter der Leitung

---

[38] Siehe auch: https://en.wikipedia.org/wiki/D%27Arcy_Concession, und Fußnote , 14.12.2022.

[39] Siehe auch: https://de.wikipedia.org/wiki/Anglo-Persian_Oil_Company, 12.12.2022.

[40] Siehe auch: https://en.wikipedia.org/wiki/Baron_Strathcona_and_Mount_Royal, 12.12.2022.

5 Wie entsteht der globale Wert der ...

der Deutschen Bank von der türkischen Regierung die Konzession zum Bau einer *Eisenbahnstrecke* von Konstantinopel durch ganz Anatolien. In dessen Folge wurde eine zweite Konzession zum Bau einer Stecke von Konya nach Bagdad[41] vergeben, der nach dem Staatsbesuch von Kaiser Wilhelm II.[42] 1899 unterzeichnet wurde. Damit wurden die deutsch-türkischen Beziehungen gefestigt. Auf dieser Basis entstand die Eisenbahnstrecke *Berlin-Bagdad*. Unter der Führung des Deutschen Karl Helfferich[43] wurden die Verhandlungen zwischen Deutschland und der Türkei zum Bau der Bagdad-Bahn abgeschlossen. Nach seiner Auffassung gab es vor 1914 keine Konfliktpunkte zwischen Deutschland und England, mit Ausnahme der Konkurrenz bei der Marine, die zu größeren Spannungen zwischen den Ländern geführt hätten, als dieses Eisenbahnprojekt. Zur Beschwichtigung dieser Spannungen wurden in der neu gegründeten Anatolischen Eisenbahngesellschaft[44] neben den Akteuren Türkei, Deutschland, Österreich und Italien auch britische Anteilseigner aufgenommen. Auf dieser Grundlage wurde die erste Strecke realisiert. Mit dem Bau der Bahnstrecke wurde der technische Fortschritt in vollkommen unterentwickelte Gebiete der Türkei getragen und damit das Fundament eines technischen Fortschritts geschaffen, mit dem man Rohstoffe und Truppen transportieren konnte.

---

[41] Siehe auch: https://de.wikipedia.org/wiki/Bagdadbahn, und https://www.vorkriegsgeschichte.de/die-bagdadbahn-1900-1914/.
[42] Siehe auch: https://de.wikipedia.org/wiki/Wilhelm_II._(Deutsches_Reich), und https://de.wikipedia.org/wiki/Bagdadbahn, 12.12.2022.
[43] Siehe auch: https://de.wikipedia.org/wiki/Karl_Helfferich, 11.12.2022.
[44] Siehe auch: https://de.wikipedia.org/wiki/Anatolische_Eisenbahn, 12.12.2022.

Mit dem Bau schloss Deutschland in den Reigen von England und Frankreich auf, außerhalb ihrer Territorien Eisenbahnstrecken gebaut zu haben. Das deutsch-türkische Projekt war jedoch auch in seiner Dimension allen anderen Projekten weit überlegen. Noch nie wurden solche damals höchst modernen Verkehrswege so angelegt, dass sie zum Rückgrat einer industriellen Entwicklung in den angrenzenden Regionen werden konnten. Um die Dimension dieser Entwicklung in der Verteidigung der damaligen staatlicher Interessen europäischer Kontrahenten gut verstehen zu können, ist ein Zitat von R.G.D. Laffan[45], dem damaligen britischen Militärberater in Serbien, hilfreich: [46] „Rußland würde durch diese Barriere von England und Frankreich, seinen Freunden im Westen, abgeschnitten. ... Die deutsche und türkische Armee könnte leicht auf Schussweite an unsere Interessen in Ägypten herankommen. Vom Persischen Golf aus würde unser indisches Empire bedroht. Der Hafen von Alexandropoulos und die Kontrolle über die Dardanellen würde Deutschland im Mittelmeerraum bald eine enorme militärische Seemacht verleihen." In Deutschland war man sich der Interessenlage Englands am Persischen Golf und Suez bewusst. Deshalb fuhr 1899 Kaiser Wilhelm II. nach England zu seiner Großmutter, der britischen Königin Viktoria (1837–1901), um die Interessenlage von England in das Projekt der Bagdad-Bahn zu integrieren. Trotz einer kleinen britischen Beteiligung an der Bahn-

---

[45] Siehe auch: https://de.scribd.com/document/92304328/R-G-D-Laffan-Guardians-of-the-Gate-1918, 11.12.2022.

[46] Siehe auch: The Guardians of the Gate, R. G. D. Laffan, C.F. Fellow of queens' College, CAMBRIDGE, Oxford University Press, Humphrey Milford Publisher to the University, 1918, (https://de.scribd.com/document/92304328/R-G-D-Laffan-Guardians-of-the-Gate-1918), 31.01.2023.

gesellschaft versuchten die britischen Regierungen das Projekt zu sabotieren.

Der Nahe Osten entwickelte sich weiter zu einem Gebiet britischer und europäischer Interessen. Seit 1902 war bekannt, dass in der als Mesopotamien[47] bekannten Region des damaligen osmanischen Reichs, dem heutigen Irak und Kuweit, Erdölvorkommen existierten[48]. Dieses Wissen bestimmte fortan das Ringen um die Durchsetzung der staatlichen Interessen verschiedener europäischer, und späterer amerikanischer Interessen. So wurde nahe der strategisch wichtigen Mündung von Euphrat und Tigris, unter der Führung von Scheich Mubarak Al-Sabah[49], 1907 das Gebiet der Bander Shwaikh (unterschiedliche Schreibweise von Ash Shuwaykh oder in anderen Sprachen: Bander Shweikh, Bandar Shuwaik, …[50]) der britischen Regierung *für alle Zeiten* übereignet. Das Dokument wurde vom Major C.G. Knox als Vertreter der britischen Regierung unterzeichnet. Lt.-Colonel Sir Percy Cox[51] ließ sich in einem Dokument 1913 bestätigen, dass Ölförderkonzessionen in seinem Land nur an Personen ausgegeben werden, wenn sie von der britischen Regierung dazu ermächtigt, ernannt und empfohlen wurden. Damit lag die Kontrolle wichtiger Erdölvorkommen vollständig in britischer Hand.

---

[47] Siehe auch: https://de.wikipedia.org/wiki/Mesopotamien, 11.12.2022.

[48] Siehe auch: https://de.wikipedia.org/wiki/Gebietsanspr%C3%Bcche_im_Persischen_Golf, und https://www.zdf.de/dokumentation/zdfinfo-doku/oel-macht-geschichte-100.html, …, 11.12.2022.

[49] Siehe auch: https://en.wikipedia.org/wiki/Mubarak_Al-Sabah, 11.12.2022.

[50] Siehe auch: https://kw.geoview.info/ash_shuwaykh,285713, 11.12.2022.

[51] Siehe auch: https://www.abebooks.de/Major-General-Sir-Percy-Zachariah-Cox-RGS/18763187575/bd, und https://de.wikipedia.org/wiki/Percy_Zachariah_Cox, 11.12.2022.

Im Jahr 1912 hatte die Deutsche Bank in den Verhandlungen zur Finanzierung der deutschen Bagdad-Bahn vom türkischen Sultan eine Konzession erhalten, die ihr das Nutzungsrecht aller Öl- und Mineralvorkommen entlang der Bahnstrecke in einem 20 km breiten Streifens sicherte. Mit der Erkenntnis der deutschen Regierung, dass Öl in Zukunft Kohle als Energieträger für die Kriegsmarine, Landverkehr und Transporte und vor allem für die industrielle Entwicklung ablösen wird, Deutschland wiederum über keine nennenswerten eigenen Öllager verfügte, wuchsen die Interessen, eine unabhängige eigene Ölversorgung sicherstellen zu können. Die Abhängigkeiten Deutschlands von amerikanischen Öllieferungen[52] sollten um 1912 aufgelöst oder minimiert werden. Sie erfolgten durch eine Tochtergesellschaft, der Deutsch-Amerikanischen Petroleum Gesellschaft (DAPG), der damaligen amerikanischen Standard Oil Company. Die amerikanische Standard Oil Company[53] beherrschte mit 91 % aller Ölverkäufe den damaligen deutschen Markt. Die Bagdad-Bahn sollte nach neuen Ölfunden[54] in Mossul und Bagdad durch ein Gebiet führen, in dem riesige Ölvorkommen vermutet wurden. Zwischen 1912 und 1913 wurden zahlreiche Bemühungen im Deutschen Reichstag[55] gestartet, eine staatliche Ölgesellschaft zur Ausbeutung dieser Funde zu gründen. Dieses Vorhaben wurde bis zum Beginn des Ersten Weltkriegs durch verschiedene Vertreter im Reichstag zugunsten des US-

---

[52] Siehe auch: https://meinstein.ch/chemie/geschichte-erdoel/, 11.12.2022.

[53] Siehe auch: https://de.wikipedia.org/wiki/Standard_Oil_Company, 11.12.2022.

[54] Siehe auch: https://de.wikipedia.org/wiki/Erd%C3%B6lf%C3%B6rderung_am_Kaspischen_Meer#Rechtsstreit_um_die_Sch%C3%Bcrfrechte_unter_Anrainerstaaten, und https://de.wikipedia.org/wiki/Mossul, 11.12.2022.

[55] Siehe auch: https://www.reichstagsprotokolle.de/rtbiiaufauf_k13.html, 11.12.2022.

amerikanischen Einflusses auf Deutschland verschleppt. Der Plan war, das Öl dieser Region per Bahn nach Deutschland zu transportieren, um eine mögliche britische Seeblockade umgehen zu können.

Im gleichen Zeitraum um 1891 startete Russland ein ehrgeiziges Industrialisierungsprojekt, das das ganze riesige Land erfassen sollte. Dazu sollte eine neue Infrastruktur auf Basis neuer Eisenbahnstrecken entstehen. Zur Absicherung des Projekts wurden zusätzlich Schutzzölle eingerichtet. Unter der Führung von Zar Alexander III.[56] und auf Anraten und Initiative von Verkehrsminister Sergei Juljewitsch Witte[57], der 1892 zum Finanzminister aufstieg, sollte das russische Eisenbahnnetz mithilfe von Frankreich als Hauptfinanzier aufgebaut werden. Es bildete sich eine enge Zusammenarbeit von Frankreich und Russland heraus. Das russische Projekt sah eine noch größere Verbindungsstrecke als die deutsch-türkische Bagdad-Bahn vor. Die neue Bahn in Russland sollte den Westen mit dem Osten Russlands verbinden. Es entstand das Projekt zur Entwicklung und dem Bau der *Transsibirischen Eisenbahn*[58] mit einer heutigen Streckenlänge ca. 9288 km. Sie ist noch heute die längste Eisenbahnstrecke der Welt. Das Projekt sollte die Industrie in ganz Russland revolutionieren. Mit dem Bau der Bahnstrecke wurde die einheimische Produktion von Eisen, Stahl, Kies, Zement und Holz stark unterstützt. Witte ernannte seinen Freund und Chemiker Dimitrij Mendelejew[59] zum Vorsitzenden des Amts für *Industrienormen*. In dieser Funktion führte Mendelejew das metrische Maßsystem ein, was Russland wirtschaft-

---

[56] Siehe auch: https://de.wikipedia.org/wiki/Alexander_III._(Russland), 11.12.2022.
[57] Siehe auch: https://de.wikipedia.org/wiki/Sergei_Juljewitsch_Witte, 11.12.2022.
[58] Siehe auch: https://de.wikipedia.org/wiki/Transsibirische_Eisenbahn, 11.12.2022.
[59] Siehe auch: https://de.wikipedia.org/wiki/Dmitri_Iwanowitsch_Mendelejew, 11.12.2022.

lich näher an Kontinentaleuropa heranbrachte. Einer der Vordenker dieser Zeit war der Deutsche Friedrich List mit seinem Buch „Das nationale System der Politischen Ökonomie"[60], das der russische Politiker Witte vom Deutschen ins Russische übersetzen ließ und an dem er sich inhaltlich orientierte. In der strategischen Ausrichtung sollte die Transsibirische Eisenbahn einen Landweg nach China entwickeln, mit dem der Zugang zu den chinesischen Märkten vereinfacht werden sollte. Diese Vorstellungen endeten mit der russischen Revolution von 1905, in deren Folge 1917 die Februarrevolution und anschließend die Oktoberrevolution das Land blockierten. Das Bahnprojekt wurde erst im Oktober 1916 offiziell fertiggestellt.

Die Entwicklung der Eisenbahn startete ihren Siegeszug auf der gesamten Welt. Ihr energetische Basis war in dieser Zeit Kohle. Damit entwickelte sich auch eine große Nachfrage über Kontinente und Landesgrenzen hinweg. Mit dem Beginn des 20. Jahrhunderts entwickelten sich in wenigen Jahrzehnten neue Verkehrswege in zahlreichen Ländern. Die Reisezeiten von Gütern und Menschen verkürzten sich drastisch. Der Ausbau der Schienenwege war ein Katalysator der industriellen Revolution und Wohlstandsentwicklung in dem Land. Mit Zügen konnten große Mengen an Rohstoffen wie Eisenerze und ihre Produkte wie z. B. Stahl transportiert werden. Auf dieser Basis der neuen Verkehrswege konnte sich u. a. auch die Schwerindustrie entwickeln, die selbst große Mengen an Kohle, Stahl und Maschinen wie auch Menschen benötigte. Die globale Entwicklung der Eisenbahn war ein wesentlicher Katalysator für den steigenden Verbrauch von Kohle und Erzen. Zunächst wurden auch große Mengen

---

[60] Siehe auch: https://link.springer.com/chapter/10.1007/978-3-531-90400-9_69, 11.12.2022.

an Öl über Schienenwege transportiert, vor allem in den damaligen USA, bis die ersten Pipelines gebaut wurden.

In der britischen Regierung war man zu dieser Zeit davon überzeugt, die erste Kriegsflotte auf Basis von ölbasierten Antrieben zu entwickeln. Um die Jahrtausendwende um 1900 fuhren die meisten Kriegsschiffe der britischen Marine mit Kohle (siehe auch Kapitel 8 „Der erste Weltkrieg. Zeitenwende! Von der Kohle zum Erdöl"). Der Zugang zu den Ölvorräten in Mesopotamien sollte vor allem Deutschland als Konkurrent verwehrt werden. Das brachte Deutschland in eine schwierige Lage und verstärkte die nationalen Anstrengungen. 1909 wurde in Deutschland eine verbesserte britische Schiffsklasse mit dem Namen „Von der Tann"[61] vom Stapel gelassen. Das Schiff lief noch mit Kohlebefeuerung. Es war eines der schnellsten Kriegsschiffe seiner Zeit. Mit diesem Stapellauf wurde der britischen Marine bewiesen, dass ihre Kriegsschiffe an einer technischen Grenze standen. Die neue Generation der Schiffe erhielt schrittweise den neuen Antrieb auf Basis der *Ölverbrennung*.

5.4 Die Entstehung der weltweit ersten Raffinerie: Öl wird zu Benzin und Diesel

Im 17. und 18. Jahrhundert war der Walfang durch englische und niederländische Seefahrer ein lukratives Geschäft. In Amerika entwickelte sich die Walfangindustrie[62] im 19. Jahrhundert zu einem wichtigen Industriezweig. Um das Jahr 1840 waren ca. 700

---

[61] Siehe auch: https://de.wikipedia.org/wiki/SMS_Von_der_Tann, 11.12.2022.
[62] Siehe auch: https://de.wikibrief.org/wiki/History_of_whaling, 11.12.2022.

Wahlfangschiffe auf den Weltmeeren unterwegs und jagten Wale. Das Walöl oder auch Tran war ein wichtiger Rohstoff, der u. a. für die Herstellung von Kerzen genutzt und als Lampenöl verbrannt wurde. Da die Herstellung relativ teuer war, konnten sich dieses Leuchtmittel nur die Wohlhabenden leisten. Im 19. Jahrhundert waren Kerzen oder Walöl kein Massenprodukt. Die Beleuchtung der Wohnungen und Straßen war aber mit dem Aufkommen dieser Leuchtmittel zu einem wichtigen gesellschaftlichen Anliegen geworden. Abweichend von der ursprünglichen Nutzung wurde für Beleuchtungszwecke auch das „Steinöl", Pech oder Petroleum genutzt, das aus natürlichen Spalten heraustrat und von den Menschen aufgesammelt wurde. Man suchte nach Alternativen, vor allem vor dem Hintergrund schwindender Waldbestände am Ende des 19. Jahrhunderts. Im gleichen Zeitraum entwickelte sich die Erdölindustrie[63]. Der schottische Chemiker James Young[64] bemerkte 1847 in einer Kohlemine ein natürliches Erdölleck. Aus dem eingesammelten Erdöl destillierte er mehrere Öle, die als Ersatz für das bisher genutzte Lampenöl eingesetzt wurden und sich zusätzlich zum Schmieren von Maschinen eigneten. Die Nachricht über diese Eigenschaften verbreitete sich schnell, sodass ein Bedarf an diesen Ölen entstand. Die Suche nach Petroleum, dem heutigen Rohöl, wurde jetzt bewusst vorgenommen. James Young entdeckte, dass sich bei einer langsamen Destillation zahlreiche Stoffe gewinnen ließen, die viele Eigenschaften aufwiesen. 1850 gründete Young mit anderen Partnern die weltweit erste

---

[63] Siehe auch: https://de.knowledgr.com/00973548/GeschichteDerErd%C3%B6lindustrie, und https://de.wikibrief.org/wiki/Petroleum_industry, und https://www.history.com/topics/industrial-revolution/oil-industry, 11.12.2022.

[64] Siehe auch: https://de.wikipedia.org/wiki/James_Young_(Chemiker), 11.12.2022.

Ölraffinerie in Glasgow. Dieser Zeitraum kann als der Beginn der Ölindustrie angesehen werden.

Der Zeitraum ist deshalb relevant, weil sich England in dieser Periode wirtschaftlich stark entwickelte und sich immer stärker in Konkurrenz zu den europäischen Ländern sah. Zusätzlich strebte England nach der Weltherrschaft, wozu diese Schlüsselerfindungen in späteren Phasen ihren besonderen Beitrag leisten sollten. Eine weitere Energiequelle konnte sich nun in ihrer zukünftigen großtechnischen Nutzung aufbauen und in wenigen Jahrzehnten zu dem bedeutenden Energieträger aufsteigen (siehe folgenden Abschnitt).

5.5 Die Entwicklung der Erdölmärkte

Die Ölproduktion war zum Ende des 19. und Anfang des 20. Jahrhunderts klar aufgeteilt. 1912 konnten die Vereinigten Staaten von Amerika ca. 63 % des Weltölverbrauchs abdecken, 19 % wurden durch Russland geliefert und ca. 5 % durch Mexiko[65]. Die britische Anglo-Persian Oil Company (heute Britisch Petroleum, BP) trug keine nennenswerten Mengen zum sich weiter globalisierenden Ölgeschäft bei. Unter dem Vorsitz von Baron Fisher[66] setzte die britische Regierung 1912 eine Kommission ein, um die Frage des Öls und der „Ölverbrennungsmaschinen" zu erörtern. Ab 1913 stand das Öl im Mittelpunkt der *strategischen Interessen*

---

[65] Quelle: https://ourworldindata.org/grapher/oil-production-by-country, und bp-stats-review-2021-consolidated-dataset-panel-format, und https://www.encyclopedie-energie.org/en/world-energy-consumption-1800-2000-results/, 11.12.2022.

[66] Siehe auch: https://de.wikipedia.org/wiki/John_Fisher,_1._Baron_Fisher, 14.12.2022.

der britischen Regierung. Die Strategie war sehr einfach. Man wollte die eigene Ölversorgung sichern und anderen den Zugang zu den Öllagerstätten verwehren bzw. die Zugänge zu den Lagerstätten kontrollieren. Mit dem Jahr 1914 begann der erste Weltkrieg, in dessen Folge die nationalen Industrien der involvierten Konfliktparteien große Mengen an fossilen Energien und natürlichen Ressourcen verbrauchten und damit große Mengen an CO_2 und anderen Gasen freigesetzt wurden.

Die Bedeutung des Erdöls begann sich seit dem Ausbruch des Ersten Weltkriegs zu ändern[67]. Der Erste Weltkrieg war derjenige Krieg der Moderne, in dem zum ersten Mal bewegliche Panzerverbände, luftgestützte Aufklärung und Kriegshandlungen (Beginn des Luftkriegs), wie auch die Eisenbahn zum Transport jeglicher Kriegsgüter (Entwicklung einer schnellen Logistik) zum Einsatz kamen. Für die Versorgung all dieser neuen Techniken wurde Energie benötigt, für die sich Kohle als hinderlich oder untauglich zeigte. Bereits 1896 wurde von der damaligen Daimler-Motoren-Gesellschaft[68], kurz DMG, der erste Lastkraftwagen mit einem Verbrennungsmotor („Petroleummotorwagen") gefertigt. Die DMG baute zu dieser Zeit hauptsächlich Schienentriebwagen. 1897 baute Rudolf Diesel[69] seinen ersten Dieselmotor. Der Motor wurde bei der damaligen Maschinenfabrik Augsburg-Nürnberg AG[70], kurz MAN, produziert. Das

---

[67] Siehe auch: https://oilregion.org/heritage/history-of-oil/, und https://www.history.com/topics/industrial-revolution/oil-industry, und https://wiki.aapg.org/History_of_oil, und https://oilprice.com/Energy/Energy-General/The-Complete-History-Of-Oil-Markets.html, 14.12.2022.

[68] Siehe auch: https://de.wikipedia.org/wiki/Daimler-Motoren-Gesellschaft, 14.12.2022.

[69] Siehe auch: https://de.wikipedia.org/wiki/Rudolf_Diesel, 14.12.2022.

[70] Siehe auch: https://de.wikipedia.org/wiki/MAN, 14.12.2022.

Unternehmen produzierte Dieselmotoren für Schiffsantriebe und Kraftwerke. 1907 produzierte DMG die ersten „Personenfahrzeuge mit Allradantrieb für den Alltagsbetrieb" auf Basis dieser damals bahnbrechenden Motorentechnologie. 1909 beschäftigten sich die Ingenieure der DMG mit der Entwicklung und dem Bau serientauglicher Flugmotoren. 1915 wurde eine eigene DMG-Flugbauabteilung gegründet.

Grundlage all dieser damals vollkommen neuen und für den Ersten Weltkrieg wichtigen Schlüsselentwicklungen waren die neu mit Erdöl bzw. Diesel betriebenen Motoren, die höhere Leistungen, kleine Dimensionen der Technologie und größere Reichweiten der angetriebenen Geräte ermöglichten[71]. Mit den ersten dieselbetriebenen Schiffen zeigte sich, dass sie in Wendigkeit, Schnelligkeit und Reichweite den kohlebetriebenen Kriegsschiffen u. a. der englischen Seeflotte weit überlegen waren. Damit wurde deutlich, dass u. a. für die im Niedergang befindliche Seemacht Großbritanniens zukünftig Erdöl eine Schlüsselrolle in den staatlichen Interessen einnehmen würde. Diese technischen Entwicklungen, die eine Hauptrolle in der weiteren Entwicklung staatlicher Machtinteressen spielten, schufen auch im zivilen Sektor neue Möglichkeiten und diese Entwicklung neue Märkte, u. a. das Automobil für jedermann (Henry Ford[72], USA). In diesem Trend entstand auch eine immer weiter steigende Nachfrage nach Erdöl, das wiederum einem Anstieg in der strategischen Relevanz mit sich brachte.

---

[71] Siehe auch: https://hochhaus-schiffsbetrieb.jimdo.com/maschinentechnik-auf-schiffen-der-1920ger-jahre-ein-wettlauf-der-antriebssysteme/, und https://de.wikipedia.org/wiki/Schiffsmotor#Energiequellen, 14.12.2022.
[72] Siehe auch: https://de.wikipedia.org/wiki/Henry_Ford, 14.12.2022.

Vor allem in den Schlüsseljahren zwischen 1890 und 1945 wurden extreme Anstrengungen unternommen, neue Technologien für die Schlachten in den beiden Weltkriegen zu erfinden und sich mit Innovationen einen Kriegsvorteil zu verschaffen. All diese neuen Technologien mussten im Bau und im Betrieb mit fossilen Energieträgern versorgt werden. Andere Staaten erkannten die Vorteile der neuen Technologien und den damit verbundenen neuen Möglichkeiten im militärischen und zivilen Bereich. Nach dem Zweiten Weltkrieg wurden vor allem deutsche Wissenschaftler von den Siegerstaaten verpflichtet, ihr technologisches Wissen zugunsten des jeweiligen Siegerlandes preis zu geben (u. a. USA zur Entwicklung von Raketenantrieben)[73]. Damit wurden die beiden Weltkriege zu einem Katalysator in der Expansion fossile Energien verbrauchender Technologien, die sich in den nachfolgenden Jahrzehnten weiterentwickeln sollten.

5.6 Die Entwicklung der Gas- und Erdgasmärkte

Die Versorgung der Bevölkerung mit Gas ist seit 1807 und damit über Jahrhunderte gewachsen. Die ersten Gasnetze entstanden in London um 1807 zur Versorgung von Gaslaternen. Das damalige Preußen folgte 1826 mit einem Gasnetz zur Beleuchtung der Gaslaternen entlang von „Unter den Linden" in Berlin. Das damalige Gas entstand im Wesentlichen aus der *Kohle- und Koksverarbeitung*, bei der leicht entzündliches *Kokereigas* entstand. Aus diesem Gas entstand in den folgenden Jahrzehnten ein mit bis zu

---

[73] Siehe auch: https://de.wikipedia.org/wiki/Operation_Overcast, und https://www.grin.com/document/109207, und https://www.dhm.de/lemo/kapitel/der-zweite-weltkrieg/wissenschaft-forschung-und-technik.html, 15.12.2022.

60 % Wasserstoff angereichertes Stadtgas. Die aus diesen Anfängen in ganz Europa entstandenen Gasnetze wurden mit dieser Gaseigenschaft entwickelt und ausgebaut, um ein Gemisch aus Wasserstoff und Methan sicher transportieren zu können. In der zweiten Auflage des DVGW-Regelwerks G260[74] aus dem Jahr 1959 wurde festgelegt, dass der Wasserstoffanteil in dem Stadtgas einen Volumenanteil für die Gruppe A 43 bis 50 Vol. Prozent H_2 und für die Gruppe B 50 bis 60 % nicht übersteigen darf. Damit wird deutlich, dass unsere heutige Gasinfrastruktur historisch für den Transport von hohen Wasserstoffanteilen entwickelt wurde. Von 1950 bis 1987 wurden ca. 650 Mrd. m^3 Stadtgas in der damaligen Bundesrepublik Deutschland produziert und flächendeckend genutzt. In der DDR wurden im Zeitraum von 1950 bis 1988 ca. 176 Mrd. m^3 Stadtgas produziert. Durch den hohen Wasserstoffanteil war der CO_2-Ausstoß in diesem Bereich der Energieversorgung wesentlich geringer als bei dem heutigen Erdgas[75].

Das Gasnetz besteht aus zahlreichen Systemkomponenten mit sehr unterschiedlichen Eigenschaften und Einsatzfeldern. Diese Diversität an Systemkomponenten wird auch in Zukunft vorhanden sein. Ein Beispiel: Das deutsche und europäische Gasnetz (erstes Energieversorgungssystem) hat sich über mehr als 200 Jahre entwickelt[76]. Es wurde ständig ausgebaut und verändert. Dabei musste dieses Transport- und Speichersystem an ganz unterschiedliche Erwartungen in den jeweiligen Entwicklungsphasen angepasst und weiter-

---

[74] Siehe auch: https://shop.wvgw.de/leseprobe/510700_lp_G_260_2021_09.pdf, 15.12.2022.
[75] Siehe auch: https://de.wikipedia.org/wiki/Erdgas, 15.12.2022.
[76] Siehe auch: https://de.wikipedia.org/wiki/Geschichte_der_deutschen_Gasversorgung, und https://www.dvgw.de/themen/energiewende/energie-impuls/impuls-gasnetze/, 15.12.2022.

entwickelt werden. Heute besteht das Gasnetz europaweit aus drei Ebenen: der Transportebene (Hochdruckebene), Verteilebene (Mitteldruckebene) und der Verbrauchsebene (Niederdruckebene). Die europäischen Länder sind über die Hochdruckebene miteinander verbunden, sodass ein Austausch an Erdgas über diese Ebene erfolgen kann[77].

Wirtschaftlich und rechtlich werden die unterschiedlichen Ebenen (vertikale Struktur) durch zahlreiche Firmen (Eigentümer und Betreiber) betrieben, wobei in einer einzelnen Ebene (horizontale Struktur) nochmals verschiedene Firmen bestimmte Abschnitte besitzen bzw. für den Betrieb verantwortlich sind. Alle Firmen stehen in ganz unterschiedlichen vertraglichen Verhältnissen, die sich ebenfalls über lange Zeiträume etabliert haben. Diese Struktur ist in einen nationalen und europäischen Normen-, Rechts- und Wirtschaftsrahmen eingebettet, der national nochmals in Unterstrukturen aufgeteilt ist. In Deutschland gliedert sich die nationale Ebene nochmals in die Ebene der Bundesländer, mit ihren eigenen Regularien.

5.7 Die Fundamente der realen Probleme einer globalen CO_2-Reduktion

Dieser kurze Exkurs mithilfe der vorherigen Kapitel zeigt die Fundamente in der globalen *Interessenentwicklung* um die Energieträger Öl, Gas und Kohle und auch ihre Folgen. Es konnte gezeigt werden, dass Öl nicht nur ein CO_2-Träger ist, sondern vor allem auch ein wichtiger Teil *staatlicher Interessen* war und immer noch ist.

---

[77] Siehe auch: https://www.europarl.europa.eu/news/de/headlines/economy/20170911STO83502/infografik-gasversorgungssicherheit-in-europa, und https://www.gasnetzbetreiber.de/, 15.12.2022.

Die Schlüsselfrage über eine globale Begrenzung im Verbrauch der fossilen Energieträger stellt sich heute vor dem Hintergrund der Reduktion globaler Kohlendioxidemissionen, wie sich die vorhandenen, an Öl und andere fossile Energieträger (Erdgas und Kohle) gebundenen staatlichen Interessen (bei den Export- und den Importländern) auflösen lassen und ein Übergang der heutigen Öl und rohstoffzentrierten Einflussnahmen, sowie die Auflösung der Abhängigkeiten fossiler Energieexporte von Staaten gestaltet werden kann, in dem neue nichtfossile Energieträger ggf. auch überwiegend national produziert werden können (siehe auch Kapitel 4, Abschnitt 7 „Quersubvention der NATO durch fossile Energien konsumierende Staaten").

Diese Frage bestimmt die reale Lösungsthematik, ob wir eine realistische CO_2-Reduktion *global* mit den wichtigsten fossile Energien produzierenden und konsumierenden Ländern von heute und den zukünftigen Produktions- und Verbrauchsländern fossiler Energieträger (Afrika etc.) erreichen werden oder nicht, somit ob real eine Auflösung (friedliche Neuausrichtung) von globalen, mit fossilen Energieträgern gekoppelte *staatliche Interessenlagen* möglich ist und wie dieser Übergang konfliktfrei organisiert/vereinbart wird.

5.8 Fossile Energien nach dem Zweiten Weltkrieg: Entstehung des IPCC

In den Nachkriegsjahren des Zweiten Weltkriegs entstand der starke Bedarf in den betroffenen Ländern, das Leid dieses Kriegs hinter sich lassen zu können. Der Traum von einem guten Leben wurde zum gesellschaftlichen Motor vor allem in den westlichen Nationen bzw. in den am Zweiten Weltkrieg beteiligten Kriegsnationen. England wurde durch die USA in ihrer weltumspannenden Bedeutung als Empire abgelöst. Der Wunsch nach einem guten Leben der Nachkriegsgesellschaften begründete den gesellschaftlichen Spielraum eines Wirtschaftswunders[78], wie es in Deutschland mit Beginn der 1950er Jahren zu sehen war. Auf Basis dieses weltweit spürbaren Bedürfnisses dieser Zeit schien alles möglich. Der damalige Zeitgeist war von technischen Abenteuern, Science-Fiction-Fantasien und einer technischen unbegrenzten Machbarkeit, Erfindergeist, Abenteuerlust, aufkommendem Wohlstand etc. geprägt. Atomkraft, Rechenmaschinen, der Flug zum Mond, Überschall und unendlich verfügbare Energie prägten diesen Zeitgeist maßgeblich. Neue Erfindungen und Technologien wurden in der Öffentlichkeit sichtbar und erlangten 1968/1969 (Apollo 8[79]) mit dem Flug zum Mond einen Höhepunkt. In den 1950er Jahren bildeten sich die Maßstäbe für eine Lebensqualität, die wir heute als selbstverständlich ansehen und die auch als Maßstab für zukünftige Generationen angesehen wird. Alles schien möglich.

Ich finde die Geschichten und Ideen in diesen Jahrzehnten von 1960 bis in die 1980er Jahre aus dem Bereich der Science-Fiction besonders interessant, weil vor allem heute viele dieser Retroideen als Zukunftsentwicklungen oder Zukunftstechnologien (Sonnenenergie, Kernenergie, Elektroautos, Wasserstoffautos, Flugtaxis, Raumschiffe, Raumstationen, die Besiedlung des Mondes, Reise zum Mars und weitere Fiktionen dieser Jahrzehnte) angesehen werden. In Wirklichkeit sind sie jedoch sehr alte Vor-

---

[78] Siehe auch: https://de.wikipedia.org/wiki/Wirtschaftswunder, 18.11.2022.
[79] Siehe auch: https://de.m.wikipedia.org/wiki/Apollo_8, und https://de.m.wikipedia.org/wiki/Mondlandung, 18.11.2022.

stellungen, entstanden aus einem alten Zeitgeist der „unbegrenzten Möglichkeiten" der Nachkriegsjahre des letzten Jahrtausends. Energie stand in den Nachkriegsjahren durch Kohle, Öl, Gas und Atom scheinbar grenzenlos zur Verfügung. Die Infrastrukturen für den Transport dieser Energieträger waren nun vorhanden und konnten genutzt werden. Die Lagerstätte schienen endlose Reserven zu haben. Der persönliche Reichtum, der sich mit Ölfunden u. a. in den USA erreichen ließ, beflügelte über Jahrzehnte den amerikanischen Traum. Ein gesellschaftliches Klima der Grenzenlosigkeit zog sich in diesen frühen Jahrzehnten der industriellen Moderne durch fast alle Bevölkerungsteile der aufstrebenden westlichen Industrienationen. Kohle, Öl und Gas wurden in immer größeren Mengen für den Aufbau der Industrie und der Entwicklung von Märkten konsumiert. Öl stand für die Durchführung von Kriegen zur Verfügung bzw. war im Zugang über verschiedene Staaten gesichert (Aufteilung des Nahen Ostens zwischen USA und England). Unter anderem wurde die Entwicklung der US-amerikanischen Kriegsflotte für eine globale Präsenz vorangetrieben und deren Versorgung mit fossiler und atomarer Antriebsenergie war geklärt.

Mit der Gründung des *Club of Rome* im Jahr 1968 formierten sich die ersten Experten aus verschiedenen Disziplinen, um sich für eine nachhaltige Entwicklung der Gesellschaften einzusetzen. Die Gründer waren Aurelio Peccei, Alexander King, Hugo Thiemann, Max Kohnstamm, Jean-Philippe Saint-Geours und Erich Jantsch. Die Gruppe gab sich den Namen „Club of Rome". Die Volkswagenstiftung finanzierte den Club of Rome[80] mit 1 Mio. DM, was in dieser Zeit eine erheb-

---

[80] Quelle: Club of Rome, https://clubofrome.de/historie/, 08.11.2021.

liche finanzielle Ausstattung bedeutete. 1972 wurde der erste umfassende Bericht des Club of Rome, „Die Grenzen des Wachstums"[81], veröffentlicht, in dem erstmalig auf die globale Problematik einer zu hohen *Ressourcennutzung* durch die Menschheit hingewiesen wurde. Erste Prognosen über die Endlichkeit der Ressourcen, mit zeitlichen konkreten Angaben, wann ihre Kapazitäten erschöpft sein werden, wurden veröffentlicht. Zahlreiche Angaben lagen noch vor dem Ende des Jahrtausends und dem Anfang des neuen Millenniums. Die Euphorie der Nachkriegs- und Wirtschaftswunderjahre erhielt einen nachdenklichen Dämpfer. Der Bericht fand in der Öffentlichkeit eine beachtliche Aufmerksamkeit, verhallte jedoch in den politischen Ebenen in den Folgejahren zunehmend.

Ende des Jahrzehnts der 1980er Jahre sollte der „Eiserne Vorhang" (1991 durch die Auflösung des Warschauer Paktes) fallen und die Entstehung einer neuen Weltordnung (Multilateralismus) wird mit dem kommenden Jahrzehnt ein Anfangsdatum erhalten. Das Jahrzehnt der 1980er Jahre war geprägt von den Strukturen, die sich nach dem Zweiten Weltkrieg global manifestierten, also vom Kalten Krieg und den beiden Machtblöcken der westlichen und der östlichen Staaten. Die meisten ehemaligen Kriegsgegner des Zweiten Weltkriegs hatten sich wirtschaftlich neu aufstellen können. Der Ostblock hatte seine inneren Krisen. Der Nahe Osten versorgte die Welt mit Erdöl und gelangte zu märchenhaftem Reichtum ohne eine erkennbare Strategie/Plan oder eine Zukunftsvision, den erlangten Reichtum für eine eigene nach-

---

[81] Siehe auch: https://de.wikipedia.org/wiki/Die_Grenzen_des_Wachstums, 18.11.2022.

5 Wie entsteht der globale Wert der …

Tab. 5.1 IPCC Budget 2018, Quelle: eigene Darstellung und Berechnungen. Datenquelle: IPCC Office, 080320190344-Doc2-Budget.pdf (ipcc.ch), 10.03.2022

IPCC: Liste der Mitgliedstaaten, die 2018 einen Beitrag geleistet haben					
	Höhe des Beitrags		Wert €	Anteil %	
		1 CHF = 0,98 EUR			
Länder	CHF	Euro	Europa Länder	EU Länder	Nicht EU Länder
EU (GPGC-2019)	991.468	971.639			
Norwegen (9.Mar.2018)	898.163	880.200			
Frankreich	576.968	565.429			
Mexiko	476.711	467.177			
Norwegen (2019)	461.880	452.642			
USA	388.183	380.419			
Deutschland	383.804	376.128			
Frankreich	358.447	351.278			
Dänemark	308.412	302.244			
UNFCCC	283.673	278.000			
Italien	283.276	277.610			
Japan	243.000	238.140			
Schweden	212.636	208.383			
WMO	197.083	193.141			
EU(H2020)	172.790	169.334			
Vereinigtes Königreich	151.893	148.855			
Kanada	143.655	140.782			
Korea, Republik	126.387	123.859			
Schweden	115.000	112.700			
Irland	113.311	111.045			
Spanien	113.311	111.045			
Niederlande	113.311	111.045			
Schweiz (15. Feb.2018)	100.000	98.000			
Schweiz (22. Okt.2018)	100.000	98.000			
Schweiz (2019)	100.000	98.000			

(Fortsetzung)

Tab. 5.1 (Fortsetzung)

IPCC: Liste der Mitgliedstaaten, die 2018 einen Beitrag geleistet haben				
	Höhe des Beitrags		Wert €	Anteil %
	1 CHF = 0,98 EUR			
Länder	CHF	Euro	Europa Länder	EU Länder	Nicht EU Länder
Finnland	92.925	91.067			
Australien	84.329	82.642			
Kanada	83.169	81.506			
Belgien	80.000	78.400			
Korea,Republik	76.153	74.630			
Monaco	56.800	55.664			
UNEP	48.700	47.726			
Österreich	33.993	33.313			
Schweiz	20.000	19.600			
Israel	19.800	19.404			
China	19.420	19.032			
Ungarn	17.550	17.199			
Finnland	17.423	17.075			
Marokko	15.000	14.700			
Südafrika*	9.000	8.820			
UN-Stiftung*	8.028	7.867			
Singapur*	7.172	7.029			
Tansania*	4.826	4.729			
Peru	4.706	4.612			
Malediven (2019,2020)	3.896	3.818			
Mauritius	2.955	2.896			
Pakistan	2.799	2.743			
Bulgarien	1.000	980			
Tracy A Novick	50	49			
Gesamteinkommen	8.123.056	7.960.595	5.756.874	72 %	28 %
Gesamtzahl der beitragspflichtigen Mitglieder	49			26	23

haltige staatliche und gesellschaftliche Entwicklung in den jeweiligen Ländern einzusetzen. Die meisten Staaten in Asien galten als Entwicklungsländer. Indien war eine aufstrebende Nation und galt als Schwellenland, obwohl das Land zahlreiche Krisen durchstehen musste. Afrika war zu dieser Zeit ein Kontinent, geprägt von Staaten ohne große wirtschaftliche Leistungen, in lokalen Kriegen gebunden und von instabilen Regierungen beherrscht. Südamerika war geprägt durch reiche Ölstaaten und viele nationale Konflikte, unter den Machtinteressen und dem Einfluss der USA.

1988 gründet sich der *Intergovernmental Panel on Climate Change*[82], kurz IPCC genannt. Die auch als Weltklimarat bezeichnete Institution wurde vom Umweltprogramm der *Vereinten Nationen* (UNEP) und der *Weltorganisation für Meteorologie*[83] (WMO) als zwischenstaatliche Institution installiert. Das IPCC hat die offizielle Aufgabe, die Grundlage für wissenschaftsbasierte Entscheidungen zu schaffen. Die Institution hat die Aufgabe, den Stand der wissenschaftlichen Forschung zum Klimawandel zusammenzufassen und global für politische Entscheidungsträger aufzubereiten. Seine Berichte sind heute Grundlage zahlreicher politischer Entscheidungen auf der gesamten Welt, vor allem in Europa und im Besonderen in Deutschland.

Das IPCC ist die internationale Einrichtung, die alle Regierungen aller 195 dem IPCC beigetretenen Staaten mit Daten aus der Forschung mit Bezug zum Klimasystem versorgt und berät. Für das Verständnis der Arbeit, ihre Bewertung und Auslegung ist die Finanzierung wichtig.

---

[82] Quelle: https://de.wikipedia.org/wiki/Intergovernmental_Panel_on_Climate_Change, 10.03.2022.
[83] Quelle: https://de.wikipedia.org/wiki/Weltorganisation_f%C3%BCr_Meteorologie, 10.03.2022.

Sie ist jedoch auch für die Analyse interessant, ob und wie viele Förderstaaten fossiler Energien am IPCC beteiligt sind bzw. in welcher finanziellen Höhe sie sich an den Arbeiten des IPCC beteiligen. Dazu geben der jährliche Bericht „IPCC Trust Fund Programme and Budge"[84] und der Anhang 1, „Liste der Mitgliedsregierungen, die einen Beitrag geleistet haben", Auskunft. Die Auswertung für das Jahr 2019 zeigt, dass sich vor allem Staaten auf dem europäischen Kontinent, ohne Russland, finanziell engagierten. Der Bericht weist darauf wie folgt hin: „Annex 1 shows a list of Member Governments that have made financial contributions to the Trust Fund as of 31 December 2018. In addition, some Member Governments had expressed an intent to make a contribution in 2018, as shown in Annex 2." Die Anhänge weisen somit Staaten aus, die sich tatsächlich finanziell beteiligt haben, und Staaten, die eine Absicht geäußert haben, sich beteiligen zu wollen. Ich habe in meiner Analyse lediglich die Staaten für das Stichjahr 2018 berücksichtigt, die tatsächlich einen Beitrag geleistet haben und in der Tab. 5.1 aufgelistet.

Die Tab. 5.1 zeigt, das von 195 Mitgliedsstaaten im Jahr 2018 49 Staaten eine finanzielle Überweisung geleistet haben, was 25 % der Mitglieder entspricht. Von diesen 49 Staaten liegen 26 Staaten auf dem europäischen Kontinent, wobei das größte Flächenland Russland nicht in diesem Beitragsjahr verzeichnet ist. Die 26 europäischen Staaten (13 % der Mitglieder) leisteten 72 % des Budgets. Die verbleibenden 23 Staaten (12 % der Mitglieder), die nicht auf dem europäischen Kontinent liegen, wie China und USA, leisteten 28 %. Das Jahresbudget betrug in diesem Jahr insgesamt 7,96 Mio. €. Damit ist eine finanzielle Dominanz europäischer Staaten für dieses

---

[84] Quelle: IPCC Office, **080320190344-Doc2-Budget.pdf (ipcc.ch)**, 10.03.2022.

Beitragsjahr gegeben (13 % europäische Staaten leisten ca. ¾ des Budgets des IPCC). Diese Dominanz spiegelt sich jedoch nicht in den wissenschaftlichen Arbeiten wider. Die an den Projekten und Arbeitsgruppen beteiligten Wissenschaftler des IPCC gehören zahlreichen Ländern an und bilden damit ein wesentlich breiteres Spektrum der an den wissenschaftlichen Arbeiten beteiligten Nationen ab. Aus dieser Perspektive einer konkreten und real prüfbaren Beteiligung an den Tätigkeiten des IPCC zum Thema Klimawandel kann die globale tatsächliche Interessenlage der Staaten an dem Thema erahnt werden. Aus meiner Sicht spiegelt sich auch genau dieses politische Verhalten der Staaten in den COP (internationalen Klimakonferenzen) und den darin abgeschlossenen Verträgen wieder, die in den letzten Jahrzehnten zu KEINER globalen CO_2-Reduktion geführt hat.

6

Wie entsteht die globale Durchschnittstemperatur?

Bei den Analysen von zahlreichen Datenreihen war das Ziel, die originalen Temperaturdaten, die *Basis* für die heute gesellschaftlich diskutierten Maßnahmen und Aussagen zu erhalten, um wissenschaftliche Aussagen nachvollziehen zu können. Der Zeitraum der klimarelevanten Beobachtungen beginnt im Jahr 1750 und reicht bis in das heutige Jahr. Im Verlauf der Recherchen wurde deutlich, dass in den letzten Jahrzehnten lediglich Abweichungen (Anomalien) von einer globalen Temperatur veröffentlicht worden sind und nicht die tatsächlichen Messwerte einer Temperatur in °C oder °F. Die Frage erhob sich, woher diese Abweichungen, die ja nur auf Basis eines Temperaturmesswerts errechnet werden können, kommen. Was ist der Grund für die Veröffentlichung von Abweichungen und nicht von absoluten Temperaturwerten? Weiter stellte sich die Frage, ob der Referenzwert, von dem die *Differenztemperatur* berechnet wurde, global vereinheitlicht ist, sodass die unterschiedlichen

Differenzwerte verschiedener Institute verglichen werden können. Dieser für unsere europäischen Gesellschaften alles entscheidende Messwert einer globalen Durchschnittstemperatur als klar ausgewiesener Wert, auf Basis für die Öffentlichkeit prüfbaren und nachvollziehbaren Verfahren, wie und wo er gemessen und anschließend verrechnet worden ist, verbirgt sich auf verschiedenen Internetseiten und ist nicht einfach zu erreichen. Es kostet erhebliche Mühen und Zeit, diese heute global so bedeutsamen Quelldaten ermitteln zu können. Ich möchte hier einen kurzen Exkurs über dieses *Fundament der globalen Klimadebatte* geben und auf wesentliche Erkenntnisse der Klimawissenschaften hinweisen.

Vorweggenommen: Mir drängten sich bei dem Thema grundlegende Fragen auf, wie z.B. eine Durchschnittstemperatur über eine Landfläche mit unterschiedlicher Tektonik (wie u.a. Berge und Täler, Wüsten und Urwälder), unterschiedlichem Bewuchs (u.a. Tropenwälder, Bergwelten, Fjorde, Gletscher, borale Wälder, …), unterschiedlicher ziviler Nutzung (Straße, Städte, Dörfer, Ackerbau, etc.), mit Flüssen und Seen, in unterschiedlichen Jahreszeiten entsteht. Wie wird die Fläche für eine Temperaturmessung ausgewählt und wie groß ist sie? Welche Verfahren werden zur Ermittlung von Durchschnittstemperaturen angewendet, wenn Meere, Küsten und Insel mit eingerechnet werden müssen. Wie wird gemessen (Messstellen, Satelliten, etc.)? Wann und unter welchen Bedingungen wird ein bestimmtes Jahr festgelegt, dass dann als Bezugsjahr oder Referenzjahr für eine Durchschnittstemperatur verwendet wird, von der anschließend nur noch die Abweichungen über die gleiche Fläche berechnet und veröffentlicht werden? Gibt es dafür eine Normung, eine globale Vereinheitlichung? Wie entsteht die globale Durchschnittstemperatur, von der wir zukünftig nicht mehr als 1,5 bis 2,0 °C abweichen können

6 Wie entsteht die globale ...

und wie hoch ist diese Temperatur im absoluten Wert eigentlich? Jeder Politiker spricht über das Pariser Klimaabkommen, spricht über diese maximale Abweichung der globalen Durchschnittstemperatur und begründet damit den Umbau ganzer Volkswirtschaften. Diese Zahl und ihre Entstehung hat somit eine enorme, dass Leben von Milliarden Menschen bestimmende Bedeutung erhalten. Eine einfache Tabelle einer globalen Temperaturreihe ist nicht ohne Weiteres in den Weiten des World Wide Web abrufbar oder sie wurde bei meinen Recherchen nicht gefunden. Nach einigen Tagen konnten Temperaturdaten der globalen Durchschnittstemperatur für den Zeitraum von 1880 bis 2020 ermittelt werden, wie im Folgenden noch beschrieben wird. Dabei stellte ich fest, dass bei unterschiedlichen Instituten das Jahr bzw. der Zeitraum, ab dem der Referenzwert einer zukünftigen Bezugstemperatur zur Berechnung der Temperaturabweichungen definiert wird, unterschiedlich ist. Mit der unterschiedlichen Festlegung eines Referenzjahres oder eines Referenzzeitraums sind jedoch die verschiedenen Kurven der verschiedenen Klimainstitute und ihren Abweichungen nicht einfach miteinander vergleichbar. Das hat mich dann doch noch zu der Frage geführt, wie eigentlich die globale Durchschnittstemperatur gebildet wird. In den folgenden Absätzen möchte ich die Originalzitate und Referenzen verwenden, um in dieser wichtigen Basisinformation eine möglichst hohe Transparenz herstellen zu können.

Auf der Seite der NASA[1] wird eine sehr gute Animation der globalen Temperaturentwicklung über Jahrzehnte dargestellt. Bemerkenswert ist der Hinweis: „Die Abflachung der Temperaturen in der Mitte des 20. Jahrhunderts lässt

---

[1] Quelle: World of Change: Global Temperatures (nasa.gov), 22.01.2022.

sich durch natürliche Schwankungen und durch die Kühlwirkung von Aerosolen erklären, die in den Jahren des rasanten Wirtschaftswachstums nach dem Zweiten Weltkrieg von Fabriken, Kraftwerken und Kraftfahrzeugen erzeugt wurden. Auch der Verbrauch fossiler Brennstoffe nahm nach dem Krieg zu (5 % pro Jahr), was die Treibhausgase erhöhte. Die Abkühlung durch Aerosolverschmutzung erfolgte schnell. Im Gegensatz dazu reichern sich Treibhausgase langsam an, bleiben aber viel länger in der Atmosphäre. Laut dem ehemaligen GISS-Direktor James Hansen spiegelt der starke Erwärmungstrend der letzten vier Jahrzehnte wahrscheinlich eine Verschiebung von ausgewogenen Aerosol- und Treibhausgaseffekten auf die Atmosphäre zu einer Vorherrschaft von Treibhausgaseffekten wider, nachdem Aerosole durch Verschmutzungskontrollen eingedämmt wurden." („The leveling off of temperatures in the middle of the 20th century can be explained by natural variability and by the cooling effects of aerosols generated by factories, power plants, and motor vehicles in the years of rapid economic growth after World War II. Fossil fuel use also increased after the war [5 percent per year], boosting greenhouse gases. Cooling from aerosol pollution happened rapidly. In contrast, greenhouse gases accumulated slowly, but they remain in the atmosphere for a much longer time. According to former GISS director James Hansen, the strong warming trend of the past four decades likely reflects a shift from balanced aerosol and greenhouse gas effects on the atmosphere to a predominance of greenhouse gas effects after aerosols were curbed by pollution controls.") Diese Aussage unterstützt meine eigenen statistischen Analysen im Kapitel 1, Abschnitt 3.1, „Wann war der Zeitpunkt, an dem eine vorindustriellen Klimastabilität verlassen wurde?". Die Seite gibt jedoch keinen Hinweis auf die genaue Entstehung der Temperaturmessungen und der Berechnung der Anomaliewerte. Vielmehr zeigt die Seite die Entwicklungen der Temperaturanomalien in unterschiedlichen Regionen und global auf Basis eines auf der Seite nicht weiter definierten Klimaszenarios, sowie weitere Hinweise auf die Zusammenhänge von Temperatur und Treibhausgasen an.

Über einen weiteren Link gelangt man auf die nächste Informationsseite mit dem Titel „GISS Surface Temperature Analysis: Uncertainty Quantification". Interessant auf dieser Seite[2] ist der Hinweis: „Die daraus resultierenden Unsicherheiten von 95 % liegen im globalen Jahresmittel der letzten 50 Jahre nahe bei 0,05 °C und erreichen bis zum Jahr 1880 0,15 °C." *(„The resulting 95 % uncertainties are near 0,05 °C in the global annual mean for the last 50 years, and increase going back further in time reaching 0.15 °C in 1880.")* Die Unsicherheiten über die letzten 50 Jahre in den Messungen zur globalen Durchschnittstemperatur betragen etwa 0,05 °C. Bleiben wir bei dieser renommierten Einrichtung und gehen auf die Seite[3] „GISS Surface Temperature Analysis (GISTEMP v4)". Auf dieser Seite findet man weiter unten, unter der Überschrift „Tables of Global and Hemispheric Monthly Means and Zonal Annual Means" herunterladbare Daten, die als Temperaturanomalien, also Differenzwerte zu einem festen Referenzwert, ausgewiesen werden. Der Hinweis auf einen Referenzwert und wie er für die NASA gebildet wird, ist hier nicht zu finden.

Auf der Seite des Met-Office[4] wird klar, wie diese wichtigen Basisdaten zur Klimabeobachtung entstehen

---

[2] Quelle: Data.GISS: Surface Temperature Analysis: Uncertainty Quantification (nasa.gov), 04.01.2022.

[3] Quelle: Data.GISS: GISS Surface Temperature Analysis (GISTEMP v4) (nasa.gov), 04.01.2022.

[4] Quelle: Global-average temperature records – Met Office, 04.01.2022.

und berechnet werden. Da diese Daten eine fundamentale gesellschaftliche Bedeutung haben, möchte ich nach meinem oben geschilderten Exkurs in den folgenden Absätzen darauf genauer eingehen.

Meine erste Frage war, warum heute nur noch Temperaturabweichungen oder Temperaturanomalien veröffentlicht werden. Das Met-Office gibt die Antwort: „Absolute Temperaturen werden nicht direkt zur Berechnung der globalen Durchschnittstemperatur verwendet. Sie werden zunächst in ‚Anomalien' umgewandelt, also die Temperaturdifferenz vom ‚normalen' Niveau. Das Normalniveau wird für jeden Beobachtungsort berechnet, indem der langfristige Durchschnitt für dieses Gebiet über einen Basiszeitraum gebildet wird." (*„Absolute temperatures are not used directly to calculate the Quelle: Global-average temperature. They are first converted into 'anomalies', which are the difference in temperature from the 'normal' level. The normal level is calculated for each observation location by taking the long-term average for that area over a base period."*)

Darunter ist zu verstehen, dass das Festland von den Meteorologen in „Gebiete" aufgeteilt wurde, in denen Temperaturmessungen vorgenommen wurden und werden. Dabei muss ein Messwert bei allen Messstationen auf der Welt in einer fest definierten Höhe über dem Boden ermittelt werden. Diese Messungen wurden z. B. über ein Jahr dokumentiert und ein Durchschnittswert für das entsprechende Jahr errechnet. Aus vielen Messungen für das definierte Gebiet ergab sich nach einigen Jahren ein „normales Niveau" (Normal-Level), eine Durchschnittstemperatur. Sie charakterisiert die *Normaltemperatur* für das jeweilige Gebiet. Nach demselben Verfahren können auch „Normaltemperaturen" für bestimmte Monate desselben Gebiets berechnet werden. Diese Normaltemperaturen einer Region können u. a.

in Reiseführern nachgelesen werden, in welchem Monat z. B. die Temperaturen über 15 °C liegen oder wie hoch die Temperaturen im Juni üblicherweise an einem Zielort sind. Auf dieser Datenbasis kann nun ein Referenzjahr für ein einzelnes Gebiet oder viele Gebiete eines Landes festgelegt werden, in dem hier beschriebenen Beispiel soll es das Jahr 1960 sein. In diesem Jahr wurden Durchschnittswerte für das Gebiet X ermittelt und mit den aus den Jahren vor dem Referenzjahr ermittelten Durchschnittswerten zu einer Normaltemperatur in unterschiedlichen Zeitskalen (Woche, Monat, Jahr) verrechnet. Eine *Anomalie* wird nun als die Differenz einer gemessenen Temperatur in dem jeweiligen Gebiet zu diesem Referenzwert aus dem Jahr 1960 errechnet. Beträgt die „Normaltemperatur" z. B. für einen bestimmten Ort im Juni 18 °C, ist die Anomalie an diesem Ort für das Jahr 2000 z. B. 2 °C. Unter der Berücksichtigung der Referenztemperatur aus dem Jahr 1960 kann aus der Anomalie die gemessene Temperatur ermittelt werden. Sie würde in diesem Beispiel für das Jahr 2000 20 °C (18 + 2 = 20) betragen. Da der genutzte Temperaturwert bereits ein Durchschnittswert vieler Temperaturmessungen über einen bestimmten Zeitraum an einem Ort ist, ist eine Anomalie, die über einen Mittelwert zu einem bestimmten Jahr, dem Referenzjahr, errechnet wird, eine statistisch gemittelte Temperaturangabe auf Basis realer Messwerte. Nach den oben beschriebenen Verfahren wird die globale Durchschnittstemperatur berechnet. Die Temperaturentwicklungen, die in den Grafiken in unterschiedlichen Farben zu sehen sind, sind demnach statistische Temperaturabweichungen von Referenzwerten aus bestimmten Bezugsjahren, die aus Szenarien berechnet werden, die aus vielen Annahmen und zahlreichen Parametern bestehen.

Damit stellt sich die zweite Frage: Wie wird der „Normal-Level" berechnet und welchen Zeitraum umfasst die Langzeitbasisperiode? Auf der Homepage des Met-Office findet sich am Ende des Absatzes der wichtige Hinweis: „Der HadCRUT4-Datensatz, der vom Met-Office in Zusammenarbeit mit der Climatic Research Unit erstellt wird, nimmt jeden Monat Beobachtungen von etwa 2000 Landstationen auf." („The HadCRUT4 record, which is produced by the Met Office in collaboration with the Climatic Research Unit, takes in observations from about 2000 land stations each month.") Für den Datensatz „HadCRUT4" (eine Bezeichnung für einen bestimmten Durchschnittswert) ist der Referenzzeitraum von 1961 bis 1990. Im folgenden Absatz der Beschreibung vom Met-Office finden wir zum Verfahren den folgenden Hinweis: „Wenn z. B. die durchschnittliche Septembertemperatur 1961 bis 1990 für Edinburgh in Schottland 12 °C beträgt und die aufgezeichnete Durchschnittstemperatur für diesen Monat im Jahr 2009 13 °C beträgt, ist die Differenz von 1 °C die Anomalie, die bei der Berechnung des globalen Durchschnitts verwendet werden würde." (*„For HadCRUT4, this is 1961–1990 … For example, if the 1961–1990 average September temperature for Edinburgh in Scotland is 12 °C and the recorded average temperature for that month in 2009 is 13 °C, the difference of 1 °C is the anomaly and this would be used in the calculation of the global average."*) Damit ist nun das grundsätzliche Verfahren gut verständlich erklärt, wie sich die globale Durchschnittstemperatur berechnet. In der Erklärung vom Met-Office wird der Berechnungszeitraum von 1961 bis 1990 angegeben, über den die Durchschnittstemperatur ermittelt wird. Das Referenzjahr wäre nun das Jahr 1990. Die Stichprobe umfasst in diesem Beispiel 29 Jahre mit x Messwerten. Die Anomalie für Edingburgh in Schottland würde für 2009 1 °C betragen. Ich verzichte hier auf die weiteren Details dieses eigenen Wissenschaftsfeldes der Klimawissenschaften, weil nach meiner Ansicht mit weiteren Detaillierungen keine wesentlichen Erkenntnisse zur Entstehung der globalen Durchschnittstemperatur hinzugefügt werden können. Ich möchte jedoch den interessierten Leser dazu ermuntern, sich z.B. mit der Frage zu beschäftigen, ob eine gleichmäßige Aufteilung der globalen Fläche vorhanden ist und ob in jeder Gebietsfläche reale Messwerte genutzt werden, beziehungsweise wie z.B. auf See oder im Gebiet des Himalaya ein Temperaturwert bzw. sein Referenzwert ermittelt wird. Grundsächlich bleibt jedoch das beschriebene Verfahren auch für diese Fälle das Gleiche.

Der anschließende Text erklärte, welcher Hintergrund für die Nutzung von Temperaturanomalien besteht und welcher Vorteil damit verbunden ist: „Einer der Hauptgründe für die Verwendung von Anomalien ist, dass sie über große Gebiete ziemlich konstant bleiben. So ist beispielsweise eine Anomalie in Edinburgh wahrscheinlich dieselbe wie die Anomalie weiter nördlich in Fort William und auf dem Gipfel des Ben Nevis, des höchsten Bergs Großbritanniens, und dies, obwohl es an jedem dieser Orte große Unterschiede in der absoluten Temperatur geben kann." *(„One of the main reasons for using anomalies is that they remain fairly constant over large areas. So, for example, an anomaly in Edinburgh is likely to be the same as the anomaly further north in Fort William and at the top of Ben Nevis, the UK's highest mountain. This is even though there may be large differences in absolute temperature at each of these locations.")* Damit wird transparent, dass eine gemessene Durchschnittstemperatur von verschiedenen Messstellen auf Land und Wasser zu bestimmten Jahreszeiten in einem Durchschnittswert als Temperaturanomalie zusammengefasst werden. Über den Zeitraum von 1961 bis 1990 wird auf Basis dieser Daten ein einziger Durchschnittswert errechnet, der dann die Referenz für alle anderen Messwerte darstellt. Die Abweichung von dieser Referenz ist dann eine Temperaturanomalie. Die drei Tabellen in den Abbildunge Abb. 6.1, 6.2 und 6.3 geben die Daten zur Ermittlung des globalen Referenzwerts[5] an:

Heute wird nach der Weltorganisation für Meteorologie (WMO) der Begriff Klima für einen Referenzzeitraum von 30 Jahren definiert. Bis zum Jahr 2020 galt die international gültige Klimareferenzperiode der WMO für den Zeitraum 1961 bis 1990. Ab dem Jahr 2021 gilt die Klimareferenzperiode 1991 bis 2020. Die Klimareferenzzeiträume umfassen somit 30 Jahre.

LAND SURFACE MEAN TEMP	J	F	M	A	M	J	J	A	S	O	N	D	ANNUAL
1901 to 2000 (°C)	2,8	3,2	5,0	8,1	11,1	13,3	14,3	13,8	12,0	9,3	5,9	3,7	8,5
1901 to 2000 (°F)	37,0	37,8	40,8	46,5	52,0	55,9	57,8	56,9	53,6	48,7	42,6	38,7	47,3

Abb. 6.1 Oberflächentemperatur über Land, Quelle: Global Surface Temperature Anomalies | Monitoring References | National Centers for Environmental Information (NCEI) (noaa.gov), 04.01.2022

SEA SURFACE MEAN TEMP	J	F	M	A	M	J	J	A	S	O	N	D	ANNUAL
1901 to 2000 (°C)	15,8	15,9	15,9	16,0	16,3	16,4	16,4	16,4	16,2	15,9	15,8	15,7	16,1
1901 to 2000 (°F)	60,5	60,6	60,7	60,9	61,3	61,5	61,5	61,4	61,1	60,6	60,4	60,4	60,9

Abb. 6.2 Oberflächentemperatur über Wasser (Meer), Quelle: Global Surface Temperature Anomalies | Monitoring References | National Centers for Environmental Information (NCEI) (noaa.gov), 04.01.2022

COMBINED MEAN SURFACE TEMP	J	F	M	A	M	J	J	A	S	O	N	D	ANNUAL
1901 to 2000 (°C)	12,0	12,1	12,7	13,7	14,8	15,5	15,8	15,6	15,0	14,0	12,9	12,2	13,9
1901 to 2000 (°F)	53,6	53,9	54,9	56,7	58,6	59,9	60,4	60,1	59,0	57,1	55,2	54,0	57,0

Abb. 6.3 Oberflächentemperatur Land und Wasser kombiniert, Quelle: Global Surface Temperature Anomalies | Monitoring References | National Centers for Environmental Information (NCEI) (noaa.gov), 04.01.2022

---

[5] Quelle: Global Surface Temperature Anomalies | Monitoring References | National Centers for Environmental Information (NCEI) (noaa.gov), 04.01.2022.

Die globale Durchschnittstemperatur an der Erdoberfläche, die als Referenzwert für alle anderen globalen Temperaturmessdaten genutzt wird, liegt für den Referenzzeitraum bei 13,9 °C (57,0 °F) und ist somit auch der Referenzwert aller anderen Messungen. Misst nun eine Messstation eine Temperatur an einem bestimmten Tag an einem bestimmten Ort auf der Welt, wird der gemessene Wert von dem Referenzwert abgezogen. Das Ergebnis dieser Rechnung ist dann die Anomalie, die als Temperaturdifferenz veröffentlicht wird. Für meine Recherchen habe ich auf der Seite des NCEI (National Centers for Environmental Information, National Oceanic and Atmospheric Administration) die Temperaturdifferenzen[6] und die Referenzwerte für meinen Analysezeitraum ab 1880 gefunden, auf die ich mich im Folgenden beziehen werde. Die Seite ermöglicht es zusätzlich, unterschiedliche Zeiträume auswählen und in einer Tabelle abrufen zu können. Für die Beantwortung vieler weiterer Fragen können die zitierten Internetseiten besucht werden. Ebenfalls möchte ich die Internetseiten des IPCC[7] für vertiefende Studien zu diesem Thema empfehlen, auf denen man genaue Beschreibungen u. a. zu den Prognosemodellen[8] und den wissenschaftlichen Fundamentalen[9] findet, die uns heute in der Öffentlichkeit direkt oder indirekt über die Medien begegnen.

---

[6] Quelle: Global Surface Temperature Anomalies | Monitoring References | National Centers for Environmental Information (NCEI) (noaa.gov), 04.01.2022.

[7] Quelle: https://www.ipcc.ch/working-groups/, und https://www.ipcc-nggip.iges.or.jp/EFDB/main.php, 04.01.2022.

[8] Quelle: https://www.ipcc.ch/report/ar5/wg1/climate-system-scenario-tables/, und https://www.ipcc.ch/report/ar4/wg1/global-climate-projections/, 20.12.22.

[9] Quelle: https://www.ipcc.ch/report/ar5/wg1/, https://www.ipcc.ch/report/ar6/wg1/, 20.12.22.

Im folgenden Kapitel setze ich auf diese Erkenntnisse aus diesem Kapitel auf. Mich interessiert in der folgenden Analyse, wie der Treibhauseffekt erkannt wurde und damit zu einem globalen Medienthema mit großer gesellschaftlicher Wirkung werden konnte. Ein Klimawandel ist in der Klimageschichte und erdgeschichtlich kein unbekanntes Phänomen. Klimaänderungen sind ein Teil der Erdgeschichte, wie auch Warmzeiten, Eiszeiten oder sogenannte Zwischenzeiten. Erst wir moderne Menschen in unserer heutigen Zeit können einen Klimawandel durch Wissenschaft und Technologie frühzeitig erkennen, ihn zu einem medialen Ereignis machen. Ich möchte diesen Vorgang besser verstehen, wie aus dem Naturphänomen ein in unseren modernen Gesellschaften tief verankerter Vorgang wurde.

7

Woher kommt die Wärme? Die kurze Geschichte des Treibhauseffekts

Die erste Frage, die sich immer wieder in den letzten 30 Jahren gestellt und zu einer Spaltung in verschiedenen Gesellschaften geführt hat, war, welche Bedeutung das Gas CO_2 für den Energiehaushalt der Erde hat. Dieser grundlegenden Frage ging indirekt der Mathematiker Jean Baptiste Fourier (geb. 21. März 1768 in Auxerre, gest. 16. Mai 1830 in Paris) 1824 in seiner damaligen bahnbrechenden Analyse der „Mathematische Theorie der Wärme" (1807) nach. Dieses Werk wurde jedoch von ihm nie veröffentlicht. Aufbauend auf diesen Überlegungen schaffte er 1822 den Durchbruch mit seiner Veröffentlichung „Théorie analytique de chaleur". Er verallgemeinerte seine ersten Betrachtungen und bezog 1824 in einem Artikel den Energiehaushalt der Erde auf ein System einer schwarzen Kugel und einer strahlenden Energiequelle, der Sonne, wobei er die Auswirkungen der Atmosphäre bzw. bestimmter Gase auf den Wärmehaushalt der Erde berechnete. In diesem Artikel kam er zu der Erkenntnis, dass die Gase einer Atmosphäre einer Kugel ähnliche Eigenschaften haben müssten, wie die Glasscheiben eines Gewächshauses. Fourier berechnete bereits Jahre vorher, dass die Sonneneinstrahlung auf die Erde nicht ausreichen würde, die üblichen Oberflächentemperaturen herstellen zu können. Die Erde hätte nach seinen Berechnungen eigentlich viel kälter sein müssen. Der Effekt der Gase schuf jedoch ein Modell zur Erklärung dieser Diskrepanzen. Aufbauend auf diesen Arbeiten entwickelte sich bis heute ein Verständnis über die Zusammenhänge zwischen dem System Erde und der Sonne einerseits, sowie dem Strahlungsaustausch zwischen Sonne-Erde und Weltall andererseits. Mit seinen Arbeiten gilt Fourier als Entdecker des *Treibhauseffekts*.

Zur Vollständigkeit sollte nicht unerwähnt bleiben, dass die Arbeiten von Fourier durch dann folgende Wissenschaftler aufgegriffen und weiterentwickelt wurden. 1862 analysierte der Naturforscher John Tyndall[1] durch präzise Messungen und Experimente, dass u. a. *Wasserdampf* und *Kohlendioxid* einen wärmeisolierenden Effekt, ähnlich dem Vergleich mit den Glasscheiben von Fourier, aufweisen. Diese Überlegungen flossen in die Arbeiten des schwedischen Physikers Swante Arrhenius[2] 1892 ein, in denen er nachweisen konnte, dass ein atmosphärischer Treibhauseffekt unter der Berücksichtigung der Eis-Albedo-Rückkopplung vorliegen müsste. Bei diesem Effekt wird untersucht, wie viel Energie durch unterschiedlich helle Oberflächen zurückgestrahlt und zu einer Erwärmung führt und nicht zu einer Abkühlung (Albedo Effekte von reflektierendes Eis oder Schnee-

---

[1] Siehe auch: Wikipedia, https://en.wikipedia.org/wiki/John_Tyndall, und Britannica, https://www.britannica.com/biography/John-Tyndall, 05.01.2023.

[2] Siehe auch: Arrhenius Consult, https://www.arrhenius.de/geschichte/, und Wikipedia, https://de.wikipedia.org/wiki/Svante_Arrhenius, 05.01.2023.

flächen, Wüsten, Gesteinsformationen, Wasseroberfläche, Wälder). Der erste auf Messdaten basierende Nachweis eines anthropogenen Treibhauseffekts erfolgte erst durch die Initiative und den Arbeiten von Charles D. Keeling[3] 1958. Durch seine Initiative wurden zahlreiche Messstationen zur Erfassung des tatsächlichen Kohlendioxidgehalts in der Atmosphäre aufgebaut. Maßgeblich ist somit, dass alle Überlegungen seit den Arbeiten von Fourier im Wesentlichen mathematische Modelle waren und durch Laborexperimente abgesichert wurden. Die dringend notwendige Verifikation der sich entwickelnden Modelle durch reale, globale Messdaten (Falsifikation) wurde erst ab dem Jahr 1958 geschaffen, indem langsam ein Messnetz für die Erfassung von Temperatur und atmosphärischen Gasen global aufgebaut wurde. Mit dem dann folgenden Einsatz von Erdbeobachtungssatelliten konnten global verteilte Messdaten über die Verteilung und Konzentration von Spurengasen in der Atmosphäre inklusive Temperatur und vieler weiterer Daten zur Verfügung gestellt werden. Heute verfügen wir über ein fundiertes Wissen über die Verteilung der Gase und ihren Wirkungen in der Atmosphäre.

Dennoch finden sich immer wieder Menschen einer hinreichend großen Zahl, die dieses Wissen über bestens verifizierte Daten (falsifizierte Aussagen) durch zahlreiche unabhängige Personen (Wissenschaftler unterschiedlicher Epochen) und Experimente, deren Entwicklungsgeschichte weit über 100 Jahre andauerte, nicht anerkennen. Diese Spaltung in den unterschiedlichen Gesellschaften darf nicht mit seinen globalen Auswirkungen ignoriert werden (siehe auch Kapitel 5,

---

[3] Siehe auch: Wikipedia, https://en.wikipedia.org/wiki/Charles_David_Keeling, 21.06.2022.

Abschnitt 8). Ich werde im Späteren auf diesen Punkt zurückkommen, denn eine moderne Wissenschaft lebt von der These, Antithese und seiner Synthese, sowie der Prüfbarkeit seiner Thesen auf Basis eines kritischen Rationalismus (Karl Popper: Die Qualität einer Theorie nimmt zu, je höher ihr empirischer Gehalt ist). Und welche Gründe hat diese Spaltung?

Das Kohlendioxid (CO_2) hat Lichtabsorptionseigenschaften im Infrarotbereich und hohe Emissionsraten. Durch seine Eigenschaften trägt es neben anderen Gasen (u. a. Methan, Lachgas und andere) zum Treibhausgaseffekt in unserer Atmosphäre bei. Die heute in der Atmosphäre hohen Konzentrationen von Kohlendioxid werden vor allem in den letzten 200 Jahren durch die *passiven* und *aktiven* Emissionen der fossilen Energien verursacht. Aber was sind passive und aktive Kohlendioxidemissionen? Passive und aktive Emissionen bilden eine Funktionseinheit. *Passive* Emissionen sind die Emissionen, die durch die Förderung von fossilen Energien hervorgerufen werden, ihrer Extraktion aus den prähistorischen Lagerstädten. Damit sind nicht die Emissionen gemeint, die beim Bohren in Gas- oder Erdölfeldern entstehen, sondern die noch nicht für die Atmosphäre wirksamen Emissionen aus den geförderten fossilen Energien, die mit den geförderten Mengen aus den historischen Lagerstätten im Untergrund an die Oberfläche gebracht werden. Zum Beispiel generiert 1 Barrel Erdöl bei einer Verbrennung x t Kohlendioxid (abhängig von der Erdölsorte). Diese potenzielle Kohlendioxidemission wird erst durch die *Nutzung* des fossilen Brennstoffs aktiviert, ist jedoch durch die Förderung bereits für eine Nutzung vorgesehen, wird also in einer späteren Phase aktiviert. Die geförderten fossilen Energien werden im Verlauf ihrer Nutzungsgeschichte zu *aktiven* Emissionen, also aus den geförderten Rohstoffen werden die Kohlendioxidanteile und andere Stoffe (Ruß, Wasserdampf, andere Gase, …) in die Atmosphäre entlassen. Damit ist auch erklärt, was ich unter *aktiven* Emissionen verstehe: die Emissionen aus der tatsächlichen Nutzung bzw. der Verbrennung der geförderten fossilen Energien.

Interessant in diesem Zusammenhang ist, dass man eine Absenkung des Sauerstoffgehalts in der Atmosphäre nachweisen konnte[4], der durch die Verbrennung der fossilen Energien verursacht wurde. Für die Verbrennung wird Sauerstoff benötigt, der sich dann mit dem Kohlenstoff der fossilen Energieträger chemisch zu CO_2 verbindet. Der natürliche Treibhauseffekt wird durch die vom Menschen verursachte Emission von Treibhausgasen wie Kohlendioxid, Methan, Lachgas und halogenierte Kohlenstoffe verstärkt. Durch die Gase verursachte Veränderungen im Klimasystem bewirken eine Reihe von komplizierten Rückkopplungseffekten, die die Auswirkungen der Veränderungen verstärken oder abschwächen können (positive oder negative Rückkopplungseffekte).

Auf Basis einer großen Anzahl von Beobachtungen ergibt sich ein Bild einer sich erwärmenden Welt und anderer Änderungen innerhalb des Klimasystems. Im Verlauf des 20. Jahrhunderts veränderten sich u. a. die mittlere Oberflächentemperatur, die Ausdehnung der Schnee- und Eisbedeckung, regionale Niederschlagsmengen, die mittlere globale Meeresspiegelhöhe, die Dauer der warmen Phasen des El-Niño-Southern-Oscillation-Phänomen, kurz El Niño[5] genannt, oder

---
[4] Quelle: https://eps.berkeley.edu/news/professor-stolper-provides-history-atmospheric-o2-partial-pressures, 20.12.2022.
[5] Siehe auch: Wikipedia, https://de.wikipedia.org/wiki/El_Ni%C3%B1o, und Deutscher Wetterdienst, https://www.dwd.de/DE/service/lexikon/begriffe/E/El-Nino_pdf.pdf?__blob=publicationFile&v=3, 07.01.2023.

die wichtigsten Treibhausgaskonzentrationen in der Atmosphäre. Die Strahlungsbilanz der Erde wurde innerhalb der letzten 250 Jahre durch die Änderungen der atmosphärischen Zusammensetzung, Veränderungen der Oberflächenreflexion (Albedo[6]), Veränderungen der Landflächen durch Abholzung und Bebauung sowie durch Schwankungen der Sonnenaktivität beeinflusst.

Der Großteil der im Verlaufe der letzten 60 Jahre beobachteten Erwärmung ist nach dem momentanen Wissensstand auf die steigenden atmosphärischen Treibhausgaskonzentrationen durch Verbrennung fossiler Rohstoffe rückführbar. Die an der Erdoberfläche durchschnittliche globale Temperatur hat sich im 20. Jahrhundert um ca. 0,6 °C erhöht (0,9 °C bis zum 1,5-Grad-Ziel; 1,4 °C bis zum 2,0-Grad-Ziel). Es gibt heute klare Belege dafür, dass der Großteil der in den letzten 60 Jahren beobachteten Erwärmung auf die menschlichen Aktivitäten (Zusammenfassung aller menschlichen Aktivitäten inklusive Nutzung fossiler Energie wie Flächenversiegelung, Abholzung großer Waldbestände etc.) zurückzuführen ist, was auch vor dem Hintergrund der großen Mengen an den aus dem Boden geförderten Mengen fossiler Energieträger logisch erscheint.

7.1 Unsere Atmosphäre, die Schicht des Lebens

Unsere Atmosphäre[7] ist eine Gashülle um unseren steinernen Planeten. Sie besteht aus verschiedenen Gasen und ist in unterschiedlichen Schichten angeordnet.

---

[6] Siehe auch: Wikipedia, https://de.wikipedia.org/wiki/Albedo, 06.01.2023.
[7] Siehe auch: Max-Planck-Gesellschaft, https://www.mpg.de/474532/pressemitteilung200301171%3Fc%3D2191, und https://www.mpg.de/7649323/

Unsere Erde ist ein Teil des Sonnensystems. Erst durch das „System der Sonne" (Sonnensystem[8]), in dem nach heutigen Kenntnissen alle Planeten zueinander in einer besonderen Bedeutung und Abhängigkeit stehen, konnte eine Erde in einer habitablen Zone um die Sonne entstehen. Dieser Umstand, dass unsere Steinkugel in einer Umlaufbahn, mit Wasser in verschiedenen Aggregatzuständen auf ihrer Oberfläche sich um die Sonne stabil über Milliarden Jahre bewegen kann, hat erst dazu geführt, dass ich dieses Buch schreiben kann und andere Menschen es lesen können, also Leben entstehen konnte.

Aufbauend auf diesem Fundament konnte die Erde eine Atmosphäre entwickeln und Strahlung von der Sonne in die Entwicklung von Leben umgesetzt werden. Das „System Erde"[9] basiert damit auf den Zusammenhängen außerhalb unseres Planeten. Das System Erde entwickelte mit seinem Trabanten Mond eine Atmosphäre, die sich über die Entwicklungsgeschichte mehrfach wandelte. Als Ergebnis dieser Evolution entstand die heutige Atmosphäre, die für die Lebewesen des Planeten nun über mehrere Millionen Jahre zur Verfügung steht und sich als ein Bestandteil eines weltumspannenden Systems, in Verbindung mit Land, Wasser, Sonneneinstrahlung,

---

geoengineering-klimawandel-wasserkreislauf%3Fc%3D2191, und https://www.mpg.de/12164222/co2-atmosphaere-holozaen?c=2191, Forschungszentrum Jülich, https://www.fz-juelich.de/de/iek/iek-8/forschung/atmosphaere-und-klima, Physikalisch-Technische Bundesanstalt, https://www.ptb.de/cms/forschung-entwicklung/mit-metrologie-in-die-zukunft/herausforderung-umwelt-klima/klima-atmosphaere-die-luft-um-uns-herum.html, 07.01.2023.

[8] Siehe auch: Wikipedia, https://de.wikipedia.org/wiki/Sonnensystem, und Astronomie, https://www.astronomie.de/das-sonnensystem/basiswissen/entwicklung-des-sonnensystem/, und Max-Planck-Gesellschaft, https://www.mpg.de/sonne/klima, 06.01.2023.

[9] Siehe auch: Begriff geprägt von Klaus Knizia, https://de.wikipedia.org/wiki/Klaus_Knizia, 07.01.2023.

Temperatur und Wind und vielem mehr, zu unserer Umwelt, besser Mitwelt, entwickelt hat. Die Atmosphäre ist also ein rückgekoppelter Systembestandteil und kein autark vor sich hin arbeitendes System.

Betrachten wir die Schichtung der Atmosphäre[10], wird deutlich, wie komplex bereits dieses Teilsystem auf unserem Planeten ist. Über dem Boden unseres Planeten befindet sich die Troposphäre, die für die meisten Lebewesen auf diesem Planeten von zentraler Bedeutung ist. Sie hat eine Dicke von ca. 7 bis 17 km[11] (eine Schichtdicke von 15 km liegt lediglich über den Tropen). In dieser Schicht finden alle Ereignisse dieses Planeten statt, wie die Entstehung des Lebens, der Menschen, der Landwirtschaft, die Entstehung von Städten, Kriege, Eroberungen, Explosionen mit und ohne Atombomben, Flüge, Raketen, Emissionen, Leben und Sterben und vieles mehr. Der Übergang von der Troposphäre in die Stratosphäre wird als Tropopause bezeichnet. Über der Troposphäre befindet sich die Stratosphäre. Sie erreicht eine Höhe von bis zu 50 km. Diese Grenzschicht wird Stratopause genannt. Für die allermeisten Menschen ist die auf dieser Schicht liegende Mesosphäre bereits unerreichbar. Die Grenzschicht dieser Atmosphärenschicht liegt bei ca. 80 km Höhe. Der Übergang von der Stratopause ist die Mesosphäre, die darüberliegende Schicht wird als Mesopause bezeichnet. Über der Mesosphäre befindet sich die Thermosphäre. Die Grenzschicht liegt bei ca. 500 km. Die letzte „Schicht" über der Thermosphäre wird als Exo-

---

[10] Siehe auch: https://www.osa.fu-berlin.de/meteorologie/beispielaufgaben/01_aufbau_der_atmosphaere/index.html, und https://de.wikipedia.org/wiki/Erdatmosph%C3%A4re, und https://www.planet-wissen.de/natur/klima/erdatmosphaere/pwieaufbaudererdatmosphaere100.html, 20.12.2022.

[11] Quelle: Deutscher Wetterdienst, https://www.dwd.de/DE/wetter/thema_des_tages/2020/11/6.html, 06.01.2023.

sphäre bezeichnet. Der Übergang der Exosphäre in den Weltraum ist fließend. Eine Grenzschicht existiert hier nicht.

Um die hinter dem abstrakten Begriff *Atmosphäre* bzw. *Klima* steckende Dimension besser zu begreifen, kann der Zugang zu dieser Dimension über Emotionen hilfreich sein. Es ist nicht so einfach, sich selbst noch einmal darüber bewusst zu werden, das auf diesem blauen Planeten all die guten und schlimmen Dinge unseres gesamten Lebens aller Menschen, Tiere und Pflanzen, aller Völker über die gesamte Geschichte ihrer Existenz, über die letzten ca. 420.000 Jahre sowie auch einer noch Millionen von Jahren andauernden Zukunft in einer Gasschicht von ca. **7 km Dicke** stattfindet. Wenn wir uns die beiden Bilder aus dem ersten Kapitel noch einmal in unser Gedächtnis rufen, dann schauen wir auf eine kleine blaue Insel in einem unendlichen, tiefen Schwarz, mit einer fragilen, sehr dünnen Luftschicht, die unsere gesamte Existenz, unsere gesamte menschliche Geschichte und unsere gesamte Zukunft umhüllt und vor einem lebensgefährlichen, unendlichen, schwarzen Nichts schützt. Nicht wir schützen das Klima, es schützt uns, es hat uns überhaupt ermöglicht zu einem Menschwesen zu werden und es wird uns in Zukunft ebenfalls schützen.

In der hier über die Emotionen offengelegte Entfremdung/Distanz von den natürlichen Zusammenhängen aus dem vorherigen Absatz zeigt, dass der immer weiter schwindende Respekt unserer Spezies vor diesen natürlichen Einwebungen/Zusammenhängen – vor allem in den technisierten Nationen – ein wichtiges *Zahnrad* im Getriebe um die Entstehung des Klimawandels in seiner *gesellschaftlichen Bedeutung* wie auch seiner begrifflichen und inhaltlichen Nutzung ist. Dieser fast vollständige Verlust auf der Ebene des Individuums an diesen fundamentalen Zusammenhängen drückt sich für mich vor allem in den Begriffen *Klimaschutz*[12] und *Umweltschutz*[13] aus, die in ihren Assoziationen exakt die Verkehrung der Realitäten beschreiben.

Auf Basis dieser in diesen und ähnlichen Begriffen innewohnenden Überhöhung der eigenen Wahrnehmung, der darin liegenden emotionalen Distanz, wie sie sich auch im Begriff „Umwelt" widerspiegelt, entstehen dann die Sichtweisen und Überzeugungen der modernen Menschen, in deren Folge dann Handlungen im globalen, weltumspannenden Ausmaß entstehen, die auf Dauer von den natürlichen Systemen nicht mehr kompensiert werden können. Rational kann dieser Zusammenhang sehr gut nachvollzogen werden. Die daraus folgende Frage ist, wie ein Wandel gestaltet wird. Und der in diesem Buch entwickelten Metapher entsprechend: Welche *Zahnräder bilden die Mechanik* dieses gesellschaftlichen Wandels? Die Antworten auf diese Fragen sind komplex und streifen u. a. auch die Geisteswissenschaften[14]. Damit ist jedoch auch der Kern in diesem Buch offengelegt, in dem es nicht um ein Für oder Wider geht, sondern auch darum, wie ein Wandel so gestaltet werden kann, dass er tatsächlich, real und rational gut funktioniert, ohne dass unsere Spezies in ein oder mehrere Katastrophen wandert; dabei ist es vollkommen unerheblich, wer die Katastrophe verursacht

---

[12] Siehe auch: Wirtschaftslexikon Springer Gabler, https://wirtschaftslexikon.gabler.de/definition/klimaschutz-120693, Grafik Mindmap „Klimaschutz", 07.01.2023.

[13] Siehe auch: Wikipedia, https://de.wikipedia.org/wiki/Sozialwissenschaftliche_Aspekte_des_Klimawandels, 07.01.2023.

[14] Siehe auch: Philosophy Papers, https://philpapers.org/rec/GILWUA, und Klimaethik und Aufklärung: u. a. Birnbacher, Dieter. 2016. Klimaethik. Nach uns die Sintflut? Stuttgart: Reclam. Kant, Immanuel. 1784. „Beantwortung der Frage: Was ist Aufklärung?", in: Kant's gesammelte Schriften, hgg. v.d. Königlich Preußischen Akademie der Wissenschaften, 29 Bde. Berlin: Reimer 1900 ff., 07.01.2023.

hat, denn in einer globalen Katastrophe sind immer alle betroffen, sofern sie dann real und tatsächlich eintrifft.

Die Eigenschaft einer Klimakatastrophe ist prinzipiell ihre für alle gemeinsame Gültigkeit. Nur wie kann eine Katastrophe verhindert werden. Exakt an dieser Fragestellung teilen sich die Vorstellungen. Ich habe u. a. das Buch von Bill Gates, dem berühmten Softwareentwickler, gelesen, mit dem Titel „Wie wir die Klimakatastrophe verhindern"[15]. Der Titel verspricht bereits eine Lösung zu präsentieren, wie eine globale Katastrophe verhindert werden kann. Bevor jedoch dieser im Titel zum Ausdruck gebrachte Anspruch erfüllt werden kann, ist eine gründliche Analyse der Ursachen, ein gutes Verständnis der Zusammenhänge, Abhängigkeiten, Rückkopplungsmechanismen und Hintergründe notwendig. In diesem Buch möchte ich diese Hintergründe, die Zusammenhänge und Ursprünge einer vermeintlichen/prophezeiten/vorhergesagten Katastrophe, die gesellschaftliche Bedeutung verschiedener Gruppen im Zusammenhang der Entstehungsgeschichte des Klimawandels, der Nutzung des Themas auf verschiedenen gesellschaftlichen Ebenen und der Einbettung von wissenschaftlichen Erkenntnissen, die Rolle der Wissenschaft[16] etc., eben die Mechanik des Uhrwerks, wie der Klimawandel in die Gesellschaft kommt, aufzeigen und zur Diskussion anregen. Mir erscheint, dass im eigentlichen Sinn eine Katastrophe[17] nicht zu verhindern ist, weil sie eben eine

---

[15] Siehe auch: Bill Gates, Wie wir die Klima Katastrophe verhindern. Verlag PIPER (www.piper.de), ISBN: 978-3-492-07100-0.

[16] Siehe auch: Leopoldina, https://www.leopoldina.org/veranstaltungen/veranstaltung/event/2698/, 07.01.2023.

[17] Siehe auch: Wikipedia, https://de.wikipedia.org/wiki/Katastrophe, 07.01.2023.

Katastrophe ist, der Wendepunkt in einer Tragödie. Im Kontext des Klimawandels ist der Schadensfall bereits seit Langem eingetreten und damit nicht mehr verhinderbar. Wenn jedoch diese Sinndeutung zutrifft, bleib nur noch der realistische Weg der Anpassung[18] unserer Spezies[19], so wie es jedoch die Natur seit Jahrmillionen bereits praktiziert; Und dadurch eine Änderung in unserer heutigen modernen Sichtweise einnehmen, die es ermöglicht von der *Verhinderung* auf eine *Anpassung* umzuschwenken. Können wir als Menschheit diesen Mechanismus der Anpassung an globale Katastrophen nicht nur abstrakt, rational und verstandesmäßig erkennen, sondern eine globale und langfristige Handlung für uns selbst als Menschheit daraus entwickeln?

Die Atmosphäre besteht aus mehreren Gasen, hauptsächlich Stickstoff (ca. 78 %), Sauerstoff (ca. 21 %), Argon (ca. 0,9 %) und weiteren Spurengasen, u. a. Kohlendioxid (ca. 0,04 %), Methan, Ozon und Schwefeldioxid, die als klimawirksame Gase bezeichnet werden. Über Bohrkernanalysen[20] konnte die Zusammensetzung der Atmosphäre über die letzten Jahrtausende relativ gut und in erstaunlicher zeitlicher Auflösung bestimmt werden, sodass ein Langzeitbild über die Entwicklung der Erdatmosphäre von verschiedenen Disziplinen der Wissenschaften erarbeitet werden konnte. Aus diesen Messreihen entstand ein Abbild unserer Erdgeschichte (siehe auch Kapitel 5 „Wie

---

[18] Siehe auch: Übersicht Wikipedia, https://de.wikipedia.org/wiki/Anpassungsf%C3%A4higkeit, und Scienxx, https://www.scinexx.de/dossier-artikel/anpassung-an-den-lebensraum/, und Bundesamt für Bevölkerungsschutz und Katastrophenhilfe, https://www.bbk.bund.de/DE/Themen/Klimawandel/Deutsche-Anpassungsstrategie/deutsche-anpassungsstrategie_node.html, 07.01.2023.

[19] Siehe auch: Spektrum der Wissenschaft, https://www.spektrum.de/news/das-buch-des-lebens/1015035. 07.01.2023.

[20] Siehe auch: Kap. 5.

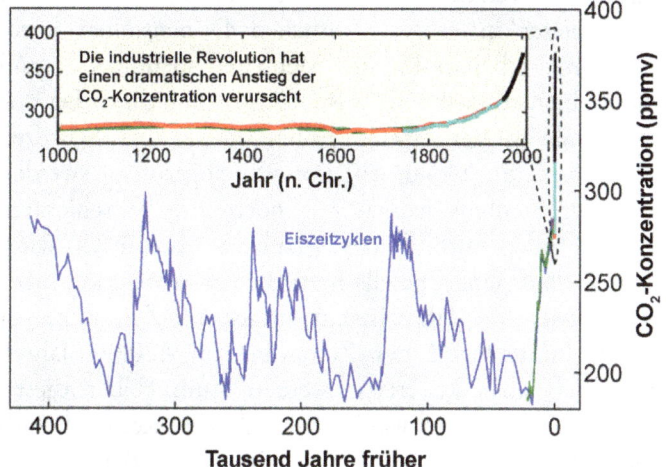

Abb. 7.1 Langzeitmessungen von CO_2 Quelle: Global Warming Art" erstellt ([1]), Übersetzung: David W. - Übertragen aus de.wikipedia nachCommons durch Leyo mithilfe des CommonsHelper. (deutschsprachige Version von File: Carbon Dioxide 400ky r.png), CCBY-SA 3.0, https://commons.wikimedia.org/w/index.php?curid=8924370, 01.05.2021

entsteht der globale Wert der CO_2-Konzentration"). Abb. 7.1[21] zeigt diese Daten.

Die Schwankungsbreite des atmosphärischen CO_2-Gehalts lag in den letzten 420.000 Jahren zwischen 190 und 280 ppm (ppm = Parts per Million). Die höchsten Werte von 280 ppm Kohlendioxid wurden jeweils zu den Höhepunkten der Eiszeiten gemessen. Anschließend wurde das Klima auf der Erde wärmer und die globale CO_2-Konzentration sank ab. In der Abb. 7.1 ist im oberen

---

[21] Quelle: Von Das Bild wurde für „Global Warming Art" erstellt ([1]), Übersetzung: David W. – Übertragen aus de.wikipedia nach Commons durch Leyo mithilfe des CommonsHelper. (deutschsprachige Version von File: Carbon Dioxide 400kyr.png), CC BY-SA 3.0, https://commons.wikimedia.org/w/index.php%3Fcurid%3D8924370, 01.05.2021.

Fenster der Verlauf über die letzten 1000 Jahre zu sehen. Auch dieser in erdgeschichtlichen Dimensionen kurze Zeitraum ist bereits für uns Menschen so unfassbar und damit abstrakt, dass z. B. Wissen am Beginn dieser Periode heute nur in bestimmten Fällen direkt über Schriften oder andere Dokumentationen abgerufen werden kann, größtenteils jedoch nur noch über Geschichten, Mythen oder mithilfe des Glaubens übermittelt wird. Der Verlauf einer gesellschaftlichen Entwicklung über die letzten 1000 Jahre ist ein unfassbarer Zeitraum, vor dessen Hintergrund der Zeitraum von 420.000 Jahren nur noch abstrakt erfasst werden kann. Über diesen langen Zeitraum schwankte die globale Kohlendioxidkonzentration des Klimasystems in einem Bereich von 190 bis 280 ppm (weitere Details siehe auch Kapitel 1, Abschnitt 3 und Kapitel 5 „Wie entsteht der globale Wert der CO2-Konzentration"). Über die letzten 1000 Jahre lagen die CO_2-Werte im oberen Spektrum, in einem Fenster von 220 bis 280 ppm. Wie in anderen Veröffentlichungen beschrieben[22], kann erst mit dem Aufkommen der Industrialisierung ein Anstieg an globaler CO_2-Konzentration gemessen werden.[23]

Im Jahr 1990 betrug der CO_2-Eintrag in die Atmosphäre weltweit 22,94 Mrd. t. Drei Viertel der in den 1990er Jahren erfolgten Emissionen sind auf die Verbrennung fossiler Energieträger zurückzuführen.

---

[22] Siehe auch: Keeling Curve, https://keelingcurve.ucsd.edu/pdf-downloads/, http://bluemoon.ucsd.edu/co2_400/co2_800k_zoom.pdf, C. D. Keeling, S. C. Piper, R. B. Bacastow, M. Wahlen, T. P. Whorf, M. Heimann, and H. A. Meijer, Exchanges of atmospheric CO_2 and $13CO_2$ with the terrestrial biosphere and oceans from 1978 to 2000. I. Global aspects, SIO Reference Series, No. 01–06, Scripps Institution of Oceanography, San Diego, 88 pages, 2001., 03.10.2021.

[23] Quelle: Our World in Data, https://ourworldindata.org/grapher/co-emissions-by-sector, eigene Auswertungen der Daten, 20.12.2022.

Auswirkungen der veränderten Landnutzung und die Verbrennung tropischer Wälder stellen den Rest der Emissionen dar (ca. 1/4)[24]. Dabei ist der emittierte Anteil an Kohlendioxid ungefähr doppelt so hoch wie der Anstieg in der Atmosphäre. Die andere Hälfte des vor allem durch Verbrennung emittierten Kohlendioxids wird durch die Meere und die terrestrische Biosphäre aufgenommen (Kohlendioxyd Senken).

In dem nächsten Kapitel möchte ich der Frage nachgehen, welche Auswirkungen der Erste Weltkrieg von 1914 bis 1918 und der Einsatz von damals modernem Kriegsgerät, das im Wesentlichen durch Verbrennung von Kohle funktionierte, auf die globale CO_2-Konzentration hatte. Dieser Weltkrieg war das erste globale Ereignis der Menschheitsgeschichte, das auf Basis der Verbrennung großer Mengen fossiler Energien und des Einsatzes von Technik stattfand. Dieses Ereignis markiert zusätzlich eine fundamentale Zeitenwende, die das *Kohlezeitalter* des 19ten Jahrhunderts beendete und das Ölzeitalter der Neuzeit einläutete. Mit dem Ersten Weltkrieg wurden die technischen und strategischen Fundamente des *Ölzeitalters* von der damaligen Politik und dem Militär erkannt und entwickelt, auf denen unsere heutigen Industriegesellschaften stehen. Auf diesen Fundamenten stehen ebenfalls die heutigen globalen Verteidigungsstrukturen, die damit verbundene Industrie sowie die heute moderne gesamte Militärtechnologie. In den indirekten Messungen der globalen CO_2-Konzentrationen sind die Auswirkungen des ersten Weltkrieges und dem Wandel der fossilen Energiebasis relativ zu den heutigen Einträgen gering. Was steckt dahinter?

---

[24] Quelle: BP stats review 2021 consolidated dataset panel format, https://www.bp.com/en/global/corporate/energy-economics/statistical-review-of-world-energy/downloads.html, eigene Auswertungen der Daten, 01.04.2022.

# 8

Der Erste Weltkrieg: Zeitenwende! Von der Kohle zum Erdöl

In diesem Kapitel versuche ich, die Auswirkungen des Ersten Weltkriegs auf die globalen Kohlendioxidemissionen abzuschätzen. Die Abschätzung wird ausreichen, um eine quantitative Einordnung dieses außergewöhnlichen Ereignisses in der Entwicklungsgeschichte der fossilen Energieträger vornehmen zu können. Der Erste Weltkrieg war vor allem für den Einsatz von Technologie und Wissenschaft eine neue Dimension[1]. Die außergewöhnliche Technisierung und Industrialisierung des Kriegs gegenüber allen vorherigen Kriegen, vor allem auf dem Kontinent Europa im 19. Jahrhundert, wird hier nicht betrachtet. Allein dieser Themenkreis mit seiner Vorgeschichte, wäre es Wert, in einem eigenen Buch genauer zu analysieren. Das würde hier jedoch den Rahmen sprengen. Der Fokus liegt

---

[1] Siehe auch: International Encyclopedia of the First World War, https://encyclopedia.1914-1918-online.net/article/science_and_technology, 20.12.2022.

hier auf dem Einsatz von Kohle als dem damaligen Treibstoff des Kriegs[2].

Der Erste Weltkrieg war für die CO_2-Entwicklung deshalb von besonderer Bedeutung, weil in dieser Entwicklungsphase erstmalig Dampfschiffe vorwiegend auf Basis der Kohleverbrennung[3] genutzt wurden und von den jeweiligen Staaten die Bedeutung von Öl als Treibstoff[4] z. B. durch den Einsatz der ersten Tanks (Panzer) erkannt wurde. Die beiden Weltkriege eins und zwei markierten deshalb eine Übergangsphase in der Antriebsenergie (siehe auch Kapitel 5, Abschnitt 3 „Die Ablösung der Kohle als Hauptenergieträger und die Entwicklung der Erdöl- und Gasmärkte"). Aus Sicht der Entwicklung der fossilen Energien unterscheidet den Ersten Weltkrieg vom Zweiten Weltkrieg vor allem die Antriebsenergie des Militärgerätes, wobei im Zweiten Weltkrieg fast alle Schiffe und anderes Kriegsgerät auf Basis von Erdöl betrieben wurden[5]. Die wesentliche Ausnahme war über diese beiden Zeiträume hinweg vor allem die Dampflock, die auch noch nach dem zweiten Weltkrieg lange mit Kohle angetrieben wurde. Kohlebasierte Antriebe wurden bis auf die Dampflokomotiven fast vollständig durch erdölbasierte Antriebe verdrängt. Erst nach dem Zweiten Weltkrieg wurden Dampflokomotiven schrittweise durch Dieselantriebe oder eine Elektrifizierung der Bahnstrecken und den Einsatz von Elektroantrieben

---

[2] Siehe auch: BBC UK, https://www.bbc.co.uk/wales/history/sites/themes/periods/ww2_coal_industry.shtml, 20.12.2022.

[3] Siehe auch: Wikipedia, https://en.wikipedia.org/wiki/Technology_during_World_War_I, 20.12.2022.

[4] Siehe auch: Office of Fossil Energy and Carbon Management, https://www.energy.gov/fecm/early-days-coal-research, 20.12.2022.

[5] Siehe auch: SAGE Journals Home, https://journals.sagepub.com/doi/10.1177/0968344513504861, 20.12.2022.

8 Der erste Weltkrieg. Zeitenwende! Von …

ersetzt. Bei den technischen Innovationen im Antrieb ist besonders interessant, dass das damalige, schwere Kriegsgerät des ausgehenden 19. Jahrhunderts auf Basis fossiler Energienutzung vor allem Schiffe mit kohlebefeuerten Dampfmaschinen waren. Die auf Basis fossiler Energien betriebenen Technologien waren in ihrer Diversität und Menge[6] im Vergleich zu den heutigen Beständen sehr überschaubar. Die Innovationen im militärisch-technologischen Bereich in, zwischen, während und nach den beiden Weltkriegen brachten zugleich eine Erhöhung der Diversität an technischen Geräten. Mit dem Wechsel der Antriebsenergie für die militärischen Geräte änderte sich auch die Sicht der Staaten auf die Verfügbarkeit, also die strategische Bedeutung, der Ölquellen.

An dieser Stelle möchte ich vor dem genannten historischen Hintergrund darauf aufmerksam machen, dass wir heute politisch-wissenschaftlich[7] (Conference of the Parties[8]) getrieben vor einer grundlegenden Transformation der Energiebasis vieler Staaten im zivilen Bereich stehen. In der heutigen Entwicklungsphase der Völker ist nicht der Krieg zwischen Völkern ein Innovationstreiber. Offenbar kehrt sich in unserer heutigen Zeit das Szenario um, so dass der zivile Bereich als Innovationstreiber den militärischen Bereich nach sich zieht. Die Transformation der Energiebasis der heutigen militärischen Geräte, somit die Transformation des militärischen Bereichs[9], wird bisher bei den Planungen

---

[6] Siehe auch: Fußnote, „The U.S. Military Consumes More Fossil Fuels Than Entire Countries".

[7] Siehe auch: United Nations, https://unfccc.int/process/bodies/supreme-bodies/conference-of-the-parties-cop, 27.12.2022.

[8] Siehe auch: United Nations, https://www2.unccd.int/official-documents, 27.12.2022.

[9] Siehe auch: https://fossilfuel.com/the-u-s-military-consumes-more-fossil-fuels-than-entire-countries/, 20.12.2022.

der Energiewende zur Erlangung einer CO_2-Neutralität in einzelnen Staaten nicht berücksichtigt[10]. Welche Auswirkungen ein Wechsel der militärischen Energiebasis hatte, kann an den beiden Weltkriegen nachvollzogen werden. Es wäre unlogisch, wenn eine heutige Transformation der militärischen Energiebasis nicht ähnliche epochale, mehrdimensionale Auswirkungen auf die internationalen Verhältnisse hätte, wie die Transformation von der Kohle zum Erdöl. Damit zeigt sich eine weitere Dimension im Rahmen einer globalen Energietransformation zum Abbau von CO_2-Emissionen. Das ist auch der Grund, warum dieses Kapitel mit in das Buch aufgenommen wurde.

Die damaligen Kriegsparteien des ausgehenden 19. und des beginnenden 20. Jahrhunderts betrieben umfassende Seeflotten. Vor allem England stützte seine damalige Entwicklung, hin zum weltumspannenden Empire, auf die Stärke seiner weltweit operierenden Seeflotten. Der Hauptbrennstoff war Kohle. Die Antriebstechnologie war die Dampfmaschine. Ein durchschnittlicher Dampfkessel für ein Kriegsschiff der damaligen Bauart verbrauchte ca. 10 t Kohle pro Stunde, abhängig von seiner Größe und Leistung (mittlere Schiffsgröße: Fassungsvermögen des Kohlebunkers ca. 2891 t Kohle). Zusätzlich war Kohle auch der Hauptenergieträger für die Stahl- und Eisengewinnung sowie die Produktion der Kriegsgeräte, Waffen und Munition, die den beiden eigentlichen Kriegsausbrüchen vorauslief (Aufrüstung). Kohle wurde im 19. Jahrhundert zum Hauptenergielieferanten im zivilen und militärischen Bereich aller aufstrebenden Nationen in dem damaligen Europa und den USA, damit auch für die Entwicklung der Industrie, der Wärmeversorgung

---

[10] Siehe auch: IPCC, https://www.ipcc.ch/reports/, 27.12.2022.

8 Der erste Weltkrieg. Zeitenwende! Von ...

Tab. 8.1 Kohlendioxidemissionen in der Zeit des Ersten Weltkriegs, Quelle: Eigene Darstellung. Datenquelle: Coal Production in the leading Coal-Producing countries of the World, und Our World in Data, https://ourworldindata.org/grapher/coal-production-by-country, 12.12.21

Kohlendioxidemissionen SK u. BK geometrisches Mittel [Mio.t] (berechnet)						
	Total (alle Jahre)	1913	1914	1915	1916	1917
USA	7.591	1.533	1.381	1.430	1.575	1.671
Großbritannien	3.527	774	715	681	690	668
Deutschland	2.042	749	660	632	0	0
Österreich-Ungarn	320	160	0	0	83	77
Frankreich	379	110	80	54	58	78
Russland	243	95	0	75	37	36
Belgien	77	61	0	16	0	0
Japan	231	57	57	55	62	0
Indien	141	49	0	46	46	0
China	90	42	0	48	0	0
Kanada	189	40	37	36	39	38
Spanien	52	13	12	13	15	0
Holland	19	6	0	6	7	0
Summe [Mio. t]	**19.903**	**3.690**	**2.942**	**3.092**	**2.611**	**2.568**

(Heizen, Kochen, Wasseraufbereitung etc.) in den privaten Haushalten und bei den Maschinenantrieben[11]. Im Vorkriegsjahr 1913 wurden in den wichtigsten Staaten der damaligen Zeit zusammen 1245 Mio. t Kohle produziert. Der erste Boom der Kohlejahresproduktion lag in den Jahren 1913 bis 1933. In der Tab. 8.1[12] wird die passive CO_2-Menge aufgelistet, die durch die Kohleproduktion und ihrer anschließenden Verbrennung, vor allem in

---

[11] Quelle: ResearchGate, https://www.researchgate.net/publication/228838239_A_supply-driven_forecast_for_the_future_global_coal_production, 27.12.2022.

[12] Quelle: Coal Production in the leading Coal-Producing countries of the World, und Our World in Data, https://ourworldindata.org/grapher/coal-production-by-country, 12.12.2021.

Dampfmaschinen, emittiert wurde. Insgesamt wurde im Vorkriegsjahr 1913 eine passive durchschnittliche Menge an CO_2 von 3690 Mio. t produziert und emittiert (Durchschnittswerte von Braun- und Steinkohle)[13].

In den Jahren nach 1913 fehlen für einige Länder die Daten, die hier nicht interpoliert, sondern auf null gestellt wurden. Damit könnten die auf Basis der Kohleverbrennung realen globalen Kohlendioxidemissionen etwas höher ausfallen. Die Tab. 8.1 zeigt, dass sich über die Kriegsjahre die Kohleproduktion und damit die Kohlendioxidemission etwas verringerten. Im letzten Kriegsjahr 1917 bis zum Jahr 1921[14] sanken die passiven Kohlendioxidemissionen im Verhältnis zum ersten Vorkriegsjahr um ca. 900 Mio. t[15]. Die Tabelle zeigt die Gesamtproduktion des durch Kohle emittierten Kohlendioxids. Sie teilt sich auf die Kriegsflotten, Produktionsstätten und andere Verbräuche auf. Im Verlauf des Kriegs wurden zusätzlich einige Schiffe auf Ölfeuerung umgestellt, damit verringerten sich auch die Kohlendioxidemissionen geringfügig. Die gesamte Kohleproduktion der damaligen europäischen Staaten befand sich auf einem hohen Niveau. In der Abb. 8.1 (eigene Darstellung[16]) ist die Gesamtproduktion an Kohle dieser Staaten dargestellt. Sie bildet die Grundlage für den Aufbau der militärischen Güter inklusive der herstellenden Industrie. Die beiden Tabelle in der Darstellung 8.2 zeigen

---

[13] Quelle: Our World in Data, eigene Berechnungen, https://ourworldindata.org/contributed-most-global-co2, 12.12.2021.

[14] Quelle: Statista, https://www.statista.com/statistics/1285942/coal-production-allied-europe-1900-1945-country/, und https://www.theshiftdataportal.org/energy, 27.12.2022.

[15] Siehe auch: Science Direct, https://www.sciencedirect.com/topics/earth-and-planetary-sciences/coal-production, 27.12.2022.

[16] Quelle: Daten Statista: https://www.statista.com/statistics/1285942/coal-production-allied-europe-1900-1945-country/, 06.01.2023.

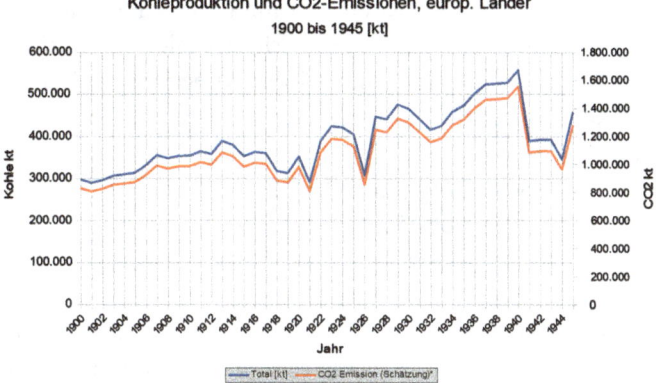

Abb. 8.1 Kohleproduktion (Stein- und Braunkohle) von 1900 bis 1945. Quelle: Eigene Darstellung und Berechnung. Datenquelle: Statista, https://www.statista.com/statistics/1285942/coal-production-allied-europe-1900-1945-country/, 6.1.23

den Produktionsverlauf von Kohle im ersten und zweiten Weltkrieg, so dass ein Vergleich möglich wird (Abb. 8.2).

Die Kohleproduktion kann nicht in dem dargestellten Zeitraum über alle Länder eindeutig in Stein- und Braunkohleproduktion differenziert werden. Deshalb habe ich in meiner eigenen Analyse eine gleichteilige Verteilung der beiden Kohlearten zur Kalkulation der Kohlenstoffemissionen zugrunde gelegt. Betrachtet man die Kohleproduktion zur Versorgung der Kriegswirtschaft und der Versorgung der Kriegsgeräte, hier im Wesentlichen die Kriegsschiffe, kann folgender Produktionsverlauf für den Ersten und Zweiten Weltkrieg dargestellt werden (siehe Tab. 8.2a und b, eigene Darstelung[17]):

---

[17] Quelle: Daten Statista: https://www.statista.com/statistics/1285942/coal-production-allied-europe-1900-1945-country/, 06.01.2023.

Auffällig an beiden Kurven ist ihr ähnlicher Verlauf. Am Anfang der Kriegshandlungen sinken die Produktionsmengen ab, verweilen während der Kriegsjahre auf einem fast konstanten Niveau und fallen zum Kriegsende erneut ab.

Zur Vervollständigung des Bildes[18] ist eine Übersicht der Flottenbestände[19] aufgelistet, die im Wesentlichen große Bestände an Kohle aufgrund ihrer dampfgetriebenen Antriebstechnologie verfeuerten. Diese Bestände waren jedoch das Endprodukt einer langen Kette von industrieller Produktion verschiedenster Materialien, deren Basis ebenfalls die Verfeuerung fossiler Energien war. Die Kriegsschiffe, Eisenbahnen, Tanks, Kanonen, Transportfahrzeuge, Munition und anderen Kriegsmittel des Ersten Weltkriegs wurden vorwiegend aus Stahl produziert. Damit wurde ein bereits seit Jahrzehnten anhaltender Bedarf an Erz, Kohle und als Industrieprodukt verfügbarem Stahl bzw. Eisen weiterentwickelt. Die im damaligen politischen Interesse vorangetriebene Entwicklung der Industrie, der Schiffsflotten[20], des Militärs, der Entwicklung moderner Kriegsgeräte, der Entwicklung von Zugstrecken und Zügen und vielem mehr in den sich damals entwickelnden Staaten schaffte eine große Nachfrage nach Stahl, der mithilfe des Energieträgers Kohle aus großen Mengen von Erzen in Hochöfen geschmolzen wurde. Profiteur dieses Booms war die damals aufblühende Stahlindustrie, die vor allem durch

---

[18] Siehe auch: Wikipedia, https://en.wikipedia.org/wiki/World_War_I, und https://en.wikipedia.org/wiki/List_of_maritime_disasters_in_World_War_I, 27.12.2022.

[19] Siehe auch: Military Factory, https://www.militaryfactory.com/ships/ww1-warships.php, und https://www.militaryfactory.com/ships/ww1-ships-index.php, 27.12.2022.

[20] Siehe auch: Encyclopedia, https://encyclopedia.1914-1918-online.net/article/naval_warfare, 27.12.2022.

8 Der erste Weltkrieg. Zeitenwende! Von ...

Tab. 8.2a und b Kohleproduktion in europäischen Ländern während der beiden Weltkriege. Quelle: Eigene Darstellung und Berechnung. Datenquelle: Statista, https://www.statista.com/statistics/1285942/coal-production-allied-europe-1900-1945-country/, 6.1.23

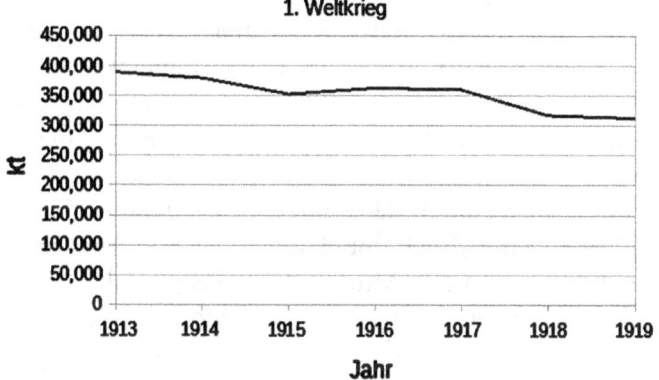

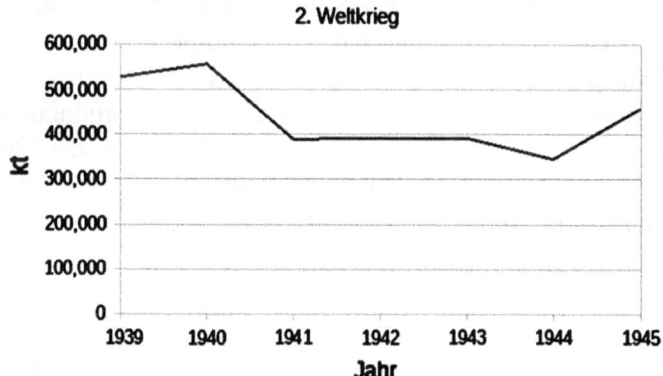

die Konkurrenzsituation von England und Deutschland (Stichwort „Wettbewerb der Staaten") durch ihre globalen Machtinteressen vorangetrieben wurde[21]. Stahlproduktion, Aufbau von großen Verbänden von Kriegsschiffen, transnationale Bahnstrecken, die Entwicklung der Gasindustrie inklusive des Aufbaus von Pipelines (Bedarf an Röhren) und die Nachfrage nach Energie in den zivilen Sektoren wurden im 19. Jahrhundert vor allem durch die Versorgung mit Kohle befriedigt, was sehr große Mengen an Kohlendioxidemissionen vor allem aus diesem fossilen Energieträger produzierte.

Deutschland produzierte im Jahr 1900 ca. 0,05 Mio. t Öleinheiten (Mtoe) Rohöl und kurz vor dem ersten Weltkrieg ca. 0,1210 Mtoe[22]. Die Weltproduktion von Rohöl lag im Jahr 1900 bei ca. 20,2 Mtoe. Im Jahr 1913 stieg sie weltweit bereits auf 52,31 Mtoe an. Die eigene nationale Produktion Deutschlands war viel zu gering, um mit dieser Produktionsmenge für einen Seekrieg ausreichend Kriegsschiffe versorgen zu können. Es bestand also eine hohe Abhängigkeit vom Ölimport aus anderen Ländern wie aus Amerika zu 57 %, aus Galizien zu 18 % und aus Russland zu 12 %[23]. Die deutsche Ölproduktion betrug 1913 ca. 110.300 t, wobei zusätzlich 1.024.220 t importiert wurden. Um die Abhängigkeit vom Öl zu verringern, wurde in Deutschland zu Beginn des Ersten

---

[21] Siehe auch: ThoughtCo, https://www.thoughtco.com/countries-involved-in-world-war-1-1222074, 27.12.2022.

[22] Quelle: Our World in Data, https://ourworldindata.org/grapher/oil-production-by-country, und Data published by BP Statistical Review of World Energy; The Shift Dataportal, https://www.bp.com/en/global/corporate/energy-economics/statistical-review-of-world-energy.html; https://www.theshiftdataportal.org/energy, 05.01.2023.

[23] Quelle: Liefmann: Petroleum. In: HWB-Staatswiss, 4. Aufl., Bd. 6, Juni 2022.

Weltkriegs der zivile bzw. der nichtkriegswirtschaftlich[24] wichtige Verbrauch stark eingeschränkt[25]. Das setzte sich nach dem Ende des Kriegs im Jahr 1918 weiter fort. In den USA betrug 1923 der Pro-Kopf-Verbrauch von Petroleum und Petroleumprodukten ca. 225,8 Gallonen, in Deutschland dagegen waren es lediglich 2,8 Gallonen[26].

Für Deutschland war der Bestand vor Kriegsbeginn wie folgt:[27] Der Anteil an Kohle an der Schiffsverfeuerung betrug im Jahr 1914 ca. 89 %, der Anteil der Ölfeuerung betrug dagegen lediglich ca. 2,6 %. Der Kfz-Bestand betrug im Jahr 1914 rund 64.000 Fahrzeuge. Setzt man den Verbrauch des Jahres 1900 gleich 100 %, stieg der Mineralölimport bis 1914 auf ca. 160 %. Der Import nach Deutschland im Jahr 1913 für Rohbenzin betrug 159.308 t, von Leuchtöl, Gasöl, Brennerdöl und Schwerbenzin wurden ca. 1.034.421 t importiert, von mineralischen Schmierölen wurden insgesamt 248.035 t importiert[28]. Die Abhängigkeit von Deutschland vom Import dieses Energieträgers war sehr hoch. Das sollte sich nach dem Ersten Weltkrieg drastisch ändern.

---

[24] Siehe auch: Wikipedia, https://de.wikipedia.org/wiki/Kriegswirtschaft#20._Jahrhundert_bis_heute, 05.01.2023.

[25] Siehe auch: Bundeszentrale für politische Bildung, https://www.bpb.de/themen/erster-weltkrieg-weimar/ersterweltkrieg/155311/kriegswirtschaft-und-kriegsgesellschaft/, und Wikipedia, https://de.wikipedia.org/wiki/Deutsche_Wirtschaftsgeschichte_im_Ersten_Weltkrieg, und Lebendiges Museum Online, https://www.dhm.de/lemo/kapitel/erster-weltkrieg/industrie-und-wirtschaft.html, 05.01.2023.

[26] Quelle: Liefmann: Petroleum. In: HWB-Staatswiss, 4. Aufl., Bd. 6, Juni 2022

[27] Siehe auch: Statista, Statistiken zum ersten Weltkrieg, https://de.statista.com/themen/6731/erster-weltkrieg/#topicHeader__wrapper, 05.01.2023.

[28] Quelle: Höpfner, Der deutsche Außenhandel 1900–1945, Europä. Hochschulschriften V/1403, und Statistisches Jahrbuch 1921/22 und 1912, April 2022.

Wird davon ausgegangen, dass die produzierte Menge an Kohle und Öl in den Jahren zwischen 1900 und 1945 im Wesentlichen durch Maschinen und andere Prozesse verbrannt wurde, betrug die globale CO_2-Emission rechnerisch 3492,411 Mio. t[29]. Damit stieg der kumulative Zuwachs auf 79.805,004 Mio. t CO_2 an, was für dieses Jahr ein Wachstum von 8,18 % bedeutete. Am Ende des Ersten Weltkriegs 1918 betrug der kumulierte Zuwachs an CO_2 global 96.478,499 Mio. t. Im Folgejahr stieg der Verbrauch an fossiler Energie auf 99.493,373 t an, was der Jahresproduktion von 3014,874 Mio. t CO_2 entspricht. Bis zum Jahr 1933 stieg die globale CO_2-Emission kumuliert auf 150.108,046 Mio. t an. Den Verlauf an fossilen CO_2-Emissionen auf Basis der bekannten globalen Produktionsmengen fossiler Energieträger habe ich in der Abb. 8.2 dargestellt. Der Zuwachs an produzierte Menge CO_2 betrug im Zeitraum von 1900 bis 1945 159.085,497 Mio. t, was auf die Zunahme an Ölproduktion zurückgeführt werden kann.

Aus der Abbildung kann entnommen werden, dass im Ersten Weltkrieg das prozentuale Wachstum (Dynamik) an CO_2 (blaue Kurve) relativ ausgeglichen war, was auch an den absoluten Mengen an CO_2 (rote Kurve) abgelesen werden kann. Im Zweiten Weltkrieg stieg die absolute Menge an, jedoch verzeichnete das prozentuale Wachstum ab 1940 bis zum Kriegsende einen leichten Abwärtstrend.

---

[29] Quelle: World Bank, https://databank.worldbank.org/reports.aspx%3Fsource%3Dworld-development-indicators, CO_2 Emissions worldwide, 19.01.2022.

8 Der erste Weltkrieg. Zeitenwende! Von ...

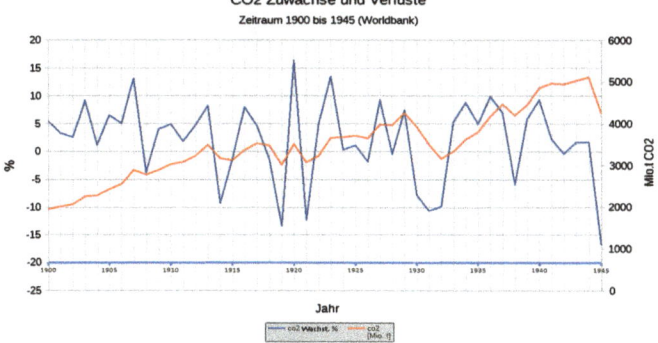

Abb. 8.2 CO_2-Zuwachs und Einsparungen im Zeitraum 1900 bis 1945, Quelle: Eigene Darstellung und Berechnungen. Datenquelle: World Bank, https://databank.worldbank.org/reports.aspx?source=world-development-indicators#, CO2 Emissions worldwhide, 19.1.22

Im Jahr 1945 brachen die Mengen und das Wachstum an CO_2-Emissionen ein. Die ermittelten CO_2-Mengen basieren auf den Produktionsmengen an fossilen Energien, die in CO_2-Emissionen umgerechnet werden. Die Messungen der tatsächlichen CO_2-Mengen erfolgte erst ab dem Jahr 1958 durch die Initiative des Wissenschaftlers Charles D. Keeling[30].

---

[30] Siehe auch: Wikipedia, https://en.wikipedia.org/wiki/Charles_David_Keeling, 06.01.2022.

9

Gesellschaftspolitische Entwicklungen

Nachdem verschiedene wichtige Fundamente im Themenfeld des Klimawandels und seiner geschichtlichen gesellschaftlichen Bewusstwerdung, sowie ausgesuchte historische Zusammenhänge dargestellt und betrachtet wurden, wende ich meinen Blick in diesem Kapitel auf das komplexe gesellschaftliche Phänomen Klimawandel. Dabei wird die Spur von der Entwicklung der Klimabewegung und ihrer heutigen gesellschaftlichen Bedeutung aufgezeigt. Sie ist ein wichtiger Teil der anhaltenden Entwicklung. Um die heutige Diskussion und Schwerpunkte der globalen Klimapolitik verstehen zu können, sind einige Grundlagen in der Entwicklungsgeschichte der Klimabewegung bzw. Umweltbewegung von zentraler Bedeutung. Sie geben Aufschluss über die heutigen Auffassungs- und Handlungsschwerpunkte. Diese Schwerpunkte haben über die letzten zehn bis fünfzehn Jahre erheblich den Blickwinkel auf das Thema Klimawandel und die heute in der Gesellschaft präsente Diskussion um anstehende Lösungsansätze bestimmt.

© Der/die Autor(en), exklusiv lizenziert an Springer Fachmedien Wiesbaden GmbH, ein Teil von Springer Nature 2024
K. Golze, *Deutschland und der Treibhauseffekt*,
https://doi.org/10.1007/978-3-658-41433-7_9

Die Diskussionen um Klimaveränderungen und Wetteränderungen gehen in der Menschheit weit zurück, auch wenn der Begriff „Klima" selbst zu diesen Zeiten noch nicht existiert[1]. Sie finden ihren Ursprung in den Wetterbeobachtungen. Menschen und Tiere reagierten in der Vergangenheit auf den Klimawandel intuitiv und wichen diesen klimatischen Entwicklungen, häufig durch Wanderungsbewegungen und Anpassung, aus. Heute ist der Klimawandel als natürliches Phänomen der Erdgeschichte kein außergewöhnliches Ereignis mehr. Er ist ein Teil der seit Beginn der Erdgeschichte ablaufenden, natürlichen Prozesse auf diesem Planeten, wie die Tektonik, Luftströmungen (mit Aridität und Evapotranspiration[2]), oder auch Ebbe und Flut. Der Ursprung bzw. der Auslöser eines Klimawandels, ob durch Vulkantätigkeit auf der anderen Seite der Erde, Änderung der Erdumlaufbahn oder andere Einflüsse, war in der Erdgeschichte für die Lebewesen immer ein Grund, sich über Jahrtausende diesen Veränderungen anzupassen.

Heute haben das Klima und der Klimawandel sowie seine bekannten auslösenden Faktoren eine besondere politische und gesellschaftliche Bedeutung. Er soll gestoppt oder beeinflussen werden. Somit ist die globale Zielsetzung, diesen fundamentalen globalen Prozess zu steuern (siehe auch Kapitel 9, Abschnitt 5 „Die Dimensionen der Zeitgeistentwicklung ‚Klimawandel' für Deutschland"). Das wesentliche Argument für diese Zielsetzung ist, dass man durch die bisherigen Emissionen durch die Verbrennung fossiler

---

[1] Siehe auch: Deutscher Wetterdienst, https://www.dwd.de/SharedDocs/broschueren/DE/presse/wettervorhersage_pdf.pdf%3F__blob%3DpublicationFile&v%3D9, und https://www.dwd.de/DE/leistungen/pbfb_verlag_geschichte/geschichte.html, 08.01.2023.

[2] Siehe auch: Nature, Scientific Data, https://www.nature.com/articles/s41597-022-01493-1, 08.01.2023.

9 Gesellschaftspolitische Entwicklungen

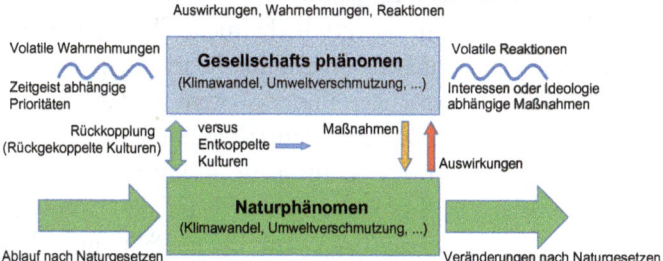

Abb. 9.1 Kulturell bedingte Entkopplung von Natur und Gesellschaft. Quelle: Eigene Darstellung

Energieträger bereits das Klima steuert. Von analytischem Interesse ist dabei nicht das ein oder andere dieser Argumente, sondern wiederum der Mechanismus des Mindsets, dem diese Argumentation erfolgt. Aus diesem Grund schlage ich vor, dass man zwischen dem Naturphänomen und der gesellschaftlichen Themensetzung „Klimawandel", dem Gesellschaftsphänomen Klimawandel, unterscheidet (siehe Abb. 9.1). Um diese inhaltliche und thematische Zweiteilung auch im Begrifflichen zu charakterisieren und vom gesetzten Begriff des „Klimawandels" abzugrenzen, schlage ich den Begriff „Klimakorpus" vor, in dem beide Teile des „Klimawandels" erfasst sind. Heute wird der Begriff Klimawandel diffus im gesellschaftlichen Kontext und implizit als Naturphänomen verwendet. Dabei verschwimmen die Grenzen beider Prozessteile des Gesellschaftsphänomens und des Naturphänomens, wobei beide Prozessteile vollkommen unterschiedliche Funktionen, Gesetzmäßigkeiten und Abläufe aufweisen. Die gesellschaftliche Themensetzung hat andere Implikationen und Attribute als das Naturphänomen. Dabei begleiten heute die Forschungen der Klimawissenschaften vor allem das Naturphänomen, nutzen jedoch ihre eigene gesellschaftliche Verankerung zur Thematisierung ihrer Erkenntnisse und versorgen somit das Gesellschaftsphänomen[3] mit Daten, Ansichten und Emotionen. Für die gesellschaftliche Themensetzung „Klimawandel" müssen wirtschaftliche, strategische, politische, soziologische und weitere Dimensionen betrachtet werden. Bei dem Naturphänomen regieren die Naturgesetze. Mit ihnen kann nicht diskutiert oder verhandelt werden. Sie bestimmen den Ablauf der Dinge. So wie der Apfel vom Baum auf den Boden fällt und nicht vom Boden an den Ast des Baumes schwebt. Beide Prozessteile bilden jedoch eine Wirkungseinheit, sodass Rückkopplungsprozesse zwischen beiden Prozessteilen ein hoch dynamisches, turbulentes und komplexes Gesamtverhalten zeigen. Ein Teil dieser Komplexität des Klimakorpus erhöht sich auch stetig durch das sich weiterentwickelnde, globale Wissen um und über das Naturphänomen sowie eine vollkommen strukturlose, diffuse Nutzung dieses globalen Wissens im Gesellschaftsphänomen.

Im Bereich des Naturphänomens sind die Forschungen weit vorangeschritten (siehe auch IPCC: The Physical Science[4]). Im Bereich der gesellschaftlichen Themensetzung, des Gesellschaftsphänomens, sind heute offensichtlich große Wissenslücken vorhanden. In diesem Bereich geschieht etwas, ohne dass wir als Weltgemeinschaft es so richtig verstehen, es jedoch mit voller Wucht durch einflussreiche Organisationen (UN, IPCC, IEA, EU-Kommission, …) vorangetrieben wird[5] („Trans-

---

[3] Siehe auch: Wirtschaftslexikon Springer Gabler, https://wirtschaftslexikon.gabler.de/definition/klimaschutz-120693, Grafik Mindmap „Klimaschutz", 07.01.2023.

[4] Siehe auch: IPCC, https://www.ipcc.ch/report/ar5/wg1/, und https://www.ipcc.ch/report/ar1/wg1/validation-of-climate-models/, und https://www.ipcc.ch/report/ar5/wg1/climate-system-scenario-tables/, 08.01.2023.

[5] Siehe auch: Bundestag, https://www.bundestag.de/resource/blob/434158/…/adrs-18-228-data.pdf, 08.01.2023.

formation der Gesellschaften in eine CO_2-freie Zukunft", „Forschung für eine CO_2-freie Zukunft", „Der Weg in eine klimaneutrale Wirtschaft", ...) und im Begriff ist, ganze Gesellschaften zu verändern. Der Eindruck entsteht, dass sich die beiden Teile des als Einheit angesehenen Themas „Klimawandel", dem eigentlichen Klimakorpus, langsam auseinanderentwickeln. Auf der globalen Ebene entwickelt sich das Naturphänomen den Naturgesetzen folgend stetig weiter. Der andere Teil verändert unsere Gesellschaft dramatisch, hat aber bis heute keine abschwächenden Effekte auf das Naturphänomen, wie es seit ca. 30 Jahren proklamiert wird. In dem Teil des Gesellschaftsphänomens werden Ideologien, Konzepte und Maßnahmen entwickelt oder haben sich etabliert, die der Dimension des Naturphänomens nicht entsprechen und deshalb auch nach 30 Jahren keine Wirkung entfalten, die jedoch auf dem besten Weg sind, z. B. in Deutschland erhebliche Risiken für das Funktionieren unserer Gesellschaft zu entwickeln („Ausstieg" von allem als gesellschaftspolitischer Zukunftsschlüssel). Deshalb schlage ich eine ebenso kompetente Erforschung des Gesellschaftsphänomens Klimawandel wie des Naturphänomens vor, wie unser deutscher Staat, die europäischen Staaten, aber auch alle anderen Staaten in einen globalen Transformationsprozess zu neuen Energiequellen einschwenken können, ohne dass die Zivilgesellschaften in ihrer heutigen Balance eines friedlichen Miteinanders gefährdet werden. Die Drift vieler Gesellschaften, hier vor allem der sogenannten „Westlichen Demokratien", ist bereits sichtbar geworden. Jedoch ohne einen nachprüfbaren Effekt auf die globalen CO_2-Konzentrationen.

Der Modellvorschlag der „kulturellen Entkopplung" vom Ökosystem zeigt in der Abb. 9.1 zwei Ebenen eines globalen Themas, hier des Klimakorpus. Im unteren, grünen Bereich werden die nach den Naturgesetzen ablaufenden Prozesse symbolisiert. Die beiden grünen Pfeile versinnbildlichen einen nach Naturgesetzen ablaufenden Vorgang entlang der Zeitlinie. Dieser natürliche Prozess bringt Veränderungen, die sich aus den Naturgesetzen bzw. den rückgekoppelten, komplexen und unter Umständen auch nichtlinearen Naturprozessen entlang einer zeitlichen Entwicklung ergeben. Die Komplexität dieser Prozesse kann so hoch sein, dass z. B. heute bekannte Wettervorhersagen bereits nach wenigen Tagen Vorhersagezeitraum eine sehr geringe Wahrscheinlichkeit besitzen, dass sie so eintreffen, wie die Vorhersage es beschreibt. Wettervorhersagen über Jahrzehnte für einen bestimmten Ort sind heute nicht möglich. Dagegen werden Klimavorhersagen für die nächsten Jahrzehnte für alle Regionen der Erde als Entscheidungsgrundlage politischer Entscheidungsträger verwendet. Diese sehr unterschiedliche Interpretation des gleichen Strömungssystems in unserer Atmosphäre in unterschiedlichen zeitlichen Dimensionen veranschaulicht genau diese Trennung. Wir können zwar nicht für die nächsten Monate vorhersagen, wie warm oder kalt - in Grad Celsius - unserer nächster Winter wird, jedoch können wir die Temperatur für eine Region für die nächsten 20, 30 oder 100 Jahre vorhersagen, wie hoch in einer Region die Temperatur sein wird. Das Beispiel zeigt, wo die Grenze des Naturphänomens aufhört und der Bereich des Gesellschaftsphänomens anfängt.

Der darüberliegende, blaue Bereich symbolisiert die von einer Gesellschaft aufgegriffenen Veränderungen bzw. Themensetzungen, hier der Klimawandel. In der öffentlichen Wahrnehmung werden beide Ebenen als Einheit empfunden und wahrgenommen. Jedoch ist bereits die Themensetzung im blauen Bereich bzw. ihre gesellschaftliche Priorisierung vollkommen unabhängig von den realen Naturphänomenen. Beispiele sind das seit Jahrzehnten bekannte Artensterben oder die zunehmende Umweltverschmutzung der Meere und Landmassen, aber auch der überbordende Ressourcenverbrauch der Welt insgesamt. Diese Themen sind zwar bekannt, haben aber keine gesellschaftliche Priorität, obwohl sie ähnliche Dimensionen und Konsequenzen in sich tragen wie der Klimawandel. Das Thema Klimawandel hat in unserer heutigen Zeit eine höhere Priorität und gesellschaftliche Aufmerksamkeit. Somit ist die im oberen, blauen Bereich stattfindende Prioritätensetzung eines Naturphänomens in den öffentlichen Fokus einer Gesellschaft nicht an das Naturphänomen gebunden, sondern erfolgt nach anderen Gesetzmäßigkeiten, die in diesem Buch analysiert werden. Die Abb. 9.1 zeigt auf der linken Seite den als „volatile Wahrnehmung" bezeichneten Vorgang der gesellschaftlichen Fokussierung auf Themen im öffentlichen politischen Raum. Dieser Vorgang und die thematische Fokussierung unterliegen verschiedenen Einflüssen, wie u. a. dem Zeitgeist. Sie folgen in dem oberen, blauen Bereich einer zeitlichen Gesellschaftsentwicklung, die nicht konstant ist und sich durch andere Ereignisse ändert. Auf der rechten blauen Seite folgen daraus die „volatilen Reaktionen", die in der Regel in einer Gesellschaft abhängig von Interessen oder Ideologien sind, in Demokratien sich auch durch Wahlen oder politische Entwicklung verändern[6].

---

[6] Siehe auch: Bundeszentrale für politische Bildung, https://www.bpb.de/themen/deutschlandarchiv/126663/gesellschaftlicher-wandel-in-deutschland/, und Bild der Wissenschaft, https://www.wissenschaft.de/gesellschaft-psychologie/zukunft-die-entwicklung-unserer-gesellschaft/, und GRIN, https://www.grin.com/document/1043427, und u. a. IZT Institut für Zukunftsstudien und Technologiebewertung, https://www.izt.de/publikationen/, 09.01.2023.

Viele Völker hatten in ihren Ursprüngen eine enge Verbindung zu den Naturphänomenen[7]. Diese enge Verbindung symbolisiert in der Abb. 9.1 der zwischen dem grünen und blauen Block eingezeichnete, grüne Doppelpfeil im linken Bildbereich. Ein Beispiel für diese Markierung sind verschiedene Naturvölker, die im Einklang mit ihrer Umwelt leben/lebten. Durch unsere modernen Industriegesellschaften hat sich die Rückkopplung in zwei Aktionen aufgeteilt: die „Maßnahmen" und die „Auswirkungen". Sie werden heute auch sehr unterschiedlich von den modernen Gesellschaften gehandhabt. Häufig werden in modernen Gesellschaften „Maßnahmen" zu globalen Naturphänomenen auf Basis der „volatilen Reaktionen" durchgeführt und „Auswirkungen" auf Basis der „volatilen Wahrnehmungen" aufgenommen. Dieser Prozess der Reaktion einer modernen Industriegesellschaft auf ein Naturphänomen, hier als Maßnahmen bezeichnet, in Form eines als volatile Reaktion bezeichneten Vorgangs, wird durch die beiden Pfeile zwischen dem oberen, blauen Rechteck und dem unteren, grünen Rechteck symbolisiert. Durch die Volatilität der Reaktion kann das Phänomen der geringen oder nicht vorhandenen Nachhaltigkeit charakterisiert werden.

In den folgenden Abschnitten dieses Kapitels wird der Versuch unternommen, ein vertiefendes Verständnis zu entwickeln, warum das Thema Klimawandel über die Wissenschaft und Politik eine so stark verändernde Wirkung in der gesellschaftlichen Wahrnehmung und seine Prioritätensetzung entfaltet – insgesamt ein gesellschaftliches Thema mit sehr unfertigen Merkmalen, höchster Priorität, größtem Aktionismus in der Politik

---

[7] Siehe auch: Wikipedia, https://de.wikipedia.org/wiki/Indigene_Religionen_S%C3%Bcdamerikas, 09.01.2023.

9 Gesellschaftspolitische Entwicklungen

und in Teilen der Gesellschaft, größtem Einsatz von Geld und Ressourcen, angstschürenden und beängstigenden Prophezeiungen (auf die später noch eingegangen wird), vorwiegend an jungen Menschen adressierte Zukunftsängste auslösend sowie auch mit höchsten gesellschaftlichen Risiken behaftete politische Entscheidungen, heute ohne fundierte Zukunftsstrategie und mit großer emotionaler Überzeugungskraft ausgestattet. Wie kam es dazu, dass vor allem die deutsche Gesellschaft, aber auch die europäischen Gesellschaften und andere Staaten dieses Thema Klimawandel in den gesellschaftlichen Fokus gesetzt haben, mit politischer Handlungspriorität versehen haben und diesen Entwicklungsweg gewählt haben und keinen anderen, wobei es zahlreiche andere gesellschaftliche Entwicklungswege geben würde.

Zu einem Teil einer Bilanzierung über die letzten 30 Jahre im Umgang mit dem Klimawandel, sowie der Analyse der gesellschaftlichen Mechanismen zu diesem Themenfeld, gehören für Deutschland die Entwicklung der wachsenden Abhängigkeiten von fossile Energien fördernden Ländern, den Exportstaaten, was bereits im Kapitel 2 „Zwischen Baum und Borke: Ökonomisches Desaster oder Klimaerwärmung?" und im Kapitel 4 „Gesellschaftsphänomen Klimawandel und die Sicherheitspolitik" analysiert wurde, sowie auch die Abhängigkeiten der *Exportstaaten* von den fossile Energien konsumierenden Ländern, den *Importländern*. Diese bilaterale Abhängigkeit beider Staatengruppen kann als ökonomische Abhängigkeit im Wesentlichen soziologisch inkompatibler Gesellschaften zusammengefasst werden. Diese beidseitigen Abhängigkeiten von Staaten mit ganz unterschiedlichen Sichtweisen, Werten, Überzeugungen und Interessenlagen auf der exportierenden und auf der konsumierenden Seite (siehe dazu im Kapitel 4, Abschnitt 5 „Wertebasierte Außenpolitik") sind ein zentraler Schlüssel in der gesellschaftlichen Thematisierung des Klimawandels, der sich vor allem bei den Importstaaten entwickelt hat. Beide Seiten dieser Abhängigkeitskette, Förderung/Produktion und Konsum, bilden jedoch eine Funktionseinheit, die zusammen global die Klimagase produziert. Durch die sich in den *Importstaaten* stark entwickelnde gesellschaftliche Strömung des Klimaschutzes, der von den jeweiligen nationalen Regierungen aufgegriffen und in politischen Programmen weiterentwickelt wurde und wird, entsteht eine vollkommen neue in die Zukunft gerichtete Konfliktlinie zwischen den Ländern mit *Exporten fossiler Energie* und den Importländern, für die es heute keine internationale Themensetzung oder den Ansatz einer Lösungsstrategie gibt.

Die „Energiewende" als international etablierter Begriff zum Aufbau von erneuerbaren Energien auf dem Territorium eines einzelnen Staates wurde in den letzten 30 Jahren stetig weiterentwickelt. Heute bilden die mit dem Begriff assoziierten Inhalte vor allem in der EU und ihren Nationalstaaten, zunehmend aber auch in den USA, die Grundlage für eine neu definierte und politisch getriebene Entwicklung zum vollständigen Umbau der Wirtschaft und Gesellschaft, dem Transformationsprozess. Ein Umbau der Finanzmärkte ist zurzeit davon ausgeschlossen bzw. nicht bekannt und auch nicht im Transformationsprozess der europäischen Staaten berücksichtigt. Die Strategie „Green"-Finance[8] der EU erfasst diese Sachlage nicht. Mit dem energetischen Umbau der nationalen Staaten der EU zu einer Klimaneutralität, hier vor allem von Deutschland, auf Basis von „Klimaschutzzielen" wird die Verdrängung der fossilen Energien aus

---

[8] Siehe auch: Europäische Kommission, https://finance.ec.europa.eu/sustainable-finance_en, 09.01.2023.

den zunächst noch national organisierten Energiekonsummärkten (möglicherweise zukünftig in der EU gemeinsam organisiert) zu einem globalen Ziel mit konkreten Vorgaben und Handlungen[9].

Die sich langfristig weiterentwickelnde Konfliktlinie zwischen den Exportstaaten und den Importstaaten wird damit konkret, ohne dass die konsumierenden Länder, von denen die langfristigen *Änderungen ihrer Geschäftsbeziehungen* ausgehen, den Exportländern ein Transformationsangebot ihrer staatlichen Geschäftsmodelle unterbreitet haben oder ein Angebot zum Aufbau einer eigenen Transformationsstrategie angeboten haben, obwohl beide Seiten eine Funktionseinheit im Ausstoß der Klimagase sind. Die Abhängigkeiten der *Exportstaaten* vom Verkauf ihrer fossilen Energieprodukte sind damit zur *strategischen Verhandlungsmasse* einer von den *Industriestaaten* initiierten Entwicklung geworden. Diese Entwicklung betrifft jedoch beide Enden dieser Funktionseinheit von Export- und Importstaaten, die globale Entwicklung der fossilen Energien mit ihren Handelsplätzen und Kapitalwerten als Grundlage des Wohlstands in den *Industriestaaten*, der Entwicklung der Exportstaaten auf Basis fossiler Energien (staatliches Geschäftsmodell), der globalen Entwicklung des Gesellschaftsphänomens Klimawandel (Emotionalisierung mit inneren Konflikten vor allem in den Importstaaten ohne globale Wirkung), sowie dem Ausstieg der Industriestaaten aus der zukünftigen Nutzung der fossilen Energien von den Exportstaaten. Die Handlungsdominanz dieser seit den beiden Weltkriegen entstandenen Entwicklung fossiler Energien lag und liegt auch heute bei den Industriestaaten.

---

[9] Siehe auch: Rat der Europäischen Union, https://eu2019.fi/de/hintergrunde/eu-klimastrategie, und Europäische Kommission, https://climate.ec.europa.eu/eu-action/climate-strategies-targets/2050-long-term-strategy_de, 09.01.2023.

Andererseits haben die Industriestaaten ihre fundamentale Abhängigkeit vom Import der fossilen Energieprodukte in den letzten 30 Jahren nicht vermindert, sondern ausgebaut (EU um ca. 10 %, Deutschland um ca. 20 %[10]). Dabei sind ihre eigenen Abhängigkeiten von der Verfügbarkeit der fossilen Energien auch nach 30 Jahren Entwicklung regenerativer Energien auf nationalem Territorium erheblich. Die Importländer stellen ohne eine real existierende eigene Transformationsstrategie - die vorhandenen Klimazielsetzungen dürfen dabei nicht als Strategie missinterpretiert werden - mit dem politisch vorangetriebenen Ausbau von Windkraftanlagen und Photovoltaikanlagen ihre eigene Hauptenergiebasis infrage. Die heute in der EU sichtbare Transformationsstrategie besteht – angeführt durch die Entwicklungen aus Deutschland – in der von wissenschaftlich gestützten mathematischen Modellen begleiteten Vorstellung, dass zukünftig eine Volkswirtschaft in allen Energiebereichen mit Windkraftanlagen und Photovoltaiksystemen versorgt werden kann[11], mit dem Ziel, eine über Jahrhunderte auf Basis von drei fossilen Energiearten entwickelte Volkswirtschaft in den nächsten 23 bis 28 Jahren (2045 bis 2050) auf diese neuen regenerativen Energieträger umzustellen. Die dazu notwendige Transformationsleistung, die spezifischen Eigenschaften von Windkraftanlagen und Photovoltaikanlagen

---

[10] Quelle: Eurostat, https://ec.europa.eu/eurostat/databrowser/product/view/NRG_IND_ID, 17.12.2021.

[11] Siehe auch: Fraunhofer, Consentec, Institut für Energie und Umweltforschung Heiddelberg, http://www.consentec.de/wp-content/uploads/2017/09/berichtsmodul-2-modelle-und-modellverbund.pdf, und Fraunhofer-Institut für Solare Energiesysteme ISE, https://www.ise.fraunhofer.de/content/dam/ise/de/documents/publications/studies/studie-100-erneuerbare-energien-fuer-strom-und-waerme-in-deutschland.pdf, und andere, 09.01.2023.

9 Gesellschaftspolitische Entwicklungen

als Hauptenergiebasis werden im Kapitel 10 „Transformationsleistungen zur Umstellung unseres Energiesystems" genauer in den Fokus des Diskurses gesetzt.

Die einfache Frage stellt sich zwangsläufig: Wie kann das zeitlich, wirtschaftlich und technologisch, aber auch gesellschaftlich funktionieren und was steckt dahinter? Mit den folgenden Kapiteln werden die in den letzten 30 Jahren sich stark entwickelten gesellschaftlichen Vorstellungen in ihren Entwicklungslinien versuchen analytisch nachgezeichnet. Diese vor allem in Deutschland ab dem Jahr 1991, sowie im Jahr 2000 mit der Einführung des EEG politisch vorangetriebenen[12] Entwicklungslinien haben in der deutschen Gesellschaft zu weltweit einmaligen politischen Zielsetzungen in einer Industrienation geführt, die weltweit beachteten werden, in dessen Entwicklung bestehende Energieproduktionssysteme abgeschaltet werden, ohne dass zu den Abschaltungszeiten (Stichjahr 2022) neue Energieproduktionssysteme im gleichen Funktionsumfang vorhanden wären oder aufgebaut wurden. Vielmehr hat sich in Deutschland in der Politik das Prinzip der eindeutig *gesetzlich verankerten Abschaltungsvorgaben* (Atom, Kohle, indirekt Verbrennungsmotor, …) durchgesetzt. Diese Zielvorstellungen von gesetzlich verankerten Abschaltungsvorgaben basieren im Wesentlichen auf dem Gedanken des Klimaschutzes, deren Ursprung in den folgenden Kapiteln weiter ergründet und zu einem Teil der hier entwickelten Bilanz über die letzten 30 Jahre und der weiteren Analyse der gesellschaftlichen Mechanik wird.

---

[12] Siehe auch: Wikipedia, https://de.wikipedia.org/wiki/Erneuerbare-Energien-Gesetz, und Europäische Energiewende, https://energiewende.eu/zwanzig-jahre-energiewende-die-geschichte-des-eeg/, und EWI, https://www.ewi.uni-koeln.de/de/aktuelles/ewi-analyse-taeglich-58-windenergieanlagen-bis-2030-notwendig/, 10.01.2023.

9.1 Die Entwicklung der Abhängigkeiten von fossilen Energien

Im 19. Jahrhundert begann die Industrialisierung in wenigen Staaten und weitete sich auf die heutigen Industriestaaten aus[13]. Diese für die Menschheit maßgebliche Entwicklung in einer global begrenzten Anzahl von Staaten schuf jedoch auch die materielle Grundlage für den Ersten und Zweiten Weltkrieg, die die Industrialisierung nicht stoppte, sondern zusammen mit anderen Faktoren beschleunigte. Ein wesentlicher Treiber dieser Entwicklung in den Jahren von 1900 bis 1944 war damit ein politisch motiviertes Energie- und Industriewachstum in verschiedenen Ländern, u. a. zur Herstellung von Rüstungsgütern zur Erlangung einer Vormachtstellung gegenüber anderen Staaten, in der Folge zur Führung von Weltkriegen. Die Nachkriegszeit nach dem Zweiten Weltkrieg war vor allem in Europa vom Aufbau und in Deutschland von einem Wirtschaftswachstum[14] geprägt, in dem ein hohes Energie- und Industriewachstum ohne Berücksichtigung von Umweltbelangen[15] vorangetrieben wurde (Aufbau des Energiesektors; Entwicklung der Automobilindustrie; Entwicklung der Stahlindustrie; politisch begleiteter Aufbau, Entwicklung und Handel von Militärgütern; politisch unterstützte Entwicklung zum Aufbau von Eigentum, hier vor allem das

---

[13] Siehe auch: Hamburger Bildungsserver, https://bildungsserver.hamburg.de/industrialisierung/, und Wikipedia, https://de.wikipedia.org/wiki/Industrialisierung, 12.01.2023.

[14] Britannica, https://www.britannica.com/topic/Wirtschaftswunder, 12.01.2023.

[15] Siehe auch: Wikipedia, https://de.wikipedia.org/wiki/Umweltkatastrophe, 12.01.2023.

Wohnen; …). Diese Nachholentwicklung fand auch in anderen europäischen[16] und außereuropäischen Ländern statt, jedoch nicht mit der Wucht wie in Deutschland, die als Wirtschaftswunder weltweit bekannt wurde.

In den USA[17] brach die Zeit der „unbegrenzten Möglichkeiten" an, in der die Automobilindustrie ein besonderes Wachstum hatte, gefolgt von einem hohen Verbrauch an Erdöl[18]. Während und nach dem Zweiten Weltkrieg brach in den USA der Ölboom aus. Dieser Ölboom steht jedoch in Verbindung mit den heutigen erdölexportierenden Staaten des Nahen Ostens. 1944 teilte der damalige US-Präsident Roosevelt dem britischen Botschafter Halifax mit: „Das persische Öl gehört ihnen. Das Öl im Irak und in Kuwait teilen wir uns. Und was das saudische Öl betrifft, das gehört uns."[19] In der US-Administration wurde diese Entwicklung intensiv begleitet. Im Jahr 1945 bezeichneten offizielle Stellen des US-Außenministeriums die saudi-arabischen Energieressourcen als „gewaltige Quelle strategischer Macht"[20] und als „einen der größten materiellen Preise der Weltgeschichte"[21], wobei die Golfregion als „wahrscheinlich reichster ökonomischer Preis im Bereich der

---

[16] Siehe auch: Herder, https://www.herder.de/geschichte-politik/neueste-geschichte/europa-nach-dem-2-weltkrieg/, 12.01.2023.

[17] Siehe auch: GRIN, https://www.grin.com/document/8508, 12.01.2023.

[18] Siehe auch: Wikipedia: https://en.wikipedia.org/wiki/Texas_oil_boom, 13.01.2023.

[19] Quelle: Die Weltbeherrscher: Militärische und geheimdienstliche Operationen der USA, Westend Verlag, 2015, ISBN 3864895782, 9783864895784, 10.03.2021.

[20] Quelle: Blätter für deutsche und internationale Politik, Band 35, Ausgaben 9–12, Seite 1321, 10.03.2021.

[21] Quelle: Chomsky, Noam (2004). Hegemony Or Survival. American Empire Project, New York. S. 150., 10.03.2021.

ausländischen Investitionen"[22] angesehen wurde. In der Folge dieser Gespräche zwischen der US-amerikanischen und der britischen Regierung im Jahr 1947 stimmte dieser Einschätzung auch die britische Regierung zu und bezeichnete die Ressourcen dieser Region als lebenswichtigen „Preis für jede Macht, die an weltweitem Einfluss oder Weltherrschaft interessiert ist"[23]. Wenig später bezeichnete US-Präsident Eisenhower dieses Gebiet als „strategisch wichtigste Gegend der Welt"[24]. Das US-Militär gab jedoch zu bedenken, dass die damalige Sowjetunion „zu den erdölhaltigen Regionen des Nahen und Mittleren Ostens vorstoßen […]" könnte. Beide Regierungen, die US-amerikanische und die britische Regierung, beklagten in diesem Zeitraum, dass „ein unzureichendes Maß an Schutz von lebenswichtigen Militärbasen im Vereinigten Königreich und im Nahen und Mittleren Osten"[25] vorhanden wären und ein entsprechender Einfluss ausgebaut werden müsste. Dieser kurze Ausschnitt in der Entwicklungsgeschichte des Nahen Ostens und seiner Ölvorkommen zeigt, welche heutige Bedeutung dieser Region und seinen Ressourcen noch zukommt.

Eine international derartig rasante Entwicklung in der Suche, Förderung und in der Verteilung fossiler Energie-

---

[22] Quelle: Ebd. Chomsky zitiert hier Aaron David Miller: Search for Security. North Carolina, 1980; Irvine Anderson: Aramco, the United States and Saudi Arabia. Princeton, 1981; Michael Stoff: Oil, War and American Security. Yale, 1980. 11.03.2021.

[23] Quelle: Ebd. Chomsky zitiert hier Mark Curtis: Web of Deceit. S. 15–16. 11.03.2021.

[24] Quelle: Ebd. Chomsky zitiert hier Steven Spiegel: The Other Arab–Israeli Conflict. Chicago, 1985. S. 51. 11.03.2021.

[25] Quelle: Lay Jr., James S. (Executive Secretary): A Report to the National Security Council – NSC 68. Washington, April 1950. S. 16–18, 32. 7 Seifert, Thomas/Werner, Klaus (2005). Schwarzbuch Öl. Deuticke, Wien. S. 20. 12.03.2021.

träger wurde nur durch den global wachsenden Bedarf an Energie möglich, in dessen Schatten u. a. die OPEC[26] 1960 gegründet wurde. Der Verbund von Staaten zur OPEC wurde vor allem aus politisch-strategischen Gründen vorgenommen. Nach den offiziellen Angaben der Mitgliedsstaaten der OPEC fördern alle Mitglieder zusammen ungefähr 40 % der weltweiten Erdölproduktion und verfügen über 3/4 aller Erdölreserven! Die Mitgliedsstaaten Saudi-Arabien, Iran, Kuwait, Venezuela und Vereinigte Arabische Emirate gehören zu den zehn größten Erdölförderländern der Welt. In diesen Staaten entstehen durch die Förderung fossiler Energieträger die entsprechenden Kohlendioxidemissionen (passive Emissionen), die in anderen Ländern durch den Verbrauch der fossilen Energieträger in die Atmosphäre abgegeben werden (aktive Emissionen).

In den USA war die Zeit nach dem Zweiten Weltkrieg gesellschaftlich vor allem durch den Ost-West-Konflikt (Kalter Krieg[27]) und den auf dem asiatischen Kontinent ausgetragenem Vietnamkrieg geprägt, für den die nationale Industrie der USA u. a. die benötigten Kriegsmittel produzierte und dafür fossile Energie intensiv nutzte. Ein erheblicher Teil des damaligen Ölkonsums wurde in den USA durch den Boom der Automobilindustrie hervorgerufen, der vor allem mit der Vorstellung einer *grenzenlosen Freiheit* einherging. In dieser Zeit wuchsen die Vorstädte in den USA und stellten für Millionen Menschen das Ideal eines *guten Lebens* dar, was sich als Lebens- und Wohlstandsideal auch nach Deutschland und Europa übertrug. Die Folge dieser idealen

---

[26] Siehe auch: Wikipedia, https://de.wikipedia.org/wiki/Organisation_erd%C3%B6lexportierender_L%C3%A4nder, 11.01.2023.
[27] Siehe auch: Wikipedia, https://de.wikipedia.org/wiki/Kalter_Krieg, 11.01.2023.

US-amerikanischen Lebensvorstellung war ein Pendelverkehr zwischen Wohnen und Arbeiten sowie in dessen Folge u. a. die Entstehung der Vorstädte. Für eine Familie in einer Vorstadt war deshalb der Besitz von einem oder mehreren Autos ein erstrebenswertes Ziel, ihre Mobilität im Kontext eines grenzenlosen Freiheitsgefühls ausüben zu können. Durch die fehlenden Nahverkehrskonzepte zur Anbindung der Vorstädte an die Arbeitszentren in der Stadt waren die Menschen auf ihre Automobile angewiesen. Einkaufsmöglichkeiten waren in diesen neuen Vorstädten nicht vorgesehen, sodass Einkaufszentren weit entfernt von den Wohnorten entstanden und die Bewohner auf eigene Fahrzeuge angewiesen waren. Ein integrierter Nahverkehr war zudem vor allem in den USA etwas Fremdes. Zum besseren Verständnis des damaligen Zeitgeists in den USA und der daraus resultierenden Aufbruchsstimmung markieren folgende Nachkriegsentwicklungen diese gesellschaftliche Stimmungslage: politisch motivierte Gründung der NASA und das nationale Raumfahrtprogramm mit Mondlandung (Raumfahrt), Förderung von Wissenschaft und Technologieentwicklung mit Bildung und Ausbau des militärisch-industriellen Komplexes der USA[28], Führung von exterritorialen Kriegen (Vietnam, Korea, …) als „Weltpolizist" (damals häufig verwendeter Begriff), nationale Entwicklung zur globalen Militärdominanz sowie Entwicklung des nationalen Auto- und Konsumgüterboom durch Aufbau der dazu notwendigen Infrastrukturen. Alle Sektoren hatten und haben auch heute einen hohen Energiebedarf an fossilen Energieträgern. Die Nachkriegsjahre wurden vor allem in den USA von der Idee des

---

[28] Siehe auch: Bundeszentrale für politische Bildung, https://www.bpb.de/shop/zeitschriften/apuz/27289/der-neue-militaerisch-industrielle-komplex-in-den-usa/, 11.01.2023.

9 Gesellschaftspolitische Entwicklungen

Exports demokratischer Ideale dominiert, das US-Militär strotzte vor Selbstbewusstsein und die boomende US-Wirtschaft war auf der Suche nach neuen Absatzmärkten in anderen Ländern.

Die nationalen Ölvorkommen der USA lieferten einen erheblichen Teil der Energiebasis, mit der die exterritorialen Kriege der Nachkriegszeit des Zweiten Weltkriegs von den USA geführt wurden und die militärische sowie ökonomische Führungsrolle der Vereinigten Staaten in der Welt vorangetrieben werden konnte. In dieser Linie der technologisch-ökonomisch-militärischen Entwicklung der USA, die sich nach dem Zweiten Weltkrieg extensiv entwickelte, wurde die stetig steigende Energienachfrage durch immer neue Ölförderungen bedient, sodass daraus ein nationaler Ölboom[29] entstand und in mehreren Wellen bis in unsere heutige Zeit reicht (siehe auch: Fracking-Boom[30]). Diese Entwicklungslinie konnte über die folgenden Jahrzehnte aufrechterhalten werden.

Im Jahr 2016 hatten die USA einen Primärenergieverbrauch von ca. 2456 Mio.[31] t Öleinheiten (1 Mtoe = 11,63 TWh) an Energie. 2015 wurden 91 % des Eigenbedarfs an Erdöl durch einheimische Förderungen abgedeckt (Import-Export-Bilanz, siehe Tab. 9.1). Dieser Verbrauch wurde lediglich durch China mit einem

---

[29] Siehe auch: Wikipedia, https://de.wikipedia.org/wiki/Nachkriegsboom, und GRIN, https://www.grin.com/document/123895, und Resilience https://www.resilience.org/stories/2022-05-04/the-status-of-u-s-oil-production/, 11.01.2023.

[30] Siehe auch: Wikipedia, https://en.wikipedia.org/wiki/Fracking_in_the_United_States, 12.01.2023.

[31] Quelle: German American Chambers of Commerce, https://www.german-energy-solutions.de/GES/Redaktion/DE/Publikationen/Kurzinformationen/2019/fs_usa_2019.pdf%3F__blob%3DpublicationFile&v%3D1.

Primärenergieverbrauch von ca. 3053 Mtoe übertroffen. Deutschland hatte zur gleichen Zeit ein Primärenergieverbrauch von ca. 322,5 Mtoe, was ungefähr einem Zehntel des chinesischen Energieverbrauchs entspricht. Am Gesamtenergieverbrauch der Welt hat China einen Anteil von 23 %, USA von 17,1 % und Deutschland einen Anteil von 2,4 %, was in den Anteilsdimensionen den globalen Kohlendioxidemissionen entspricht. In den USA ist die Verteilung der Energieträger am Primärenergieverbrauch wie in Tab. 9.2 dargestellt.

[32]Verteilung Primärenergieverbrauch nach Energieträger [%], 2018 (Jan–Okt 2018).

In meiner Analyse liegt in dem Zeitraum von 1906 bis 1948, ±zehn Jahre, der grundsätzliche Wendepunkt des

Tab. 9.1 USA: Import-Export-Bilanz nach Energieträgern, [ktoe]*, 2018 (Jan–Okt). Quelle: German American Chambers of Commerce, https://www.german-energy-solutions.de/GES/Redaktion/DE/Publikationen/Kurzinformationen/2019/fs_usa_2019.pdf?__blob=publicationFile&v=1

Kohle	Erdöl	Erdgas	Uran	Biomasse	Strom
−58.735	159.435	−10.844	k.A.	−4.186	3.329

* Bei negativen Werten besteht ein Exportüberschuss

Tab. 9.2 USA: Primärenergieverbrauch nach Energieträger. Quelle: German American Chambers of Commerce, https://www.german-energy-solutions.de/GES/Redaktion/DE/Publikationen/Kurzinformationen/2019/fs_usa_2019.pdf?__blob=publicationFile&v=1

Kohle	Erdöl	Erdgas	Nuklear	EE	Sonstige
13.00 %	37.00 %	30.00 %	8.00 %	12.00 %	k.A.

---

[32] Quelle: German American Chambers of Commerce, https://www.german-energy-solutions.de/GES/Redaktion/DE/Publikationen/Kurzinformationen/2019/fs_usa_2019.pdf%3F__blob%3DpublicationFile&v%3D1.

Klimasystems vom vorindustriellen in das heutige Klimaverhalten (siehe Kapitel 1, Abschnitt 3.1 „Wann war der Zeitpunkt, an dem eine vorindustrielle Klimastabilität verlassen wurde?"). Dieser Zeitraum markiert die klimatische Zeitenwende vor dem Hintergrund der in den vorherigen Kapiteln übersichtsartig beschriebenen Quantensprünge von Wissenschaft, Technologie, Population und politischer Neuordnung gegenüber der vorindustriellen Zeit (Ende des 18. Jahrhunderts). Die Entwicklung der fossilen Energien nach dem Zweiten Weltkrieg sowie die anschließenden globalen wirtschaftlichen Entwicklung in verschiedenen Ländern, aber auch der weltweite Boom bei den Lizenzvergaben von den damaligen Entwicklungsstaaten für zahlreiche Ölexplorationen in ihren Ländern, hier vor allem im Nahen Osten, kann als Grundlage für eine in den Jahrzehnten nach dem Ende des Zweiten Weltkriegs exponentiell anwachsende globale *Kohlendioxidemission* angesehen werden. In diesem globalen Wachstum, das durch unterschiedliche politisch und ökonomisch motivierte Anreize getrieben wurde, entstand ein stetig wachsender Bedarf an Energie, der vor allem durch die globale Suche und Förderung fossiler Energieträger bedient wurde. Im Rahmen dieser globalen Entwicklung wurden die heutigen Ölkonzerne BP, Shell, Exon, etc. groß und international tätig. Weitere staatliche Ölkonzerne entstanden in den Industrie- und Förderstaaten. Erst mit den multinationalen Erdölkonzernen wurde die Förderung großer Mengen an fossilen Energieträgern sowie deren globaler Handel und Vertrieb möglich. Nutznießer der durch die Erdölkonzerne geförderten Energieträger waren und sind die Staaten, die die Förderlizenzen für ihre Territorien vergeben haben, sowie die Importländer, die durch den Import/Einkauf/Bezahlung der fossilen Energien ihren Wohlstand aufbauen konnten. Die multinationalen Energiekonzerne erhielten nach dem Ende des Zweiten Weltkriegs bereitwillig von verschiedenen Staaten die Lizenz, Öl, Gas und Kohle in ihren Territorien zu suchen, zu fördern und international vertreiben zu dürfen. Nur durch die Bereitschaft dieser Länder, Explorations- und Förderlizenzen zu vergeben, dafür Konzessionseinnahmen aus der wirtschaftlichen Verwertung der Energieträger zu erhalten, konnten die Industriestaaten ihren stetig steigenden Energiebedarf durch Energieimporte decken. Vor allem nach den Jahrzehnten des Zweiten Weltkriegs entwickelten sich die Abhängigkeiten beider Seiten der fossilen Energiekette zu einer gemeinsamen Funktionseinheit (erdölproduzierende und exportierende Länder; Lagerung, Transport und Handel (globaler Börsenhandel); erdöl-, erdgas- und kohle-importierende Länder). Die Abhängigkeiten von verschiedenen Staaten im Rahmen einer gemeinsamen fossilen Energiefunktionseinheit von erdölproduzierenden und erdölimportierenden Ländern wurden 1973 zum ersten Mal spürbar.

Im Jahr 1973 drosselten die arabischen Ölstaaten die Förderung von Öl und verhängten ein Embargo. Die damalige Konfliktlinie zwischen *Ölförderländern* und *Ölimportstaaten* trat erstmalig in das Bewusstsein der nationalen Gesellschaften und Ökonomien. Was war der Hintergrund dieser neuen Erfahrung der Industriestaaten, die stark vom Import dieses fossilen Energieträgers abhängig waren? Ägypten und Syrien griffen am 06. Oktober 1973 Israel an. Dieser Überfall wurde am jüdischen Feiertag Jom Kippur durchgeführt, der unter dem gleichen Namen auch in die Geschichte eingegangen ist. Der Grund dieses Angriffs war die Forderung der beiden arabischen Staaten auf Rückgabe der von Israel 1967 besetzten Gebiete. Mit dem Angriff der beiden Staaten geriet die israelische Armee an den Rand einer Niederlage, die jedoch mithilfe von amerikanischen Waffenlieferungen zurückgeschlagen wurde. Auf Drängen der USA, der Sowjetunion und der UNO wurde Ende Oktober 1973 ein Waffenstillstand zwischen den Kriegsparteien vereinbart. Israel ging als Sieger aus dem Konflikt hervor. Im arabischen Lager reagierte man auf diese Entwicklung äußerst empört. Daraufhin beschlossen die arabischen Ölstaaten, die sich in der OAPEC (Organization of Arabian Petroleum Exporting Countries) organisiert hatten, zu einem Embargo und der Drosselung ihrer Exporte an die Industriestaaten.

Die Empörung der arabischen Staaten war auch ein Ausdruck ihrer Geschlossenheit. Sie warfen den westlichen Industrienationen eine einseitige Parteinahme zugunsten Israels vor. Mit der recht jungen Organisation OPEC beschlossen sie, ihr Öl als Waffe im Kampf für die Rechte des palästinensischen Volkes einzusetzen. Am 17. Oktober beschlossen die in der OPEC vereinigten Staaten die Produktion monatlich um 5 % zu drosseln sowie einen begrenzten Lieferboykott für Öl zu verhängen. Die Absicht mit diesem Embargo war, die USA und die Niederlande zu treffen, die in Rotterdam den wichtigsten Umschlagplatz für den Ölhandel nach Europa betreiben. Mit diesem Embargo eines *einzigen wichtigen Hafens* wurden zugleich alle damaligen westeuropäischen Staaten getroffen (siehe auch Kapitel 4 „Gesellschaftsphänomen Klimawandel und die Sicherheitspolitik").

Bereits am 16. Oktober, ein Tag vor dem Embargo, verständigten sich die Anrainer des Persischen Golfs auf die Anhebung des Listenpreises für die Sorte „Arabian Light" um 70 %. Die übrigen Mitglieder der OPEC verhandelten mit den großen Ölkonzernen bereits seit Monaten erfolglos über Preissteigerungen. Jetzt hatten sie die Gelegenheit, sich mithilfe des Embargos durchzusetzen, und schlossen sich deshalb dieser Entscheidung an. Die Auswirkungen waren, dass sich bei einigen Ölkäufern an der *Börse* Panik ausbreitete und in der Folge die Preise in die Höhe getrieben wurden. Das Öl wurde nun erstmals von den Exportstaaten gegen die Importstaaten erfolgreich als Waffe eingesetzt.

Die Abb. 9.2 zeigt die Preisentwicklung von Rohöl in US$ (gepunktete Kurve, rechte y-Achse, deflationiert anhand des Verbraucherpreisindexes für die USA), den Rohölkonsum (rote Kurve) und die Rohölproduktion (durchgängige Kurven verschiedener Regionen, linke y-Achse) verschiedener Regionen in 1000 Barrel pro Tag[33]. Wie aus der Grafik abgelesen werden kann, stieg der Ölpreis ab dem Jahr 1973 stark an, obwohl im Zuge des Embargos die Produktionsmengen insgesamt nur gering zurückgingen bzw. stagnierten. Die schwarze Kurve zeigt die Produktionsmengen der OPEC. Obwohl durch das Embargo der Preis stark anstieg, blieben die Fördermengen der OPEC fast gleich (1973 29.836 Barrel/Tag, 1975 25.834 Barrel/Tag). Der globale Ölverbrauch sank ebenfalls nur gering, obwohl in Europa der Rohölkonsum durch das Embargo der OPEC stark einbrach (Ölkrise). Insgesamt kann aus der Grafik abgeleitet werden, dass der *Preis* ab dem Ölembargo nicht mehr direkt an den *Ölverbrauch* gekoppelt war, sondern Preis, Konsum und Produktion entkoppelt wurden, was vor dem Ölembargo nicht der Fall war.

Auch in den Folgejahren nach 1973 schwankte der Marktpreis für Rohöl stark, wobei die Produktions- und Verbrauchsmengen einen leichten Aufwärtstrend zeigen. Von 2009 bis 2011 entstand eine Preisrallye, die im Jahr 2011 mit einem durchschnittlichen Jahreshöchstwert von 128 US$ einbrach. In diesem Zeitraum stiegen die Verbrauchs- und Produktionsmengen stetig an, wobei

---

[33] Quelle: Daten BP Datenbank, https://www.bp.com/en/global/corporate/energy-economics/statistical-review-of-world-energy.html, Grafik eigene Analyse, 13.01.2023.

9 Gesellschaftspolitische Entwicklungen 337

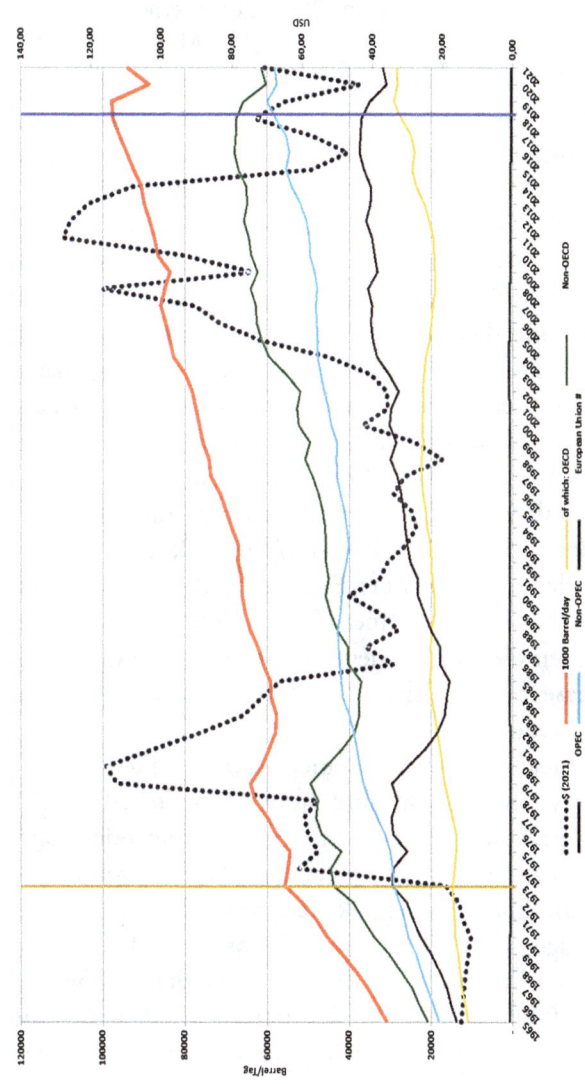

Abb. 9.2 Weltölpreis und Verbrauch seit 1965. Quelle: Eigene Darstellung und Berechnung. Datenquelle: Daten BP Datenbank, https://www.bp.com/en/global/corporate/energy-economics/statistical-review-of-world-energy.html, Grafik eigene Analyse, 13.1.23

sich ab 2004 die Produktionsmengen in der OECD (38 Länder mit fossilen Energie-Exporten und -Importen) verringerten, sie ein Tief in 2008/2009 erreichten und danach erneut stark anstiegen (siehe Abb. 9.2, gelbe Kurve). Erst mit dem Aufkommen der weltweiten COVID-19-Pandemie brachen der globale Ölkonsum und die Produktion auf einem hohen Niveau ein. Mit dem Jahr 2020/2021 stieg der Konsum wieder an.

Auch an diesen Entwicklungen kann die Entkopplung der Preise, Produktions- und Verbrauchsmengen abgelesen werden. Historisch interessant ist, dass erst durch die Pandemie und den vorlaufenden Ölpreisverfall (Abb. 9.2, vertikale blaue Trennlinie, gepunktete Linie) die globalen Produktionsmengen an Rohöl etwas zeitversetzt zurückgefahren wurden (Abb 9.2, siehe grüne, hellblaue und schwarze Kurven). Im Verlauf der Pandemie wurden weltweit zahlreiche Lockdowns verhängt, die zum Einbruch des Ölkonsums führten (Abb. 9.2, rote Kurve). Erst mit dem Auslaufen der Pandemiemaßnahmen in den jeweiligen Ländern und einer Normalisierung der Ölnachfrage stiegen die Preise erneut an. Damit zeigte diese zeitliche Phase eine preisliche Marktreaktion von Konsum und Produktion.

Diese reale Erfahrung einer Erpressbarkeit ganzer Volkswirtschaften bzw. ihre fundamentale Abhängigkeit von Energieimporten wurde in den folgenden Jahrzehnten nicht bei allen europäischen Staaten vollständig verstanden. Ihre Abhängigkeiten vom Import fossiler Energieträger wie Öl, Kohle und Gas entwickelten sich trotz dieser Erfahrung in den Ländern der EU weiter. Im Jahr 1990[34] hatten die 27 europäischen Staaten eine Abhängigkeit von Energieimporten von ca. 50,0 %.

---

[34] Quelle: Eurostat, https://ec.europa.eu/eurostat/databrowser.

9 Gesellschaftspolitische Entwicklungen

Im Jahr 2019 betrug nach Angaben von Eurostat die Abhängigkeit der 27 europäischen Staaten ca. 60,46 %, was für diesen Zeitraum einer Zunahme von ca. 10 % entspricht. Im Jahr 1990 war Deutschland zu 46,53 % abhängig. Diese Abhängigkeit von fossilen Energieimporten vergrößerte sich in unserem Betrachtungszeitraum von 30 Jahren auf 67,06 % bis zum Jahr 2019 (vor Beginn des Pandemieausbruchs; am 11. März 2020 erklärte die WHO die weltweite COVID-19-Pandemie). Ab diesem Jahr sank der Energieimport vorübergehend. Der Ausbau der erneuerbaren Energien wurde in dem gleichen Betrachtungszeitraum von 30 Jahren vorangetrieben, ohne jedoch den Energiebedarf bzw. Anstieg im Energieimport abgefangen zu haben (Zubau und Produktion von EE geringer als Energienachfrage). Damit zwingt sich jedoch die Frage nach der tatsächlichen Wirksamkeit im Ausbau der Erneuerbaren Energien auf.

Die modernen Industriestaaten, hier vor allem die europäischen Staaten, aber vor allem auch die USA und etwas zeitversetzt China, zählen zu den großen Verbrauchsstaaten fossiler Energien, vor allem von Erdgas und Erdöl. Diese historisch gewachsene Abhängigkeit wurde mit der Globalisierung strategisch weiter erhöht. Im Gegensatz dazu sind die USA, China und Russland große Staaten, die eine hohe Eigenproduktion fossiler Energien besitzen, jedoch auch einen sehr hohen Eigenverbrauch etabliert haben. Mit der Globalisierung entstanden neue Abhängigkeiten aller Staaten, zusätzlich zu den energetischen Abhängigkeiten. Staaten mit großen Energieimporten trieben damit ihre nationale Abhängigkeit von anderen Staaten weiter voran. Aus der Sicht der globalen Konkurrenz der Nationen stellt sich somit **nicht** die Frage, ob ein Staat sich in einer Abhängigkeit befindet oder nicht, sondern wie die nationale Politik mit systemischen Abhängigkeiten von anderen Staaten umgeht und kluge Strategien zur Sicherung der eigenen staatlichen und nationalen Interessen findet, diese Abhängigkeiten im internationalen Beziehungsgeflecht auszubalancieren. Mit dem Einzug der deutschen Regierung im Dezember 2021 (Ampelregierung) kann beispielhaft ein historisch einmaliges politisches ökonomisches Verhalten im Umgang mit diesen Abhängigkeiten beobachtet werden.

9.2 Die Geschichte der Umwelt- und Klimabewegung

In diesem Abschnitt wird die Entstehung der deutschen Klimabewegung der Nachkriegsjahre analysiert. Sie stellt einen wichtigen Entwicklungsstrang in der Entstehung des Klimakorpus, hier der gesellschaftliche Teil des Klimawandels, dar. Zum Verständnis dieser Abläufe, ihrer Ursachen, Hintergründe und der politischen Einbettung in die heutige Beschlusslage einer umfassenden gesellschaftlichen Energietransformation, ist die Entwicklung der gesellschaftlichen Stimmungslage über die letzten 50 Jahre eine Treibkraft der Zeitgeistentwicklung hin zu unserer heutigen gesellschaftlichen Stimmungslage von tragender Bedeutung. Diese Treibkraft stellt ein weiteres Getriebe in der Mechanik zum Verständnis des Globalthemas Klimawandel dar, das in den folgenden Absätzen untersucht wird. In diesem Entwicklungsstrang liegt auch ein Teil des Ursprungs der heute stark zugenommenen *Emotionalisierung* des Klimathemas, welches als Anlass genutzt wird, einen grundlegenden Umbau unserer Zivilgesellschaft politisch voranzutreiben.

Mit der Entwicklung der Wissenschaften des 18. Jahrhunderts wurde auch immer stärker die Frage untersucht, welchen Einfluss die Atmosphäre und ihre Gase auf den Wärmehaushalt der Erde ausüben (siehe auch Kapitel 7 „Woher kommt die Wärme? Die kurze Geschichte des Treibhauseffekts"). Hierzu wurden erste fundierte Erkenntnisse 1820 durch den Wissenschaftler Jean Baptiste Joseph Fourier veröffentlicht und von den folgenden Generationen an Wissenschaftlern weiterentwickelt. Zu dieser Zeit waren die klimatischen Rahmenbedingungen relativ stabil bzw. bewegten sich im Rahmen eines seit Jahrtausenden folgenden Systemverhaltens. Sie waren nicht der Auslöser, sich wissenschaftlich mit dieser Thematik auseinanderzusetzen. Das Interesse der Wissenschaftler dieser Zeit lag in der Fragestellung und der Findung einer Antwort auf diverse andere Fragen.

Die Nachkriegsphase des Zweiten Weltkriegs schuf u. a. die Voraussetzungen, dass sich Forschung auf zahlreichen Gebieten interdisziplinär internationalisierte. Forschungen und ihre Erkenntnisse wurden mit zunehmender Entwicklung geteilt, diskutiert und veröffentlicht. Vor allem im Ausklang der 1950er Jahre und in den folgenden Jahren fanden markante Entwicklungen in den westlichen Nachkriegsgesellschaften u. a. den EU-Staaten, England und den USA statt. Auf der wissenschaftlichen Ebene hatte im Jahr 1956 der Forscher Gilbert Plass durch neue, exaktere Berechnungen die im Jahr 1895 von Svante Arrhenius formulierte Theorie zu einer globalen Erwärmung durch Verbrennung fossiler Brennstoffe sowie die Vorarbeiten von Guy Stewart Callendar aus dem Jahr 1938 weiterentwickelt. Der Forscher Charles D. Keeling begann im Jahr 1958 seine Messungen auf dem auf Hawaii gelegenen Vulkan Mauna Loa, die fortan zu einer Grundlage der Klimawissenschaften werden sollten.

Der ansteigende und ungehemmte Verbrauch von natürlichen Ressourcen der Nachkriegsjahre wurde von verschiedenen Industriellen und Wissenschaftlern der späteren Nachkriegszeit als grundsätzliches Problem dieser Zeit angesehen. In diesem damaligen Zeitgeist schlossen sich 1968 Wissenschaftler aus verschiedenen Disziplinen und aus 30 Staaten zum Club of Rome, eine gemeinnützige Organisation, zusammen. Grundlage dieses Zusammenschlusses waren Zukunftsfragen der Menschheit, die in dieser Zeit verschiedene Intellektuelle bewegte. Eine erste Konferenz interessierter Wissenschaftler zu diesen Fragen wurde von dem italienischen Industriellen Aurelio Peccei und dem schottischen Wissenschaftler Alexander King in der Akademie „Accademia dei Lincei" in Rom einberufen. Nach der Konferenz beschlossen Aurelio Peccei, Alexander King, Hugo Thiemann, Max Kohnstamm, Jean-Philippe Saint-Geours und Erich Jantsch, sich unter dem Namen „Club of Rome" weiterhin mit den Zukunftsfragen der Menschheit zu beschäftigen. Sie veröffentlichen 1972 den bekannten Bericht „Die Grenzen des Wachstums"[35], der weltweit in der Zivilgesellschaft und Politik eine große Beachtung erzielen konnte.

Das Jahrzehnt der 1960er Jahre, mit ihrem markanten Ausklang der in den Industriestaaten als „68er" prägenden Stimmungen, setzte neue gesellschaftliche Zeichen. Die westlichen Gesellschaften suchten nach Modernisierung. Eine Stimmung des gesellschaftlichen Aufbruchs beherrschte den Zeitgeist, wie im vorherigen Abschnitt 9.1 gezeigt wurde. Konventionen und Traditionen aus dem letzten Jahrhundert wurden infrage gestellt. Die Rechte von Frauen, in den USA die Rechte von Schwarzen bzw. People of Color, gelangten immer stärker in den öffentlichen Fokus. Menschenrechte wurden diskutiert und entwickelt. Die totale Mobilität gab den Menschen

---

[35] Siehe auch: 1000 Dokumente, „Die Grenzen des Wachstums", https://www.1000dokumente.de/index.html%3Fc%3Ddokument_de&dokument%3D0073_gwa&object%3Dpdf, 15.01.2023.

ein Gefühl von unbegrenzter Freiheit. Die Städte wurden autogerecht entwickelt. Das Auto entwickelte sich zum Statussymbol. In diesem Sog wuchsen die Automobilkonzerne, zugleich wuchsen die Tankstellennetze. Mit der Veröffentlichung des Berichts „Die Grenzen des Wachstums" wurde erstmalig ein markantes öffentliches Zeichen gesetzt, über diese ungehemmte Entwicklung im Verbrauch der natürlichen Ressourcen nachzudenken. Der veröffentlichte Bericht gab erste Hinweise auf die Grenzen von endlichen natürlichen Ressourcen, enthielt jedoch keine konkreteren Vorschläge, wie der Verbrauch dauerhaft vor dem Hintergrund nationaler Interessen und Machtstreben von Staaten, auf Basis eines kapitalistischen Wirtschafts- und Finanzsystems, der sich weiter global entwickelnden Arbeitsteilung und des Strebens nach Wohlstand von Staaten reduziert werden könnte. Diese Linie ist aus meiner Sicht von besonderer Bedeutung, weil sie heute weiter fortgeführt wird. Der Bericht des *Club of Rome* kann als Ursprung einer nun durch die Klimawissenschaften konzentrierten Wissenschaftsberatung für Regierungen angesehen werden, die sich im IPCC manifestiert hat.

Die 1970er Jahre schufen ein neues öffentliches Bewusstsein für die Endlichkeit von natürlichen Rohstoffen. Diese Entwicklung war jedoch in einen Zeitgeist eingebettet, der den Ölkonsum auf verschiedenen Feldern weiter anwachsen ließ. Ein wesentlicher Teil dieses sich weiter entwickelnden Verbrauchs fossiler Energien lag in der wachsenden Wirtschaft und Industrie, getrieben vom wachsenden Konsum, von zunehmendem Wohlstand, der Entwicklung neuen Technologien und wachsenden Märkten, aber auch im Weltmachtstreben der USA (Déjà-vu zum Weltmachtstreben Englands im 19. Jahrhundert auf Basis von Kohle). Die USA wurden in den 1970er Jahren von einem Nettoexporteur zu einem

Nettoimporteur von Rohöl. 1973 brach die Ölkrise aus. Zu diesem Zeitpunkt diskutierte man in den USA, mit britischer Unterstützung aus Abu Dhabi, eine Besetzung von Saudi-Arabien und Kuwait. Der damalige Verteidigungsminister James R. Schlesinger sagte in diesem Zusammenhang zum britischen Botschafter: „Es ist nicht mehr länger ausgeschlossen, dass die USA Gewalt anwenden."[36] In einer dazu vom Kongress der USA in Auftrag gegebenen Geheimstudie aus dem Jahr 1975 lässt sich das Kapitel nachlesen mit dem Titel „Ölfelder als militärische Ziele: Eine Machbarkeitsstudie im Auftrag des US-Kongresses"[37]. Die Studie nennt die Staaten Saudi-Arabien, Iran und Kuwait als wichtige Ziele von möglichen US-amerikanischen Interventionen. Dazu wurde vermerkt, dass „unsere Analysen zeigen, dass die militärischen Kräfte der OPEC-Länder quantitativ und qualitativ unterlegen sind und schnell zerschlagen werden könnten"[38] (siehe dazu auch Kapitel 4 „Gesellschaftsphänomen Klimawandel und die Sicherheitspolitik"). Ich möchte an dieser Stelle besonders auf den angewendeten Mechanismus der amerikanischen Administration für diesen Vorgang aufmerksam machen und auf den bereits zu dieser Zeit daraus folgende Ratschlag der Autoren der Studie hinweisen, dass die Regierung und/oder der Kongress – mittels der Massenmedien – die öffentliche Meinung im eigenen Land so beeinflusst haben, dass eine öffentliche Mehrheit den Maßnahmen der Regierung zustimmen konnte. In einer im April 1975 statt-

---

[36] Verweis: Seifert, Thomas/Werner, Klaus (2005). Schwarzbuch Öl. Deuticke, Wien.

[37] Verweis: Brökelmann, Bertram (2010). Die Spur des Öls. Osburg Verlag.

[38] Verweis: Congressional Research Service (1975): Oil Fields as Military Objectives: A Feasibility Study. US Government Printing Office, Washington DC.

gefundenen Befragung der US-Bevölkerung wurde eine Besetzung arabischer Ölfelder von 58 % der Befragten abgelehnt, 25 % sprachen sich für eine Besetzung aus. Der US-Politologe Robert W. Tucker schrieb diesbezüglich in einem Artikel, dass sich vor allem die Gebiete von Kuwait entlang der Küstenregion Saudi-Arabiens bis Katar für eine Ölintervention besonders eigneten. Im Magazin „Harper's" veröffentlichte ein Autor unter einem Pseudonym den Artikel mit dem Titel „Die Eroberung des arabischen Öls". In dem Artikel wird empfohlen, die militärische „Gewalt sollte selektiv eingesetzt werden, um große und konzentrierte Ölreserven" zu besetzen. Später stellt sich heraus, dass der wahre Name des Autors Henry Kissinger war. Er äußerte sich in einem Interview am 13. Januar 1975 wie folgt: „Massive politische Kriegsführung gegen Länder wie Saudi-Arabien und den Iran könnte dazu führen, dass diese Länder ihre politische Stabilität gefährden [...] wenn sie nicht kooperieren." Weiter heißt es: „Erdöl ist eine zu wichtige Ware, um sie in den Händen der Araber zu lassen."

Bertram Brökelmann schreibt: „Die Welt ist gewiss nicht so einfach, dass sich alle modernen Veränderungen, Probleme, Krisen, Kriege allein auf die Frage der Ölversorgung zurückführen ließen. Dennoch ist es wichtig zu zeigen, dass sehr oft – und öfter als man dies gemeinhin vermutet – der Energieträger Öl einen deutlichen, maßgeblichen und nicht selten eben doch sogar den letztlich entscheidenden Anteil an den Vorgängen auf diesem Planeten hat." Joschka Fischer[39], 1998 bis 2005 Außenminister und Vizekanzler Deutschlands, sagte dazu 2014 in einem Gespräch: „[...] so werden sie [die

---

[39] Verweis: Fischer, Joschka (22. Oktober 2014). Grenzen des Wachstums? In: Bank Notenstein Gespräch.

USA] sich geopolitisch nicht aus dem Nahen Osten verabschieden können, denn erstens bleibt die Golfregion die Tankstelle der Weltwirtschaft, und zweitens wird die Weltmacht USA keiner anderen oder gar feindlichen Macht die Kontrolle über dieses Kraftzentrum der Weltwirtschaft erlauben können, sofern sie ihren Status als globale Supermacht nicht gefährden will." Diese nur in wenigen Hinweisen darstellbaren politischen Überzeugungen der damaligen Zeitspanne sind ein wichtiger Teil des Hintergrundes in der Entwicklung der Umwelt- und Klimabewegung. Es zeigt anhand der USA die Interessen der Staaten, ihre Beweggründe und Überlegungen für den heutigen Status. Es bleibt noch zu ergänzen, dass in unserer heutigen Zeit weitere Rohstoffe, wie z. B. zur Fertigung moderner Halbleiter, den Status von Öl in den staatlichen Interessen erlangt haben. Aus diesem Zeitgeist des Aufbruchs der „68er" entwickelte sich im Folgejahrzehnt die Umweltbewegung[40].

In der zusammenfassenden historischen Betrachtung war und ist die Umweltbewegung in Deutschland von großen Widersprüchen und zahlreichen Wandlungen durchzogen[41]. Sie ist vor allem seit den 1970er Jahren von kleinen Anstößen, großen Umweltskandalen und auch zufälligen Ereignissen geprägt. Ebendiese realen Ereignisse trieben auch immer wieder diese sehr heterogene Bewegung, die aus ganz unterschiedlichen Schichten stammenden Anhänger der deutschen Bevölkerung, in neue Richtungen. In dem damaligen Westdeutschland, inklusive West-Berlin, gründete sich am 12./13. Januar

---

[40] Siehe auch: Research Gate, https://www.researchgate.net/publication/366953831_Umweltbewegungen, und Anthro Wiki, https://anthrowiki.at/Umweltbewegung, 12.01.2023.

[41] Verweis: Joachim Radkau: Entwicklung der Umweltbewegung.

1980 in Karlsruhe die Partei Die Grünen aus der Antiatomkraft- und Umweltbewegung, den Neuen Sozialen Bewegungen, der Friedensbewegung und der Neuen Linken aus den 1970er Jahren. Im Jahr 1983 gelang es der Partei Die Grünen in den Bundestag als Bundespartei einzuziehen. Nach der Wiedervereinigung West- und Ostdeutschlands unter Helmut Kohl (CDU) im Jahr 1989 konnten die damaligen westdeutschen Grünen bei der Bundestagswahl 1990 nicht in das Bundesparlament einziehen. In der damaligen DDR gründete sich parallel im Jahr 1989 das Bündnis 90 aus den in dieser Umbruchszeit entstandenen ostdeutschen Initiativen. Am 14. Mai 1993 vereinigten sich die westdeutschen Die Grünen mit dem ostdeutschen Bündnis 90. Beide Entwicklungsstränge vereinten sowohl besorgte wie auch radikalisierte und stark emotionalisierte Gruppen von Bürgern eines damals noch breit aufgestellten und teilweise diffusen Umweltengagements.

9.2.1 Die Wurzeln des Zeitgeistthemas „Klimawandel"

Die im letzten Abschnitt kurz zusammenfassend dargestellte politische Entwicklungslinieder Partei Die Grünen mit ihren Bewegungen mit Beginn der 1980er Jahre fand vor dem Hintergrund eines in Westdeutschland euphorischen Jahrzehnts (die 80er), der ersten Anzeichen für einen Wandel in der DDR (gesellschaftliche und politische Krise der DDR) und der dann folgenden deutschen Wiedervereinigung als zeitgeistprägendes, gesellschaftliches Großereignis statt, in der die zahlreichen großen Umwelt- und Wirtschaftsprobleme der damaligen DDR sichtbar wurden, aber auch die Protestkämpfe um Umwelt und Atomkraft aus dem damaligen

Westdeutschland aus dem kollektivem Gedächtnis nicht verschwunden waren. Die Umweltbewegung prallte vor dem unvergessenen, tief emotionalen Hintergrund des NATO-Doppelbeschlusses, der Friedensbewegung, der Antiatomkraftbewegung und verschiedenen westdeutschen Umweltentwicklungen auf eine deutsche Wiedervereinigung, die besonders zunächst den Ostteil vom neuen einheitlichen Deutschland euphorisierte. Der damalige Vizekanzleramtschef Horst Teltschik bemerkte in einem späteren Interview zu der vor allem in Deutschland öffentlich konträr geführten Nachrüstungsdebatte und der daraus sich entwickelnden späteren Partei Die Grünen: „Als Kohl Bundeskanzler wurde, standen wir gewissermaßen vor dem Höhepunkt eines neuen Kalten Krieges. 1983 hatten wir bis zu 500.000 Demonstranten auf den Straßen. Die sogenannte Friedensbewegung. Heute wissen wir, dass der KGB und die Stasi das auch finanziell und personell unterstützt hatte."[42] Damit wird deutlich, dass offenbar auch bereits zu dieser Zeit Einfluss auf die deutsche öffentliche Meinung durch andere Staaten ausgeübt wurde und damit ein erheblicher öffentlicher Druck auf die damalige Westdeutsche Regierung erfolgt (Sturz von Helmut Schmitt und Wahl von Helmut Kohl).

In diesen Ereignissen sehe ich die Wurzel der breiten gesellschaftlichen Durchdringung der Umweltbewegung – später der Klimabewegung – durch alle gesellschaftlichen Schichten. In einer ersten Phase waren zwar die Überzeugungen der Friedens- und Umweltbewegung in fast allen Schichten der beiden Gesellschaftsteile Deutschlands angekommen (vertikale Durchdringung), konnten aber

---

[42] Quelle: Deutsche Welle, https://www.dw.com/de/nato-doppelbeschluss-pakt-der-atomaren-abschreckung/a-51604066, 14.01.2023.

noch keine große Ausbreitung erlangen (horizontale Ausbreitung). Damit war noch keine ausreichend umfassende gesellschaftliche Basis geschaffen, jedoch eine hohe Durchdringung erreicht worden. Diese Durchdringungstiefe durch alle Schichten der Gesellschaft wurde zu den Wurzeln in der Entwicklung einer medialen Aufmerksamkeit. Mit dieser über den Gesamtzeitraum der letzten 30 Jahre sich langsam entwickelnden Nachrichtensensibilität bei den Massenmedien durch den normalen Generationswechsel von Mitarbeitern wie auch der Themenaufmerksamkeit bei der nun älter werdenden Generation entwickelte sich eine gesellschaftliche Breite und Tiefe der Umwelt- und anschließenden Klimathemensetzung in der deutschen Gesellschaft. Die Wurzel der *Zeitgeistprägung* in Richtung Klimaschutz und Klimabewegung befindet sich in diesen Jahren (1989/1990) und geht fundamental auf die beiden Jahrzehnte 1980 in Westdeutschland und 1990 in Ost- und Westdeutschland zurück. In dieser Fusion von zwei unterschiedlichen gesellschaftlichen Strömungen, aber ähnlichen gesellschaftlichen *Sehnsüchten* und *Bedürfnissen* aus diesen beiden Jahrzehnten (Westdeutschland: Kampf gegen den Staat wegen Atom, Umwelt etc.; Ostdeutschland: Kampf gegen den Staat wegen politischer Unterdrückung; Wiedervereinigung und Wegfall der politischen Unterdrückung; Folge: Umweltthemen bleiben als Protestpotenzial einer stark politisierten und vereinigten Protestbewegung übrig) liegt die Keimzelle der nun horizontalen Ausweitung der Umweltthemensetzung. Sie liefert zugleich die Erklärung und ist der *Einstieg* in die heutige politische Dominanz des Themas „Klima". Wobei sich über die letzten 30 Jahre eine Aufspaltung bzw. Ausprägungen in „Klimakrise", „Klimaschutz" und „Klimawandel" entwickelt haben, die in ihrer nun gesellschaftlichen Breite eine thematische Dominanz mithilfe von NGOs, sich stark entwickelnder Klimawissenschaft und Massenmedien ermöglichten und durch ihr gesellschaftliches Wirken die Zeitgeistprägung hin zum Gesellschaftsphänomen Klimawandel bewirkten. Dieser Entwicklungsprozess unterlag keiner bewussten Steuerung oder einem Masterplan. Er entstand in den oben genannten Schlüsselzeiträumen aus ähnlichen Überzeugungen ganz unterschiedlicher Gruppen der nun gesamtdeutschen Gesellschaft und vor allem aus dem tiefen emotionalen Bedürfniss in einem Engagement, das sich heute in einem Enthusiasmus „das Richtige zu tun" ausdrückt. Um diesen wichtigen Kern der heutigen Entwicklungslinie zu verstehen, ist ein Eintauchen in die damaligen gesellschaftsprägenden Vorgänge notwendig. Wie war die damalige gesellschaftliche Lage in diesen beiden Jahrzehnten?

Der Anfang des Jahrzehnts der 1980er Jahre war in dem damaligen Westdeutschland von Krisen gezeichnet. Die Ölpreiskrise und eine daraus folgende wirtschaftliche Stagnation ließen Umweltthemen in den gesellschaftlichen Hintergrund treten. Die Politik konzentrierte sich auf Wirtschaftsthemen, die durch den Wirtschaftsminister Otto Graf Lambsdorff (FDP) gesetzt wurden und große Gemeinsamkeiten mit der CDU offenbarten. Auf der anderen Seite brachte die Wirtschafts- und Sozialpolitik des damaligen Kabinetts die Regierung Schmidt (SPD) in innerparteiliche und öffentliche Kritik. Helmut Schmidt stand mit seinem Kabinett (SPD + FDP) Anfang dieses Jahrzehnts stark unter politischem Druck, der u. a. auch durch die Nachrüstungsdebatte[43] in seiner eigenen Partei angefacht wurde. Die FDP wurde in der sozialliberalen Koalition von Hans-Dietrich Genscher

---

[43] Siehe auch: Deutsche Welle, https://www.dw.com/de/nato-doppelbeschluss-pakt-der-atomaren-abschreckung/a-51604066, 14.01.2023.

geführt. In einem späteren Interview beschrieb Helmut Schmidt den eigentlichen Grund für das konstruktive Misstrauensvotum gegen ihn (1. Oktober 1982 konstruktives Misstrauensvotum gegen Bundeskanzler Helmut Schmidt im Deutschen Bundestag) mit dem Wunsch von Hans-Dietrich Genscher, zukünftig mit der CDU regieren zu wollen. Das Kabinett von Helmut Schmidt (SPD + FDP) wurde 1982 mit der Wahl von Helmut Kohl (CDU/CSU + FDP) abgelöst. Das neue Kabinett von Helmut Kohl regierte bis 1998. Heute kann die in diesem damaligen hoch dramatischen Vorgang enthaltene gesellschaftliche Emotionalität nur noch schwer verstanden werden. Diese damalige öffentliche Emotionalität war jedoch ein gesellschaftlicher Schlüssel in der Gesamtentwicklung der heutigen Grundüberzeugung der Klimabewegung „das Richtige zu tun". Mit der Regierungsübernahme von Helmut Kohl wurde u. a. der „Bürgerdialog Kernenergie"[44] faktisch abgeschafft. Dieses wenig beachtete Ereignis verdrängte ein gesellschaftspolitisches Dialogformat aus dem politischen Alltag und entfernte damit die damaligen, stark emotionalisierten Bürgerbedenken aus der Öffentlichkeit, was in den späteren politischen Phasen der Kohl-Regierung zu einer zentralen Keimzelle für die Ausstiegsbeschlüsse der Merkel-Regierung wurde.

In diesem Jahrzehnt der 1980er Jahre ereigneten sich jedoch signifikante und medial intensiv begleitete Umweltkatastrophen, die durch ihre in den Medien und in der Bevölkerung stark emotionalisierte Bedeutsam-

---

[44] Siehe auch: Forschung IZT, Projektleitung: Britta Oertel, Dr. Jan-Henrik Meyer, „Bürgerdialog Kernenergie (1974–1983) – Staatliches Handeln in der Auseinandersetzung um die nukleare Entsorgung und seine Bedeutung für das heutige Standortauswahlverfahren", https://www.izt.de/projekte/buergerdialog-kernenergie/, 14.01.2023.

keit noch lange im kollektiven Gedächtnis präsent sein sollten. Dazu gehörten der saure Regen, das Waldsterben, das Ozonloch und vor allem die Atomkatastrophe in Tschernobyl. Die Atomkatastrophe war noch Monate nach ihrem ersten Erscheinen im Medienecho in Deutschland zu sehen. Mit der Gründung der Partei Die Grünen und ihrer politischen Entwicklung entstand für den damaligen Bundeskanzler Helmut Kohl die Gefahr eines Machtverlusts. Helmut Kohl befürchtete, dass die neue Partei Die Grünen zusammen mit der SPD eine Mehrheit bei den nächsten Wahlen erreichen könnten. Um dieser Entwicklung entgegentreten zu können „dachte er, er ist es Deutschland schuldig, jetzt erst mal so grün zu werden, dass Die Grünen überflüssig werden" (Richard von Weizsäcker, Interview 20. Februar 2013). Als Konsequenz dieser politischen Einschätzung entwickelt sich die Regierung unter Helmut Kohl (CDU) zum Umweltvorreiter. Dieses dem politischen Machterhalt folgende Prinzip der „kollusiv adaptiven (grünen) Themensetzung" (eigene Titulierung bzw. auch mit KAT-Strategie abgekürzt), oder auch als aymetrische Demobilisierung benannter Vorgang, sollte von einer zukünftigen Regierung unter Angela Merkel (CDU) perfektioniert werden, auf das ich etwas später noch eingehen werde.

Unter der Definition der *kollusiv adaptiven Themensetzung* ist eine medial begleitete Themensetzung der regierenden Partei zu verstehen, wobei die Themensetzung nicht aus Überzeugung der Partei erfolgt, sondern zum Schaden einer dritten Partei adaptiv aufgenommen wird und lediglich dem eigenen Machterhalt dient. Die *kollusiv adaptive Themensetzung* kann als doppeltes Spiel einer Partei verstanden werden, das sogar unter widerstreitenden Interessen in der Regierungspartei aufgegriffen wird und dennoch in Regierungshandeln mündet, um einer dritten Partei das Thema in der Öffentlichkeit zu entziehen.

1983 zogen Die Grünen in den Bundestag ein und verschafften damit den Umweltthemen, aber auch der wissenschaftlichen Begleitung der Umweltbewegung eine neue, öffentlichkeitswirksame Aufmerksamkeit und politische Plattform. Eine Phase entstand, in der es um die überzeugendste wissenschaftliche Expertise für die Öffentlichkeit ging, in der Gutachten und Gegengutachten zwischen der amtierenden Regierung und der neu in das Parlament eingezogenen Partei *Die Grünen* konfrontativ ausgetauscht wurden. In dieser Phase wurde die Wissenschaft in vielen Bereichen zum politischen Instrument von Parteien entwickelt, um ihre Macht entweder auszuweiten oder zu verteidigen. Sollte es jemals in der Geschichte der Wissenschaften eine politische Neutralität gegeben haben, u.a. dem Grundsatz der Zweckfreiheit folgend, wurde ihre Instrumentalisierung nun auch öffentlich sichtbar. Diese neue politische Aufmerksamkeit blieb bei den involvierten Wissenschaftseinrichtungen nicht unbemerkt und führte ihrerseits zu neuen Möglichkeiten, eigene Interessen zukünftig erfolgreich in der Politik und Öffentlichkeit platzieren zu können. Am 07. Mai 1987 wurde Klaus Töpfer (CDU) zum Bundesminister für *Umwelt, Naturschutz und Reaktorsicherheit* ernannt. Er sollte dieses Ministerium bis 1994 leiten. Die Ernennung war ein politischer Schachzug von Bundeskanzler Helmut Kohl (CDU), mit dem sich die konfrontative Situation mit Umweltthemen in der Öffentlichkeit befrieden ließ. 1985 trafen sich international vernetzte Wissenschaftler, um über die Klimawirksamkeit der industriellen Entwicklung in den verschiedenen Staaten zu diskutieren. Erste weitreichende Überlegungen zu der Entwicklung der Industriestaaten und der weiter voranschreitenden Industrialisierung wurden ausgetauscht.

Aus meiner Analyse der politischen Entwicklung in diesem Jahrzehnt ist jedoch das von dem damaligen

Abb. 9.3 Helmut Kohls Machterhaltungsprinzip der kollusiv adaptiven (grünen) Themensetzung. Quelle: Eigene Darstellung

Bundeskanzler Helmut Kohl entwickelte und umgesetzte Prinzip (siehe Abb. 9.3) der kollusiv adaptiven Themensetzung (KAT-Strategie) zur eigenen Machterhaltung besonders beachtenswert, indem er grüne Themen der Umweltbewegungen durch geschickte Personalbesetzungen seiner Minister (Töpfer, später Merkel), aber auch Themen der konkurrierenden Parteien adaptierte und sich zu eigen machte. Unter seiner Regierungsführung wurde 1994 bis 1998 Angela Merkel Bundesministerin für *Umwelt, Naturschutz und Reaktorsicherheit* im Kabinett Kohl. Das Kabinett Kohl verlor 1998 die Bundestagswahl und eine Koalition von SPD und Grünen formte eine neue Regierung, die bis zur vorgezogenen Wahl im Jahr 2005 regierte. Ab dem Jahr 2005 und bis zum Jahr 2021 blieb Angela Merkel (CDU) Bundeskanzlerin in verschiedenen Kabinetten und perfektionierte erfolgreich das von Kohl entwickelte Machterhaltungsprinzip. In ihrer Amtszeit wurden wegbereitende Beschlüsse der Umwelt- und Klimabewegung adaptiert und schlugen sich in der Einführung der Elektromobilität (2008: dass „… eine Million Elektroautos bis zum Jahr 2020 auf deutschen Straßen fahren …"), dem erneuten Atomausstieg (Juni 2011), der Verabschiedung des Klimapakets (September 2019), dem Kohleausstieg (Juli 2020), der nationalen Wasserstoffstrategie (Juni 2020) und zahlreichen Novellierungen des EEG (Erneuerbare-Energie-Gesetz) nieder.

Parallel zu dieser Entwicklung in diesem Jahrzehnt der 1980er Jahre gründeten sich neue nichtstaatliche Institute (NGO's) für ganz unterschiedliche Umweltfragen. Im Sog dieser Entwicklung, sowie den in den vorherigen Absätzen beschriebenen Abläufen des Jahrzehnts, entstand eine Nachfrage nach Experten für zahlreiche Umweltthemen. Greenpeace Deutschland gründete sich Anfang dieses Jahrzehnts. Mit ihren damals spektakulären und medienwirksamen Aktionen konnten diese neuen NGOs eine hohe gesellschaftliche und medienwirksame Aufmerksamkeit für Umweltthemen erreichen. Für viele standen gleichgesinnte Umweltaktivisten nun in der Öffentlichkeit, deren vereinzelte Sympathie sich auch in den damaligen Medienberichten niederschlug. Mit diesen Aktionen konnten im Medienbereich Aufmerksamkeit und ein finanzieller lukrativer Umsatz generiert werden. 1982 gründete sich der Verein Robin Wood und konzentrierte die Protestbewegung um das Thema Waldsterben. Ebenfalls 1980 gründete sich die „Arbeitsgemeinschaft Ökologischer Forschungsinstitute" (AGÖF). In der Tab. 9.3[45] sind die wichtigsten Meilensteine in der wissenschaftlichen Entwicklung zur politischen und gesellschaftlichen Begleitung zu ökologischen Themen dargestellt.

Bereits am 07. Dezember 1990 wurde das Gesetz zur „Einspeisung von Strom aus Erneuerbaren Energien in das öffentliche Netz" – kurz Stromeinspeisungsgesetz – verabschiedet. Es wurde von den beiden Politikern Matthias Engelsberger (CSU) und Wolfgang Daniels (Grüne) entworfen. Seine Gültigkeit begann mit dem Jahr 1991. Als Folgegesetz wurde im Jahr 2000 die erste Version des EEG unter der Bundesregierung von SPD und den Grünen im Kabinett Gerhard Schröder verabschiedet. Mit dem Einzug der Grünen in den Deutschen Bundes-

---

[45] Quelle: Ecologic Institute, Projekt „Vom ‚blauen Himmel über der Ruhr' bis zur Energiewende", Studie: Die Umweltpolitik und -forschung wird erwachsen: die 1980er Jahre https://geschichte-umweltpolitikberatung.org/, Autorinnen Doris Knoblauch, Elena Hofmann, 04.04.2022.

Tab. 9.3 Gründungsablauf verschiedener Umweltinstitute und anderer Einrichtungen. Quelle: Eigene Darstellung. Datenquelle: Ecologic Institut, Projektes „Vom blauen Himmel über der Ruhr bis zur Energiewende", Studie: Die Umweltpolitik und -forschung wird erwachsen: die 1980er Jahre https://geschichte-umweltpolitikberatung.org/, Autorinnen Doris Knoblauch, Elena Hofmann, 04.04.2022

Jahr	Ereignis
1980	Gründung Arbeitsgemeinschaft Ökologischer Forschungsinstitute (AGÖF) Gründung Greenpeace Deutschland
1981	Gründung des Instituts für Zukunftsstudien und Technologiebewertung (IZT)
1982	Gründung Robin Wood (Verein)
1983	Einzug der Grünen in den Bundestag
1985	Gründung Institut für Ökologisches Wirtschaften (IÖW) Rot-Grüne Landesregierung in Hessen
1986	Nuklearkatastrophe in Tschernobyl Gründung Forschungsgruppe „Soziale Ökologie" in Frankfurt/Main; später ISOE- Institut für sozial-ökologische Forschung Gründung des Forschungszentrums für Umweltpolitik (FFU) an der Freien Universität Berlin Gründung der Forschungsstelle für Umweltrecht an der Universität Frankfurt Erstes Gutachten des Öko-Instituts und IÖW fürs BMWi zur Atomenergie
1987/8	Auflösung des Internationalen Instituts für Umwelt und Gesellschaft (IIUG) am Wissenschaftszentrum Berlin (WZB)
1989	Gründung des Instituts für Sozial-Ökologische Forschung (ISOE)
1990	Wiedervereinigung Deutschlands Gründung des Unabhängigen Instituts für Umweltfragen (UfU)
1992	Gründung des Wuppertal-Instituts (Staatlich gefördert) Gründung des Potsdam-Institut für Klimafolgenforschung (PIK) (staatlich gefördert)
1995	Gründung des Ecologic Instituts

tag im Jahr 1983 konnten sich erstmalig über ein Jahrzehnt später eine auf den Werten der Umweltbewegung und der Antiatombewegung gegründete Partei in einer Regierungsverantwortung politisch etablieren. Der *Atomausstieg* wurde später vor dem Hintergrund der Katastrophe von Fukushima am 11. März 2011 in Japan von der Bundeskanzlerin Angela Merkel beschlossen und adaptierte damit erstmals wesentliche ideologische Teile der Umweltbewegung in einer zutiefst konservativen Partei, der CDU bzw. der CDU/CSU Koalition. Dieser Vorgang zeigt die konkrete Umsetzung des von Helmut Kohl entwickelten und weiter oben beschriebenen Machterhaltungskonzepts unter der frühen Regierungsphase von Angela Merkel, der asymmetrischen Demobilisierung bzw. der KAT-Strategie. Zugleich legte Angela Merkel (CDU) mit ihrer Ankündigung der Energiewende, in der bis Ende 2022 alle deutschen Kernkraftwerke stillgelegt werden sollten, die ideologisch-politische Grundlage unseres heutigen Energietransformationskonzepts. Die am 06. Juni 2018 einberufene *Kohlekommission* (offizieller Name: „Kommission für Wachstum, Strukturwandel und Beschäftigung"), die von dem damaligen Kabinett Merkel mit dem Thema zugeneigten Akteuren besetzt wurde, entsprach nun einem in der deutschen Gesellschaft verankerten *Momentum der Umweltbewegung* durch die in der Öffentlichkeit geltende konservative Partei CDU/CSU. Das Prinzip „Abschalten vor Anschalten" wurde zu einem politisch einfach nutzbaren und öffentlichkeitswirksamen Machtprinzip mit in einer Legislaturperiode politisch kurzfristig nutzbaren Effekten, das mithilfe wissenschaftlicher Expertise und Medienbegleitung durchgesetzt wurde. Das Prinzip ist vermutlich bei der damaligen Bundeskanzlerin Angela Merkel aus der Beobachtung über die Regierungszeit Gerhard Schröders in Koalition mit der Partei Die Grünen entstanden, dass ein politisch nutzbares Kapital aus langwierigen Aufbauprojekten, wie sie für den Aufbau einer neuen Energieinfrastruktur oder Energieproduktionsanlagen naturgemäß notwendig sind, in einer Legislaturperiode nicht nutzbar wurden. Mit dem Prinzip „Abschalten vor Anschalten" konnten politisch nutzbare Ergebnisse in kurzer Zeit für die Öffentlichkeit generiert werden, wie mit dem vorgezogenen Atomausstieg, Kohleausstieg und dem faktischen Ausstieg aus der Automobilproduktion auf Basis von Verbrennungsmotoren durch die Mobilitätswende auch realisiert wurden.

9.2.2 Hintergrund: Atomkraft und ideologische Barrieren in Deutschland

Der Grad der Ideologisierung der öffentlichen Meinungsführer in der politischen Landschaft kann an dem Thema *Atomkraft* untersucht werden. Wind und Sonne sind gegenüber den historischen fossilen Energiequellen stochastische, also zufällig, produzierende Energiequellen und damit prinzipbedingt nicht grundlastfähig. Fossile Energiequellen und Atomkraft sind planbare, regelbare und grundlastfähige Energiequellen. Atomkraft gilt nach internationaler Notation (u. a. IEA) als *Non-fossil Fuel* und damit als eine CO_2-freie Energiequelle. Dieser internationalen Einstufung hat sich Anfang 2022 im Rahmen eines neu gefassten *Taxonomiebeschlusses* auch die EU angeschlossen. Atomkraft wird international in zahlreichen Staaten eingesetzt und weiter ausgebaut. Ohne auf eine Bewertung dieser Technologie hier eingehen zu wollen, nimmt Deutschland mit seinen Beschlüssen zum Atom- und Kohleausstieg im internationalen Vergleich eine Sonderrolle ein. Wind und Sonne benötigen ein Vielfaches der Produktionsfläche von Kraftwerken mit fossilen Energien oder Atomkraftwerken (Raum- bzw.

Flächenverbrauch der Energieerzeugungsanlagen). Die Einspeiseleistung an Strom (ohne Wärme) in einem Jahr pro Quadratmeter eines konventionellen Atomkraftwerks beträgt ca. 40 MWh/m^2, bei einem Braunkohlekraftwerk liegt die Leistung, exklusiv der Fläche des dafür genutzten Tagebaus, bei ca. 37 MWh/m^2. Bei modernen Windkraftanlagen auf Land mit einer installierten Leistung von ca. 4 MW (ca. 8 GWh/Jahr Stromproduktion) liegt die Produktionsleistung pro Quadratmeter bei ca. 1,6 MWh/m^2 pro Einzelanlage, bei PV (950 bis 1175 kWh/m^2/a) 1,08 MWh/m^2. Um die im März 2022 in der Öffentlichkeit sichtbar gewordene Abhängigkeit von Energieimporten von Deutschland und der EU zu verringern, haben sich vor allem Die Grünen, unter dem seit Ende 2021 amtierenden Wirtschaftsminister Robert Habeck (Die Grünen), dazu entschlossen, die Aufstellung von Windkraftanlagen und Solartechnologie als im „überragenden öffentlichen Interesse"[46] zu definieren und im Erneuerbare-Energien-Gesetz (EEG) zu verankern. Damit kann zukünftig ein Windpark oder eine Solaranlage in fast allen Gebieten Deutschlands, inklusive Schutzgebieten, aufgestellt werden. Die Wandlung von Naturflächen in *Energieproduktionsflächen* kann jetzt rechtlich ungehindert, auch gegen lokale Widerstände und Bürgerproteste, erfolgen. Die entsprechenden Gerichtsurteile müssen für eine genauere Bewertung der neuen Gesetzeslage abgewartet werden. Mit diesem seit dem 29. Juli 2022 neu im EEG verfassten Paragrafen wird eine technisch unbegründete Priorisierung der Ausbauziele erneuerbarer Energien vorgenommen, auf die später noch einmal aus energietechnischer Sicht eingegangen wird.

---

[46] Quelle: BMWI, https://www.bmwi-energiewende.de/EWD/Redaktion/Newsletter/2022/07/Meldung/news2.html, 14.01.2023.

Um die heutige gesellschaftliche Mechanik im Kontext der Energiewende vertiefend zu verstehen, ist die Analyse der Entstehungsgeschichte heute prägender Gruppen und Parteien bedeutsam. Wie diese gesellschaftlichen Kräfte miteinander wechselwirken, welchen Einfluss sie auf die Entwicklung der Gesellschaft ausüben, veranschaulicht die Mechanik des gesellschaftlichen Uhrwerks. Dabei geht es nicht um Bewertungen, sondern um das *Verständnis der Zusammenhänge* bedeutsamer Entwicklungen. Ein für die globale Energiewende zentrales Thema sind Atomkraftwerke, vor dem Hintergrund des international stark angestiegenen Ausbaus dieser Technologie in anderen Ländern. Der weitere Betrieb von Atomkraftanlagen in Deutschland wäre unter rationalen Bedingungen zur Energieversorgung eine schnelle und sichere Alternative zu Kohle- und Gaskraftwerken zur Reduktion der nationalen Kohlendioxidemissionen, zur Reduktion eines hohen Flächenverbrauchs von erneuerbaren Energieproduktionsanlagen sowie zur Grundlastsicherung, sofern eine Atommüllentsorgung bzw. Atommülllagerung ebenfalls unter rationalen Bedingungen in Deutschland geklärt wäre. Bedenkt man jedoch, dass die Partei Die Grünen, die seit 2022 verschiedene Minister in der amtierenden Bundesregierung stellen, aus der Antiatomkraftbewegung und der Friedensbewegung (u. a. NATO-Doppelbeschluss) der 1980er Jahre hervorgegangen sind (siehe auch Kapitel 9, Abschnitt 2 „Die Geschichte der Umwelt- und Klimabewegung"), in denen massive (10. Oktober 1918 ca. 300.000 Demonstranten im Bonner Hofgarten, 25. Oktober 1981 ca. 200.000 Menschen in Brüssel, 21. November 1981 ca. 400.000 Menschen in Amsterdam, 10. Juni 1982 ca. 500.000 Menschen in Bonn am damaligen Sitz der Bundesregierung und des Deutschen Bundestags, 22. Oktober 1983 ca. eine Million Teilnehmer an

Großkundgebung im Bonner Hofgarten)[47], teilweise hoch emotionale[48] Auseinandersetzungen stattfanden, kann die Partei auf Basis ihrer Entstehungsgeschichte und der damit verwurzelten Ideologie keine Diskussion über eine generelle Akzeptanz der Atomkraft in der Öffentlichkeit annehmen oder führen. Damit ist aus ideologisch-politischen Gründen sowie gesellschaftlichen Gründen diese Energieproduktionstechnologie für Deutschland auch in Zukunft unerreichbar. Eine weitere ideologische rote Linie würde sich in Deutschland im Rahmen einer heutigen Diskussion über die zukünftige Nutzung der Atomkraft zeigen, da die Partei Die Grünen mit ihrer ab 2021 übernommenen Regierungsverantwortung die Frage über ein Endlager diskutieren bzw. beantworten müssten. Ihre stärksten Proteste in den 1980er Jahren waren u. a. gegen Atomendlager und Castortransporte im Rahmen der Antiatomkraftbewegung, bei der sich Menschen u. a. an Bahngleise gekettet hatten und ihr eigenes Leben im Widerstand einsetzten. Diese *Protestwurzeln* bilden die ideologische Basis der heute in Regierungsverantwortung stehenden Partei Die Grünen und zeigen die ideologisch zugrundeliegende Ablehnung einer weltweit akzeptierten Technologie zur Energieversorgung bei anderen Völkern. Dieser kurze Einblick weist auf die tieferliegenden Gründe der heutigen Energiepolitik in Deutschland hin. In dem Technologiefeld der konventionellen Atomkraft werden auch zukünftige

---

[47] Siehe auch: NRZ, https://www.nrz.de/region/niederrhein/nato-doppelbeschluss-mehr-als-eine-millionen-demonstrierten-id231994061.html, und Bundeszentrale für Politische Bildung, https://www.bpb.de/kurz-knapp/hintergrund-aktuell/280816/vor-35-jahren-bundestag-bestaetigt-entscheidung-zum-nato-doppelbeschluss/, und Wikipedia, Geschichte, https://de.wikipedia.org/wiki/Demonstration#Historisch, 15.01.2023.

[48] Siehe auch: Deutscher Bundestag, https://www.bundestag.de/dokumente/textarchiv/natodoppelbeschluss-200098, und Wikipedia, https://de.wikipedia.org/wiki/Friedensdemonstration_in_Bonn_1982, Spiegel, https://www.spiegel.de/geschichte/nato-doppelbeschluss-1979-kernspaltung-der-gesellschaft-a-1299816.html, u. a. 16.01.2023.

Weiterentwicklungen weltweit zu sehen sein, zu denen auch die Fusionstechnologie gehört. Zusammenfassend steht in Deutschland der Nutzung der Atomenergie der Zeitgeist entgegen.

Im Rahmen der Analyse dieses Themenkomplexes ist mit aufzunehmen, dass Angela Merkel unter dem Kabinett Helmut Kohl (CDU) in den 1990er Jahren *Bundesministerin für Umwelt und Reaktorsicherheit* war. In ihrer Amtszeit wurde diese politisch heikle Frage über ein *Atomendlager* in Deutschland nicht entschieden. Mit Beginn ihrer Amtszeit 2009 als Bundeskanzlerin übernahm sie den von der Vorgängerregierung ausgehandelten Atomausstieg mit langfristigen Ausstiegszeiten. Am 28. Oktober 2010 verlängerte ihr Kabinett diese längerfristigen Ausstiegsfristen. Damit musste eine politische Entscheidung über die Findung und Einrichtung eines Endlagers für atomare Abfälle als Folge dieser Laufzeitverlängerung von ihrer Regierung entschieden werden. In ihrer Funktion als Bundeskanzlerin sah sie vermutlich durch den Unfall in Fukushima Daiichi[49], Japan, vom 11. bis 16. März 2011 die politische Gelegenheit, das Thema eines *nationalen Endlagers für atomare Abfälle* inhaltlich endgültig und ohne öffentliche Auseinandersetzungen sowie machterhaltend, medial wirksam und imagefördernd abzuräumen. Die Vermutung in der Nutzung einer politischen Gelegenheit zeigt sich auch daran, dass in den Medien wenig oder nicht darüber berichtet wurde, dass an der gleichen Küste des Katastrophenwerks Fukushima Daiichi die Atomanlagen Onagawa, Fukushima

---

[49] Siehe auch: Bundesamt für Strahlenschutz, https://www.bfs.de/DE/themen/ion/notfallschutz/notfall/fukushima/unfall.html, und Wikipedia, https://de.wikipedia.org/wiki/Nuklearkatastrophe_von_Fukushima#Einstufungen_auf_der_INES-Skala, und Deutsche Welle, https://www.dw.com/de/fukushima-das-meer-als-perfektes-endlager-f%C3%BCr-atomm%C3%BCll/a-52444866, 19.01.2023.

9 Gesellschaftspolitische Entwicklungen

Daini und Tokai in unmittelbarer Nähe liegen. Diese auf der gleichen Küstenseite der japanischen Insel liegenden Kraftwerke wie auch das weiter nördlich liegende Kraftwerk Tohoku/Higashidori und das weiter im Süden liegende Kraftwerk Hamaoka blieben ohne Störungen und wurden zur Sicherheit abgeschaltet[50]. Die mediale Aufmerksamkeit lag in Deutschland jedoch wochenlang auf dem Werk Fukushima Daiichi und lieferte spektakuläre Bilder in den Medien (mit Bildern eines explodierenden Kraftwerksblock, aller Wahrscheinlichkeit nach eine Knallgasexplosion in den Blöcken 1, 3 und 4 vom 12. bis 15. März 2011). Mit dem während der Explosionen verkündeten Atommemorandum (14. März 2011) leitete die Kanzlerin den nun vorgezogenen Atomausstieg politisch und parlamentarisch ein (Bestätigung am 30. Juni 2011 durch Bundestag und Bundesrat) und konnte damit ihre politische Zielsetzung mit allen genannten Attributen erreichen, was als eine besondere politische Leistung eingeordnet werden muss.

Auf Basis der aufgezählten Hintergründe gibt es heute keine Möglichkeit in Deutschland, eine öffentliche, rational geführte Diskussion über eine unbefristete Laufzeitverlängerung oder über den Bau neuer Atomkraftwerke zu führen. Dieser Diskussion stehen fundamentale Ideologien der in der Regierungsverantwortung stehenden Partei Die Grünen inklusive ihrer Anhänger, aber auch von Teilen anderer Parteien entgegen. Dadurch gibt es auch in Zukunft keine Möglichkeit, an den rationalen Interessen Deutschlands orientierte Diskussionen über Atomkraft als eine mögliche Energieproduktionstechnologie zu diskutieren oder entsprechende neue Technologien zu entwickeln. Real hat sich Deutschland mit dem damaligen

---

[50] Siehe auch: Ausgestrahlt, https://www.ausgestrahlt.de/blog/2019/01/30/atomkraft-japan/, 19.01.2023.

Beschluss des vorgezogenen Atomausstiegs von der Atomkraft auf lange Zeit verabschiedet, unabhängig von den internationalen Entwicklungen in diesem Technologiebereich und den Entwicklungen in anderen Ländern. Das gilt jedoch auch für die wissenschaftliche Forschung zu diesem Technologiefeld. Es ist zu erwarten, dass damit andere Länder in Zukunft neue Erkenntnisse erarbeiten werden und diese Technologie sich weiter entwickeln wird, jedoch ohne Deutschland und seinen über Jahrzehnte entwickeltem Know How in Technologie und Forschung.

Im Ergebnis dieser Teilanalyse zur Energietransformation in den nächsten Jahrzehnten wird exemplarisch deutlich, dass in Deutschland die angestrebte Energietransformation einer ganzen Gesellschaft in wenigen Jahren/Jahrzehnten ein hochkomplexes mehrdimensionales, gesellschaftliches Themenfeld ist, in dem Technologie nur einen kleinen Teil des Entwicklungspfades darstellt. Mit der Analyse wurde auch das Modell des *Klimakorpus* verifiziert, indem in diesem Kapitel die Entkopplung des Naturphänomens vom Gesellschaftsphänomen exemplarisch an wenigen Beispielen aufgezeigt werden konnte. Die in Deutschland aufgezeigten gesellschaftlichen Entwicklungen der letzten Jahrzehnte können als „Framing" der gesellschaftlichen Themensetzung Klimawandel eingeordnet werden.

9.3 Die Entstehung der internationalen Klimakonferenzen und einer internationalen Bewegung

Die erste globale Klimakonferenz wurde unter dem Dach der Vereinten Nationen über Umwelt und Entwicklung (United Nations Conference on Environment and Development, UNCED) im Jahr 1992 in Rio de Janeiro einberufen. Die Konferenz wurde mit der Verabschiedung einer Klimakonvention beendet, die zu diesem Zeitpunkt ein herausragendes und einmaliges Ereignis darstellte. In der Klimakonvention wurden die noch heute gültigen Grundlagen beschlossen, dass die Industriestaaten nach dem Grundsatz der gemeinsamen, aber unterschiedlichen Verantwortlichkeit menschenverursachte, klimaschädliche Emissionen zukünftig verringern werden. Die *menschenverursachten* Emissionen bedeuteten in dem *damaligen Kontext* die Abgrenzung zu allen *natürlichen* Emissionen. In den folgenden Jahrzehnten wurde diese implizite Bedeutung aus den Verhandlungen und Vereinbarungen als politisches Instrument weiterentwickelt und im Kontext einer späteren Adressierung einer *Verursacherschuld*, mit den dann daraus ableitbaren Geldforderungen und Handlungsprioritäten, einer neuen Bedeutung zugeführt, auf die später noch genauer eingegangen wird. Die damaligen Prinzipien schafften einen globalen politischen Weg, eine Energiewende in den jeweiligen Staaten entwickeln zu können. Mit dem Abkommen aus dem Jahr 1992 wurde der Grundstein der heutigen Klimapolitik in fast allen Staaten der Erde gelegt. Die Klimakonventionen traten im Jahr 1994 in verschiedenen Ländern in Kraft.

Im Rahmen einer systemischen Analyse des Gesellschaftsphänomens Klimawandel und der Energiewende ist ein Blick auf die Entwicklung der internationalen Klimakonferenzen, später unter dem Begriff der COP (COP = Conference of Parties) bekannt, unvermeidbar. Sie bilden vor allem für Deutschland den Rahmen, in dem zahlreiche politische Beschlüsse der letzten 30 Jahre verabschiedet worden sind. Die Klimakonferenzen sind auf der Grundlage eines gemeinsamen Handelns verschiedener Regierungen entstanden, einem globalen Problem durch die Zusammenarbeit möglichst vieler Regierungen begegnen zu können. Die Tab. 9.4 gibt eine Übersicht der zeitlichen Reihenfolge aller bisheriger Konferenzen

Tab. 9.4 Übersicht der Klimakonferenzen[51] Quelle: Wikipedia CC-by-sa-3.0, UN-Klimakonferenz, https://de.wikipedia.org/wiki/UN-Klimakonferenz, 10.01.2022, Eigene Änderungen: Spaltenüberschriften neu, Spalten Ergebnis & Bemerkung entfallen

Ort	Veranstaltungsrahmen	Konferenzbezeichnung	Datum
Brasilien Rio de Janeiro	Umweltgipfel		3. bis 14. Juni 1992
Deutschland Berlin	1. Klimakonferenz	COP 1	28. März bis 07. April 1995
Schweiz Genf	2. Klimakonferenz	COP 2	8. bis 19. Juli 1996
Japan Kyoto	3. Klimakonferenz	COP 3	1. bis 11. Dezember 1997
Argentinien Buenos Aires	4. Klimakonferenz	COP 4	2. bis 13. Okt. 1998
Deutschland Bonn	5. Klimakonferenz	COP 5	25. Okt. bis 05. Nov. 1999
Niederlande Den Haag	6. Klimakonferenz	COP 6	13. bis 24. Nov. 2000
Deutschland Bonn	6. Klimakonferenz	COP 6-2 Fortsetzung	16. bis 27. Juli 2001
Marokko Marrakesch	7. Klimakonferenz	COP 7	29. Okt. bis 09. Nov. 2001
Indien Neu-Delhi	8. Klimakonferenz	COP 8	23. Okt. bis 01. Nov. 2002
Italien Mailand	9. Klimakonferenz	COP 9	1. bis 12. Dez. 2003
Argentinien Buenos Aires	10. Klimakonferenz	COP 10	6. bis 17. Dez. 2004

(Fortsetzung)

[51] Quelle: Wikipedia CC-by-sa-3.0, UN-Klimakonferenz, https://de.wikipedia.org/wiki/UN-Klimakonferenz, 10.01.2022, Eigene Änderungen: Spaltenüberschriften neu, Spalten Ergebnis & Bemerkung entfallen.

Tab. 9.4 (Fortsetzung)

Ort	Veranstaltungsrahmen	Konferenzbezeichnung	Datum
Kanada Montreal	UN-Klimakonferenz (Weltklimakonferenz)	COP 11/CMP 1	28. Nov. bis 09. Dez. 2005
Kenia Nairobi	UN-Klimakonferenz (Weltklimakonferenz)	COP 12/CMP 2	6. bis 17. Nov. 2006
Indonesien Bali	UN-Klimakonferenz (Weltklimakonferenz)	COP 13/CMP 3	3. bis 14. Dez. 2007
Polen Posen	UN-Klimakonferenz (Weltklimakonferenz)	COP 14/CMP 4	1. bis 12. Dez. 2008
Dänemark Kopenhagen	UN-Klimakonferenz (Weltklimakonferenz)	COP 15/CMP 5	7. bis 18. Dez. 2009
Mexiko Cancún	UN-Klimakonferenz (Weltklimakonferenz)	COP 16/CMP 6	29. Nov. bis 10. Dez. 2010
Südafrika Durban	UN-Klimakonferenz (Weltklimakonferenz)	COP 17/CMP 7	28. Nov. bis 11. Dez. 2011
Katar Doha	UN-Klimakonferenz (Weltklimakonferenz)	COP 18/CMP 8	26. Nov. bis 08. Dez. 2012
Polen Warschau	UN-Klimakonferenz (Weltklimakonferenz)	COP 19/CMP 9	11. bis 23. Nov. 2013
Peru Lima	UN-Klimakonferenz (Weltklimakonferenz)	COP 20/CMP 10	1. bis 14. Dez. 2014
Frankreich Paris	UN-Klimakonferenz (Weltklimakonferenz)	COP 21/CMP 11	30. Nov. bis 12. Dez. 2015
Marokko Marrakesch	UN-Klimakonferenz (Weltklimakonferenz)	COP 22/CMP 12/CMA 1-1	7. Nov. bis 18. Nov. 2016
Deutschland Bonn	UN-Klimakonferenz (Weltklimakonferenz)	COP 23/CMP 13/CMA 1-2	6. Nov. bis 17. Nov. 2017
Polen Katowice	UN-Klimakonferenz (Weltklimakonferenz)	COP24/CMP14/CMA 1-3	2. Nov. bis 15. Dez. 2018
Spanien Madrid	UN-Klimakonferenz (Weltklimakonferenz)	COP25/CMP15/CMA 2	2. Nov. bis 15. Dez. 2019
Vereinigtes Königreich Glasgow	UN-Klimakonferenz (Weltklimakonferenz)	COP26/CMP16/CMA 3	31. Okt. bis 12. Nov. 2021

(Fortsetzung)

(bis zum Stichjahr 2021), die im Rahmen einer globalen CO_2-Reduktion veranstaltet worden sind.

Die Klimakonferenzen folgen einer Linie, die vor allem durch die Arbeiten des IPCC[52] und seiner Untereinrichtungen bestimmt werden (siehe auch Kapitel 5, Abschnitt 8 „Fossile Energien nach dem zweiten Weltkrieg. Entstehung des IPCC"). Das IPCC liefert Daten, Analysen, Sachstandsberichte und Hintergrundinformationen zum Thema Klimawandel an alle Regierungen aller Staaten der Erde. Es ist die wissenschaftliche Instanz zu Klimathemen, die die globalen wissenschaftlichen Erkenntnisse bündelt, bewertet und als Berichte mit Empfehlungen an die Regierungen verteilt. Das IPCC wird, ausgehend vom Jahr 2018, zu 72 % von Staaten des europäischen Kontinents finanziert (siehe auch Tab. 5.1). 28 % des Budgets des IPCC wird von den anderen Regierungen der Welt bezahlt. Wichtige *Exportstaaten* fossiler Energien stehen nicht auf der Liste der Geldgeber (bezogen auf das Stichjahr 2018). Das IPCC bereitet die Klimakonferenzen für die teilnehmenden Delegationen der Staaten vor. Mit dieser von der Politik an diese Organisation delegierten Aufgabe hat das IPCC eine herausragende, globale und einflussreiche Position übernommen.

Im Kontext einer öffentlich und gesellschaftlich zunehmenden Interessenlage am Thema *Klimawandel* entscheidet diese Einrichtung indirekt, in welche Richtung sich die meisten Staaten zukünftig entwickeln werden, sofern die nationalen Regierungen den Empfehlungen dieser Einrichtung folgen wollen. Insofern sind die Entwicklungsgeschichte des IPCC und sein zunehmender öffentlicher Einfluss von herausragender Bedeutung. Es kann als „Framing" von bevorstehenden Entwicklungen und *öffentlichen Meinungen* verstanden werden, weil zunehmend

---

[52] Siehe auch: IPCC, https://www.ipcc.ch/about/structure/, 21.01.2023.

9 Gesellschaftspolitische Entwicklungen 369

zentrale Themen einer Gesellschaft dem Klimawandel zu- oder untergeordnet werden. Mit dieser herausgehobenen Position übernimmt das IPCC eine wichtige Einflussnahme auf den Zeitgeist in einer Gesellschaft eines Landes. Mit der Entwicklung des IPCC rückten seine Berichte immer stärker in den Fokus der Öffentlichkeit, sodass sie heute direkt oder indirekt die Grundlage der öffentlichen Meinungsbildung zum Thema Klimawandel darstellen oder mithilfe der nationalen Medien, der am Thema forschenden nationalen Forschungseinrichtungen, sowie zahlreicher national tätigen NGO's zur öffentlichen Meinungsbildung genutzt werden. Folgende Berichte und Analysen wurden vom IPCC für alle Regierungen aller Nationen erarbeitet und verteilt:

Sachstandsberichte *(Assessment Reports)* des IPCC
   1990: FAR Climate Change: Synthesis[53]
   1995: SAR Climate Change 1995: Synthesis Report[54]
   2001: TAR Climate Change 2001: Synthesis Report[55]
   2007: AR4 Climate Change 2007: Synthesis Report[56]
   2014: AR5 Synthesis Report: Climate Change 2014[57]
   2022: AR6 Synthesis Report: Climate Change 2022[58]

Die Berichte üben einen *Einfluss* auf die staatlichen Entscheidungsträger eines Landes aus, wie auch auf zahlreiche nationale Institute und Umweltverbände. Alle Berichte sind öffentlich und für jeden einsehbar. Der Einfluss der Klimawissenschaften sowie die für Deutschland nationale finanzielle Ausstattung des Forschungssektors haben seit

---

[53] Quelle: https://www.ipcc.ch/report/ar1/syr/, 18.03.2022.
[54] Quelle: https://www.ipcc.ch/report/ar2/syr/, 18.03.2022.
[55] Quelle: https://www.ipcc.ch/report/ar3/syr/, 18.03.2022.
[56] Quelle: https://www.ipcc.ch/report/ar4/syr/, 18.03.2022.
[57] Quelle: https://www.ipcc.ch/report/ar5/syr/, 18.03.2022.
[58] Quelle: IPCC, Office Schweiz, https://www.ipcc.ch/report/sixth-assessment-report-cycle/, 18.03.2022.

Gründung des IPCC zugenommen. In Kausalität dieser Entwicklung hat sich zusätzlich der gesellschaftliche, emotionale Faktor bedeutend verändert. Eine Kritik in der Handhabung der Berichte besteht in ihrer ungeprüften Übernahme von den nationalen Entscheidungsträgern. Eine Prüfung z. B. durch die niederländische Umweltministerin Jacqueline Cramer[59] ergab, dass der Vierte Sachstandsbericht fünf leichte Mängel und schwere Mängel bei drei der 32 Schlussfolgerungen enthielt[60]. Der Bericht war damit in seinen Grundaussagen akzeptiert und durch die Verifikation validiert. Vor dem Hintergrund der enormen gesellschaftlichen Relevanz und ihrer Auswirkungen war diese Verifikation eines Berichts die Ausnahme. Sie war auch nur durch einen Staat möglich. Kritik durch Institute oder einzelne Wissenschaftler an den Arbeiten des IPCC werden in der Regel ignoriert oder schaden den Kritikern persönlich in ihrer Reputation.

Der Anspruch der international aufgestellten Klimakonferenzen war zunächst, die steigenden Kohlendioxidemissionen zu thematisieren und eine globale Lösung zur Reduktion zu finden. Grundlage dieser Entwicklung war 1997 das in Kyoto, Japan, beschlossene Zusatzprotokoll zur Klimarahmenkonvention der Vereinten Nationen. Mit diesem ersten Vertrag, der erstmals völkerrechtlich verbindliche Rahmenbedingungen für einen Klimaschutz formulierte, unterzeichneten die beteiligten Nationen Zielwerte für den Treibhausgasausstoß. Das Abkommen trat jedoch erst Jahre später, im Jahr 2005, in Kraft. Die Ratifizierung des Abkommens durch die jeweiligen Parla-

---

[59] Siehe auch: Wikipedia, https://de.wikipedia.org/wiki/Jacqueline_Cramer, 26.01.2023.

[60] Quellen: PBL (2010): Assessing an IPCC assessment. An analysis of statements on projected regional impacts in the 2007 report, https://www.pbl.nl/en/publications/Assessing-an-IPCC-assessment.-An-analysis-of-statements-on-projected-regional-impacts-in-the-2007-report, 26.01.2023.

mente in den Unterzeichnerstaaten nahm nochmals mehrere Jahre in Anspruch und wurde 2011 vollständig von 191 Staaten, inklusive der Europäischen Union als Rechtskörper, ratifiziert. Im Jahr 2001 lehnten die USA die Ratifizierung ab. Kanada stieg bereits 2011 wieder aus dem Abkommen aus. Feste Reduktionsmengen an klimawirksamen Gasen wurden für Schwellenländer nicht festgelegt, wobei für die Industrienationen eine Senkung der Treibhausgasemissionen um 5,2 % bis 2012, bezogen auf das Referenzjahr 1990, festgeschrieben wurde. Das Referenzjahr und die ersten Reduktionsziele sind für die dann folgende Entwicklung von besonderer Bedeutung, auf die später noch eingegangen wird.

In der Klimakonferenz in Doha, 2012, einigten sich die teilnehmenden Staaten zu einer zweiten Reduktionsphase, die von 2013 bis 2020 gelten sollte. Die Vereinbarung wurde als Kyoto II bekannt. Die Konferenz in Doha hatte erstmals einen weiteren verpflichtenden Punkt in die Verhandlungen aufgenommen, der lange zuvor vorbereitet worden ist: eine *Entschädigungszahlung* der Verursacherländer an Schwellen- oder Entwicklungsländer. Die für die folgende Entwicklung wichtige und bemerkenswerte Festlegung bestand in den beiden Begriffen „Verursacherländer" und „Entschädigung". Mit dieser nun vertraglich neu gefassten Bedeutung der *menschenverursachten* Emissionen im Vergleich und seinem Wandel zur anfänglichen Bedeutung aus dem Jahr 1992 wurde in die internationalen Verhandlungen ein neues und weitreichendes politisches Instrument aufgenommen. Mit der in Doha aufgenommenen Definition wurde erstmalig eine politisch nutzbare *Schuldanerkennung* über ein natürliches, in der Erforschung befindliches Phänomen auf der Ebene von Staaten und eine eindeutige Zuweisung einer Schuld an diesem Phänomen festgelegt. Damit wurde erstmals eine politisch nutzbare Teilung der Staaten in *Schuldige* und

Unschuldige formuliert sowie eine Instrumentalisierung des Themas Klimawandel und eine völkerrechtlich wirksame Aufteilung in ein erforschbares Naturphänomen und ein politisch funktionales Gesellschaftsphänomen vorgenommen (gesellschaftspolitische Entwicklungen, Abb. 9.1).

Mit der Aufnahme der Verhandlungen über eine globale Klimaschutzvereinbarung im Jahr 1992 in Brasilien entwickelte sich mit der Thematisierung der Klimagasreduktion über die dann folgende Zeit zugleich ein politisch einsetzbares Thema zur Identifizierung von (Klima-)*Tätern* und *Opfern,* sowie den daraus langfristig sich entwickelnden Konsequenzen für alle Staaten und ihrem Zusammenwirken auf das globales Thema Klimawandel. In diesem Kontext entstand für die *Täter* eine nationale moralische und nun materielle einklagbare *Schuld* (eine „wertebezogene Außenpolitik" bekommt mit diesem Framing eine neue Dimension in Bezug der *Täter*-staaten, ein politisch nutzbaren „moralischen Wert"). Alle als *Opfer* definierte Staaten rückten zugleich in die Rolle des moralisch und materiell Geschädigten. Durch die politisch-moralische Anerkennung der Schuldfrage am Klimawandel in den COP-Konferenzen bzw. ihren Schlussprotokollen hatten die Industrienationen mit ihrer Zustimmung ein Tor für mögliche Zahlungen und eine zeitlich nicht terminierte, nicht durch Parlamente ratifizierbare *moralische* Verantwortung gegenüber anderen Nationen geöffnet. Dieses Tor bekam jedoch ein weiteres nach innen gerichtetes Momentum, das sich erst über einen längeren Zeitraum in den Gesellschaften verschiedener Staaten wirksam entwickelte: die Entwicklung einer *nationalen* Schuldfrage, die vor allem in Deutschland stark aufgenommen wurde. Das Abkommen von Doha wurde mit der Ratifizierung durch Nigeria im Jahr 2020 wirksam. Die Wirksamkeit dieses Abkommens betrug jedoch nur wenige Stunden, weil der Zeitraum der Vereinbarung im Jahr der Ratifizierung ablief. Insofern waren die Verpflichtungen aus dem Doha-Vertrag für die 144 Vertragsparteien lediglich wenige Stunden bindend. Unabhängig von diesem formalen Vorgang sind der Mechanismus des beschriebenen Verhandlungsvorgangs und seine Aufnahme in ein Abschlussdokument von besonderer Bedeutung. Aus diesem Vorgang kann erneut die politische Instrumentalisierung des Klimawandels und der Energiewende auf internationaler Ebene und zwischen den Staaten abgelesen werden. Bis heute ist diese offizielle Festlegung von *Täterstaaten* und *Opferstaaten* in den internationalen Abkommen nicht aufgehoben worden, sondern hat sich weiterentwickelt (siehe auch Kapitel 9, Abschnitt 4.6 „Die Entwicklung der gesellschaftlichen Stimmung in Deutschland").

9.3.1 Das Pariser Klimaabkommen

Das Pariser Klimaabkommen gilt als eine der wichtigsten Grundlagen in der internationalen Zusammenarbeit der Staaten im Kampf gegen den Klimawandel. Damit ist dieses Dokument und seine Begleitumstände ein wichtiges Zahnrad in der Analyse zur gesellschaftlichen Mechanik des Klimawandels, das in diesem Kapitel betrachtet wird.

Die Vertragspartner des Kyoto-II-Vertrages hatten erkannt, dass das Nachfolgeprotokoll von Kyoto (Kyoto II) keine wirkliche Wirksamkeit entfalten würde. Sie beschlossen bereits im Jahr 2015 in Paris ein Folgeabkommen, auch als „Übereinkommen von Paris[61]"

---

[61] Europäische Union, https://eur-lex.europa.eu/legal-content/DE/TXT/%3Furi%3DCELEX:22016A1019(01), und Bundesumweltamt, https://www.bmu.de/fileadmin/Daten_BMU/Download_PDF/Klimaschutz/paris_abkommen_bf.pdf, 14.01.2022.

bezeichnet, das von 195 Vertragsparteien als Folgeabkommen zu Kyoto II unterzeichnet wurde und zeitlich überlappte. Um einen global und völkerrechtlich wirksamen Vertrag, der vor allem in Deutschland zu einer „Transformation der Gesellschaft in eine CO_2-neutrale Zukunft" die Grundlage geben sollte, in seiner Bedeutung und seinem Inhalt richtig einordnen zu können, möchte ich hier den wichtigen Artikel 2 aus diesem Vertrag wiedergeben.

Artikel 2 des Pariser Vertrages besagt:

(1) Dieses Übereinkommen zielt darauf ab, durch Verbesserung der Durchführung des Rahmenübereinkommens einschließlich seines Zieles die weltweite Reaktion auf die Bedrohung durch Klimaänderungen im Zusammenhang mit nachhaltiger Entwicklung und den Bemühungen zur Beseitigung der Armut zu verstärken, indem unter anderem

a) der Anstieg der durchschnittlichen Erdtemperatur deutlich unter 2 °C über dem vorindustriellen Niveau gehalten wird und Anstrengungen unternommen werden, um den Temperaturanstieg auf 1,5 °C über dem vorindustriellen Niveau zu begrenzen, da erkannt wurde, dass dies die Risiken und Auswirkungen der Klimaänderungen erheblich verringern würde;

b) die Fähigkeit zur Anpassung an die nachteiligen Auswirkungen der Klimaänderungen erhöht und die Widerstandsfähigkeit gegenüber Klimaänderungen sowie eine hinsichtlich der Treibhausgase emissionsarme Entwicklung so gefördert werden, dass die Nahrungsmittelerzeugung nicht bedroht wird;

c) die Finanzmittelflüsse in Einklang gebracht werden mit einem Weg hin zu einer hinsichtlich der Treibhausgase emissionsarmen und gegenüber Klimaänderungen widerstandsfähigen Entwicklung.

Für eine vertiefende Einsicht in den Rahmen, den sich eine Nation im Kontext dieses Vertrages geben kann, sollte der Vertrag vollständig gelesen werden, weil eine komplette Wiedergabe den Rahmen des Buches sprengen würde. Ich möchte vor allem vor dem Hintergrund der Analyse unserer nationalen Energiewende auf diesen Vertrag auch deshalb hinweisen, weil er von einigen Parteien als Grundlage für zahlreiche nationale politische Maßnahmen angesehen wird. Der Artikel 4 gibt darüber Aufschluss, der Folgendes festlegt:

(1) Zum Erreichen des in Artikel 2 genannten langfristigen Temperaturziels sind die Vertragsparteien bestrebt, so bald wie möglich den weltweiten Scheitelpunkt der Emissionen von Treibhausgasen zu erreichen, wobei anerkannt wird, dass der zeitliche Rahmen für das Erreichen des Scheitelpunkts bei den Vertragsparteien, die Entwicklungsländer sind, größer sein wird, und danach rasche Reduktionen im Einklang mit den besten verfügbaren wissenschaftlichen Erkenntnissen herbeizuführen, um in der zweiten Hälfte dieses Jahrhunderts ein Gleichgewicht zwischen den anthropogenen Emissionen von Treibhausgasen aus Quellen und dem Abbau solcher Gase durch Senken auf der Grundlage der Gerechtigkeit und im Rahmen der nachhaltigen Entwicklung und der Bemühungen zur Beseitigung der Armut herzustellen.

(2) Jede Vertragspartei erarbeitet, übermittelt und behält aufeinanderfolgende national festgelegte Beiträge bei, die sie zu erreichen beabsichtigt. ...

...

(4) Die Vertragsparteien, die entwickelte Länder sind, sollen weiterhin die Führung übernehmen, indem sie sich

zu absoluten gesamtwirtschaftlichen Emissionsreduktionszielen verpflichten. ...

Absatz 19 besagt:

(19) Eingedenk des Artikels 2 und unter Berücksichtigung ihrer gemeinsamen, aber unterschiedlichen Verantwortlichkeiten und jeweiligen Fähigkeiten angesichts der unterschiedlichen nationalen Gegebenheiten sollen sich alle Vertragsparteien um die Ausarbeitung und Übermittlung langfristiger Strategien für eine hinsichtlich der Treibhausgase emissionsarme Entwicklung bemühen.

Damit wird zum Ausdruck gebracht, dass es heute keine global abgestimmte Strategie für eine emissionsarme Entwicklung auf nationaler oder internationaler Ebene gibt. Auf diesen grundsätzlichen Mangel habe ich bereits in einem anderen Kapitel hingewiesen. Die seit 30 Jahren fehlende Strategie in den Staaten und im internationalen Miteinander zur Lösung des globalen Klimawandels ist vermutlich auch der tiefere Grund des bisherigen Scheiterns aller Nationen mit dem Resultat, dass jedes Jahr neue Höchststände in den globalen CO_2-Konzentrationen gemessen werden können.

Der Artikel 7 des Vertrages unterstreicht vermutlich auch deshalb die Ziele in der Verbesserung der *Anpassungsfähigkeit* der Nationen, die im Absatz 2 des Artikels besagt:

(2) Die Vertragsparteien erkennen an, dass die Anpassung für alle eine weltweite Herausforderung mit lokalen, subnationalen, nationalen, regionalen und internationalen Dimensionen ist und dass sie als Schlüsselfaktor einen Beitrag zu der langfristigen weltweiten Reaktion auf die Klimaänderungen zum Schutz der Menschen, der Existenzgrundlagen und der Ökosysteme leistet, ...

Der Artikel stellt heraus, „dass die Anpassung für alle eine weltweite Herausforderung ... ist". Die *Anpassung* an die Klimaänderung ist nach diesem Vertrag der *Schlüsselfaktor* zum Schutz der Menschen, der Existenzgrundlagen und der Ökosysteme. Ich möchte hier besonders herausstellen, das in diesem Vertrag die Anpassung an die Klimaänderungen im Vordergrund steht und die Verfolgung eines 2-Grad-Ziels ein wünschenswertes Ziel darstellt aber nicht die Priorität des gemeinsamen Handelns darstellt, sondern die *Anpassung* der Menschen als Reaktion auf den Klimawandel ein Schlüsselfaktor ist. Diese Differenzierung wird in der deutschen Öffentlichkeit vollkommen anders interpretiert, indem das 2-Grad-Ziel im Vordergrund steht und dafür gravierende gesellschaftliche Umwälzungen geplant sind. Umfängliche Maßnahmen zur *Anpassung* der deutschen Gesellschaft an den Klimawandel sind kein politisches Thema oder entstehen erst zögerlich. Das Staatsziel ist das Erreichen von Klimazielen in Deutschland und in den anderen EU-Staaten. Damit wird eine nach innen gerichtete, politisch motivierte Instrumentalisierung des Vertrages sowie des Themas Klimawandel sichtbar. Im Absatz 4 des gleichen Artikels wird festgelegt:

(4) Die Vertragsparteien erkennen an, dass der derzeitige Anpassungsbedarf (Ergänzung v. Autor: an den Klimawandel) erheblich ist, dass sich durch ein höheres Minderungsniveau (Ergänzung v. Autor: der Treibhausgasemissionen) die Notwendigkeit zusätzlicher Anpassungsbemühungen verringern kann und dass ein höherer Anpassungsbedarf höhere Anpassungskosten mit sich bringen kann.

Für die Ausgleichszahlungen zwischen dem politischen Täter und Opfer wird in Artikel 9 eine Regel wie folgt getroffen:

> (1) Die Vertragsparteien, die entwickelte Länder sind, stellen finanzielle Mittel bereit, um in Fortführung ihrer bestehenden Verpflichtungen aus dem Rahmenübereinkommen die Vertragsparteien, die Entwicklungsländer sind, sowohl bei der Minderung als auch bei der Anpassung zu unterstützen.
>
> (2) Die anderen Vertragsparteien werden ermutigt, diese Unterstützung auf freiwilliger Grundlage zu gewähren oder fortzusetzen.

Mit dem Vertragstext wurde nicht festgelegt, dass eine völkerrechtlich verpflichtende Zahlung eines *Klimatäterstaates* („entwickelte Länder") an einen *Klimaopferstaat* („Entwicklungsländer") in einer Geldzahlung einer definierten Höhe, in einer bestimmten Währung erfolgen muss. Der Vertragstext definiert, dass ein *Klimatäterstaat* eine Verpflichtung zur Bereitstellung finanzieller und zweckgebundener Mittel hat. Es bleibt eine vertraglich zugesicherte moralisch ethische Hypothek, die sich in den jeweiligen Staaten unterschiedlich manifestiert. Wenn die von der UN[62] aufgestellte Forderung nach einer globalen Null-Prozent-Emission in 2050 ernsthaft global umgesetzt werden sollte (Deutsche Bundesregierung:[63] „Im Jahr 2050 müssen die globalen Kohlendioxidemissionen netto Null erreichen."), könnte aus einer verbindlichen Zahlungsverpflichtung von *Klimatäterstaaten* eine globale Finanzkrise entstehen. Die Keimzelle für diese Entwicklung liegt in

---

[62] Quelle: Net Zero Koalition | Vereinte Nationen (un.org), 03.04.2022.

[63] Quelle: Die Bundesregierung: https://www.bundesregierung.de/breg-de/themen/klimaschutz/ipcc-bericht-klimawandel-1949346, 03.04.2022.

dem im Pariser Klimaabkommen nicht berücksichtigten realen, unterschiedlichen Interessen der Staaten sowie einer fehlenden fundierten, globalen Strategie, dass viele *nichtentwickelte Staaten* zu einem hohen Prozentsatz fossile Energieträger produzieren und exportieren (siehe Kapitel 2 „Zwischen Baum und Borke: Ökonomisches Desaster oder Klimaerwärmung?"). Sollte in der nächsten Zukunft diese *passive* Kohlendioxidemission (Förderung/Produktion der fossilen Energieträger) global eingestellt werden müssen, würde durch eine derartige Vertragsvereinbarung eine globale Forderung von ca. 15 Billionen US$ pro Jahr (Stichtag 2018) entstehen. Derartige Forderungen würden mit großer Wahrscheinlichkeit eine formale globale Insolvenz verschiedener entwickelter Staaten bedeuten und in der Folge eine globale Finanzkrise auslösen. Aus ökonomischen Gründen ist die zunächst moralisch erscheinende Frage nach einer Schuld {[64]Rahmenübereinkommen der Vereinten Nationen über Klimaänderungen: „… in Anbetracht dessen, daß der größte Teil der früheren und gegenwärtigen weltweiten Emissionen von Treibhausgasen aus den entwickelten Ländern stammt, …";[65] Protokoll von Kyoto: „Dabei beschlossen die Vertragsparteien, daß die Verpflichtung der entwickelten Länder, bis zum Jahr 2000 die Reduzierung ihrer Emissionen auf das Niveau von 1990 anzustreben, nicht ausreiche, um das langfristige Ziel des Übereinkommens zu erreichen, d. h., eine ‚gefährliche anthropogene [vom Menschen verursachte] Störung des Klimasystems' zu verhindern";[66]

---

[64] Quelle: UNFCCC, https://unfccc.int/resource/docs/convkp/convger.pdf, 24.01.2023.

[65] Quelle: UNFCCC, https://unfccc.int/resource/docs/convkp/kpger.pdf, 24.01.2023.

[66] Quelle: Europäische Union, https://eur-lex.europa.eu/legal-content/DE/TXT/PDF/%3Furi%3DCELEX:22016A1019(01)&from%3DDE, 24.01.2023.

Pariser Klimaabkommen: „(4) Die Vertragsparteien, die entwickelte Länder sind, sollen weiterhin die Führung übernehmen, indem sie sich zu absoluten gesamtwirtschaftlichen Emissionsreduktionszielen verpflichten."} am Klimawandel höchst problematisch und international bedenklich, vor allem, wenn lediglich die fossile Energien konsumierenden Staaten als Klimatäterstaaten (Formulierung der internationalen Diplomatie: „entwickelte Länder") definiert werden, jedoch die gemeinsame Funktionseinheit von Exportländern und Importländern fossiler Energien ignoriert wird.

Ein weiterer bedeutender wirtschaftlicher Faktor ist, dass die fiskalischen Einnahmen aus den meisten fossile *Energieträger importierenden Ländern* sich bei höheren Ausgleichszahlungen an andere Staaten erheblich reduzieren würden oder eine Erhöhung der Preise für fossile Energien erfolgen müsste („Klimawandelverursachersteuer"). Beispiel: Heute besteht für diese Abläufe zur Zahlung von geldlichen Entschädigungen z. B. von Deutschland als „Klimatäterstaat" an Ägypten, Brasilien, China, Indien, Irak, Iran, Jordanien, Kuwait, Saudi Arabien oder Katar und andere nicht entwickelte Staaten (insgesamt 152 Staaten) als „Klimaopferstaaten" kein verbindlicher Mechanismus. Bei den Recherchen konnten bis zum Jahr 2021 keine zwischen Staaten entwickelten Konzepte, Mechanismen oder bilateralen Vereinbarungen zur direkten Zahlung von Entschädigungsleistungen ermittelt werden. Indirekte zwischenstaatliche Abkommen zum Klimaschutz sind davon ausgenommen[67]. Sie bilden eine andere Kategorie der wirtschaftlichen Entschädigungsleistungen, häufig in Form einer zwischen-

---

[67] Siehe auch: Schweizer Abkommen, BAFU, https://www.bafu.admin.ch/bafu/de/home/themen/klima/mitteilungen.msg-id-80791.html, 20.01.2023.

9 Gesellschaftspolitische Entwicklungen 381

staatlichen Kooperation auf mehreren Ebenen (siehe dazu auch: Energiechartavertrag (ECT)[68], erklärte Austritte von Spanien, Polen, den Niederlanden, Frankreich, Slowenien, Deutschland; 2016 Austritt von Italien).

Für eine erweiterte Betrachtung des Pariser Abkommens ist der Artikel 28 erwähnenswert, in dem jede unterzeichnete Nation nach drei Jahren aus dem Abkommen austreten kann. Der Artikel bestimmt:

(1) Eine Vertragspartei kann jederzeit nach Ablauf von drei Jahren nach dem Zeitpunkt, zu dem dieses Übereinkommen für sie in Kraft getreten ist, durch eine an den Verwahrer gerichtete schriftliche Notifikation von diesem Übereinkommen zurücktreten.

Damit ist jede Nation berechtigt, dieses Abkommen nach eigenen Erwägungen kündigen zu können. Demzufolge besteht realistisch für die Vertragseinhaltung lediglich eine moralische Verpflichtung (fehlende Sanktionen bei Nichteinhaltung, Strafkatalog, Definition von Verstößen etc.), was so nicht in der Öffentlichkeit kommuniziert wird und von der deutschen Politik auch anders öffentlich dargestellt wird. Das Pariser Abkommen orientiert sich somit an Zusagen, die formal als national festgelegte Beiträge (NDCs) bezeichnet werden. Es ist ein formal nicht strafbewehrtes Abkommen. Zur Einordnung dieses Vertragswerks in die Entwicklung des Gesellschaftsthemas Klimawandel, und nicht als juristische Einordnung oder Bewertung, zeigen die hier vorgelegten Vertragsauszüge

---

[68] Siehe auch: EUR-Lex, https://eur-lex.europa.eu/legal-content/DE/TXT/%3Furi%3DLEGISSUM%3Al27028, und Wikipedia, https://de.wikipedia.org/wiki/Vertrag_%C3%Bcber_die_Energiecharta, Frankfurter Rundschau, https://www.fr.de/politik/energiecharta-vertrag-das-anti-klima-abkommen-91930024.html, oder EuroNews, https://de.euronews.com/my-europe/2022/10/26/was-ist-der-energiecharta-vertrag-und-warum-ist-er-so-umstritten, 20.01.2023.

eine Form von Absichten, mit denen sich die Staaten in Zukunft der Klimaentwicklung stellen werden.

Eine in der internationalen Diplomatie fundamentale Frage stellt sich diesbezüglich: Wie glaubwürdig sind die Pariser Zusagen? Die in der Öffentlichkeit häufig benannte Interpretation des Abkommens wie „… verpflichteten sich mit diesem Übereinkommen 195 Staaten, den Klimawandel (Lexikoneintrag zum Begriff aufrufen) einzudämmen und die Weltwirtschaft klimafreundlich umzugestalten"[69] oder von Rachel Cleetus, Direktorin für Klima- und Energiepolitik bei der US-Organisation Union of Concerned Scientists: „Es war wirklich ein bewegender Moment. Die Menschen weinten buchstäblich vor Freude in den Gängen, Menschen aus der ganzen Welt umarmten sich"[70] können als eine besondere und sehr persönliche Auslegung des Abkommens und seiner direkten Reaktion von Beteiligten eingeordnet werden. Diese und viele andere Überinterpretationen dieses und anderer im Sachkontext des Klimawandels stehenden Abkommen (Theorien[71], wie kollektive Probleme angegangen werden können) über die letzten 30 Jahre beinhalten nach ihrer Veröffentlichung die Gefahr einer in der Zukunft liegenden Enttäuschung[72] von großen Bevölkerungsteilen

---

[69] Quelle: Bundesministerium für wirtschaftliche Zusammenarbeit und Entwicklung, https://www.bmz.de/de/service/lexikon/klimaabkommen-von-paris-14602, 21.01.2023.

[70] Quelle: Deutsche Welle, https://www.dw.com/de/f%C3%Bcnf-jahre-pariser-klimaabkommen-eine-bilanz/a-55904058, 21.01.2023.

[71] Siehe auch: Keohane, R. O. & Victor, D. G. Kooperation und Zwietracht in der globalen Klimapolitik. Nat. Änderung 6, 570–575 (2016); und Barrett, S. Environment and Statecraft: The Strategy of Environmental Treaty-Making (Oxford Univ. Press, 2006).

[72] Siehe auch: Deutsche Welle, https://www.dw.com/de/un-bericht-eklatant-unzureichende-klimapolitik/a-55883147, und Nature Verlag, https://www.nature.com/articles/s41558-022-01454-x, 21.01.2023.

9 Gesellschaftspolitische Entwicklungen

oder ganzen Staaten, mit dem Verlust an Glaubwürdigkeit der Beteiligten, hier von Staaten und Regierungen. Als Folge entsteht eine öffentliche Enttäuschung, die der Keim für Radikalisierungsentwicklungen von Bevölkerungsteilen in den unterschiedlichen Nationen ist, wie man es Jahre später vor allem in den europäischen Ländern, hier als Beispiel in Deutschland mit „Die letzte Generation", nachweisen kann. Eine überinterpretierte Auslegung dieser Abkommen in der Öffentlichkeit kann auch zum Verlust an Glaubwürdigkeit des Themas Klimawandel selbst in breiten Schichten der Gesellschaften führen. Mit der Ratifizierung des Abkommens durch die EU sowie sieben Mitgliedsstaaten am 05. Oktober 2016 konnte die Voraussetzung zum formalen Inkrafttreten des Klimaabkommens von Paris – Bedingung des Inkrafttretens: Ratifizierung des Abkommens durch mindestens 55 Staaten – geschaffen werden. Das Abkommen wurde bis zum August 2021 von 191 Staaten ratifiziert[73].

Deutschland hat das Pariser Abkommen am 22. September 2016 im Deutschen Bundestag mit den Stimmen der CDU/CSU und der SPD (Große Koalition) ratifiziert. Der dazu notwendige Gesetzentwurf der Koalitionsfraktionen wurde einstimmig von den Parlamentariern des Deutschen Bundestags verabschiedet. Auch der Vorgang der Ratifizierung im Deutschen Bundestag ist ein bemerkenswerter Teil der Energiewendebilanz der letzten 30 Jahre, auf den hier vertiefend nicht

---

[73] Quelle: Umweltbundesamt, https://www.umweltbundesamt.de/themen/klima-energie/internationale-eu-klimapolitik/uebereinkommen-von-paris#ziele-des-ubereinkommens-von-paris-uvp, 21.01.2023.

weiter eingegangen werden kann, auf den jedoch zur Vollständigkeit des Bildes hier verwiesen wird.

9.3.2 The really big things …

Vor dem Hintergrund des vorherigen Abschnitts, in dem auf einige wichtige Passagen des Pariser Klimaabkommens und seine Folgen hingewiesen wurde, werden im Folgenden in Form von Fragen weitere Kernelemente eines globalen Klimawandels (Klimakorpus), hier mit dem Fokus des Gesellschaftsphänomen Klimawandels, und einer Problembewältigung entwickelt. Die Fragen ergeben sich aus den bisher analysierten Zusammenhängen und den sich heute daraus real entwickelnden Interpretationen. Antworten auf die folgenden Fragen wären Teillösungsbausteine einer Gesamtstrategie zur globalen Eindämmung des Naturphänomens Klimawandels mit politischen Mitteln.

- Wenn heute ein Fass Erdöl, eine Tonne Kohle oder ein Kubikmeter Erdgas gefördert wird, wird es auch weltweit verkauft, unabhängig davon, wo (weltweit) es dann gekauft und verbrannt wird! Ist es deshalb realistisch vorstellbar, dass bis 2050 z. B. die OPEC, GCC-Staaten, Russland, die USA, verschiedene lateinamerikanische Staaten oder verschiedene afrikanische Staaten kein Öl oder Gas mehr fördern und damit ihr BIP (Bruttoinlandsprodukt) einbricht?
- Welche Auswirkungen würden sich für die jeweiligen Staaten und internationalen Konzerne entwickeln, wenn heute bekannte Öl-, Gas- und Kohlelagerstätten, die in ihren Geldwerten von den Explorationskonzernen und den lizenzgebenden Staaten abgeschätzt worden sind, in Zukunft nicht monetarisiert werden?

- Was würde es für die weltweiten Finanzmärkte bedeuten, wenn wir in den nächsten drei Jahrzehnten (bis 2050) global signifikant (bis zu 90 %) Öl, Kohle und Gas auf der Produktionsseite einsparen, damit sie nicht verbrannt werden?
- Was ist die Folge, wenn das heutige ökonomische System der erdölproduzierenden Unternehmen, Staaten, Rohstoffmärkte und Investoren alles tun wird, um einen signifikanten Absatzeinbruch an seinen Produkten, den fossilen Energien, weltweit zu verhindern? Würde sich in den nächsten Jahrzehnten eine Allianz von Staaten, die „Climate Protection Force", zu kriegerischen Interventionshandlungen gegen Staaten mit fossilen Energieförderungen aufstellen, um den globalen Klimaschutz mit militärischen Mitteln durchzusetzen? Würde sich Deutschland dieser Allianz anschließen?
- Die Klimaziele der EU sind ein Teil ihrer Werte, die sie als Politik „verteidigt". Bei einer geplanten Unabhängigkeit (2040 und folgende Jahre) der EU von fossilen Energieimporten stellen sich somit die Fragen: Wie werden diese Werte zukünftig gegenüber von Staaten durchgesetzt, wenn diese Staaten fossile Energien fördern und weltweit verkaufen? Wie verhält sich die EU dann gegenüber Staaten, die fossile Energien importieren und ihre Energie nicht signifikant aus erneuerbaren Energien herstellen wollen? Wird es zukünftig einen Zwang (direkt oder indirekt z. B. über Klimaabkommen) auf Staaten geben, ihre Energie aus Non-fossil Fuels herstellen oder beziehen zu müssen?
- Wird zukünftig (ab 2050) eine „Climate Protection Force" unter der UN oder von anderen Staatenbünden in Form einer Armee zur Durchsetzung von Klimazielen aufgestellt werden? Könnte eine „Climate Protection Force" zukünftig Teil einer „Klima-

diplomatie" oder „Klimapolitik" der EU sein? Wäre ab 2040 die NATO im Rahmen ihres Out-of-Area-Auftrages ein Teil der „Climate Protection Force"? Wie entwickeln sich unter einer neuen Blockbildung von eurasischen und westlichen Staaten die globalen Klimaziele und ihre Durchsetzung?

- Ist es denkbar, dass verschiedene Sanktionen zukünftig gegen fossile Energieträger produzierende Staaten zum Schutz des globalen Klimas ausgesprochen werden würden, wenn die heutigen Industriestaaten bzw. die EU signifikant (ca. 90 %) ihre Energie aus erneuerbaren Energien beziehen würde? Können zukünftig Kriege zum Schutz des Klimas ausgeschlossen werden?
- Ist es bei einer starken globalen Erwärmung in den nächsten 30 Jahren und daraus folgenden globalen Katastrophen denkbar, dass Staaten mit sehr geringen Kohlendioxidemissionen andere Staaten mit einer Produktion fossiler Energieträger zwingen werden, ihre Produktion zu verringern?
- Wäre es im Interesse der OPEC, ihre Strategie in Zukunft zu ändern und zu einem weltweiten Motor in der CO_2-Reduktion zu werden, wenn sie eine Exit-Strategie aus der Förderung von fossilen Energieträgern offiziell beschließen würde? Und was hätte das für globale Auswirkungen? Würden die Kunden der OPEC dafür „Transformationszahlungen" zur Anpassung der fossilen Energieindustrie in den Förderländern zur Verfügung stellen?
- Wie würden sich andere Staaten, die nicht der OPEC angehören, zu einer Exit-Strategie der OPEC verhalten? Welche Sicherheitsinteressen anderer Staaten würden eine Exit-Strategie verhindern?
- Wie kann eine künstliche Verknappung in der Förderung von fossilen Energieträgern (Fördermengenreduktion durch Verzicht oder Untersagung/Verbot) im Rahmen

einer globalen CO_2-Reduktion um mehr als 80 % so gesteuert werden, dass die in dieser Folge steigenden Weltmarktpreise nicht zu einem Kollaps der Weltwirtschaft, zu Kriegen oder sogar einem Weltkrieg führen?
- Was würde es für die Weltökonomie – die Märkte – bedeuten, wenn ganze Staaten, ganze Regionen, die vom Verkauf von Kohle, Öl und Gas abhängig sind, diese Einnahmen bis 2050 im Wesentlichen verlieren würden (Forderung der IPCC 2018: Null-Kohlendioxid-Emissionen bis 2050)?

9.3.3 Die Folgen

1. folgt daraus:
   Die bisherige politikgetriebene Strategie zur Eindämmung des Klimawandels, international als Energiewende bezeichnet, basiert im Wesentlichen auf dem Aufbau der erneuerbaren Energien als wirtschaftliche Konkurrenz in den fossilen Energieabsatzmärkten. Im Zuge dieser Strategie wuchs in den letzten 30 Jahren die globale CO_2-Konzentration fast jedes Jahr zu neuen Höchstwerten an. Deshalb ist diese Strategie nach 30 Jahren nachweislich wirkungslos und bedarf einer umfassenden Reform. Ein weiteres Festhalten an dieser Strategie verhindert effektive Maßnahmen gegen den weiteren Anstieg von klimagaswirksamen Emissionen, gefährdet unsere globale Wirtschaft, gefährdet den Wohlstand in zahlreichen Industriestaaten und steigert die Risiken in den nationalen Volkswirtschaften.
2. folgt daraus:
   Die national ausgerichtete Strategie der Energiewende kann den Klimawandel nicht verhindern oder signifikant die Emissionen global senken. Der Beweis dazu ist seit ca. 30 Jahren prüfbar erbracht worden. Im Rahmen dieser Strategie werden öffentlichkeitswirksam seit ca.

30 Jahren immer neue und ambitioniertere Klimaziele definiert, die global keine Wirksamkeit erlangt haben. Global wird eine Strategie benötigt, die die gesamte Wertschöpfungskette der fossilen Energieträger durch ein Ersatzprodukt schrittweise ersetzt, damit globale wirtschaftliche und gesellschaftliche Katastrophen vermieden werden können. Dieses Ersatzprodukt kann als Substitut in den Geschäftsmodellen der fossile Energien fördernden Länder aufgebaut und in den fossile Energien importierenden Ländern verbindlich abgenommen werden. Zur Umsetzung einer globalen Strategie mit einem Substitut fossiler Energieträger ist der Abschluss international wirksamer Abkommen zwischen Staaten notwendig, um die dazu notwendigen Infrastrukturen für die Herstellung und den Transport des Substitutes aufbauen, sowie Anpassungsprozesse in der Wirtschaft einleiten zu können.

3. folgt daraus:
Ein komplettes Verbrennen der heute bekannten fossilen Energieressourcen (keine Transformation der fossilen Energiewertschöpfungskette, ungebremste Entwicklung bei der Verbrennung fossiler Energieträger) würde einen globalen Temperaturanstieg der Durchschnittstemperatur von ca. 6,4 bis 9,5 °C in den nächsten Jahrhunderten bewirken (Quelle: IPCC, IEA) und den Klimawandel über Jahrhunderte bzw. Jahrtausende antreiben. Ob diese Prognosen jedoch realistisch sind, kann heute wissenschaftlich nicht falsifiziert werden. Deshalb kann diese öffentliche Darstellung richtig, aber auch falsch sein. Da alle dem Autor bekannten Prognosemodelle des globalen Temperaturanstiegs ohne Angabe einer Wahrscheinlichkeit über das Eintreffens des prognostizierten Ereignisses dargestellt werden, ist eine Bewertung dieser Modellaussagen nicht möglich und muss deshalb als Meinung und nicht als Tatsache eingestuft werden.

4. folgt daraus:
Der Klimawandel ist bereits seit Jahrzehnten in Gang und wird sich mit hoher Wahrscheinlichkeit in kurzen Zeiträumen nicht mehr rückgängig machen lassen. Ein Klimaniveau vorindustrieller Werte erreichen zu wollen ist eine öffentliche politische und gesellschaftliche Illusion, die aus Partikularinteressen verschiedener gesellschaftlicher Teilnehmer entstanden ist und vermieden werden sollte. Die Völker und die globale Völkergemeinschaft sind in jedem Fall dazu gezwungen, sich an die in den nächsten Jahrzehnten und Jahrhunderten entwickelnden Klimaverhältnisse anzupassen und dazu notwendige Programme in den jeweiligen Staaten aufzusetzen. Die Verschwendung von wertvollen Ressourcen zur Verfolgung eines 1,5 oder 2,0-Grad-Ziels oder der vermeintlichen Verhinderung eines Klimawandels wird zukünftig durch neue Anpassungsstrategien auf allen Ebenen einer Gesellschaft ersetzt werden müssen.

5. folgt daraus:
Die massenhafte Wandlung von natürlicher Landschaft in eine *Energieproduktionslandschaft* in einem Staat mit Windrädern und PV-Anlagen, wie in Deutschland seit 2022 beabsichtigt, löst grundsätzlich nicht das Problem des Klimawandels, sondern entwickelt neue und zusätzliche Probleme (eine Fläche kann nur einmal vergeben werden; Landschaftshypothek an nächste Generationen; kostenintensive Technologieerneuerung nach relativ kurzen Laufzeiten alle ca. 20 Jahre über das zukünftig gesamte Energiesystem). Auch vor diesem Hintergrund ist die Entwicklung neuer Strategien und Maßnahmen geboten. Um dem Problem Klimawandel mit funktionierenden Maßnahmen begegnen zu können, ist eine Entwicklung in der *Einsicht* bei allen Völkern notwendig, dass ein *globales* Klimaproblem nicht auf

einer nationalstaatlichen Ebene gelöst werden kann. Dazu sind die Klimaabkommen ein erster, unvollständiger Schritt. Für die Entwicklung dieser Einsichten und ihrer daraus abzuleitenden Konsequenzen sind wirksame Strategien, unter der Berücksichtigung von Sicherheitsinteressen von Staaten, zu entwickeln. Deutschland sendet deshalb an die internationale Staatengemeinschaft mit seinem radikalen Umbau seines eigenen Energiesystems ein falsches Signal eines nationalen Vorgehens ohne globale Wirkung, somit das Signal einer fehlenden politischen Einsicht eines globalen Lösungsansatzes.

6. folgt daraus:

Das IPCC als globale Instanz der Klimawissenschaften für das *Naturphänomen* Klimawandel, sowie als Informationsbasis von Regierungen und anderen Entscheidungsträgern könnte die Blaupause für eine neue Instanz darstellen, die das *Gesellschaftsphänomen* Klimawandel ebenso kompetent bearbeitet und international wirksame Strategien zur Transformation der Gesellschaften entwickelt. Im Rahmen dieser anstehenden, globalen Transformationsleistungen zahlreicher Staaten ist darauf hinzuweisen, dass eine integrative Strategie für den *zivilen* und *militärischen* Bereich notwendig ist.

7. folgt daraus:

Mit der Konzentration einer nationalen Energiewende lediglich auf den zivilen Bereich kann es im beabsichtigten Transformationszeitraum bis 2050 zu erheblichen internationalen Spannungen kommen, weil die Versorgung der nationalen Streitkräfte der transformierten Länder vermutlich noch über fossile Energien erfolgen würde. In der Konsequenz müssten die Exportländer fossiler Energien ihre Infrastruktur zur Förderung, Lagerung und zum Transport auch ohne die Einnahmen aus dem Verkauf im zivilen Bereich aus den

Importländern finanzieren, was eine Querfinanzierung durch die Staaten bedeuten würde, die keine Transformation ihrer zivilen Energiebasis vorgenommen haben und weiterhin fossile Energien nutzen. Je mehr Staaten sich im zivilen Bereich vollständig durch die Strategie der Energiewende (erneuerbare Energie) in Zukunft versorgen werden, umso stärker werden sie indirekt im militärischen Bereich durch nichttransformierte Länder subventioniert, was neue Abhängigkeiten und Probleme in Verteidigungsfragen der transformierten Länder schafft.

9.4 Klimawandel, gesellschaftliche Stimmung und Zukunftsangst

Die Stimmung in einer Gesellschaft beeinflusst ihre eigene Entwicklung maßgeblich! Die Stimmungslage schafft den Rahmen, der von der Politik für eigene Handlungen genutzt werden kann. Die Stimmung in einer Gesellschaft kann mit der Politik wechselwirken und damit Handlungen in der Politik erzwingen oder aktivieren (z. B. Protestbewegungen der 1970er Jahre in Deutschland, Protestbewegungen in Frankreich etc.). Die öffentliche Stimmung stellt die Weichen in die Zukunft einer Gesellschaft, die der Mainstream folgt (Beispiel: NATO-Doppelbeschluss, Fall der Mauer, Atomausstieg, Kohleausstieg, …). Sie wird durch die Medien (digitale Medien, Printmedien, öffentlich-rechtliches Fernsehen und Rundfunk etc.) bestimmt[74], die in Wechselwirkung mit der

---

[74] Siehe auch: Die vierte Gewalt, Wie Mehrheitsmeinung gemacht wird, auch wenn sie keine ist. Autoren: Richard David Precht, Harald Welzer, S. Fischer Verlag, ISBN 978-3-10-397507-9, 28.09.2022.

Politik, dem Journalismus selbst und anderen Interessenvertretern aus der Gesellschaft (NGOs, radikalisierte Gruppen, ...) stehen (Beispiel: Beschluss von Ländern und Kommunen den Klimanotstand auszurufen, Entwicklung der Luftreinhaltung, ...).

Entlang meines roten Fadens in dem Buch, der Analyse der gesellschaftlichen Mechanik zum Thema Klimawandel, möchte ich im Folgenden untersuchen, wie diese Stimmung und ihre Emotionalisierung über die letzten Jahre des Betrachtungszeitraums entstanden ist. Mit der Emotionalisierung des Klimawandels wurde eine neue Qualität in der Auseinandersetzung, vor allem in Deutschland, zu dem Thema erreicht. Historisch sind zahlreiche Beispiele bekannt, wie mithilfe einer emotionalisierten Öffentlichkeit Richtungsentscheidungen in der Entwicklung einer Nation beeinflusst worden sind (Erster Weltkrieg[75], Zweiter Weltkrieg[76], Vietnamkrieg[77], Ukrainekrieg[78], ...). In Bezug auf den Klimawandel stellen sich die Fragen: Was waren und sind die Antriebe hinter dieser emotionalisierten Entwicklung? Wie ist diese Emotionalisierung entstanden und wozu dient sie?

In den Jahren 2018 bis Ende 2021 entwickelte sich unter dem Thema *Klimawandel* eine hoch emotionale Stimmung

---

[75] Siehe auch: Deutschlandfunk, https://www.deutschlandfunk.de/ersterweltkrieg-mentalitaeten-und-ideologien-am-vorabend-100.html, und Brennpunkt Welt, https://www.brennpunkt-welt.ch/1-weltkrieg/auftraege/am-anfang-war-die-kriegsbegeisterung/, 21.01.2023.

[76] Siehe auch: Bundeszentrale für politische Bildung, https://www.bpb.de/themen/nationalsozialismus-zweiter-weltkrieg/der-zweite-weltkrieg/199397/der-weg-in-den-krieg/, 21.01.2023.

[77] Siehe auch: Stern, https://www.stern.de/politik/ausland/vietnam-das-bild--das-den-krieg-veraenderte-7845382.html, und https://de.statista.com/statistik/daten/studie/1183316/umfrage/zustimmungsrate-in-der-amerikanischen-bevoelkerung-zum-vietnamkrieg/, 21.01.2023.

[78] Siehe auch: Bundeszentrale für politische Bildung, https://www.bpb.de/themen/europa/ukraine-analysen/203681/umfrage-die-meinung-der-deutschen-ueber-die-ukraine-krise/, 21.01.2023.

9 Gesellschaftspolitische Entwicklungen

in verschiedenen europäischen und nichteuropäischen Staaten. Vorwiegend in Deutschland, aber auch in verschiedenen anderen Staaten der EU wie u. a. in Schweden, gruppierten sich neue Protestbewegungen, wie u. a. Fridays for Future[79], Science for Future[80], Extinction Rebellion[81], Die Letzte Generation[82] etc. Mit ihrem neuen Identifikationsanker, der sich in der Person Greta Thunberg[83] manifestiert, bekam die Klimabewegung ein Gesicht, eine Gestalt und Persönlichkeit und damit eine Repräsentantin der internationalen Klimaschutzbewegung. Sie entwickelte sich schnell zu dem Kult- und emotionalen Leitbild der Klimabewegungen.

Vor diesem Hintergrund der starken Emotionalisierung des Themas Klimawandel im genannten Zeitraum avancierte es zum gesellschaftlichen Topthema. Ende 2021 wurde in Deutschland eine neue Regierung gewählt, die gesellschaftlich umwälzende Beschlüsse verabschiedete. Als zusätzlicher Treibstoff dieser nationalen Entwicklung baute sich eine neue globale Situation durch den Ausbruch des Kriegs zwischen Russland und der Ukraine auf. Diese sich fernab von Deutschland entwickelnde Situation trifft zu dieser Zeit auf eine durch vorherige Krisen und dem thematisierten Klimawandel hoch emotionalisierte Gesell-

---

[79] Siehe auch: Wikipedia, https://de.wikipedia.org/wiki/Fridays_for_Future, 21.01.2023.

[80] Siehe auch: Wikipedia, https://de.wikipedia.org/wiki/Scientists_for_Future, 21.01.2023.

[81] Siehe auch: Wikipedia, https://de.wikipedia.org/wiki/Extinction_Rebellion, 21.01.2023.

[82] Siehe auch: Wikipedia, https://de.wikipedia.org/wiki/Letzte_Generation, 21.01.2023.

[83] Siehe auch: BBC, https://www.bbc.co.uk/news/world-europe-64321652, https://www.bbc.co.uk/programmes/p090xz9z, und Der Spiegel, https://www.spiegel.de/thema/greta_thunberg/, und Wikipedia, https://de.wikipedia.org/wiki/Greta_Thunberg, 21.01.2023.

schaft (siehe dazu auch Kapitel 4 „Gesellschaftsphänomen Klimawandel und die Sicherheitspolitik"). Wie diese Emotionalisierung entstanden ist, wird in dem folgenden Abschnitt untersucht.

9.4.1 Entwicklung der Klimabewegung in Deutschland: Symbole, Glaube, Verehrung ... und Konkurrenzen

Mit dem Abschnitt wird der Versuch unternommen, die gesellschaftliche Grundstimmung über die letzten 30 Jahre in groben Zügen, in ihren wesentlichen Entwicklungslinien noch einmal ins Gedächtnis zurückrufen. Damit eröffnet sich die Möglichkeit, die zeitlich begrenzten Stimmungslagen über den gesamten Betrachtungszeitraum nachzuvollziehen, sodass eine bessere Einschätzung über die Abläufe und ihre Auswirkungen gewonnen werden kann. Diese kumulierte Grundstimmung der letzten 30 Jahre ist die Basis der in Deutschland beschlossenen energetischen Ausstiege (Kohle, Atom), den beschlossenen Klimaschutzzielsetzungen auf nationaler Ebene, dem beschleunigtem Umbau des Energiesystems auf Wind und Sonne als Energielieferant, sowie den neuen Zielsetzungen einer stark klimaschutzbezogenen neuen Koalition ab Ende 2021 von SPD, Grünen und FDP, die mit Beginn des Jahres 2022 die Regierungsgeschäfte in Deutschland übernommen hat. Diese neue Koalition ist angetreten, die deutsche Gesellschaft zu verändern und die Ziele des Klimaschutzes durchzusetzen[84]:

---

[84] Siehe auch: Handelsblatt, https://www.handelsblatt.com/politik/deutschland/bundestagswahl-2021/spd-gruene-fdp-einig-die-koalition-steht-die-ampel-wird-wegweisend-fuer-deutschland-sein/27830478.html, und Welt, https://www.welt.de/politik/deutschland/article239742125/Ausbau-von-Erneuerbaren-Ampel-beschliesst-neues-Oekostrom-Paket.html, 21.01.2023.

9 Gesellschaftspolitische Entwicklungen

„Klimaschutz gibt es nicht zum Nulltarif. Wir haben viele Investitionen für Deutschland eingeplant. Weil wir nur so den menschengemachten Klimawandel aufhalten, klimaneutral wirtschaften und technologisch vorne in der Welt mit dabei sein können. Ja, das geht!" #Koalitionsvertrag https://t.co/U7Y0pv5WV3
– Olaf Scholz (@OlafScholz) November 24, 2021

Die Zeit nach der Bundestagswahl des Jahres 2021 erscheint wie ein Déjà-vu vom 27. Oktober 1998, als die SPD und Grüne in einer Koalition unter Gerhard Schröder die 16 Jahre andauernde Regierungsperiode der CDU/CSU unter Helmut Kohl ablöste. Helmut Kohl präsentierte sich damals als Bewahrer, Gerhard Schröder als Erneuerer. Ähnlich präsentierten sich die Hauptbewerber in der Bundestagswahl 2021, in der sich erneut das Bündnis von SPD und Grünen sowie einem Anschluss der FDP anbahnte. Die Bundestagswahl von 2021 galt ebenfalls als das selbstbestimmte Ende einer Ära, in der 16 Jahre die Bundeskanzlerin Angela Merkel die Regierungsgeschicke Deutschlands lenkte. Nach der Bundestagswahl erklärten ebenfalls die neuen Koalitionäre, das Land zu *modernisieren* und *grundlegende Erneuerungen* vornehmen zu wollen. In der Koalition von 1998 unter Gerhard Schröder beschloss die Koalition aus SPD und Grünen in der anschließenden Regierungsphase grundlegende gesellschaftliche Änderungen durchzuführen. Nach der Bekanntgabe u. a. der Agenda 2010, der Krankenhausreform, der Rentenreform und anderen Neuerungen durchzogen Deutschland große Proteste gegen Sozialabbau, Niedriglohn etc. (Agenda 2010[85]).

---

[85] Siehe auch WIKIPEDIA „Agenda 2010", 25.04.2022.

Die Grundstimmung in der deutschen Bevölkerung hat sich in den letzten 30 Jahren grundlegend verändert. Als ein wesentlicher Katalysator im Bereich der Umweltthemen zur Verknüpfung der gesellschaftlichen Stimmung und der natürliche Ereignisse konnten sich u. a. die Klimawissenschaften und NGOs entwickeln. In den 1980er Jahren waren es vor allem die Themen Atomkraftwerke und NATO-Doppelbeschluss, aber auch Umweltthemen. Jedoch wird diese Grundstimmung auch durch sich ständig in der Öffentlichkeit wiederholende Nachrichten über einen längeren Zeitraum geändert, die mithilfe der Massenmedien oder sozialer Netzwerke (digitale Massenmedien) in die Gesellschaft transportiert werden[86]. Das Phänomen einer sich *selbst erfüllenden Prophezeiung* als gesellschaftsverändernder Mechanismus wurde und wird mithilfe der heutigen Medien von den verschiedenen zivilen Interessensvertretern oder aus dem politischen Bereich genutzt[87]. Zunehmend sind in dem Betrachtungszeitraum die Medien selbst zu einem starken Teil der einflussnehmenden gesellschaftlichen Elemente auf entsprechende Grundstimmungen herangewachsen (siehe auch: Die vierte Gewalt, Wie Mehrheitsmeinung gemacht wird, auch wenn sie keine ist. Autoren: Richard David Precht, Harald Welzer, S.Fischer Verlag, ISBN 978-3-10-397507-9, 28.09.2022), wobei die digitalen Medien für diesen Prozess eine besondere Bedeutung erlangt haben. „Intriganten auf der ganzen Welt nutzen jede Gelegen-

---

[86] Siehe auch: Bundeszentrale für politische Bildung, https://www.bpb.de/themen/medien-journalismus/medienpolitik/236435/medien-und-gesellschaft-im-wandel/, 22.01.2023.

[87] Siehe auch: Massenmedien als politische Akteure, Konzepte und Analysen, Springer Verlag, Autoren Barbara Pfetsch, Silke Adam, ISBN: 978-3-531-90843-4, und ARD Media, https://www.ard-media.de/fileadmin/user_upload/media-perspektiven/pdf/2019/0319_Gleich.pdf, 22.01.2023.

heit, um Social-Media-Plattformen aus verschiedenen kommerziellen, kriminellen und politischen Gründen zu manipulieren."[88] Dies sei vor allem in Krisenzeiten beunruhigend, „da diese Systeme ausgenutzt werden können, um Emotionen zu schüren und Schwachstellen innerhalb unserer Gesellschaften zu vertiefen", erklärte der Stratcom-Direktor Jānis Sārts im Rahmen einer NATO-Studie der NATO-Denkfabrik Stratcom. Insgesamt ist die Entwicklung der Stimmungslage für eine Bilanzierung von besonderer Bedeutung, weil sie ein Teil der Begründung liefert, warum bestimmte Entwicklungen stattfinden und warum andere Entwicklungen – auch wenn sie Vorteile hätten – nicht erfolgen.

Die Tab. 9.5 zeigt im Bereich der Umweltthemen eine beachtenswerte Entwicklung in der Anzahl der Proteste. Wurde im Zeitraum 1975 bis 1989 noch ein Spitzenwert von 25,7 gemessen, sank dieser Wert in der Dekade 2000 bis 2009 auf 10,8. In der Dekade 2010 bis 2018 entwickelte sich dieser Wert auf fast den gleichen Wert, wie im ersten Zeitraum. Das Thema Frieden sank über den Gesamtzeitraum stetig ab. Das Thema Migration entfaltete in der Zeitspanne von 1990 bis 2018 durchgehend hohe Werte mit einem Maximalwert in der Dekade 2000 bis 2009 von 52,3, der über denen der Umweltthemen liegt.

In den drei folgenden Abschnitten wird in Form einer Skizze der gesellschaftliche Kontext erfasst, in dem sich die Thematisierung und Emotionalisierung des Klimawandels vollzogen hat. Dazu werden ausgewählte Ereignisse aus diesen drei Dekaden in drei Abschnitten aus der Perspektive Deutschlands untersucht. Zur Einleitung

---

[88] Quelle: Heise Online, https://www.heise.de/news/NATO-Studie-So-einfach-und-guenstig-ist-Manipulation-in-sozialen-Medien-4997085.html, 21.01.2023.

Tab. 9.5 Entwicklung der Protestthemen in Deutschland, 1975 bis 2018[89] Quelle: Mit Genehmigung der Bundeszentrale für politische Bildung: Entwicklung der Protestthemen in Deutschland, 1975-2018: https://www.bpb.de/themen/deutsche-einheit/lange-wege-der-deutschen-einheit/47408/politischer-protest-im-wiedervereinigten-deutschland/, 25.04.2022

Protestthemen	1975–1989	1990–1999	2000–2009	2010–2018	Insgesamt
Umwelt (inkl. AKW)	25,7	12,7	10,8	21,0	17,2
Frieden	18,9	8,4	11,0	4,1	11,7
Kulturelle Liberalisierung/ Bürgerrechte	18,6	7,6	4,8	10,3	10,7
Migration (inkl. Rassismus/ Rechtsextremismus)	15,5	47,9	52,3	33,8	37,4
Internationales	8,5	9,5	7,9	13,8	9,3
Bildung & Wirtschaft	9,0	9,2	9,1	10,1	9,2
Andere	3,9	4,8	4,2	6,8	4,6
N=	2.343	2.783	1.680	804	7.160

wird das Schlüsseljahrzehnt der 1980er Jahre skizziert, in dem sich die Wurzeln wichtiger Entwicklung der nächsten 30 Jahre ausbildeten.

Die Stimmungslage in diesem Jahrzehnt wurde durch die folgenden Ereignisse gekennzeichnet: In dem Jahrzehnt der 1980er Jahre steigt der Wohlstand allgemein in Deutschland weiter an. Zu dieser Zeit teilt sich Deutschland in den „Westen" und den „Ostblock". Das Jahrzehnt ist in dem damaligen westlichen Europa ein Jahrzehnt, in dem sich die Umweltbewegungen stark entwickelten und zahlreiche grüne Parteien in verschiedenen Ländern der Welt in die Parlamente einziehen konnten. Die

---

[89] Quelle: Mit Genehmigung der Bundeszentrale für politische Bildung: Entwicklung der Protestthemen in Deutschland, 1975–2018: https://www.bpb.de/themen/deutsche-einheit/lange-wege-der-deutschen-einheit/47408/politischer-protest-im-wiedervereinigten-deutschland/, 25.04.2022.

9 Gesellschaftspolitische Entwicklungen

Fußballmannschaft der Bundesrepublik Deutschland wird 1980 Europameister und die Olympischen Spiele finden in Moskau statt. Im Zeitraum 1979 bis 1983 wird die außen- und innenpolitische Debatte vom NATO-Doppelbeschluss bestimmt. Der Beschluss bringt die größten Massendemonstrationen in verschiedenen westlichen Staaten auf die Straße. Am 12. Dezember 1979 beschließen die NATO-Staaten in Brüssel die Stationierung neuer, atomarer Mittelstreckenwaffen was die Friedensbewegung mit zahlreichen Massendemonstrationen entstehen lässt und sich die Umweltbewegung entwickelt, in deren Folge sich die Grüne Partei bildet.

In den USA verabschiedet sich Präsident Jimmy Carter vom Prinzip des nuklearen Gleichgewichts. Im November 1980 wird Ronald Reagan[90] neuer US-Präsident. Er erhöht die Rüstungsausgaben der USA erheblich (Ronald Reagan am 8. März 1983 „an evil empire"[91] und am 11. August 1984 eingegangen als „off the record" oder sprachlicher Ausrutscher: „Liebe Amerikaner. Es ist mir ein Vergnügen, ihnen heute mitzuteilen, dass ich ein Gesetz unterzeichnet habe, das Russland für vogelfrei erklärt. Wir beginnen mit der Bombardierung in fünf Minuten."[92]). In den USA hält man es für möglich, einen Nuklearkrieg gegen die damalige UdSSR gewinnen zu könnten („Sieg ist möglich"[93] von Colin S. Gray und

---

[90] Siehe auch: Britannica, https://www.britannica.com/biography/Ronald-Reagan/Presidency, 31.01.2023.
[91] Siehe auch: National Archives, https://www.reaganlibrary.gov/reagans/reagan-administration/chronology-reagan-presidency-1981-1989, 31.01.2023.
[92] Quelle: West Deutscher Rundfunk (WDR), https://www1.wdr.de/stichtag/stichtag1048.html, und https://www1.wdr.de/stichtag/stichtag8542.html, 31.01.2023.
[93] Verweis: Colin S. Gray, Keith Payne (Foreign Affairs, Dezember 1980): Victory is possible.

Keith Payne; ca. 20 Mio. Todesopfer alleine in den USA akzeptabler Kollateralschaden). Ab 1981 verfolgt das Pentagon konkrete Planspiele[94]. Die USA entwickeln die Neutronenwaffe weiter. Das Pentagon spricht von der Enthauptung der Sowjetunion[95]. Seit 1981 rechnete die Sowjetunion wegen dieses politischen Kurses mit einem atomaren Überraschungsangriff des Westens. 1981[96] wird erstmals über AIDS berichtet, was viele Menschen verunsichert. 1982 wird Helmut Kohl vorzeitig zum Bundeskanzler gewählt. Bei der Bundestagswahl 1983 ziehen die Grünen in den Bundestag ein. Am 22. November 1983 wird der NATO-Doppelbeschluss zur Stationierung von Atomraketen in Deutschland im Bundestag beschlossen (1986 Installierung von Atomraketen in Deutschland). Im selben Jahr wird die Strategic Defense Initiative (SDI, Abwehrschirm gegen Interkontinentalraketen) von den USA eingeleitet, in die die NATO-Staaten mit eingeschlossen werden sollen. US-Präsident Reagan will die USA zu einer uneinholbaren technologischen Überlegenheit und Unverwundbarkeit entwickeln. Robert McNamara (Berater) schlägt 1983 den kompletten Verzicht der NATO auf Atomwaffen als Alternative zur bevorstehenden Raketenaufstellung vor. 1984 wird die 38,5 Stunden-Woche in Deutschland eingeführt und die ersten privaten Fernsehsender gehen auf Sendung. 1985 gewinnt Boris Becker den Tennispokal in Wimbledon.

---

[94] Verweis: Francis H. Marlo: Planning Reagan's War: Conservative Strategists and America's Cold War Victory. Free Press, 2012, ISBN 978-1-59797-667-1, S. 76 und Fn. 14.

[95] Verweis: zitiert nach Till Bastian (Hrsg.): Ärzte gegen den Atomkrieg. Wir werden Euch nicht helfen können. Pabel-Moewig, 1987, ISBN 3-8118-3248-4, S. 9.

[96] Siehe auch: Michael Ploetz: Wie die Sowjetunion den Kalten Krieg Verlor: Von der Nachrüstung zum Mauerfall. Propyläen, 2000, ISBN 3-549-05828-4.

1986 explodiert das Kernkraftwerk Tschernobyl und der Widerstand in Deutschland gegen die Atomkraftwerke, Castortransporte und die Wiederaufbereitungsanlage in Wackersdorf wird massiv. 1985 bietet die damalige Sowjetunion unter Michail Gorbatschow weitreichende atomare Abrüstung an. 1987 vereinbaren die USA und die Sowjetunion den INF-Vertrag (Intermediate Range Nuclear Forces Treaty). 1989 fällt die Berliner Mauer und eine neue Zeitrechnung beginnt. Eine folgenreiches Ereignis findet am 02. Februar 1990 statt: Der damalige deutsche Außenminister Hans-Dietrich Genscher sagt nach einem Treffen mit seinem Amtskollegen US-Außenminister James Baker: „Wir waren uns einig, dass nicht die Absicht besteht das NATO-Verteidigungsgebiet auszudehnen nach Osten. Das gilt nicht nur für die DDR, sondern ganz generell."[97]

In ganz Europa wurde Anfang der 1980er Jahre das Phänomen des sauren Regens[98] bekannt, das im Wesentlichen durch die Luftverschmutzung der Industrie entstand. Der saure Regen schädigt Gebäude, die Umwelt, aber insbesondere Wälder und das Grundwasser. Diese sichtbaren Umweltschäden führten besonders in Westdeutschland in den Medien und in der Folge auch bei der Bevölkerung zu großer öffentlicher Besorgnis. Das sogenannte Waldsterben wurde durch einen Artikel des Forstwissenschaftlers Prof. Dr. Bernhard Ulrich im Spiegel[99] im Jahr 1981 („Die ersten großen Wälder

---

[97] Quelle: Deutsche Wirtschaftsnachrichten, https://deutsche-wirtschafts-nachrichten.de/516654/NATO-Osterweiterung-Ein-gebrochenes-muendliches-Versprechen-mit-Folgen-fuer-Europa, 21.01.2023.
[98] Siehe auch: Bundesumweltamt, https://www.umweltbundesamt.de/geschichte-umwelt/1980, 21.01.2023.
[99] Siehe auch: Spiegel, https://www.spiegel.de/wissenschaft/natur/umweltschutz-was-wurde-aus-dem-waldsterben-a-1009580.html, 21.01.2023.

werden schon in den nächsten fünf Jahren sterben. Sie sind nicht mehr zu retten.") sowie weiteren Veröffentlichungen im Stern und der Süddeutschen Zeitung Anfang der 1980er Jahre öffentlich problematisiert. Die Prognose von Prof. Ulrich „versetzte die Nation in Panik"[100]. Die Bundesregierung setzte 1980 eine Expertenkommission ein und startete eine Initiative zur Luftreinhaltung.

1983 wird das Aktionsprogramm „Rettet den Wald" der Bundesministerien für Umwelt und des Innern aufgesetzt. Im selben Jahr wird auf Initiative der norwegischen Regierung die UN-Umweltkommission „Weltkommission für Umwelt und Entwicklung" (WCED) gegründet. Sie wurde aufgrund von beunruhigenden Nachrichten über große Umweltzerstörung in den Entwicklungsländern gegründet. Sie wird von der Norwegerin Dr. med. Gro Harlem Brundtland[101] geführt. Im Jahr 1987 veröffentlicht die Kommission ihren Bericht unter dem Titel „Our Common Future"[102]. Der Bericht hebt die Wichtigkeit einer nachhaltigen Entwicklung hervor, der die „Dauerhaftigkeit des Ökosystems" gewährleistet. Der Bericht findet jedoch in Deutschland wenig öffentliche und politische Beachtung.

Die Diskussion um den Schadstoffausstoß von Kraftfahrzeugen wird thematisiert. 1985 werden der Katalysator und die Abgassonderuntersuchung in Deutschland eingeführt. 1988 nahm die Enquete-Kommission „Vorsorge zum Schutz der Erdatmosphäre" des Deutschen

---

[100] Quelle: Zitat aus dem Spiegel Artikel, „Was wurde eigentlich aus dem Waldsterben?"
[101] Siehe auch: Wikipedia, https://de.wikipedia.org/wiki/Brundtland-Bericht, 21.01.2023.
[102] Quelle: United Nations, https://sustainabledevelopment.un.org/milestones/wced, 21.01.2023.

Bundestages ihre Arbeit auf, die jeweils zur Hälfte mit Abgeordneten und Wissenschaftlern besetzt war. 1990 empfahl die Kommission in ihrem Papier die Reduktion des CO_2-Ausstoßes um 25 % bis 2005, um mindestens 40 % bis 2020 und um mindestens 80 % bis 2050. Der Bundestag übernahm diese Empfehlungen. Das Kabinett von Helmut Kohl übernahm diese Empfehlung mit seinem Umweltminister Klaus Töpfer[103].

Die folgenden drei Abschnitte beschreiben, wie unter einem Brennglas die wesentlichen Ereignisse in den Jahrzehnten von 1990 bis 1999, von 2000 bis 2009 und von 2010 bis 2019. Sie zeigen die unterschiedlichen Entwicklungslinien, wie dünne Fäden in dem Zeitstrom dieser Dekaden, in der die Verdichtung auf den Klimawandel in unserem dritten Jahrzehnt im 21. Jahrhundert führen.

9.4.2 Die Dekade 1990–1999

Es ist das Jahr 1990. Der Abschnitt gibt eine Übersicht über die wichtigsten Ereignisse aus dieser Dekade, um einen groben Eindruck von der gesellschaftlichen Stimmung in dieser Zeit als Hintergrund in verschiedenen Ländern zu verstehen. Diese Stimmungslage innerhalb der Öffentlichkeit ist der emotionale und thematische Rahmen der öffentlichen Meinung in diesem und den folgenden Jahrzehnten.

Anfang dieses Jahrzehnts werden die amerikanischen Mittelstreckenraketen aus Mutlangen und anderen deutschen Standorten abgezogen. Die Friedensbewegung kann Erfolge verzeichnen. Atomkraft wird in Deutschland zu einer problematischen Technologie wegen der

---

[103] Siehe auch: Wikipedia, https://de.wikipedia.org/wiki/Klaus_T%C3%B6pfer, 21.01.2023.

ungeklärten Frage bzw. wegen der fehlenden politischen Entscheidung über ein Endlagers für Brennstäbe. Infolge des Jugoslawienkriegs kommen vermehrt Geflüchtete nach Deutschland. Sie sind vor allem der Grund, warum sich eine radikale Protestbewegung bildet (Ausschreitungen in Rostock-Lichtenhagen, Hoyerswerda, Mannheim-Schönau sowie die Brandanschläge in Mölln und Solingen). Mitte des Jahrzehnts finden friedliche Demonstrationen und Lichterketten gegen Fremdenfeindlichkeit in Deutschland statt.

1989/1990 konnte die politische Wende in der DDR friedlich durchgeführt werden. Die sowjetischen Truppen blieben in ihren Kasernen. Zu diesem Zeitpunkt sind zahlreiche Atomraketen auf dem Gebiet der damaligen DDR stationiert. In späteren Analysen über die friedliche Revolution in der DDR wurde veröffentlicht, dass das damalige Ostdeutschland am Rande eines Krieges stand[104]. Die Besonnenheit aller beteiligten Verantwortlichen verhinderte diese Eskalation, bis hin zu einem möglichen Atomkrieg. Bei einem Treffen im Kaukasus mit Bundeskanzler Helmut Kohl stimmt Michail Gorbatschow im Februar 1990 der deutschen Einheit zu. Der Kalte Krieg[105] wird damit beendet. Deutschland West und Deutschland Ost können und werden sich wieder vereinen. Vor allem der ostdeutsche Teil von Deutschland befindet sich im Jahr 1990 in einer Art öffentlicher Euphorie, die sich in diesem Jahrzehnt jedoch bei der ehemaligen DDR-Bevölkerung vollständig in eine Art

---

[104] Siehe auch: Wikipedia, https://de.wikipedia.org/wiki/Gefechtsbereitschaft_(NVA), 22.01.2023.
[105] Siehe auch: Wikipedia, https://de.wikipedia.org/wiki/Kalter_Krieg, 22.01.2023.

öffentliche Enttäuschung umkehren wird. Im Jahr 1990 scheint sich der Eiserne Vorhang aufzulösen.

Die sowjetischen Truppen verließen vereinbarungsgemäß bis zum 31. August 1994 ihr Stationierungsgebiet, die ehemalige DDR[106]. Mit dem Start der Perestroika von 1986, die von Michail Gorbatschow eingeleitet wurde und den Umbau der Sowjetunion einleitete, wurde der Kalte Krieg überwunden und die deutsche Wiedervereinigung möglich. 1991 paraphierten US-Präsident George Bush und Michail Gorbatschow den START-I-Vertrag[107], der eine Reduktion von see- und landgestützten Langstreckenwaffen vorsah. Um die Macht der zentralen Partei in Russland zu sichern und einen Zerfall der UdSSR zu verhindern, unternehmen Hardliner der KPdSU im August 1991 einen Putschversuch[108]. Der Putsch leitet das Ende der Sowjetunion ein. Michail Gorbatschow, der Erfinder von Glasnost und Perestroika, muss zurücktreten und wird zugleich die Symbolfigur des Wandels in der westlichen Welt. In Russland wird er von der einheimischen Bevölkerung angefeindet und als Verräter bezeichnet. In Russland beginnt das Jahrzehnt der Oligarchen[109], undurchsichtigen Privatisierungen und einer grassierenden Korruption. In den Augen der meisten Russen ist vor allem Gorbatschow die Person, die diese Entwicklung erst

---

[106] Siehe auch: Spiegel, https://www.spiegel.de/geschichte/russische-armee-abzug-aus-berlin-und-brandenburg-1994-a-990560.html, 22.01.2023.

[107] Siehe auch: Wikipedia, https://de.wikipedia.org/wiki/Strategic_Arms_Reduction_Treaty, 22.01.2023.

[108] Siehe auch: Wikipedia, https://de.wikipedia.org/wiki/Augustputsch_in_Moskau, und https://de.wikipedia.org/wiki/Russische_Verfassungskrise_1993, 22.01.2023.

[109] Siehe auch: Degruyter, https://www.degruyter.com/document/doi/10.1515/9783110528411-toc/html, und Cicero, https://www.cicero.de/wirtschaft/am-anfang-war-die-gier/41902, 22.01.2023.

ermöglicht hat[110]. Diese Meinung hat sich in Russland bis heute kaum geändert.

Im Jahr 1992 gründet sich mit dem Vertrag von Maastricht die Europäische Union[111]. Der Staatenverbund besteht aus 27 Ländern und besteht aus insgesamt 450 Mio. Einwohnern. Durch den Vertrag bekommt die EU den Status einer eigenständigen Rechtspersönlichkeit, was ihr ein eigenes Einsichts- und Rederecht bei den Vereinten Nationen[112] garantiert. Von den 27 Staaten bilden lediglich 19 Staaten eine Wirtschafts- und Währungsunion. Diese Staaten führten im Jahr 2002, zehn Jahre nach ihrer Gründung, die gemeinsame Währung Euro ein.

In diesem Jahrzehnt entwickelt sich die Computertechnologie[113] von zentralen großen Rechenzentren zum PC, dem Personal Computer. Die Firmen IBM und DEC gehören zu den Weltmarktführern für Computerlösungen vor allem für Unternehmen und Verwaltungen. Microsoft und Apple setzen diese etablierten Firmen mit ihren PC-Lösungen unter Druck. 1991 wird die PC-Plattform von IBM, Apple und Motorola standardisiert. Der erste 64-Bit-Prozessor wird 1992 von DEC in den Markt

---

[110] Siehe auch: Bundeszentrale für politische Bildung, Susanne Schattenberg (ff), https://www.bpb.de/shop/zeitschriften/apuz/59630/das-ende-der-sowjetunion-in-der-historiographie/, 22.01.2023.

[111] Siehe auch: Europäisches Parlament, https://www.europarl.europa.eu/about-parliament/de/in-the-past/the-parliament-and-the-treaties/maastricht-treaty, und Bundeszentrale für politische Bildung, Aus Politik und Geschichte, https://www.bpb.de/shop/zeitschriften/apuz/25254/europaeische-union/, 22.01.2023.

[112] Siehe auch: UN, https://unric.org/de/wp-content/uploads/sites/4/2017/02/Leporello_EU-VN_d.pdf, und Deutsche Gesellschaft für die Vereinten Nationen, https://dgvn.de/veroeffentlichungen/publikation/einzel/die-europaeische-union-und-die-vereinten-nationen, 22.01.2023.

[113] Siehe auch: Planet Wissen, https://www.planet-wissen.de/technik/computer_und_roboter/geschichte_des_computers/index.html, und NFG24, https://www.nfg24.de/schueler/gdc/zeit.htm, und WikiBooks, https://de.wikibooks.org/wiki/Computergeschichte:_1900_bis_heute, 22.01.2023.

gebracht, damals eine Revolution für Rechenzentren mit großem Speicherbedarf, heute Standard in jedem PC. In der Folge kommt 1993 der Intel Pentium Prozessor auf den Markt, der eine hohe Rechenleistung für PCs zur Verfügung stellt.

Das Jahrzehnt der 1990er Jahre ist auch das Jahrzehnt, in dem sich die Überzeugung der Systementwickler digitaler Computersysteme von einer zentralistisch geprägten Architektur, in der die Rechenleistung an einem Ort konzentriert wird, in eine verteilte, vernetzte Architektur, in der die Rechenleistung direkt an der Peripherie vorhanden ist, wandelt[114]. Grundlage dieses Wandels ist der Erfolg des PCs, der sich nun auch in der Industrie und den Verwaltungen immer stärker durchsetzt und die dominierenden Lösungen von IBM und Co. langsam verdrängt.

Das Internet beginnt sich zu entwickeln, um mit der jetzt immer leistungsstärker werdenden Peripherie Daten austauschen zu können. 1990 wird das ARPA-Net abgeschaltet. 1971 wurde es von dem US-Verteidigungsministerium in Auftrag gegeben und besaß zu diesem frühen Zeitpunkt gerade mal 15 Knoten (1977 bereits 111 Knoten, 1984 sind es 1000 Knoten). Die Protokolle Telnet und FTP werden entwickelt, die später wichtige Funktionen im Internet übernehmen werden. Das erste E-Mail-Programm wurde 1972 für das ARPA-Net vor allem für den Austausch wissenschaftlicher Nachrichten entwickelt. Das ARPA-Net war eigentlich ein militärisches Netzwerk des US-Militärs, das sich jedoch bei den Wissenschaftlern großer Beliebtheit erfreute, weil damit Daten einfach über Landes- und Kontinentalgrenzen aus-

---

[114] Siehe auch: Wikipedia, https://de.wikipedia.org/wiki/Geschichte_des_Internets, 22.01.2023.

getauscht werden konnten. Durch die Abschaltung des ARPA-Nets bekommt das nun offene World Wide Web (WWW) eine zentrale Aufgabe, alle möglichen Daten weltweit transportieren zu können. Das ist die Grundlage eines bisher nicht gekannten kommerziellen Erfolgs, auf dessen Basis sich die größten Internetfirmen der Welt entwickeln werden. Im gleichen Jahr (1990) wird die erste Suchmaschine „Archie" für das FTP-Protokoll in Betrieb genommen.

Je näher das Jahr 2000 in das öffentliche Bewusstsein vor allem in den Industriestaaten rückt, umso stärker werden auch die öffentlich publizierten Ängste vor einem „*Millenium-Bug*" (Y2K-Bug[115]), der nach der damaligen öffentlichen Debatte ganze Staaten in eine *Apokalypse* stürzen würde. Diese auch öffentlich stark durch Presseartikel angetriebenen Ängste[116], die auch von wissenschaftlicher Expertise in Pro- und Contra-Stellungnahmen zu einem weltweiten Datengau begleitet werden, führen zu einem Boom im Verkauf von „Familien-Bunkern" und lange haltbaren Lebensmitteln, mit denen sich Millionen Menschen eindecken werden. Das Ende des Jahres 1999 werden viele Menschen aus Angst in ihren neuen Kleinbunkern feiern. Die angekündigte Apokalypse bleibt aus. Diese weltweite öffentliche Hysterie in verschiedenen Staaten zum Millenniumswechsel kann heute als ein Beispiel für die Emotionalisierung des Klimawandels analytisch genutzt werden. Dieses Beispiel zeigt, dass bei der Emotionalisierung des Klimawandels ähnliche

---

[115] Siehe auch: Britannica, https://www.britannica.com/technology/Y2K-bug, Wikipedia, https://de.wikipedia.org/wiki/Jahr-2000-Problem, 22.01.2023.

[116] Siehe auch: National Geographics, https://education.nationalgeographic.org/resource/Y2K-bug, und Spiegel, https://www.spiegel.de/geschichte/millennium-bug-a-948986.html, 22.01.2023.

Protagonisten und Mechanismen die Entwicklung beeinflusst haben.

Zum Ende des Jahrzehnts der 1990er Jahre entwickelt sich aus den Erfolgen von Microsoft, Apple und Co. eine Technologieeuphorie, die vor allem in den USA und Europa, aber auch in Teilen Asiens (u. a. Indien) zu zahlreichen Technologie-Start-ups führte. Junge Technologieunternehmen werden an die Börse gebracht und verschwinden nach einiger Zeit wieder. Es entsteht die erste Technologieblase, getragen von dem Gefühl, dass alles machbar erscheint und Investitionen in noch so merkwürdige Technologieentwicklungen risikolosen Profit versprechen. Die für die gesamte weltweite technologische Entwicklung notwendige Energie ist entweder vorhanden oder wird einfach durch neue Kraftwerke in den jeweiligen Ländern hergestellt. Fossile Brennstoffe und die Entwicklung der Atomtechnologie bilden für diese Entwicklung die Grundlage. Energiefragen oder der global weiter voranschreitende Anstieg der CO_2-Konzentration sind in diesem Jahrzehnt im Mainstream der öffentlichen Wahrnehmung kaum ein Thema, welches diskutiert wird (siehe auch Kapitel 9, Abschnitt 3 „Die Entstehung der internationalen Klimakonferenzen und einer internationalen Bewegung?").

Die Wirtschaftsreformen werden 1992 in China[117] wieder in größerem Stil aufgenommen. Deng Xiaoping tritt seine Reise durch Südchina an, auf der er seine Thesen der „Kombination von Wirtschaftsplanung und Marktwirtschaft" und der „sozialistischen Marktwirtschaft" propagiert. Er fordert die Menschen auf, „mehr Mut zum Experiment, mit Draufgängertum und

---

[117] Siehe auch: Wikipedia, https://en.wikipedia.org/wiki/Chinese_economic_reform, 22.01.2023.

Abenteurermut" zu wagen. Auf dem XIV. Parteitag im Herbst 1992 wird der Aufbau einer sozialistischen Marktwirtschaft als wirtschaftspolitisches Ziel festgelegt. Dieser Beschluss wird die Grundlage für Chinas Wachstum in den nächsten Jahrzehnten werden und die Spitzenposition in den Klimagasemissionen begründen.

In Deutschland bricht ein Jahrzehnt der großen gesellschaftlichen Veränderungen für die damals noch beiden Teile Deutschlands an. Es ist das Jahr von Helmut Kohl und einer CDU/CSU-geführten Regierung. Die schnelle Wiedervereinigung beider Landesteile wird ihre Auswirkungen in den nächsten Jahrzehnten auf alle Teile der Gesellschaft haben[118]. Erstmalig werden 1990 die Umweltverträglichkeitsprüfung (UVP), das Gentechnikgesetz und die Deutsche Bundesstiftung Umwelt eingeführt. Im selben Jahr wird der Bericht der Enquete-Kommission des Bundestages, „Schutz der Erde"[119], präsentiert. In den Jahren nach dem Mauerfall wurde die deutsche Einheit zunehmend zu einer ökonomischen Belastung des Bundeshaushalts. 1991 wird der Chef der Treuhandanstalt, Detlev Rohwedder[120], ermordet. Die Treuhand schwenkte unter der neuen Führung von Birgit Breuel[121] von Sanierung auf Abwicklung um. Viele Betriebe in der ehemaligen DDR wurden daraufhin geschlossen. Die Folge war, dass die Kohlendioxidemissionen aus den DDR-Betrieben drastisch gesenkt

---

[118] Siehe auch: Bundesstiftung Aufarbeitung, https://www.bundesstiftung-aufarbeitung.de/de/recherche/dossiers/198990-friedliche-revolution-und-deutsche-einheit/treuhandanstalt, 22.01.2023.

[119] Siehe auch: Archive, https://archive.org/details/ger-bt-drucksache-11-8030, 21.01.2023.

[120] Siehe auch: Wikipedia, https://de.wikipedia.org/wiki/Detlev_Rohwedder, 21.01.2023.

[121] Siehe auch: https://de.wikipedia.org/wiki/Birgit_Breuel, 21.01.2023.

wurden und den Gesamtausstoß an *Klimagasen* in ganz Deutschland deutlich reduzierten. Seit der Wiedervereinigung des Landes waren damit die Kohlendioxidemissionen in dem gesamten Jahrzehnt rückläufig[122] (im Jahr 2020 wurden 41 % im Bezug zu 1990 eingespart). Die Gesamtemissionen von Treibhausgasen (GHG = *greenhouse gas*) sanken von 1222,8 Mio. t im Jahr 1990 auf 991,4 Mio. t im Jahr 2000. Der Grund dieser Entwicklung ist vor allem die umfassende *Deindustrialisierung Ostdeutschlands* nach der Wiedervereinigung. Zahlreiche ostdeutsche Betriebe verlieren ihre Existenzgrundlage und müssen schließen. Im Ergebnis handelt es sich um einen *Wohlstandsverlust* eines Teils Deutschlands mit vermeintlich positiven Klimaauswirkungen. Das ist die Grundlage für die hohen nationalen Einsparungen an klimagaswirksamen Emissionen gegenüber den Emissionen der ehemals beiden deutschen Staaten im Jahrzehnt zuvor. Sieht man sich jedoch für den gleichen Zeitraum der 1990iger den globalen Verlauf der CO_2-Emissionen in der Keeling-Kurve an, haben diese drastischen Einbrüche in Deutschland keine sichtbare Wirkung auf ihren Verlauf. Diese bereits einmal in Deutschland vollzogene Entwicklung einer massiven Deindustrialisierung in der einen Hälfte Deutschlands kann damit als Realeispiel für die Aus-

---

[122] Siehe auch: BMWI 2021, https://www.bmwk.de/Redaktion/DE/Publikationen/Energie/energieeffizienz-in-zahlen-entwicklungen-und-trends-in-deutschland-2021.pdf%3F__blob%3DpublicationFile&v%3D6, und Der Bundesbeauftragte der Bundesregierung für die neuen Länder, https://www.bmwk.de/Redaktion/DE/Publikationen/Neue-Laender/2021-jahresbericht-der-bundesregierung-zum-stand-der-deutschen-einheit-jbde.pdf%3F__blob%3DpublicationFile&v%3D16, 21.01.2023.

wirkungen auf die globale CO_2-Konzentration nach einer energetischen Umstellung von ganz Deutschland auf CO_2-Neutralität, inklusive kommender Unternehmensabwanderungen und Wohlstandsverlusten, herangezogen werden. Deutschland verfügt bereits real über die Erfahrung auf allen Ebenen der Gesellschaft, was die heute von der Politik verfolgten Klimazielsetzungen für das Land und für die Welt *tatsächlich* bewirken werden.

Am 07. Dezember 1990 wurde von der CDU/CSU-Regierung das *Stromeinspeisungsgesetz*[123] verabschiedet. Es wird die Grundlage für das zehn Jahre später kommende EEG (Energieeinspeisegesetz unter SPD und Grünen im Jahr 2000). Es tritt zum 01. Januar 1991 in Kraft. Ziel der gesetzlichen Regelung war die vergütete Abnahme von Strom, der ausschließlich aus Wasserkraft, Windkraft, Sonnenenergie, Deponiegas, Klärgas oder aus Produkten oder biologischen Rest- und Abfallstoffen der Land- und Forstwirtschaft gewonnen wird. Mit dem Stromeinspeisungsgesetz wurden erstmals die Elektrizitätsversorgungsunternehmen (EVU) verpflichtet, elektrische Energie aus regenerativen Umwandlungsprozessen von Dritten abzunehmen und zu vergüten.

1989 startet RWE ein Schlüsselprojekt zur Verbrennung von Wasserstoff mithilfe eines Dampfgenerators (siehe Abb. 9.4) in einem Kohlekraftwerk[124]. Mit diesem Versuchsprojekt beabsichtigte das Unternehmen zu prüfen, ob mit der Wasserstoffverbrennung konventionelle Dampfturbinen in einem Kraftwerk in

---

[123] Siehe auch: https://dserver.bundestag.de/btd/11/078/1107816.pdf, 21.01.2023.
[124] Quelle: Steamgenerator hydrogen/oxygen spinning reserve unit, RWE Projekt 1989–1992, ABB, Balcke-Dürr, DFVLR (DLR), EVS, FICHTNER, HÜLS and RWE.

9 Gesellschaftspolitische Entwicklungen

Abb. 9.4 Experimentelle Version eines H_2/O_2-Dampfgenerators. Quelle: Steamgenerator hydrogen/oxygen spinning reserve unit, RWE Projekt 1989-1992, ABB, Balcke-Dürr, DFVLR (DLR), EVS, FICHTNER, HÜLS and RWE

einem realen Produktionsumfeld der Energieindustrie technisch und wirtschaftlich erfolgreich eingesetzt werden können. Schon Ende der 1980er Jahre wurde nach neuen Lösungen für die Umrüstung von Kohlekraftwerken gesucht und zahlreiche Forschungsprojekte wurden ins Leben gerufen. Dieses Projekt war ein pragmatischer technologischer Ansatz, der sich in einer erfolgreichen Durchführung über mehrere Jahre auszahlte. Unter wissenschaftlicher Begleitung wird das Projekt als zukünftiger möglicher Kohleersatz im Jahr 1992 erfolgreich beendet. Folgeprojekte sind nicht geplant, weil die staatlichen Fördermittel ausgelaufen sind.

Anfang der 1990er Jahre beschließt die CDU/CSU geführte Bundesregierung, eine breite Förderung der erneuerbaren Energien zu verabschieden, zu der Wasserstoff nicht gehört. Am Anfang des Jahrzehnts, 1991, stehen in Deutschland 769 Windkraftanlagen mit einer Gesamtleistung von 60 MW (Megawatt). Ende des Jahrzehnts, im Jahr 2000, stehen in Deutschland bereits 9375 Windkraftanlagen. Im selben Jahr wird das EEG[125] von der rot-grünen Bundesregierung (SPD und Die Grünen) verabschiedet. Das EEG wird in 2004 und 2009 novelliert. Die Novellierung von 2004 verankert eine feste Zielquote zum Ausbau der erneuerbaren Energien bis 2010 auf 12,5 % und bis 2020 auf mindestens 20 %. Die Novellierung des EEG von 2009[126] ist eine grundsätzliche Überarbeitung dieses Gesetzespakets. Im Kern werden vor allem der Härteausgleich bei Nichteinspeisung wegen Kapazitätsengpässen und die Direktvermarktung von Strom aus erneuerbaren Energien neu geregelt.

Zum besseren Verständnis der politischen Landschaft in dieser Zeit rufe ich die Gründung der Partei *Die Grüne Partei* aus der Umweltbewegung am 13. Januar 1980 im damaligen Westdeutschland in Erinnerung. 1990 schlossen sich die Gruppierungen aus der Bürgerrechtsbewegung in der DDR zum Bündnis 90 zusammen. Beide Parteien, Bündnis 90 und Die Grüne Partei, vereinigten sich 1993 zur Partei Bündnis 90/Die Grünen[127], in Kurzform auch als die Grünen bzw. die Grüne Partei bezeichnet 1998 gewann die SPD die Bundestagswahl und schloss eine Koalition mit den Grünen. Damit konnten die Grünen im Kabinett Gerhard Schröders[128] erstmals als Regierungspartei in einer rot-grünen Koalition auf Bundesebene

---

[125] Siehe auch: Wikipedia, https://de.wikipedia.org/wiki/Erneuerbare-Energien-Gesetz, 21.01.2023.
[126] Siehe auch: Clearing-Stelle EEG KWKG, https://www.clearingstelle-eeg-kwkg.de/eeg2009, 21.01.2023.
[127] Siehe auch: Bundeszentrale für politische Bildung, https://www.bpb.de/themen/parteien/parteien-in-deutschland/gruene/42151/etappen-der-parteigeschichte-der-gruenen/, 21.01.2023.
[128] Siehe auch: Wikipedia, https://de.wikipedia.org/wiki/Gerhard_Schr%C3%B6der, 21.01.2023.

9 Gesellschaftspolitische Entwicklungen

eine Regierungsverantwortung übernehmen (Joschka Fischer[129], Jürgen Trittin[130]). Ein wesentliches Ziel dieser Koalition war der *Klimaschutz*. In diesem Zusammenhang ist auch die 1996/1997 durchgeführte Vereinigung von drei grünen Stiftungen zur heutigen *Heinrich-Böll-Stiftung*[131] erwähnenswert, weil sie einen wichtigen Anteil an der Entwicklung der Stimmungslage in den folgenden Jahrzehnten haben wird. 1980 hatte Die Grüne Partei die Praxis von Parteistiftungen aller anderen Parteien vehement kritisiert und eine Klage vor dem *Bundesverfassungsgericht* zum Verbot derartiger Einrichtungen verloren. Die fundamentale Kritik der Grünen an den politischen Stiftungen der anderen Parteien waren vor allem ihre Finanzierung, die mangelnde Transparenz ihres Wirkens und eine nicht unabhängige, sondern *parteigebundene Einflussnahme* der öffentlichen Meinungsbildung. Nach der Niederlage vor dem Bundesverfassungsgericht beschlossen die Grünen, die Vorteile von Stiftungen für sich selbst zu nutzen und zukünftig selbst mit diesem Instrument auf die Gesellschaft einzuwirken (weitere parteinahe Stiftungen auf Bundesebene: SPD = Friedrich-Ebert-Stiftung, CDU = Konrad-Adenauer-Stiftung, CSU = Hanns-Seidel-Stiftung, FDP = Friedrich-Naumann-Stiftung für die Freiheit, Die Linke = Rosa-Luxemburg-Stiftung, AfD = Desiderius-Erasmus-Stiftung).

---

[129] Siehe auch: Wikipedia, https://de.wikipedia.org/wiki/Joschka_Fischer, 21.01.2023.
[130] Siehe auch: Wikipedia, https://de.wikipedia.org/wiki/J%C3%BCrgen_Trittin, 21.01.2023.
[131] Siehe auch: Heinrich-Böll-Stiftung, https://www.boell.de/de/geschichte-der-stiftung, und Wikipedia, https://de.wikipedia.org/wiki/Heinrich-B%C3%B6ll-Stiftung, 21.01.2023.

Auf der „UN-Konferenz über Umwelt und Entwicklung"[132] in Rio im Juni 1992 appelliert die zwölfjährige, aus Toronto (Kanada) stammende Severn Suzukis[133] für mehr Umweltschutz. Sie ist die frühe Aktivistin für Umweltschutz. Ihr Wirken wird jedoch nur einen sehr geringen Widerhall in der Presse und damit der Öffentlichkeit finden. Nach dem Ende des Kalten Kriegs zeigte sich auch im UN-Erdgipfel von Rio 1992 eine Aufbruchstimmung. Auf dem Gipfel in Rio wurden die Agenda 21 (Aktionsprogramm der Vereinten Nationen für die Festlegung von Leitlinien des 21. Jahrhunderts zur nachhaltigen Entwicklung), die Rio-Erklärung über Umwelt und Entwicklung (eine unverbindliche Erklärung), die Klimarahmenkonvention (Rahmenübereinkommen der Vereinten Nationen über Klimaänderungen), die „Forest Principles" (nicht rechtlich bindende, maßgebliche Erklärung der Grundsätze für einen globalen Konsens über die Verwaltung, Erhaltung und nachhaltige Entwicklung aller Arten von Wäldern) und die Biodiversitätskonvention (Übereinkommen über die biologische Vielfalt) verabschiedet. Folgekonferenzen fanden im Jahr 1997 in New York, 2002 in Johannesburg und 2012 erneut in Rio de Janeiro statt. Sie bilden auf der internationalen Ebene, zusätzlich zu den vom IPCC organisierten COP-Konferenzen, einen erweiterten Rahmen für die Klima- und Umweltthemen.

Im Folgenden ist die Orientierung an der globalen CO_2-Konzentration und an den Kohlendioxidemissionen von Deutschland maßgeblilch. Da die deutschen Treib-

---

[132] Siehe auch: https://www.un.org/depts/german/conf/agenda21/rio.pdf, und UNRIC, https://unric.org/de/wp-content/uploads/sites/4/2017/02/pressemappe-rioplus5.pdf, 21.01.2023.

[133] Siehe auch: https://de.wikipedia.org/wiki/Severn_Cullis-Suzuki, 21.01.2023.

hausgasemissionen nur einen kleinen Teil der globalen Treibhausbelastungen ausmachen (ca. 2,7–3,0 %), werden noch weitere Schlüsselländer in die Analyse mit aufgenommen. Sie sind ebenfalls Unterzeichner der Dokumente der „Konferenz über Umwelt und Entwicklung" in Rio sowie der später vom IPCC einberufenen Klimakonferenzen (siehe Kapitel 9, Abschnitt 3 „Die Entstehung der internationalen Klimakonferenzen und einer internationalen Bewegung?"). Dazu zählen die heutige europäische Union, in der die wichtigsten Industrieländer Europas enthalten sind, die USA, China, Indien, Japan, Australien und einige arabische Länder. Wichtige Länder wie u.a. China und Indien, aber auch zahlreiche ölexportierende Länder des Nahen Ostens, haben bis heute den Status von Entwicklungsländern, was ihnen in den internationalen Konferenzen eine besondere Position verschafft. 1990 betrug die Einwohnerzahl in Deutschland 79.433.029[134]. Die durchschnittliche globale CO_2-Konzentration betrug in diesem Jahr 354 ppm[135] und die globale durchschnittliche Temperatur lag mit +0,45 °C vom Bezugszeitraum (Anomalie) bei 14,35 °C. Der Nettoenergieimport nach Deutschland betrug 46,99 % der genutzten Energie. Deutschland emittierte im gleichen Jahr 1248,6 Mt CO_2. Ebenfalls im gleichen Jahr emittierten die wichtigsten Industriestaaten und Staatenbünde wie die EU27 3863,41 Mt CO_2, China 2484,86 Mt CO_2, Indien 578,52 Mt CO_2, Japan 1158,01 Mt CO_2, Russische Föderation 2525,52 Mt CO_2, Saudi Arabien 208,50 Mt CO_2 und die USA 5113,46 Mt CO_2.

---

[134] Quelle: Worldbank.

[135] Quelle: Keeling Curve, https://keelingcurve.ucsd.edu/, 21.01.2023.

Im Jahr 1990 betrug die menschliche Population[136] 5,32 Mrd. Menschen und stieg bis Ende dieses Jahrzehnts auf 6,13 Mrd. an, was einem Anstieg von ca. 13,2 % entspricht[137].

9.4.3 Die Dekade 2000–2009

Helmut Kohl[138], CDU, hatte die Bundestagswahl 1998 verloren. Der „Kanzler der Einheit" verlor das Vertrauen bei seinen Bürgern des nun vereinten Deutschlands. Der neue Kanzler, Gerhard Schröder (SPD), kam an die Macht und schloss ein Bündnis mit der Partei Bündnis 90/Die Grünen. In dieser Koalition sollten sehr große Änderungen in Deutschland die öffentliche Stimmung nachhaltig über Jahrzehnte verändern. Das EEG wurde unter Jürgen Trittin (Bündnis 90/Die Grünen) eingeführt. Gerhard Schröder beschloss mit seinem Koalitionspartner die Agenda 2010, die fundamentale Änderungen in zahlreichen Bereichen der Gesellschaft mit sich brachte und große Demonstrationen[139] hervorrief. Im Sommer 2004 entstehen zahlreiche Montagsdemonstrationen[140] gegen die Hartz-IV-Reformen und gegen Sozialabbau sowie

---

[136] Datenquelle: Weltbevölkerung – Entwicklung von 1950–2020 | Statista, https://de.statista.com/statistik/daten/studie/1716/umfrage/entwicklung-der-weltbevoelkerung/, 03.04.2022.

[137] Quelle: Daten Worldbank Data, https://databank.worldbank.org/, 21.01.2023.

[138] Siehe auch: https://de.wikipedia.org/wiki/Helmut_Kohl, 21.01.2023.

[139] Siehe auch: Spiegel, https://www.spiegel.de/politik/deutschland/anti-sozialabbau-demos-500-000-marschieren-gegen-schroeders-agenda-a-293972.html, und ff, 21.01.2023.

[140] Siehe auch: Wikipedia, https://de.wikipedia.org/wiki/Montagsdemonstrationen_gegen_Sozialabbau_ab_2004, 21.01.2023.

9 Gesellschaftspolitische Entwicklungen 419

gegen die Agenda 2010 insgesamt. Sie verdrängen vorläufig andere *Protestthemen*.

Die prognostizierte Apokalypse[141] nach der Jahrtausendwende zum Jahr 2000 blieb aus. Der Millennium-Bug[142] schaltete die Computer weltweit nicht ab. Die Auswirkungen fehlerhafter Datumsangaben wurden überschätzt und in den späteren Jahren nach der Jahrtausendwende schrittweise behoben.

Ab dem Jahr 2000 platzt die Dotcom-Blase[143]. Zahlreiche Internetunternehmen gehen in den nächsten Jahren in die Insolvenz, weil sich die Erwartungen der Gründer und Investoren nicht erfüllen. Im Jahr 2001 wird die freie Onlineenzyklopädie Wikipedia[144] gegründet, die zukünftig das Wissen der Welt aufnehmen wird. 2005 gehen YouTube und Google Maps online. Das Internet wächst und bietet immer mehr Bandbreite an, sodass die neuen Firmen wie YouTube mit ihren freien Filmangeboten entstehen können. Facebook wird 2004 gegründet. Das soziale Netzwerk wird sich in den nächsten Jahren zu einer der größten Kommunikationsplattformen entwickeln. Im März 2006 folgt der Dienst Twitter, der zu einem der wichtigsten Benachrichtigungsnetzwerke für die Politik in Deutschland und anderen Ländern wird. Weitere Dienste und Angebote werden sich in diesem und dem folgenden Jahrzehnt entwickeln.

---

[141] Siehe auch: ORF Österreich, https://orf.at/v2/stories/2157048/2156924/, 21.01.2023.

[142] Siehe auch: Wikipedia, https://de.wikipedia.org/wiki/Jahr-2000-Problem, 21.01.2023.

[143] Siehe auch: Wikipedia, https://de.wikipedia.org/wiki/Dotcom-Blase, 21.01.2023.

[144] Siehe auch: Wikipedia, https://de.wikipedia.org/wiki/Geschichte_der_Wikipedia, 21.01.2023.

Im Jahr 2000 kommt George W. Bush[145] an die Macht und wird als neuer Präsident der USA vereidigt. Am 11. September 2001 wird die USA mit spektakulären Terroranschlägen in New York und Washington angegriffen. In der Konsequenz werden sich in den nächsten zwei Jahrzehnten grundsätzliche Änderungen in den Sicherheitsstandards von zahlreichen Staaten entwickeln. Nach den Anschlägen ruft die USA-Regierung den „Krieg gegen den Terror" aus und sucht nach Verbündeten. US-Truppen marschieren ohne Kriegserklärung in Afghanistan ein. 2003 lehnt die Regierung unter Gerhard Schröder (SPD) eine militärische Beteiligung am Irakkrieg ab (Joschka Fischer Bündnis 90/Die Grünen). Dieser Krieg ist offiziell eine direkte Folge aus den Anschlägen in den USA. 2008 heißt der neue Präsident der USA Barack Obama[146]. Mit diesem Präsidenten wird der Klimawandel in den USA zu einem Thema[147].

2002 wird in der Europäischen Union der Euro als Einheitswährung eingeführt. Alle Länder der Eurozone verlieren ihre bisherigen nationalen Währungen[148]. Damit entfallen zukünftig Anpassungen der verschiedenen Volkswirtschaften in Europa (Eurozohne) über unterschiedliche Wechselkurse der alten Währungen. Die Koalition aus SPD und Grünen beschließen 2002 die Abschaltung der Atomkraftwerke mit einer langen Übergangfrist von

---

[145] Siehe auch: Wikipedia, https://de.wikipedia.org/wiki/George_W._Bush, 21.01.2023.

[146] Siehe auch: Wikipedia, https://de.wikipedia.org/wiki/Barack_Obama, 21.01.2023.

[147] Siehe auch: Zeit, https://www.zeit.de/politik/ausland/2015-08/klimaschutz-barack-obamas-aktionsplan, und Clean energy project, https://www.cleanenergy-project.de/gesellschaft/politik-und-umwelt/barack-obama-der-klima-praesident/, 21.01.2023.

[148] Siehe auch: Europäische Union, https://european-union.europa.eu/institutions-law-budget/euro/history-and-purpose_de, 21.01.2023.

9 Gesellschaftspolitische Entwicklungen

15 Jahren. Unter der später folgenden Koalition unter Führung der CDU/CSU mit ihrer neuen Bundeskanzlerin Angela Merkel wird dieser Vertrag in einen sofortigen Atomausstieg umgewandelt. 2004 beschließt die rot-grüne Koalition (SPD und Grüne) die Einführung von „Hartz IV" und die weitere Umsetzung der Agenda 2010. In der kommenden Bundestagswahl 2005 wird die bürgerlich-konservative CDU/CSU stärkste Partei und bildet eine Koalition mit der SPD.

Angela Merkel[149] beginnt ihre Regierungsära, die in unterschiedlichen Parteienkonstellationen bis Ende 2021 16 Jahre anhalten wird. Die Bundestagswahl wurde vor allem wegen der Hartz-IV-Reform der SPD und des Afghanistaneinsatzes der Bundeswehr (Bundesminister der Verteidigung Peter Struck, SPD: „Deutschlands Sicherheit wird am Hindukusch verteidigt!") von der CDU/CSU gewonnen. Diese von der SPD und den Grünen grundsätzliche Änderung in der Sozial-, Kranken- und Rentenpolitik wird die SPD in den nächsten Jahrzehnten in ihren Wahlerfolgen erheblich schrumpfen lassen. Die Grünen werden mit diesen Reformen nicht in Verbindung gebracht werden, obwohl sie alle Beschlüsse dieser Koalition mitgetragen haben und an ihrer Erarbeitung aktiv mitwirkten. Vielmehr werden die Grünen in den nächsten zwei Jahrzehnten mit der Einführung des EEG assoziiert, was zu einem Boom in der Wind- und Photovoltaikbranche führen wird. Das schafft auch die Grundlage für die nächsten Jahrzehnte zur Entwicklung des öffentlichen Meinungsbildes einer mit Wind und Sonne assoziierten Energiewende[150].

---

[149] Siehe auch: Wikipedia, https://de.wikipedia.org/wiki/Angela_Merkel, 21.01.2023.
[150] Siehe auch: Wikipedia, https://de.wikipedia.org/wiki/Energiewende, 21.01.2023.

2007 platzt die Immobilienblase in den USA (ausgehend von der Großbank Lehman Brothers). Daraus entwickelt sich 2008 eine globale Banken- und Wirtschaftskrise. Ein neuer Begriff wird in der Öffentlichkeit bewusst, der Begriff der „Bad Bank"[151]. Weltweit sichern die Regierungen ihre Banken ab und übernehmen bisher ungekannte Summen, was in der Folge zu erheblichen Staatsverschuldungen führt. Daraus entsteht die Krise des Euros.

2005 gibt sich die EU eine Verfassung. Der Vertrag über die neue Verfassung in Europa wird von 18 Staaten ratifiziert. 2009 bildete Angela Merkel mit der liberal-bürgerlichen FDP eine neue Regierung und wird erneut zur Bundeskanzlerin gewählt.

2001 tritt China der WTO (Welthandelsorganisation) bei. In diesem Zusammenhang verpflichtet sich China, einen festen Zeitrahmen für den Zugang für ausländische Firmen zu seinem Markt zu öffnen. Im Gegenzug verpflichten sich die Staaten, ihre Märkte für chinesische Waren zu öffnen. In der Folge dieser Vereinbarungen steigt die Industrieproduktion um 15 % jährlich, die Stahlproduktion um über 20 %. China wird zu einem globalen Wirtschaftsmotor und von einem Schwellenland zum Industrieland und wächst in seiner Wirtschaft zu einem globalen Riesen, der zweitgrößten Volkswirtschaft hinter den USA, heran. Der Status Chinas als Entwicklungsland bleibt international rechtswirksam erhalten. Bis 2019 wird das Land jährlich um durchschnittlich 8,9 % wachsen. Grundlage dieses außerordentlichen Wachstums ist der Bau von zahlreichen Kohlekraftwerken[152], die starken

---

[151] Siehe auch: Wikipedia, https://de.wikipedia.org/wiki/Bad_Bank, 21.01.2023.

[152] Siehe auch: Statista, https://de.statista.com/infografik/22439/anzahl-der-aktiven-kohlekraftwerke-weltweit/, und Wikipedia, https://de.wikipedia.org/wiki/Liste_von_Kraftwerken, 21.01.2023.

Smog in verschiedenen Städten verursachen. Der Anteil von China am Welthandel wird sich verdoppeln. Das Bruttoinlandsprodukt wird im gleichen Zeitraum um das Sechsfache anwachsen. Chinas Infrastruktur und Wirtschaft wachsen rasant, die Kehrseite sind Belastungen der Umwelt, Luft- und hohe Wasserverschmutzungen. Die Großstädte in China gehören weltweit zu den Städten mit der stärksten Luftverschmutzung.

2003 herrscht eine Hitzewelle in Europa. Der Jahrhundertsommer bringt eine gesellschaftliche Debatte über den Klimawandel in Fahrt.

Die durchschnittliche CO_2-Konzentration betrug im Jahr 2000 bereits 369 ppm und die globale durchschnittliche Temperatur lag mit 0,42 °C Abweichung vom Referenzzeitraum bei 14,32 °C, was einer geringen Temperatursenkung entspricht. Emittierte die Welt 1990 noch 22,75 Gt (Gigatonnen) CO_2, so betrug die Kohlendioxidemission im Jahr 2000 25,23 Gt. Die Gesamtpopulation stieg im selben Jahr auf 6,14 Mrd. Menschen. China emittierte im Jahr 2000 3439 Mt (Megatonnen) CO_2. Am Ende des Jahrzehnts wird das Land 7887 Mt CO_2 emittieren und damit seinen CO_2-Ausstoß verdoppeln. Das Land wird zum Ende dieses Jahrzehnts eine Bevölkerung von 1,3 Mrd. Menschen haben. Deutschland emittiert im Jahr 2000 899,852 Mt CO_2. Ende des Jahrzehnts wird Deutschland 790,295 Mt CO_2 emittieren. Die Emissionen von Deutschland sind zu diesem Zeitpunkt ungefähr ein Zehntel der Kohlendioxidemissionen von China. Die Population[153] betrug im Jahr

---

[153] Quelle: Daten Weltbevölkerung – Entwicklung von 1950–2020 | Statista, https://de.statista.com/statistik/daten/studie/1716/umfrage/entwicklung-der-weltbevoelkerung, 03.04.2022.

2000 6,13 Mrd. Menschen und stieg bis Ende dieses Jahrzehnts auf 6,92 Mrd. an.

9.4.4 Die Dekade 2010–2019

Im Jahr 2015 wird in Bayern das G7-Treffen der Staatsoberhäupter abgehalten. Das Treffen mobilisierte eine starke Protestbewegung. Ebenfalls entstehen im Jahr 2016 starke Demonstrationen in diesem Jahrzehnt gegen das Freihandelsabkommen der Europäischen Union mit den USA und Kanada, die Forderung nach einem vereinten Europa im Jahr 2017 sowie im Jahr 2018 Demonstrationen für mehr Weltoffenheit und Toleranz.

Edward Snowden enthüllt 2013 geheime Dokumente der USA, in denen schwere Menschenrechtsverletzung des Militärs unter Auftrag oder Billigung der amtierenden Regierung dokumentiert und öffentlich gemacht werden. 2014 enthält das Internet mehr als 1 Mrd. Hosts.

2012 übernimmt Xi Jinping[154] die Führung in China. Das chinesische Konjunkturprogramm ab den Jahren 2009 und 2010 hat das Ziel, eine umweltfreundlichere Wirtschaft in China zu entwickeln. Ab dem Jahr 2010 wurde eine Freihandelszone zwischen der Volksrepublik China und den ASEAN-Staaten gegründet. Sie wird die drittgrößte Freihandelszone, nach der EU und der NAFTA, auf der Welt. Im Jahr 2020 tritt China dem Freihandelsabkommen RCEP bei, in dem die 15 beteiligten asiatischen Staaten ca. 33 % der Weltwirtschaftsleistung mit etwa 2 Mrd. Menschen repräsentieren. Im Jahr 2021 wird China ca. 200 neue Kohlekraftwerke im eigenen

---

[154] Siehe auch: Wikipedia, https://de.wikipedia.org/wiki/Xi_Jinping, 21.01.2023.

Land im Bau haben und die Finanzierung von Kohlekraftwerken im Ausland einstellen. Dazu werden 150 Kohleminen neu eröffnet. Die Volksrepublik beabsichtigt bis 2060 ein klimaneutrales Land zu werden, was in der Öffentlichkeit – hier vor allem in Deutschland – als viel zu spät angesehen wird und entgegen allen öffentlichen Aussagen des IPCC steht. Um dieses Ziel zu erreichen, wird in China verstärkt in Atomkraft und den Aufbau erneuerbarer Energien investiert.

Atomausstieg in Deutschland: Pannen, Störfälle, aufgedeckte Vertuschungen führten über Jahrzehnte zu einem Vertrauensverlust der Atomtechnologie in der Öffentlichkeit. Zusätzlich wurde die über 50 Jahre ungelöste Endlagerfrage nicht von der Politik angegangen und führte damit zusätzlich über einen Zeitraum von ca. 40 Jahren zu einem Vertrauensverlust in die politischen Institutionen, zu außergewöhnlich starken Protesten und zur Gründung der Umweltbewegung, aus der die Partei Die Grünen hervorging (siehe Kapitel 9, Abschnitt 4.1 „Entwicklung der Klimabewegung in Deutschland: Symbole, Glaube und Verehrung ... und Konkurrenzen"). Die Katastrophe 2011 in den vier japanischen Reaktorblöcken in Fukushima Daichi war der Anlass für die Bundeskanzlerin Angela Merkel, am 30. Juni des gleichen Jahres den „beschleunigten Atomausstieg" in Deutschland zu beschließen. In diesem Zusammenhang wurde in der deutschen Öffentlichkeit wenig über die etwa 12 km südlich liegende Schwesteratomanlage Fukushima Daini berichtet, die mit vier Kraftwerksblöcken und ebenfalls einem schweren Flutschaden nicht zu einer Nuklearkatastrophe führte. Deshalb kann die öffentlich stark thematisierte Katastrophe im Kraftwerk Fukushima Daichi als politische Gelegenheit der damaligen Bundesregierung angesehen werden, einen vorgezogenen Atomausstieg in Deutschland öffentlich zu Thematisieren, durchzusetzen und das Dauerthema Endlager damit aus der öffentlichen Debatte zu verbannen. Am 03. Dezember 2014 wird das „Aktionsprogramm Klimaschutz 2020" vom Kabinett Merkel verabschiedet.

Am 20. August 2018 demonstriert die damals 15-jährige Schwedin Greta Thunberg vor dem schwedischen Parlament. Diesen Sitzstreik wiederholte sie in den nächsten Wochen immer am Freitag einer Woche. Dieser Sitzstreik wird der mediale Ankerpunkt für eine Bewegung, hinter der sich verschiedene Klimaproteste, Gruppen, Wissenschaftler und zahlreiche Bürger vereinigen werden und die die Bewegung Fridays for Future entstehen lässt. Greta Thunberg hielt bei ihrem Sitzstreik ein Schild vor sich mit auf Aufschrift „Skolstrejk för klimatet" („Schulstreik fürs Klima"). Diese Aktion wird von *Medien* aufgegriffen und öffentlichkeitswirksam publiziert[155]. Der neue Star der Klimaschutzbewegung findet ein breites Echo auch in den digitalen Medien bzw. den sozialen Netzwerken, in denen fortan das Wirken der „Aktivistin" Millionen Klicks erzeugt. 2018 reist sie zusammen mit ihrem Vater zur UN-Klimakonferenz in Kattowitz nach Polen, vor dessen Teilnehmern sie eine von vielen *Medien* beachtete Rede hält, in der sie die versammelten Staatschefs direkt anspricht: „Viel zu lange standen die Politiker und die Leute an der Macht im Weg, ohne irgendetwas zu tun, um gegen die Klimakrise und die ökologische Krise zu kämpfen. […] Aber wir werden sicherstellen, dass sie nicht länger damit davonkommen." Damit war eine breite Medien-

---

[155] Siehe auch: Zeit, https://www.zeit.de/2019/06/klima-aktivistin-greta-thunberg-klimaschutz-schuelerin, und Stern, https://www.stern.de/kultur/greta-thunberg—wer-ist-der-mensch-hinter-der-ikone--9412716.html, und Spiegel, https://www.spiegel.de/wirtschaft/unternehmen/kohlsteijk-foer-klimatet-a-551e3b3e-072b-4652-9084-2b160ed4c447, und ff 21.01.2023.

9 Gesellschaftspolitische Entwicklungen

wirksamkeit erreicht, mit der sie die darin enthaltene Emotionalisierung des Weltthemas Klima umsatzfördernd vermarkten konnten. Im Jahr 2019 nahm Greta Thunberg[156] am 49. Jahrestreffen des Weltwirtschaftsforums teil, auf dem sie in ihrer Pressekonferenz erklärte, dass sie den Vertretern der Öl- und Gasindustrie gerne persönlich ihre „Verbrechen gegen die Menschheit" erklärt hätte. Auch hier wurde über die Emotionalisierung mit medienwirksamen Anschuldigungen ein starkes Signal für die internationalen Medien geschaffen, was die Anzahl ihrer Anhänger weltweit weiter wachsen ließ. 2019 sprach Thunberg vor dem Europäischen Wirtschafts- und Sozialausschuss und anschließend vor dem Umweltausschuss in Brüssel. Sie forderte die Abgeordneten in einer emotionalen Rede auf, „in Panik über den Klimawandel zu geraten". Im selben Jahr nahm sie am UN-Klimagipfel, im Rahmen der jährlichen Climate Week NYC, teil. In der Rede, die sie hielt, sagte sie dann den von der Weltpresse aufgegriffenen Satz: „Wie könnt ihr es wagen zu glauben, dass man das lösen kann, indem man so weitermacht wie vorher." Diese Linie von öffentlichen hoch emotionalen Äußerungen beflügelte ihre Altersgruppe und war die Grundlage für die Gründung der Bewegung Fridays for Future. Mit diesem Kumulationspunkt der Klimabewegung ab 2018 wird eine weltweite Aufmerksamkeit und hohe Emotionalisierung des Klimawandels in vielen westlichen Ländern, in der Regel bei jungen Menschen, erreicht, mit dem Nebeneffekt einer zunehmenden Zukunftsangst von jungen Menschen, was später zu realen Ängsten und einem neuen Krankheitsbild, der „Klimaangst", führen wird.

---

[156] Siehe auch: Wikipedia, https://de.wikipedia.org/wiki/Greta_Thunberg, und Deutsche Welle, https://www.dw.com/de/15-j%C3%A4hrige-redet-klimapolitikern-ins-gewissen/a-46569114, und United Nations, https://unfccc.int/documents/187780, 21.01.2023.

Die Öffentlichkeit reagierte über die Presse: Der deutsche Politologe Albrecht von Lucke[157] bemerkte über die Auftritte von Greta Thunberg eine „existenzielle Ernsthaftigkeit". Der Spiegel veröffentlichte in einer Analyse, dass das traditionelle Subjekt-Objekt-Verhältnis der Pädagogik umgekehrt wird. Eine Bundestagsabgeordnete sowie norwegische und schwedische Abgeordnete nominierten Thunberg für den Friedensnobelpreis 2019[158]. Die Tageszeitung aus Berlin (TAZ) fasste diese Entwicklung der öffentlichen Stimmungslage mit der Anmerkung zusammen, dass die für Greta Thunberg entgegengebrachte Verehrung an ein religiöses Erweckungserlebnisse erinnere, und folgerte daraus, dass das Problem nicht bei ihr, „sondern bei vielen Leuten, die auf sie reagieren" liegen würde. Allesamt höchst bemerkenswerte Reaktionen von Medien und Intellektuellen.

Im Oktober 2019 gründet sich die Fridays-for-Future-Bewegung[159]. In ihr organisieren sich vor allem junge Erwachsene und jugendliche Menschen. Sie organisieren sich vor allem mithilfe des Internetdienstes WhatsApp (Internet-basierte Plattform zum Austausch von sozialen Kontakten). In dem medialen Hype von *Fridays for Future* gründeten sich weitere Bündnisse wie u. a. Fridays for Science[160]. Am 15. März 2019 wird eine welt-

---

[157] Siehe auch: Blätter, https://www.blaetter.de/autoren/albrecht-von-lucke, 21.01.2023.

[158] Siehe auch: Süddeutsche Zeitung, https://www.sueddeutsche.de/politik/friedensnobelpreis-nobelpreis-greta-trump-1.4633677, und Spiegel, https://www.spiegel.de/politik/ausland/friedensnobelpreis-2019-wird-es-greta-thunberg-oder-doch-papst-franziskus-a-1290687.html, 21.01.2023.

[159] Siehe auch: Bundeszentrale für politische Bildung, https://www.bpb.de/kurz-knapp/lexika/das-junge-politik-lexikon/320328/fridays-for-future/, und Fridays for Future, https://fridaysforfuture.de/about/, 21.01.2023.

[160] Siehe auch: Wikipedia, https://de.wikipedia.org/wiki/Scientists_for_Future, 21.01.2023.

weite Demonstration für die Einhaltung von Klimazielen organisiert. Diese Demonstration wird durch zahlreiche Medien begleitet und damit die Botschaft der Demonstranten in die Öffentlichkeit transportiert. Am 01. März 2019 nimmt Greta Thunberg an einer Demonstration von Fridays for Future in Hamburg teil und verschafft damit dieser Demonstration eine besondere Medienwirksamkeit. Die mediale Entwicklung von Greta Thunberg und ihren Auftritten und die Gründung von Fridays for Future, inklusive ihrer assoziierten Organisationen, waren mediale Höhepunkte ab 2019, die einen wesentlichen Beitrag zur Stimmung in Deutschland leisteten und auch zu wesentlichen Teilen für die *Emotionalisierung* der Klimadebatte verantwortlich sind.

In Darebin City in Groß-Melbourne, Australien, verabschiedete am 21. August 2017 der Stadtrat einstimmig den „Darebin Climate Emergency Plan". Ende April 2019 beschloss einstimmig das britische Unterhaus für Großbritannien den *Klimanotstand* auszurufen. Am 09. Mai 2019 folgte das irische Parlament. Am 02. Mai 2019 ruft die Stadt Konstanz als erste Stadt in Deutschland den Klimanotstand aus. Alle Entscheidungen des Gemeinderats der Stadt sollen damit unter einen *Klimavorbehalt* gestellt werden. Das neue Klimapaket wurde von der großen Koalition am 20. September 2019 vorgelegt. Es soll sicherstellen, dass die Klimaziele bis zum Jahr 2030 noch eingehalten werden können (Anmerkung: dieser Beschluss gilt bis heute und wird von allen Parteien weiterhin verfolgt). Die CO_2-Steuer mit einem über die nächsten Jahre automatisch steigenden Preis wird eingeführt. Diese Steuer kann als neue Generalsteuer, ähnlich der Mehrwertsteuer, angesehen werden, weil fast keine Tätigkeiten ohne CO_2-Emissionen erfolgen. Die zur Einführung von der Politik versprochenen Kompensationen/Ausschüttungen wurden gesetzlich nicht verankert und werden bis heute nicht realisiert. Die Einführung der neuen Steuer wurde von den Umweltverbänden als „ein Dokument der Verzagtheit, der Halbherzigkeit und der Konfliktscheu" bezeichnet. Am 28. November 2019 ruft das Europäische Parlament den *Klimanotstand* für die EU aus. Der Generalsekretär der Vereinten Nationen, António Guterres, forderte am 12. Dezember 2020 alle Länder auf, den Klimanotstand auszurufen. Viele Länder hatten bis dahin bereits den Klimanotstand beschlossen bzw. sollten ihn beschließen.

Der Kohleausstieg von Deutschland fand in diesem *Stimmungsklima* statt, in dem Fridays for Future und andere Organisationen eine große Öffentlichkeitswirksamkeit entfalteten, die sehr lange Amtszeit von Angela Merkel mit der CDU/CSU dem Ende entgegenging und eine Bundestagswahl anstand. Im November 2016 wurde der weitreichende „Klimaschutzplan 2050" vom *Kabinett Merkel* beschlossen. Juni 2018 setzte die Bundesregierung die Kommission für „Wachstum, Strukturwandel und Beschäftigung"[161], kurz *Kohlekommission*, ein. Im Rahmen einer Bund-Länder-Einigung zum Kohleausstieg wurde am 16. Januar 2020 der sogenannte Kohlekompromiss erarbeitet und die Grundlage für ein Kohleausstiegsgesetz gelegt. Es folgte dem Grundprinzip „Abschalten vor Anschalten" und sieht hohe Entschädigungszahlungen für die Eigentümer der Kraftwerke vor. Am 03. Juli 2020 wurde sowohl vom Deutschen Bundestag als auch vom Bundesrat mehrheitlich das Kohleausstiegsgesetz (Gesetz zur Reduzierung und zur Beendigung der

---

[161] Siehe auch: Die Bundesregierung, https://www.bundesregierung.de/breg-de/suche/kommission-wachstum-strukturwandel-und-beschaeftigung-1599348, 21.01.2023.

9 Gesellschaftspolitische Entwicklungen

Kohleverstromung und zur Änderung weiterer Gesetze) beschlossen, dass am 14. August 2020 in Kraft trat. Das Gesetz legt fest, dass *alle* Kohlekraftwerke bis 2038 vom Netz gehen sollen. Die Bundesregierung Merkel beschloss im Oktober 2019 zur Erreichung der Klimaziele 2030 das „Klimaschutzprogramm 2030". Durch welche Kraftwerke in Zukunft die Strom- und Wärmeversorgung geleistet werden soll, wird nicht definiert bzw. beschlossen.

In China werden im Jahr 2020 1077, in Indien 281, in den USA 263, in Japan 84, in Russland 83, in Indonesien 77, in Deutschland 74, in Polen 49 und in allen anderen Ländern 464 Kohlekraftwerke betrieben. Die Länder China, Indien und die USA betrieben weltweit ca. 2/3 aller Kohlekraftwerke[162]. 2018 sind weltweit 1380 neue Kohlekraftwerke mit einer Leistung von 670 GW (Gigawatt) in 59 Ländern in Planung[163].

Die durchschnittliche CO_2-Konzentration betrug im Jahr 2010 bereits 390 ppm, was einem Anstieg zur vorherigen Dekade um 21 ppm entspricht. Bis zum Ende dieser Dekade sollte die 400-ppm-Marke überschritten werden. Die globale, durchschnittliche Temperatur lag mit einer 0,72 °C Abweichung vom Referenzzeitraum bei 14,62 °C, was einem geringen Temperaturanstieg zur vorherigen Dekade entspricht. Die globale Population[164] betrug am Ende dieser Dekade 7,8 Mrd. Menschen.

---

[162] Quelle: Global Coal Plant Tracker, https://globalenergymonitor.org/projects/global-coal-plant-tracker/, 03.04.2022.
[163] Quelle: https://www.coalexit.org/und https://endcoal.org/tracker/, 03.04.2022.
[164] Quelle: Daten Weltbevölkerung – Entwicklung von 1950–2020 | Statista, 03.04.2022.

9.4.5 Beginn der Dekade 2020

Die durchschnittliche CO_2-Konzentration betrug im Jahr 2020 bereits 414 ppm, was einem Anstieg zur vorherigen Dekade um 14 ppm entspricht. Die globale durchschnittliche Temperatur lag mit 0,98 °C Abweichung vom Referenzzeitraum bei 14,88 °C, was einem geringen Temperaturanstieg zur vorherigen Dekade entspricht. Im Jahr 2020 lag die globale Durchschnittstemperatur, bezogen auf den Referenzzeitraum, bei 1,1 °C Temperaturanstieg. Die globale Population betrug im Jahr 2020 7,795 Mrd. Menschen.

Der Deutsche Bundestag beschließt am 24. Juni 2021, kurz vor der Bundestagswahl, ein neues Bundes-Klimaschutzgesetz (KSG). Um die *Klimaziele* von Deutschland erreichen zu können, wird durch die neu gebildete Koalition Ende des Jahres 2021 von SPD, Grünen und FDP (Ampelregierung) der Ausstieg aus der Kohle öffentlich um *acht Jahre* früher avisiert.

Mit dem Amtseintritt von Joe Biden[165] tritt die USA wieder in das *Klimaabkommen von Paris* ein. Die Entwicklung in den USA kann am besten über eine Umfrage aus dem Jahr 2021 zusammengefasst werden, indem eine Mehrheit der Republikaner unter 40 Jahren über den Klimawandel besorgt ist. Für 65 % der republikanischen Babyboomer ist der Klimawandel kein wichtiges Thema. 2008 glaubten 71 % der Amerikaner, dass die Erderwärmung existiert. In den Jahren zwischen 2008 und 2021 schwankten die Umfragewerte stark, sodass im Jahr 2021 fast die Werte aus dem Jahr 2008 erreicht werden. Der Klimawandel ist bis heute in den USA ein politisch

---

[165] Siehe auch: White House, https://www.whitehouse.gov/administration/president-biden/, ff, Stern, https://www.stern.de/politik/ausland/themen/joe-biden-4540404.html, 21.01.2023.

äußerst polarisierendes Thema[166]. Unter dem Präsidenten Obama bekam der Klimaschutz eine hohe Priorität und in der Bevölkerung Zustimmung. Unter dem folgenden Präsidenten Trump wurde der Klimawandel geleugnet und das Klimaabkommen von Paris gekündigt. Unter dem Präsidenten Biden sollen die USA bis 2050 klimaneutral werden. Im Jahr 2020 werden in den USA 12 % des Stroms aus erneuerbaren Energien, 35 % aus Öl, 34 % aus Gas, 10 % aus Kohle und ca. 9 % aus Atomkraftwerken hergestellt[167].

9.4.6 Die Entwicklung der gesellschaftlichen Stimmung in Deutschland

In der in den vorherigen Kapiteln aufgezeigten Entwicklungslinien der letzten drei Jahrzehnte konnte die zunehmende Fokussierung der Öffentlichkeit und Politik auf den Klimawandel mit seiner Emotionalisierung herausgearbeitet werden. Dazu wurden singuläre, sich wiederholende öffentliche Warnungen der Klimawissenschaften, des IPCC, der IEA und anderer globaler Organisationen über zahlreiche Medienkanäle verbreitet. Über die Medien wurden die großen Klimakonferenzen mit ihren Zielsetzungen mit zunehmender Aufmerksamkeit verfolgt und in die Öffentlichkeit gebracht. Zusätzliche Maßnahmen der nationalen Umweltverbände wie z. B. des BUND mit seinen öffentlichkeitswirksamen Klagen gegen *Städte* und Konzerne, sowie die politischen Auseinandersetzungen und Beschlüsse im Rahmen dieser Klimafragen im Deutschen Bundestag, haben in den

---

[166] Siehe auch: Internationale Politik, https://internationalepolitik.de/de/das-aufgeheizte-klima-der-usa, 21.01.2023.
[167] Verweis: IEA, https://www.eia.gov/energyexplained/us-energy-facts/.

letzten drei Jahrzehnten bei Teilen der deutschen Gesellschaft, hier vor allem bei jungen Menschen[168], Zukunftsängste[169] entstehen lassen. Sie manifestierten sich vor allem in der Bewegung Fridays for Future im Jahr 2019 und schufen damit ein gesellschaftliches Sammelbecken. Öffentliche Angriffe ihrer Symbolfigur Greta Thunberg gegen verschiedene Entscheidungsträger aus Politik und Wirtschaft emotionalisierten die Öffentlichkeit weiter und fanden die Sprache der Jugend. Aber auch andere Persönlichkeiten warnten mit zunehmender Emotionalisierung vor dem Klimawandel oder seinen Folgen. Ständiger Warner sind die UN, das IPCC und die IEA. Im Rahmen dieser Organisationen warnten Tausende von Wissenschaftlern in verschiedenen Ländern vor dem Klimawandel und zeichneten in der Öffentlichkeit immer düstere Bilder der Zukunft (… „Tausende Wissenschaftler warnen vor ‚unsäglichem menschlichen Leid'")[170].

Viele Kampagnen in diesem Themenfeld des letzten Jahrzehnts adressierten vor allem junge Menschen und stellten ihr sicheres Leben für die Zukunft öffentlich infrage. Die Angst junger Menschen vor ihrer eigenen Zukunft ist jetzt von einer abstrakten Angst, beginnend vor ca. 20 Jahren, zu einer realen Angst in der Gesellschaft entwickelt geworden. In diese angefachten Zukunftsängste wurden vor allem junge Menschen besonders verwickelt, was man in verschiedenen Videos auf sozialen Plattformen sehr eindrucksvoll nachvollziehen kann (u.a. Youtube-

---

[168] Siehe auch: Redaktionsnetzwerk Deutschland, Shell-Studie: Die größten Ängste der Jugend, https://www.rnd.de/politik/shell-jugendstudie-so-denkt-die-generation-greta-uber-sich-und-die-welt-RFST2T36FNBGTPEIM75F3T4Y7M.html, 21.01.2023.

[169] Siehe auch: Statista, https://de.statista.com/statistik/daten/studie/1222933/umfrage/zukunftsaengste-der-eltern-in-deutschland/, 21.01.2023.

[170] Siehe auch: Stern, https://www.stern.de/panorama/weltgeschehen/tausende-wissenschaftler-warnen-vor-klima-notfall--30636900.html, ff, 21.01.2023.

9 Gesellschaftspolitische Entwicklungen 435

Video: weinende junge Frau fürchtet sich vor dem Klimawandel, tausendfach geteilt). Junge Menschen sind eine besonders stark beeinflussbare Zielgruppe[171]. Im Ergebnis dieser Entwicklungsübersicht ist zu konstatieren, dass die Umweltkampagnen der letzten drei Jahrzehnte starke *Zukunftsängste* an alle Bevölkerungsteile adressierten und nachweisbar bewirken konnten[172]. So spielte eine frühe Kampagne einer NGO mit der Assoziation Tod durch Feinstaub und Stickoxid in den Städten, indem Statistiken veröffentlicht wurden, die darstellten, wie viele Menschen an Feinstaub pro Jahr versterben. Die erzeugten statistischen Kausalitäten ließen sich später nicht validieren. Die damit verbundene Nachricht war, dass es jeden treffen kann, an dem Feinstaub zu versterben. Das diese Berechnungen lediglich auf Statistiken beruhten und keine tatsächlichen medizinischen Studien auf genügend Fallzahlen dazu existierten, wurde verschwiegen[173].

Zukunftsängste auf Basis teilweise diffuser Wahrnehmungen über Klimaänderungen in einer kommenden Zukunft lassen sich heute in allen Bevölkerungsteilen fast aller europäischer Staaten nachweisen. Ein Ausdruck

---

[171] Siehe auch: Spiegel, https://www.spiegel.de/politik/umweltphobie-als-neue-krankheit-a-8393846f-0002-0001-0000-000013500042, 21.01.2023.

[172] Siehe auch: Shell-Studie, https://www.shell.de/about-us/initiatives/shell-youth-study/_jcr_content/root/main/containersection-0/simple/simple/call_to_action/links/item0.stream/1642665739154/4a002dff58a7a9540cb9e83ee0a37a0ed8a0fd55/shell-youth-study-summary-2019-de.pdf, und Spektrum, https://www.spektrum.de/news/wie-die-klimakrise-die-psyche-belastet/1942627, und Springer, Umweltbewußtsein in Deutschland, Udo Kuckartz, ISBN: 978-3-642-58812-9, und Mediendiskurs, Umweltbewusstsein und Umweltängste, https://mediendiskurs.online/data/hefte/ausgabe/95/hajok-ost-umweltbewusstsein-tvd95.pdf, 21.01.2023.

[173] Siehe auch: Focus, https://www.focus.de/gesundheit/forderung-nach-ueberpruefung-der-grenzwerte-lungenaerzte-bezweifeln-gesundheitsgefahr-durch-stickstoffdioxid_id_10220755.html, ZDF, https://www.zdf.de/nachrichten/panorama/corona-aerzte-fuer-aufklaerung-100.html, ff, 21.01.2023.

dieser Ängste war am 20. August 2018 der Sitzstreik von der damals 15 Jahre jungen Greta Thunberg, der von den Medien aufgegriffen wurde und zum „Schulstreik für das Klima" („Skolstrejk för klimatet") führte. In dieser Folge gründete sich die Bewegung Fridays for Future, die vor allem die Ängste junger Menschen sammelte und zu einem gemeinsamen kollektiven Wir-Gefühl vereinen konnte (siehe auch Kapitel 9, Abschnitt 4.4 „Die Dekade 2010–2019").

In den Jahren 2018 bis 2021 wurden auf dieser gesellschaftlichen Grundstimmung Aussagen von Politikern zu Partikularzwecken eingesetzt. Es ist die Zeit vor der nächsten Bundestagswahl in Deutschland Ende des Jahres 2021. 2018 nahm die gesellschaftliche Debatte über das Thema Klimaschutz Fahrt auf. Am 14. Dezember 2018 tagte die Kohlekommission im Bundeswirtschaftsministerium in Berlin. Zeitgleich tagte im polnischen Kattowitz die Uno-Klimakonferenz. Die Proteste der Schüler sorgten ab diesem Zeitpunkt jetzt jeden Freitag für mediale Aufmerksamkeit. In diesem und folgenden Jahren wurde das Thema Klimawandel medial wie folgt begleitet. Bruchstücke aus meinen persönlichen Notizen:

„… der ökologische Offenbarungseid bevorsteht …"; „… nicht nur beim Klima wird die Zukunft verspielt …"; … aus der Wissenschaft „Wir können nicht länger warten"; „… Der Klimawandel ist die größte Gefahr für die Weltwirtschaft …"; „… das ‚Klimajahr' 2019 war erst der Anfang"; „… Wahre Klimasünder bleiben ungeschoren …"; „… Wer den Klimawandel leugnet, kann die Heimat nicht lieben …". Dazu werden Aussagen getroffen wie[174]: Es ist zu einem „beispiellosen Anstieg

---

[174] Quelle: https://www.klimareporter.de/erdsystem/tausende-forschende-warnen-erneut-vor-unermesslichem-leid-durch-die-klimakrise.

9 Gesellschaftspolitische Entwicklungen

klimabedingter Katastrophen gekommen"; „Tausende Wissenschaftler aus mehr als 150 Ländern haben erneut vor ‚unermesslichem Leid' durch die Klimakrise" gewarnt; „unsägliches Leiden infolge der Klimakrise"; es ist zu „einem beispiellosen Anstieg klimabedingter Katastrophen gekommen" ... und viele mehr.

Diese Kampagnen haben das Angstpotenzial in den westlichen Gesellschaften im letzten Jahrzehnt mit der zusätzlichen Vorhersage eines „Kipppunktes" im Jahr 2030, neuer Grenzwerte wie z. B. einem CO_2-Budget[175] und vieles mehr, somit der konkreten Nennung eines „globalen Untergangsszenarios", der Apokalypse, die zusätzlich auf Basis *wissenschaftlicher Grundlagen* stattfinden soll, zu ihrem bisherigen Höhepunkt getrieben: „... immer mehr Beweise dafür, ‚dass wir uns dem Kipppunkt nähern oder ihn bereits überschritten haben, der mit kritischen Teilen des Erdsystems verbunden ist'". Scientist Rebellion: „Wir haben den absoluten Klimanotstand und Gegenmaßnahmen dulden keinerlei Aufschub mehr."; Klimaforscher Volker Mrasek warnt 2021: „Das heißt, es bleiben jetzt endgültig nur noch drei Jahre Zeit, ..."; UN-Generalsekretär António Guterres warnt beim Auftakt der Weltklimakonferenz COP26 im schottischen Glasgow: „Wir schaufeln uns unser eigenes Grab.", und weiter: „Die Alarmglocken sind ohrenbetäubend." Bundesumweltministerin Svenja Schulze warnte am 09. August 2021 im Bundestag: „Der Planet schwebt in Lebensgefahr." Mehr öffentliche Angst- und

---

[175] Siehe auch: Umweltrat, https://www.umweltrat.de/SharedDocs/Downloads/DE/01_Umweltgutachten/2016_2020/2020_Umweltgutachten_Kap_02_Pariser_Klimaziele.pdf%3F__blob%3DpublicationFile&v%3D31, und Wikipedia, https://de.wikipedia.org/wiki/CO2-Budget, und Helmholz-Zentrum Klima, https://www.helmholtz-klima.de/aktuelles/unser-kohlenstoffbudget-schrumpft, 21.01.2023.

Panikverbreitung von an der Spitze von Gesellschaften stehenden Persönlichkeiten kann kaum geleistet werden.

Im Jahr 2019 beschließt die EU einen Green Deal[176] und schreibt in ihre Zielsetzungen, dass bis zum Jahr 2050 eine Klimaneutralität in der gesamten EU erreicht werden soll. In Madrid wird die Weltklimakonferenz einberufen und im Herbst hat die Bundesregierung ihr Klimapaket verabschiedet. Das Unwort diesen Jahres ist „Klimahysterie".

Ende November 2019, mit fast einem Jahr medialer Aufmerksamkeit und zunehmender öffentlicher Konzentration auf das Thema des Klimawandels, veröffentlichte eine Gruppe Klimaforscher, dass das Erdsystem sich einem gefährlichen „Kipppunkt" mit Dominoeffekt nähere, ab dem das Ökosystem in eine neue „Heißzeit"[177] rutschen könnte. Ein einmaliger Vorgang von Wissenschaftlern, die Grundstimmung des medialen Mainstreams für ihre „Weltuntergangsbotschaft" zu nutzen, denn anders war diese Nachricht nicht zu interpretieren, was auch in der folgenden Zeit von der Presse so wieder gegeben wurde. Ein von Klimawissenschaftlern klar definierter Zeitraum, an dem die heutige Welt in eine neue „Heißzeit" eintritt – die Apokalypse ist da und nun durch die Wissenschaftler zeitlich eindeutig bestimmt. Das erinnerte stark an das Jahr 1999, in dem unzählige kluge Menschen ebenfalls mit großer Überzeugungskraft und Reputation mit der Jahreswende in das neue Millennium

---

[176] Siehe auch: Europäische Comission, https://climate.ec.europa.eu/eu-action/european-green-deal_en, 21.01.2023.

[177] Siehe auch: Klimareporter, https://www.klimareporter.de/erdsystem/klimaforscher-fuerchten-heisszeit, und MDR Wissen, Klimaforscher: Erde könnte in eine tödliche Heißzeit geraten, https://www.mdr.de/wissen/umwelt/klimawandel-koennte-dominoeffekte-beschleunigen-100.html, und Süddeutsche, https://www.sueddeutsche.de/wissen/klimawandel-heisszeit-1.4084296, ff, 21.01.2023.

den Weltuntergang prognostizierten. Besonnenheit, Rationalität oder Realismus waren medial wenig gefragt. Die im Jahr 1999 medial multiplizierten Prognosen führten zu einem Boom an Bunkerbauten, die sich die verängstigten Menschen in ihre Gärten stellten. Nach der Jahreswende passierte entgegen allen gut begründeten und seriösen Prognosen – nichts; es fand einfach kein kollektiver Untergang statt, der immer auch ein psychologisch wichtiges Gemeinschaftsgefühl vermittelt. Diese gesellschaftliche Stimmungslage bildet den Rahmen für die weiteren Entwicklungen.

Während des Jahres 2019 und danach wurden durch wissenschaftliche Expertise gestützten Studien und Prognosen veröffentlicht: Die bisher in der Öffentlichkeit wenig bekannten Schlüsselbegriffe wie „Kipppunkt", „Heißzeit" und „Dominoeffekt" wurden mit wissenschaftlicher Expertise zu zentralen medialen und öffentlich wirksamen Fanalen. Die neuen Begriffe wurden von der Presse und der Öffentlichkeit aufgenommen und weiter interpretiert. So konnte man u. a. in dem Leitmedium Spiegel[178] lesen: „2019 hat sich das Klima gewandelt", „Nach einem Jahr kontinuierlicher Proteste, warnt Ende November 2019 eine Gruppe renommierter Klimaforscher, das Erdsystem nähere sich gefährlichen ‚Kipppunkten', an denen das bisherige Ökosystem in eine neue ‚Heißzeit' rutschen könnte" und „Die gesellschaftlichen Kipppunkte sind überschritten" (alle Zitate aus derselben Quelle). Die Verbreitung von Untergangsszenarien mit angstschürenden neuen Begriffen und Schlagzeilen konnten immer häufiger in den Medien gelesen werden. Spiegel: „Der deutschen Gesellschaft ist

---

[178] Quelle: Spiegel, https://www.spiegel.de/wissenschaft/mensch/klimadebatte-2019-und-2020-die-zukunft-hat-schon-begonnen-a-1302801.html, 21.01.2023.

in diesem Jahr (Anmerkung: das Jahr 2019) genau das passiert, wovor die Wissenschaft im globalen Ökosystem eindringlich warnt: Kipppunkte wurden überschritten, Schalter umgelegt"; National Geographics[179]: „Bis 2100 könnte der Großteil der Menschheit von tödlicher Hitze bedroht sein"; „Australische Sommer in Berlin: Klimaprognose für das Jahr 2050"[180]. Diese und viele weitere Nachrichten wurden und werden in der Öffentlichkeit verbreitet, mit einer klaren Botschaft: Wir als deutsche Gesellschaft haben jetzt einen unumkehrbaren, unheilvollen Weg eingeschlagen, den Weg in die Katastrophe, den Weltuntergang; Dazu einige Pressestimmen: „Weltuntergang durch Klimawandel: Das Ende der Welt, wie wir sie kennen, naht"[181], „Die Klimakrise – das Ende der Zivilisation?"[182], „Apokalypse oder Blumenbeet"[183], „Hundert Sekunden noch bis zum Weltuntergang"[184], „Berichtsentwurf des Weltklimarats ‚Das Schlimmste kommt erst noch'"[185]. Viele Medien schrieben oder berichteten undifferenziert

---

[179] Quelle: National Geographics, https://www.nationalgeographic.de/umwelt/2019/09/rekordhitze-und-duerre-der-sommer-2019-war-extrem, 22.01.2023.

[180] Quelle: National Geographics, https://www.nationalgeographic.de/umwelt201907australische-sommer-berlin-klimaprognose-fuer-das-jahr-2050, 22.01.2023.

[181] Quelle: News, Politik: https://www.news.de/politik/855722950/weltklimarat-ipcc-warnt-vor-klimawandel-treibhausgas/1/, 23.01.2023.

[182] Quelle: Deutsche Welle, https://www.dw.com/de/die-klimakrise-das-ende-der-zivilisation/a-57463706, 23.01.2023.

[183] Quelle: Süddeutsche Zeitung, https://www.sueddeutsche.de/wissen/klimakolumne-apokalypse-oder-blumenbeet-1.5240928, und https://www.sueddeutsche.de/wissen/erderwaermung-helfen-weltuntergangs-szenarien-dem-klimaschutz-1.3592803, 23.01.2023.

[184] Quelle: Spiegel Wissenschaft, https://www.spiegel.de/wissenschaft/mensch/weltuntergangsuhr-hundert-sekunden-noch-bis-zum-weltuntergang-a-9f34493a-8e43-4948-909f-a3c26cdd85ab, 23.01.2023.

[185] Quelle: Tagesschau, https://www.tagesschau.de/wissen/klima/weltklimarat-erderwaermung-bericht-101.html, 23.01.2023.

über Wetter und Klima und unterstützten die Verbreitung von massiven Zukunftsängsten in der Öffentlichkeit. Aufklärung, analytisches Hinterfragen, Rationalität oder sogar Kritik ... unerwünscht. Kritiker mit abweichenden Meinungen vom Meinungs-Mainstream sind „Klimaleugner" (weitere Begriffe werden generiert und genutzt). Mit dieser Markierung von *Personen* mit vom Mainstream abweichenden Meinungen wird eine Homogenisierung des öffentlichen Meinungsbildes in dem Themenfeld Gesellschaftsphänomen Klimawandel erreicht. Damit ist ein weiteres Zahnrad im gesellschaftlichen Getriebe dieser Entwicklung beschrieben.

Im Rahmen dieser medialen Begleitung wurde am 10. November 2020 (Kabinett Merkel) die Einführung einer neuen allgemeinen Verbrauchssteuer, der CO_2-Steuer[186], verabschiedet, die sich mit zunehmender Laufzeit in Zukunft auf alle Lebensbereiche unserer Bevölkerung deutlich auswirken wird. Bundesregierung: „Die Bundesregierung wird die Einnahmen aus der CO_2-Bepreisung vor allem für eine Entlastung bei der EEG-Umlage und damit der Strompreise einsetzen"[187] (Jahr 2020). Medial ging es um die Rettung der Welt durch die Einführung der neuen Steuer in Deutschland: „Das Land hat nach Angaben des Bundesumweltministeriums seit Beginn der Industrialisierung fast fünf Prozent der Erderwärmung verursacht – und das, obwohl der deutsche Anteil an der Weltbevölkerung heute nur etwa ein Prozent ausmacht. ... Diskutiert wird derzeit zudem über die Einführung einer CO_2-Steuer."[188] (Verknüpfung verschiedener Aussagen

---

[186] Quelle: Die Bundesregierung, https://www.bundesregierung.de/breg-de/themen/klimaschutz/nationaler-emissionshandel-1684508, 22.01.2023.

[187] Quelle: Die Bundesregierung, https://www.bundesregierung.de/breg-de/themen/klimaschutz/nationaler-emissionshandel-1684508, 22.1.23

[188] Quelle: Norddeutscher Rundfunk (NDR), https://www.ndr.de/ratgeber/klimawandel/CO2-Ausstoss-in-Deutschland-Sektoren,kohlendioxid146.html, 22.01.2023.

als Framing zur Begründung zur Einführung von neuen staatlichen Einnahmequellen). In diesem Kontext und der Vollständigkeit wegen ist darauf hinzuweisen, dass Deutschland im internationalem Ranking[189] der Stromkosten weltweit zu den Hochpreisländern zählt (Platz 2). Folgt man der mit der Steuer verbundenen Logik, müsste eine hohe Kostenbelastung an fossiler Energie eine hohe Einsparung an Emissionen nachweislich bewirken. Diese hohe Kostenbelastung der Energie ist jedoch seit Jahren in Deutschland gegeben. In diesem kurzen Beispiel zeigt sich, wie das Thema Klimawandel mit der medialen Begleitung politisch eingesetzt wird.

Auf dieser Grundstimmung wurde ebenfalls ein nationaler Kohleausstieg beschlossen. Im Juni 2018 setzte die Bundesregierung die Kommission für Wachstum, Strukturwandel und Beschäftigung[190], kurz Kohlekommission, ein. Bund und Länder einigen sich am 16. Januar 2020 zu dem Kohlekompromiss. Am 03. Juli 2020 wird das Kohleausstiegsgesetz[191] im Bundestag und Bundesrat verabschiedet[192]. Zusätzlich ist der Atomausstieg[193]beschlossen, der im Jahr 2022 für einen kurzen Zeitraum verlängert wurde. Der

---

[189] Quelle: Wikipedia, https://de.wikipedia.org/wiki/Liste_der_L%C3%A4nder_nach_Strompreis, 22.01.2023.

[190] Quelle: Bundesregierung, https://www.bundesregierung.de/breg-de/suche/kommission-wachstum-strukturwandel-und-beschaeftigung-1599348, und Bundestag, Wissenschaftlicher Dienst, https://www.bundestag.de/resource/blob/683762/98649e7706087ab3432c19f42cab94f4/WD-5-006-20-pdf-data.pdf, 22.01.2023.

[191] Siehe auch: Kommunaler Energieversorger ENTEGA, https://www.entega.de/blog/kohleausstieg/, 22.01.2023.

[192] Siehe auch: Wikipedia, https://de.wikipedia.org/wiki/Kommission_f%C3%Bcr_Wachstum,_Strukturwandel_und_Besch%C3%A4ftigung, 22.01.2023.

[193] Quelle: Bundesregierung, https://www.bundesregierung.de/breg-de/suche/bundesregierung-beschliesst-ausstieg-aus-der-kernkraft-bis-2022-457246, und Bundestag, https://www.bundestag.de/webarchiv/textarchiv/2012/38640342_kw16_kalender_atomausstieg-208324, 22.01.2023.

Gasausstieg[194] wird für das nächste Jahrzehnt gefordert. Im Jahr 2022 wurde die Energieversorgung von einer pipelinegebundenen Erdgasversorgung aus Russland[195] weitestgehend auf Flüssiggas (*liquefied natural gas,* LNG), im Wesentlichen auf Basis von Frackinggas[196] per Schiffstransport, umgestellt. Heute sind die fossilen Energieträger, inklusive der Energieversorgung aus Atomkraftwerken in und um Deutschland, die Hauptversorgungsarten für Strom und Wärme. Sie bilden die Regelgröße in der deutschen Energieversorgung, die im Energiesystem integrierte stochastische Energiequellen Wind und Sonne in ihren Produktionsschwankungen ausgleichen, damit eine ausfall- und abschaltungsfreie Versorgung an Energie möglich ist. Der Anteil an der Jahresstromproduktion durch erneuerbare Energie (Wind und Sonne) betrug im Jahr 2022 37,41 % (Datenquelle: Energy Charts).

Die in den vorherigen Abschnitten aufgezeigten Daten zeigen die entlang des zeitlichen Fortschritts sich entwickelnden Linien, wie der Stimmung in der Gesellschaft, Maßnahmen/Reaktionen der Politik und den realen Verhältnissen/Ereignissen auf. Sie bilden die Hauptelemente in der Entwicklungsmechanik unserer Gesellschaft. Als politische Antwort wurden in relativ kurzen Zeitabständen (weniger als eine Klimaperiode von 30 Jahren) im Zeitfenster von 20 Jahren auf medial durch NGOs,

---

[194] Quelle: Wirtschaftswoche, https://www.wiwo.de/politik/deutschland/regierungsbildung-koalition-will-ausstieg-aus-dem-gas-ab-2040/27817086.html, und Greenpeace, https://www.greenpeace.de/klimaschutz/energiewende/gasausstieg, und Welt, https://www.welt.de/wirtschaft/plus237329201/Deutscher-Gasausstieg-Habecks-Taskforce-tueftelt-bereits-am-Masterplan.html, 22.01.2023.

[195] Siehe auch: Bundeszentrale für politische Bildung, https://www.bpb.de/kurz-knapp/hintergrund-aktuell/507243/deutschlands-abhaengigkeit-von-russischem-gas/, 22.01.2023.

[196] Siehe auch: Presseportal, Gutachten Deutsche Umwelthilfe, https://www.presseportal.de/pm/22521/5424753, 22.01.2023.

internationalen Einrichtungen, Stiftungen und den Klimawissenschaften begleitete gesellschaftliche Bewegungen mit Ausstiegsbeschlüssen (erste Vereinbarung zum [Atom-]Ausstieg vom 14. Juni 2000) reagiert. Diese Beschlüsse wurden weitestgehend von realen Verhältnissen entkoppelt beschlossen (bis Ende des Jahres 2021 u. a. von der Politik vorgesehen, Erdgas als Brückentechnologie der deutschen Energiewende[197], wachsende fossile Energieimporte, wachsende Energienachfrage, …), unter einer öffentlichen Zielsetzung zur Erreichung von nationalen CO_2-Zielen. Diesen Zielen wurden reale Bedingungen untergeordnet, was zu additiven Verunsicherungen zusätzlich zu den Klimazukunftsängsten in der Bevölkerung führte.

In den Folgejahren nach 2018 wurden neue Höchststände an der globalen CO_2-Konzentration in der Atmosphäre erreicht (Ausnahmen: Jahre der Pandemie). Mit der oben spotartig wiedergegebenen gesellschaftlichen Atmosphäre ist zusätzlich vor allem in Deutschland die Überzeugung gewachsen, mit einem radikalen gesellschaftlichen Wandel (Energiewende) die Welt von einer CO_2-freien/neutralen Gesellschaft und Industrie überzeugen zu können.

9.4.7 Emotionalisierung des Klimawandels: „Die Verkündigung"

Wie in den anderen Kapiteln beschrieben, hat die Thematik des Klimawandels bzw. der Erderwärmung ganz unterschiedliche Dimensionen. Nach dem kurzen Exkurs

---

[197] Quelle: Zeit Online, https://www.zeit.de/politik/2022-01/gas-gruen-energie-uebergang-klimawandel-eu%3Futm_referrer%3Dhttps%3A%2F%2Fmetager.de%2F, und Windkraft Journal, https://www.windkraft-journal.de/2022/01/10/eu-green-taxonomy-setzt-erdgas-im-waermemarkt-grenzen/170807, und ff, 22.01.2023.

der systemischen Dimension („Kapitalismus", Wachstum und Konkurrenz der Nationen) in den entsprechenden Kapiteln und/oder vorherigen Abschnitten wird nun die soziologisch-psychologische Dimension in die Betrachtung mit einbezogen. Sie ist Bestandteil der hier entwickelten, mehrdimensionalen Betrachtung des Klimawandels, nachdem die Bedeutung der öffentlichen Berichterstattungen und Pressemitteilungen und ihrer Einordnung vorausgegangen ist. Mir ist die soziologisch-psychologische Dimension als Folge der teilweisen medialen Angstverbreitung durch einige Presseartikel in namhaften Medien[198] (siehe auch vorherige Abschnitte) und durch medizinische Berichte[199] aufgefallen. In verschiedenen Artikeln wurden klimatisch bedingte Katastrophen mit Schlagworten wie Fegefeuer, Hölle und Teufel markiert. Andere Artikel beschäftigten sich mit dem christlichen Weltbild im Kontext des Klimawandels. In großen Nachrichtensendungen wurde von Jüngern gesprochen, wenn Menschen auf eine Symbolfigur der Klimaaktivisten warteten.

Sendung im Deutschlandfunk vom 29. Oktober 2021: Die Wiedergeburt des Fegefeuers
„Wir leben in einer Zeit, in der sich mit dem Klimawandel die Hölle auf Erden ankündigt. Es kann aber auch gelingen, am Heilwerden der Welt zu arbeiten. Fegefeuer: Es geht dabei immer wieder darum, aus der Destruktivität

---

[198] Siehe auch: ZDF, Junge Menschen zur Klimakrise: 75 %: „Die Zukunft ist beängstigend", https://www.zdf.de/nachrichten/panorama/klimakrise-angst-kinder-jugendliche-studie-100.html, und https://www.zdf.de/nachrichten/panorama/studie-deutsche-blicken-aengstlich-in-die-zukunft-100.html, 23.01.2023.
[199] Siehe auch: Schlosspark Klinik Dirmstein/Pfalz, https://www.schlosspark-klinik-dirmstein.de/klimaangst-wie-der-klimawandel-zukunftsaengste-ausloest/, 23.01.2023.

herauszukommen – im Nahen und Mittleren Osten, in Afghanistan, in einem Europa, in dem Flüchtlinge Aufnahme finden wollen und sollen. Die Politik kann ihren Teil zum Heilwerden beitragen."

Damit wird offensichtlich, dass der Klimawandel neben einer systemischen, wirtschaftlichen, klimatischen, technischen, philosophischen und wissenschaftlichen Dimension auch eine psychologische[200] und spirituelle Dimension erhalten hat. Betrachtet man die dem Klimawandel zugeordneten Themen im gesellschaftlichen Kontext[201] und damit einem sozialisierten Glaubenskontext, werden die heute stärksten Aktivitäten in ihrer gesamten Bandbreite (wissenschaftlich, politisch, aktivistisch etc.) überwiegend von Menschen mit westlicher/christlicher Sozialisation ausgeübt. Diese bisher wenig diskutierte Dimension enthält zukünftig in ihrer Sprengkraft zunehmende Bedeutung im globalen Klimawandel, der in einem zukünftigen Szenario der Verteilungskämpfe und Verteidigung von Werten auch zu glaubensmotivierten Krisen führen kann.

Die mediale Dimension zerfällt jedoch in die bildhaften, getexteten und gesprochenen Darstellungen, die in unterschiedlichen Formen (Bilder, geschriebene Artikel, Fernsehberichte, Kommentare und Berichte auf verschiedenen Plattformen [digitale Medien], Talkshows etc.) konsumiert werden. Über die unterschiedlichen Formen und Technologien werden Botschaften verbreitet. Ihre Wirkung ist von besonderer Bedeutung und ist deshalb in der hier vorgelegten Analyse erwähnenswert. Sigmund

---

[200] Siehe auch: National Library of Medicine, USA, https://pubmed.ncbi.nlm.nih.gov/32623280/, 23.01.2023.
[201] Siehe auch: Studie University of Bath, https://papers.ssrn.com/sol3/papers.cfm%3Fabstract_id%3D3918955.

9 Gesellschaftspolitische Entwicklungen

Freud bemerkte über das „Denken in Bildern" (Freud, „Das Ich und das ES", 1923, S. 248)

> „Das Denken in Bildern ist ... nur ein unvollkommenes Bewusstwerden. Es steht doch irgendwie den unbewussten Vorstellungen näher als das Denken in Worten und ist unzweifelhaft onto- wie phylogenetisch älter als dieses."

Konzentriert man sich nun vor allem auf die medial genutzten *Bilder* zum Thema Klimawandel, die über die Jahrzehnte in den Medien in großer Vielzahl zu sehen waren und immer noch zu sehen sind, muss dieser Bildsprache in Bezug ihrer Wirkung bei jedem einzelnen Menschen eine besondere Aufmerksamkeit gewidmet werden. Der Klimawandel wird in zahlreichen Varianten bildlich als ein Untergang dargestellt. Zahllose Beispiele lassen sich in den Suchmaschinen Google, Bing, Yahoo etc. finden, wenn man den Suchbegriff „Klimakatastrophe" eingibt und sich die Bilder zu dem Suchbegriff ausgeben lässt. Mit zahlreichen Bildern wird ein massenhaftes Sterben evoziert. Diese Bilder wurden und werden zu entsprechenden Sprachnachrichten, Textnachrichten oder Filmen genutzt. Klimawandel ist *Klimakatastrophe*, die jeder Mensch über die Bilder vermittelt bekommt. Über die Jahrzehnte dieser medialen Klassifikation eines noch nicht endgültig erforschten Naturphänomens ist ein medial bestimmtes *kollektives Bewusstsein* entstanden, was sich über die Bildsprache zu einer Ikone der Bedrohung, des Untergangs, der Apokalypse, des Unheils entwickelt hat. Mit den Bildern wird der unsichtbare abstrakte Feind sichtbar. Diese Ikone erhält eine zentrale Bedeutung in der öffentlichen Wahrnehmung des Klimawandels und seiner Interpretationen. Zugleich wird damit auch ständig an diesen „Feind", an das drohende Unheil, erinnert. Damit kann die etablierte

Angst immer wieder aufgefrischt, neu motiviert und genutzt werden. In dieser ständigen Erneuerung von angstmachenden Bildern wird ein *Abschwächen* oder eine *Gewöhnung* an das vermeintliche Grauen in der Zukunft verhindert. Es bleibt allgegenwärtig. Die Produzenten dieser Bilder bzw. der damit verbundenen Botschaften haben damit reale Macht erlangen können. Man verfügt über diese Bilder, die durch Wissenschaftler, Politiker oder Experten gedeutet werden. Damit erlangen diese Personen eine Deutungsmacht und Deutungshoheit. Mit der Ikonisierung des Bedrohlichen mithilfe der beängstigend daherkommenden Bildersprache erhalten aber auch ihre Deuter in den jeweiligen Gesellschaften und Gesellschaftsbereichen eine besondere Funktion zugewiesen (siehe auch Annalena Baerbock, Ursula von der Leyen, Jürgen Trittin, Robert Habeck, Luisa Neubauer, Greta Thunberg, Carla Reemtsma u. a.), als die Wissenden, die Schutzgebenden vor einer angstgetriebenen Bedrohung. Wie Sigmund Freud beschrieb, stehen die Bilder der unbewussten Vorstellung näher als das Denken in Worten. Hier erlangen die Bilder durch Deutungen einen Inhalt, sie werden erklärbar. Damit empfehlen sich *Schutzgebende* gegenüber den verängstigten Bürgern als diejenigen, die das Bedrohliche, das Böse bannen oder abhalten können. Den hier beschriebenen Mechanismus kann man u. a. in der Kulturgeschichte des Christentums (u. a. Mittelalter) an zahlreichen Beispielen nachvollziehen (z. B. Höllenbilder von Hieronymus Bosch). Mit der allgemein verbreiteten Bildsprache zum Klimawandel steht der Empfindung eines einzelnen Bürgers/Menschen eine übergroße Kompetenz in Form von Wissenschaft, eine übergroße Dimension des Bedrohlichen (global) und einem einzelnen Ich zugleich hilflos machende, alternativlos erscheinende Lösungskompetenz in Funktionseinheit von Politik und Medien gegenüber.

9 Gesellschaftspolitische Entwicklungen

Die Begriffe *Umweltschutz* und zeitlich anschließend *Klimaschutz* implizieren eine starke, mächtige Einrichtung, die global unsere *Umwelt* schützt. Der zweite Begriff suggeriert eine ähnliche Kraft, dass eine mächtige Einrichtung oder Institution unser Klima schützt oder schützen kann. Nur ist das wirklich so oder was steckt bei diesem Weltbild dahinter? Schützen wir mit unserer Technologie wirklich unsere Umwelt oder schützen wir nicht uns selbst vor den Konsequenzen unseres eigenen, kurzfristig angelegten Handelns? Wir setzen immer nur dort Technologie zum „Umweltschutz" ein, wo es uns Menschen hilft oder für uns Menschen einen Nutzen verspricht. Beispiel: In zahlreichen großen Abbaugebieten z. B. in Australien[202], Afrika, Malaysia[203] etc.[204] werden große, giftige oder hochätzende Seen angelegt oder ganze Landschaften versetzt, weil in diesen Gebieten wenige oder keine Menschen leben. Ist die Natur nicht vollkommen emotionslos und unempfindlich mit dem, was wir mit ihr machen? Sie funktioniert nach den Naturgesetzen, ohne Klage, ohne Diskussion und ohne Toleranz. Nur sind die Auswirkungen häufig nicht in unserem menschlichen und langfristigem Interesse, wenn wir die Naturgesetze durch unser Handeln missachten. Ist das dann ein *Schutz der Natur*, wenn wir durch Technologieeinsatz die für uns schädlichen oder unerwünschten Reaktionen/Auswirkungen der Naturgesetze verhindern oder zu unserem eigenen Wohlempfinden manipulieren?

---

[202] Siehe auch: Olympic dam metal mine, https://www.bing.com/images/search%3Fq%3Dolympic+dam+metal+mine&qpvt%3DOlympic+Dam+Metal+Mine&form%3DIGRE&first%3D1, und https://www.gettyimages.com.au/detail/photo/lake-in-the-open-mining-of-an-abandoned-copper-mine-royalty-free-image/130838359, 24.01.2023.

[203] Siehe auch: Wikipedia, Mamut Mine, https://en.wikipedia.org/wiki/Mamut_Mine, 24.01.2023.

[204] Siehe auch: Atlantic Nickel, https://atlanticnickel.com/uk/, 24.01.2023.

Ist der Gedanke, dass ein Mensch eine Umwelt hat (eine ihn umgebende Welt, was ein „Ich" und eine separierte „Welt" assoziiert) und keine „Mitwelt" (eine Welt, die mit „ihm" existiert, was etwas Verbindendes hat) auch in anderen Ländern ähnlich? Was für ein *Weltbild* könnte hinter einer globalen Klimabewegung, dem Klimaschutz, stecken? Und hilft uns unsere heutige dominante Weltsicht, im Konzert der Völker ein globales Problem wie den Klimawandel langfristig und dauerhaft zu lösen? Wo liegen die Wurzeln der heutigen öffentlichen Hysterie und der verzweifelten Suche nach einer willkommenen Lichtgestalt – heute in Gestalt eines jungen Menschen (im Jahr 2020) mit dem Vornamen Greta[205], der alle Attribute eines *Glaubenssymbols* und *Heilsbringers* mit sich bringt (Kind/Jugendlichkeit, Krankheit, Schwäche, Leiden etc.), von großen Menschenmengen verehrt wird („Ist die Verehrung von Greta Thunberg religiös?"[206], „Warum trägt die Bewegung ‚Fridays for Future' quasi-religiöse Züge?"[207], Katholische Kirche: „ Ist Greta Thunberg eine moderne Prophetin?"[208], „Die heilige Greta? Der Umweltschutzbewegung Fridays for Future wird vorgeworfen, sie huldige einer ‚Klimareligion'. Schön wär's."[209]) (Jahre 2018/2019)? Und wer profitiert von dieser Entwicklung? Werden unter den realen Dimensionen eines globalen

---

[205] Siehe auch: Science ORF, https://science.orf.at/stories/3210385/, und Science Direct, https://www.sciencedirect.com/science/article/abs/pii/S0959378021001710?via%3Dihub, 24.01.2023.

[206] Siehe auch: Tagesspiegel, https://www.tagesspiegel.de/politik/ist-die-verehrung-von-greta-thunberg-religios-5327323.html, 24.01.2023.

[207] Siehe auch: Tagesspiegel, https://www.tagesspiegel.de/kultur/alle-verehren-greta-4059247.html, 24.01.2023.

[208] Siehe auch: DomRadio, https://www.domradio.de/artikel/ist-greta-thunberg-eine-moderne-prophetin, 24.01.2023.

[209] Siehe auch: Zeit Online, https://www.zeit.de/2021/30/fridays-for-future-klima-religion-umweltschutz, 24.01.2023.

CO_2-Emissionsanteils von Deutschland von ca. 2,x % die national aufgestellten Windräder zu einem modernen Fanal oder sogar Glaubenssymbol, was uns im Land symbolisiert, dass wir das Klima schützen, obwohl 97 % des Problems nicht davon berührt werden?

Wir überblenden die tatsächlich wahrgenommene Wirklichkeit mit unseren eigenen Imaginationen. Eine Bewegung wie die des Umweltschutzes oder Klimaschutzes, die sich schützend vor die Natur stellt, ist eine hoch symbolische Inszenierung. Sie kann auch als eine Überhöhung des Selbstverständnisses, ein gottähnlicher Anspruch angesehen werden, da die Umwelt real die Menschen und das Leben auf diesem Planeten schützt bzw. erst ermöglicht hat. Dabei wird von einer Umwelt gesprochen, die keine Mit- oder Eigenwelt ist und demnach vom Betrachter entfernt, also vom Subjekt entkoppelt und außerhalb seiner selbst liegt. Aus meiner Sicht ist es schon ein einmaliger Vorgang und ein besonderer und gefährlicher Verlauf in der heutigen deutschen politischen Kultur, dass aus einer bedrohlichen Entwicklung öffentlich eine Apokalypse gemacht wird (siehe Zitate und Verweise aus den vorherigen Abschnitten).

Mit der *moralischen Adaption* des Klimawandels durch Parteien, Verbände oder eine Bewegung, um sich selbst mit der Apokalypse moralisch zu verbinden, um sie zu verhindern, heißt, man hat immer recht und ist moralisch immer eindeutig auf der Seite des Guten[210]. Damit besetzt man in der Öffentlichkeit eine absolutistische Position als alleiniger Vertreter des Guten, der Wahrheit und des

---

[210] Siehe auch: Philosophie, https://www.philoclopedia.de/was-kann-ich-wissen/metaphysik/das-gute/, und Ethik-Heute, https://ethik-heute.org/metaethik-handeln-aus-vernunft/, und Philarchiv, https://philarchive.org/archive/SCHAMD-7, Spektrum, https://www.spektrum.de/lexikon/philosophie/gut-das-gute/840, 24.01.2023.

Richtigen, woraus quasi diktatorische Ansprüche entstehen können, das „Gute" um jeden Preis umsetzen zu müssen. Heute stehen in dieser Wahrnehmung verschiedene Menschen und Gruppen, die sich dem zivilen Ungehorsam zur Durchsetzung ihrer Ziele – in der Regel adaptierte Klimaziele – verpflichtet sehen. Dieses von *Überzeugungen* geleitete Verhalten geht bis auf die Protestbewegungen in den 1960er Jahren zurück und erlangte einen Höhepunkt in der Friedensbewegung. Diese Protesthaltungen bewegen sich im Kontext des *Gesellschaftsphänomens Klimawandel* zwischen den Leitplanken der realen Umweltverhältnisse (reale oder zugeordnete Klimaänderungen an bestimmten *Tagen*) und des Rechts in den jeweiligen Ländern (Demonstrationsrecht, Versammlungsrecht, ...). Wie in den Protestbewegungen aus den 1980er Jahren nachvollzogen werden konnte (siehe auch Kapitel 9, Abschnitt 2.1 „Die Wurzeln des Zeitgeistthemas Klimawandel"), können aus diesen gesellschaftlichen Bewegungen Radikalisierungen entstehen. Ändern sich die globalen klimatischen Rahmenbedingungen in den nächsten Jahrzehnten erheblich (sowohl in den realen Verhältnissen als auch in den öffentlich zugeordneten Verhältnissen), können auf Grundlage dieses Überzeugungsbildes, in Kombination mit einer wertebasierten Außenpolitik von Staaten – wie sie heute entwickelt wird –, vermeintlich legitime kriegerische oder kriegsähnliche Handlungen (z.B. Sanktionen) gegen andere Staaten entstehen, die keine Energietransformation oder Einsparungen von Kohlendioxid wollen oder in Zukunft weiterhin fossile Energien exportieren. An dieser Stelle wird lediglich auf diese Zusammenhänge verwiesen und nicht vertiefend analysiert Sie stellt eine mögliche Zukunftsperspektive auf unterschiedlichen gesellschaftlichen Ebenen dar, die sich entwickeln kann (siehe auch Kapitel 4, Abschnitt 1 „Was ist Sicherheit").

9 Gesellschaftspolitische Entwicklungen

Die dazu gesellschaftlich oppositionelle Position (im öffentlichen Diskurs u.a. auch als „Rechte", Klimaleugner, etc. bezeichnet) zu dieser Inszenierung des „Guten" (im öffentlichen Diskurs als Linke bezeichnet) negiert die Positionen des „moralisch Guten" und entwickelt ebenfalls diktatorische Gegenpositionen. Insofern wird die deutsche Gesellschaft in den letzten Jahren (2012–2023) durch zwei in ihrem absolutistischen Anspruch nicht unterscheidbare Entwicklungen auf „Wahrheit"[211] geprägt, die gesellschaftlich durch zwei politische Parteien repräsentiert werden (ohne dabei sinnloserweise die beiden Extreme eines politischen Spektrum gleichsetzen zu wollen oder zu können). Wie heute auch an der europäischen Gesellschaft beobachtet werden kann, ist die Entwicklung dieser beiden gesellschaftlichen Strömungen insgesamt ein destabilisierender und spaltender Prozess[212], der bei sich weiter ändernden klimatischen Rahmenbedingungen in gravierende Auseinandersetzungen innerhalb unseres Gemeinwesens münden kann. Aus Sicht der gesellschaftlichen Mechanik ist bei diesem Prozess die dazu genutzte Themensetzung Klimawandel, Flüchtlinge, etc. unerheblich. Destabilisierende Prozesse in Gesellschaften haben jedoch immer zur Folge, dass der Wohlstand

---

[211] Siehe auch: Philosophie, https://www.philosophie.ch/2013-03-18-blum, und Ethik Heute, https://ethik-heute.org/was-ist-wahrheit/, und Philoclopedia, https://www.philoclopedia.de/was-kann-ich-wissen/wahrheit/, und TU Dresden, https://tu-dresden.de/gsw/phil/iphil/theor/ressourcen/dateien/braeuer/lehre/theophil_4/ET2-SS-2007.pdf?lang=de, 24.01.2023.

[212] Siehe auch: Research Gate, https://www.researchgate.net/publication/353561414_How_Do_Divided_Societies_Come_About_Persistent_Inequalities_Pervasive_Asymmetrical_Dependencies_and_Sociocultural_Polarization_as_Divisive_Forces_in_Contemporary_Society, und https://www.researchgate.net/publication/361189100_Theory_Comparison_Strong_Asymmetrical_Dependencies, und Bundeszentrale für politische Bildung, https://www.bpb.de/shop/zeitschriften/apuz/266589/die-gespaltene-gesellschaft/?p=all, 24.01.2023.

eines Volkes sinkt und die Schwachen in dieser Gesellschaft am stärksten unter dieser Entwicklung leiden. Es werden somit von Gruppen der Gesellschaft moralisch motivierte und unsoziale Entwicklungen mit einer sich selbst verstärkenden Tendenz vorangetrieben (Klimaangst, Zukunftsangst, Klimaschützer, Klimaleugner, ...[213]), wobei die treibenden Gruppen auf Grundlage ihres eigenen Überzeugungsbildes diese destabilisierenden Tendenzen in der Gesellschaft in Kauf nehmen.

Ein möglicher kultureller Hintergrund eines sich vor allem in den Jahren 2018 und 2019 zu einer glaubensähnlichen Entwicklung formenden gesellschaftlichen Verhaltens des „Naturschutzes" und „Klimaschutzes" – mit der Prägung zu einem Schutzverhalten – kann in dem christlichen Weltbild[214] gefunden werden. Es gibt eine Gestalt, die die Natur gestaltet. Zwischen der Gestalt und der Natur besteht ein Abstand, der sich im Begriff „Umwelt" widerspiegelt. Dieser in seiner Orientierung aus dem christlichen Weltbild entlehnten Schutzanspruchs impliziert zugleich eine Verantwortung gegenüber der Welt und damit einer abstrakten Umwelt, aus der sich wiederum der Weltanspruch des Göttlichen, des Schöpfers oder Beschützers, ableiten lässt. Eine Interpretation entlang dieser gedanklichen Linie wäre, dass in Anlehnung/

---

[213] Siehe auch: Spiegel, https://www.spiegel.de/politik/deutschland/merkel-fuerchtet-moegliche-klimaleugner-mehrheit-a-8679504a-16f9-47ce-affc-b09fc7dcacc7, und Wikipedia, https://de.wikipedia.org/wiki/Klimawandelleugnung, und Redaktionsnetzwerk Deutschland, https://www.rnd.de/politik/klimawandel-das-netzwerk-der-leugner-und-die-afd-K6IPXDWA45AITDQ3LKYXNBV2YQ.html, 24.01.2023.

[214] Siehe auch: Uni Heidelberg, Karl Jaspers, https://digi.ub.uni-heidelberg.de/diglitData/pdfOrig/kjg1_13.pdf, und Herder, https://www.herder.de/hk/schlagwoerter/christliche-ethik/, und Uni Thübingen, https://bibliographie.uni-tuebingen.de/xmlui/bitstream/handle/10900/93115/Wendel_063.pdf?sequence=1, und Hans-Seidel-Stiftung, https://www.hss.de/fileadmin/user_upload/HSS/Dokumente/Berichte/160311_TB_Menschenbild.pdf, ff 24.01.2023.

9 Gesellschaftspolitische Entwicklungen

Ausrichtung an eine einem Überwesen ähnliche Überzeugung ein globales Klima geschützt werden kann. Deshalb muss auch die Kontrolle (2-Grad-Ziel) über den Naturvorgang/Naturphänomen Klimawandel mithilfe von Wissenschaft, Politik und Technologie übernommen werden, um damit ihn/es schützen zu können. Das aus diesem Weltbild übernommene/adaptierte moralische Fundament einer öffentlichen Überzeugung bzw. des öffentlichen Narrativs, dass wir als Industrienationen das Klima durch unsere nationalen Anstrengungen schützen werden, sowie dem Anspruch einer globalen Vorreiterrolle[215] beim Klimaschutz gegenüber anderen Nationen gerecht werden, rechtfertigt alle politischen, gesellschaftlichen und moralischen Maßnahmen den Klimawandel zu *verhindern*. Mit dieser Assoziation erhalten die entwickelten Länder/Industrienationen eine globale moralische Führungsaufgabe (siehe Kapitel 9, Abschnitt 3.1 „Das Pariser Klimaabkommen"), die sich in Form einer neuen *wertebasierten Politik* auch in Europa entwickelt bzw. sich etabliert. Die Gefährlichkeit solcher öffentlicher Narrative liegt in ihrer zeitlich langandauernden Rückkopplung mit der Realität[216] und einem in diesem Handlungskontext impliziten diktatorischen Keim/Führungsanspruch nach Innen in eine Gesellschaft gerichtet und in der Außenwirkung dem Guten alles unterzuordnen. Diese Narrative sich

---

[215] Siehe auch: Bundesfinanzministerium, https://www.bundesfinanzministerium. de/Content/DE/Pressemitteilungen/Finanzpolitik/2021/06/20210623-klimaschutz-sofortprogramm-2022.html%3Fcms_pk_campaign%3DNewsletter-23.06.2021&cms_pk_kwd%3D23.06.2021_Scholz+Deutschland+soll+Vorreiter+beim+Klimaschutz+werden, 24.01.2023.

[216] Siehe auch: Research Gate, https://www.researchgate.net/publication/277937823_The_German_Energiewende_-_History_and_status_quo, 24.01.2023.

in ihren Auswirkungen jedoch erst in längeren Zeiträumen manifestieren und der schwelende Grund einer zukünftigen innergesellschaftlichen Krise (Vertiefung einer gesellschaftlichen Spaltung) als Ausdruck dieses Rückkopplungseffektes sein können.

Aus dem gottähnlichen, der Schöpfung allen Lebens beiwohnenden Wesen, dem Menschen, entsteht die feste Überzeugung, die Natur schützen zu wollen und zu können. In dieser Linie in der Selbsteinschätzung eines gottähnlichen Wesens, seiner vermeintlichen weltweiten Verantwortung für das globale Klima als moralische Grundlage des Guten, sowie seiner Überzeugung einer kommenden Apokalypse, entwickelt sich ein hochmoralischer, globaler *Missionierungsanspruch*, andere vor dem Untergang, der Hölle (Klimahölle), zu bewahren.

Dieses tugendhafte, standhaft erscheinende, ethisch fundierte Weltbild scheint durch die vor allem „westlich" geprägten Wissenschaftler im Bereich der Klimaforschung und bei den politischen Entscheidungsträgern weltweit zu einem ethisch-moralischen Prozess entwickelt worden zu sein, mit dem absolutistischen Anspruch auf Wahrheit und Wahrhaftigkeit („Climate crisis: 11,000 scientists warn of ‚untold suffering'"[217], „Thousands of scientists warn climate tipping points ‚imminent'"[218], „More than 11,000 scientists from around the world declare a ‚climate emergency'"[219] …). Dabei wird die eigene Schuld („Die

---

[217] Siehe auch: The Guardian, https://www.theguardian.com/environment/2019/nov/05/climate-crisis-11000-scientists-warn-of-untold-suffering, Euronews.

[218] Siehe auch: Al Jazeera, https://www.aljazeera.com/news/2021/7/28/thousands-of-scientists-declare-worldwide-climate-emergency, 24.01.2023.

[219] Siehe auch: Washington Post, https://www.washingtonpost.com/science/2019/11/05/more-than-scientists-around-world-declare-climate-emergency/, 24.01.2023.

9 Gesellschaftspolitische Entwicklungen

Industriestaaten haben eine historische Verantwortung für den Klimaschutz, denn sie sind für den größten Teil des Problems verantwortlich."[220], „Hauptverursacher des Klimawandels sind die Menschen, vor allem in den Industriestaaten."[221]) an einer kommenden Apokalypse formuliert und klar bestimmten Kulturen oder Gruppen zugewiesen, der Einsatz aller Mittel moralisch zementiert (z. B. Geoengineering), abweichende Meinungen auf der Ebene ketzerischer „Glaubensklitterung" (Klimasünder, Klimaleugner, …) gebrandmarkt und glaubensähnliche Symbole wie Monstranzen („Greta" 2018/2019) geschaffen. Im Medienecho wird durch entsprechende Text und Bildwahl/Bildsprache zugleich die „Hölle"[222] mit schwarzen Rauchschloten vor einer dunkelrot glühenden Sonne[223] vermittelt, verdurstete und verendete Tiere in der Wüste als zukünftige Vision plakatiert. Begleitend und zusätzlich rufen in medienwirksamen Auftritten führende Persönlichkeiten auf: „Die Menschheit hat die Wahl: kooperieren oder zugrunde gehen", sagte UN-Generalsekretär António Guterres und warnte vor einem „Highway zur Klimahölle". EU-Ratspräsident Charles Michel sprach von einem „Klimagewehr, das auf unsere Köpfe zielt". Und US-Präsident Joe Biden versprach, die USA

---

[220] Siehe auch: Greenpeace, https://www.greenpeace.de/klimaschutz/klimakrise/verursacht-mensch-erderwarmung, ff, 24.01.2023.

[221] Siehe auch: Bundesumweltministerium, https://www.bmuv.de/kids/artikel/details/es-ist-der-mensch, ff, 24.01.2023.

[222] Siehe auch: Redaktionsnetzwerk Deutschland, https://www.rnd.de/wissen/klimawandel-2022-das-jahr-von-klima-hoelle-und-klima-klebern-QWQA254ZFQUY36HHSAQZNFQNWE.html, und ARTE, https://www.arte-magazin.de/highway-in-die-klimahoelle/, Die Grünen, https://www.gruene-bundestag.de/themen/kohleausstieg, ff, 24.01.2023.

[223] Siehe auch: Frankfurter Allgemeine, https://www.faz.net/aktuell/wirtschaft/warum-der-kohleausstieg-nur-ein-symbolischer-ist-16069948.html, ff, 25.01.2023.

würden „voraneilen, um unseren Teil dazu beizutragen, die Klimahölle abzuwenden"[224].

All diese hochmoralisch aufgeladenen Entwicklungen verängstigen und entfernen die *Menschheit* – und hier vor allem die eigene Öffentlichkeit – jedoch immer stärker von ihrem Anspruch, weniger Ressourcen zu nutzen und weniger ihren eigenen Lebensraum zu vermüllen, somit an der Realität ausgerichtete Lösungen zu finden und durchsetzen zu können. Je stärker sich der Prozess zu einer glaubensähnlichen Struktur in den „westlich" geprägten Industrieländern entwickelt, entstehen in anderen Ländern anderer Glaubensrichtungen verstärkt Unverständnis, Abkehr oder Abgrenzungen, der Wunsch nach *Opposition*. Das wirkt einer globalen Lösung, die ein reales globales Problem lösen will, entgegen und ist zugleich in seiner Entwicklung ein fundamentaler Unterschied im Vergleich zum Ozonproblem der 1960 bis 1980er Jahre. Die heute vordergründige wertebasierte Moralisierung der Klima- und Umweltthematik und ihrer ideologisch-moralisierenden Verankerung in den Teilen der Politik ist somit eher hochgefährlich, da sie zu einem modernen, globalen Glaubenskrieg von unterschiedlichen Kulturen und Glaubensrichtungen sich langfristig entwickeln kann. Die bereits heute zugewiesene Schuldfrage am Klimawandel an die „entwickelten Staaten" (siehe Kapitel 9, Abschnitt 3) wird heute und im Besonderen in Krisenzeiten politisch von anderen Staaten eingesetzt/genutzt werden.

Die hier beschriebene Beobachtung einer weiteren Mechanik im gesellschaftlichen Uhrwerk, dass eine gesellschaftliche Strömung für den Klimaschutz sich in

---

[224] Quelle: https://www.zeit.de/wissen/umwelt/2022-11/un-klimakonferenz-cop27-versagen-klimaschaeden-einigung, ff, 25.01.2023.

seiner Entwicklung glaubensähnliche Attribute zu eigen oder nutzbar macht, mag für verschiedene Menschen absurd oder provokant erscheinen. Aber die Analyse dieser Entwicklung spiegelt genau diese ähnlichen Merkmale wieder. Mit der Analyse und den hier genannten Folgen soll eine Gleichsetzung von Religion und Klimaschutz in keiner Weise erfolgen oder der Versuch dergleichen unternommen werden. Die Interpretation der obigen Absätze, dass der Klimawandel damit zu einer Glaubenssache hin verschoben werden soll, geht in die falsche Richtung. Nichts ist realer, als der globale Klimawandel. Es geht um realistische Lösungen im globalen Kontext. Wenn wir uns wie am Anfang dieses Kapitels 9 die These einer Aufteilung des Klimawandels in einen Teil als *Naturphänomen* und einen Teil als *Gesellschaftsphänomen* in Erinnerung rufen, sind die in diesem Kapitel beschriebenen Beobachtungen eindeutig dem Gesellschaftsphänomen zugeordnet und haben ihre eigene Dynamik bereits entfaltet. Die Auswirkungen dieser hoch emotionalisierten und moralischen gesellschaftlichen Entwicklung sind sichtbar, ohne dass dadurch die realen Defizite einer Energietransformation auch nur beschrieben worden sind.

Diese gesellschaftliche Entwicklung zeigt auch die Entstehung von immer mehr lautstarken oder sich radikalisierenden Gruppen in beiden Randbereichen der Gesellschaft: die entweder „Sofort-handeln"-Fordernden oder die Gruppen von „ist nicht real". Die Gefahr ist real, dass in allen Lagern dieser Entwicklung (die thematischen Bereiche sind nicht homogen) starke Verfechter einer „puren Lehre" (Ideologie) zum Klimathema zu finden sind. Die Realität ist in der Regel undogmatisch, unideologisch und komplex, sodass die ausgerufenen Wahrheiten nicht immer die Wirklichkeit sind, auch wenn sie entsprechend dargestellt oder vehement verkündet werden.

9.5 Die Dimensionen der Zeitgeistentwicklung „Klimawandel" für Deutschland

Die Veränderungen in der deutschen Gesellschaft, aber auch in anderen europäischen Ländern, sind über die letzten 30 Jahre für jeden spürbar und sichtbar geworden. Ein Teil dieser Änderungen bezieht sich auf das Thema *Klimawandel*. Er ist in den letzten fünf bis acht Jahren zu einem dominanten Thema in der öffentlichen Diskussion geworden. Wie in den vorherigen Kapiteln bereits beschrieben wurde, ist ein wesentlicher Teil dieser Veränderungen durch die zahlreichen Veröffentlichungen aus den Klimawissenschaften und durch thematische mediale Adaption herbeigeführt worden. Dabei sind innerhalb der deutschen und anderer Gesellschaften Prozesse abgelaufen, aber auch von außen neue Prozesse in die Gesellschaft eingetragen worden. Aber wie funktioniert das?

Entlang des hier entwickelten roten Fadens, wie die Mechanik in einer Gesellschaft funktioniert ein einzelnes Thema zu einem Leitthema/Mainstreamthema zu entwickeln, hat die unterschiedlichen Dimensionen dieses Entwicklungsprozesses offen gelegt. Die zentrale Frage, die sich mit dem ersten Kapitel 1 verbindet ist, welche Vorgänge in einer Gesellschaft stattfinden, wenn sich die natürlichen Prozesse zum Nachteil der menschlichen Gesellschaft entwickeln. Der Klimawandel ist das zentrale Beispiel dazu. Im ersten Kapitel konnte ich anhand der Osterinsel ein von Wissenschaftlern gut dokumentiertes und untersuchtes Beispiel für diesen über mehrere Jahrhunderte sich entwickelnden gesellschaftlichen Wandel darstellen. In der Moderne, unser heutigen Gesellschaft, finden wir Ähnlichkeiten zu diesem historischen Beispiel, jedoch in ganz anderen Dimensionen. Die

9 Gesellschaftspolitische Entwicklungen

Insel ist heute der Planet Erde. Unser heutiger globaler Ressourcenverbrauch ist ebenfalls erheblich und nicht nachhaltig; wir haben eine globale Arbeitsteilung; als eine Art Überregierung kann d ie UN angesehen werden; das Funktionieren unserer Technologie ist Abhängig von der Verfügbarkeit der natürlichen, fossilen Energieträger, sowie zahlreicher Mineralien; im Glauben an unendliches Wachstum hat die Menschheit Götzen geschaffen, die wir in Geld und Macht verehren und an andere Generationen weitergeben wollen. Der Glaube an Wachstum und Kapital ist in fast allen Gesellschaften aller Staaten präsent bzw. bildet die Grundlage der Existenz der Staaten.

Der den Erwartungen in den Gesellschaften gegenläufige Prozess nach Wachstum ist der Klimawandel, die Plastifizierung des Planeten, die globale Vermüllung, das Artensterben, die Vernichtung von Lebensräumen anderer Arten. In den letzten Kapiteln und Abschnitten wurden deshalb zwei Ebenen analytisch erarbeitet, die in unseren Kulturen parallel vorhanden sind, sich immer stärker herausgebildet und darüber hinaus entkoppelt haben: die globalen *Naturphänomene* und die *Gesellschaftsphänomene*. Die Entkopplung der beiden Phänomenebenen wird im Besonderen durch eine immer mächtiger werdende Technologieentwicklung (Robotik, KI, Digitalisierung, ...) angetrieben, die uns in zahlreichen Völkern glauben lässt, mit dieser Technologieentwicklung die globalen Probleme alleine lösen zu können. Der Klimawandel ist für mich ein zentrales Beispiel, wie so ein Endkopplungsprozess in einer Gesellschaft entsteht und wie er diese Gesellschaft selbst verändert (rückgekoppelte Entwicklung). Er zeigt anderseits auch, wie irrational gegen diese Entwicklungen vorgegangen wird, vor allem im globalen Kontext. Diese Irrationalität fand ich auch in der Geschichte der Osterinsel und wählte deshalb dieses Beispiel als Einleitung in die hier unkonventionelle Gedankenlinie aus, die Mechanik der Entwicklung zu verstehen und daraus rational funktionierende Lösungen zu entwickeln. Wie im Vorwort bereits darauf hingewiesen wurde, ist das Petitum und der Ansatz in diesem Buch, die Herausforderungen zu analysieren, rationale Lösungsstrategien zu suchen, realistische Lösungen zu entwickeln und pragmatische Lösungswege zu realisieren, politik- und ideologiefrei, dem Problem zugewandt und daran ausgerichtet. Jedoch immer bewusst darüber, keine vollständigen abgeschlossenen Einsichten oder Lösungen bieten zu können, sondern lediglich Ausschnitte aus einem Ganzen präsentieren zu können. Um diesem Anspruch gerecht werden zu können, ist ein Verständnis der Zusammenhänge notwendig. Der Schwerpunkt in diesem Buch liegt in der Erarbeitung verschiedener Korrelationen von Entwicklungen und ihren Einflüssen im Kontext des Klimakorpus, die zunächst offengelegt werden (die Mechanik). Die Komplexität des Themas zeigt jedoch auch, dass hier keine umfassenden Strategien oder Lösungen präsentiert werden können, jedoch Hinweise auf den Einstieg in die hier präsentierten Themenfelder gegeben werden können (globale energetische Abhängigkeiten, wirtschaftliche Sensibilität, Sicherheitsfragen, Transformation der Zivil- und Militärbereiche, soziale Sensibilität, Zukunftsängste etc.). Alle hier präsentierten Themen sind Bestandteil des Themenkomplexes Klimawandel.

9.5.1 Dimensionen des Zeitgeistes

Ein Merkmal der letzten 30 Jahre ist (die Zeit einer Klimaperiode), dass sich das IPCC als globale Organisation zur Bündelung klimawissenschaftlicher

Erkenntnisse entwickelt und etabliert hat. Es hat sich in dieser Zeit, neben der UN (United Nations) und der IEA (International Energy Agency), zu einer wichtigen global agierenden Institution auf den Ebenen der Klimawissenschaften, der Beratung der Regierungen und der Versorgung der medialen Öffentlichkeit mit Informationen entwickelt, die Themen setzt und Aufmerksamkeit in der Öffentlichkeit schafft. Das IPCC hat 195 Mitgliedsstaaten (siehe auch Kapitel 5, Abschnitt 8 „Fossile Energien nach dem zweiten Weltkrieg. Entstehung des IPCC."). Die ersten Klimakonferenzen wurden in den 1990er Jahren (1992, 1995 und folgende) organisiert, die durch wissenschaftliche Berichte begleitet wurden (siehe Kapitel 9, Abschnitt 3 „Die Entstehung der internationalen Klimakonferenzen und einer internationalen Bewegung?"). Die ersten Sachstandsberichte erschienen 1990 und 1995.

Parallel erfand die Regierung in Deutschland unter Helmut Kohl das Prinzip der „kollusiv adaptiven Themensetzung", kurz KAT-Strategie oder auch als asymmetrische Demobilisierung benanntes Prinzip, zum eigenen Machterhalt (siehe Kapitel 9, Abschnitt 2 „Die Geschichte der Umwelt- und Klimabewegung"), das bis auf einen kleinen Zeitraum von 1998 bis 2005, bis Ende 2021 durch den Bundeskanzler/die Bundeskanzlerin der CDU und damit 32 Jahre *gesellschaftsverändernd* verfolgt wurde. In dem Zeitraum entwickelte sich die Wiedervereinigung Deutschlands unter gesellschaftlichen Schmerzen zu einem stabilen Status quo. Neue globale Krisen (u. a. Finanzkrise, später Corona-Krise, Russland-Ukraine-Krieg mit globalen wirtschaftlichen Auswirkungen) entstanden. Die mediale Performance zum Thema Klimawandel, begleitet vom IPCC, weckte vor allem in Deutschland ein im kollektiven Gedächtnis emotional tief verankertes Thema des Umweltschutzes und der Friedensbewegung aus den 1980er Jahren.

Ebenfalls kann beobachtet werden, dass sich die mediale Performance von der reinen Sachinformation der Begleitnachrichten erfolgreich hin zu einer an die kommenden Generationen gewandte Adressierung von Botschaften verschoben hat (siehe auch: Great Thunberg). Dieses mediale *Aufwecken* und die Ansprache der jungen Generationen gewannen unter einer neuen Überschrift Klimawandel, Klimaschutz oder Klimakrise an öffentlicher Bedeutung (siehe Kapitel 9, Abschnitte 4 ff, „Die Dekade 1990 bis 1999", „Die Dekade 2000 bis 2009", „Die Dekade 2010 bis 2019").

Parallel entwickelte sich rasant im gleichen Zeitraum die mediale Vielfalt mit dem Internet und der Entstehung von sozialen Medien. Mit der Entwicklung der medialen Aufspaltung vom alten analogen Radio und Fernsehen Anfang der 1990er Jahre hin zu einer digitalisierten Medienlandschaft mit unübersichtlicher Vielfalt, entstanden neue Kommunikationsmöglichkeiten, die heute bis zur Ansprache eines Individuums mit gezielten Nachrichten an seine Emotionen, persönlichen Wahrheiten und Meinungen, die gesellschaftlichen Prozesse beeinflussen. „Werbung" ist zum Advertising geworden, das in der digitalen Medienlandschaft viel mehr ist, als das Bewerben von Produkten. Damit ist in den letzten 30 Jahren die Beeinflussung des Individuums über Medien zu einer eigenen Dimension des Gesellschaftsphänomens Klimawandel geworden. Fünf Entwicklungslinien oder Dimensionen zur Prägung des Zeitgeistes „Klimawandel" können beschrieben werden:

1. **Episteme und empirische Evidenz:** Etablierung des IPCC und seiner internationalen Klimakonferenzen (COP) mit Wissenschaftlern und Staatsrepräsentanten, vorbereitet vom IPCC als glaubwürdige Plattform und Quelle von klimabezogenen Botschaften

Wirkung: wird zur globalen, glaubwürdigen Quelle und Bezugspunkt „wichtiger Klimathemen" in der Öffentlichkeit aller Staaten sowie bei den Regierungen und Entscheidungsträgern

2. **Transmission und Diffusion:** medienwirksame wissenschaftliche Evidenz; intensivierte Medienarbeit sowie die Entwicklung der Klimawissenschaften mit eigenen Medienpräsentationen; öffentliche, wissenschaftlich begründete Berichte des IPCC, der IEA und Sachstandsbericht der COP-Konferenzen sowie verschiedener Klimawissenschaftseinrichtungen
Wirkung: eine für die Öffentlichkeit schaffende Glaubwürdigkeit und Vertrauen durch Evidenz der wissenschaftlichen Expertise, zusammen mit einer medial hervorgehobenen, großen Anzahl von Klimawissenschaftlern (Quantitäten) sowie Klimaexperten, in die als Botschaften versandten „Klimathemen" als unumstößliche, zweifelsfreie Tatsachen

3. **Politische Kollusion:** Machterhaltungskonzept der Bundeskanzler Kohl und Merkel (CDU) in Deutschland über einen langen Zeitraum von insgesamt 32 Jahren
Wirkung: Beherrschung der Themensetzung zum Machterhalt, Themenallokation durch Richtlinienkompetenz der Bundeskanzler mit „grünen" Themen über einen langen Zeitraum

4. **Emotion:** Abnutzungserscheinungen der Regierenden und Erneuerungswunsch der Gesellschaft trifft auf Rückkehr eines im kollektiven Gedächtnis tief verankerten, gesellschaftlich bewegenden Themas „Umweltschutz"/"Friedensbewegung" der 1980er Jahre mit neuer globaler Verankerung im Leitthema „Klimaschutz"/„Klimawandel", verbunden mit einer starken politischen Vertretung durch die Partei Die Grünen; Medienarbeit der Klimawissenschaften

mit zunehmender Verbreitung von Zukunftsangst; Warnungen vor dem „Weltuntergang" (Erreichen des Kipppunktes, unumkehrbar dramatische Veränderungen, „nicht mehr lebenswerte Zukunft") mit Zeitstempel
Wirkung: zunehmende Adressierung von Emotionen der („Klima"-)Botschaften und Entwicklung eines gesellschaftlichen Drucks durch Verbreitung von Zukunftsangst, adressiert vor allem an junge Menschen; Entwicklung zur „emotionalen" Bereitschaft zum politischen und gesellschaftlichen Wandel
5. **Medienentwicklung:** rasante technische Medienentwicklung sowie Entstehen neuer Medienformate wie z. B. Social-Media-Plattformen
Wirkungsteil a: Entstehung eines „gesellschaftlichen Meinungs- und Gefühlsschaums" (Echokammern, Meinungsblasen, …), schnelle Verbreitung von Nachrichten, Meinungen und Stimmungen, Stimmungsverstärkung sowie Wandel des Journalismus vom Informationsjournalismus zum (einflussnehmenden) Meinungsjournalismus
Wirkungsteil b: Transmissionsriemen der Klimabotschaften in die Gesellschaft und ihrer Interpretation durch Journalisten: Adressierung von Klimabotschaften an junge Menschen („nicht mehr lebenswerte Zukunft"); gesellschaftliche Emotionalisierung; mediale Verbreitung von Angst

9.5.2 Deutungsversuche

Auf Grundlage des vorherigen Abschnitts 9.5.1 können die in der Dimensionen (2) enthaltenen Nachrichten, Berichte, Statements, Verlautbarungen, Warnungen aus dem Bereich des IPCC, den sich mit Klimawissenschaften befassten Einrichtungen, den anhängenden Gruppierungen und Instituten nun eingeordnet werden. Dabei kann der Eindruck entstehen, dass bei den Nachrichten/Veröffentlichungen eine zunehmende Adressierung an ein Angstgefühl erfolgt oder damit auch eine erhöhte Dringlichkeit der Botschaften adressiert wird (siehe Kapitel 9, Abschnitt 4.6 „Die Entwicklung der gesellschaftlichen Stimmung in Deutschland"), die vor allem an junge Menschen gerichtet wird. Beispiel der Wirkung von Klimabotschaften aus einem Pressebericht:

„Wir sind verzweifelt, weil die Bundesregierung im Angesicht des drohenden Klimakollapses ihren fossilen Wahnsinn ungebremst weiter betreibt", wird eine der Aktivistinnen darin zitiert. „Unsere Angst und Verzweiflung gehen so weit, dass wir alles aufgeben und bereit sind, für unser Überleben auch ins Gefängnis zu gehen."[225]

Das Beispiel zeigt exemplarisch, wie über die letzten 30 Jahre mit den Botschaften Wirkungen in den verschiedenen europäischen Gesellschaften, hier in Deutschland, erzeugt wurden. Dabei geht es im Wesentlichen um den Mechanismus und seine Wirkung, weniger um den Inhalt des Beispiels.

Die Analyse des Mechanismus zeigt folgendes Bild: Über die letzten 30 Jahre hat sich der *Charakter* und die *Adressierung* der von den Klimawissenschaften erzeugten Nachrichten sowie der Begleitmedien (Artikel, Interpretationen, Kommentare, …) verändert. Standen am Anfang noch wissenschaftliche Ergebnisse und eine einfach verständliche Präsentation im Vordergrund, wurden

---

[225] Verweis: Hessenschau vom 12.04.22: Klima-Aktivisten legen Frankfurter Stadtverkehr lahm. (22.04.2022).

die öffentlichen Nachrichten über die letzten Jahrzehnte zunehmend emotionaler, gepaart mit einem sich erhöhenden *Zeitdruck* auf alle möglichen Teile der Gesellschaft. Additiv haben sich Teile der Wissenschaft politisiert und sich Gruppen von Klimaaktivisten angeschlossen (z.B. Science for Future). Das gilt für die Texte, wie vor allem für die Bilddarstellungen (siehe u. a. auch Fußnoten). Die Nachrichten wurden auch in ihrer Adressierung an die Bevölkerungsteile verschoben. Befanden sich die Entscheidungsträger am Anfang im Fokus bzw. waren sie die adressierten Botschaftsempfänger, sind es heute auch noch Entscheidungsträger, aber vor allem auch Menschen der zukünftigen Generationen. Die Nachrichten wurden also emotional aufgeladener und adressierten jüngere Menschen, sodass vor allem in den Jahren bis 2018/2021 junge Menschen reale Angstzustände (Barmer Krankenversicherung, Sinus-Studie: 39 % der Jugendlichen in Deutschland verspüren große Angst vor dem Klimawandel, 29 % haben mittelgroße Angst, 14 % haben keine Angst[226]) entwickelten, sich vor ihrer eigenen Zukunft fürchteten und heute noch fürchten. Wie bereits in den vorherigen Kapiteln und Abschnitten beschrieben wurde, entstanden in der Entwicklung des Gesellschaftsthemas Klimawandel in Teilen der deutschen Bevölkerung Emotionalisierungen, Radikalisierungen und Zukunftsängste. In der Folge wurden u. a. Hungerstreiks von radikalisierten Gruppen für eine radikale Klimawende medienwirksam begonnen und in Szene gesetzt (Umweltbewegung Letzte Generation, mit Aktionen, die als „Aufstand der Letzten Generation" medienwirksam bezeichnet wurden). Beeindruckende Beispiele von Realängsten

---

[226] Quelle: Barmer Krankenversicherung, https://www.barmer.de/gesundheit-verstehen/gesundheit-2030/nachhaltigkeit/klima-angst-1072176, 25.01.2023.

junger Menschen vor dem Klimawandel und einer für diese Menschen vermeintlich nicht mehr lebenswerten Zukunft kann man im Internet bzw. den sozialen Medien finden. Die Wirkung der Angstverbreitung, die Verängstigung der adressierten Botschaftsempfänger, wurde und wird durch eine hohe Glaubhaftigkeit der Botschaften verstärkt, die vor allem mit wissenschaftlicher Glaubwürdigkeit und einem Konsens von Tausenden Wissenschaftlern begründet wurde/wird, der Widerspruch oder einen emotionalen Ausweg der Botschaftsempfänger verhindert.

9.5.2.1 Gruppenbildung unter dem Thema Klimawandel

Die junge Menschen ängstigenden Nachrichten und Bilder über den Klimawandel waren und sind auch Teil der Solidarisierung und Bildung u. a. von Fridays for Future oder der Gruppe Letzte Generation, denn Angst rekrutiert Mitläufer, Angst erzeugt ein Wir-Gefühl. Die Mechanik des Entwicklungsmotors besteht darin, dass eine Führung und Gefolgschaft entstanden ist, in der die emotionale Führung in den Industriegesellschaften die Klimawissenschaften mit dem Thema Klimawandel übernommen haben und das in der Gesellschaft nun implementierte Angstgefühl von anderen Gesellschaftsgruppen für ihre Ziele genutzt wird.

Mit der Adaption der emotionalisierten oder fanatisierten Teile der Gesellschaft durch die Politik schafft sich die Spitze einer Gesellschaft einen „adaptierten" Zeitgeist und entwickelt eine *Rettungssaga*. In diesem Framing kann es dann nur einen (alternativlosen) Weg geben, das Problem zu lösen. Dieser Mechanismus zur Durchsetzung politischer Ziele ist fundamental (Gustave Le Bon[227]) und wurde in der Entwicklungsgeschichte von Völkern mehrfach eingesetzt[228] (siehe u. a. Erster Weltkrieg, Zweiter Weltkrieg). Die Lösung wird von oben nach unten definiert, von den Mächtigen zu den Folgenden, den Mitläufern. Damit wird sie zum *Mainstream*, dem alleinigen Lösungsweg für die Entwicklung der Gesellschaft. Das kann auch die Erklärungslinie dafür sein, dass Deutschland einen Weg der Energietransformation als Antwort auf den Klimawandel gewählt hat, der von *keinem* anderen Industrieland der Welt kopiert wird (Stand 2023). Vor dem Hintergrund der Entwicklungen vor allem in den Jahren 2018 bis 2020 kann diesem Mechanismus zugeordnet werden, dass in der Öffentlichkeit stehende Persönlichkeiten/Behörden gegenüber der Bevölkerung Panik schürten (siehe Abschnitt vorher), Bedrohungsszenarien[229] entwarfen und den Eindruck vermittelten, dass sie die Fähigkeiten hätten, mithilfe der Wissenschaft die Zukunft[230] für fünf, zehn oder 50 Jahre[231] oder länger exakt vorhersagen zu können (COP-Szenarien und

---

[227] Siehe auch: Wikipedia, https://de.wikipedia.org/wiki/Gustave_Le_Bon, und https://de.wikipedia.org/wiki/Psychologie_der_Massen, 26.01.2023.

[228] Siehe auch: Researchgate, Politische Psychologie von Gruppen, https://www.researchgate.net/publication/358141389_Politische_Psychologie_von_Gruppen, Spektrum, Psychologie der Macht, https://www.spektrum.de/news/was-macht-mit-uns-macht/1416651, 26.01.2023.

[229] Siehe auch: Deutsche Welle, https://www.dw.com/de/die-klimakrise-das-ende-der-zivilisation/a-57463706, 23.1.23, The Guardian, https://www.theguardian.com/environment/2019/nov/05/climate-crisis-11000-scientists-warn-of-untold-suffering, ff.

[230] Siehe auch: National Geographics, https://www.nationalgeographic.de/umwelt/2021/08/klimawandel-weltklimarat-zeigt-fuenf-moegliche-szenarien-fuer-die-zukunft-auf, 27.01.2023.

[231] Siehe auch: IEA, https://www.iea.org/reports/world-energy-outlook-2021/scenario-trajectories-and-temperature-outcomes, und IPCC, https://www.ipcc.ch/2022/04/04/ipcc-ar6-wgiii-pressrelease/, 25.01.2023.

9 Gesellschaftspolitische Entwicklungen

Szenarien anderer Institute weltweit[232]). Auf Basis dieser Szenarien wurden Klimaziele politisch definiert, verschärft und Verträge zwischen Staaten zur Einhaltung der Ziele[233] geschlossen. Es ist das falsche Spiel zwischen Führung und Geführten, zwischen Anführern und Abhängigen. Dieses falsche Spiel führt uns jedoch weiter weg von real sich global auswirkenden Lösungen und entkoppelt unser gesellschaftlich gesetztes Thema Klimawandel vom Naturphänomen Klimawandel in eine hoch emotionalisierte Selbsttäuschung ohne real wirksame Lösungen.

Es wird jedoch nicht nur öffentlich eine Angst vor allem bei Jüngeren geschürt, sondern unter gesellschaftlicher Androhung von Diskriminierung (z. B. „Klimaleugner", „Klimabösewichte", Anmerkung: in alle politischen Richtungen) und Ausgrenzungen („ideologisch verblendet", …) eine Gefolgschaft, ein Gleichschritt – vor allem von jungen Menschen – gefordert. Kritik, eigene Gedanken sind in diesem Gesellschaftstrend unerwünscht. Mit diesem Mehrheitsverhalten werden weitere Mitläufer rekrutiert. Vor allem junge Menschen, die sich häufig in einer Art narzisstischer Labilität befinden, können durch politische, ideologische und moralische Propaganda eine begeisterte Gefolgschaft entwickeln[234], was von allen Herrschern in der Geschichte der Völker – wie auch heute – genutzt wurde[235]. Der persönliche Eindruck war, dass das gesellschaftliche Klima in den 2019/2020er Jahren

---

[232] Siehe auch: Wikipedia, https://en.wikipedia.org/wiki/Climate_change_scenario, 27.01.2023.

[233] Siehe auch: Europäische Kommission, https://climate.ec.europa.eu/eu-action/european-green-deal_en, 26.01.2023.

[234] Siehe auch: Süddeutsche (Artikel), https://www.sueddeutsche.de/wissen/psychologie-mitlaeufer-konformitaet-1.5118387, ff 27.01.2023.

[235] Siehe auch: Spektrum, https://www.spektrum.de/magazin/fuehren-und-folgen/1010837, 26.01.2023.

beim Klimathema einer auf Linie gebrachten Gesellschaft glich, einer „Normokratie" (eigene Wortschöpfung). In einer Gesellschaft dienen jedoch normhafte Anpassung, Gehorsam und Unterwerfung einem Teil des seelischen Überlebens vieler Menschen und ist damit die Grundlage des Mainstreams, der Rahmen der politischen Korrektheit. In der Regel sind wir Individuen unterschiedlicher Meinung, geprägt durch unsere gesellschaftliche und individuelle Sozialisation sowie unsere Bedürfnissen und Interessen. Durch Angst lassen sich vor allem bei jüngeren Menschen diese unterschiedlichen Meinungen in einem Mainstream und Gruppenverhalten einfangen und formen. Noch bis in das Jahr 2021 entwickelte sich die gesellschaftliche Themensetzung Klimawandel in einigen Ländern fast zu einer Gesellschaftskrise. Ende 2021 stand die Bundestagswahl in Deutschland an, in der absehbar die Ära Merkel dem Ende entgegen ging. In einer emotional dominierten Protestbewegung „Klimawandel" mit zahlreichen Gruppierungen, angeführt und dominiert durch die Bewegung Fridays for Future, und einer bis Ende 2021 in den Medien immer intensiver kommunizierten Verfehlung der deutschen Klimaziele sowie dem Bundesverfassungsurteil vom April 2021 (Klimaschützer beklagen das Klimaschutzgesetz vor dem Bundesverfassungsgericht und sind erfolgreich[236]) entstand ein gesellschaftliches Unsicherheitsgefühl, in dem dann das Zusammenspiel zwischen einer eingebildeten Rettungskompetenz der Machteliten und einer illusionären Rettungsfantasie der „Abhängigen" dazu beiträgt, die realen Auswege bzw. Problemlösungen zu verdecken. Es folgt der Mechanismus, dass einfache

---

[236] Quelle: Bundesverfassungsgericht, https://www.bundesverfassungsgericht.de/SharedDocs/Entscheidungen/DE/2021/03/rs20210324_1bvr265618.html, 26.01.2023.

9 Gesellschaftspolitische Entwicklungen

Lösungen medial mehrfach wiederholt die gesellschaftliche Richtung prägen, sodass eine Rückkopplung zwischen der Lösungspräsentation („neue Klimaziele") und der Lösungserwartung („keine Angst vor der Klimazukunft") entsteht.

Diese Gemengelage trifft auf ein sich über ca. 20 Jahre entwickelndes, neues Selbstverständnis der Generation „Internet"[237]. Narzissmus ist eine Geisteshaltung, die sich selbst bewundert und andere abwertet. Es ist die Selbstverliebtheit und Selbstbewunderung, die den Narzissmus charakterisiert[238]. Durch die digitalen Medien, hier vor allem durch die sozialen Medien, wurde diese Geisteshaltung bei einem Großteil von jungen Menschen gefördert bzw. durch die *Belohnungssysteme* und Algorithmen dieser Medien zur Grundlage ihrer Geschäftsidee[239]. Mit einem in Teilen narzisstischen Verhalten von jungen Menschen konnte in den sozialen Medien relativ einfach ein sozialer und auch monetärer Erfolg erzielt werden. Ein narzisstisches Verhalten ist heute in den sozialen digitalen Medien zu einer *Grundvoraussetzung* für den medialen Erfolg geworden (Selfies, Likes, Klicks, ...). Aus diesem Grund sind aus meiner Sicht erhebliche Teile unserer Gesellschaft mit diesem Bewusstsein (ohne Werturteil, als beschreibende Tatsache) ausgestattet, die sich vor allem durch eine Flut

---

[237] Siehe auch: Spiegel, https://www.spiegel.de/netzwelt/netzpolitik/generation-internet-viele-jugendliche-haben-angst-vor-komplett-digitaler-zukunft-a-1239314.html, und Wikipedia, https://de.wikipedia.org/wiki/Digital_Native, Manfred Spitzer, https://de.wikipedia.org/wiki/Manfred_Spitzer, 26.01.2023.

[238] Siehe auch: Planet Wissen, https://www.planet-wissen.de/gesellschaft/psychologie/egoismus/narzissmus-100.html, Deutsche Welle, Appel, https://www.dw.com/de/medienforscher-appel-narzissmus-und-social-media-in-selbstverst%C3%A4rkender-spirale/a-46365234, und Presseportal, Studie, https://www.presseportal.de/pm/30242/3589818, ff, 27.01.2023.

[239] Siehe auch: ResearchGate, https://www.researchgate.net/publication/323014365_The_impact_of_social_media_on_social_lifestyle_A_case_study_of_university_female_students, 27.01.2023.

von „Selfies" oder in Form von „Influencern" oder anderen Selbstdarstellungen zeigen. Ich kann jedoch hier nur meinen persönlichen Eindruck vortragen und auf Sozialpsychologen verweisen, die dazu eine qualifizierte Analyse bieten können. Jedoch möchte ich diesen persönlichen Eindruck, der empirisch für jeden sichtbar ist, dennoch als Charakterisierung eines weit verbreiteten Bewusstseins nutzen. Dieses Bewusstsein erscheint mir als wichtiger Teil der Zeitgeistprägung im Gesellschaftsphänomen des Klimawandels und ermöglicht es, einige Entwicklungen zu erklären bzw. zu verstehen.

Denn eine Gesellschaft mit narzisstisch verankerten Implikationen entwickelt destruktive Verhalten, wie man heute in vielen Bereichen eindeutig erkennen kann, wie z. B. gegen Tiere und Pflanzen, gegen die Umwelt, gegen das soziale Zusammenleben und die soziale Sicherheit. Sie führen zu der heute als selbstverständlich empfundenen Sozial-, Energie- und Finanzpolitik, weil nicht mehr nach vernünftigen, pragmatischen und realitätsorientierten Maßstäben geurteilt und gehandelt wird. Es wird vielmehr nach den Vorstellungen eines narzisstischen Größenwahns („Klimaschutz", „das Klima muss geschützt werden", …) gehandelt, der dann ideologisierend und moralisierend die Realität nach den beeinträchtigten Selbstwertbedürfnissen verzerrt. Mit einer ideologisierenden und moralisierenden eingeengten Wahrnehmung, gleichzeitig unter dem zwanghaften Handeln zur Aufrechterhaltung einer narzisstischen Weltsicht, führt diese von der Politik initiierte und begleitete Entwicklung mit blinder Sicherheit in eine echte Gesellschaftskrise („Abschalten" als Schlüssel der Zukunft bzw. zur kurzfristig nutzbaren politischen Vorteilsnahme), die bei massenpsychologischer Verweigerung von Realitäten (der Klimawandel ist bereits da und wird auch bleiben) den destruktiven Untergang bestehender Verhältnisse fördert, was die Bilanz der letzten 30 Jahre im CO_2-Zuwachs eindeutig belegt.

9 Gesellschaftspolitische Entwicklungen

Vor allem in den Jahren 2018 bis 2021 entstand eine hoch emotionalisierte Bewegung in verschiedenen Ländern, in der Regel westlicher Prägung (siehe auch Kapitel 9, Abschnitt 4.7 „Emotionalisierung des Klimawandels: „Die Verkündigung""). Die Grundstimmung war – und hält bis heute an –, dass ein globales Armageddon ab einem nahen Zeitpunkt (in der Regel ab dem Jahr 2030, aber gewiss mit dem Jahr 2050) zu erwarten ist, wissenschaftlich bewiesen und unausweichlich, wenn wir nicht sofort die Nutzung fossiler Brennstoffe abschalten. „Abschalten" („Beenden", „Stoppen", „Aussteigen") ist die Rettungsillusion, der Schlüssel, die globale Lösung, dass es keinen Weltuntergang geben wird. In dieser Rettungsillusion wachsen Überzeugungen, endlich durch eine „gute Sache" in einer weltweiten Gemeinschaft etwas Wunderbares – die Rettung der Menschheit – erreichen zu können, die von einer psychosozialen Hoffnung getragen wird. Diese Hoffnung wirkt wie ein Sog der Erlösung. Mit dem Jahr 2018 wurde das Symbol der Klimabewegung Greta Thunberg medial erweckt und präsentiert! Sie wurde zur „Ikone" der Klimabewegung und durch ihre medial breit verteilten Auftritte zu einer Person mit fast schon verblendeter Begeisterung verehrt und bewundert (siehe u. a. Menschen bei ihrer Ankunft in New York). In diesen „Klimakrisenzeiten" konnten sich die zahlreichen verunsicherten Menschen nun mit diesem Ideal ihrer Verehrung verbinden, von der Hoffnung getragen, dass es die Führung gegen eine globale Bedrohung übernimmt.

Gleichzeitig wurde es von den verunsicherten und verängstigten Menschen mit einer Rettungsfantasie „aufgeladen". Dieses Ideal wurde zugleich von verschiedenen Regierungspersönlichkeiten, aber auch von Persönlichkeiten wie dem UN-Generalsekretär António Guterres oder Christine Lagarde (damals IWF), dem Musiker Bono und der Verhaltensforscherin Jane Goodall zu Gesprächen, Diskussionen oder Konferenzen eingeladen. Mit diesen medialen und emotionalen Additiven, inklusive der Nutzung von verbalen Angriffen gegen die vermeintlichen „Feinde" (Greta Thunberg: „… den Vertretern der Öl- und Gasindustrie, hätte ich gerne persönlich ihre Verbrechen gegen die Menschheit erklärt …"), wuchsen die Verehrung sowie ihre Anhängerzahl. Die Ängste der Verunsicherten erreichten 2019/2020 fast hysterische Züge und fanden nun Halt in einem Symbol, das sie verehrten und an das sie glauben konnten. In dieser Entwicklung kumulierten die Ängste zu diesem irrationalem Symbol und schufen damit eine uneinholbare emotionale Sicht der Gesellschaft auf Lösungen, die im „Abschalten" von allem und jedem mündeten, um einem „wissenschaftlich begründeten" Armageddon entfliehen zu können (politisch legitimiert mit dem Atom- und Kohleausstieg, aktuell auch Gasausstieg und Ölausstieg). Der Zeitgeist gibt damit die Linie vor, der die Gesellschaft und die Politik nun folgen, und mit eigenen Interpretationen im Rahmen ihrer Ideologie durchsetzen. Reale Wirkungen auf das Naturphänomen hatten diese Entwicklungen im Gesellschaftsphänomen bisher nicht.

9.5.3 Zwischenstand

Wir werden emotional getrieben, unterliegen einem maximalen gesellschaftspsychologischen Zeitdruck, und haben eigentlich keinen Plan, aber Ziele. Wenn ich davon ausgehe, dass wir – unsere verschiedenen Völker – neben dem Naturphänomen Klimawandel und dem Gesellschaftsphänomen Klimawandel weitere globale Bedrohungen wie Umweltzerstörung, Überbevölkerung, ungeregelte Finanzwirtschaft mit dem Hang zu globalen kriminellen Auswüchsen (z. B. Auslöser die globalen Finanzkrise, Cum-Ex-Geschäfte, …), große und

9 Gesellschaftspolitische Entwicklungen

zunehmende Migrations- und Wanderungsbewegungen (Kriege, Vertreibung, Hunger, ...), ungelöste Energieprobleme, Wassermangel und Wasserverteilungsprobleme, Seuchen, Hunger und Armut haben, dann ist eine Rückkehr zum (analytischen) Pragmatismus und eine Abkehr vom hoch emotionalen Idealistischen oder Ideologischen notwendig, denn wir sind auf dem Weg, den Klimawandel als Ursache der selbst entwickelten Krisen zu missbrauchen.

Die in der heutigen – durch den Zeitgeist dominierten – Entwicklung liegenden Risiken für eine friedliche Transformation der globalen Gesellschaften, wie der Verlust an Lebensstandard, der Verlust an Sicherheit, aber auch der Verlust an individueller Überlebensfähigkeit bedarf einer funktionierenden Langfriststrategie mit Auswirkungen für Jahrhunderte, die in entsprechende Handlungen ohne einen künstlichen, auf Staaten und ihren Gesellschaften ausgeübten Zeitdruck münden. Diese Strategie gibt es jedoch real nicht. Die Erforschung des Naturphänomens Klimawandel ist bestens organisiert. Die Erforschung des Gesellschaftsphänomens Klimawandel mit der Aufgabe zur Entwicklung von vernetzten Langzeitstrategien zur globalen Transformation der Völker ist mir bei meinen Recherchen nicht begegnet. Die hier vorgelegten Diskussionsanregungen könnten einen Einstieg in die Entwicklung einer komplexen Zukunftsstrategie ermöglichen.

10

Transformationsleistungen zur Umstellung unseres Energiesystems

Nach den komplizierten gesellschaftlichen Entwicklungslinien möchte ich in diesem Kapitel den Blick auf die heute gängige Problemlösung zum Klimawandel richten. Sie besteht in der Energiewende, die im Wesentlichen beinhaltet, dass die Energieproduktion eines Landes von fossilen Energien auf erneuerbare Energien umgestellt werden soll. Für Deutschland wurde der Schwerpunkt bei der zukünftigen Energieproduktion auf die Nutzung von Wind (Standardtechnologie: Windkraftanlagen, auch kurz WKA genannt) und Sonne (Standardtechnologie: Fotovoltaikanlagen, auch kurz PV-Anlagen genannt) gelegt. In Deutschland wurde für diese Transformation errechnet, dass für die Ablösung der heutigen fossilen Energieproduktion ca. 2 % der Landesfläche für die Aufstellung von Windkraftanlagen benötigt wird. Das erscheint im ersten Moment nur ein kleiner Teil eines Landes zu sein. Betrachtet man sich jedoch diese Zielsetzung etwas genauer, erkennt man sehr schnell, dass freie

Landesflächen kaum oder nicht mehr vorhanden sind. Ein großer Teil von Deutschland ist bereits durch Häuser, Straßen, Flugplätze, Naturparks, Naturschutzgebiete und vieles mehr belegt. Ich möchte in diesem Teil meiner Bilanzierung dieser wichtigen Zielsetzung nachgehen und sie an konkreten *Abschätzungen* hinterfragen. Ich möchte besonders darauf hinweisen, dass dieser Teil meiner Analyse nicht eine exakte Studie über den Bedarf der einen oder anderen Technologie ist, sondern lediglich eine grobe Abschätzung darstellt. Dieser Grad der Bewertung ist aus meiner Sicht für die anschließenden Schlussfolgerungen ausreichend. Dabei werde ich keine möglichen Aufstellungsorte analysieren, sondern auf Basis heutiger Technologie die notwendige Anzahl von Windkraftanlagen ermitteln und vieles mehr. Die Abschätzung wird uns zusätzlich helfen, den von den Bundesregierungen der letzten Jahrzehnte beschlossenen *Transformationsweg/Entwicklungspfad zum Umbau unseres Energiesystems* besser zu verstehen.

Ein tieferliegendes Problem der Energiewende bzw. der in Deutschland geplanten *Energiesystemtransformation* besteht darin, dass unsere heutigen grundlastfähigen Energieproduktionsanlagen zuverlässig über ca. 74 Jahre Strom und Wärme produziert haben. Unsere gesamte gesellschaftliche Entwicklung basierte auf dem Aufbau eines in sich austarierten, *regelfähigen* Energiesystems mit hoher *Versorgungsqualität*. Diese Versorgungsqualität mit Strom und Wärme hat über diesen Zeitraum international Anerkennung erhalten und war ein Grund, dass sich Industrien bzw. Unternehmen in Deutschland angesiedelt haben. Nach der Transformation dieses Energiesystems mithilfe der Energiewende werden wir von der Entwicklung des Wetters über Deutschland grundlegend/grundsätzlich in der Energieproduktion abhängig sein. Damit ändert sich fundamental das Produktionsprinzip von einer regelungsfähigen Produktionsbasis zu einer stochastischen Produktionsbasis. Das neu angedachte Energiesystem auf Basis von Wind und Sonne ist dann nicht mehr regelbar, sondern funktioniert auf der Produktionsseite stochastisch, also abhängig davon, ob Wind und Sonne an den jeweiligen Produktionsstandorten vorhanden sind.

Mit einem fortschreitenden Klimawandel wird sich jedoch zukünftig das Wetter anders darstellen, als wir es heute kennen. Deshalb wäre für ein energetisches Transformationsvorhaben, wie in Deutschland beabsichtigt, eine *Wetterprognose* für die nächsten 50 bis 100 Jahre notwendig, um die Ausbaukapazitäten, Investitionen und Energieerträge für das gesamte Land, aber auch für Produktionsstandorte von Industrie und Unternehmen abschätzen zu können. In diesem Prognosezeitraum sind Umstellungszeiten und Repoweringzeiten der Technologie berücksichtigt, sodass für einen Zeitraum von drei Anlagengenerationen mit jeweils 20 Jahren eine normale Energieproduktion angenommen werden kann (demnach eine vollständige Umstellung auf Wind und Sonne nach 40 Jahren, danach Anlagen-Life-Cycle von ca. 20 Jahren). Um diese genannten Grundlagen jedoch zur Verfügung zu haben, wie sich das Wetter in den nächsten 40 bis 50 Jahren über Deutschland entwickeln wird, wäre eine Ableitung der *Klimaentwicklung* hin zu einer *Wetterentwicklung* für alle europäischen Staaten in einer zeitlichen und räumlichen Auflösung auf Monatsebene bzw. für die Größe von Windparks nutzbaren Windgebieten (10 × 10 km) notwendig. Diese Ableitung existiert jedoch nicht. Damit wissen wir heute nicht, in welchem Umfang in fünf, zehn oder 50 Jahren Energie aus Wind und Sonne gewonnen werden kann. Dazu fehlen die Daten. Eine sichere Produktion von Energie ist deshalb für die Zukunft prinzipiell nicht prognostizierbar, weil stochastisch arbeitende Systeme nicht oder nur für sehr kurze Zeiträume prognostizierbar sind. Ein weiterer wesentlicher Einflussfaktor wird bei diesen Energietransformationsplanungen zusätzlich nicht bedacht, denn Wind und Sonne werden sich durch den Klimawandel selbst über die nächsten Jahrzehnte verändern. Wie sich das auf die Energieproduktion auf Basis von Wind und Sonne auswirken wird, ist heute nicht einschätzbar/berechenbar und stellt damit ein prinzipbedingtes Versorgungsrisiko durch die neuen Energiequellen dar. Mit dem weiteren Ausbau von WKA und PV-Anlagen und der geplanten Abschaltung von Kohle- und Gas-Kraftwerken in den nächsten 20 bis 30 Jahren nimmt damit das Versorgungsrisiko prinzipbedingt für Deutschland stetig zu.

Im Jahr 2021[1] betrug die (Netto-)Stromerzeugung für das Gesamtjahr 505,3 TWh/a (TWh pro Anno=a). Die Netzlast (Verbrauch) betrug für den gleichen Zeitraum 503,8 TWh/a. Konventionelle Energieerzeugungsanlagen (Kohle, Atom, Gas) stellten 289,9 TWh/a her. Erneuerbare Energien insgesamt erzeugten 215,4 TWh/a, was 22,6 % entsprach. PV-Anlagen trugen mit 46,6 TWh/a (9,3 %) zur Stromproduktion bei. Insgesamt waren in diesem Jahr 59,400 GW installiert, was einer theoretischen Jahresproduktion von 520,344 Gwh/a (102,97 % der Nettostromerzeugung) entspricht. Der Rest von 10,9 % wurde durch Biomasse, Wasserkraft und sonstige erneuerbare Quellen erzeugt. Windkraftanlagen an Land erzeugten 89,6 TWh/a. Wobei 24,0 TWh/a durch Offshorewindkraftanlagen hergestellt wurden. Die installierte Leistung der Onshoreanlagen

---

[1] Quelle: Bundesnetzagentur, https://www.bundesnetzagentur.de/DE/Fachthemen/ElektrizitaetundGas/HandelundVertrieb/SMARD/Aktuelles/start.html, 28.01.2023.

betrug 58,106 GW^2, was einer theoretischen Jahresstromproduktion von 509 TWh/a (100,73 % der Nettostromerzeugung) entspricht. Strom wurde im europäischen Stromverbund aus Deutschland exportiert wie auch importiert. Der Export betrug 57,0 TWh/a, der Import betrug 39,6 TWh/a, was einen Nettoexport von 17,4 TWh ergab.

10.1 Systemeffizienz bzw. Wirkungsgrade

Häufig werden schlechte technische Wirkungsgrade in dieser jahrzehntelangen Diskussion als ein wesentliches Argument für die Ablehnung von bestimmten Technologien in der öffentlichen Diskussion, wie der Wasserstoffherstellung durch Elektrolyse bzw. der Wandlung von Strom in Wasserstoff mit einer anschließenden erneuten Umwandlung in verschiedenste Nutzenergien wie Wärme, Bewegung, Strom, chemische Energieprozesse etc. begründet. Das gilt nicht nur für Wasserstoff, hier exemplarisch, sondern auch für viele andere mögliche Zukunftskraftstoffe und Technologien. Analysiert man verschiedene Berechnungen unterschiedlicher Darstellungen von technischen Wirkungsgraden vergleichbarer Technologien und Anlagen, kann man sehr unterschiedliche Bezugsgrößen in den Berechnungen feststellen. Damit verlieren jedoch diese Kenngrößen ihre Vergleichbarkeit, obwohl ein Wirkungsgrad als Kenngröße definiert wurde. Die ausgewiesene Kenngröße A ist damit nicht vergleichbar mit der Kenngröße B, obwohl

---

[2] Quelle: Deutsche Windguard, https://www.windguard.com/year-2021.html, 27.01.2023.

beide Kenngrößen die gleiche Betitelung tragen. Zusätzlich haben die technischen Wirkungsgrade in Unternehmen wie aber auch in der öffentlichen Gesellschaft von Deutschland nur eine mittelbare Bedeutung pro oder kontra eines Einsatzes einer Technologie. Dazu folgen zwei Beispiele in den nächsten Abschnitten aus dem Bereich der erneuerbaren Energien von Wind und Sonne, um die technischen Wirkungsgrade heutiger Standardtechnologien etwas genauer zu betrachten und nachzuvollziehen, a) ob diese Wirkungsgrade beider Technologien vergleichbar sind und b) ob die tatsächlichen Wirkungsgrade die gesellschaftliche Entscheidung zum Einsatz dieser Technologien beeinflusst haben.

10.1.1 PV-Anlagen (Photovoltaik-Anlagen)

PV-Anlagen[3], die grundsätzlich Sonnenlicht in Strom umwandeln, haben einen sehr geringen technischen Wirkungsgrad, der zusätzlich vom Breitengrad abhängig ist[4]. In diesem Zusammenhang sind noch die Solaranlagen bzw. Solarkraftwerke zu nennen, die aus Sonnenlicht zunächst Wärme produzieren und aus Wärme mit konventionellen Turbinen Strom erzeugen. Die Normbedingungen zur Bestimmung einer maximalen Leistung eines PV-Moduls definieren für ein einzelnes Modul eine Umgebungstemperatur von 25 °C, eine senkrechte Einstrahlung mit 1000 W/m^2 auf die Moduloberfläche, eine Luftmasse *(air mass)* von 1,5 und ein bestimmtes Einstrahlungsspektrum (von Blau [kurze Wellenlängen] bis

---

[3] Siehe auch: VDE, https://www.vde-verlag.de/normen/0100340/din-vde-0100-712-vde-0100-712-2016-10.html, 27.01.2023.

[4] Siehe auch. Fraunhofer, https://www.ise.fraunhofer.de/de/veroeffentlichungen/studien/aktuelle-fakten-zur-photovoltaik-in-deutschland.html, 27.01.2023.

Rot [lange Wellenlängen]). Diese Normbedingungen werden jedoch in der Praxis selten erreicht, sodass vor allem an kälteren Tagen der Modulwirkungsgrad stark sinkt. Das Gleiche gilt auch für höhere Temperaturen in Bezug zur Norm im Sommer. Ebenfalls wird eine senkrechte Einstrahlung auf das Modul verlangt, was in der Praxis bei starr installierten Modulen z. B. auf dem Dach oder in Rahmen auf dem Feld bestenfalls für nur ca. 30 bis 45 min pro Tag bei wolkenfreiem Himmel möglich ist. Zusätzlich müssen Modulabdeckungen durch Fremdkörper, Verschmutzung oder Schneeabdeckung in einer realen Wirkungsgradbetrachtung berücksichtigt werden, was in der Regel nicht erfolgt. Deshalb werden heute PV-Anlagen in ihrer Leistungsfähigkeit mit einem *Spitzenwert* (Wp = Watt Peak=p) angegeben, der in der Praxis nie oder höchst selten erreicht wird, mit der Konsequenz, dass hohe Installationsleistungen statistisch vorhanden sind und die eingespeisten Leistungen in das Stromnetz erheblich geringer ausfallen.

Monokristalline Module haben bei Normbedingungen einen Maximalwirkungsgrad zwischen 20 und 22 %. Polykristalline Module haben unter gleichen Bedingungen einen technischen Wirkungsgrad zwischen 15 und 20 %. Bei einer senkrechten Einstrahlungsleistung von 1000 W/m^2 erzeugt ein 1 m^2 großes, monokristallines Modul ca. 200 W Strom. Ein polykristallines Modul erzeugt bei Normbedingungen lediglich ca. 180 W. Diese Leistungen können selbstverständlich nur bei Tageslicht erreicht werden. Um einen z. B. Staubsauger von ca. 600 W mit einer PV-Anlage betreiben zu können, muss eine Fläche von ca. 3 m^2 belegt werden und eine maximale Sonneneinstrahlung und wolkenfreier Himmel über die Betriebszeit müssen vorhanden sein. In der Praxis wäre bei einer angenommenen Zeit von ca. 30 bis 45 min optimaler Sonneneinstrahlung der Betrieb des Staubsaugers im

Sommer zur Mittagszeit mit dieser Leistung möglich. In Deutschland liegt der durchschnittliche technische Wirkungsgrad einer PV-Zelle bei ca. 18 %, abhängig vom Typ und von der Bauart. Im Jahresdurchschnitt liegt der reale Wirkungsgrad einer PV-Anlage bei ca. 8 %, wenn man die Leistung eines gesamten Produktionsjahres einbezieht. Von der anderen Seite betrachtet produzieren 92 % von PV-Anlagen pro Jahr, in Bezug auf ihre installierte Leistung, keinen Strom, also 92 % des Investments bringen pro Jahr keinen Ertrag und stellen deshalb für das Stromsystem in Deutschland keinen Nutzen dar. Die Betriebskosten sind von der Produktion unabhängig und bleiben über den Jahreszeitraum erhalten. Heute sind für ca. 59,8 GW PV-Anlagen in Deutschland installiert[5]. Sie erzeugten eine Leistung von ca. 48,6 TWh/a. Der Anteil an der Stromproduktion betrug netto 9,9 % (Stand 2022)[6].

10.1.2 Windkraftanlagen

Der Wirkungsgrad von Windkraftanlagen[7], auch kurz WKAs genannt, wird nach ähnlichen Bedingungen berechnet. Eine Übersicht über den Markt von WKAs in Deutschland: Am 31. Dezember 2021 waren 28.138 WEAs[8] (Onshorewindenergieanlagen) in Deutschland installiert. Die aus Onshorewindenergie installierte

---

[5] Quelle: Wikipedia, Liste PV-Anlagen Deutschland, https://de.wikipedia.org/wiki/Liste_von_Solarkraftwerken_in_Deutschland, 27.01.2023.

[6] Quelle: Fraunhofer, https://www.ise.fraunhofer.de/de/veroeffentlichungen/studien/photovoltaics-report.html, 27.01.2023.

[7] Quelle: Bundesverband WindEnergie, https://www.wind-energie.de/themen/anlagentechnik/funktionsweise/energiewandlung/, 20.04.2022.

[8] Quelle: WindGuard GmbH, https://www.windguard.de/jahr-2021.html, 27.01.2023.

Gesamtleistung betrug im selben Jahr 55,969 GW (entspricht einer theoretischen Jahresproduktion von 490,288 TWh/a). Die Nettoeinspeiseleistung betrug im Jahr 2021 ca. 117,3 TWh[9]. Für dieses Jahr betrug für Onshoreanlagen der Gesamtwirkungsgrad in Bezug auf die installierte und produzierte Leistung 24,34 %. Die Bruttostromerzeugung aller Stromproduktionsanlagen betrug im gleichen Jahr 582 TWh. Damit trugen in 2021 die WKAs mit 20,16 % zur Stromproduktion eines Jahres bei. Theoretisch beträgt die *installierte* Gesamtleistung der WKAs für das genannte Jahr an der Bruttostromproduktion 84,24 %. Damit liegt die Differenz zwischen *installierter* und *produzierter* Leistung bei ca. 2/3, die ich Überhangleistung nenne.

Die Investitionskosten liegen heute für WKAs bei ca. 600 und 870 € pro kW installierter Leistung. Diese Werte gelten jedoch nur für Anlagen von 100 bis 1000 kW (1 MW). Bei größeren Onshoreanlagen (120 bis 140 m Nabenhöhe) liegen die Investitionskosten im Jahr 2021 zwischen 770 und 1030 € pro kW (Fraunhofer[10]: mittlere Hauptinvestitionskosten 1180 €/KW + Nebeninvestitionskosten 387 €/kW = Gesamtinvestitionskosten ca. 1567 €/kW). Die gemittelte Gesamtinvestition liegt somit bei 980 € pro kW. Bei einer Durchschnittsturbinenleistung von ca. 4000 kW entspricht das einer gemittelten Gesamtinvestition von 3.920.000 € pro Windkraftanlage.

Die im ersten Absatz vorgenommene Betrachtung des Wirkungsgrades von WKAs ist jedoch nicht ganz vollständig, weil sie sich nicht auf die *Eingangsenergie* wie bei

---

[9] Quelle: BDEW Daten.
[10] Quelle: Fraunhofer, https://windmonitor.iee.fraunhofer.de/windmonitor_de/3_Onshore/5_betriebsergebnisse/3_investitionskosten/, 28.01.2023.

PV-Anlagen bezieht, somit ein Verhältnis zwischen Eingangs- und Ausgangsenergie (Wirkungsgrad) nicht direkt gebildet werden kann, so wie es bei der Betrachtung zu PV-Anlagen vorgenommen wurde. Die Wirkungsgradbetrachtung wird hier auf die *installierte* Leistung bzw. auf die *eingespeiste* Leistung bezogen. An diesem kleinen Beispiel an populären technischen Lösungen zur Energieerzeugung kann bereits erkannt werden, dass durch zwei unterschiedliche Bezugsgrößen vollständig andere Grundaussagen entstehen, obwohl der Eindruck einer Vergleichbarkeit beider Wirkungsgrade besteht. Eine aussagefähige Wirkungsgradanalyse technischer Systeme bedingt gleiche Bezugsgrößen, sodass eine Vergleichbarkeit der Wirkungsgrade möglich wird. Bei PV-Anlagen wird die Einstrahlungsenergie der Sonne pro m^2 im Verhältnis zur erzeugten Strommenge des Moduls gesetzt, um einen Gesamtwirkungsgrad eines Moduls bestimmen zu können. Bei Windkraftanlagen erfolgt das nicht. Bei diesen Anlagen nimmt man die installierte Leistung der Maschine als Bezugsgröße, unabhängig von allen anderen Systemparametern (z.B. Windgeschwindigkeit, Rotordurchmesser, Wirkungsgrad des Getriebes, etc.).

Im Folgenden wird diese Verzerrung aufgehoben, weil die *Eingangsenergie* des Windes als Bezugsgröße für eine WKA angenommen wird, somit zu einer PV-Anlage vergleichbar wird. Dazu müssen wir die Windenergie für eine WKA betrachten, die notwendig ist, um eine bestimmte Menge an Strom erzeugen zu können. Würde nun die Einstrahlung der Sonnenenergie mit einem fiktiven (Umwelt-)Preis, der „Sonnenabgabe", angegeben werden, und würde im gleichen Vorgang die Windenergie als Eingangsenergie zum Betrieb der Windräder ebenfalls mit einem (Umwelt-)Preis, der „Windabgabe", angegeben werden, könnten mithilfe der vergleichbaren Wirkungsgrade die tatsächlichen Produktionskosten pro erzeugter kWh aus erneuerbarer Energie berechnet werden. Auf dieser Basis würde die Grundlage für einen tatsächlichen Kostenvergleich zwischen einer *fossilen* Energieproduktion und einer Energieproduktion auf Basis von Wind und Sonne möglich werden.

Ein Argument gegen diese Betrachtung ist die einfache Feststellung, dass Wind- und Sonnenenergie ohne Explorations- und Abbaukosten, wie sie bei den fossilen Brennstoffen entstehen, geerntet werden können. Sie werden als natürliche Systemleistung der Natur zur Verfügung gestellt. Der fiktive Bezugspreis für die solare oder kinetische Energie wäre also null Euro. Die Weltbank[11] berechnet jedoch die Leistung verschiedener natürlicher Systeme (Natural Capital Accounting), die wir als globale Gesellschaft in Anspruch nehmen, und drückt diese in einem Geldwert in Dollar aus bzw. setzt sie in ein Verhältnis zum jeweiligen Buttoinlandsprodukt[12]. Dieser Logik folgend hätten dann doch natürliche solare und kinetische Energiequellen wie die des Windes einen Preis und damit eine Kostenposition in der Wandlung der Eingangsenergie in Strom mithilfe von z. B. von PV-Anlagen und Windrädern. Auf Basis der politischen Zielsetzungen in Deutschland werden wir nach einer Transformation des Energiesystems zukünftig nur noch Strom aus Wind und Sonne erhalten. Unter der Berücksichtigung des Klimawandels können wir nicht davon ausgehen, dass die heutigen Wind- und Sonnenverhältnisse auch noch in 30, 50 oder 100 Jahren genutzt werden können. Deshalb werden zukünftige Generationen die Wind- oder Solarleistung über einem Land vermutlich in einem Wert aus-

---

[11] Siehe auch: Weltbank, https://www.worldbank.org/en/topic/natural-capital#2, 28.01.2023.
[12] Siehe auch: Weltbank, https://www.wavespartnership.org/en/wealth-accounting-and-WAVES, 29.01.2023.

drücken. Dieser Wert könnte in Zukunft ein wichtiger Standortfaktor für Unternehmen darstellen oder für andere Entscheidungen als Richtgröße dienen.

In 2020 betrugt die durchschnittliche Leistung einer Offshore-WKA 5,2 MW, bei einem Rotordurchmesser von 133 m, einer Nabenhöhe von 95 m mit einer spezifischen Flächenleistung von 372 W/m^2 über einer durchschnittlichen Wassertiefe von 30 m[13]. Zur Erinnerung: PV-Anlagen erzeugen ca. 180 bis 200 W/m^2, was jedoch zu falschen Schlüssen führen kann. Der Abstand zur Küste betrug durchschnittlich ca. 74 km. Im selben Jahr hatten die neu an Land errichteten Onshoreanlagen eine durchschnittliche Leistung von 3,97 MW pro WKA, bei 133 m Rotordurchmesser und 140 m Nabenhöhe[14]. Die Windleistung entsteht aus der kinetischen Energie der bewegten Luft pro Zeiteinheit, hier die Luftströmung oder der Wind. Technisch bedingt benötigen die oben genannten Durchschnitts-WKA eine *minimale* Windströmung, um eine Rotation der Windflügel durchführen zu können. Ebenfalls werden WKAs abgeschaltet bzw. ohne Stromerzeugung aus der Windströmung gedreht, wenn *zu hohe* Windgeschwindigkeiten an den Windmühlenflügeln auftreten. Eine WKA besitzt damit einen von der Konstruktion abhängigen *Arbeitsbereich*, in dem eine Windströmung in Strom umgewandelt werden kann. Im Folgenden werden die kinetische Energie und den Wirkungsgrad einer WKA berechnen.

---

[13] Quelle: Windguard, https://www.windguard.de/veroeffentlichungen.html?file=files/cto_layout/img/unternehmen/veroeffentlichungen/2022/Status%20des%20Offshore-Windenergieausbaus_Halbjahr%202022.pdf, 29.01.2023.

[14] Quelle: Windguard, https://www.windguard.de/veroeffentlichungen.html?file=files/cto_layout/img/unternehmen/veroeffentlichungen/2022/Status%20des%20Windenergieausbaus%20an%20Land_Jahr%202021.pdf, 29.01.2023.

10.1.2.1 Grundlagen[15]

Die kinetische Energie E_{kin} der Luftmasse [m] lässt sich mithilfe der Geschwindigkeit [v] (kleiner Buchstabe) wie folgt berechnen:

$$E_{kin} = \frac{1}{2}mv^2$$

Aus der Luftdichte [ρ] (roh) und dem Luftvolumen [V] (großer Buchstabe) lässt sich die Masse der Luft [m] wie folgt ableiten:

$$m = \rho V$$

Daraus ergibt sich die kinetische Energie von Wind:

$$E_{kin,wind} = \frac{1}{2}V\rho v^2$$

In der Zeiteinheit Δt strömen die Luftteilchen entlang einer Strecke $s = v \times \Delta t$.

Das Luftvolumen [V] an einer Rotorfläche [A], das das Windrad antreibt, ergibt sich somit über die Strömungsstrecke der Teilchen mit

$$\Delta V = A \times V \times \Delta t$$

Die kinetische Energie kann dann wie folgt berechnet werden:

$$P_{wind} = \frac{E_{kin,wind}}{\Delta t} = \frac{\Delta V \rho v^2}{2 \Delta t} = \frac{\rho A v^3}{2}$$

---

[15] Quelle: Universität Leipzig, Fakultät für Physik und Geowissenschaften, https://home.uni-leipzig.de/energy/energie-grundlagen/15.html, 20.04.2022.

Wie zu sehen ist, wächst die *Windleistung* mit der dritten Potenz der *Windgeschwindigkeit*. Verdoppelt sich die Windgeschwindigkeit, kann eine entsprechende Anlage das Achtfache an Energie produzieren. Auf der anderen Seite ist die *Windgeschwindigkeit* nach dem Windrad immer geringer als davor. Weil die Strömung kontinuierlich ist, ist die *Windfläche*, die in $\Delta t = 0$ vorhanden ist, vor dem Windrad immer kleiner als nach dem Windrad. Damit wird also das *Volumen* des Windes für $\Delta t > 0$ nach dem Windrad generell aufgeweitet, also größer. Die effektive Leistung kann nun als Differenz der beiden Windleistungen, vor dem Rotor von P1 und nach dem Rotor von P2, wie folgt berechnet werden:

$$P_{eff} = P1 - P2 = \frac{\Delta V \rho}{2 \Delta t}\left(v_1^2 - v_2^2\right)$$
$$= \frac{\rho A}{4}(v_1 + v_2)\left(v_1^2 - v_2^2\right)$$

Mithilfe des *Leistungsbeiwerts* [c_p] kann die relative Leistungsentnahme aus der kinetischen Energie des Windes wie folgt berechnet werden:

$$c_p = \frac{P_{eff}}{P_{wind}} = \frac{(v_1 + v_2)\left(v_1^2 - v_2^2\right)}{2 v_1^3} = \frac{(1+x)\left(1 - x^2\right)}{2}$$

Bei der Gleichung wird vereinfachend davon ausgegangen, dass A1 × v1 = A2 × v2 ist. Somit ist

$$X = A\frac{(v_1 + v_2)}{2}$$

Wird die erste Ableitung auf null gesetzt, ergibt sich für X von $1/3 = 0{,}3333$ ein Maximum. Damit ist bei der maximalen Leistungsentnahme der folgende Leistungsbeiwert [c_p] wie folgt:

$$c_p = \frac{P_{eff}}{P_{wind}} = \frac{16}{27} \approx 59\%$$

Dieser *theoretische* Wert für die maximale Wandlung der „Windenergie" in „Strom" wird durch die Bauart einer Windturbine noch einmal abgeschwächt. Bei Dreiflügelanlagen ist der $c_p = 48\,\%$. Ein heutiges Standardwindrad kann somit aus der anströmenden Luft theoretisch eine maximale Leistung von 48 % entnehmen. Mehr Leistung kann mit den heutigen Anlagen theoretisch nicht erreicht werden (eine 4-MW-WKA *benötigt* somit theoretisch mindestens 8,33 MW Windenergie). 52 % der Windleistung können prinzipbedingt von einem Windrad nicht genutzt werden. Auf alle Windparks in Deutschland bezogen entspricht das bei einer Einspeiseleistung von 117,3 TWh einer Windleistung von ca. 244,375 TWh, die zu null Euro aus der Natur geerntet wird. Bei fiktiven Bezugskosten von ca. 2 Cent/kWh entspricht das einem Wert von ca. 4.887.500.000 € pro Jahr. Werden durch die Energietransformation zukünftig die Mineralölsteuern wie auch die Steuern auf Erdgas etc. als Einnahmen des Staates entfallen, wird vermutlich eine Besteuerung dieser hohen Werte aus der Nutzung natürlicher Ressourcen erfolgen. Einen ähnlichen Weg ist auch bei PV-Anlagen zukünftig höchst wahrscheinlich und für die staatlichen Einnahmen lukrativ.

Bei einem Windpark würde ein direkt nach dem ersten Windrad aufgestelltes zweites Windrad kaum noch Energie aus der „Windschleppe" des ersten Windrades entnehmen können. Deshalb werden Windräder in einem Windpark mit Mindestabständen von dem Vier- bis Achtfachen des Windraddurchmessers installiert und benötigen deshalb auch eine entsprechend große Aufstellungsfläche/Landfläche zur Stromproduktion. Bei den oben genannten Durchschnittsleistungen einer heutigen Onshorewindturbine mit 3,4 bis 3,9 MW werden somit große Landflächen (Aufstellflächen) benötigt, um z. B. ein durchschnittliches Kohlekraftwerk von ca. 500 MW zu ersetzen (ca. 147 WKAs mit durchschnittlich 20,6 % Volllaststunden). Die Flächen müssen dann zusätzlich hohe Windgeschwindigkeiten über das Jahr ausweisen, um eine hohe Produktionsleistung zu ermöglichen. Bei einem Anteil der WKA von ca. 20 % an der heutigen Stromproduktion wird rechnerisch der fünffache Bestand an WKAs benötigt, um die derzeitige Energiemenge an Strom aus fossiler Produktion zu erzeugen. Hierauf wird im Späteren noch genauer eingegangen.

All diese Daten werden in einem Windparkgutachten erarbeitet, um den optimalen Standort, die Anzahl der Anlagen und die Auslegung der Technologie optimal für einen Standort bestimmen zu können. Wie weiter oben beschrieben wurde, werden aber trotz sorgfältigster Planung eines Windparks minimal 52 % der Windleistung ungenutzt bleiben.

Ein weiterer wesentlicher Faktor in der Abschätzung von Windkraftanlagen und ihrer Produktionsleistung ist die Leistungsverteilung über das Jahr. Ähnlich der PV-Anlagen unterliegen die regenerativen Energiequellen Wind und Sonne festen (z.B. Tag und Nacht) und zufälligen (Wetter) Schwankungen. Windkraftanlagen können sehr kurzfristige Energiespitzen nicht verarbeiten, wie z. B. eine Windbö. Zusätzlich unterliegen sie Langzeitzyklen wie den Jahreszeiten. Ähnlichen Abhängigkeiten unterliegen auch PV-Anlagen, wie z. B. feste Tag- und Nachtzyklen, die zusätzlich durch die beiden Zyklen der Sonnenwende[16] überlagert werden,

---

[16] Wikipedia, https://de.wikipedia.org/wiki/Sonnenwende, 29.01.2023.

die auch die Windverhältnisse beeinflussen. Die im Allgemeinen als Wetter bezeichneten Wind- und Lichtverhältnisse überlagern stetige Zyklen und bestimmen die eigentliche Energieproduktion. Damit sind die Zeiten, zu denen eine bestimmte Menge an Energie aus WKA und/oder PV-Anlagen produziert werden kann, zufällig und über längere Zeiträume nicht planbar. Ein auf Wind und Sonne aufgebautes Energiesystem produziert *prinzipbedingt* zeitlich zufällig eine unbekannte Menge an Energie. Zukünftig werden damit nicht nur andere Energiequellen – erneuerbare Energien – genutzt, sondern es wird ein grundsätzlicher Wechsel des *Energieproduktionsprinzips* eingeführt[17].

10.2 Wind und Sonne als Energiequelle

Bei der Transformation des heutigen Energiesystems werden häufig die vorher genannten Faktoren nicht oder in ihren Folgewirkungen nur gering berücksichtigt. Hier neue und effizientere Strategien und Technologien zu finden, die eine hohe Leistungsdichte pro benötigtem Volumen ermöglichen (Leistungsverdichtung), stellt eine der wichtigen Entwicklungslinien in die Zukunft für uns als Gesellschaft und für die Forschung dar, um den *Flächenverbrauch* von Windkraftanlagen und PV-Anlagen zu verringern oder neue CO_2-freie Energiequellen zu erschließen.

Aber welchen Einfluss hat nun die Betrachtung eines *Wirkungsgrades*, der technisch, wirtschaftlich, kapital-

---

[17] Siehe auch: Springer, Wind als stochastische Energiequelle, Lorenz Jarass, Gustav M. Obermair & Wilfried Voigt, https://doi.org/10.1007/978-3-540-85253-7_3, https://link.springer.com/chapter/10.1007/978-3-540-85253-7_3, 28.01.2023.

seitig oder gesellschaftlich definiert werden kann, auf die Realisierung oder Anschaffung eines Systems. Die Betrachtung des technischen Wirkungsgrades einer Anlage stellt in der Regel für gesellschaftliche oder wirtschaftliche Entscheidungen, ob ein System z. B. von einer Firma eingekauft werden soll oder nicht, nur eine mittelbare Größe dar. Gesellschaftlich hatte sich Deutschland bereits mit Beginn des neuen Jahrtausends und der Einführung des EEG zum Ausbau der grünen Energien auf Basis von Wind und Sonne entschlossen. Bei Unternehmen sind unmittelbare Größen für die Anschaffungsentscheidung einer Anlage wichtig, nämlich ob die Herstellungskosten durch eine neue Anlage insgesamt die Verkaufserwartungen des mit der Anlage hergestellten Produkts und die Renditeziele erreichen. Dabei werden in der Regel alle Einnahmequellen, Abschreibungsmöglichkeiten und Subventionsmodelle, aber auch strategische Fragen des Unternehmens mitbetrachtet. Hohe staatliche Zuschüsse können somit schlechte technische Wirkungsgrade von Anlagen wirtschaftlich stark kompensieren (siehe EEG). Auf der gesellschaftlichen Ebene ist mit der Einführung der erneuerbaren Energien als zukünftige energetische Haupterzeugungsanlagen erkennbar, dass die technischen Wirkungsgrade der Anlagen keinen Einfluss auf diese gesellschaftliche Zukunftsentscheidung hatten. Die Wirkungsgrade verschiedener Technologien fanden eher eine Diskussionsplattform in den Wissenschaften oder bei anderen Gruppen. Der gesellschaftliche Konsens und Kontext stellte die wesentliche Entscheidungsgrundlage zur Einführung der erneuerbaren Energieproduktionstechnologie dar. Ähnliche Entscheidungsgrundlagen sollten in Zukunft auch für die Anschaffung von notwendigen Zusatzanlagen wie Speicher, E-Tankstellen, Wasserstofftankstellen, zusätzliche Infrastruktur bei Stromleitungen und Gasnetzen gelten.

Folgt man dieser seit Jahrzehnten eingeschlagenen Linie, wird mit der Energiewende für Deutschland ein sehr teures, ineffizientes, statistisch unsicheres und risikoreiches (zukünftig unklare Investitions- und Instandhaltungen) neues Energiesystem vorangetrieben.

Das für Deutschland typische Windprofil, beispielgebend Stichjahr 2018, wird im Folgenden etwas genauer analysiert. Erkennbar sind die für unsere Breitengrade für Wind und Photovoltaik (PV) typischen jahreszeitliche Profile (Abb. 10.1)[18]. Die Grafik zeigt die tatsächlichen Einspeiseleistungen aller Windparks und PV-Anlagen in das deutsche Stromnetz. Die y-Achse gibt die Leistung an, die alle Windparks erzeugt haben. Die x-Achse ist die Zeitachse über das gesamte Jahr. Das Einspeiseprofil ist zugleich auch ein Wind- und Sonnenscheinjahresprofil, das über Deutschland in diesem Jahr aktiv war. Die zahlreichen Spitzen und Täler (Stromproduktion und Ausfall) müssen in jeder Zeiteinheit (Millisekunde bis Monate) durch technische Systeme ausgeglichen werden, auf die später noch genauer eingegangen wird. Über das Jahr ist eine Becherkurve für Wind und eine Glockenkurve für PV erkennbar.

Die Abb. 10.2[19] zeigt die tatsächlichen Einspeiseleistungen aller PV-Anlagen in Deutschland. Genau umgekehrt zur Abb. 10.1 (Quelle wie Abb. 10.2) der Windstromproduktion (olivfarbene Kurve) kann aus diesen realen Daten eine Glockenkurve (gelbe Kurve) erkannt werden, die zu den Rändern abfällt und in der Mitte des Jahres ansteigt. Würde sich die zeitliche Auflösung der PV-Einspeisung weiter erhöhen, würden ähn-

---

[18] Quelle: Fraunhofer Energy-Charts, 2018, https://energy-charts.info/charts/power/chart.htm?l=de&c=DE, 03.05.2019
[19] Quelle: Fraunhofer Energy-Charts, 2018; https://energy-charts.info/charts/power/chart.htm?l=de&c=DE; 03.05.2019.

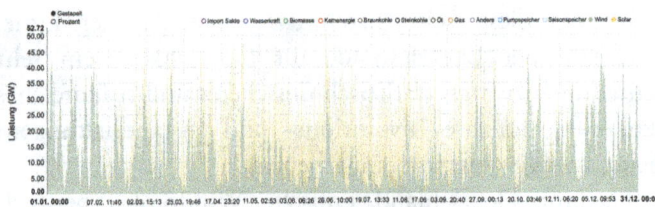

Abb. 10.1 Jahresprofile 2018 Wind und Sonne (PV-Anlagen). Quelle: Fraunhofer Energy-Charts, 2018, https://energy-charts.info/charts/power/chart.htm?l=de&c=DE, 03.05.2019

liche Spitzen und Täler in der Produktionsschwankung auf einer kleineren zeitlichen Skala erkennbar werden. Es ist gut nachvollziehbar, dass eine Kurve im Idealfall über einen Zeitraum von 24 h ein ähnliches glockenförmiges Profil für PV-Anlagen ausweist, wie das Jahresprofil. Die Ursache dafür liegt in den festen Tages- und Nachtzyklen, wobei in der Nacht kein Strom produziert wird und zur Tagesmitte eine maximal mögliche Stromproduktion erreicht werden kann, sofern die Sonne scheint.

In der Abb. 10.3[20] (eigene Grafik, Datenquelle: Energy Charts) sind die realen Profile der beiden zukünftigen Hauptenergiequellen in Deutschland geglättet dargestellt (Beispielgebend für das Jahr 2018). Die blaue Kurve stellt die Werte einer gleitenden 30-Tage-Windeinspeisung dar. Die gelbe Kurve stellt die Einspeisung von PV-Anlagen ebenfalls in einem gleitenden Durchschnitt von 30 Tagen dar. Jeweils zu den Übergängen in eine andere Jahreszeit (vom Winter in den Sommer und umgekehrt) wechseln sich die beiden Produktionsbereiche Wind und PV in ihren besten Einspeiseleistungen ab. Die jahreszeitlichen

---

[20] Quelle: Daten Fraunhofer Energy-Charts, 2018; https://energy-charts.info/charts/power/chart.htm?l=de&c=DE; 03.05.2019, eigene Berechnungen und grafische Darstellung.

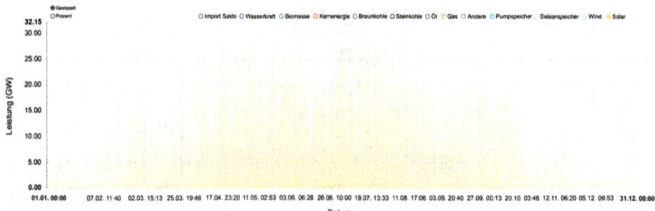

Abb. 10.2 Jahresprofil PV-Energieeinspeisung 2018. Quelle: Fraunhofer Energy-Charts, 2018, https://energy-charts.info/charts/power/chart.htm?l=de&c=DE, 03.05.2019

Übergänge (Schnittpunkte der beiden Kurven) können demnach für unsere Breitengrade in den Langzeitzyklen als prinzipiell kritische Zeiten in der grünen Energieproduktion angesehen werden.

Bei dieser Langfristbetrachtung wurden nicht die Schwankungen in den kleineren zeitlichen Skalen berücksichtigt. Grundsätzlich kann man auch in den kleineren Zeitskalen sehen, dass die beiden Produktionsbereiche in dem zukünftigen Energiesystem zwingend miteinander kombiniert und bereits im Ausbau koordiniert werden müssten. Um ein zukünftiges Energiesystem auf Basis von Wind und Sonne versorgungssicher auslegen zu können, ist für beide Produktionsbereiche eine paritätische Auslegung notwendig, wie aus der Grafik zu erkennen ist. Die Produktionsparität beider stochastischer Energiequellen stellt sicher, dass in den Zeiten ohne Windproduktion (Flautentage) Strom aus PV-Anlagen prinzipiell erzeugt werden könnte/müsste und das z. B. in der Nacht (Dunkelzeit) Strom aus Windenergieanlagen prinzipiell erzeugt werden könnte/müsste. Der häufig in Deutschland (breitengradtypisch) zu sehende Fall der Dunkelflauten (bezeichnet die Zeit, an dem kein Wind weht und keine Sonne scheint) wird dabei nicht berücksichtigt. Für die Berücksichtigung der genannten Produktionsverhältnisse gibt es aber bis heute keine Strategie, keinen Plan und keine Koordinierung des Ausbaus. Die Regel für den Auf- und Ausbau in beiden Stromproduktionsbereichen folgt einer allgemeinen Marktregel, in der nach Angebot und Nachfrage PV und Windkraftanlagen installiert werden. Damit liegt aber der Fokus des Interesses für den Ausbau dieser beiden Basisenergiequellen alleine auf dem *marktbestimmenden Profit* und nicht einer zukünftig sicheren Energieversorgung eines ganzen Landes, inklusive kritischer Infrastruktur und Industrie. Dieser Webfehler bei der Einführung des EEG als Grundlage zum Ausbau der erneuerbaren Energien ist ein wichtiger Grund für den nach ca. 30 Jahren geringen Bestand von Anlagen in diesem Energieversorgungssegment im Verhältnis zu der benötigten Energieabdeckung (benötigte Onshore-WKAs mindestens 140.690 Stück für ca. 500 TWh/a). Dass heute eine gesellschaftliche Stimmung erzeugt wird, um eine Überzeugung bei den Menschen zu privaten Investitionen in erneuerbare Energien anzufachen,

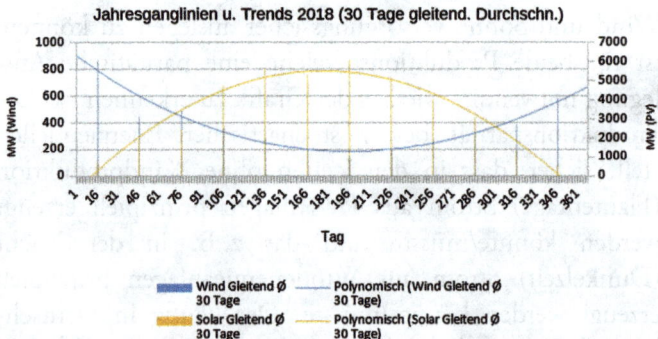

Abb. 10.3 Überlagerte Jahresverläufe von Wind- und PV-Energieeinspeisung. Quelle: Eigene Darstellung und Berechung: Datenquelle: Daten Fraunhofer Energy-Charts, 2018; https://energy-charts.info/charts/power/chart.htm?l=de&c=DE; 03.05.2019

beseitigt nicht den Mangel an einer fehlenden Energieausbaustrategie und ihrer Koordination im Rollout.

Die Kombination der beiden grünen, schwankenden Energieproduktionsbereiche von Sonne und Wind kann für ein zukünftiges Stromsystem sinnvoller Weise nur mithilfe von großen Speichersystemen erfolgen. Um aus diesen zufällig schwankenden Energiequellen eine Basis für ein Vollversorgungssystem eines Industriestandortes zu machen, sind zudem Speicher auf allen Ebenen der Energieproduktion notwendig, von Kleinstspeichern in Form von Batterietechnologie bis zu Kavernenspeichern für einen saisonalen Energieshift. Das oben gezeigte Beispiel zeigt auch, dass die Zeitebene eine erhebliche, wenn nicht sogar zentrale Bedeutung in der Dimensionierung, der technischen Systemwahl und der Wahl der Speicher hat. Für PV und WKAs sind zudem unterschiedliche Speichertechnologien notwendig, da mit diesen technischen Anlagen ganz unterschiedliche Dezentralisierungsmöglichkeiten, Produktionsleistungen und Produktionsschwankungen ausgeglichen wie auch gestaltet werden können/müssen.

Als Beispiel können PV-Anlagen extrem dezentralisiert werden, indem in einer Endphase des Energietransformationsprozesses in Deutschland jedes Haus eine PV-Anlage besitzt. Dieser Dezentralisierungsgrad kann nicht bei Windkraftanlagen erreicht werden. Sinnvollerweise können Windkraftanlagen nur in Windparks zusammengefasst werden. Die Aufstellung von wenigen einzelnen Windkraftanlagen ist im Sinne einer Transformation des heutigen Stromsystems (Produktion, Transport, Speicher und Unterverteilung) nicht sinnvoll, da wir in Deutschland nur begrenzte Flächenressourcen für die Nutzung von WKAs zur Verfügung haben. Bei der Vergabe von Flächen für WKAs sollte eine *Mindestanzahl* von Anlagen definiert werden, was heute nicht gegeben ist.

Im Ausbaupfad über das gesamte zukünftige Energiesystem fällt die technische Dimension der erneuerbaren Energieproduktion wie die Anzahl von Anlagen, ihre Produktionsleistung, die Ausstattung mit oder ohne Speicher mit der Zeitdimension der Produktionsfluktuationen zusammen (wie viele Anlagen können wann wie viel Energie produzieren?), somit der Änderung des Produktionsprinzips von der regelbaren Energieproduktion hin zu einer zufälligen Energieproduktion, die vorher als Produktionsparität beschrieben wurde. Damit entstehen aber erhebliche *Versorgungsrisiken* für die Bevölkerung, die mit den geplanten *Abschaltungen* der heute noch grundlastfähigen Energieproduktion ansteigen. Auch hier fehlen vor allem in Deutschland mit seinen ambitionierten Ausbauzielen und seinem puristischen Ansatz (Ausschließlichkeitsprinzip für den Ausbau von WKAs und PV-Anlagen) klare Vorstellungen und Rahmenvorgaben.

Bei einer kleinen Zeitdimension für die Energieernte, z. B. von einer Stunde, können Batteriespeicher bei PV-Anlagen sinnvoll eingesetzt werden. Sie tragen dazu bei, die sehr kleinen Fluktuationen von PV-Anlagen zu glätten, was bei einem Energievollversorgungssystem für eine stabile Netzfrequenz von großer Bedeutung ist. So sollten in Zukunft PV-Anlagen auf Häusern nur noch mit Batteriespeicher zugelassen und installiert werden (Grundvoraussetzung z. B. für Fördermittel), die eine Speicherkapazität für die gesamte mögliche Energiemenge einer genutzten Anlage für min. 24 h ermöglichen. Auf dieser Basis wäre ein normaler Produktionszyklus an Strom für PV-Anlagen für 24 h pro Haus sichergestellt. Die Einspeisung in das Stromnetz sollte nur über gepufferte PV-Anlagen erfolgen, damit eine Produktionsglättung über einen Zeitraum von 24 h erreicht werden kann. Mit dieser regulatorischen Vorgabe könnte der „E-Tidenhub" aller

PV-Energieeinspeisung eines Gesamtsystems (Flutung des Stromnetzes durch kurzfristige Sonneneinstrahlung) ebenfalls geglättet werden.

Definition: E-Tidenhub (Tide=Zeit) = ist das Ausmaß von gleichzeitigen Energieeinspeisungen in einem Zeitraum zahlreicher Energiequellen in das Stromnetz (Hebung/Fluten/Anstieg einer Welle) und abfallender oder fehlender Energieeinspeisungen (Senkung/Mangel/ Auslaufen einer Welle) vieler Anlagen in die Stromnetze. Beispiel: Wolkenloser Himmel, ein Sommertag im Juni: Einspeisungen in das Netz mit E-Tidenhub=0% in der Nacht, E-Tidenhub=100% Mittags. Je mehr PV-Anlagen an diesem Tag in das Netz einspeisen, um so höher ist der E-Tidenhub, der durch die Transportnetze zu einem bestimmten Zeitpunkt übertragen werden muss. Der E-Tidenhub kann relativ oder absolut angegeben werden. Seine Dynamik, die Geschwindigkeit des energetischen Zuwachs pro Zeiteinheit wird damit nicht erfasst.

Der Einfluss z. B. von Wolken, die über ein mit Sonne beschienenes Gebiet ziehen, hätte dann bei den produzierenden gepufferten PV-Anlagen keine direkten Auswirkungen auf die Einspeisung in das Stromnetz und würden damit die Stromnetze und ihren Regelungsaufwand (Netzdienstleistungen) stark entlasten. Folgt nach einem sonnigen Produktionstag die Nacht, wird der Energiebedarf eines Hauses aus diesem lokalen Batteriespeicher sichergestellt. Auch für diesen Fall würden die Netze durch die Pufferung der einzelnen PV-Anlagen entlastet werden. Folgt auf einen sonnigen Tag ein Tag mit wenig oder keiner nutzbaren Sonneneinstrahlung, produziert die PV-Anlage keinen Strom. In diesem Fall versorgt der lokale Batteriespeicher der PV-Anlage das Haus mit Strom. Ab einem bestimmten Entladeschwellwert (Minimalkapazität) des Batteriespeichers wird die Versorgung des Hauses von dem angeschlossenen Stromnetz übernommen. Diese Grund- oder Ladeversorgung könnte gestuft erfolgen, die abhängig vom Ladestatus des Kleinspeichers der PV-Anlage ist, um große Ladeschwankungen von Millionen von Häusern in einem kleinen Zeitraum zu vermeiden. In dieser Versorgungsphase über das Stromnetzt und einer geringen Energiekapazität des lokalen Speichersystems wird der lokale Batteriespeicher nicht über das Stromnetz aufgeladen, damit bei einer Stromproduktion durch die lokale PV-Anlage zunächst der Speicher mit Sonnenstrom gefüllt werden kann. Ein Nachladen vieler dann leerer Batteriespeicher würde umgekehrt zu einer sehr hohen Ladeenergie über das Stromnetz führen, was vermieden werden kann (regulatorische Aufgabe im Ausbaupfad). Das hier beschriebene Szenario basiert auf den heutigen Wetterverhältnissen. Welche Wetterverhältnisse jedoch nach dem Umbau des gesamten Stromerzeugungssystems in ca. 20 bis 30 Jahren herrschen, beeinflusst durch einen globalen Klimawandel, ist heute nicht abschätzbar und ist ein besonderer Unsicherheitsfaktor für die zukünftige Strom- und Wärmeproduktion in Deutschland.

In diesem kurzen Beispiel wird deutlich, dass in einem voll ausgebauten, stochastisch produzierenden Energiesystem der Energiespeicher einer PV-Anlage die zentrale Schnittstelle zwischen der lokalen Stromproduktion und der externen Versorgung über das Stromnetz ist. Seine Bedeutung für das Funktionieren Millionen privater PV-Anlagen in einem über die Stromnetze verbundenen System ist in den heutigen gesetzlichen Regularien unzureichend berücksichtigt und schafft damit große Risiken. Je nach Füllungsgrad des Speichers erfolgt eine Stromversorgung des Hauses durch den Speicher oder über das Stromnetz. Für eine zukünftige Stromnetzregelung verbergen sich in diesem Ansatz besondere

Möglichkeiten, da mit einfachen technischen Mitteln der Stromspeicherstatus einer Batterie einer privaten PV-Anlage durch z.B. einen lokalen Energieanbieter ermittelt werden kann und für Prognosezwecke in der Stromversorgung über die Netze eingesetzt werden könnte. Diese Systematik bekommt zusätzlich eine weitere Bedeutung, wenn die Elektromobilität auf Basis von Batteriefahrzeugen weiter voranschreitet. In den heutigen Konzepten und Planungen wird davon ausgegangen, dass die für die Elektrofahrzeuge notwendige Energie über eine öffentliche Ladeinfrastruktur in Verbindung mit Ladesäulen erfolgt. Werden jedoch die Ladesäulen zur Versorgung der Elektrofahrzeuge an ein Haussystem mit gepufferter PV-Anlage angeschlossen, somit der lokale, stationäre Batteriespeicher des Hauses entsprechend der zu versorgenden Ladesäulen dimensioniert, kann der kapazitive Ausbau der unterschiedlichen Spannungsebenen des Stromnetzes verringert werden. Das würde erhebliche zeitliche und finanzielle Ressourcen einsparen helfen. Diese Systematik erfordert jedoch eine Gesamtstrategie und Koordination zur Transformation unseres Stromsystems, was zusätzlich einen Vorteil in Zeit und Kosten schaffen würde. Auch an diesem Beispiel sind die heutigen Defizite auf der regulatorischen und planerischen Ebene der deutschen Energietransformation über deutlich sichtbar.

Um eine Glättung der Fluktuationen von *Windkraftanlagen* zu erreichen, sind andere Ansätze notwendig. Der Einsatz von Batterietechnologie für Windkraftanlagen ist aus zahlreichen Gründen nicht sinnvoll. Die Fluktuationen von Windkraftanlagen erfolgen in größeren Zeitzyklen (Produktionsfluktuationen oder Produktionsschwankungen) und bilden in ihrer wesentlich höheren Energiemenge eine besondere Herausforderung an das Stromnetz, vor allem, wenn ein Tiefdruckgebiet mit hoher Geschwindigkeit über das Land zieht. Eine Glättung der

Fluktuationen von Windparks vor der Einspeisung in das Stromnetz würde insgesamt für das Gesamtsystem Kosten sparen und andere Folgeeffekte reduzieren helfen. Bei Windkraftanlagen sind die realen Produktionsschwankungen auf kleineren Zeitskalen (weniger als 60 min) von verschiedenen Faktoren wie u. a. dem Standort, der Nabenhöhe und der Jahreszeit abhängig. Sie unterscheiden sich grundsätzlich von den Produktionsschwankungen von PV-Anlagen (Minutenbereich). Regelungen von Windturbinen auf Zeitskalen von ca. einer oder mehreren Stunden werden in der Regel durch ein Windparkmanagementsystem durchgeführt. Für die Pufferung der produzierten Energie über größere Zeitskalen von Wochen oder Monaten fehlt bei Windkraftanlagen heute die Technologie bzw. kommt diese heute nicht zum Einsatz.

In der Regel speisen heute Windparks ihre produzierte Energie direkt ohne Zwischenpuffer in das Netz ein. Die Produktionsschwankungen der WKAs und PV-Anlagen werden heute durch regelbare Produktionsanlagen (regelbare Lasten, regelbare Stromproduktion) im Netz ausgeglichen. Im Rahmen des Atom- und Kohleausstiegs (Wegfall von grundlastfähigen Kraftwerken) hatte man in Deutschland als Brückentechnologie definiert, was sich jedoch mit dem Frühjahr des Jahres 2022 geändert hat. Es wurde erkannt, dass diese Illusion nicht weiter verfolgt werden kann. Mit dem Einzug einer neuen Regierung wurde zusätzlich die Arbeit an einem *Gasausstieg* aufgenommen. Mit der Einführung der Elektromobilität und des Verbots von Verbrennungsmotoren[21] werden die Verbrenner verdrängt und damit ein Ausstieg aus der Erdöl-

---

[21] Quelle: Europäisches Parlament, https://www.europarl.europa.eu/news/de/headlines/economy/20221019STO44572/verkaufsverbot-fur-neue-benzin-und-dieselfahrzeuge-ab-2035-was-bedeutet-das, 29.01.2023.

nutzung für den Mobilitätsbereich eingeleitet. Bei dem offiziellen Systemansatz/Transformationsplan bleiben dennoch große Energieimporte und -exporte erhalten, was eine leistungsfähige Infrastruktur voraussetzt. Zusätzlich wird die heute übliche Praxis ungepufferter, fluktuierender Energieerzeuger weiter in die Zukunft fortgeschrieben, mit allen negativen Konsequenzen für unsere Energieversorgung in Deutschland.

Um bei einem zukünftig hohen Ausbau von Energieerzeugungsanlagen auf Basis von Wind und Sonne (zukünftig erstes Stromsystem) auch in den *Produktionsspitzen* Energie von den Erzeugern ohne wirtschaftliche Ineffizienzen (z. B. Export nicht nutzbarer Energie ins Ausland, Abschaltungen, …) abtransportieren zu können, wird eine *Strominfrastruktur* benötigt, die *Produktionsspitzenwerte* abtransportieren kann. Dazu fehlen jedoch heute die Planungen und Investitionen. Diese zeitlich nur selten nutzbaren Überkapazitäten im Stromnetz, im Verhältnis zu einem Nutzungsdurchschnitt, müssten zukünftig finanziert und gewartet werden. Das erhöht die Betriebskosten des Stromsystems zusätzlich und senkt die Kapitaleffizienz des gesamten Systems. In der Konsequenz stellt sich nach der Abschaltung aller grundlastfähigen Energieerzeugungsanlagen die Zukunftsfrage, ob Strom mit dem neuen, zukünftigen Produktionssystem noch von jedem bezahlt werden kann, oder Energie zukünftig aufgrund der *tatsächlichen* Gesamtkosten nur noch für bestimmte Bevölkerungsgruppen zur Verfügung stehen wird. Damit verbindet sich eine zweite Frage, ob die heutige gesetzlich verankerte Daseinsvorsorge (u. a. Auftrag von Stadtwerken) mit einem Vollausbau der zukünftigen grünen Energiestruktur vereinbar ist. Hier entstehen, über eine Legislaturperiode hinaus, große neue Problemfelder für die deutsche Gesellschaft, die heute weder regulatorisch, gesetzlich oder planerisch thematisiert werden.

Um die Fluktuationen von Windkraftanlagen in größeren Zeitskalen glätten zu können, sind Technologien bereits heute verfügbar (z. B. Wasserstoffgas). Windkraftanlagen einer Region können zu einem Speicherverbund (*Speichercluster*) zusammengeschlossen werden. Deutschland verfügt über Windcluster mit ähnlichen durchschnittlichen Windverhältnissen. Diese Windgebiete können als Grundlage zur Planung von Windenergiespeichern genutzt werden. In den hier dargestellten acht Clustern herrschen ähnliche Windverhältnisse. Die Abb. 10.4[22] zeigt die Windcluster, wie sie über Deutschland verteilt sind.

Im Norden von Deutschland können zwei unterschiedliche Windgebiete mit unterschiedlichen Windgeschwindigkeiten genutzt werden: „Norden und Nordseeoffshore". Sie werden in dem gleichnamigen Windcluster zusammengefasst. Beide Gebiete haben unterschiedliche zeitliche Produktionszyklen und verschiedene Windstärken. Der Cluster „Ostseeoffshore und Nordosten" weist ebenfalls Gebiete mit unterschiedlichen Windstärken und Produktionszeiten aus. Im großen Windcluster „Mitteldeutschland" sind über weite Gebiete die Windstärken sehr ähnlich. Große zeitliche Unterschiede sind nur gering ausgeprägt. Im Windcluster „Zentrale Mittelgebirge" sind fast einheitliche durchschnittliche Windgeschwindigkeiten vorhanden. Gleiches gilt auch für den Cluster „Südwestliches Baden-Württemberg" und „Südwestliche Mittelgebirge". Im südwestlichen Mittelgebirge sind lediglich in einem kleinen

---

[22] Quelle: 100 % Erneuerbar Stiftung, https://100-prozent-erneuerbar.de/, aus Studie: Windpotenzial.
im räumlichen Vergleich, 21.03.2019.

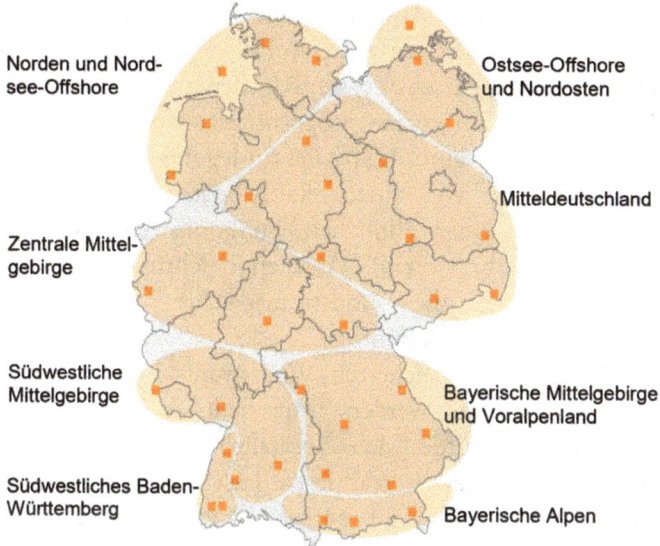

Abb. 10.4 Regionen (Cluster) mit ähnlichen Windgeschwindigkeiten. Quelle: 100 Prozent Erneuerbar Stiftung, https://100-prozent-erneuerbar.de/, aus Studie: Windpotenzial im räumlichen Vergleich, 21.03.2019

Streifen höhere Windgeschwindigkeiten nutzbar. Die Cluster „Bayerische Mittelgebirge und Voralpenland" und „Bayerische Alpen" besitzen im Wesentlichen ähnliche Windgeschwindigkeiten und damit ähnliche Produktionskapazitäten. Auch diese Cluster haben nur wenige Gebiete mit höheren Windgeschwindigkeiten.

In Deutschland bestehen somit acht Cluster mit ähnlichen Windgeschwindigkeiten. Diese Cluster werden sich über die Zeit in ihrer Größe und Lage verändern bzw. neue Cluster entstehen. Die hier gezeigten Cluster haben damit keine Ewigkeitsgarantie. Diese acht Cluster können auch für die Planung von *Pufferspeichern* für Windstrom genutzt werden. Läuft ein Tief- oder Hochdruckgebiet über Deutschland hinweg, werden in nur geringen zeitlichen Abständen alle inländischen Gebiete davon überstrichen. In einigen Fällen wandern Wettergrenzen über Deutschland hinweg, deren Lage aber nicht über Monate im Voraus prognostiziert werden können. Deshalb wäre eine Kapazitätsauslegung von Windstromspeichern von mehreren Monaten sinnvoll/notwendig, mit einer ähnlichen Funktionsweise, wie sie etwa weiter oben für PV-Anlagen beschrieben wurden. Würde man für die Windstromspeicher Wasserstoffgas nutzen, könnten zukünftige Gaskraftwerke zur Rückwandlung des gespeicherten Windstroms in Strom und Wärme eingesetzt werden. Mit dem Speichermedium *Wasserstoffgas* würde sich zusätzlich ein landesweiter saisonaler *Energieshift* realisieren lassen (Verbrauch von im Herbst bis Frühling produzierter, grüner Überschussenergie im nächsten Sommer; Verbrauch von im Sommer produzierter grüner Überschussenergie im nächsten Winter), der bei einem Vollausbau mit den beiden weiter oben gezeigten jahreszeitlich bedingten Produktionszyklen von Wind und Sonne notwendig wird.

Eine großflächige Stromproduktion mit Wind ist und wäre anhand der heutigen Sachlage eine Herausforderung, vor allem für das Stromtransportsystem (Stromnetz) sowie für ein Speichersystem, das noch gebaut werden müsste. Die Fluktuationen der grünen Energieproduktion wird heute durch die Produktion der fossilen Kraftwerke ausgeglichen. Der Ausgleich der Produktionsschwankungen im Stromnetz (von einem Überangebot oder einer Unterdeckung von Strom) wird somit durch den Betrieb eines *zweiten*, parallel arbeitenden Stromsystems erreicht. Wir leisten uns heute ein doppeltes Stromerzeugungssystem (1.Basis fossile Energieträger Kohle, Gas, Öl; parallel 2) Ausbau von WKA und PV. System 1 puffert System 2), das in Zukunft vor allem auf der Seite der schwankenden Energieproduktion stark ausgebaut wird und werden soll und auf der Seite der konstant produzierenden Energieausgleichssysteme/Puffersysteme abgeschaltet wird.

Bei einer genaueren Betrachtung zerfällt unser heutiges Stromversorgungssystem in *drei* Energieproduktionsbereiche (siehe Abb. 10.5): die beiden stochastischen Produktionseinheiten, Wind und Sonne, sowie die regelbaren grundlastfähigen Produktionseinheiten. Damit besteht unser heutiges Stromproduktionssystem aus *drei* unterschiedlich arbeitenden Produktionseinheiten (technisch und konzeptionell), wobei heute nur die grundlastfähigen Anlagen eine vollständige Energieversorgung auch in Dunkelflauten übernehmen können. Dunkelflauten sind die Zeiten, in denen nicht genug Wind und wenig oder keine Sonneneinstrahlung vorhanden sind (z. B. Nacht, lauer Sommerabend, tropische Nacht, ruhiger, grauer Wintertag, …). In den letzten 20 Jahren habe ich kein schlüssiges Konzept einsehen

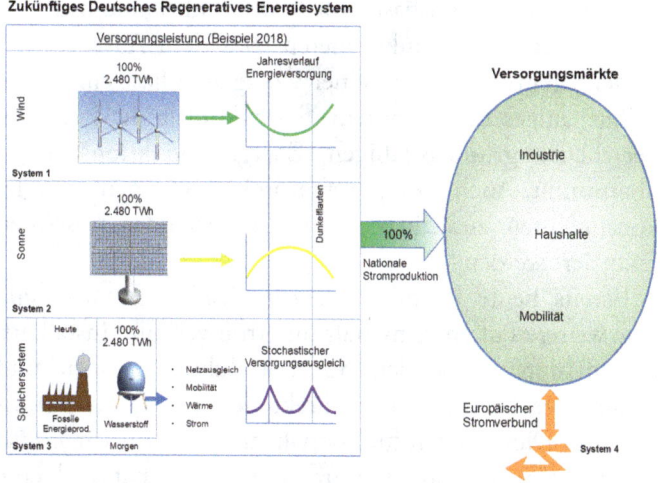

Abb. 10.5 Zukünftiges deutsches regeneratives Energiesystem. Quelle: MESY GmbH

können, das die Fragen im Energiebereich zu der von der Politik vorangetriebenen „Systemwende"/„Energiewende"/„Energietransformation" beantwortet hat. Das ist dann doch ein gesellschaftliches Experiment, was weltweit ohne Gleichnis ist und mit hohen Risiken und Unsicherheitsfaktoren in die Zukunft weist. Somit jedoch auch alle Faktoren für alle Energienutzer in unserem Land gelten, damit für die Wirtschaft und jeden einzelnen Betrieb und jeden einzelnen Bürger. Werden bei dieser Risikoabschätzung additiv die durch den Klimawandel zu erwartenden Wetteränderungen mit berücksichtigt, erscheint die heute bestehende Vorgehensweise von den politischen Entscheidungsträgern *selbst verursachte Risiken* in sich zu tragen. Zudem steht der Ausbau der erneuerbaren Energien im Besonderen in Deutschland, aber auch in der EU, unter einem hohen *künstlich* erzeugten Zeitdruck, der zusätzlich Fehler bei den Entscheidungsträgern provoziert. Ohne einen Auf- und Ausbau von Pufferfunktionen auf allen Ebenen wird eine Energiewende hin zu einer Produktionsbasis mit Wind und Sonne nicht im technischen Sinne funktionieren. Mit dem Ausbau eines Puffersystems entsteht in einer Übergangsphase ein *viertes*, volllastfähiges Energiesystem, das zukünftig die Funktion der heute grundlastfähigen Energieproduktionsanlagen übernimmt. Auch dieses System müsste von den Energiekonsumenten zusätzlich zu den bestehenden Systemen finanziert werden.

Bereits heute ist mit dem *europäischen Stromverbund* eine weitere Puffereigenschaft im Stromverbund installiert. Die dahinter stehenden Stromproduktionsanlagen und Stromnetze belasten nicht direkt den deutschen Stromkunden. Diese Systemfunktion kann als technisch *fünftes* Stromsystem verstanden werden, was uns national eine sichere Energieversorgung garantiert. Ohne diesen Verbund hätten wir bereits heute bedeutende Abschaltzeiten von grüner Energieproduktion, weil die produzierte Energie den Bedarf in bestimmten Zeiten weit überschreitet und zeitweise nicht zu den Zeiten zur Verfügung steht, in denen diese Energie benötigt wird. Über den Stromverbund mit den deutschen Nachbarländern wird überschüssige Energie exportiert und benötigte Energie importiert, was zu Kapazitätsbelastungen in den anderen Ländern führt. Ebenso hätten wir zu bestimmten Zeiten eine Stromunterdeckung oder vermutlich einen landesweiten Strommangel (Abschaltungen/Rationierungen, Brown- oder Blackouts), wenn wir nicht Strom aus unseren Nachbarländern importieren könnten.

Durch den Stromverbund mit unseren Nachbarländern haben wir die *Pufferfunktionen* zulasten unserer Nachbarn zu einem Teil externalisiert. Diese in der Regel kostenlose Externalisierung von Produktionsdienstleistungen zum Energieausgleich in unserem Land führte noch bis vor wenigen Jahren zu Problemen in den Stromnetzen unserer Nachbarländer. Deshalb haben auch einige Staaten die ungeregelten Stromeinspeisungen aus Deutschland in ihre Netze begrenzt. Bei einem geplanten erheblichen Ausbau der Windkraftanlagen in Deutschland wird sich der „E-Tidenhub" der Stromproduktion in die anderen Netze verstärken und bei einem Export von Stromüberschüssen zu weiteren Begrenzungen in den stromabnehmenden Ländern führen. Kann Strom nicht vom Binnenmarkt abgenommen werden oder in die angrenzenden Länder zu genau einem bestimmten Zeitpunkt exportiert werden, bleibt nur die Abschaltung der eigenen grünen Energieproduktionsanlagen. Die Praxis ist heute, dass man die grüne Energieproduktion abschaltet, wenn eine Überproduktion vorhanden und ein Stromexport nicht möglich ist. Die nichtproduzierte Energie der Produzenten wird dennoch durch die Bundesnetzagentur vergütet, so als hätten sie den Strom in das Netz eingespeist. Das führt zu einer hohen *Systemineffizienz*, die damit verbundenen Kosten durch gesetzliche Bestimmungen ausgleicht und damit keinen Anreiz zur Beseitigung dieser Systemmängel schafft. Auch dieses Problem kann nur gesetzlich beseitigt werden.

Wie bereits in den vorherigen Abschnitten beschrieben, unterliegen die beiden Energiequellen Wind (olivfarbene Kurve) und Sonne (gelbe Kurve) saisonalen Zyklen, die heute mithilfe der regelbaren Grundlastkraftwerke, hier Baun- und Steinkohle (dunkelbraune Kurve) und Gas (orangefarbene Kurve), ausgeglichen werden, sodass eine *konstante* Stromversorgung garantiert werden kann (siehe Abb. 10.6). Die Produktionsprofile von Wind und Sonne können prinzipiell miteinander über ein Puffersystem kombiniert werden. Sind beide Produktionsbereiche in ihren Produktionsschwankungen durch Puffersysteme/Speicher geglättet, ist eine stabile Kombination der beiden Systeme zu einem Verbundsystem sehr wirksam und sicherlich zukunftsweisend. Eine Glättung über mindestens 30 Tage auf der einen Zeitebene wie auch ein saisonaler Energieshift auf einer weiteren Zeitebene würden die Risiken in der Stromproduktion und der Versorgung in Zukunft absichern. Die Installations- und Betriebskosten eines derart komplexen und vielteiligen Systems werden hier nicht weiter untersucht[23]. Der Leser mag selbst einschätzen, ob ein zukünftiges grünes Strom- und Energiesystem nur eine „Kugel Eis" (Trittin, Partei Die Grünen) für ihn kosten wird bzw. ein eine sichere und kostengünstige Versorgung von Unternehmen damit gewährleistet werden kann.

---

[23] Siehe auch: Fraunhofer, Was kostet die Energiewende, https://www.ise.fraunhofer.de/de/veroeffentlichungen/studien/was-kostet-die-energiewende.html, und IFO Institut, Was uns die Energiewende wirklich kosten wird, https://www.ifo.de/medienbeitrag/2019-07-12/was-uns-die-energiewende-wirklich-kosten-wird, 28.01.2023.

In der bisher gezeigten Übersicht wird deutlich, dass die erneuerbaren Energien relativ ineffizient die natürlichen Energien von Wind (ca. 20 % Jahresmittel) und Sonne (ca. 8 % Jahresmittel) in unseren Breitengraden umwandeln und durch ihre Wetterabhängigkeit Folgesysteme, u. a. Speicher, für eine Energievollversorgung zwingend benötigen (siehe auch Abb. 10.5: Volllaststunden von WKAs; Leistung sinkt stark mit der Zunahme von Produktionsstunden). Die Folge aus dieser geringen Umwandlungseffizienz der erneuerbaren Energien sind große Stückzahlen an einzelnen Produktionsanlagen, ein sehr großes Missverhältnis zwischen installierter und produzierter Leistung (Investment und Ertrag) sowie ein großer Flächenbedarf (geringe Leistungsdichte pro Volumen bzw. pro genutzter Fläche). Weitere Systemkomponenten wie Speicher, der Ausbau von Infrastruktur (abhängig vom Systemverbund und den Energieträger wie Strom, Wasserstoff, Biogas, Stadtgas etc.), die Anschaffung neuer Energiewandler/Produkte auf allen gesellschaftlichen Ebenen (u. a. neue Gaskraftwerke zur Wasserstoffverbrennung, Power-to-Heat-Anlagen, Wärmepumpen, neue BHKWs, neue E-Autos etc.) sind weitere Kostentreiber in der Transformationsphase wie auch der darauf folgenden Betriebsphase. Die Systemkosten werden gesellschaftlich durch die Strompreise gedeckt, somit durch die *Stromkunden* bezahlt.

Die Veränderung der Landschaft (Kulturlandschaften, Naturschutzgebiete, andere Flächen wie Ackerflächen, stadt- und dorfnahe Gebiete, …) durch den zukünftigen intensivierten Ausbau der Windkraftanlagen[24] oder auch

---

[24] Siehe auch: Fraunhofer, Ausbauziele, https://windmonitor.iee.fraunhofer.de/windmonitor_de/3_Onshore/7_karten/, 28.01.2023.

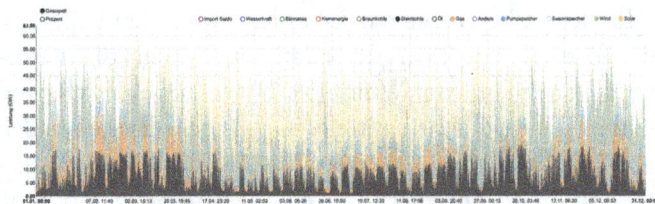

Abb. 10.6 Regelleistung im Verbund mit Wind und PV, 2018. Quelle: Daten Fraunhofer Energy-Charts, 2018; https://energy-charts.info/charts/power/chart.htm?l=de&c=DE; 03.05.2019 (Quelle: Energie Charts)

großer PV-Parks soll hier nicht unerwähnt bleiben, weil es einen besonderen Eingriff in unsere Landschaft darstellt und die Bürger des Landes direkt betrifft. Die Wandlung der natürlichen Landschaft in ein Stromproduktionsgebiet/Industriegebiet zur Energieerzeugung könnte von zukünftigen Generationen ebenso als Umweltkosten bewertet werden, wie heute die Folgekosten des Tagebaus von Kohle oder die Lagerkosten des Atommülls. Sie werden jedoch heute noch nicht so bewertet, weil eine euphorische, nicht rationale Stimmung in der Gesellschaft und bei den Entscheidungsträgern das verhindert. Ob dann die heute so favorisierte grüne Energieerzeugung auch in Zukunft mit den Umweltveränderungen, großem Flächenverbrauch, unübersichtlichen Folgekosten, hohen Versorgungsrisiken, Standortnachteilen, Abfallstoffen, kurzen Systemerneuerungszyklen und dafür notwendigen Ersatzbeschaffungsaufwendungen (Stichwort: Rohstoffbeschaffung z. B. von seltenen Erden und damit neuen Abhängigkeiten), hohen Betriebskosten und hohen Stromkosten als richtige und einzige Lösung angesehen wird, ist heute nicht einschätzbar.

Heute stehen mit dem neuen EEG (ab 2022) alle Gebiete in Deutschland zur Disposition, zukünftig in *Energieerzeugungsgebiete* für die Aufstellung von regenerativen Energieerzeugungsanlagen umgewandelt zu werden. Davon ausgenommen sind alle Städte oder Stadtstaaten, in denen keine Windkraftanlagen aufgestellt werden können. Andererseits sind vor allem diese Ballungsräume große Abnehmer von Energie. Das zeigt jedoch auch auf das Gefälle, in dem das Land außerhalb einer Stadt zukünftig zur Produktionsfläche für die Energieversorgung von Städten wesentlich genutzt werden wird. Dieses Gefälle wird zunehmen, wenn die heutigen stadteigenen Versorgungen mit Strom und Wärme auf Basis fossiler Energieträger abgeschaltet werden. Der damit verbundene, mögliche, gesellschaftliche Konflikt zwischen Stadt und Land (ggf. verschiedener Bundesländer) wird jedoch heute von der Politik ignoriert/negiert.

10.3 Transformationsaufwand mit Windkraftanlagen

Volllaststunden bezeichnen den Nutzungsgrad (Zeit, in der Strom produziert wird) einer Energieerzeugungsanlage, in unserem Kontext von Kraftwerken und anderen Energieerzeugungsanlagen. Als Volllaststunde wird der Zeitraum bezeichnet, in dem eine Stromproduktion ihre Nennleistung in das Netz einspeist. Das bedeutet, dass z.B. eine Windturbine mit seiner vom Hersteller garantierten Leistung über einen Zeitraum von x Stunden in das Netz einspeisen kann. Diese Zeit ist im Wesentlichen abhängig vom Windaufkommen an dem Ort, an dem eine Turbine installiert ist. Weht viel Wind, so dass die Turbine optimal arbeiten kann, wird Strom erzeugt und in das Netz eingespeist. Wenn dieser Zustand z.B. 4 Stunden anhält, hat die Turbine 4 Volllaststunden Strom produziert. Das Gleiche gilt auch für PV-Anlagen. Volllaststunden werden für Energieproduktionsanlagen auf einen Zeitraum von 365 Tagen oder einem Jahr bezogen. Die Zahl der Volllaststunden besagt, wie lange eine Energieproduktionsanlage tatsächlich in das Netz eingespeist hat. Die in Deutschland durchschnittlich erreichbaren Volllaststunden für Windkraftanlagen (WKAs) liegen bei ca. 20,6 % pro Jahr. Das ist der prozentuale Anteil an der Stromproduktion, die heutige WKAs über das Produktionsjahr 2018 an Strom in das Netz einspeisten. Die einfache Vervielfachung von WKAs, um höhere Volllaststundenzahl zu erreichen, *ist nicht möglich*, da die Windverteilung über Deutschland das nicht ermöglicht (siehe auch Abb. 10.4). Bei einer Windflaute ist zusätzlich *die Anzahl* von WKAs, die keinen Strom produzieren, für das Stromsystem irrelevant. In diesem Fall können WKAs keinen Strom produzieren, unabhängig von ihrer installierten Anzahl. Etwas später in diesem Kapitel wird noch auf diesen Planungsteil eingegangen. Ein weiterer Ausbau der WKAs wird lediglich zu *bestimmten Zeiten* die Menge an Strom erhöhen, wenn ausreichend Wind über Deutschland weht. Als Konsequenz wächst die Höhe des „E-Tidenhubs" mit der Anzahl der installierten WKAs, die dann zu einem bestimmten Zeitpunkt alle gemeinsam Windstrom in das Stromnetz einspeisen, unabhängig vom Bedarf und zufällig.

In 2018 lag die mittlere Windgeschwindigkeit für Windenergieanlagen (WEAs) bei 6,92 m/s[25]. Die Abb. 10.7[26] zeigt, wie viel Strom über die Stunden eines Jahres in das Netz eingespeist werden konnten.

---

[25] Quelle: Fraunhofer IEE, Windmonitor, https://windmonitor.iee.fraunhofer.de/windmonitor_de/3_Onshore/3_externe_Bedingungen/lokale-standortbedingungen/, 28.01.2023.

[26] Quelle: Fraunhofer IEE, Windmonitor http://windmonitor.iee.fraunhofer.de/windmonitor_de/; 15.10.2021.

Mit zunehmender Anzahl an Jahresstunden wurde immer weniger Leistung vom „Windpark Deutschland" produziert. Zwischen 0 und 1000 Jahresstunden konnten ca. 22–40 GW eingespeist werden. Die Kurve fällt von links nach rechts steil bzw. exponentiell ab, sodass immer weniger Leistung kontinuierlich mit zunehmender Jahresstundenzahl produziert wird. An ca. 14 Tagen liegt die Windenergieeinspeisung für alle Windparks in Deutschland zusammengenommen unterhalb von 1 GW. Bei Grundlastkraftwerken wie z. B. Kohle-, Strom- und auch Gaskraftwerken wäre z. B. die blaue Fläche eine Gerade über die gesamte Zeit des Jahres mit gleichbleibender Einspeiseleistung in das Stromnetz (Grundlastfähigkeit/Grundlastkurve). Aus der Abb. 10.7 wird deutlich, 1) dass WKAs nicht grundlastfähig über ein Produktionsjahr sind und 2) dass bei dem Einsatz dieser Technologie große Speicher notwendig sind, um die in der Grafik dargestellte, exponentiell abfallende Kurve in eine möglichst gerade Linie über das Jahr zu glätten.

Eine durchschnittliche WKA hat in Deutschland konstruktionsbedingt einen aus dem Anlagenbetrieb ermittelten Wirkungsgrad von ca. 24 % (Verhältnis von installierter zu produzierter Leistung). Im Jahresdurchschnitt des Stichjahres 2018 erreichten WKAs lediglich 20,6 % Volllaststunden[27], was einer rechnerischen mittleren Einspeiseleistung von 10,7 GW entspricht. Die Nennleistung einer WKA wird bei Windgeschwindigkeiten von 12 bis 16 m/s erreicht. Diese optimalen Windgeschwindigkeiten werden in Deutschland jedoch recht selten und saisonal abhängig erreicht[28]. Zusätzlich ist die

---

[27] Siehe auch: Fraunhofer IEE, https://windmonitor.iee.fraunhofer.de/windmonitor_de/3_Onshore/5_betriebsergebnisse/1_volllaststunden/, 29.01.2023.
[28] Siehe auch: Eco Energy, https://shef-eco-energy.com/ee-grundlagen/windenergieanlagen/windverhaltnisse/, 29.01.2023.

Windverteilung mit dieser Windstärke häufig über einen Tag oder eine Woche ungleich verteilt, sodass für nur einen kurzen Zeitraum die genannte optimale Windgeschwindigkeit erreicht wird, abfällt, wieder ansteigt, abfällt usw. Dieses typische Windverhalten führt zu lokalen Einspeisefluktuationen, die heute nicht durch den Windpark, sondern durch die Netzteilnehmer im Stromnetz (fossil betrieben Kraftwerke, im wesentlichen auf Basis von Gas und Kohle) ausgeglichen werden.

Werden die maximalen Windgeschwindigkeiten überschritten, wird eine WKA aus Sicherheitsgründen abgeschaltet bzw. aus dem Wind gedreht, so dass keine Stromproduktion erfolgt. Als Folge könnte zukünftig durch den Klimawandel entstehende hohe Windgeschwindigkeiten paradoxerweise die Energieproduktion reduzieren oder abschalten. Im Binnenland wird in Deutschland im Jahresdurchschnitt eine Anlagenauslastung[29] von ca. 23 % erreicht, an der deutschen Küste (Festland) liegt der Wert bei ca. 28 % und in den Offshoregebieten bei ca. 43 % (Werte können pro Jahr wetterbedingt schwanken)[30]. Diese Angaben beziehen sich auf die Anlagenauslastung und nicht auf Wirkungsgrade in Bezug auf das Verhältnis von Windeingangsenergie und erzeugter Ausgangsenergie (<50 %). Bei einer Investitionshöhe von ca. 4,1 Mio. € pro Windrad (Stand 2020)[31] liegt die durchschnittliche Produktivität lediglich bei 1801 h/a (20,6 % im Stichjahr 2018) und ist damit relativ

---

[29] Quellen: Statista, https://de.statista.com/statistik/daten/studie/224720/umfrage/wind-volllaststunden-nach-standorten-fuer-wea/, 29.01.2023.

[30] Siehe auch: Windindustrie, https://www.offshore-windindustrie.de/windenergie/windstrom/offshore-windenergie-deutschland, 29.01.2023.

[31] Siehe auch: Fraunhofer, https://windmonitor.iee.fraunhofer.de/windmonitor_de/3_Onshore/5_betriebsergebnisse/3_investitionskosten/, 29.01.2023.

gering (durchschnittlich 6,1 GWh/a/WKA). Bei der Installation von Anlagen der heutigen Generation kann die Produktivität auf bis zu 2788 h/a (31,8 %) ansteigen, was für Industrieanlagen ebenfalls ein sehr geringer Wert ist. Daraus folgt, dass die Produktion von Strom mit Windenergieanlagen teuer ist und durch die noch nicht aufgebauten Großspeicher noch teurer werden wird, wenn grundsätzlich Windkraftanlagen unsere Grundversorgung sichern werden. Da bei den grünen Energien die Wind- und Sonnenenergie heute als kostenlose Energiequellen bewertet werden, können die Produktionskosten reduziert werden. Dieses Argument der kostenlosen Verfügbarkeit von Wind uns Sonne liefert heute auch die Begründung für das Argument, dass Strom aus regenerativen Energiequellen kostengünstiger ist, als aus anderen Energieträgern.

Fehlen für die erzeugte Menge an fluktuierender Energie die Infrastruktur zur Abnahme der Energie-

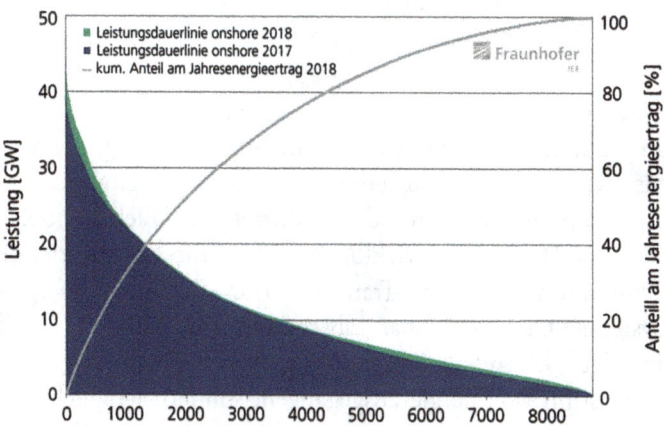

Abb. 10.7 Leistungsdauerlinie Windkraftanlagen. Quelle: Fraunhofer IEE, Windmonitor http://windmonitor.iee.fraunhofer.de/windmonitor_de/; 15.10.2021

mengen, die Speicher oder die Abnahme des erzeugten Stroms durch den Markt, wird heute die erzeugte Energie teilweise mit Negativkosten (Negativkosten = zusätzliche Zahlungen für ein Produkt, damit es von einem Käufer gekauft bzw. abgenommen werden wird) in das europäische Umland exportiert. Ebenfalls wirken sich die Jahreszeiten stark auf die mit Wind und Sonne hergestellten Energiemengen aus, weil z. B. Wind im Herbst und Frühjahr stärker und häufiger weht (siehe auch Kapitel 10, Abschnitt 2 „Wind und Sonne als Energiequelle"). Die Fluktuationen an Energiemengen zu unterschiedlichen Zeitintervallen sind ein wichtiger Faktor, der bei dem heutigen Design der Energietransformation in den gesetzlichen Regularien nicht vertreten ist. Ein weiterer ungeregelter Ausbau von den stochastischen Energiequellen verstärkt somit diese Schwankungen und gleicht sie nicht aus.

10.3.1 Abschätzung: Ablösung von Kohlekraftwerken durch Windkraftanlagen

Nach den heute zur Verfügung stehenden Prognosen wird in Zukunft in Deutschland mehr Strom benötigt werden, als wir heute produzieren (Stichworte Digitalisierung, Energietransformation der Wirtschaft, Elektromobilität, und andere Entwicklungen). Um die zu erwartende Dimension in der Transformation unseres Energiesystems nachvollziehbar abschätzen zu können, wird in der folgenden Abschätzung von keinem weiteren Wachstum an Energie ausgegangen, sondern lediglich von der Umstellung des Status quo. Ein zukünftiges Energiewachstum würde einen zusätzlichen Produktionsausbau des Energiesystems, inklusive der PV-Anlagen, insgesamt bedeuten. Es geht in dem folgenden Beispiel um die Abschätzung der *Dimensionen* der zukünftig benötigten Energiemengen. Die Abschätzung wird zeigen, welche Transformationsleistung in den letzten *30 Jahren* nicht realisiert wurde und welche Transformationsleistung in den nächsten *16 Jahren* (bis zu den Jahren 2035–2038) bzw. nächsten 23 Jahren (bis zum Jahr 2045) nach den politischen Vorgaben geleistet werden soll.

Grundlage der Abschätzung sind die vorhandenen Grundlastkraftwerke (Kohlekraftwerke), da sie heute die Energie sicher und zuverlässig zur Verfügung stellen, wenn Sonne und Wind nicht für eine Stromproduktion ausreichend vorhanden sind (Dunkelflaute). Produzieren Wind und Sonne in dem heutigen Strommix genügend Energie, werden die Grundlastkraftwerke dynamisch gedrosselt. Im Ausbaupfad der Bundesregierung[32] wird ein Schwerpunkt auf den Ausbau von Windkraftanlagen gelegt. Andererseits werden Kohlekraftwerke in den nächsten Jahrzehnten durch Gesetzesvorgaben schrittweise abgeschaltet. Die präsentierte Abschätzung der Transformationsleistung basiert genau auf diesem, bereits mit dem Kabinett Merkel eingeleiteten *Ablösemechanismus* eines Grundlastkraftwerks durch Windkraftanlagen. In der Abschätzung werden keine Szenarien als Grundlage der Betrachtung verwendet. Demzufolge werden Betrachtungen, die Energieeinsparungen als wesentliche Quelle der zukünftigen energetischen Transformationsleistung festlegen, nicht mit einbezogen. Die Szenarien sind stark interpretationsabhängig und in vielen Fällen in ihren Programmierung, Parametrisierungen und Formeln

---

[32] Siehe auch: Bundesregierung, https://www.bundesregierung.de/breg-de/themen/klimaschutz/wind-an-land-gesetz-2052764, und https://www.bundesregierung.de/breg-de/themen/klimaschutz/windenergie-auf-see-gesetz-2022968, 29.01.2023.

intransparent. Zusätzlich entziehen sie sich einer Verifikation an Realdaten, die in einer fernen Zukunft liegen (ausgeschlossene Falsifizierbarkeit einer These oder Models). Diese stark interpretationsabhängigen Einflussfaktoren werden durch die Limitierung auf den energetischen Istzustand ausgeblendet.

In der Tab. 10.1 werden die Kohlekraftwerke in Deutschland zu einem Stichtag erfasst und die energetische Ersatzleistung pro Kohlekraftwerk durch Windkraftanlagen mit der heute üblichen Durchschnittsleistung berechnet[33]. Zusätzlich wurde mit einem üblichen Abstandsschlüssel die benötigte Fläche kalkuliert, die ein entsprechender Windpark mit der kalkulierten Ersatzleistung eines Kohlekraftwerks benötigen würde. Um die gesamte Transformationsleistung abschätzen zu können, werden die Ersatzleistungen für alle deutschen Kohlekraftwerke zum Stichjahr 2018 berechnet. Die Wirkungsgrade der Windkraftanlagen bzw. ihre Jahresvolllaststunden werden hier *nicht* berücksichtigt. Die Abschätzung bezieht sich lediglich auf die zu *installierende* Leistung von Windkraftanlagen. Würden die oben berechneten ca. 20 % an Volllaststunden einer WKA mit berücksichtigt werden, stiege der Wert von benötigten WKAs um einen Faktor X. Die einfache Verfünffachung der Anlagen (20 % × 5 = 100 %) wäre nicht zutreffend und deshalb unvollständiges Ergebnis. Die geplante Intensivierung im Ausbau von WKAs, damit ihre Erhöhung im Produktionsbestand, wird in Zukunft nicht zu einer homogeneren Verteilung der Produktionsleistung über das Jahr führen (mehr Volllaststunden). Für eine erste grobe Einschätzung der notwendigen Transformationsleistung reichen die

---

[33] Quelle: Eigene Berechnungen. Quelle: Daten Quelle: Umweltbundesamt, eigene Zusammenstellung 2018, 16.04.2022.

Bewertung der installierten *Ersatzleistung* pro Kohlekraftwerk und der *Flächenbedarf* der neuen WKAs aus. Für die Abschätzung des Flächenbedarfs wird der Acht-Fünftel-Schlüssel für Windparks eingesetzt, der eine bessere Nutzung der Windenergie ermöglicht. Die Tab. 10.1 zeigt alle Kraftwerksstandorte zum Stichjahr. Damit können für jedes heutige Kraftwerk in einem Bundesland die entsprechenden Ersatzleistungen an WKA und den dafür benötigten Flächenbedarf abgelesen werden.

Insgesamt wurden zum Stichtag in Deutschland 103 Kohlekraftwerke mit einer elektrischen Leistung über 100 MW betrieben (Tab. 10.1)[34]. Davon produzieren 68 Kraftwerke Strom und Wärme, 35 Kraftwerke produzieren Strom. Die erzeugte Fernwärme wurde hier in die Gesamtleistung eines Kraftwerks eingerechnet. Der Kohlekraftwerkspark hatte eine Gesamtleistung von 63,2 GW. Bei der Abschätzung der von der deutschen Gesellschaft zu leistenden Transformationsleistung wird davon ausgegangen, dass für die heute parallel zu den bereits arbeitenden WKAs der bestehenden Kohlekraftwerke zusätzliche WKAs benötigt werden, somit ein energetischer Überbestand aufgebaut wird. Bestandsüberkapazitäten müssen in diesem neuen System u.a. zur Kompensation ausfallender WKA-Anlagen und PV-Anlagen wegen privater Gründer der Betreiber ausreichend vorhanden sein, damit diese ausfallenden Produktionskapazitäten zukünftig zu keiner Unterversorgung/Stromrationierung einer Region führt. Ebenfalls werden die Überkapazitäten zum Befüllen der saisonalen Speicher benötigt und um ein wirtschaftliches Wachstum in Deutschland auch weiterhin zu ermöglichen. Nach

---

[34] Quelle: Daten Umweltbundesamt, eigene Berechnungen 2018, 21.03.2019.

Angaben des deutschen Bundesumweltministeriums[35] wurden 19,2 % Strom aus erneuerbare Energien im Jahr 2020 insgesamt produziert. Davon trug der Bereich Wind mit einem Anteil von 28 % im Produktionsjahr bei. Der häufig genannte Spitzenanteil von erneuerbaren Energien an der Stromproduktion mit ca. 45 % oder mehr ist ein kurzzeitiger Spitzenwert und bezieht sich nicht auf die Jahresleistung. Er betrifft einen sehr kleinen Zeitraum, an dem die erneuerbaren Energien gerade optimal produzieren und genügend Wind und/oder Sonne vorhanden ist. Der Rest des Jahres wird dabei nicht berücksichtigt.

Bei stochastischen Energieproduktionssystemen (siehe Abb. 10.8) sind Überkapazitäten im System notwendig, um zusätzlich zu der zu leistenden Versorgung Energieüberschüsse für die Ausgleichsspeicherung erzeugen zu können. Diese Überschussenergie ist in ausreichender Menge zu produzieren, um eine ausfallende Stromproduktion aus den Speichern ausgleichen zu können. In Deutschland treten Tage oder Wochen in den verschiedenen Jahreszeiten auf, an denen zusätzlich zu dem Nachtzyklus eine dichte Wolkendecke oder Schneefall eine Stromproduktion mit PV-Anlagen verhindert. Im gleichen Zeitraum können auch Windverhältnisse bestehen (ruhige Wetterlage), die zusätzlich eine Stromproduktion mit Windkraftanlagen nicht zulassen. Besteht diese Wetterlage, kann kein Strom durch PV-Anlagen *und* Windkraftanlagen produziert werden. Für diesen Witterungszustand hat sich der Begriff *Dunkelflaute* etabliert. In diesen Wetterlagen wird die gesamte Energie in einem zukünftigen

---

[35] Quelle: Bundesumweltministerium, https://www.umweltbundesamt.de/themen/klima-energie/erneuerbare-energien/erneuerbare-energien-in-zahlen#ueberblick, 21.03.2019.

Tab. 10.1 WKA-Ersatz bestehender Kohlekraftwerke. Quelle: Eigene Berechnungen. Quelle: Daten Quelle: Umweltbundesamt, eigene Zusammenstellung 2018, 16.4.22

Abschätzung von benötigten WKA als Ersatz bestehender Kohlekraftwerke				
Kohlekraftwerk Standort	Gesamtleistung Strom + Wärme	Ersetzende WKAs	Flächenbedarf Acht-Fünftel-Schlüssel	Investment WKAs
		4 MW/WKA		1200 €/kW
	MW	Anzahl WKA	km²	Mio. €
Altbach/Deizisau HKW 1	756,00	189	44,793	907,20
Altbach/Deizisau HKW 2	659,00	165	39,105	790,80
Bergkamen A	800,00	200	47,4	960,00
Berlin-Moabit A	236,00	59	13,983	283,20
Berlin-Reuter C	376,00	94	22,278	451,20
Berlin-Reuter-West D	663,00	166	39,342	795,60
Berlin-Reuter-West E	663,00	166	39,342	795,60
Bexbach	780,00	195	46,215	936,00
Boxberg N	560,00	140	33,18	672,00
Boxberg P	500,00	125	29,625	600,00
Boxberg Q	972,00	243	57,591	1166,40
Boxberg R	675,00	169	40,053	810,00
Bremen-Farge	423,00	106	25,122	507,60
Bremen-Hafen 6, (Elfi)	354,00	89	21,093	424,80
Bremen-Hastedt 15	280,00	70	16,59	336,00
Buschhaus (Helmstedt)	405,00	102	24,174	486,00
Chemnitz Nord II A+B/30	454,00	114	27,018	544,80
Chemnitz Nord II C/30	230,00	58	13,746	276,00
Duisburg-Walsum 9	705,00	177	41,949	846,00
Duisburg-Walsum 10	790,00	198	46,926	948,00
Flensburg K09 bis K12	468,00	117	27,729	561,60
Frankfurt-West 2 u. 3	354,00	89	21,093	424,80
Frechen / Wachtberg	452,00	113	26,781	542,40
Frimmersdorf P	355,00	89	21,093	426,00
Frimmersdorf Q	310,00	78	18,486	372,00
Gelsenkirchen-Scholven B	370,00	93	22,041	444,00

(Fortsetzung)

Tab. 10.1 (Fortsetzung)

Abschätzung von benötigten WKA als Ersatz bestehender Kohlekraftwerke				
Kohlekraftwerk Standort	Gesamtleistung Strom + Wärme	Ersetzende WKAs	Flächenbedarf Acht-Fünftel-Schlüssel	Investment WKAs
		4 MW/WKA		1200 €/kW
	MW	Anzahl WKA	km²	Mio. €
Gelsenkirchen-Scholven C	370,00	93	22,041	444,00
Gersteinwerk K2 (DT) (Werne)	665,50	167	39,579	798,60
Grevenbroich-Neurath A	312,00	78	18,486	374,40
Grevenbroich-Neurath B	312,00	78	18,486	374,40
Grevenbroich-Neurath C	312,00	78	18,486	374,40
Grevenbroich-Neurath D	648,50	163	38,631	778,20
Grevenbroich-Neurath E	648,50	163	38,631	778,20
Grevenbroich-Neurath F (BoA 2)	1.100,00	275	65,175	1.320,00
Grevenbroich-Neurath G (BoA 3)	1.100,00	275	65,175	1.320,00
Hamburg-Moorburg A	947,00	237	56,169	1.136,40
Hamburg-Moorburg B	947,00	237	56,169	1.136,40
Hamburg-Tiefstack HKW	990,00	248	58,776	1.188,00
Hannover-Stöcken	725,00	182	43,134	870,00
Heilbronn 5	153,00	39	9,243	183,60
Heilbronn 6	153,00	39	9,243	183,60
Heilbronn 7	1.366,00	342	81,054	1.639,20
Herne 4	1.061,00	266	63,042	1.273,20
Heyden	923,00	231	54,747	1.107,60
Ibbenbüren	858,00	215	50,955	1.029,60
Jänschwalde A	611,30	153	36,261	733,56
Jänschwalde B	611,30	153	36,261	733,56
Jänschwalde C	611,30	153	36,261	733,56

(Fortsetzung)

Tab. 10.1 (Fortsetzung)

Abschätzung von benötigten WKA als Ersatz bestehender Kohlekraftwerke				
Kohlekraftwerk Standort	Gesamtleistung Strom + Wärme	Ersetzende WKAs	Flächenbedarf Acht-Fünftel-Schlüssel	Investment WKAs
		4 MW/ WKA		1200 €/kW
	MW	Anzahl WKA	km²	Mio. €
Jänschwalde D	611,30	153	36,261	733,56
Jänschwalde E	611,30	153	36,261	733,56
Jänschwalde F	611,30	153	36,261	733,56
Karlsruhe-RDK 7	770,00	193	45,741	924,00
Karlsruhe-RDK 8	1.132,00	283	67,071	1.358,40
Kiel-Ost (GKK)	649,00	163	38,631	778,80
Köln-Merkenich 4+6	271,00	68	16,116	325,20
Krefeld-Uerdingen N 230	576,00	144	34,128	691,20
Lippendorf R	1.163,60	291	68,967	1.396,32
Lippendorf S	1.163,60	291	68,967	1.396,32
Lünen 6	170,00	43	10,191	204,00
Lünen 7	350,00	88	20,856	420,00
Lünen-Stummhafen	855,00	214	50,718	1.026,00
Mannheim 6	280,00	70	16,59	336,00
Mannheim 7	975,00	244	57,828	1.170,00
Mannheim 8	980,00	245	58,065	1.176,00
Mannheim 9	1.411,00	353	83,661	1.693,20
Marl I+II	1020,90	256	60,672	1.225,08
Mehrum 3 (C)	750,00	188	44,556	900,00
München-Nord 2	915,00	229	54,273	1.098,00
Niederaußem C	335,00	84	19,908	402,00
Niederaußem D	320,00	80	18,96	384,00
Niederaußem E	315,00	79	18,723	378,00
Niederaußem F	320,00	80	18,96	384,00
Niederaußem G	932,00	233	55,221	1.118,40
Niederaußem H	687,00	172	40,764	824,40
Niederaußem K (BoA 1)	1.012,00	253	59,961	1.214,40
Quierschied-Weiher	754,00	189	44,793	904,80
Rheinberg	133,00	34	8,058	159,60
Rostock	703,00	176	41,712	843,60
Saarbrücken-Römerbrücke	367,00	92	21,804	440,40

(Fortsetzung)

Tab. 10.1 (Fortsetzung)

Abschätzung von benötigten WKA als Ersatz bestehender Kohlekraftwerke				
Kohlekraftwerk Standort	Gesamtleistung Strom + Wärme	Ersetzende WKAs	Flächenbedarf Acht-Fünftel-Schlüssel	Investment WKAs
		4 MW/WKA		1200 €/kW
	MW	Anzahl WKA	km²	Mio. €
Schkopau A	590,00	148	35,076	708,00
Schkopau B	590,00	148	35,076	708,00
Schwarze Pumpe A	860,00	215	50,955	1.032,00
Schwarze Pumpe B	860,00	215	50,955	1.032,00
Staudinger 5 (Großkrotzenburg)	853,00	214	50,718	1.023,60
Stuttgart-Münster	637,40	160	37,92	764,88
Ville / Berrenrath (Hürth)	107,00	27	6,399	128,40
Völklingen-Fenne HKV	418,00	105	24,885	501,60
Völklingen-Fenne MKV	443,00	111	26,307	531,60
Walheim 1	107,00	27	6,399	128,40
Walheim 2	160,00	40	9,48	192,00
Wedel 1	574,00	144	34,128	688,80
Wedel 2	138,70	35	8,295	166,44
Weisweiler E (4)	363,00	91	21,567	435,60
Weisweiler F (5)	340,00	85	20,145	408,00
Weisweiler G (6)	721,50	181	42,897	865,80
Weisweiler H (7)	716,50	180	42,66	859,80
Westfalen E (Hamm-Uentrop)	820,00	205	48,585	984,00
Wilhelmshaven (Uniper)	788,10	198	46,926	945,72
Wilhelmshaven (Engie)	830,00	208	49,296	996,00
Wolfsburg Nord A+B	895,00	224	53,088	1.074,00
Wolfsburg West 10	283,00	71	16,827	339,60
Wolfsburg West 20	283,00	71	16,827	339,60
Zolling-Leininger 5	624,00	156	36,972	748,80
Summe	63.161,60	15.822,00	3.750,00	75.794,00

Stromsystem auf Basis von Wind und Sonne von anderen Quellen erzeugt werden müssen, wie z. B. aus großen Wasserstoffspeichern (Kavernen) oder als Energieimport aus anderen Ländern (hohe Abhängigkeiten von anderen Ländern).

Im Jahr 2020 bestand die Vorstellung, dass in dieser Wettersituation Gaskraftwerke die vollständige Stromversorgung übernehmen und zusätzlich Strom aus den Nachbarländern wie Frankreich (Atomstrom), Polen (Kohlestrom), Tschechien (Kohle- und Atomstrom), Niederlande (Kohle- und Atomstrom) etc. importiert werden kann. Diese Vorstellung erscheint als *verlässliche Zukunftsplanung* einer Energietransformation für ein Industrieland wenig überzeugend. In diesem Versorgungsszenario werden unsere Nachbarländer mit Überkapazitäten für die deutsche Stromversorgung als fester Versorgungsbestandteil eingeplant. Deutschland ist bei dieser Ausbauplanung in einer 100%igen Abhängigkeit von Energieimporten aus seinen direkten Nachbarländern. Würde in der Dunkelflaute keine ausreichende Stromversorgung durch das Ausland erfolgen, müssten verschiedene Landesteile in Deutschland abgeschaltet werden. Bedenkt man für dieses Szenario das Ziel der EU, die deutsche Energiewende auch für andere Länder umzusetzen, wäre ein Energieimport für unsere Nachbarländer von ihren Nachbarländern notwendig, da vermutlich eine Wetterlage einer Dunkelflaute über mehrere Landesgrenzen der EU ausgebreitet wäre. Insgesamt erscheint der heute verfolgte Ausbauplan kein schlüssiger und sicherer Planungsansatz zu sein und hohe Risiken zu enthalten.

Die anderen, ausländischen Energiequellen müssten also für diese Wetterlagen genügend Ersatz- oder Speicheranlagen zur Versorgung von Deutschland aufbauen, diese instand halten und selbst finanzieren. Zusätzlich müssten in diesem Szenario hohe Kapazitäten von Gaskraftwerken in Deutschland vorhanden sein, die im positiven Fall einer

Stromproduktion durch Wind und Sonne abgeschaltet würden, um die vorrangige Stromproduktion durch die erneuerbaren Energien zu gewährleisten. Somit wären diese stillen Gaskraftwerksreserven zur Vollversorgung Deutschlands bei Dunkelflauten ein energetischer Luxus mit hohen CO_2-Emissionen bei der heutigen Erdgasverbrennung, den wir nur in wenigen Fällen von Tagen oder Wochen im Jahr ohne Wind und Sonnen nutzen würden. Dennoch müssten diese Gaskraftwerke aufgebaut, gewartet, betreut und im Standby gehalten werden. Damit ist auch dieses Szenario ein erheblicher volkswirtschaftlicher Luxus und vermutlich als ständige Lösung durch die Stromkunden unfinanzierbar. Eine weiterführende Realisierung derartiger unvollständiger Konzepte hat langfristig große volkswirtschaftliche Auswirkungen, hin zu weiter steigenden Strompreise zugunsten von weniger CO_2-Ausstoß bei der Stromproduktion, mit erheblichen sozialen und gesellschaftlichen Folgen. In der Abb. 10.9[36] werden die Ausbauziele hin zu einer 100 % Versorgung in verschiedenen Ausbaustufen durch Wind und Sonne simuliert.

Die Grafiken[37] zeigen als exemplarisches Beispiel die prinzipielle Stochastik (zeitlich und in Menge variierend) der zukünftigen Hauptenergiequellen (gelbe Kurven der Energieproduktion anhand von Realdaten). Damit kann das Beispiel für die zukünftige Vollversorgung auf Basis von WKAs und PV-Anlagen verallgemeinert werden, ist somit von dem hier verwendeten Jahresprofil in seiner Grundaussage unabhängig. Die Grafik links oben zeigt die reale Situation im Stromsystem im Stichjahr 2018 in Deutschland. In diesem Jahr wurden 583 TWh Strom verbraucht

---

[36] Datenquelle: https://www.energy-charts.info/charts/energy/chart.htm?l=de&c=DE&chartColumnSorting=default&source=sw&year=2018&interval=day&download-format=text%2Fcsv, eigene Berechnungen, 29.01.2023.
[37] Quelle: eigene Darstellungen.

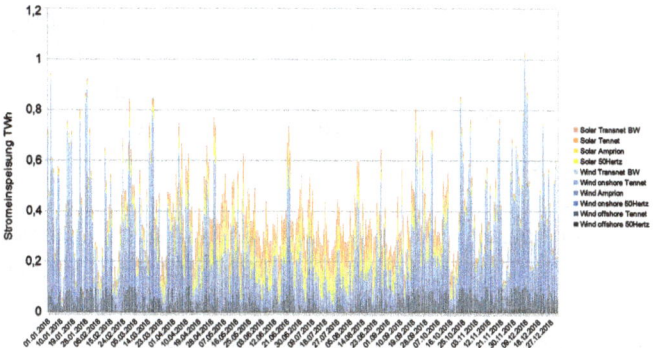

Abb. 10.8 Reale Stromeinspeisungen, Stichjahr 2018, aus Wind- und PV-Anlagen (Produktionsprofil). Quelle: Eigene Darstellung und Berechnungen. Datenquelle: Bundesmumweltministerium, https://www.umweltbundesamt.de/themen/klima-energie/erneuerbare-energien/erneuerbare-energien-in-zahlen#ueberblick, 21.03.2019

(schwarze Kurve), 150 TWh wurden durch Wind und Sonne eingespeist (Anzahl: Onshore 29.213, Offshore 1305; PV 45.277[38]). Die schwarze Kurve stellt den Verbrauch an Strom dar. Die gelbe Kurve stellt die Einspeisung von Wind und Sonne aller Teilnetze dar (Wind Offshore 50 Hz, Wind Offshore Tennet, Wind Onshore 50 Hz, Wind Amprion, Wind Onshore Tennet, Wind Transnet BW, Solar 50 Hz, Solar Amprion, Solar Tennet, Solar Transnet BW). Der Abstand der gelben zu der schwarzen Kurve ist die Energielücke, die heute durch regelbare Kraftwerke (Atom, Kohle, Gas, Biomasse, Wasser) ausgeglichen wird. Da die Spitzen der gelben Kurve nicht die schwarze Kurve überschneiden, entsteht nur wenig

---

[38] Quelle: Daten Bundesministerium für Wirtschaft und Klimaschutz https://www.erneuerbare-energien.de/EE/Navigation/DE/Service/Erneuerbare_Energien_in_Zahlen/Zeitreihen/zeitreihen.html, und https://de.wikipedia.org/wiki/Windenergie#cite_note-Zeitreihen_2020-126, 30.01.2023.

Überschussenergie. Real übersteigen jedoch kurzfristige Spitzen schon heute in bestimmten Zeiten den Strombedarf und werden als Energieexporte ins Ausland abgeleitet. Diese kurzzeitigen Überschüsse werden in der Grafik nicht dargestellt, weil die zeitliche Auflösung der Grafik das nicht ermöglicht.

In der oberen rechten Grafik ist das simulierte Ergebnis abgebildet, wie sich das zukünftige Stromsystem bei einem Ausbaustand von 1/3 zusätzlicher WKAs und PV-Anlagen des Stichjahres 2018 verhalten würde. Die gelbe Kurve überschneidet bei diesem Ausbaustand teilweise den Verbrauch. Hier wird sichtbar, dass an bestimmten Tagen für einen kurzen Zeitraum eine Vollversorgung durch Wind und Sonne möglich ist (Deckung der gelben Kurve mit der schwarzen Verbrauchskurve). In diesen Fällen wird häufig die Nachricht in den Medien oder durch die Politik verbreitet, dass Deutschland durch erneuerbare Energien versorgt wird. In der Grafik links unten wird der Ausbaustand mit einem um 2/3 höheren Anlagenbestand auf Basis der vorhandenen WKAs und PV-Anlagen des Stichjahres dargestellt. Die Gesamtleistung aller WKAs und PV-Anlagen erreicht über das Jahr von notwendigen 583 TWh ca. 434 TWh. Das Versorgungsprofil zeigt, dass bei diesem Ausbaustand häufiger über das Jahr Stromspitzen auftreten, die nicht verbraucht werden können, weil sie über dem Verbrauch liegen. Ebenfalls sind auch weiterhin die Zeiten präsent, in denen eine starke Unterdeckung in der Stromversorgung auftreten würde (Verlauf der gelben Kurve bzw. Fläche unterhalb der schwarzen Kurve).

In der Grafik rechts unten der Abb. 10.9 ist der volle Ausbaustand von WKAs und PV dargestellt (100% der benötigten Jahresleistung), sodass über das Jahr die benötigte Gesamtleistung von 583 TWh erreicht werden würde, somit eine rechnerische Vollversorgung durch Wind und Sonne erreicht werden kann. Der

Anlagenbestand von WKAs und PV-Anlagen würde um ca. 290 % zum Bestand des Jahres 2018 angewachsen sein. Die Simulation zeigt, dass der Bestand an *installierter Leistung* in Deutschland für 100 % Stromversorgung aus WKAs auf 1.498,38 TWh, aus PV auf 1.150,22 TWh und insgesamt auf 2.648,60 TWh[39] angestiegen wäre (asymetrische Verteilung der Anlagen auf Basis des Stichjahres, deshalb keine *Energieparität*). Damit würde im Verlauf der nächsten zehn bis 15 Jahre auf Basis der derzeitige Planungsziele eine Überkapazität von ca. 234 GW Wind- und PV-Anlagen-Leistung (entspricht 2.053,70 TWh) installiert werden müssen, um das Versorgungsziel auf der Einspeiseseite zu erreichen.

In diesem Szenario zeigt das Produktionsprofil zahlreiche erhebliche Überschussmengen an Strom, die in unserem heutigen Systemkonzept ohne Großspeicher in die Nachbarländer exportiert werden würden. Unterhalb der schwarzen Verbrauchskurve würden die benötigten Strommengen importiert werden, sofern die Wetterlage, die dazu notwendige Infrastruktur sowie die jeweiligen Kapazitäten in den Nachbarländern dazu vorhanden wären (Externalisierung von Speicherkapazitäten und Stromproduktionskapazitäten z.B. aus regelbaren grundlastfähigen Produktionsanlagen oder im Mix mit eigenen Gaskraftwerken). Import und Export an Energie wird heute über die dazu installierten Handelsplätze abgerechnet, wodurch bei den dann anfallenden Strommengen erhebliche zusätzliche Handelskosten entstehen würden. Die beiden Kurven (gelb und schwarz) zeigen deutlich, dass ein zukünftiges Stromsystem auf Basis von

---

[39] Quelle: Eigene Berechnungen. Datenquellen Daten Bundesministerium für Wirtschaft und Klimaschutz https://www.erneuerbare-energien.de/EE/Navigation/DE/Service/Erneuerbare_Energien_in_Zahlen/Zeitreihen/zeitreihen.html, und https://de.wikipedia.org/wiki/Windenergie#cite_note-Zeitreihen_2020-126, 30.1.23

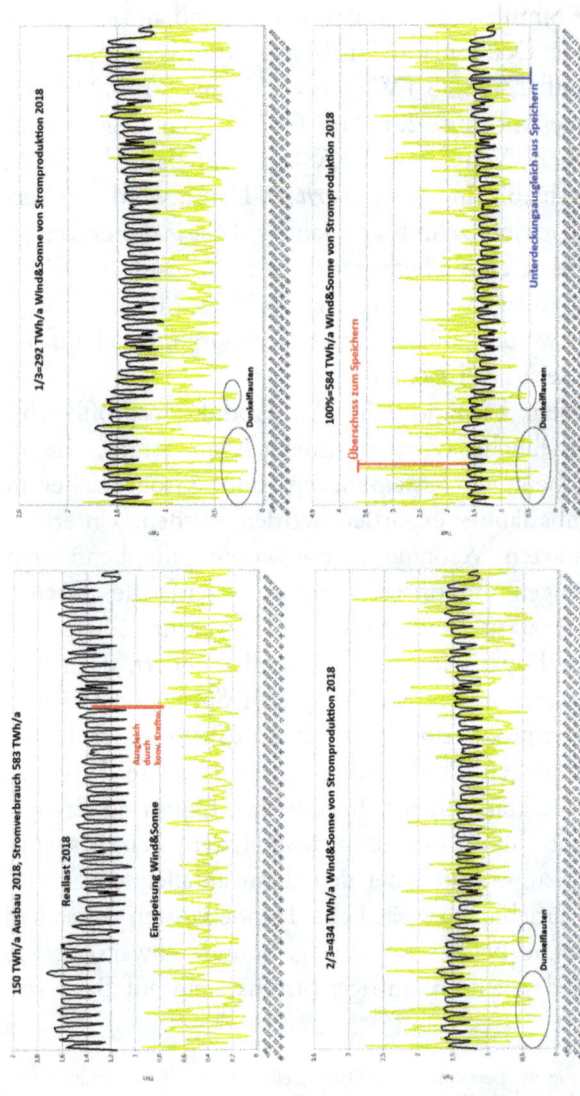

Abb. 10.9 Verifikation der Ausbauziele anhand realer Ein- und Verbrauchsdaten von 2018 (Stichjahr). Quelle: Eigene Darstellung und Berechnungen. Datenquelle: https://www.energy-charts.info/charts/energy/chart.htm?l=de&c=DE&chartColumnSorting=default&source=sw&year=2018&interval=day&download-format=text%2Fcsv, eigene Berechnungen, 29.1.23.

Wind und Sonne ohne ein vollständig ausgebautes Puffersystem (Batterien für PV-Anlagen, Wasserstoffspeicher für WKAs) in den Dunkelflauten (siehe markierte Stellen in der Abbildung) zu Brown- oder Blackouts führen würde und im normalen Betrieb erhebliche Energiemengen exportieren und importieren müsste. Die Simulation zeigt deutlich, dass zukünftig mindestens drei Energieproduktionssysteme in energetischer Parität (Wind, Sonne, Puffer) vorhanden sein müssen, damit zukünftig eine gesicherte Stromversorgung des Landes möglich ist (die Simulation hat Verbrauchszuwächse durch Digitalisierung, Elektromobilität und Transformation der Industrie nicht berücksichtigt).

Um die installierte Leistung der heute im Netz arbeitenden Kohlekraftwerke durch WKAs ersetzen zu können, werden nach eigenen Berechnungen 15.822 Windkraftanlagen neuester Bauart (mindestens 4 MW) zusätzlich zum heutigen Bestand benötigt. Die Windkraftanlagen benötigten bei dem vorgegebenen Abstandsschlüssel eine Fläche von 3750 km^2. Deutschland dehnt sich über eine Gesamtfläche von 357.588 m^2 aus. Der Flächenbedarf zur Transformation der *heutigen* Leistung aller Kohlekraftwerke durch WKAs beträgt demnach ca. 1 % der Landesfläche, die zusätzlich zu dem heutigen Bestand benötigt wird. Der in der Öffentlichkeit häufig geäußerte Gesamtbedarf von ca. 2 % der Landesfläche erscheint demnach plausibel Wirtschaftswachstum, sofern kein weiterer Strombedarf hinzu kommt. Bei der hier vorgestellten Abschätzung ist die Verteilung der benötigten Landfläche auf tatsächlich verfügbare Flächen nicht berücksichtigt. Ebenfalls stellt die Simulation nur eine Momentaufnahme eine energetischen Zustandes zu einem Stichjahr dar. Weiterentwicklungen im Energiebedarf, wie u.a. durch die Wärmeumstellung auf die Stromversorgung bleiben hier unberücksichtigt und würden den Ausbaubedarf erneut erhöhen. Die Investition zum Aufbau der WKAs beträgt bei den zum Stichjahr im Markt vorhandenen Durchschnittsinvestitionskosten ca. 75,8 Mrd. €. Dabei sind Ausbaukosten für die zuführenden Stromleitungen, Umspannwerke und Sonderkosten für besondere Standorte nicht berücksichtigt. Ebenfalls sind bei dieser Abschätzung Speicherkosten nicht enthalten.

In meiner Abschätzung ist zur Vereinfachung eine zeitlich lineare Verteilung der Bauleistungen festgelegt. Auf dieser Grundannahme müssten in den nächsten acht Jahren – genehmigte Flächen und alle anderen Genehmigungen und Gutachten für einen Windpark – 1978 Anlagen pro Jahr mit einer durchschnittlichen Anlagenleistung von mindestens 4 MW pro WKA errichtet werden. Würde man den Transformationszeitraum (geplanter Kohleausstieg) auf 16 Jahre ausdehnen, somit das Jahr 2038 als Kohleausstiegsjahr anvisieren, müssten in Deutschland 989 WKA mit mindestens 4 MW pro WKA pro Jahr kontinuierlich errichtet werden. Im Jahr 2018 betrug der Bestand in Deutschland 29.213 Anlagen (in 2021 stieg der Bestand auf 29.715, davon 28.230 Onshorewindenergieanlagen[40]). Im Jahr 2017 wurde ein Spitzenwert im Aufbau von Windkraftanlagen mit 1792 Anlagen, mit sehr unterschiedlichen Anlagenleistungen, erreicht. Das Jahr gilt als das ausbaustärkste Jahr an Windenergieanlagen der letzten zehn Jahre. Für einen *vorgezogenen Ausstieg* wie er von der amtierenden Regierung aus SPD, Grüne und FDP anvisiert wird, müsste dieser Spitzenwert noch etwas übertroffen werden, um einen ausreichenden Bestand an Anlagen in 2030 zu erreichen. Zusätzlich müsste die einmalig hohe Spitzenleistung jedes Jahr über 16 Jahre

---

[40] Quelle: Bundesverband WindEnergie, https://www.wind-energie.de/themen/zahlen-und-fakten/deutschland/, 31.01.2023.

erbracht werden. Diese Zielvorstellung erscheint deshalb nicht realistisch.

Die abgeschätzten Zahlen zeigen eine Plausibilität und eine theoretische Möglichkeit der Ausbauziele auf der langen Zeitstrecke. In der zeitlichen Abschätzung erscheint ein vorgezogenes Ausbauziel bis 2030 unwahrscheinlich, weil eine durchschnittliche Bauleistung von 1978 WKAs pro Jahr zu weit von den bisherigen durchschnittlichen Bauleistungen entfernt ist. Das Ausbauziel bis zum Jahr 2036 erscheint deshalb wahrscheinlicher, dennoch mit hohen Risiken behaftet zu sein. Hinweis: Diese Abschätzung betrachtet lediglich die Windkraftanlagen mit ihrer installierten Leistung und nicht die tatsächlich benötigte Leistung zur Verbrauchsdeckung. Durch die systembedingte schlechte Auslastung von Windkraftanlagen (geringe Volllaststunden) von ca. 20 % pro Jahr deckt diese Abschätzung die Energieverteilung über das Jahr nicht ab (siehe auch Absätze weiter oben). Weitere Faktoren (Ausbau von PV, Repowering etc.) wurden ebenfalls bewusst nicht berücksichtigt, um eine gute Nachvollziehbarkeit der vorgetragenen Daten und Ergebnisse zu ermöglichen und das Ziel der Abschätzung, die Dimension der politischen Vorgaben einschätzen zu können, erreichen zu können. Die Abschätzung zeigt im Ergebnis, dass eine vollständige Transformation unseres fossilen Energieproduktionssystems realistisch nicht vor 2040 erreichbar ist *(best case)*, jedoch weitere extreme gesellschaftliche Anstrengungen zum Aufbau von Speicherleistung notwendig sind. Hinzu müssten eine Strategieplanung und sehr effizient arbeitende Ausbaukoordination für ganz Deutschland für eine *Energieparität* der drei zukünftigen Hauptenergielieferanten zwingend erfolgen, damit sinnvolle Schritte in der Transformationsleistung erfolgen und synchronisierte werden können. Das heutige Prinzip der durch Marktinteressen geleiteten

Ausbaustrategie führte nicht zum Erfolg und ist deshalb falsch, was die letzten 30 Jahre deutlich zeigten. Es besteht die Gefahr, dass mit den heute vorhandenen politischen Vorgaben eine gesellschaftliche Fata Morgana geschaffen wird, die erst in den nächsten Jahren zu erheblichen Glaubwürdigkeitsproblemen der Energiewende in der Gesellschaft führen wird.

10.4 Transformationsleistung mit Photovoltaikanlagen

In diesem Abschnitt des Kapitels wird der Bereich der Energieerzeugung durch Sonne abgeschätzt. Wie in dem Kapitel 10, Abschnitt 2 „Wind und Sonne als Energiequelle" beschrieben wurde, wechseln sich beide Systeme jahreszeitlich quasi ab. Die Sonne scheint in unseren Breitengraden im Sommer am intensivsten, sodass mit dieser Energiequelle Strom produziert werden kann. Zu dieser Jahreszeit ist in der Regel aber das Windaufkommen besonders gering. Eine Stromproduktion mit Wind ist besonders im Herbst und im Frühjahr wirtschaftlich interessant. Deshalb können nicht beide Energieproduktionssysteme in ihren Leistungen addiert werden, um eine Gesamtversorgung an Strom in Deutschland rechnerisch zu errechnen. Der Aufbau eines über Windstrom erzeugten Produktionssystems wird durch den Aufbau des PV-basierten Sonnenstromsystems über ein Produktionsjahr notwendigerweise ergänzt.

Aber wie verhält sich das zweite zukünftige Energieerzeugungssystem, die Photovoltaik, bei einem verstärkten Ausbau und der Entwicklung zu dem zukünftigen Hauptenergielieferanten? Grundlage dieser Technologie ist die Sonneneinstrahlung bzw. sind die Sonnentage in Deutschland. Prinzipiell ist die Menge dieser Energie vom Breitengrad abhängig. Eine optimale Sonneneinstrahlung ist am Äquator gegeben. Je weiter man sich den Polen nähert, umso stärker nimmt die Sonneneinstrahlung ab und die nutzbaren Sonnentage werden geringer. Zusätzlich wird noch zwischen den Sonnentagen und der Sonneneinstrahlung unterschieden. Die Sonneneinstrahlung kann an einem meteorologischen Sonnentag unterschiedliche Strahlungsintensitäten haben, was zu unterschiedlicher Stromproduktion führt. In der hier vorgenommenen Abschätzung werden die meteorologischen *Sonnentage* als hinreichend aussagefähige Basis angenommen. Eine weitere Ausdifferenzierung erfolgt zur besseren Nachvollziehbarkeit nicht. Zusätzlich würde eine genauere Analyse der Strahlungsintensität eine Abschätzung des Transformationsaufwands über diese Technologie nicht wesentlich verbessern. In dem Kapitel 10, Abschnitt 2 „Wind und Sonnen als Energieträger" wurde die tatsächliche Leistung aller PV-Anlagen in Deutschland über das Stichjahr bereits dargestellt.

Die Langzeitwerte der Sonneneinstrahlung werden sich in unseren Breitengraden nur bei einer Änderung der Erdumlaufbahn oder der Taumelbewegung der Erdachse (Präzession: Sie bewirkt einen Umlauf der Erdachse auf einem Kegelmantel um den Pol der Ekliptik; ein Umlauf der Achse dauert 25.800 Jahre), bei einer anderen Zusammensetzung der Atmosphäre oder bei einem hohen Anteil von Wasserdampf (Wolkenbildung) grundsätzlich ändern. In Deutschland konnten wir im Zeitraum von 1951 bis 2021 im Durchschnitt über 1610 Sonnenstunden pro Jahr verfügen (siehe Abb. 10.10)[41]. Im selben Zeitraum lag der Spitzenwert bei 2021 h/a und das Minimum bei 1350 h/a. Die Anzahl der Sonnenstunden kann sich jedoch bei

---

[41] Quelle: Daten Deutscher Wetterdienst, eigene grafische Darstellung, eigene Berechnungen, 21.11.2021.

unterschiedlichen Witterungslagen ändern (u.a. durch den Klimawandel). Die in Deutschland durchschnittliche Leistung der im Jahr vorhandenen solaren Strahlung beträgt ca. 1000 W/m^2 (entspricht 1 kW/m^2). Davon können wir heute im Durchschnitt ca. 16 % durch PV-Anlagen unterschiedlichen Typs und Bauweise nutzen (160 W/m^2).

Durch die auch in Zukunft gesellschaftlich gewollte hohe Anzahl von einzelnen PV-Anlagen als zukünftiges Hauptstromerzeugungssystem (Dezentralisierung) kumulieren sich die systemischen Eckdaten in ihren Eigenschaften mit zunehmender Anzahl von installierten Anlagen. Dazu möchte ich ein Gedankenexperiment als Szenario für die noch zu erwartende Transformationsleistung durchführen. In diesem Experiment stellen wir uns einen sonnigen Sommertag im August des Jahres 2098 vor, an dem über den Tag hinweg mit zunehmender Tageszeit die Einspeiseleistung von Millionen von PV-Systemen ansteigt, gegen Mittag ihren Produktionshöhepunkt erreicht und anschließend bis zum Sonnenuntergang wieder stetig abnimmt (typischer Sonnenverlauf über den Tag). An diesem Tag wird wie so häufig wenig Wind wehen, der weit unter dem unteren Arbeitspunkt der 4-MW-Windturbinen liegen wird. Deshalb produzieren die Windkraftanlagen an diesem Tag, ebenso wie an den vorherigen Tagen, keinen Strom. Wir gehen bei unserem Gedankenexperiment von einer benötigten Produktionsleistung in der Größenordnung des Stichjahres 2018 aus, weil durch zahlreiche Maßnahmen in der Zivilgesellschaft und Industrie bis zum Zukunftsjahr 2098 erhebliche Mengen am Stromverbrauch eingespart werden konnten und die im Stichjahr vorhandene Industrie aus Deutschland abgewandert ist. Würde ich diese Einsparungen nicht in dem Experiment annehmen, wäre der Energiebedarf für diesen Zukunftstag vermutlich um das Vielfache höher (Deutschland ist vollständig digitalisiert, es fahren ausschließlich Elektrofahrzeuge auf den Straßen, die Industrie verbraucht nur noch wenig Strom), sodass unser Gedankenexperiment zusätzlich erhebliche Unsicherheitsfaktoren auf der Versorgungsseite erhalten würde. Bei der hier gewählten Vorgabe (Szenario) nehmen wir die Daten der im Stichjahr 2018 tatsächlichen vorhandenen Stromproduktion und nehmen weiter an, dass dieser Wert in Zukunft trotz Vollelektrifizierung aller Lebensbereiche ausreichend ist. Damit ist unsere Annahme sehr zurückhaltend und hat eher das Potenzial, wesentlich höhere Zahlen in Zukunft zu benötigen. Diese Annahmen sind ausreichend, um eine Abschätzung des Systemverhaltens durchführen zu können.

Im Jahr 2018 wurden im August 32,29 TWh produziert[42]. Bei einer linearen Verteilung wurden an einem einzigen Tag in diesem Monat 1,04 TWh produziert. Diese Leistung wird nach den heutigen Vorstellungen an diesem, in der Zukunft liegenden Augusttag aus PV-Anlagen (Wind fällt aus) produziert und über die Netze verteilt. Die Produktionsleistung der Anlagen steigt durch den Sonnenstand von 0 % am Tagesanfang und fällt am Tagesende auf 0 % ab. Das entspricht dem vollständigen Anfahren und Herunterfahren des gesamten Stromerzeugungsparks heutiger Kraftwerke innerhalb von 8 h; „E-Tidenhub". Ausgleichs- und Puffersysteme müssen bei diesem Szenario zusätzlich im System gleitende Funktionsübergänge schaffen. Am Mittag erreichen die PV-Anlagen ihr Produktionsmaximum. Bei unserem Gedankenexperiment wird von ca. 8 h Produktionszeit ausgegangen. Dabei wird vereinfachend die eigentlich

---

[42] Datenquelle: Fraunhofer Energy-Charts, Monatsprofile, https://www.energy-charts.info/index.html?l=de&c=DE, 31.01.2023.

dynamische Produktion der PV-Anlagen, die über den Zeitraum in der Form einer Glockenkurve ihre Energie in das Netz einspeisen, als eine lineare Verteilung über den gesamten Produktionszeitraum angenommen. Auf dieser Grundlage kann die Einspeiseleistung für den gesamten Tag vereinfacht berechnet werden. Im Jahr 2020 hatten wir insgesamt 53.848 MWp (Megawatt Peak = kurzfristige Spitzenleistung) an PV-Leistung in Deutschland installiert. Dieser Wert soll auch für unser Experiment die Ausgangsbasis darstellen. Bei einem durchschnittlichen Wirkungsgrad von ca. 16 % eines PV-Moduls würde das für diesen zukünftigen sonnigen Tag eine installierte Produktionsleistung von 2.169.738.306 kWh (2169 GWh/PV-Tag) voraussetzen. Daraus folgt eine installierte Anlagenleistung aller benötigten PV-Anlagen von 271.217 MW und eine aktive Produktionsfläche von insgesamt ca. 271.217.288 m^2, was ungefähr 271 km^2 entspricht (0,08 % der Landesfläche von Deutschland). Der heutige Ausbaustand aller PV-Anlagen entspricht ca. 2,5 % der benötigten Energie, die wir für unseren zukünftigen, fiktiven Augusttag produzieren müssten. Es fehlen somit heute noch 97,5 % der PV-Anlagen, damit an diesem Zukunftstag die benötigte Energiemenge für uns als deutsche Gesellschaft zur Verfügung steht. Alternativ könnte der fehlende Strom aus anderen Ländern importiert werden, Wasserkraft, Biomasse oder Wasserstoffkraftwerke die benötigte Energie für diesen Zeitraum liefern.

Im Jahr 2012 wurden 8161 MWp (MW-Peak) an PV-Leistung zu dem deutschen Bestand hinzugebaut, was einem bisherigen Spitzenwert im Zubau von Photovoltaikanlagen entspricht. Bei einem theoretischen jährlichen Ausbau im Zubau von PV-Anlagen auf Basis des bisherigen *Maximalwerts* der letzten Dekade würde in ca. 33 Jahren die benötigte Leistung installiert sein, um

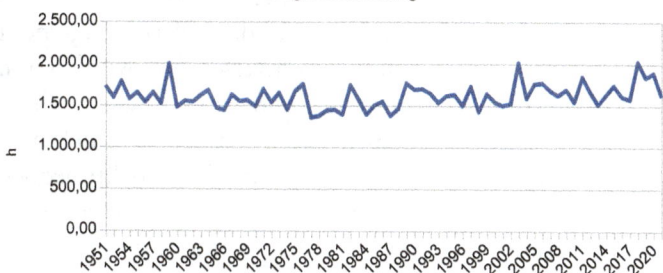

Abb. 10.10 Durchschnittliche Sonnentage in Deutschland (Langzeitbetrachtung). Quelle: Eigene Darstellung. Datenquelle: Daten Deutscher Wetterdienst, 21.11.2021

an dem fiktiven Sommertag unseren Strombedarf mit PV-Anlagen decken zu können. In dem Zeitraum von 2011 bis 2020 (letzte Dekade) lag der Durchschnittswert im Zubau von PV-Anlagen bei 3583 MWp pro Jahr. Würden wir dem deutschen Stromnetz die nächsten 76 Jahre diese Leistung an PV-Anlagen jedes Jahr hinzufügen, wäre der fiktive Tag im August der Zukunft erst im Jahr 2098 durch die Stromproduktion von PV-Anlagen abdeckbar (letzter Tag zur Abschaltung von Kohlekraftwerken), jedoch mit der Einschränkung, dass natürlich Speichersysteme, wie bereits vorgeschlagen, grundsätzlich ein fester Bestandteil von PV-Anlagen wären. Mit diesen Millionen von Kleinbatteriespeichern könnte auch der nächste fiktive Sommertag, an dem wiederum zu wenig Wind für eine Windstromproduktion vorhanden wäre, mit einer PV-Strom-Produktion energetisch abgedeckt werden. In diesem fiktiven Beispiel würde auch die Versorgung von Betrieben und der Industrie in ganz Deutschland aus diese Millionen von Kleinspeichern erfolgen. Sollte sich jedoch diese fiktive Wetterlage über mehr als zwei Tage fortsetzen, würden die Kleinspeicher der PV-Strom-Produktionsanlagen leerlaufen, was dazu führen würde, dass kein Strom mehr aus diesem Energieproduktionsbereich „Sonne" in das Netz eingespeist werden würde. Eine weitere Stromversorgung würde dann ein Wasserstoffspeichersystem und eine Rückwandlung der im Frühjahr eingespeicherten Energie übernehmen. Hier endet das Gedankenexperiment. Ich möchte jedoch den Leser auffordern, dieses Experiment ab diesem Zeitpunkt weiter fortzusetzen, z. B. wenn sechs Wochen Hochdrucklage über Europa herrschen. Das Gedankenexperiment ist bewusst sehr einfach gewählt und berücksichtigt natürlich keine zusätzlichen Stromverbräuche, wie durch die Elektromobilität, der Umstellung der Wirtschaft und u.a. dem Wachstum der Wirtschaft mit zusätzlichem Strombedarf, der durch z. B. eine weitere Digitalisierung der Gesellschaft entstehen würde. Zusätzlich wird nicht berücksichtigt, dass die bisherige bekannten Planungen ein Stromsystem entstehen lässt, das bei dieser exakt auf den Verbrauch dimensionierten Stromproduktion in allen Ausbaupfaden schnell eine Überforderung der Energieproduktion erfolgen würde, wenn z.B. bei einem Betrieb von Millionen Klimaanlagen an heißen Sommertagen ein ungeplanter erheblicher Energiebedarf auftreten würde.

Die Abschätzung zeigt jedoch bereits an diesem einfachen Szenario die *Dimensionen* der Aufgaben und Herausforderungen, die bei dem gesellschaftlichen Ziel der deutschen Energiewende (Transformation) noch zu bewältigen sind. Um im politisch anvisierten Zeitraum von ca. *16 Jahren* (2038) eine minimale Ersatzleistung an Strom für die *Stilllegung* von Kohlekraftwerken abrufen zu können, ist eine durchschnittliche Zubauleistung (Transformationsleistung) im PV-Bereich von mindestens 8161 MWp pro Jahr notwendig, um mindestens in ca. 16 Jahren eine notwendige Ersatzleistung verfügbar zu haben. Diese Spitzenleistung an Zubau von PV wurde im Jahr 2012 einmalig erreicht und erscheint damit prinzipiell realisierbar. Es ist jedoch zurzeit nicht vorstellbar, wie diese einmalige Bauleistung als beständige Mindestleistung über einen Zeitraum von 16 Jahren erbracht werden könnte (bis 2038). Würde ein früherer Zeitpunkt zur Abschaltung der Grundlastkraftwerke wie z. B. das Jahr 2030 anvisiert werden, wäre eine Zubauleistung an PV außerhalb aller bisherigen Möglichkeiten und damit nicht realistisch. Realistisch erscheint deshalb ein Zeitraum von ca. *76 Jahren* für einen Vollersatz aller heute existierenden Kohlekraftwerke durch PV-Anlagen, auf Basis der durchschnittlichen Zubauleistung des letzten Jahrzehnts. Unberücksichtigt bleibt dabei der enorme Kapitalbedarf, der Bedarf an PV-Anlagen und Rohstoffen, ein additiver Aufwand für den Austausch von Altanlagen, ein politisch stabiles Verhältnis mit China als Hauptlieferant entsprechender Technologie, der Bedarf an Fachkräften und der Ausbau der Stromnetze und Speicher. In Projektion der zahlreichen Forderungen von Klimaaktivisten und der Adaption dieser Forderungen durch die Politik, entsteht bereits ein durch unrealistische Versprechungen ausgelöstes Signal an die Öffentlichkeit und ein reales gesellschaftliches Problem für die Zukunft.

Die Lebensdauer von PV-Anlagen wird heute mit ca. 20 Jahren kalkuliert. In dem vorherigen Gedankenbeispiel/Szenario würden auf Basis einer realistischen Zubaugeschwindigkeit von PV-Anlagen über die nächsten ca. 33 Jahre (Stromproduktion auf Basis des Jahres 2018) die technische Lebensdauer der ersten PV-Anlagen in diesem Zeitraum um das 1,7-Fache überschritten werden. Dieser Faktor ist bedeutsam, weil sich damit die Investitionskosten um diesen Faktor auf der gesamten Entwicklungsstrecke erhöhen würden. Diesen Umstand der rollierenden „Repoweringkosten" auf privater Ebene (zukünftig gesetzlich verpflichtende Stromproduktion von Privathaushalten mit PV-Anlagen?) werden wir in unserer Abschätzung nicht weiter berücksichtigen. Die einfache Beurteilung der benötigten Investitionskosten reicht für eine Dimensionsabschätzung des gesellschaftlichen Aufwands aus. Für Kleinanlagen von ca. 10 bis 20 kWp lagen die Investitionskosten im Jahr 2019 bei ca. 15.500 bis 26.000 €[43], was ca. 1550 bis 1300 € pro kWp entspricht. In der Abschätzung wird von der Grundannahme ausgegangen, dass zukünftig weiterhin sehr viele Kleinanlagen von privaten Haushalten in der genannten Größenordnung gebaut werden. Bei einer Analyse dieses Energiesektors, wie eine realistisches Ausbauszenario aussehen könnte bzw. wie der Endzustand einer Vollversorgung durch Sonnenstrom erlangt werden könnte, müssten zusätzlich zu den reinen Zubauaufwendungen eine Beschaffungsanalyse, Kostenanalyse und eine Analyse über die benötigten Fachkräfte erfolgen (wie bereits weiter oben darauf hingewiesen wurde). Bei der Ressource Fachkräfte ist heute über den langen Installationszeitraum mit hoher Ausbauleistung keine realistische Abschätzung möglich. Bei den heutigen Planungen werden diese Parameter jedoch dem Markt überlassen und stellen für die Transformationsleistung einen hohen Risikofaktor dar.

Für einen vollständigen Überblick über diese Schlüsseltechnologie in unserem neuen Stromproduktionssystem muss noch der Wirkungsgrad einer PV-Anlage betrachtet werden. Monokristalline Module erreichen einen realen Modulwirkungsgrad zwischen 18 und 22 %, polykristalline Module einen Wirkungsgrade zwischen 15 und 20 %. Durch verschiedene neue Entwicklungen können moderne PV-Module mit bis zu 33 % gebaut werden. Jedoch

---

[43] Quelle: Verbraucherzentrale, https://www.verbraucherzentrale.de/aktuelle-meldungen/energie/was-kostet-eine-photovoltaikanlage-49155, 31.01.2023.

sind viele Faktoren dieser neuen Module noch nicht ausreichend bekannt. Eine PV-Anlage mit einer Nennleistung von 5 kW erzeugt unter deutschen Wetterbedingungen real im Jahr (8760 h) insgesamt ca. 5000 kWh Strom. Dabei ist die zeitliche Verteilung der erzeugten Leistung von den Jahreszeiten und anderen Faktoren abhängig. Ein PV-Modul erzeugt Gleichstrom, der über einen Wechselrichter in Wechselstrom umgewandelt wird. Generell entstehen bei dieser Wandlung energetische Verluste. Heutige Wechselrichter haben einen realen Wirkungsgrad von ca. 92 bis 97 %. Bei der Abschätzung wird von einem durchschnittlichen Verlust von 4 % ausgegangen. Weitere Verluste treten durch die Verkabelung auf und betragen im Durchschnitt 0,25 %. Weitere Einflussfaktoren für eine PV-basierte Stromproduktion sind die Modultemperatur (hohe Temperaturen im Sommer senken die Ausbeute an Strom ab), die Sonneneinstrahlung (abhängig von der Tageszeit, Wetter, Wolken, …), sonnenstandabhängige, mögliche Verschattungen (Bäume, Nachbarhäuser, ggf. vorübergehende Abschattungen, …), Verschmutzung der Photovoltaikmodule (Staub, Sand, Schnee, Eis, Regen, …), der Wirkungsgrad der Solarmodule selbst, der Gesamtwirkungsgrad, die Anlagengröße und der betriebene Wartungsaufwand (fortlaufende Betriebskosten; schlecht gewartete PV-Anlagen produzieren wenig bis keinen Strom).

Diese kurze Aufzählung deutet auf einen wenig beachteten Einflussfaktor im zukünftigen Stromsystem hin, das im Wesentlichen auf privaten, dezentralen PV-Anlagen basieren soll: die langjährige technische *Verfügbarkeit* der Produktionsanlagen. Sie wird über die starke Dezentralisierung und Privatisierung implizit in eine private Verantwortung übergeben. Heute sind hauptsächlich noch große Unternehmen für die Verfügbarkeit an Energie in Deutschland verantwortlich (gesetzlich geregelte Daseinsvorsorge). Im schlimmsten Fall können die Versorger Entschädigungen an Unternehmen und Personen zahlen. Eine sichere Stromversorgung könnte jedoch auf der zukünftig privatisierten Basis für die Allgemeinheit nur dann gewährleistet werden, wenn eine starke Regulierung und Sanktionierung bei der privaten Stromproduktion den Ausbau begleiten würde. Das in meinem Gedankenexperiment aufgestellte Szenario sieht an einem lauen Sommertag in der Zukunft eine reine PV-basierte Stromversorgung aus Millionen Produktionsanlagen Deutschlands vor, da an diesem Tag kein Wind weht. Sind z. B. an diesem lauen Sommertag zu viele private PV-Anlagen in einem technisch *schlechten* Zustand, ist ein Blackout in Deutschland sicher. Ähnliche Überlegungen sollten aufgenommen werden, um ein Regelwert für vorübergehend abgeschaltete private Anlagen bzw. Anlagen, die endgültig aus dem Produktionsbestand gehen, zu schaffen. Werden diese privaten Abschaltungen von zukünftigen Stromproduktionskapazitäten in größeren Dimensionen auftreten, kann das zu erheblichen Versorgungslücken in Deutschland führen.

Wie das Gedankenexperiment zeigen konnte, muss in einem zukünftigen auf Sonne und Wind basierenden Energiesystem jedes Teilsystem den gesamten Energiebedarf abdecken können, denn es wird auch weiterhin Tage im Jahr geben, an denen keine Sonne scheint, aber Wind weht, oder umgekehrt. Ebenfalls gibt es bereits heute Tage und Wochen, an denen eine starke Wolkendecke keine Stromproduktion aus Sonnenkraft ermöglicht und nicht genug Wind über Deutschland weht. Wirtschaftlich betrachtet müssen wir zukünftig durch die Eigenschaften der Wind- und Solarproduktion drei technisch vollständig ausgebaute Energiesysteme parallel betreiben (Wind, Sonne, Puffer), um auch bei besonderen

Wetterlagen in Deutschland Strom und Wärme privat und für die Wirtschaft zur Verfügung zu haben.

Bei einem quasi privatisierten Gesamtsystem der zukünftigen Energieerzeugung stellen sich, unabhängig von den Betreiberfunktionen, zahlreiche rechtliche Fragen (Haftungsfragen, Pflichten, Rechte, Nachfolge, Eigentumsklärung, …), technische Fragen (Betriebssicherheit, …) und finanzielle Fragen (Erneuerungskosten, …), die nach einer ersten Ausbaustufe die privaten Betreiber betreffen würden. Für mich erschließt sich schon seit Beginn der Diskussion um eine vollständige Dezentralisierung der Stromerzeugung nicht, wie Millionen private Haushalte eine für die Allgemeinheit notwendige Stromproduktion sichern können. Bedenkt ich noch, dass diese hoch kleinteilige dezentrale Versorgungsstruktur im Kontext einer Exportnation betrieben und international wettbewerbsfähige Preisstrukturen bei den Energiepreisen garantieren muss, verlasse ich meinen Erfahrungshorizont und begebe mich in den Bereich der Fiktion. Ein deutschlandweites Stromsystem nur über den Zustand eines Einfamilienhauses auf dem Land oder am Stadtrand zu betrachten, das als Selbstversorger dann nicht mehr Strom aus dem Netz benötigt, greift zu kurz. Diese zukünftigen Millionen Haushalte mit eigener Stromproduktion müssten ihre Anlagen zugunsten der Allgemeinheit warten, erneuern, in einem technisch einwandfreien Zustand halten und Strom auch dann produzieren, wenn z. B. das eigene Haus nicht bewohnt oder verkauft wird. Fallen Millionen Stromproduzenten in einem vollständig dezentralisierten Energieproduktionssystem der Zukunft in dem Stromverbund aus, ist die Stromproduktion nicht mehr gesichert.

Zahlreiche Fragen sind bei dieser im Aufbau befindlichen Transformation des neuen Energiesystems noch unbeantwortet. Ein durchdachter Plan, eine

Strategie, fehlt. Diese Überlegungen müssen auch bei einem ähnlichen Vorschlag aus der Wissenschaft berücksichtigt werden, der zukünftig Batterieautos als Stromspeicher und Stromlieferanten im Stromsystem vorsieht. Die sehr kleinteilige Privatisierung der Stromspeicherung und -produktion, im Endausbau basierend auf Millionen von technischen Anlagen als Versorgungsgrundlage (PV und/oder E-Auto), birgt erhebliche gesellschaftliche und regulatorische Unsicherheitsfaktoren in der zukünftig notwendigerweise sicheren Versorgung mit grüner Energie.

Die Analyse des zukünftigen Stromsystems zeigt auf Basis des beschriebenen Szenarios eine weitere Konsequenz: Jedes neue Stromproduktionssystem auf Basis von Wind oder Sonne muss unabhängig von seiner eigenen Struktur die vollständige Gesamtleistung zur Stromversorgung Deutschlands erbringen können, da durch Wetterlagen jeweils der eine oder andere Teil zeitweise keinen Strom produzieren kann. Das setzte eine energetische Parität bereits im Ausbaupfad voraus, sowie in der weiteren Bestandpflege. Eine zukünftige Stromversorgung auf Basis der erneuerbaren Hauptenergieträger benötigt für die ausgebauten Vollversorgungssysteme Strukturen für den sicheren Betrieb, eine Wartung und eine Erneuerung, mit erheblichen Überhangkapazitäten wegen schlechter Systemwirkungsgrade. Auch an dieser Stelle muss auf den fehlenden Plan, die nicht vorhandene Konzeption zur Realisierung einer grünen Energietransformation sowie eine heute noch vollkommen unzureichenden administrativen Begleitung und Gesetzeslage hingewiesen werden – ein Blindflug in eine ungewisse, riskante Zukunft einer ganzen Industrie und Gesellschaft, politisch vorangetrieben und gesellschaftlich unreflektiert getragen, und ein Gesellschaftsexperiment mit hohen Risiken für die nächsten Generationen.

10.4.1 Systemspeicher zur Transformation des Energiesystems

Nachdem die beiden wichtigsten Technologien eines zukünftigen grünen Energieproduktionssystems in ihren Ausbauleistungen abgeschätzt wurden, wird das dritte Schlüsselelement in dem zukünftigen Energiesystem etwas genauer betrachtet: die Systemspeicher. Der Schlüssel einer zuverlässigen Nutzbarkeit der neuen Hauptenergieträger ist ein Speichersystem, das die fluktuierenden, zufälligen Produktionsschwankungen glättet. Eine stochastische Energieproduktion kann prinzipbedingt einen Markt, der ständig Energie abfragt, nicht zuverlässig bedienen. Deshalb muss über eine Entkopplung von Produktion und Verbrauch die zufällige Energieproduktion gepuffert werden (Glättung), damit eine bedarfsgerechte Versorgung möglich wird. Nur auf dieser Basis kann eine Industrie, aber auch eine kritische Infrastruktur funktionieren. Andernfalls drohen uns Energieversorgungszustände von Entwicklungsländern, mit unkalkulierbaren Versorgungsausfällen, großen Netzschwankungen, instabilen Netzfrequenzen und ggf. Energiezuteilungen durch eine Behörde.

Die Speicher in einem zukünftigen Energiesystem können zahlreiche Funktionen einnehmen. Speichersysteme im Stromsystem haben u. a. die Funktion, Erzeugung und Verbrauch zeitlich und quantitativ zu entkoppeln, sowie Schwankungen auszugleichen. Sie können auch Regelleistung erbringen und dadurch helfen, die Netzfrequenz zu stabilisieren. Zusätzlich können Speichersysteme helfen, die Energiekosten zu senken, indem z. B. eine Produktionsflaute von erneuerbaren Energiesystemen nicht zu einem sofortigen Import von Strom aus Nachbarländern führt, sondern aus der gespeicherten Überschussenergie erzeugt wird, sofern sie nicht vorher aus

Deutschland exportiert wurde. Eine weitere wichtige Funktion von Energiespeichersystemen wäre eine Entlastung der Netze, in dem der „E-Tidenhub" aus gleichzeitig produzierenden Energieanlagen nicht über das Netz transportiert wird, weil für diese Maximalleistung an Stromproduktion die Netzkapazität vorgehalten werden müsste. Ebenso könnten Speichersysteme in einem zukünftigen Stromsystem die Aufgabe eines saisonalen Energieshifts übernehmen, damit die regenerativen Hauptenergiesysteme keine Versorgungslücken produzieren. Speichersysteme würden auch dazu beitragen, dass die Transportleistungen bzw. Transportkapazitäten der Netze gesenkt werden könnten. Speichersysteme werden hier als Teil eines Puffersystems betrachtet. Aber welche Speichersysteme existieren bereits heute, und können sie in einem neuen Energiesystem weiterhin eine Funktion erfüllen?

10.5 Komponenten und Struktur heute und morgen

Die Komponenten unseres heutigen Energiesystems sind im Wesentlichen die Energieerzeugungsanlagen in Form von verschiedenen Kraftwerken auf Basis fossiler Energieträger (Kohlekraftwerke, Gaskraftwerke, Ölkraftwerke), Pumpspeicherkraftwerken, Biogasanlagen, Windenergieanlagen, Solar- und Photovoltaikanlagen, den Stromnetzen mit Hoch-, Mittel- und Niederspannungsnetzen, Erdölspeichern, Kohlespeichern (Tagebauen), Erdgasspeichern, Erdgasnetzen mit Hoch-, Mittel- und Niederdrucknetzen sowie den Knotenpunkten/Anschlusspunkten in andere exterritoriale Netze (interstaatlicher und europäischer Energieverbund). Eine weitere Komponente sind heute noch die nationalen Kohleabbaugebiete (Tagebaue) sowie die Seeterminals in verschiedenen Häfen zur Aufnahme importierter fossiler Energieträger, im Wesentlichen Kohle, Erdöl und Gas in verschiedenen Aggregatzuständen. Sie sind ebenfalls Bestandteil unseres Energiesystems. Weiten wir die Beschreibung des Energiesystems über das Stromsystem auf den Bereich der Mobilität aus – so wie es bei der Transformation des Stromsystems eigentlich beabsichtigt wird –, umfasst unser Energieversorgungssystem zusätzlich Tanklager, Raffinerien, virtuelle Pipelines zur Versorgung der heutigen Tankstellen und privaten Haushalte mit Öl sowie Seeterminals zum Import von Rohöl und Gas. Für nennenswerte Energieexporte aus Deutschland in andere Länder werden heute vor allem die Stromnetze benutzt.

10.6 Die gesellschaftliche Dimension der Energietransformation

Wie in den vorherigen Kapiteln und Abschnitten beschrieben wurde, ist die gesellschaftlich notwendige Transformationsleistung außergewöhnlich und benötigt zahlreiche Zusatzsysteme, begleitende Maßnahmen in der deutschen Gesellschaft, eine strikte Deckelung der Endenergiepreise – was bisher in keinem Konzept vorgesehen ist –, eine für ganz Deutschland zuständige Koordination der Transformationsleistung (bisher nicht vorhanden), weitere Forschungen und sehr hohe private Investitionen von mindestens 76 Mrd. €, nur im Windstrombereich. Alle genannten Faktoren verursachen erhebliche Kosten, die sich zukünftig nach dem heutigen Entwicklungs- und Transformationsdesign mit *Gewinn* amortisieren sollen. In den bekannten Transformationskonzepten fehlt die Komponente einer zukünftig strikten *Deckelung* der Strom- und Energiepreise, weil eine schleichende Fragmentierung der

Versorgungsstruktur in private Kleinstproduktionseinheiten über die Dezentralisierung des Energiesystems erfolgt. Deshalb ist in einem transformierten Stromsystem mit Bewegungen im wirtschaftlichen und im sozialen Bereich zu rechnen. Mit der weiteren Erhöhung der Energiekosten am Standort Deutschland wird eine schleichende Deindustrialisierung zukünftig nicht abgewendet werden können. Der Standort Deutschland benötigt neue positive, monetär ausweisbare und prüfbare Vorteile gegenüber anderen Ländern, die sich mit der deutschen Energietransformation assoziieren lassen.

Diese zukünftigen Stromkosten aus einem neuen Energiesystem werden auch weiterhin durch die Energienutzer bezahlt werden müssen. Dazu ist aber eine im internationalen Vergleich starke deutsche Wirtschaft auch in Zukunft notwendig. Wie jedoch eine Wettbewerbsfähigkeit deutscher Unternehmen im globalisierten Handel bei noch höheren Energiepreisen ermöglicht werden kann, ist unklar. Ohne eine zukünftige Deckelung der durch die Stromtransformation weiter ansteigenden Kosten und Versorgungsrisiken werden Unternehmen nicht mehr konkurrenzfähig ihre Produkte herstellen können. Da jedes Unternehmen – vom produzierenden Betrieb bis zum Friseur, Restaurant etc. – auch zukünftig Energie benötigt, werden stetig steigende Energiekosten alle Unternehmen treffen und ein wichtiger Grund für schleichende Marktbereinigungen in Deutschland sein, weil einige Unternehmen die deutschen Energiekosten nicht mit ihren Produkten weitergeben können. Am Ende werden die Energiekosten immer die Kunden bzw. die Endkunden über die Produkte bezahlen müssen. Insofern sind die Transformationskosten der Energiewende Kosten der gesamten Zivilgesellschaft, die am Ende der Kette durch die Endkunden/Verbraucher bezahlt werden. Größere Unternehmen werden in Zukunft den

Standort Deutschland aus genau dieser Kostenperspektive bewerten, zusätzliche Bewertungen über die Versorgungsqualität, die Versorgungs- und Standort-Risiken und ggf. Standortverlagerungen vornehmen. Damit ist eine schleichende Abwanderung ganzer Branchen wegen nicht mehr wettbewerbsfähiger Energiekosten ein gesellschaftliches Risiko und Teil der Energiewende nach heutigem politischem Zuschnitt.

10.6.1 Soziale Risiken

Im privaten Bereich werden die Haushalte, die sich im Transformationsprozess des Energiesystems die Kosten nicht mehr leisten können, abgehängt werden und sich zukünftig privat um die Versorgung mit günstiger Energie kümmern (müssen). Eine in der Systematik ähnliche Entwicklung kann man in den letzten 30 Jahren mit dem stetigen Wachstum der Suppenküchen in Deutschland sehen. Auf das schleichende gesellschaftliche Signal der seit Jahren steigenden Stromsperren oder Stromabschaltungen wäre eine viel intensivere politische Reaktion zur Stabilisierung unseres Gemeinwesens wünschenswert. Wenn zukünftig spendenfinanzierte *Energiehilfen* für Rentner, Familien oder Kinder in Deutschland sichtbar werden sollten, ist bereits eine falsche Entwicklung eingeleitet und in der Regel nur noch schwer korrigierbar. Dass diese Entwicklung bereits begonnen hat, kann man an den folgenden Zahlen erkennen: Im Jahr 2019 wurden 289.000 Haushalte wegen nicht bezahlter Energierechnungen von der Versorgung mit Strom und Wärme abgeschaltet. Im selben Jahr haben ca. 4,75 Mio. Haushalte eine Sperrandrohung erhalten. Bereits heute zählen die deutschen Energiekosten in den Privathaushalten und kleinen und mittleren Betrieben zu den höchsten

Kosten der Industriestaaten weltweit. In den letzten 20 Jahren haben sich die Energiekosten in Deutschland verdoppelt, obwohl *verstärkt* erneuerbare Energien ausgebaut wurden und heute der *höchste* Ausbaustand dieser Energieproduktionsanlagen vorhanden ist. Damit kann eine parallele Entwicklung im Zuwachs am Stromanteil an erneuerbarer Energie und dem Anstieg der Strompreise beobachtet werden, wobei ein direkter Zusammenhang untersucht werden müsste[44].

10.7 Wandlung der Wahrnehmung in der Bewertung fossiler Energieträger

Ein Teil in dieser Bilanzierung der Energiewende und der Entwicklung des gesellschaftlichen Klimawandels über die letzten 30 Jahre basiert auch auf der Beobachtung, dass sich die Informationen, Wahrnehmungen und Aussagen vor allem in den Klima- und den Begleitwissenschaften, bei den NGOs und in der Politik verändert/verschoben haben. Mit Blick auf die Absätze zur Entwicklung des gesellschaftlichen Klimas in Deutschland ist diese Beobachtung als Funktion zu verstehen, die Wirklichkeit erkennen zu können und keine Wahrheiten als Realität zu verstehen. Es dürfte heute jungen und interessierten Menschen schwerfallen, realistische Aussagen über ganz unterschiedliche Facetten der konventionellen und zukünftigen Energieträger und des Klimawandels zu erhalten. In diesem Kontext steht auch die Wandlung der

---

[44] Siehe auch: Verivox, https://www.verivox.de/strom/verbraucheratlas/strompreise-europa/, und https://www.verivox.de/strom/verbraucheratlas/strompreise-deutschland/, 31.01.2023.

Wahrnehmung der Bewertung fossiler Energieträger und ihrer Kosten. Je nach Bewertung können damit die Kosten des einen Energieträgers günstiger erscheinen, als die des anderen. Mit der vergleichenden Bewertung und einer Verschiebung kann damit ein Vorteil für oder gegen die Nutzung eines Energieträgers suggeriert werden. In diesen Zusammenhang sind auch die immer wiederkehrenden öffentlichen Äußerungen einzuordnen, ob zukünftig der eine Energieträger „viel günstiger" sein wird oder der andere. Dieser Wandel/Verschiebung ist zugleich ein Merkmal des sich entwickelnden Zeitgeistes in Deutschland (siehe auch Kapitel 9 „Gesellschaftspolitische Entwicklungen").

Die Tabelle in Abb. 10.11[45] zeigt, dass sich die Kalkulation für die verschiedenen Energieträger zugunsten oder zuungunsten jeweils einer Gruppe über die Jahrzehnte verändert hat. Da heute in den Bewertungen für z. B. Windenergieanlagen die Umweltkosten durch die Wandlung einer natürlichen Landschaft in eine Energieerzeugungslandschaft nicht berücksichtigt werden, hat diese Energieproduktion einen Kostenvorteil. Gleiches gilt natürlich auch für PV-Anlagen, wenn sie in eine natürliche Landschaft gebaut werden. Ebenfalls werden heute bei der Berechnung der Investitionskosten (Stromgestehungskosten) die Produktionskapazitäten pro Raumvolumen nicht berücksichtigt und damit hohe Produktionsleistungen an einem relativ kleinen Standort mit Produktionsleistungen auf sehr großen Flächen gleichgestellt, die sich über Quadratkilometer erstrecken (siehe Tabelle Tab. 10.1 im Kapitel 10, Abschnitt 3.1 „Transformationsaufwand mit Windkraftanlagen"). Als Beispiel einer ähnlichen gesellschaftlichen Sichtverlagerung

---

[45] Quelle: Wikipedia https://de.wikipedia.org/wiki/Stromgestehungskosten, CC-by-sa-3.0, 15.11.2021.

Energieträger	Publikation 2009[8]	Publikation 2011[9]	Studie 2012[10]	diverse Einzeldaten (Stand 2012)	Studie 2013	Studie 2015	Studie 2018	Studie 2021
Kernenergie	5	6–10	–	7,0–9,0 7,0–10,0 10,8	–	3,6–8,4	–	–
Braunkohle	4,6–6,5	4,5–10	–	–	3,8–5,3	2,9–8,4	4,59–7,98	10,38–15,34
Steinkohle	4,9–6,8	4,5–10	–	–	6,3–8,0	4,0–11,6	6,27–9,86	11,03–20,04
Erdgas (GuD)	5,7–6,7	4–7,5	–	9,6	7,5–9,8	5,3–16,8	7,78–9,96	7,79–13,06
Wasser	–	–	–	–	–	2,2–10,8	–	–
Wind Onshore	9,3	5–13	6,5–8,1	6,35–11,1 12,1	4,5–10,7	2,9–11,4	3,99–8,23	3,94–8,29
Wind Offshore	–	12–18	11,2–18,3	14,7–15,5	11,9–19,4	6,7–16,9	7,49–13,79	7,23–12,13
Biomasse (Gas)	–	–	–	13	13,5–21,5	–	10,14–14,74	7,22–17,26
Photovoltaik Kleinanlage (DE)	–	–	13,7–20,3	–	9,8–14,2	–	7,23–11,54	5,81–8,04
Photovoltaik Großkraftwerk	32	–	10,7–16,7	10,0 19	7,9–11,6	3,5–18,0	3,71–8,46	3,12–5,7

Abb. 10.11 Analyse der Umweltkosten regenerativer Energieträger in Cent/kWh. Quelle: Wikipedia https://de.wikipedia.org/wiki/Stromgestehungskosten, CC-by-sa-3.0, 15.11.2021

kann genannt werden, dass noch vor 30 Jahren die CO_2-Emissionskosten in der Energieerzeugung nicht berücksichtigt wurden. In den neueren Studien kann man davon ausgehen, dass Kohlendioxidemissionen als Kosten bei den fossilen Energieträgern nun berücksichtigt werden und damit eine Verteuerung dieses Energieträgers zwangsläufig erfolgt.

Als Ergebnis der bisherigen Exkursion kann festgehalten werden, dass die Kosten der Energie u. a. auch von dem gesellschaftlichen Kontext abhängig sind, einer gesellschaftlichen Entwicklung unterliegen, eine nur bedingte Realitätsnähe aufweisen und die Schwerpunkte in diesen Vergleichen in die gesellschaftliche Entwicklung gelegt werden, die gerade den Zeitgeist bestimmen. Da jedoch das Energiesystem, das ein grundlegendes System unserer Volkswirtschaft und Gesellschaft ist und ohne das wir in unserem modernen Leben nicht existieren könnten, in ein neues Energiesystem transformiert werden soll, sind fehlende fundiert ausgearbeitete und nicht in der Öffentlichkeit diskutierte Transformationsstrategien mit den hier präsentierten Einflussfaktoren vom Zivilbereich bis zum militärischen Bereich gesellschaftliche Langzeitrisiken, auf die ich in verschiedenen Kapiteln aus unterschiedlichen Perspektiven hingewiesen habe.

11

Konklusion

Es geht um das Gelingen einer epochalen Weiterentwicklung eines ganzen Landes.

In dem vorherigen Kapiteln wurde die Entwicklung der fossilen Energien beschrieben sowie die mit dieser Entwicklung einhergehende, immer stärker gewordene strategische Bedeutung in den Interessenlagen von Staaten. Diese Entwicklungen konnten in den jeweiligen Kapiteln nur oberflächlich gestreift werden, weil sie ein wichtiger Teil in der Entwicklung der Energiewende sind, aber zugleich auch das Fundament in der Entfaltung der fossilen Energieträger darstellen. Die gewachsenen Abhängigkeiten von Deutschland von fossilen Energieimporten, die Bedeutung der hohen *Wertschöpfung* auf allen Seiten des Energiestroms (exportierende und importierende Länder sowie die internationalen Börsen und Handelsplätze), die in den Importländern über die fossilen Energien erzielten hohen Steuereinnahmen (CO_2-Abgabe + Energiesteuer + Erdölbevorratungsabgabe + Mehrwertsteuer + Einkaufskosten), einer in Teilen der EU zusätzlich eingeführten CO_2-Steuer (CO_2-Abgabe + Energiesteuer + Erdölbevorratungsabgabe + Mehrwertsteuer = gesamtstaatliche Einnahme durch Konsum fossiler Energien), die zusätzlich einen erheblichen Anteil an den heutigen staatlichen Einnahmen ausmachen, sind damit ein unverzichtbares staatliches Fundament seiner Existenz. Insofern ist die historisch gewachsene Struktur der fossilen Energien, auf der unsere gesamte moderne Gesellschaft basiert, nicht alleine durch Windräder und PV-Anlagen oder irgendeine andere technische Lösung ablösbar. Wie gezeigt wurde, geht es bei einer erfolgreichen Abwehr des Klimawandels und einer nationalen energetischen Transformation nicht um Technologie, es geht um Strukturen. Es sind zusätzlich zu technischen Fragen strategische, militärische, finanztechnisch-strukturelle, regulatorische, organisatorische und fiskalische Fragen im Rahmen einer energetischen Transformation vollkommen ungeklärt oder seit der offiziellen Absichtserklärung der politischen Eliten in Deutschland zu einer Energietransformation nicht veröffentlicht oder nicht existent. Das verunsichert weite Teile der Bevölkerung und Entscheidungsträger in der Wirtschaft zunehmend.

Wie in den Kapiteln beschrieben wurde, liegen die Probleme einer energetischen Transformation in eine CO_2-freie Zukunft gesellschaftlich sehr tief und können bei radikalen, unüberlegten und unter Zeitdruck stehenden Handlungen in eine Katastrophe für ein Land führen. Wie häufig in anderen Büchern vorgeschlagen wird, eine technische Lösung einfach zu installieren, um in eine CO_2-Zukunft zu gelangen (von neuen Atomkraftwerken bis zu merkwürdigen Vorschlägen eines Climate Engineerings), verfehlt das Ziel der energetischen Transformation der Gesellschaften bei Weitem. Mit dem Wissen um die Entwicklung der fossilen Energien, ihrer politischen und strategischen Bedeutung, ihrer

11 Konklusion

gesellschaftlichen Verwobenheit sowie der Entwicklung der Infrastruktur zur Förderung und Verteilung in die Märkte, sind die heute diskutierten Ideen einer nationalen *Transformation der Gesellschaft in eine CO_2-freie Zukunft*[1] eher unvollständig und riskant. Dabei ist nicht nur die deutsche Gesellschaft gemeint, sondern alle Länder im europäischen Verbund, die durch die Klimaschutzvorgaben der EU ausgerichtet werden. Das internationale *Pariser Abkommen* über die Begrenzung auf eine maximale globale Temperaturabweichung von 1,5 °C erscheint eher ohne reale Durchsetzungsmöglichkeit (siehe Abkommen und Ergebnisse der letzten 40 Jahre) und birgt in seiner Umsetzung erhebliche Risiken, in der die tatsächlichen Interessenlagen und Abhängigkeiten wichtiger Staaten ausgeblendet werden.

Das Buch habe ich insgesamt drei Mal geschrieben. In der ersten Version bin ich von einer rein technisch geprägten Bilanz über die deutsche Energiewende ausgegangen. Es entsprach in der Grundtendenz den zahlreichen Büchern, die am Markt zu finden sind. Bei den Arbeiten zu dieser Version und den damit verbundenen Recherchen entstanden jedoch immer neue Fragen, die sich um zahlreiche Widersprüche herum rankten. So entstand die zweite Version, in der ich von den rein technischen Fragen zur Aufstellung von regenerativen Energiesystemen, Fragen zu Großspeichern und anderen Fragen abgekommen war und Kapitel zu Fragen der Transformation der Gesellschaft sowie Fragen der militärischen Sicherheit entwickelt habe.

---

[1] Siehe auch: https://www.ecologic.eu/de/11015, und https://www.erneuerbareenergien. de/onshore-wind/interview-die-zukunft-muss-co2-frei-sein, und https://www.wbgu. de/de/publikationen/publikation/welt-im-wandel-gesellschaftsvertrag-fuer-eine-grosse-transformation, 16.12.2022.

Mein Blick weitete sich von der rein technischen Betrachtung hin zu einer gesellschaftlich umfassenden Sicht. Auch bei diesen Arbeiten und den damit verbundenen Recherchen entstanden weitere Fragen, die zu den gesellschaftlichen Zusammenhängen geführt haben. Dabei haben sich zwei Fragen in den Mittelpunkt gedrängt, die zu meinem thematischen Anker geworden sind: die erste Frage in Form einer Metapher war: „Haben wir den Zeitpunkt erkannt, wann wir den letzten Baum gefällt haben?" (in Bezug auf das erste Kapitel und die Osterinsel). Die Metapher bedeutet, ob wir als Gesellschaft nicht bereits verschiedene Zeitpunkte einer heute so heiß diskutierten Frage einer Umkehr verpasst haben (CO_2-Konzentration in der Atmosphäre zurück zum vorindustriellen Niveau). In den letzten Jahren wurden immer wieder neue Zeitangaben eines „Kipppunktes" des Klimasystems veröffentlicht. Damit entstand ein gefährlicher Zeitdruck auf die Nationen und ihren Gesellschaften. Die zweite Frage war: „Warum ist gerade das Thema Klimawandel so hoch in unserer Gesellschaft angesiedelt, obwohl es auch andere Themen mit genauso großer und globaler Wichtigkeit gibt?"

Somit entstand nun die dritte offizielle Version des Buches, in dem ich viele Analysen zu technischen Fragen der Energiewende weg gelassen habe. Aber das Buch gibt nun eine Antwort auf die Frage, warum wir als Gesellschaft dem Klimawandel als natürlichem Phänomen über die letzten 30 Jahre eine stetig steigende gesellschaftliche Aufmerksamkeit widmen. Auf der Suche nach diesen Zusammenhängen konnte ich analysieren, dass der Klimawandel – wie wir ihn heute in der Öffentlichkeit verstehen – aus zwei Elementen besteht: dem Naturphänomen und dem Gesellschaftsphänomen (siehe Kapitel 9 „Gesellschaftspolitische Entwicklungen"). Daraus entsteht eine neue Sichtweise, eine neue Dimension des Verständnisses,

11 Konklusion

die uns hilft, die schlechte Bilanz des Umwelt- oder besser Mitweltschutzes der letzten 30 Jahre von immer neuen Höchstständen an globalen, atmosphärischen Kohlendioxidkonzentrationen zu verstehen, realistische Lösungsansätze zu finden sowie die unnötige und geschürte Angst vor der Zukunft von Millionen Menschen hinter uns lassen zu können.

In meiner Analyse zeige ich auf, wie der Zusammenhang zwischen der gesellschaftlichen Stimmung, dem Zeitgeist, und dem Thema Klimawandel entstanden ist und sich heute auf ganz konkrete Maßnahmen auswirkt. Auf Basis dieser Zusammenhänge wird auch deutlich, dass wir viele wissenschaftliche Ressourcen in die Aufklärung/ Erforschung eines natürlichen Phänomens investieren, große Organisationen wie das IPCC geschaffen haben, um einen realen und seit Beginn der Erdgeschichte immer wiederkehrenden Vorgang, den Klimawandel, sicher zu verstehen (siehe auch Kapitel 11, Abschnitt 1 „Lösungsansätze dem globalen Klimawandel zu begegnen").

Der wichtige Unterschied von allen bisherigen klimatischen Wandlungen der Erdgeschichte ist, dass wir heute als menschliche Gesellschaft den Klimawandel erstmals in der Menschheitsgeschichte frühzeitig erkennen, dem Klimawandel eine unbestrittene Ursache zuschreiben und über den natürlichen Prozess eine Kontrolle erlangen wollen, was jedoch für einen Klimawandel als Naturphänomen überhaupt nicht interessant/bedeutsam/ relevant/entscheidend ist. Der Klimawandel funktioniert, wenn sich die Bahnparameter der Sonne ändern, Vulkane ausbrechen und gigantische Mengen an Klimagasen in die Atmosphäre gelangen oder ein Meteorit mit einer ähnlichen Folge für das Klima auf der Erde einschlägt. Dem Klimawandel sind die *Gründe* der Auslösung, die Quelle der Parameteränderungen vollkommen egal, wie es Prof. Harald Lesch in einem Vortrag auf den Punkt brachte: „…

man kann mit der Natur nicht verhandeln, man kann mit ihr keine Kompromisse vereinbaren, es gibt kein *„in dubio pro reo"*, sie funktioniert!"

Deshalb ist die Frage, ob der Klimawandel kommt oder bereits da ist, eigentlich rein rhetorisch und bisher akademisch relevant. Der heute gesetzte Fokus ist falsch. Genauso ist die Frage, wer den Klimawandel verursacht, wie z. B. Vulkanausbrüche, Sonneneruptionen, Meteoriten oder das Verbrennen von fossilen Energien, unerheblich bzw. politisch motiviert. Betrachten wir die globale Funktionseinheit der fossilen Energieträger „Exportland → Importland", dann entspricht dieses System einem gigantischen und für uns Menschen nicht ohne Weiteres änderbaren „Vulkanausbruch", obwohl wir paradoxerweise genau dieser Vulkan selbst sind. Um in diesem Bild zu bleiben, leben wir heute global scheinbar in der Nähe eines Smokers, wie die Kolonien verschiedener Lebewesen an den unterseeischen, hydrothermalen Quellen am Grund der Tiefsee (eine pointiertes Bild, was das komplexe Problem veranschaulicht, ohne uns Menschen mit den Lebewesen der Tiefsee gleichsetzen zu wollen).

Dennoch ist ein tiefes Verständnis über die klimatischen Abläufe so etwas wie eine zweite Revolution in der Menschheit, weil mit der Entwicklung des Wissens über das Wetter, der ersten Revolution der Naturbeobachtungen, sich die Landwirtschaft anpassen und optimieren konnte. Die „zweite Revolution" liefert dank der Klimawissenschaften das tiefe Verständnis der globalen klimatischen Zusammenhänge, das wir in den nächsten Jahrhunderten für unsere *Anpassungen* an sich für uns Menschen und alle anderen Lebewesen langsam, aber stetig ändernde Verhältnisse benötigen werden. Sie werden uns das Wissen liefern, das wir in einer vom Menschen bereits vollständig aufgeteilten Welt mit acht bis zwölf

Mrd. Menschen ohne Ausweichräume zur Optimierung unserer *bestehenden* Lebensräume benötigen werden.

In einer ersten Phase haben die Klimawissenschaften Grundlagen erarbeitet. Nun gilt es, aus diesem Wissen für die Staaten nutzbare Wetterprognosen zu entwickeln, wie das Wetter in zehn, 20 oder 30 Jahren an genau diesen Orten wird, damit eine sichere Energieversorgung mithilfe von Wind und Sonne geplant und aufgebaut werden kann. Nach über 200 Jahren aktiver Förderung und Verbrennung der fossilen Energien haben wir genügend spür- und messbare Veränderungen in die Atmosphäre eingebracht, dass der Klimawandel als Naturphänomen die nächsten ca. 500–1000 Jahre für uns Lebewesen auf der Erde ein realer Begleiter für viele Generationen werden wird. Damit ist die gute Nachricht verbunden, dass auch nach den Jahren 2030, 2040, 2050 oder einem anderen Datum kein Weltuntergang eintreffen wird, unsere Welt weiterhin wunderschöne Gebiete haben wird, aber wir als menschliche Gesellschaft immer weiter ein „neues, unbekanntes Terrain" betreten werden. Die realen Probleme liegen also ganz woanders, als es heute in der Öffentlichkeit diskutiert wird (siehe Kapitel 3, Abschnitt 1 „Konkurrenz der Nationen", Kapitel 4 „Gesellschaftsphänomen Klimawandel und die Sicherheitspolitik").

Interview am 21. April 2016 mit dem Klimaforscher Ralph Keeling (Anmerkung: Sohn von Charles D. Keeling) in der Frankfurter Allgemeinen:

Frage des Reporters: Was wäre aus ihrer Sicht ein erstrebenswerter CO_2-Gehalt der Atmosphäre?

Antwort: „350 ppm oder weniger. Aber das zu erreichen ist ohne effiziente Verfahren, CO_2 aus der Luft zu holen, unmöglich. Ohne solche Durchbrüche wird es mindestens 1000 Jahre dauern, bis der CO_2-Gehalt wieder auf 350 ppm sinkt."

Keeling zu steigenden CO_2-Werten:

„Die aktuellen Messwerte mahnen, dass der CO_2-Gehalt immer weiter steigt und wir immer tiefer in ein für die Menschheit unbekanntes klimatisches Terrain kommen, wenn wir nicht handeln."

Ich möchte nochmal die für mich so prägnante Aussage aus dem Interview unterstreichen, indem wir durch den Klimawandel „… in ein für die Menschheit unbekanntes klimatisches Terrain kommen …". Diese darin liegende, pragmatische Sicht müssen wir verstehen und die richtigen Schlüsse ziehen: Wir gehen in ein „unbekanntes klimatisches Terrain" – wie die Seefahrer, die zur Osterinsel aufgebrochen waren, um sie zu besiedeln –, für das wir Wissen brauchen und uns auf das neue Terrain einstellen (anpassen) müssen.

Wir können bilanzieren, dass der Klimawandel ein Teil der Erdgeschichte und ein Teil des Systems Erde ist. Der Klimawandel als Naturphänomen ist immer dagewesen, so wie sich Licht und Dunkelheit als ganz natürliche Folge in einem ganzen Tag abwechseln. Der Klimawandel ist nicht schlimm oder beängstigend. Beängstigend ist, dass wir uns durch unsere eigene Entwicklung als Menschheit die Wege stetig verbauen, uns dem Klimawandel anpassen zu können, wie es Jahrtausende für alle Lebewesen möglich war. Das gilt für die physischen Ausweichräume wie für unsere mentalen und gesellschaftspolitischen Räume.

Durch die gesellschaftliche Themensetzung bekommt der Ablauf des Naturphänomens Klimawandel jedoch eine neue besondere Bedeutung. Und das ist das Gefährliche an dem Vorgang, seine globale gesellschaftliche und gesellschaftspolitische Bedeutung. Würden wir nichts tun, fände Klimawandel statt und zahlreiche Anpassungsaktivitäten aller Lebewesen kämen wie in anderen Epochen der Erdgeschichte in Gang. Und damit beginnen die Probleme, dass wir in unserer besetzten Welt keine archaischen Anpassungsstrategien mehr realisieren können, wie z. B. Wanderungen in andere Gebiete. Sie sind bereits von anderen Staaten besetzt. Nur über Kriege können heute Landesgrenzen verändert werden.

In den letzten 30 Jahren haben sich vor allem in den westlichen Staaten starke Umwelt- und Klimaschutzbewegungen entwickelt. Die Organisationen haben im selben Zeitraum eine immer stärkere Emotionalisierung ihrer Themen, mit Schwerpunkt Klimawandel, entwickelt und profund in den Gesellschaften verankert. Für die globalen Probleme akzeptierbare Lösungen konnten sie für die Staaten und ihre Regierungen nicht entwickeln oder präsentieren. Übrig blieb ein tief in die jeweiligen Gesellschaften eindringender Protest mit heute sich stark ausprägenden Ängsten, vor allem bei jungen Menschen. Es scheint so, als ob die Protestbewegung in den letzten 30 Jahren die Komplexität von den global vernetzten Prozessen Umwelt, Gesellschaft und Wirtschaft unterschätzt hat. Als Bilanz ihres Wirkens bleibt der Protest und die Entwicklung einer an die Emotionen adressierten Ideologie, die aufgrund von einer spürbaren Hilflosigkeit in diesen Bewegungen sich zunehmend radikalisieren und Forderungen aufstellen, die immer stärker repressive Vorstellungen zeigen.

Solange vor allem die westliche Umwelt- und Klimaschutzbewegung nicht die Komplexität ihrer eigenen Themen durchdrungen hat, dass z. B. Einschränkungen in einem Industrieland zur Expansion in einem anderen Land führen und damit global keine Auswirkungen haben, wird die emotionalisierte gesellschaftliche Entwicklung ungebremst weiter voranschreiten. Wenn z. B. Deutschland mit maximalem gesellschaftlichem Risiko (energetische Ausstiege beschließen, ohne quantitativ und qualitativ adäquaten Ersatz vorweisen zu können) einen fundamentalen Umbau seines zentralen Energiesystems beschlossen hat und in kürzester Zeit durchführt, ohne dazu alle notwendigen Voraussetzungen geschaffen zu haben (u. a. Basisdatenbeschaffung, Masterplan, Finanzierung, Koordination etc.) und in der Folge die national eingesparten, relativ geringen Mengen an fossilen Energien von anderen Staaten zu günstigeren Preisen am Weltmarkt für ihre eigene Entwicklung eingekauft werden, schaffen wir unseren nationalen Wohlstand ab, entziehen unserer Wirtschaft die notwendige Wettbewerbsfähigkeit und drängen vor allem in der Übergangsphase in die neue Energiezukunft große Bevölkerungsteile in die Armut.

Der vor allem in Deutschland, aber auch anderen EU-Staaten eingeschlagene, gesellschaftliche Weg wird in der folgenden Überzeugung deutlich: In einem Interview in der Sendung von Markus Lanz im Mai 2022 bezeichnete ein Deutscher Klimaforscher diese mögliche Gefahr des Wohlstandsverlustes als gesellschaftlichen Gewinn und nicht als Verlust (auf Nachfrage nochmals wiederholte Aussage des gesellschaftlichen Gewinns), weil damit vermeintlich die Umwelt geschont würde. Dabei hatte er vermutlich die eigene Geschichte vergessen, dass mit dem Fall der Mauer die in den östlichen Teilen Deutschlands arbeitende Industrie fast vollständig stillgelegt und abgewickelt wurde, Millionen Menschen ihre Arbeit und Einkommen verloren und große Teile aus den neuen Bundesländern verarmten, die Gesellschaft bis heute gespalten wurde und dadurch Gesamtdeutschland über ca. 20 Jahre die nationalen CO_2-Ziele einhalten konnte, jedoch weltweit dieser nationale Aderlass zugunsten von CO_2-Reduktionen KEINE Auswirkungen auf die globale CO_2-Konzentration in der Atmosphäre hatte, zugleich eine globale nachhaltige CO_2-Reduktion über den Bilanzzeitraum nicht nachgewiesen werden konnte.

11 Konklusion

Jetzt wollen wir als moderne Menschheit vor dem Hintergrund unseres neuen epochalen Wissensstandes den Klimawandel verhindern und ihn auf ein bestimmtes globales Durchschnitts-Grad-Celsius-Ziel einfrieren. Dabei erscheint das fast wie eine romantische Vorstellung, ein „schönes" Klima mit richtigen Wintern und warmen Sommern wie vor der Industrialisierung in einer sich ständig wandelnden Natur als für alle Zeiten gegebenen Maßstab verankern zu wollen. Das ist jedoch genau das nächste Problem. Die eingebildete menschliche Kontrolle über einen globalen und urzeitlichen Mechanismus, in dem wir unsere Völker Beherrschungsfantasien globaler, natürlicher Prozesse aussetzen bzw. sie mit angsteinflößenden Meldungen zwingen, diesen Fantasien folgen zu müssen. Ich nenne sie Fantasien, weil sie – nach der Analyse – den Grund für das Scheitern einer Energiewende nach den ersten 30 Jahren offenbaren.

Mit diesen Fantasien, gleich einer Fata Morgana – einem gesellschaftlichen Trugbild –, werden jedoch unsere Anpassungsmechanismen „abgeschaltet", weil wir nun kollektiv auf etwas hoffen, was nicht kommt oder passieren wird. Deshalb habe ich auch das Zweiebenenmodell „Klimakorpus" entwickelt, in dem es ein Naturphänomen Klimawandel und ein Gesellschaftsphänomen Klimawandel gibt. Das Naturphänomen ist wissenschaftlich hervorragend aufgestellt und wird in einer globalen Allianz zahlreicher Wissenschaftler analysiert (zweite Revolution der Naturbeobachtungen). Das Gesellschaftsphänomen ist dagegen wissenschaftlich nicht existent, worin ein starker Nachholbedarf besteht. Je entkoppelter beide Ebenen aus dem Modell Klimakorpus sind, umso höher ist die Gefahr eines gesellschaftlichen Scheiterns auf vielen Ebenen bzw. sind die gesellschaftlichen Risiken.

Dennoch, wir haben die Zeit, klug handeln zu können, denn wir haben keinen Zeitdruck, aber einen selbst verursachten Handlungsdruck. Der Klimawandel ist jetzt für lange Zeit unser Partner, ein treuer Begleiter – ein Partner auch für die nächsten Generationen, denen wir mit unserem Wissen, unserer Technologie und klugen Lösungen den Weg in eine gute Zukunft aufzeigen können. Auch unsere folgenden Generationen, unsere Kinder und auch die folgenden Kinder, werden eine gute, lebenswerte Zukunft in unserem Land haben, wenn wir nicht vorher aus Angst und Panik vor einem fiktiven Armageddon unsere Zivilgesellschaften in ein Chaos stürzen. Vernichten wir durch unkluge Entscheidungen oder Handlungen unsere Zivilgesellschaft, unsere sozialen und/oder wirtschaftlichen Grundlagen, weil wir einer Illusion von Zielen hinterherlaufen wollen, dann sind die Folgen nicht durch einen Klimawandel verursacht worden, sondern durch ein falsches Verständnis im Umgang mit einer sich wandelnden Welt. Diese Herausforderung einer sich wandelnden Welt anzunehmen, sich mit dem Partner und Naturphänomen Klimawandel zu arrangieren und dabei die wirtschaftlichen, gesellschaftlichen Zusammenhänge sowie auch den Zusammenhalt der Gesellschaft nicht zu verlieren, Nahrung, Wohlstand und Sicherheit weiterhin gewährleisten zu können, wird die eigentliche Herausforderung der Zukunft sein.

Klimaziele sind zweitrangig, aber nicht unwichtig, erstrangig ist, wie wir z. B. in Deutschland immer trockener werdende Jahre gut überstehen. Nationale, EU-weite oder internationale Klimaziele werden darauf keine Antwort geben. Insofern ist die Bewältigung des gesellschaftlichen Themas Klimawandel, im Unterschied zum Naturphänomen, nicht nur eine durch Technologie zu lösende, epochenüberspannende Herausforderung. Das Ziel neuer internationaler Klimakonferenzen müsste zukünftig sein, zu globalen wirksamen und funktionierenden Strategien zu kommen, die die fossile Funktionseinheit transformieren

11 Konklusion

hilft. Wir sollten nicht unsere begrenzten Ressourcen dafür einsetzen, einen natürlichen Vorgang, der in Gang gekommen ist, versuchen zu stoppen/zu begrenzen/zurückzuführen, also weiter zu manipulieren und/oder unsere Völker unter einen besonderen Zeitdruck mit dem Mittel von angsterzeugenden Prophezeiungen in die eine oder andere Richtung zu treiben. Darin liegt das Risiko eines gesellschaftlichen Desasters. Die hier präsentierten Analysen zeigen, dass mit Priorität kluge, langfristige und global vernetzte Strategien entwickelt werden sollten und ohne Zeitdruck konsequent realisiert werden können, mit denen wir auf die Herausforderungen der nächsten Hunderte von Jahren reagieren können. Die Staaten haben viele kluge Wissenschaftler unter dem Dach des IPCC für die Erforschung des Naturphänomens Klimawandel gewinnen können. Wir benötigen eine ähnliche Kraft in der Wissensentwicklung für das Gesellschaftsphänomen Klimawandel. Hier steht die Wissenschaft noch ganz am Anfang.

Die Klimawissenschaften entwickeln bzw. sind heute die „zweite Revolution" der Naturbeobachtungen für die Wohlstandsentwicklung der Menschheit. Heute sollten wir das Wissen aus der „zweite Revolution" für die Anpassungen unserer Nationen an das Naturphänomen Klimawandel nutzen, so wie die Wetterforschung die Ernten aus der „ersten Revolution" verbessert haben. Nur durch die industrielle Entwicklung, die Entwicklung der Maschinen und der Chemie konnte die Menschheit diese Populationsgröße global erreichen, schwere Epidemien mit Millionen Toten verhindern und Nahrung für die Menschen zur Verfügung stellen. Durch die Entwicklung der letzten 250 Jahre konnten viele Völker ein hohes Wohlstandsniveau entwickeln, dabei anderen Völkern helfen, ihre Kinder bilden und sich Sorgen um ihre eigene Zukunft entwickeln lassen, zugleich sich keine Sorgen machen zu müssen, was sie heute an diesem Tag essen können, so wie es Ende des 18. Jahrhunderts den meisten Menschen auf dem Globus und vor allem auch in Europa erging. Die Kohlendioxidemissionen sind der Preis, dieses Privileg heute ausüben zu können, sich um die Zukunft der eigenen Kinder und Enkel Sorgen machen zu können. Wir sollten alles daran setzen, dieses Privileg für unsere nächsten Generationen zu erhalten, und dabei mit pragmatischem Realismus die Kohlendioxidemissionen wirksam überwinden.

11.1 Lösungsansätze, dem globalen Klimawandel zu begegnen

1. Deutschland: Entwicklung einer an Realitäten (technischen, finanziellen, organisatorischen, rechtlichen, politischen, fiskalischen, regulatorischen, verfügbaren Ressourcen, strategischen und zukünftig klimatischen) orientierten, nationalen Transformationsstrategie zum Umbau der Energiebasis, mit der Berücksichtigung einer Energieparität in der Stromeinspeisung von Wind, Sonne und Speichersystemen; darauf aufbauend pro Bundesland einen an Industrieprojekten orientierten „Masterplan Energietransformation" aufstellen
Errichtung einer parteiunabhängigen Einrichtung/Behörde zur Koordinierung, Umsetzungsprüfung und Genehmigung von Projekten der deutschen energetischen Transformation auf Basis eines am Industriestandard entwickelten Masterplan; der „Masterplan deutsche Energietransformation" ist der Handlungsplan dieser neuen Einrichtung
2. Gründung einer IPCC-ähnlichen, internationalen Einrichtung zur Erforschung des Gesellschaftsphänomens Klimawandel (siehe Modell Klimakorpus) mit dem Ziel

11 Konklusion

der Unterstützung zur Entwicklung gesellschaftlicher Transformationsprozesse (siehe Kapitel 9 „Gesellschaftspolitische Entwicklungen")

3. Entwicklung vernetzter und globaler Anpassungsstrategien für unterschiedliche Länder auf verschiedenen gesellschaftlichen Ebenen (siehe Kapitel 10, Abschnitt 2 „Wind und Sonne als Energiequelle" ff, Kapitel 4 „Gesellschaftsphänomen Klimawandel und die Sicherheitspolitik"), z. B. Fiskalpolitik: Wandlung der Treibstoffbesteuerung; Bewertung einer Landschaft mit und ohne WKAs und PV-Anlagen, Wohnen, Landwirtschaft, Wasser etc.
4. Weiterentwicklung der IPCC-Klimaforschung (Phase II) zur Entwicklung von langfristigen Wetterprognosen (Szenarien mit einen Prognosehorizont von mindestens 30 bis maximal 50 Jahren) für verschiedene Regionen als Planungsgrundlage zur Transformation von fossilen Energiesystemen eines Landes/Region in erneuerbare wetterabhängige Energiesysteme
5. ansteigende, mengenbasierte Zweckbindung im Export von Erdöl, Erdgas und Kohle für petrochemische oder andere Prozesse mit langen Übergangsfristen; Wandlung der staatlichen Exportmodelle für fossile Energien exportierende Staaten mit einem Anteil am BIP größer 10%
6. Entwicklung einer Zukunftsstrategie für Ölförderländer (keine zukünftigen Exporte fossiler Energieträger) (siehe Kapitel 2 „Zwischen Baum und Borke: Ökonomisches Desaster oder Klimaerwärmung?")
7. Entwicklung einer Zukunftsstrategie für multinationale Ölkonzerne (keine Nutzung fossiler Energieträger) (wie Punkt 5)
8. Umbau der Finanzmärkte: auslaufender Handel mit fossilen Energieträgern zur Energieerzeugung mit langen Übergangsfristen (wie Punkt 5)

9. Abschluss internationaler Vereinbarungen über den weltweiten Aufbau, der Produktion, dem Handel und den Abnahmen eines Energiesubstitutes für fossile Energieträger auf Basis von Wasserstoff (siehe Kapitel 4, Abschnitt 6 „Energetische Abhängigkeiten")
10. vernetzte Strategie in den fossile Energien importierenden Ländern zum Aufbau einer grundlastfähigen Energiewende auf Basis realistischer Planungen (siehe Kapitel 10 „Transformationsleistungen zur Umstellung unseres Energiesystems") auf Basis von Wetterprognosen in 30 bis 50 Jahren (weitergehende Forschung und neue Modelle)
11. Umbau der fossile Energien importierenden Länder auf Non-fossil Fuels für die Energieerzeugung auf Basis realistischer Planungen (siehe Kapitel 10 „Transformationsleistungen zur Umstellung unseres Energiesystems") auf Basis von Wetterprognosen in 30–50 Jahren
12. konkrete Strategieentwicklung, Planung und Umbau der nationalen Streitkräfte eines Landes auf eine Versorgung mit Non-fossil Fuels mit Zeitplan, Kostenplan, Kosten- und Realisierungskontrolle im Rahmen nationaler Maßnahmen bzw. im Rahmen des NATO-Verbundes oder anderer Länder (siehe Kapitel 4, Abschnitt 7 „Quersubvention der NATO durch fossile Energien konsumierende Staaten", ff)
13. Entwicklung einer Wirtschaftsstrategie für Transformationsländer (Länder mit Energiesystemen auf Basis von Wind und Sonne), auf deren Basis sich ein nationale Industrie entwickeln und weiterentwickeln kann (Transformationsplanung Wirtschaft)
14. Entwicklung von „Wohlstandprognosen" für Transformationsländer zur Kontrolle des Transformationsprozesses und Sicherung des inneren Friedens, des Wohlstandes sowie des sozialen Zusammenhalts

Verzeichnisse

Quellen und Verweise

Fußnoten

Zitat aus: Steve Diamond, Kollaps, Fischer Verlag, ISBN-10: 3-10-013904-618

Zitat aus: Steve Diamond, Kollaps, Fischer Verlag, ISBN-10: 3-10-013904-618

Siehe auch: Jared Diamond, Kollaps, Fischer Verlag, ISBN-10: 3-10-013904-619

Quelle: NASA image *created by Jesse Allen, Earth Observatory, using data obtained from the University of Maryland's Global Land Cover Facility.* https://earthobservatory.nasa.gov/images/5366/easter-island-rapa-nui

Siehe auch: Anthropologe Grant McCall von der University of New South Wales

Quelle: Ben Henley (Monash University), Nerilie Abram (Australian National University), https://theconversation.com/the-three-minute-story-of-800-000-years-of-climate-change-with-a-sting-in-the-tail-73368, 18.12.2021

Quelle: Hansen J. et al., Dangerous human-made interference with climate: a GISS model-study, http://www.acamedia.info/sciences/sciliterature/globalw/residence.htm, Atmospheric Chemistry and Physics, Vol. 7 (2007), S. 2287–2312, CC BY 2007 license, 08.12.2021

Verweis: IPCC Working Group I, https://archive.ipcc.ch/ipccreports/tar/wg1/016.htm, 08.12.2021

Verweis: IPCC Working Group I, https://archive.ipcc.ch/ipccreports/tar/wg1/016.htm, 08.12.2021

Quelle: eigene Berechnungen u. Darstellung „CO_2 Emissions worldwide-owid-co2-data"; Daten: Weltbank, https://databank.worldbank.org/reports.aspx%3Fsource%3Dworld-development-indicators, 12.12.2021; Mauna Loa, Observatory, Hawaii, SIO, R. F. Keeling, S. J. Walker, S. C. Piper and A. F. Bollenbacher, https://scrippsco2.ucsd.edu/data/atmospheric_co2/primary_mlo_co2_record.html, 20.11.2021; NOAA National Centers for Environmental information, Climate at a Glance: Global Time Series, from https://www.ncdc.noaa.gov/cag/ 20.11.2021

Quelle: bp-stats-review-2019-full-report, https://www.bp.com/content/dam/bp/business-sites/en/global/corporate/pdfs/energy-economics/statistical-review/bp-stats-review-2019-full-report.pdf, Seite 10 World consumption, 09.01.2022: Eigene Markierung in der Grafik

Verweis: https://www.nytimes.com/2015/12/04/world/europe/germany-may-offer-model-for-reining-in-fossil-fuel-use.html, 20.12.2021

Verweis: https://www.wiwo.de/technologie/green/energiewende-new-york-times-gibt-merkel-note-6/13547228.html, 20.12.2021

Quelle: Our World in Data, Hannah Ritchie, 02/09/2022, https://ourworldindata.org/co2-dataset-sources, 20.12.2021

Quelle: https://ourworldindata.org/grapher/global-energy-consumption-source%3Fcountry%3D~OWID_WRL, CC BY 4.0, 22.11.2021, Eigene Auswertung und Berechnungen

Quelle: bp-stats-review-2019-full-report, https://www.bp.com/content/dam/bp/business-sites/en/global/corporate/pdfs/energy-economics/statistical-review/bp-stats-review-2019-full-report.pdf, Seite 10, Grafik World consumption, 20.12.2021

Siehe auch: IPCC Report https://www.ipcc.ch/sr15/, 09.2022; IEA Report https://www.iea.org/reports/net-zero-by-2050 and https://iea.blob.core.windows.net/assets/4719e321-6d3d-41a2-bd6b-461ad2f850a8/NetZeroby2050-AroadmapfortheGlobalEnergySector.pdf, 07.2022

Quelle BP Statistical Database, https://www.bp.com/en/global/corporate/energy-economics/statistical-review-of-world-energy/downloads.html, 08.11.2021, eigene Berechnungen

Quelle BP Statistical Database, https://www.bp.com/en/global/corporate/energy-economics/statistical-review-of-world-energy/downloads.html, 08.11.2021, eigene Berechnungen

Quelle IPCC: https://www.ipcc.ch/site/assets/uploads/2020/07/SR1.5-SPM_de_barrierefrei.pdf, 20.10.2022

Quelle IPCC: https://www.ipcc.ch/report/ar6/wg3/resources/press/press-release/; 29.11.2022

Siehe auch: IPCC https://www.de-ipcc.de/media/content/AR6-WGII-SPM_deutsch_barrierefrei.pdf; 29.11.2022

Quelle: Eurostat, https://ec.europa.eu/eurostat/cache/sankey/energy/sankey.html%3Fgeos%3DEU27_2020&year%3D2018&unit%3DKTOE&fuels%3DTOTAL&highlight%3D_&nodeDisagg%3D01010000000000&flowDisagg%3Dfalse&translateX%3D123.774&translateY%3D54.847999999999985&scale%3D0.8&language%3DEN#0, 16.01.2022

Quelle: Eurostat, https://ec.europa.eu/eurostat/databrowser/product/view/NRG_IND_ID, 16.01.2022

World Bank: World Development Indicators, https://databank.worldbank.org/reports.aspx%3Fsource%3Dworld-development-indicators, 18.12.2021

Quelle: https://www.bveg.de/die-branche/erdgas-und-erdoel-in-deutschland/erdgasreserven-in-deutschland/, 05.12.2022

Quelle: https://www.admin.ch/gov/de/start/dokumentation/medienmitteilungen.msg-id-72416.html, 06.12.2022

Quelle: https://www.europarl.europa.eu/news/de/headlines/society/20180305STO99003/reduktion-von-co2-emissionen-klimaziele-und-massnahmen-der-eu#:~:text=Reduktion%20von%20CO%E2%82%82-Emissionen%3A%20Klimaziele%20und%20Ma%C3%9Fnahmen%20der%20EU,gegen%20den%20Klimawandel%20...%207%20Weitere%20Informationen%20, 06.12.2022

Verweis: IPCC Working Group I, https://archive.ipcc.ch/ipccreports/tar/wg1/016.htm, 08.12.2021

Quelle: https://gml.noaa.gov/ccgg/trends/global.html, 08.12.2022

Siehe auch: https://de.wikipedia.org/wiki/Konsumgesellschaft, und https://www.grin.com/document/195894, 06.12.2022

Siehe auch: Verbraucherforschung https://www.ratgeber-verbraucherzentrale.de/media1154098A.pdf, 04.02.2021

Siehe auch: https://de.wikipedia.org/wiki/Abfallwirtschaft, 06.12.2022

Siehe auch: https://www.merkur.de/wirtschaft/china-wirtschaft-bip-wirtschaftswachstum-exporte-corona-90466451.html, und https://www.bpb.de/themen/asien/china/326971/das-chinesische-wirtschaftsmodell-im-wandel/, und https://

de.wikipedia.org/wiki/Wirtschaftsgeschichte_der_Volksrepublik_China, 24.05.2022

Siehe auch: u. a. https://www.uno-fluechtlingshilfe.de/informieren/fluchtrouten/balkanroute, 05.12.2022; https://www.nzz.ch/international/fuenf-jahre-balkanroute-wie-die-fluechtlingskrise-europa-veraendert-ld.1574778, und https://www.deutschlandfunk.de/fluchtursachen-syrien-perspektiven-einer-loesung-100.html, und https://www.focus.de/politik/ausland/ukraine-krise/inflation-und-fluechtlinge-mit-getreide-spielchen-verfolgt-putin-zwei-ziele_id_111456075.html 06.12.2022

Siehe auch: u. a. https://www.faz.net/aktuell/politik/fluechtlingskrise/kommentar-schwierige-strategie-13860765.html, 06.12.2022

Siehe auch: u. a. https://www.bpb.de/shop/zeitschriften/izpb/demografischer-wandel-350/507791/politische-strategien/, 06.12.2022

Siehe auch: u. a. https://www.spd.de/fileadmin/Dokumente/Koalitionsvertrag/Koalitionsvertrag_2021-2025.pdf, 06.12.2022

Siehe auch: u. a. https://www.mkw.nrw/system/files/media/document/file/mkw_nrw_planspiel_festung_europa.pdf, und https://www.swp-berlin.org/publikation/risiken-und-nebenwirkungen-deutscher-und-europaeischer-rueckkehrpolitik, 07.12.2022

Siehe auch: u. a. https://www.bpb.de/themen/migration-integration/laenderprofile/290977/europaeische-asyl-und-fluechtlingspolitik-seit-2015-eine-bilanz/, und https://www.europarl.europa.eu/factsheets/de/sheet/151/asylpolitik, und https://www.bosch-stiftung.de/sites/default/files/publications/pdf_import/Migration_Strategy_Group_Mehr_Kohaerenz.pdf, 07.12.2022

Siehe auch: https://www.dw.com/de/bolsonaro-und-der-regenwald-eine-bilanz/a-63060457, 06.12.2022

Siehe auch: http://german.chinatoday.com.cn/2018/jjwirtschaft/201905/t20190505_800166825.html#:~:text=Nach%20Chinas%20WTO%2DBeitritt%20Ende,als%20der%20internationale%20Markt%20war., und https://de.wikipedia.org/wiki/Wirtschaftsgeschichte_der_Volksrepublik_China, und https://www.grin.com/document/153659, 15.11.2022

Quelle: Bundesinstitut für Bevölkerungsforschung, https://www.bib.bund.de/DE/Fakten/Fakt/W07-Bevoelkerungszahl-Wachstum-Industrielaender-ab-1950.html#:~:text=Zu%20Beginn%20der%201950er%20Jahre,etwa%20auf%20diesem%20Niveau%20stabilisiert, 18.11.2022

Siehe auch: https://www.qualitative-research.net/index.php/fqs/article/view/723/1564, und https://www.tagesspiegel.de/wissen/selbstbegrenzung-und-selbstdistanz-3849094.html, und https://www.grin.com/document/993324, und https://www.uni-bielefeld.de/(de)/ZiF/AG/2013/09-19-Hakenbeck.html, 14.10.2022

Quelle: https://www.spektrum.de/lexikon/psychologie/zeitgeist/17113, 07.12.2022

Siehe auch: https://de.wikipedia.org/wiki/Parteinahe_Stiftung_(Deutschland), 13.12.2021

Quelle: Bundesministerium der Verteidigung, https://www.bmvg.de/de/aktuelles/auswirkung-klimawandel-sicherheitspolitik-5055556, 12.12.2021

Siehe auch: https://www.bmvg.de/de/aktuelles/mehr-als-100-milliarden-euro-bundeswehr-sicherheit-5362112, 12.12.2021

Siehe auch: https://de.wikipedia.org/wiki/Milit%C3%A4rdoktrin, 07.12.2022

Siehe auch: https://de.wikipedia.org/wiki/Milit%C3%A4rdoktrin_der_Vereinigten_Staaten, und https://www.bundesheer.at/wissen-forschung/publikationen/beitrag.php?id=2676, 03.12.2022

Siehe auch: https://www.bundestag.de/resource/blob/412840/2d4ad1e108ccf499692bad325c8c6d48/wd-2-052-15-pdf-data.pdf, und https://www.swp-berlin.org/publikation/russlands-neue-militaerdoktrin, 03.12.2022

Quelle: https://www.heise.de/tp/features/Die-Sicherheit-Deutschlands-wird-auch-am-Hindukusch-verteidigt-3427679.html, 20.12.2021

Quelle: https://twitter.com/mastrackzi/status/1571785683756253186%3Flang%3Dde, 06.12.2022

Quelle: https://m.facebook.com/193081554406/posts/10160570452604407/, 06.12.2022

Siehe auch: NATO Library Catalog https://n10314uk.eos-intl.eu/N10314UK/OPAC/Search/AdvancedSearch.aspx, 07.12.2022

Siehe auch: https://de.wikipedia.org/wiki/Edward_Snowden, 06.12.2022

Hinweis: Zukünftige (ab 2050) legitime Option im fortschreitenden Klimawandel gegen sich entwickelnde Staaten, zur Vermeidung von Kohlendioxidemissionen?

Siehe auch: https://www.bundeswehr.de/de/aktuelles/meldungen/ausnahmesituationen-einsatz-bundeswehr-innern, und https://www.bundesverfassungsgericht.de/SharedDocs/Entscheidungen/DE/2012/07/up20120703_2pbvu000111.html, 07.12.2022

Siehe auch: https://www.deutschlandfunkkultur.de/berichterstattung-ukraine-russland-krieg-100.html, und https://www.deutschlandfunk.de/berichterstattung-ueber-klimawandel-journalismus-oder-100.html, und https://www.researchgate.net/publication/320473451_Klimawandel_in_den_Medien, 05.12.2022

Siehe auch: https://de.wikipedia.org/wiki/Medienreichhaltigkeitstheorie, 07.12.2022

Siehe auch: https://en.wikipedia.org/wiki/Social_presence_theory, 07.12.2022

Siehe auch: https://en.wikipedia.org/wiki/Impression_management, 07.12.2022

Siehe auch: https://en.wikipedia.org/wiki/Sidney_Jourard, und https://www.researchgate.net/publication/301789757_Self-Disclosure_Theories_and_Model_Review, und https://en.wikipedia.org/wiki/Self-disclosure, 07.12.2022

Siehe auch: https://www.europarl.europa.eu/factsheets/de/sheet/5/vertrag-von-lissabon, 06.12.2022

Siehe auch: https://european-union.europa.eu/principles-countries-history/principles-and-values/aims-and-values_de, 06.12.2022

Siehe auch: https://www.zeit.de/news/2022-01/14/cyberangriff-auf-kliniken-am-bodensee-hintergrund-unklar, und https://www.handelsblatt.com/technik/sicherheit-im-netz/cyberkriminalitaet-todesfall-nach-hackerangriff-auf-uniklinik-duesseldorf/26198688.html, 03.12.2022

Siehe auch: https://de.wikipedia.org/wiki/Hackerangriffe_auf_den_Deutschen_Bundestag#:~:text=2018%20noch%20andauerte.-,Angriff%20im%20Jahr%202021,von%20Crackern%20namens%20Ghostwriter%20vermuten., und https://www.spiegel.de/thema/hackerangriff_auf_den_bundestag/, 03.12.2022

Siehe auch: https://de.wikipedia.org/wiki/Israelische_Siedlung, 02.12.2022

Siehe auch: https://de.wikipedia.org/wiki/Gentrifizierung, 02.12.2022

Siehe auch: https://de.wikipedia.org/wiki/Offene_Gesellschaft, 02.12.2022

Siehe auch: https://www.stadtentwicklung.berlin.de/wohnen/wohnungsmarkt/eigentuemerstruktur_berlin.shtml#eigentumskonzentration_juristische_personen, und https://www.stadtentwicklung.berlin.de/wohnen/wohnungsmarkt/eigentuemerstruktur_berlin.

shtml#eigentumskonzentration_einzeleigentuemer_ natuerliche_personen, 02.12.2022

Siehe auch: EU-Sanktionen gegen Russland: https://www.consilium.europa.eu/de/policies/sanctions/restrictive-measures-against-russia-over-ukraine/sanctions-against-russia-explained/, und https://www.bundesnetzagentur.de/DE/Gasversorgung/aktuelle_gasversorgung/start.html, 07.12.2022

Siehe auch: https://die-deutsche-wirtschaft.de/deutsche-unternehmen-in-chinesischem-besitz/, 06.12.2022

Siehe auch: http://library.fes.de/gmh/main/pdf-files/gmh/1969/1969-12-a-747.pdf, und „Industrie und Empire: britische Wirtschaftsgeschichte seit 1750", Eric J. Hobsbawm. Aus dem Englischen übersetzt von Ursula Margetts. Edition Suhrkamp

Siehe auch: https://www.wiwo.de/politik/ausland/ukraine-krieg-infografik-welche-laender-russland-sanktionieren-und-wer-sich-enthaelt/28312140.html, 06.12.2022

Siehe auch: Russland: https://www.solarify.eu/2022/03/26/342-prominentenaufruf-zum-energie-embargo/, und https://www.sueddeutsche.de/politik/russland-embargo-prominente-deutschland-1.5544304, und https://www.bundesregierung.de/breg-de/themen/krieg-in-der-ukraine/eu-sanktionen-2007964, und Iran: https://www.bafa.de/DE/Aussenwirtschaft/Ausfuhrkontrolle/Embargos/Iran/iran_node.html, 05.12.2022

Siehe auch: Die Vierte Gewalt, Wie Mehrheitsmeinung gemacht wird, auch wenn sie keine ist. Precht & Welzer, S. Fischer, ISBN 978-3-10-397507-9

Siehe auch: https://finanzmarktwelt.de/indien-russland-oel-gas-profiteur-233834/, 04.12.2022

Quelle: https://www.berliner-zeitung.de/wirtschaft-verantwortung/mega-deals-indien-kauft-russisches-oel-und-verkauft-es-teuer-nach-europa-li.235748, 06.12.2022

Quelle: https://www.abendblatt.de/politik/ausland/article106786306/Weltpolizei-oder-Wertegemeinschaft-was-wird-aus-der-Nato.html, 18.5.2022

Quelle: https://www.dw.com/de/joe-biden-america-is-back/a-56461915, 05.06.2022

Quelle: https://www.stern.de/politik/ausland/joe-biden---wir-werden-unsere-buendnisse-wieder-aufbauen----erste-aussenpolitische-rede-30364588.html, und https://www.welt.de/politik/ausland/article225748715/Joe-Bidens-Rede-im-Aussenministerium-Amerika-meldet-sich-zurueck.html, 05.06.2022

Siehe auch: https://www.bundesregierung.de/breg-de/service/gesetzesvorhaben/koalitionsvertrag-2021-1990800, 14.07.2022

Siehe auch: https://www.tagesspiegel.de/politik/wie-ist-das-nun-mit-baerbocks-wertegeleiteter-aussenpolitik-4295971.html, 05.12.2022

Verweis: https://www.bmvg.de/de/themen/dossiers/engagement-in-afrika/herausforderungen/instabilitaet/neue-kriege, 12.12.2021

Quelle: https://rcepsec.org/, 06.12.2022

Quelle: https://de.wikipedia.org/wiki/BRICS-Staaten, 06.12.2022

Verweis: https://www.uni-muenster.de/NiederlandeNet/nl-wissen/politik/aussenpolitik/nato.html, 12.12.2021

Siehe auch: https://www.nato.int/cps/en/natohq/topics_52060.htm#:~:text=%20Air%20policing%20missions%20are%20collective%20peacetime%20missions,NATO%20F-16s%20have%20intercepted%20Russian%20aircraft%20repeatedly%20, 06.12.2022

Verweis: https://www.uni-muenster.de/NiederlandeNet/nl-wissen/politik/aussenpolitik/nato.html, 12.12.2021

Siehe auch: http://german.china.org.cn/txt/2021-07/08/content_77614267.htm, 09.12.22

Siehe auch: https://en.wikipedia.org/wiki/Nord_Stream_2, 10.12.2022

Siehe auch: Tagesschau 2021: https://www.tagesschau.de/wirtschaft/weltwirtschaft/nord-stream-2-eu-gipfel-101.html, oder FAZ 2020 https://www.faz.net/aktuell/wirtschaft/klima-nachhaltigkeit/fast-alle-eu-staaten-kritisieren-amerika-fuer-nord-stream-2-drohung-16905326.html, und HBS 2018, https://www.boell.de/de/2018/06/11/acht-gruene-gruende-fuer-den-verzicht-auf-nord-stream-ii, 09.12.2022

Quelle: https://www.congress.gov/bill/115th-congress/house-bill/3364/text, 2012.2022

Quelle: https://www.congress.gov/bill/116th-congress/senate-bill/1441, 10.12.2022

Siehe auch: https://de.wikipedia.org/wiki/Kabinett_Schr%C3%B6der_I, 10.12.2022

Siehe auch: https://de.wikipedia.org/wiki/Kabinett_Schr%C3%B6der_II, 10.12.2022

Siehe auch: https://www.bundestag.de/parlament/geschichte/gastredner/putin/putin_wort-244966, 09.12.2022

Siehe auch: https://european-union.europa.eu/principles-countries-history/principles-and-values/aims-and-values_de, 09.12.2022

Siehe auch: https://de.wikipedia.org/wiki/Mineral%C3%B6lsicherungsplan, und https://www.spiegel.de/geschichte/zweiter-weltkrieg-lebenssaft-der-wehrmacht-a-946446.html, 10.12.2022

Quelle: CO2-Earth, https://www.co2.earth/co2-records, 03.10.2021

Quelle: https://www.climate.gov/news-features/understanding-climate/climate-change-atmospheric-carbon-dioxide, 10.12.2022

Quelle: Umweltbundesamt, https://www.umweltbundesamt.de/gaw#die-gaw-globalstationen, 03.10.2021

Quelle: NOAA, https://gml.noaa.gov/dv/site/, 03.10.2021

Quelle: Keeling Curve, https://keelingcurve.ucsd.edu/pdf-downloads/, http://bluemoon.ucsd.edu/co2_400/co2_800k_zoom.pdf, C. D. Keeling, S. C. Piper, R. B. Bacastow, M. Wahlen, T. P. Whorf, M. Heimann, and H. A. Meijer, Exchanges of atmospheric CO2 and 13CO2 with the terrestrial biosphere and oceans from 1978 to 2000. I. Global aspects, SIO Reference Series, No. 01-06, Scripps Institution of Oceanography, San Diego, 88 pages, 2001., 03.10.2021

Quelle Umweltbundesamt, https://www.umweltbundesamt.de/gaw#global-atmosphere-watch, 16.12.2021

Quelle https://keelingcurve.ucsd.edu/pdf-downloads/ : Site: https://www.ncdc.noaa.gov/paleo-search/study/9959, https://doi.org/10.1029/2006GL026152, Citation: MacFarling Meure, C., D. Etheridge, C. Trudinger, P. Steele, R. Langenfelds, T. van Ommen, A. Smith, and J. Elkins. 2006. The Law Dome CO2, CH4 and N2O Ice Core Records Extended to 2000 years BP. Geophysical Research Letters, Vol. 33, No. 14, L14810 10.1029/2006GL026152.; Citation: Lüthi, D., M. Le Floch, B. Bereiter, T. Blunier, J.-M. Barnola, U. Siegenthaler, D. Raynaud, J. Jouzel, H. Fischer, K. Kawamura, and T.F. Stocker. 2008. High-resolution carbon dioxide concentration record 650,000-800,000 years before present. Nature, Vol. 453, S. 379–382, 15 May 2008., 03.10.2021

Quelle: https://keelingcurve.ucsd.edu/pdf-downloads/ : Site: https://www.ncdc.noaa.gov/paleo-search/study/9959, DOI: https://doi.org/10.1029/2006GL026152, Citation: MacFarling Meure, C., D. Etheridge, C. Trudinger, P. Steele, R. Langenfelds, T. van Ommen, A. Smith, and J. Elkins. 2006. The Law Dome CO2, CH4 and N2O Ice Core Records Extended to 2000 years BP. Geophysical Research Letters, Vol. 33, No. 14, L14810 10.1029/2006GL026152.; Citation: Lüthi, D., M. Le

Floch, B. Bereiter, T. Blunier, J.-M. Barnola, U. Siegenthaler, D. Raynaud, J. Jouzel, H. Fischer, K. Kawamura, and T.F. Stocker. 2008. High-resolution carbon dioxide concentration record 650,000-800,000 years before present. Nature, Vol. 453, pp. 379-382, 15 May 2008., 3.10.2021.

Quelle: https://keelingcurve.ucsd.edu/pdf-downloads/ : Site: https://www.ncdc.noaa.gov/paleo-search/study/9959, DOI: https://doi.org/10.1029/2006GL026152, Citation: MacFarling Meure, C., D. Etheridge, C. Trudinger, P. Steele, R. Langenfelds, T. van Ommen, A. Smith, and J. Elkins. 2006. The Law Dome CO2, CH4 and N2O Ice Core Records Extended to 2000 years BP. Geophysical Research Letters, Vol. 33, No. 14, L14810 10.1029/2006GL026152.; Citation: Lüthi, D., M. Le Floch, B. Bereiter, T. Blunier, J.-M. Barnola, U. Siegenthaler, D. Raynaud, J. Jouzel, H. Fischer, K. Kawamura, and T.F. Stocker. 2008. High-resolution carbon dioxide concentration record 650,000-800,000 years before present. Nature, Vol. 453, pp. 379-382, 15 May 2008., & https://www.metoffice.gov.uk/weather/climate/science/global-temperature-records, 03.10.2021.

Quelle: Global-average temperature records, Dr Peter Stott, Head Climate Monitoring and Attribution at the Met Office, Grafic at Met Office https://www.metoffice.gov.uk/weather/climate/science/global-temperature-records, Site: https://www.ncdc.noaa.gov/paleo-search/study/9959, https://doi.org/10.1029/2006GL026152, Citation: MacFarling Meure, C., D. Etheridge, C. Trudinger, P. Steele, R. Langenfelds, T. van Ommen, A. Smith, and J. Elkins. 2006. The Law Dome CO2, CH4 and N2O Ice Core Records Extended to 2000 years BP. Geophysical Research Letters, Vol. 33, No. 14, L14810 10.1029/2006GL026152., 03.10.2021

Siehe auch: https://www.climate.gov/news-features/understanding-climate/climate-change-atmospheric-carbon-dioxide, 30.11.2021

Quelle: https://www.nature.com/articles/nature06949/figures/2, black step curve: Jouzel, J. et al. Orbital and millennial Antarctic climate variability over the last 800,000 years. Science 317, 793–796 (2007), Parrenin, F. et al. The EDC3 chronology for the EPICA Dome C ice core. Clim. Past 3, 485–497 (2007); solid circles in purple, blue: Monnin, E. et al. Atmospheric CO2 concentrations over the last glacial termination. Science 291, 112–114 (2001), Siegenthaler, U. et al. Stable carbon cycle–climate relationship during the Late Pleistocene. Science 310, 1313–1317 (2005); brown, green curves: Indermühle, A., Monnin, E., Stauffer, B., Stocker, T. F. & Wahlen, M. Atmospheric CO_2 concentration from 60 to 20 kyr bp from the Taylor Dome ice core, Antarctica. Geophys. Res. Lett. 27, 735–738 (2000), Petit, J. R. et al. Climate and atmospheric history of the past 420,000 years from the Vostok ice core, Antarctica. Nature 399, 429–436 (1999), Pepin, L., Raynaud, D., Barnola, J. M. & Loutre, M. F. Hemispheric roles of climate forcings during glacial–interglacial transitions as deduced from the Vostok record and LLN-2D model experiments. J. Geophys. Res. 106, 31885–31892 (2001), Raynaud, D. et al. The record for marine isotopic stage 11. Nature 436, 39–40 (2005), 30.11.2021

Quelle: https://www.nature.com/articles/nature06949/figures/1, Siegenthaler, U. et al. Stable carbon cycle–climate relationship during the Late Pleistocene. Science 310, 1313–1317 (2005), Data plot at Loulergue, L. et al. New constraints on the gas age-ice age difference along the EPICA ice cores, 0–50 kyr. *Clim. Past* 3, 527–540 (2007), 30.11.2021

Quelle: https://www.nature.com/articles/nature06949/figures/2, black step curve: Jouzel, J. et al. Orbital and millennial Antarctic climate variability over the last 800,000 years. Science 317, 793–796 (2007), Parrenin, F. et al. The EDC3 chronology for the EPICA Dome C ice core. Clim. Past 3, 485–497 (2007); solid circles in purple, blue: Monnin, E. et al. Atmospheric CO2 concentrations over the last glacial termination. Science 291, 112–114 (2001), Siegenthaler, U. et al. Stable carbon cycle–climate relationship during the Late Pleistocene. Science 310, 1313–1317 (2005); brown, green curves: Indermühle, A., Monnin, E., Stauffer, B., Stocker, T. F. & Wahlen, M. Atmospheric CO2 concentration from 60 to 20 kyr bp from the Taylor Dome ice core, Antarctica. Geophys. Res. Lett. 27, 735–738 (2000), Petit, J. R. et al. Climate and atmospheric history of the past 420,000 years from the Vostok ice core, Antarctica. Nature 399, 429–436 (1999), Pepin, L., Raynaud, D., Barnola, J. M. & Loutre, M. F. Hemispheric roles of climate forcings during glacial–interglacial transitions as deduced from the Vostok record and LLN-2D model experiments. J. Geophys. Res. 106, 31885–31892 (2001), Raynaud, D. et al. The record for marine isotopic stage 11. Nature 436, 39–40 (2005),

Siehe auch: Falkowski, 2000: https://www.globalcarbonproject.org/global/pdf/Falkowski2000.pdf, 19.01.2022

Siehe auch: https://www.nature.com/articles/nature10915/, und https://www.researchgate.net/profile/Jeremy-Shakun, und http://climatecat.eu/ufaqs/5-warum-hinkt-die-co2-konzentration-der-temperatur-hinterher/, und https://www.weltderphysik.de/gebiet/erde/nachrichten/2019/erderwaermung-global-und-rasant/, 19.01.2022

Urs Siegenthaler, 2006: Atmosphärische CO_2-Konzentration der letzten 650.000 Jahre anhand von Messungen an Antarktischen Eisbohrkernen. Siehe auch: https://pubmed.ncbi.nlm.nih.gov/18480821/, und https://doi.pangaea.de/10.1594/PANGAEA.728135, 17.01.2022

Verweis: https://www.dvgw.de/der-dvgw/geschichte/gaserzeugung-1890, 19.12.2021

Siehe auch: https://de.wikipedia.org/wiki/Wettlauf_um_Afrika, 12.12.2022

Siehe auch: https://de.wikipedia.org/wiki/Britisches_Weltreich, 12.12.2022

Siehe auch: https://de.wikipedia.org/wiki/Geschichte_Europas, 12.12.2022

Siehe auch: https://de.wikipedia.org/wiki/Georg_Hunaeus, 13.12.2022

Siehe auch: https://de.wikipedia.org/wiki/Edwin_L._Drake, 13.12.2022

Quelle: https://de.wikipedia.org/wiki/Erd%C3%B6l#Historische_Verwendung_und_F%C3%B6rderung, 08.01.2022

Quelle: https://de.wikipedia.org/wiki/Erd%C3%B6l#Historische_Verwendung_und_F%C3%B6rderung, 08.01.2022

Siehe auch: http://thepointofnoreturn.org/index.shtml, https://www.science.org/content/article/climates-point-no-return, und https://www.scientificamerican.com/article/have-we-passed-the-point-of-no-return-on-climate-change/, und https://www.futura-sciences.com/de/klimawandel-wie-lange-dauert-es-noch-bis-zum-point-of-no-return_6931/, und https://news.un.org/en/story/2018/09/1018852, und https://www.researchgate.net/publication/353825110_Climate_breakdown_has_passed_the_point_of_no_return, 11.12.2022

Quelle: https://www.umweltbundesamt.de/sites/default/files/medien/publikation/long/3283.pdf, Absatz: 4.1 Begründung der Minderungsmaßnahme, 16.12.2022

Quelle: https://www.umweltbundesamt.de/themen/klima-energie/klimawandel/zu-erwartende-klimaaenderungen-bis-2100, 16.12.2022

Siehe auch: https://de.wikipedia.org/wiki/John_Fisher,_1._Baron_Fisher, 11.12.2022

Siehe auch: https://de.wikipedia.org/wiki/George_Curzon,_1._Marquess_Curzon_of_Kedleston, 12.12.2022

Siehe auch: Bücher von Lord Curzon: Russia in Central Asia (1889) https://archive.org/details/russiaincentrala032476mbp; Persia and the Persian Question (1892) Persia and the Persian Question, volume I (bahai-library.com) ; Problems of the Far East (1894) https://archive.org/details/in.ernet.dli.2015.533900

Siehe auch: https://de.wikipedia.org/wiki/Sidney_Reilly, 12.12.2022

Siehe auch: https://de.wikipedia.org/wiki/William_Knox_D%E2%80%99Arcy, 12.12.2022

Siehe auch: https://de.wikipedia.org/wiki/Ahura_Mazda, 12.12.2022

Siehe auch: https://de.wikipedia.org/wiki/Schuschtar, 12.12.2022

Siehe auch: https://de.wikipedia.org/wiki/Mozaffar_ad-Din_Schah, 12.12.2022

Siehe auch: https://en.wikipedia.org/wiki/D%27Arcy_Concession, 14.12.2022 und https://de.wikipedia.org/wiki/Mozaffar_ad-Din_Schah, 12.12.22

Siehe auch: https://de.wikipedia.org/wiki/Anglo-Persian_Oil_Company, 12.12.2022

Siehe auch: https://en.wikipedia.org/wiki/Baron_Strathcona_and_Mount_Royal, 12.12.2022

Siehe auch: https://de.wikipedia.org/wiki/Bagdadbahn, und https://www.vorkriegsgeschichte.de/die-bagdadbahn-1900-1914/

Siehe auch: https://de.wikipedia.org/wiki/Wilhelm_II._(Deutsches_Reich), und https://de.wikipedia.org/wiki/Bagdadbahn, 12.12.2022

Siehe auch: https://de.wikipedia.org/wiki/Karl_Helfferich, 11.12.2022

Siehe auch: https://de.wikipedia.org/wiki/Anatolische_Eisenbahn, 12.12.2022

Siehe auch: https://de.scribd.com/document/92304328/R-G-D-Laffan-Guardians-of-the-Gate-1918, 11.12.2022

Siehe auch: The Guardians of the Gate, R. G. D. Laffan, C.F. Fellow of queens' College, CAMBRIDGE, Oxford University Press, Humphrey Milford Publisher to the University, 1918, (https://de.scribd.com/document/92304328/R-G-D-Laffan-Guardians-of-the-Gate-1918), 31.01.2023

Siehe auch: https://de.wikipedia.org/wiki/Mesopotamien, 11.12.2022

Siehe auch: https://de.wikipedia.org/wiki/Gebietsanspr%C3%Bcche_im_Persischen_Golf, und https://www.zdf.de/dokumentation/zdfinfo-doku/oel-macht-geschichte-100.html, …, 11.12.2022

Siehe auch: https://en.wikipedia.org/wiki/Mubarak_Al-Sabah, 11.12.2022

Siehe auch: https://kw.geoview.info/ash_shuwaykh,285713, 11.12.2022

Siehe auch: https://www.abebooks.de/Major-General-Sir-Percy-Zachariah-Cox-RGS/18763187575/bd, und https://de.wikipedia.org/wiki/Percy_Zachariah_Cox, 11.12.2022

Siehe auch: https://meinstein.ch/chemie/geschichte-erdoel/, 11.12.2022

Siehe auch: https://de.wikipedia.org/wiki/Standard_Oil_Company, 11.12.2022

Siehe auch: https://de.wikipedia.org/wiki/Erd%C3%B6lf%C3%B6rderung_am_Kaspischen_Meer#Rechtsstreit_um_die_Sch%C3%Bcrfrechte_unter_Anrainerstaaten, und https://de.wikipedia.org/wiki/Mossul, 11.12.2022

Siehe auch: https://www.reichstagsprotokolle.de/rtbiiaufauf_k13.html, 11.12.2022

Siehe auch: https://de.wikipedia.org/wiki/Alexander_III._(Russland), 11.12.2022

Siehe auch: https://de.wikipedia.org/wiki/Sergei_Juljewitsch_Witte, 11.12.2022

Siehe auch: https://de.wikipedia.org/wiki/Transsibirische_Eisenbahn, 11.12.2022

Siehe auch: https://de.wikipedia.org/wiki/Dmitri_Iwanowitsch_Mendelejew, 11.12.2022

Siehe auch: https://link.springer.com/chapter/10.1007/978-3-531-90400-9_69, 11.12.2022

Siehe auch: https://de.wikipedia.org/wiki/SMS_Von_der_Tann, 11.12.2022

Siehe auch: https://de.wikibrief.org/wiki/History_of_whaling, 11.12.2022

Siehe auch: https://de.knowledgr.com/00973548/GeschichteDerErd%C3%B6lindustrie, und https://de.wikibrief.org/wiki/Petroleum_industry, und https://www.history.com/topics/industrial-revolution/oil-industry, 11.12.2022

Siehe auch: https://de.wikipedia.org/wiki/James_Young_(Chemiker), 11.12.2022

Quelle: https://ourworldindata.org/grapher/oil-production-by-country, und bp-stats-review-2021-consolidated-dataset-panel-format, und https://www.encyclopedie-energie.org/en/world-energy-consumption-1800-2000-results/, 11.12.2022

Siehe auch: https://de.wikipedia.org/wiki/John_Fisher,_1._Baron_Fisher, 14.12.2022

Siehe auch: https://oilregion.org/heritage/history-of-oil/, und https://www.history.com/topics/industrial-revolution/oil-industry, und https://wiki.aapg.org/History_of_oil, und https://oilprice.com/Energy/Energy-General/The-Complete-History-Of-Oil-Markets.html, 14.12.2022

Siehe auch: https://de.wikipedia.org/wiki/Daimler-Motoren-Gesellschaft, 14.12.2022

Siehe auch: https://de.wikipedia.org/wiki/Rudolf_Diesel, 14.12.2022

Siehe auch: https://de.wikipedia.org/wiki/MAN, 14.12.2022

Siehe auch: https://hochhaus-schiffsbetrieb.jimdo.com/maschinentechnik-auf-schiffen-der-1920ger-jahre-ein-wettlauf-der-antriebssysteme/, und https://de.wikipedia.org/wiki/Schiffsmotor#Energiequellen, 14.12.2022

Siehe auch: https://de.wikipedia.org/wiki/Henry_Ford, 14.12.2022

Siehe auch: https://de.wikipedia.org/wiki/Operation_Overcast, und https://www.grin.com/document/109207, und https://www.dhm.de/lemo/kapitel/der-zweite-weltkrieg/wissenschaft-forschung-und-technik.html, 15.12.2022

Siehe auch: https://shop.wvgw.de/leseprobe/510700_lp_G_260_2021_09.pdf, 15.12.2022

Siehe auch: https://de.wikipedia.org/wiki/Erdgas, 15.12.2022

Siehe auch: https://de.wikipedia.org/wiki/Geschichte_der_deutschen_Gasversorgung, und https://www.dvgw.de/themen/energiewende/energie-impuls/impuls-gasnetze/, 15.12.2022

Siehe auch: https://www.europarl.europa.eu/news/de/headlines/economy/20170911STO83502/infografik-gasversorgungssicherheit-in-europa, und https://www.gasnetzbetreiber.de/, 15.12.2022

Siehe auch: https://de.wikipedia.org/wiki/Wirtschaftswunder, 18.11.2022

Siehe auch: https://de.m.wikipedia.org/wiki/Apollo_8, und https://de.m.wikipedia.org/wiki/Mondlandung, 18.11.2022

Quelle: Club of Rome, https://clubofrome.de/historie/, 08.11.2021

Siehe auch: https://de.wikipedia.org/wiki/Die_Grenzen_des_Wachstums, 18.11.2022

Quelle: https://de.wikipedia.org/wiki/Intergovernmental_Panel_on_Climate_Change, 10.03.2022

Quelle: https://de.wikipedia.org/wiki/Weltorganisation_f%C3%Bcr_Meteorologie, 10.03.2022

Quelle: IPCC Office, 080320190344-Doc2-Budget.pdf (ipcc.ch), 10.03.2022

Quelle: World of Change: Global Temperatures (nasa.gov), 22.01.2022

Quelle: Data.GISS: Surface Temperature Analysis: Uncertainty Quantification (nasa.gov) , 04.01.2022

Quelle: Data.GISS: GISS Surface Temperature Analysis (GISTEMP v4) (nasa.gov) , 04.01.2022

Quelle: Global-average temperature records – Met Office , 04.01.2022

Quelle: Global Surface Temperature Anomalies | Monitoring References | National Centers for Environmental Information (NCEI) (noaa.gov) , 04.01.2022

Quelle: Global Surface Temperature Anomalies | Monitoring References | National Centers for Environmental Information (NCEI) (noaa.gov) , 04.01.2022

Quelle: https://www.ipcc.ch/working-groups/, und https://www.ipcc-nggip.iges.or.jp/EFDB/main.php, 04.01.2022

Quelle: https://www.ipcc.ch/report/ar5/wg1/climate-system-scenario-tables/, und https://www.ipcc.ch/report/ar4/wg1/global-climate-projections/, 20.12.2022

Quelle: https://www.ipcc.ch/report/ar5/wg1/, https://www.ipcc.ch/report/ar6/wg1/, 20.12.2022

Quelle: Spectrum der Wissenschaft, Lexikon der Mathematik, Fourier, Jean Baptist Joseph, https://www.spektrum.de/lexikon/mathematik/fourier-jean-baptist-joseph/3146136

Siehe auch: Wikipedia, https://en.wikipedia.org/wiki/John_Tyndall, und Britannica, https://www.britannica.com/biography/John-Tyndall, 05.01.2023

Siehe auch: Arrhenius Consult, https://www.arrhenius.de/geschichte/, und Wikipedia, https://de.wikipedia.org/wiki/Svante_Arrhenius, 05.01.2023

Siehe auch: Wikipedia, https://en.wikipedia.org/wiki/Charles_David_Keeling, 21.06.2022

Quelle: https://eps.berkeley.edu/news/professor-stolper-provides-history-atmospheric-o2-partial-pressures, 20.12.2022

Siehe auch: Wikipedia, https://de.wikipedia.org/wiki/El_Ni%C3%B1o, und Deutscher Wetterdienst, https://www.dwd.de/DE/service/lexikon/begriffe/E/El-Nino_pdf.pdf?__blob=publicationFile&v=3, 07.01.2023

Siehe auch: Wikipedia, https://de.wikipedia.org/wiki/Albedo, 06.01.2023

Siehe auch: Max-Planck-Gesellschaft, https://www.mpg.de/474532/pressemitteilung200301171%3Fc%3D2191, und https://www.mpg.de/7649323/geoengineering-klimawandel-wasserkreislauf?c=2191, und https://www.mpg.de/12164222/co2-atmosphaere-holozaen?c=2191, Forschungszentrum Jülich, https://www.fz-juelich.de/de/iek/iek-8/forschung/atmosphaere-und-klima, Physikalisch-Technische Bundesanstalt, https://www.ptb.de/cms/forschung-entwicklung/mit-metrologie-in-die-zukunft/herausforderung-umwelt-klima/klima-atmosphaere-die-luft-um-uns-herum.html, 07.01.2023

Siehe auch: Wikipedia, https://de.wikipedia.org/wiki/Sonnensystem, und Astronomie, https://www.astronomie.de/das-sonnensystem/basiswissen/entwicklung-des-sonnensystem/, und Max-Planck-Gesellschaft, https://www.mpg.de/sonne/klima, 06.01.2023

Siehe auch: Begriff geprägt von Klaus Knizia, https://de.wikipedia.org/wiki/Klaus_Knizia, 07.01.2023

Siehe auch: https://www.osa.fu-berlin.de/meteorologie/beispielaufgaben/01_aufbau_der_atmosphaere/index.html, und https://de.wikipedia.org/wiki/Erdatmosph%C3%A4re, und https://www.planet-wissen.de/natur/klima/erdatmosphaere/pwieaufbaudererdatmosphaere100.html, 20.12.2022

Quelle: Deutscher Wetterdienst, https://www.dwd.de/DE/wetter/thema_des_tages/2020/11/6.html, 06.01.2023

Siehe auch: Wirtschaftslexikon Springer Gabler, https://wirtschaftslexikon.gabler.de/definition/klimaschutz-120693, Grafik Mindmap „Klimaschutz", 07.01.2023

Siehe auch: Wikipedia, https://de.wikipedia.org/wiki/Sozialwissenschaftliche_Aspekte_des_Klimawandels, 07.01.2023

Siehe auch: Philosophy Papers, https://philpapers.org/rec/GILWUA, und Klimaethik und Aufklärung: u. a. Birnbacher, Dieter. 2016. Klimaethik. Nach uns die Sintflut? Stuttgart: Reclam. Kant, Immanuel. 1784. „Beantwortung der Frage: Was ist Aufklärung?", in: Kant's gesammelte Schriften, hgg. v.d. Königlich Preußischen Akademie der Wissenschaften, 29 Bde. Berlin: Reimer 1900ff., 07.01.2023

Siehe auch: Bill Gates, Wie wir die Klima Katastrophe verhindern. Verlag PIPER (www.piper.de), ISBN: 978-3-492-07100-0140

Siehe auch: Leopoldina, https://www.leopoldina.org/veranstaltungen/veranstaltung/event/2698/, 07.01.2023

Siehe auch: Wikipedia, https://de.wikipedia.org/wiki/Katastrophe, 07.01.2023

Siehe auch: Übersicht Wikipedia, https://de.wikipedia.org/wiki/Anpassungsf%C3%A4higkeit, und Scienxx, https://www.scinexx.de/dossierartikel/anpassung-an-den-lebensraum/, und Bundesamt für Bevölkerungsschutz und Katastrophenhilfe, https://www.bbk.bund.de/DE/Themen/Klimawandel/Deutsche-Anpassungsstrategie/deutsche-anpassungsstrategie_node.html, 07.01.2023

Siehe auch: Spektrum der Wissenschaft, https://www.spektrum.de/news/das-buch-des-lebens/1015035. 07.01.2023

Siehe auch: Kapitel 5 „Wie entsteht der globale Wert der CO2-Konzentration"

Quelle: Global Warming Art", Übersetzung: David W. – Übertragen aus de.wikipedia nach Commons durch Leyo mithilfe des CommonsHelper. (deutschsprachige Version von File: Carbon Dioxide 400kyr.png), CC BY-SA 3.0, https://commons.wikimedia.org/w/index.php%3Fcurid%3D8924370, 01.05.2021

Siehe auch: Keeling Curve, https://keelingcurve.ucsd.edu/pdf-downloads/, http://bluemoon.ucsd.edu/co2_400/co2_800k_zoom.pdf, C. D. Keeling, S. C. Piper, R. B. Bacastow, M. Wahlen, T. P. Whorf, M. Heimann, and H. A. Meijer, Exchanges of atmospheric CO2 and 13CO2 with the terrestrial biosphere and oceans from 1978 to 2000. I. Global aspects, SIO Reference Series, No. 01-06, Scripps Institution of Oceanography, San Diego, 88 pages, 2001., 03.10.2021

Quelle: Our World in Data, https://ourworldindata.org/grapher/co-emissions-by-sector, eigene Auswertungen der Daten, 20.12.2022

Quelle: BP stats review 2021 consolidated dataset panel format, https://www.bp.com/en/global/corporate/energy-economics/statistical-review-of-world-energy/downloads.html, eigene Auswertungen der Daten, 01.04.2022

Siehe auch: International Encyclopedia of the First World War, https://encyclopedia.1914-1918-online.net/article/science_and_technology, 20.12.2022

Siehe auch: BBC UK, https://www.bbc.co.uk/wales/history/sites/themes/periods/ww2_coal_industry.shtml, 20.12.2022

Siehe auch: Wikipedia, https://en.wikipedia.org/wiki/Technology_during_World_War_I, 20.12.2022

Siehe auch: Office of Fossil Energy and Carbon Management, https://www.energy.gov/fecm/early-days-coal-research, 20.12.2022

Siehe auch: SAGE Journals Home, https://journals.sagepub.com/doi/10.1177/0968344513504861, 20.12.2022

Siehe auch: https://fossilfuel.com/the-u-s-military-consumes-more-fossil-fuels-than-entire-countries/, 20.12.22, und „The U.S. Military Consumes More Fossil Fuels Than Entire Countries"

Siehe auch: United Nations, https://unfccc.int/process/bodies/supreme-bodies/conference-of-the-parties-cop, 27.12.2022

Siehe auch: United Nations, https://www2.unccd.int/official-documents, 27.12.2022

Siehe auch: https://fossilfuel.com/the-u-s-military-consumes-more-fossil-fuels-than-entire-countries/, 20.12.2022

Siehe auch: IPCC, https://www.ipcc.ch/reports/, 27.12.2022

Quelle: ResearchGate, https://www.researchgate.net/publication/228838239_A_supply-driven_forecast_for_the_future_global_coal_production, 27.12.2022

Quelle: Coal Production in the leading Coal-Producing countries of the World, und Our World in Data, https://ourworldindata.org/grapher/coal-production-by-country, 12.12.2021

Quelle: Our World in Data, eigene Berechnungen, https://ourworldindata.org/contributed-most-global-co2, 12.12.2021

Quelle: Statista, https://www.statista.com/statistics/1285942/coal-production-allied-europe-1900-1945-country/, und https://www.theshiftdataportal.org/energy, 27.12.2022

Siehe auch: Sience Direct, https://www.sciencedirect.com/topics/earth-and-planetary-sciences/coal-production, 27.12.2022

Quelle: Daten Statista: https://www.statista.com/statistics/1285942/coal-production-allied-europe-1900-1945-country/, 06.01.2023

Quelle: Daten Statista: https://www.statista.com/statistics/1285942/coal-production-allied-europe-1900-1945-country/, 06.01.2023

Siehe auch: Wikipedia, https://en.wikipedia.org/wiki/World_War_I, und https://en.wikipedia.org/wiki/List_of_maritime_disasters_in_World_War_I, 27.12.2022

Siehe auch: Military Factory, https://www.militaryfactory.com/ships/ww1-warships.php, und https://www.militaryfactory.com/ships/ww1-ships-index.php, 27.12.2022

Siehe auch: Encyclopedia, https://encyclopedia.1914-1918-online.net/article/naval_warfare, 27.12.2022

Siehe auch: ThoughtCo, https://www.thoughtco.com/countries-involved-in-world-war-1-1222074, 27.12.2022

Quelle: Datenquelle Wikipedia, https://de.wikipedia.org/wiki/Seekrieg_im_Ersten_Weltkrieg#Strategisches_Patt_der_Schlachtflotten, und Conway's all the World

Fighting Ships 1860–1905, ISBN 0831703024, 03.01.2023

Quelle: Our World in Data, https://ourworldindata.org/grapher/oil-production-by-country, und Data published by BP Statistical Review of World Energy; The Shift Dataportal, https://www.bp.com/en/global/corporate/energy-economics/statistical-review-of-world-energy.html; https://www.theshiftdataportal.org/energy, 05.01.2023

Quelle: Liefmann: Petroleum. In: HWB-Staatswiss, 4. Aufl., Bd. 6. Juni 2022

Siehe auch: Wikipedia, https://de.wikipedia.org/wiki/Kriegswirtschaft#20._Jahrhundert_bis_heute, 05.01.2023

Siehe auch: Bundeszentrale für politische Bildung, https://www.bpb.de/themen/erster-weltkrieg-weimar/ersterweltkrieg/155311/kriegswirtschaft-und-kriegsgesellschaft/, und Wikipedia, https://de.wikipedia.org/wiki/Deutsche_Wirtschaftsgeschichte_im_Ersten_Weltkrieg, und Lebendiges Museum Online, https://www.dhm.de/lemo/kapitel/erster-weltkrieg/industrie-und-wirtschaft.html, 05.01.2023

Quelle: Office of Fossil Energy and Carbon Management, https://www.energy.gov/fecm/early-days-coal-research, 20.12.22

Siehe auch: Statista, Statistiken zum Ersten Weltkrieg, https://de.statista.com/themen/6731/erster-weltkrieg/#topicHeader__wrapper, 05.01.2023

Quelle: Höpfner, Der deutsche Außenhandel 1900–1945, Europä. Hochschulschriften V/1403, und Statistisches Jahrbuch 1921/22 und 1912, April 2022

Quelle: Worldbank, https://databank.worldbank.org/reports.aspx%3Fsource%3Dworld-development-indicators, CO_2 Emissions worldwide, 19.01.2022

Siehe auch: Wikipedia, https://en.wikipedia.org/wiki/Charles_David_Keeling, 06.01.2023

Siehe auch: Deutscher Wetterdienst, https://www.dwd.de/SharedDocs/broschueren/DE/presse/wettervorhersage_pdf.pdf%3F__blob%3DpublicationFile&v%3D9, und https://www.dwd.de/DE/leistungen/pbfb_verlag_geschichte/geschichte.html, 08.01.2023

Siehe auch: Nature, Scientific Data, https://www.nature.com/articles/s41597-022-01493-1, 08.01.2023

Siehe auch: Wirtschaftslexikon Springer Gabler, https://wirtschaftslexikon.gabler.de/definition/klimaschutz-120693, Grafik Mindmap „Klimaschutz", 07.01.2023

Siehe auch: IPCC, https://www.ipcc.ch/report/ar5/wg1/, und https://www.ipcc.ch/report/ar1/wg1/validation-of-climate-models/, und https://www.ipcc.ch/report/ar5/wg1/climate-system-scenario-tables/, 08.01.2023

Siehe auch: Bundestag, https://www.bundestag.de/resource/blob/434158/.../adrs-18-228-data.pdf, 08.01.2023

Siehe auch: Bundeszentrale für politische Bildung, https://www.bpb.de/themen/deutschlandarchiv/126663/gesellschaftlicher-wandel-in-deutschland/, und Bild der Wissenschaft, https://www.wissenschaft.de/gesellschaft-psychologie/zukunft-die-entwicklung-unserer-gesellschaft/, und GRIN, https://www.grin.com/document/1043427, und u. a. IZT Institut für Zukunftsstudien und Technologiebewertung, https://www.izt.de/publikationen/, 09.01.2023

Siehe auch: Wikipedia, https://de.wikipedia.org/wiki/Indigene_Religionen_S%C3%Bcdamerikas, 09.01.2023

Siehe auch: Europäische Kommission, https://finance.ec.europa.eu/sustainable-finance_en, 09.01.2023

Siehe auch: Rat der Europäischen Union, https://eu2019.fi/de/hintergrunde/eu-klimastrategie, und Europäische Kommission, https://climate.ec.europa.eu/eu-action/climate-strategies-targets/2050-long-term-strategy_de, 09.01.2023

Quelle: Eurostat, https://ec.europa.eu/eurostat/databrowser/product/view/NRG_IND_ID, 17.12.2021

Siehe auch: Fraunhofer, Consentec, Institut für Energie und Umweltforschung Heiddelberg, http://www.consentec.de/wp-content/uploads/2017/09/berichtsmodul-2-modelle-und-modellverbund.pdf, und Fraunhofer-Institut für Solare Energiesysteme ISE, https://www.ise.fraunhofer.de/content/dam/ise/de/documents/publications/studies/studie-100-erneuerbare-energien-fuer-strom-und-waerme-in-deutschland.pdf, und andere 09.01.2023

Siehe auch: Wikipedia, https://de.wikipedia.org/wiki/Erneuerbare-Energien-Gesetz, und Europäische Energiewende, https://energiewende.eu/zwanzig-jahre-energiewende-die-geschichte-des-eeg/, und EWI, https://www.ewi.uni-koeln.de/de/aktuelles/ewi-analyse-taeglich-58-windenergieanlagen-bis-2030-notwendig/, 10.01.2023

Siehe auch: Hamburger Bildungsserver, https://bildungsserver.hamburg.de/industrialisierung/, und Wikipedia, https://de.wikipedia.org/wiki/Industrialisierung, 12.01.2023

Britannica, https://www.britannica.com/topic/Wirtschaftswunder, 12.01.2023

Siehe auch: Wikipedia, https://de.wikipedia.org/wiki/Umweltkatastrophe, 12.01.2023

Siehe auch: Herder, https://www.herder.de/geschichte-politik/neueste-geschichte/europa-nach-dem-2-weltkrieg/, 12.01.2023

Siehe auch: GRIN, https://www.grin.com/document/8508, 12.01.2023

Siehe auch: Wikipedia: https://en.wikipedia.org/wiki/Texas_oil_boom, 13.01.2023

Quelle: Die Weltbeherrscher: Militärische und geheimdienstliche Operationen der USA, Westend Verlag, 2015, ISBN 3864895782, 9783864895784, 10.03.2021

Quelle: Blätter für deutsche und internationale Politik, Band 35, Ausgaben 9–12, Seite 1321, 10.03.2021

Quelle: Chomsky, Noam (2004). Hegemony Or Survival. American Empire Project, New York. S. 150., 10.03.2021

Quelle: Ebd. Chomsky zitiert hier Aaron David Miller: Search for Security. North Carolina, 1980; Irvine Anderson: Aramco, the United States and Saudi Arabia. Princeton, 1981; Michael Stoff: Oil, War and American Security. Yale, 1980. 11.03.2021

Quelle: Ebd. Chomsky zitiert hier Mark Curtis: Web of Deceit. S. 15–16. 11.03.2021

Quelle: Ebd. Chomsky zitiert hier Steven Spiegel: The Other Arab-Israeli Conflict. Chicago, 1985. S. 51. 11.03.2021

Quelle: Lay Jr., James S. (Executive Secretary): A Report to the National Security Council – NSC 68. Washington, April 1950. S. 16–18, 32. 7 Seifert, Thomas/Werner, Klaus (2005). Schwarzbuch Öl. Deuticke, Wien. S. 20. 12.03.2021

Siehe auch: Wikipedia, https://de.wikipedia.org/wiki/Organisation_erd%C3%B6lexportierender_L%C3%A4nder, 11.03.2021

Siehe auch: Wikipedia, https://de.wikipedia.org/wiki/Kalter_Krieg, 11.03.2021

Siehe auch: Bundeszentrale für politische Bildung, https://www.bpb.de/shop/zeitschriften/apuz/27289/

der-neue-militaerisch-industrielle-komplex-in-den-usa/, 11.03.2021

Siehe auch: Wikipedia, https://de.wikipedia.org/wiki/Nachkriegsboom, und GRIN, https://www.grin.com/document/123895, und Resilience https://www.resilience.org/stories/2022-05-04/the-status-of-u-s-oil-production/, 11.03.2021

Siehe auch: Wikipedia, https://en.wikipedia.org/wiki/Fracking_in_the_United_States, 12.01.2023

Quelle: German American Chambers of Commerce, https://www.german-energy-solutions.de/GES/Redaktion/DE/Publikationen/Kurzinformationen/2019/fs_usa_2019.pdf%3F__blob%3DpublicationFile&v%3D1156

Quelle: German American Chambers of Commerce, https://www.german-energy-solutions.de/GES/Redaktion/DE/Publikationen/Kurzinformationen/2019/fs_usa_2019.pdf%3F__blob%3DpublicationFile&v%3D1156

Quelle: Daten BP Datenbank, https://www.bp.com/en/global/corporate/energy-economics/statistical-review-of-world-energy.html, Grafik eigene Analyse, 13.01.2023

Quelle: Eurostat, https://www.1000dokumente.de/index.html%3Fc%3Ddokument_de&dokument%3D0073_gwa&object%3Dpdf

Siehe auch: 1000 Dokumente, „Die Grenzen des Wachstums", https://www.1000dokumente.de/index.html%3Fc%3Ddokument_de&dokument%3D0073_gwa&object%3Dpdf, 15.01.2023

Verweis: Seifert, Thomas/Werner, Klaus (2005). Schwarzbuch Öl. Deuticke, Wien.

Verweis: Brökelmann, Bertram (2010). Die Spur des Öls. Osburg Verlag.

Verweis: Congressional Research Service (1975): Oil Fields as Military Objectives: A Feasibility Study. US Government Printing Office, Washington DC.

Verweis: Fischer, Joschka (22. Oktober 2014). Grenzen des Wachstums? In: Bank Notenstein Gespräch.

Siehe auch: Research Gate, https://www.researchgate.net/publication/366953831_Umweltbewegungen, und Anthro Wiki, https://anthrowiki.at/Umweltbewegung, 12.01.2023

Verweis: Joachim Radkau: Entwicklung der Umweltbewegung

Quelle: Deutsche Welle, https://www.dw.com/de/nato-doppelbeschluss-pakt-der-atomaren-abschreckung/a-51604066, 14.01.2023

Siehe auch: Deutsche Welle, https://www.dw.com/de/nato-doppelbeschluss-pakt-der-atomaren-abschreckung/a-51604066, 14.01.2023

Siehe auch: Forschung IZT, Projektleitung: Britta Oertel, Dr. Jan-Henrik Meyer, „Bürgerdialog Kernenergie (1974-1983) – Staatliches Handeln in der Auseinandersetzung um die nukleare Entsorgung und seine Bedeutung für das heutige Standortauswahlverfahren", https://www.izt.de/projekte/buergerdialog-kernenergie/, 14.01.2023

Quelle: Ecologic Institute, Projekt „Vom ‚blauen Himmel über der Ruhr' bis zur Energiewende", Studie: Die Umweltpolitik und -forschung wird erwachsen: die 1980er Jahre https://geschichte-umweltpolitikberatung.org/, Autorinnen Doris Knoblauch, Elena Hofmann, 04.04.2022

Quelle: BMWI, https://www.bmwi-energiewende.de/EWD/Redaktion/Newsletter/2022/07/Meldung/news2.html, 14.01.2023

Siehe auch: NRZ, https://www.nrz.de/region/niederrhein/nato-doppelbeschluss-mehr-als-eine-millionen-demonstrierten-id231994061.html, und Bundeszentrale für Politische Bildung, https://www.bpb.de/kurz-knapp/hintergrund-aktuell/280816/vor-35-jahren-bundestag-bestaetigt-entscheidung-zum-nato-doppelbeschluss/, und

Wikipedia, Geschichte, https://de.wikipedia.org/wiki/Demonstration#Historisch, 15.01.2023

Siehe auch: Deutscher Bundestag, https://www.bundestag.de/dokumente/textarchiv/natodoppelbeschluss-200098, und Wikipedia, https://de.wikipedia.org/wiki/Friedensdemonstration_in_Bonn_1982, Spiegel, https://www.spiegel.de/geschichte/nato-doppelbeschluss-1979-kernspaltung-der-gesellschaft-a-1299816.html, u. a. 16.01.2023

Siehe auch: Bundesamt für Strahlenschutz, https://www.bfs.de/DE/themen/ion/notfallschutz/notfall/fukushima/unfall.html, und Wikipedia, https://de.wikipedia.org/wiki/Nuklearkatastrophe_von_Fukushima#Einstufungen_auf_der_INES-Skala, und Deutsche Welle, https://www.dw.com/de/fukushima-das-meer-als-perfektes-endlager-f%C3%BCr-atomm%C3%BCll/a-52444866, 19.01.2023

Siehe auch: Ausgestrahlt, https://www.ausgestrahlt.de/blog/2019/01/30/atomkraft-japan/, 19.01.2023

Quelle: Wikipedia CC-by-sa-3.0, UN-Klimakonferenz, https://de.wikipedia.org/wiki/UN-Klimakonferenz, 10.01.2022, Eigene Änderungen: Spaltenüberschriften neu, Spalten Ergebnis & Bemerkung entfallen

Siehe auch: IPCC, https://www.ipcc.ch/about/structure/, 21.01.2023

Quelle: https://www.ipcc.ch/report/ar1/syr/, 18.03.2022
Quelle: https://www.ipcc.ch/report/ar2/syr/, 18.03.2022
Quelle: https://www.ipcc.ch/report/ar3/syr/, 18.03.2022
Quelle: https://www.ipcc.ch/report/ar4/syr/, 18.03.2022
Quelle: https://www.ipcc.ch/report/ar5/syr/, 18.03.2022
Quelle: IPCC, Office Schweiz, https://www.ipcc.ch/report/sixth-assessment-report-cycle/, 18.03.2022

Siehe auch: Wikipedia, https://de.wikipedia.org/wiki/Jacqueline_Cramer, 26.01.2023

Quellen: PBL (2010): Assessing an IPCC assessment. An analysis of statements on projected regional impacts in the 2007 report, https://www.pbl.nl/en/publications/

Assessing-an-IPCC-assessment.-An-analysis-of-statements-on-projected-regional-impacts-in-the-2007-report, 26.01.2023

Europäische Union, https://eur-lex.europa.eu/legal-content/DE/TXT/%3Furi%3DCELEX:22016A1019(01), und Bundesumweltamt, https://www.bmu.de/fileadmin/Daten_BMU/Download_PDF/Klimaschutz/paris_abkommen_bf.pdf, 14.01.2022

Quelle: Net Zero Koalition | Vereinte Nationen (un.org), 03.04.2022

Quelle: Die Bundesregierung: https://www.bundesregierung.de/breg-de/themen/klimaschutz/ipcc-bericht-klimawandel-1949346, 03.04.2022

Quelle: UNFCCC, https://unfccc.int/resource/docs/convkp/convger.pdf, 24.01.2023

Quelle: UNFCCC, https://unfccc.int/resource/docs/convkp/kpger.pdf, 24.01.2023

Quelle: Europäische Union, https://eur-lex.europa.eu/legal-content/DE/TXT/PDF/%3Furi%3DCELEX:22016A1019(01)&from%3DDE, 24.01.2023

Siehe auch: Schweizer Abkommen, BAFU, https://www.bafu.admin.ch/bafu/de/home/themen/klima/mitteilungen.msg-id-80791.html, 20.1.2023

Siehe auch: EUR-Lex, https://eur-lex.europa.eu/legal-content/DE/TXT/%3Furi%3DLEGISSUM%3Al27028, und Wikipedia, https://de.wikipedia.org/wiki/Vertrag_%C3%Bcber_die_Energiecharta, Frankfurter Rundschau, https://www.fr.de/politik/energiecharta-vertrag-das-anti-klima-abkommen-91930024.html, oder EuroNews, https://de.euronews.com/my-europe/2022/10/26/was-ist-der-energiecharta-vertrag-und-warum-ist-er-so-umstritten, 20.1.2023

Quelle: Bundesministerium für wirtschaftliche Zusammenarbeit und Entwicklung, https://www.bmz.de/de/service/lexikon/klimaabkommen-von-paris-14602, 21.01.2023

Quelle: Deutsche Welle, https://www.dw.com/de/f%C3%Bcnf-jahre-pariser-klimaabkommen-eine-bilanz/a-55904058, 21.01.2023

Siehe auch: Keohane, R. O. & Victor, D. G. Kooperation und Zwietracht in der globalen Klimapolitik. Nat. Änderung 6, 570–575 (2016); und Barrett, S. Environment and Statecraft: The Strategy of Environmental Treaty-Making (Oxford Univ. Press, 2006).

Siehe auch: Deutsche Welle, https://www.dw.com/de/un-bericht-eklatant-unzureichende-klimapolitik/a-55883147, und Nature Verlag, https://www.nature.com/articles/s41558-022-01454-x, 21.01.2023

Quelle: Umweltbundesamt, https://www.umweltbundesamt.de/themen/klima-energie/internationale-eu-klimapolitik/uebereinkommen-von-paris#ziele-des-ubereinkommens-von-paris-uvp, 21.01.2023

Siehe auch: Die vierte Gewalt, Wie Mehrheitsmeinung gemacht wird, auch wenn sie keine ist. Autoren: Richard David Precht, Harald Welzer, S. Fischer Verlag, ISBN 978-3-10-397507-9, 28.09.2022

Siehe auch: Deutschlandfunk, https://www.deutschlandfunk.de/erster-weltkrieg-mentalitaeten-und-ideologien-am-vorabend-100.html, und Brennpunkt Welt, https://www.brennpunkt-welt.ch/1-weltkrieg/auftraege/am-anfang-war-die-kriegsbegeisterung/, 21.01.2023

Siehe auch: Bundeszentrale für politische Bildung, https://www.bpb.de/themen/nationalsozialismus-zweiter-weltkrieg/der-zweite-weltkrieg/199397/der-weg-in-den-krieg/, 21.01.2023

Siehe auch: Stern, https://www.stern.de/politik/ausland/vietnam-das-bild--das-den-krieg-veraenderte-7845382.

html, und https://de.statista.com/statistik/daten/studie/1183316/umfrage/zustimmungsrate-in-der-amerikanischen-bevoelkerung-zum-vietnamkrieg/, 21.01.2023

Siehe auch: Bundeszentrale für politische Bildung, https://www.bpb.de/themen/europa/ukraine-analysen/203681/umfrage-die-meinung-der-deutschen-ueber-die-ukraine-krise/, 21.01.2023

Siehe auch: Wikipedia, https://de.wikipedia.org/wiki/Fridays_for_Future, 21.01.2023

Siehe auch: Wikipedia, https://de.wikipedia.org/wiki/Scientists_for_Future, 21.01.2023

Siehe auch: Wikipedia, https://de.wikipedia.org/wiki/Extinction_Rebellion, 21.01.2023

Siehe auch: Wikipedia, https://de.wikipedia.org/wiki/Letzte_Generation, 21.01.2023

Siehe auch: BBC, https://www.bbc.co.uk/news/world-europe-64321652, https://www.bbc.co.uk/programmes/p090xz9z, und Der Spiegel, https://www.spiegel.de/thema/greta_thunberg/, und Wikipedia, https://de.wikipedia.org/wiki/Greta_Thunberg, 21.01.2023

Siehe auch: Handelsblatt, https://www.handelsblatt.com/politik/deutschland/bundestagswahl-2021/spd-gruene-fdp-einig-die-koalition-steht-die-ampel-wird-wegweisend-fuer-deutschland-sein/27830478.html, und Welt, https://www.welt.de/politik/deutschland/article239742125/Ausbau-von-Erneuerbaren-Ampel-beschliesst-neues-Oekostrom-Paket.html, 21.01.2023

Siehe auch WIKIPEDIA „Agenda 2010", 25.04.2022

Siehe auch: Bundeszentrale für politische Bildung, https://www.bpb.de/themen/medien-journalismus/medienpolitik/236435/medien-und-gesellschaft-im-wandel/, 22.01.2023

Siehe auch: Massenmedien als politische Akteure, Konzepte und Analysen, Springer Verlag, Autoren Barbara Pfetsch, Silke Adam, ISBN: 978-3-531-90843-4, und ARD Media, https://www.ard-media.de/fileadmin/user_upload/media-perspektiven/pdf/2019/0319_Gleich.pdf, 22.01.2023

Quelle: Heise Online, https://www.heise.de/news/NATO-Studie-So-einfach-und-guenstig-ist-Manipulation-in-sozialen-Medien-4997085.html, 21.01.2023

Quelle: Mit Genehmigung der Bundeszentrale für politische Bildung: Entwicklung der Protestthemen in Deutschland, 1975-2018: https://www.bpb.de/themen/deutsche-einheit/lange-wege-der-deutschen-einheit/47408/politischer-protest-im-wiedervereinigten-deutschland/, 25.04.2022

Siehe auch: Britannica, https://www.britannica.com/biography/Ronald-Reagan/Presidency, 31.01.2023

Siehe auch: National Archives, https://www.reaganlibrary.gov/reagans/reagan-administration/chronology-reagan-presidency-1981-1989, 31.01.2023

Quelle: West Deutscher Rundfunk (WDR), https://www1.wdr.de/stichtag/stichtag1048.html, und https://www1.wdr.de/stichtag/stichtag8542.html, 31.01.2023

Verweis: Colin S. Gray, Keith Payne (Foreign Affairs, Dezember 1980): Victory is possible

Verweis: Francis H. Marlo: Planning Reagan's War: Conservative Strategists and America's Cold War Victory. Free Press, 2012, ISBN 978-1-59797-667-1, S. 76 und Fn. 14

Verweis: zitiert nach Till Bastian (Hrsg.): Ärzte gegen den Atomkrieg. Wir werden Euch nicht helfen können. Pabel-Moewig, 1987, ISBN 3-8118-3248-4, S. 9

Siehe auch: Michael Ploetz: Wie die Sowjetunion den Kalten Krieg Verlor: Von der Nachrüstung zum Mauerfall. Propyläen, 2000, ISBN 3-549-05828-4

Quelle: Deutsche Wirtschaftsnachrichten, https://deutsche-wirtschafts-nachrichten.de/516654/NATO-Osterweiterung-Ein-gebrochenes-muendliches-Versprechen-mit-Folgen-fuer-Europa, 21.01.2023

Siehe auch: Bundesumweltamt, https://www.umweltbundesamt.de/geschichte-umwelt/1980, 21.01.2023

Siehe auch: Spiegel, https://www.spiegel.de/wissenschaft/natur/umweltschutz-was-wurde-aus-dem-waldsterben-a-1009580.html, 21.01.2023

Quelle: Zitat aus dem Spiegel Artikel, „Was wurde eigentlich aus dem Waldsterben?"

Siehe auch: Wikipedia, https://de.wikipedia.org/wiki/Brundtland-Bericht, 21.01.2023

Quelle: United Nations, https://sustainabledevelopment.un.org/milestones/wced, 21.01.2023

Siehe auch: Wikipedia, https://de.wikipedia.org/wiki/Klaus_T%C3%B6pfer, 21.01.2023

Siehe auch: Wikipedia, https://de.wikipedia.org/wiki/Gefechtsbereitschaft_(NVA), 22.01.2023

Siehe auch: Wikipedia, https://de.wikipedia.org/wiki/Kalter_Krieg, 22.01.2023

Siehe auch: Spiegel, https://www.spiegel.de/geschichte/russische-armee-abzug-aus-berlin-und-brandenburg-1994-a-990560.html, 22.01.2023

Siehe auch: Wikipedia, https://de.wikipedia.org/wiki/Strategic_Arms_Reduction_Treaty, 22.01.2023

Siehe auch: Wikipedia, https://de.wikipedia.org/wiki/Augustputsch_in_Moskau, und https://de.wikipedia.org/wiki/Russische_Verfassungskrise_1993, 22.01.2023

Siehe auch: Degruyter, https://www.degruyter.com/document/doi/10.1515/9783110528411-toc/html, und Cicero, https://www.cicero.de/wirtschaft/am-anfang-war-die-gier/41902, 22.01.2023

Siehe auch: Bundeszentrale für politische Bildung, Susanne Schattenberg (ff), https://www.bpb.de/shop/zeitschriften/apuz/59630/das-ende-der-sowjetunion-in-der-historiographie/, 22.01.2023

Siehe auch: Europäisches Parlament, https://www.europarl.europa.eu/about-parliament/de/in-the-past/the-parliament-and-the-treaties/maastricht-treaty, und Bundeszentrale für politische Bildung, Aus Politik und Geschichte, https://www.bpb.de/shop/zeitschriften/apuz/25254/europaeische-union/, 22.01.2023

Siehe auch: UN, https://unric.org/de/wp-content/uploads/sites/4/2017/02/Leporello_EU-VN_d.pdf, und Deutsche Gesellschaft für die Vereinten Nationen, https://dgvn.de/veroeffentlichungen/publikation/einzel/die-europaeische-union-und-die-vereinten-nationen, 22.01.2023

Siehe auch: Planet Wissen, https://www.planet-wissen.de/technik/computer_und_roboter/geschichte_des_computers/index.html, und NFG24, https://www.nfg24.de/schueler/gdc/zeit.htm, und WikiBooks, https://de.wikibooks.org/wiki/Computergeschichte:_1900_bis_heute, 22.01.2023

Siehe auch: Wikipedia, https://de.wikipedia.org/wiki/Geschichte_des_Internets, 22.01.2023

Siehe auch: Britannica, https://www.britannica.com/technology/Y2K-bug, Wikipedia, https://de.wikipedia.org/wiki/Jahr-2000-Problem, 22.01.2023

Siehe auch: National Geographics, https://education.nationalgeographic.org/resource/Y2K-bug, und Spiegel, https://www.spiegel.de/geschichte/millennium-bug-a-948986.html, 22.01.2023

Siehe auch: Wikipedia, https://en.wikipedia.org/wiki/Chinese_economic_reform, 22.01.2023

Siehe auch: Bundesstiftung Aufarbeitung, https://www.bundesstiftung-aufarbeitung.de/de/recherche/dossiers/198990-friedliche-revolution-und-deutsche-einheit/treuhandanstalt, 22.01.2023

Siehe auch: Archive, https://archive.org/details/ger-bt-drucksache-11-8030, 21.01.2023

Siehe auch: Wikipedia, https://de.wikipedia.org/wiki/Detlev_Rohwedder, 21.01.2023

Siehe auch: https://de.wikipedia.org/wiki/Birgit_Breuel, 21.01.2023

Siehe auch: BMWI 2021, https://www.bmwk.de/Redaktion/DE/Publikationen/Energie/energieeffizienz-in-zahlen-entwicklungen-und-trends-in-deutschland-2021.pdf%3F__blob%3DpublicationFile&v%3D6, und Der Bundesbeauftragte der Bundesregierung für die neuen Länder, https://www.bmwk.de/Redaktion/DE/Publikationen/Neue-Laender/2021-jahresbericht-der-bundesregierung-zum-stand-der-deutschen-einheit-jbde.pdf?__blob=publicationFile&v=16, 21.01.2023

Siehe auch: https://dserver.bundestag.de/btd/11/078/1107816.pdf, 21.01.2023

Quelle: Steamgenerator hydrogen/oxygen spinning reserve unit, RWE Projekt 1989-1992, ABB, Balcke-Dürr, DFVLR (DLR), EVS, FICHTNER, HÜLS and RWE

Siehe auch: Wikipedia, https://de.wikipedia.org/wiki/Erneuerbare-Energien-Gesetz, 21.01.2023

Siehe auch: Clearing-Stelle EEG KWKG, https://www.clearingstelle-eeg-kwkg.de/eeg2009, 21.01.2023

Siehe auch: Bundeszentrale für politische Bildung, https://www.bpb.de/themen/parteien/parteien-in-deutschland/gruene/42151/etappen-der-parteigeschichte-der-gruenen/, 21.01.2023

Siehe auch: Wikipedia, https://de.wikipedia.org/wiki/Gerhard_Schr%C3%B6der, 21.01.2023

Siehe auch: Wikipedia, https://de.wikipedia.org/wiki/Joschka_Fischer, 21.01.2023

Siehe auch: Wikipedia, https://de.wikipedia.org/wiki/J%C3%Bcrgen_Trittin, 21.01.2023

Siehe auch: Heinrich-Böll-Stiftung, https://www.boell.de/de/geschichte-der-stiftung, und Wikipedia, https://de.wikipedia.org/wiki/Heinrich-B%C3%B6ll-Stiftung, 21.01.2023

Siehe auch: https://www.un.org/depts/german/conf/agenda21/rio.pdf, und UNRIC, https://unric.org/de/wp-content/uploads/sites/4/2017/02/pressemappe-rioplus5.pdf, 21.01.2023

Siehe auch: https://de.wikipedia.org/wiki/Severn_Cullis-Suzuki, 21.01.2023

Quelle: Worldbank

Quelle: Keeling Curve, https://keelingcurve.ucsd.edu/, 21.01.2023

Datenquelle: Weltbevölkerung – Entwicklung von 1950–2020 | Statista, https://de.statista.com/statistik/daten/studie/1716/umfrage/entwicklung-der-weltbevoelkerung/, 03.04.2022

Quelle: Daten Worldbank Data, https://databank.worldbank.org/, 21.01.2023

Siehe auch: https://de.wikipedia.org/wiki/Helmut_Kohl, 21.01.2023

Siehe auch: Spiegel, https://www.spiegel.de/politik/deutschland/anti-sozialabbau-demos-500-000-marschieren-gegen-schroeders-agenda-a-293972.html, und ff, 21.01.2023

Siehe auch: Wikipedia, https://de.wikipedia.org/wiki/Montagsdemonstrationen_gegen_Sozialabbau_ab_2004, 21.01.2023

Siehe auch: ORF Österreich, https://orf.at/v2/stories/2157048/2156924/, 21.01.2023

Siehe auch: Wikipedia, https://de.wikipedia.org/wiki/Jahr-2000-Problem, 21.01.2023

Siehe auch: Wikipedia, https://de.wikipedia.org/wiki/Dotcom-Blase, 21.01.2023

Siehe auch: Wikipedia, https://de.wikipedia.org/wiki/Geschichte_der_Wikipedia, 21.01.2023

Siehe auch: Wikipedia, https://de.wikipedia.org/wiki/George_W._Bush, 21.01.2023

Siehe auch: Wikipedia, https://de.wikipedia.org/wiki/Barack_Obama, 21.01.2023

Siehe auch: Zeit, https://www.zeit.de/politik/ausland/2015-08/klimaschutz-barack-obamas-aktionsplan, und Clean energy project, https://www.cleanenergy-project.de/gesellschaft/politik-und-umwelt/barack-obama-der-klima-praesident/, 21.01.2023

Siehe auch: Europäische Union, https://european-union.europa.eu/institutions-law-budget/euro/history-and-purpose_de, 21.01.2023

Siehe auch: Wikipedia, https://de.wikipedia.org/wiki/Angela_Merkel, 21.01.2023

Siehe auch: Wikipedia, https://de.wikipedia.org/wiki/Energiewende, 21.01.2023

Siehe auch: Wikipedia, https://de.wikipedia.org/wiki/Bad_Bank, 21.01.2023

Siehe auch: Statista, https://de.statista.com/infografik/22439/anzahl-der-aktiven-kohlekraftwerke-weltweit/, und Wikipedia, https://de.wikipedia.org/wiki/Liste_von_Kraftwerken, 21.01.2023

Quelle: Daten Weltbevölkerung – Entwicklung von 1950-2020 | Statista, https://de.statista.com/statistik/daten/studie/1716/umfrage/entwicklung-der-weltbevoelkerung, 03.04.2022

Siehe auch: Wikipedia, https://de.wikipedia.org/wiki/Xi_Jinping, 21.01.2023

Siehe auch: Zeit, https://www.zeit.de/2019/06/klima-aktivistin-greta-thunberg-klimaschutz-schuelerin, und Stern, https://www.stern.de/kultur/greta-thunberg—wer-ist-der-mensch-hinter-der-ikone--9412716.html, und

Spiegel, https://www.spiegel.de/wirtschaft/unternehmen/kohlsteijk-foer-klimatet-a-551e3b3e-072b-4652-9084-2b160ed4c447, und ff 21.01.2023

Siehe auch: Wikipedia, https://de.wikipedia.org/wiki/Greta_Thunberg, und Deutsche Welle, https://www.dw.com/de/15-j%C3%A4hrige-redet-klimapolitikern-ins-gewissen/a-46569114, und United Nations, https://unfccc.int/documents/187780, 21.01.2023

Siehe auch: Blätter, https://www.blaetter.de/autoren/albrecht-von-lucke, 21.01.2023

Siehe auch: Süddeutsche Zeitung, https://www.sueddeutsche.de/politik/friedensnobelpreis-nobelpreis-greta-trump-1.4633677, und Spiegel, https://www.spiegel.de/politik/ausland/friedensnobelpreis-2019-wird-es-greta-thunberg-oder-doch-papst-franziskus-a-1290687.html, 21.01.2023

Siehe auch: Bundeszentrale für politische Bildung, https://www.bpb.de/kurz-knapp/lexika/das-junge-politik-lexikon/320328/fridays-for-future/, und Fridays for Future, https://fridaysforfuture.de/about/, 21.01.2023

Siehe auch: Wikipedia, https://de.wikipedia.org/wiki/Scientists_for_Future, 21.01.2023

Siehe auch: Die Bundesregierung, https://www.bundesregierung.de/breg-de/suche/kommission-wachstum-strukturwandel-und-beschaeftigung-1599348, 21.01.2023

Quelle: Global Coal Plant Tracker, https://globalenergymonitor.org/projects/global-coal-plant-tracker/, 03.04.2022

Quelle: https://www.coalexit.org/ und https://endcoal.org/tracker/, 03.04.2022

Quelle: Daten Weltbevölkerung – Entwicklung von 1950-2020 | Statista, 03.04.2022

Siehe auch: White House, https://www.whitehouse.gov/administration/president-biden/, ff, Stern, https://www.

stern.de/politik/ausland/themen/joe-biden-4540404.html, 21.01.2023

Siehe auch: Internationale Politik, https://internationale-politik.de/de/das-aufgeheizte-klima-der-usa, 21.01.2023

Verweis: IEA, https://www.eia.gov/energyexplained/us-energy-facts/

Siehe auch: Redaktionsnetzwerk Deutschland, Shell-Studie: Die größten Ängste der Jugend, https://www.rnd.de/politik/shell-jugendstudie-so-denkt-die-generation-greta-uber-sich-und-die-welt-RFST2T36FNBGTPEIM75F3T4Y7M.html, 21.01.2023

Siehe auch: Statista, https://de.statista.com/statistik/daten/studie/1222933/umfrage/zukunftsaengste-der-eltern-in-deutschland/, 21.01.2023

Siehe auch: Stern, https://www.stern.de/panorama/weltgeschehen/tausende-wissenschaftler-warnen-vor-klimanotfall--30636900.html, ff 21.01.2023

Siehe auch: Spiegel, https://www.spiegel.de/politik/umweltphobie-als-neue-krankheit-a-8393846f-0002-0001-0000-000013500042, 21.01.2023

Siehe auch: Shell-Studie, https://www.shell.de/about-us/initiatives/shell-youth-study/_jcr_content/root/main/containersection-0/simple/simple/call_to_action/links/item0.stream/1642665739154/4a002dff58a7a9540cb9e83ee0a37a0ed8a0fd55/shell-youth-study-summary-2019-de.pdf, und Spektrum, https://www.spektrum.de/news/wie-die-klimakrise-die-psyche-belastet/1942627, und Springer, Umweltbewußtsein in Deutschland, Udo Kuckartz, ISBN: 978-3-642-58812-9, und Mediendiskurs, Umweltbewusstsein und Umweltängste, https://mediendiskurs.online/data/hefte/ausgabe/95/hajok-ost-umweltbewusstsein-tvd95.pdf, 21.01.2023

Siehe auch: Focus, https://www.focus.de/gesundheit/forderung-nach-ueberpruefung-der-grenzwerte-lungenaerzte-bezweifeln-gesundheitsgefahr-durch-stickstoffdioxid_ id_10220755.html, ZDF, https://www.zdf.de/nachrichten/panorama/corona-aerzte-fuer-aufklaerung-100.html, ff 21.01.2023

Quelle: https://www.klimareporter.de/erdsystem/tausende-forschende-warnen-erneut-vor-unermesslichem-leid-durch-die-klimakrise

Siehe auch: Umweltrat, https://www.umweltrat.de/SharedDocs/Downloads/DE/01_Umweltgutachten/2016_2020/2020_Umweltgutachten_Kap_02_Pariser_Klimaziele.pdf%3F__blob%3DpublicationFile&v%3D31, und Wikipedia, https://de.wikipedia.org/wiki/CO2-Budget, und Helmholz-Zentrum Klima, https://www.helmholtz-klima.de/aktuelles/unser-kohlenstoffbudget-schrumpft, 21.01.2023

Siehe auch: Europäische Comission, https://climate.ec.europa.eu/eu-action/european-green-deal_en, 21.01.2023

Siehe auch: Klimareporter, https://www.klima-reporter.de/erdsystem/klimaforscher-fuerchten-heisszeit, und MDR Wissen, Klimaforscher: Erde könnte in eine tödliche Heißzeit geraten, https://www.mdr.de/wissen/umwelt/klimawandel-koennte-dominoeffekte-beschleunigen-100.html, und Süddeutsche, https://www.sueddeutsche.de/wissen/klimawandel-heisszeit-1.4084296, ff, 21.01.2023

Quelle: Spiegel, https://www.spiegel.de/wissenschaft/mensch/klimadebatte-2019-und-2020-die-zukunft-hat-schon-begonnen-a-1302801.html, 21.01.2023

Quelle: National Geographics, https://www.nationalgeographic.de/umwelt/2019/09/rekordhitze-und-duerre-der-sommer-2019-war-extrem, 22.01.2023

Quelle: National Geographics, https://www.nationalgeographic.de/umwelt201907australische-sommer-berlin-klimaprognose-fuer-das-jahr-2050, 22.01.2023

Quelle: News, Politik: https://www.news.de/politik/855722950/weltklimarat-ipcc-warnt-vor-klimawandel-treibhausgas/1/, 23.01.2023

Quelle: Deutsche Welle, https://www.dw.com/de/die-klimakrise-das-ende-der-zivilisation/a-57463706, 23.01.2023

Quelle: Süddeutsche Zeitung, https://www.sueddeutsche.de/wissen/klimakolumne-apokalypse-oder-blumenbeet-1.5240928, und https://www.sueddeutsche.de/wissen/erderwaermung-helfen-weltuntergangs-szenarien-dem-klimaschutz-1.3592803, 23.01.2023

Quelle: Spiegel Wissenschaft, https://www.spiegel.de/wissenschaft/mensch/weltuntergangsuhr-hundert-sekunden-noch-bis-zum-weltuntergang-a-9f34493a-8e43-4948-909f-a3c26cdd85ab, 23.01.2023

Quelle: Tagesschau, https://www.tagesschau.de/wissen/klima/weltklimarat-erderwaermung-bericht-101.html, 23.01.2023

Quelle: Die Bundesregierung, https://www.bundesregierung.de/breg-de/themen/klimaschutz/nationaler-emissionshandel-1684508, 22.01.2023

Siehe auch: Fußnote 437

Quelle: Norddeutscher Rundfunk (NDR), https://www.ndr.de/ratgeber/klimawandel/CO2-Ausstoss-in-Deutschland-Sektoren,kohlendioxid146.html, 22.01.2023

Quelle: Wikipedia, https://de.wikipedia.org/wiki/Liste_der_L%C3%A4nder_nach_Strompreis, 22.01.2023

Quelle: Bundesregierung, https://www.bundesregierung.de/breg-de/suche/kommission-wachstum-strukturwandel-und-beschaeftigung—1599348, und Bundestag, Wissenschaftlicher Dienst, https://www.bundestag.de/resource/blob/683762/98649e7706087ab3432c19f42cab94f4/WD-5-006-20-pdf-data.pdf, 22.01.2023

Siehe auch: Kommunaler Energieversorger ENTEGA, https://www.entega.de/blog/kohleausstieg/, 22.01.2023

Siehe auch: Wikipedia, https://de.wikipedia.org/wiki/Kommission_f%C3%BCr_Wachstum,_Strukturwandel_und_Besch%C3%A4ftigung, 22.01.2023

Quelle: Bundesregierung, https://www.bundesregierung.de/breg-de/suche/bundesregierung-beschliesst-ausstieg-aus-der-kernkraft-bis-2022-457246, und Bundestag, https://www.bundestag.de/webarchiv/textarchiv/2012/38640342_kw16_kalender_atomaustieg-208324, 22.01.23

Quelle: Wirtschaftswoche, https://www.wiwo.de/politik/deutschland/regierungsbildung-koalition-will-ausstieg-aus-dem-gas-ab-2040/27817086.html, und Greenpeace, https://www.greenpeace.de/klimaschutz/energiewende/gasausstieg, und Welt, https://www.welt.de/wirtschaft/plus237329201/Deutscher-Gasausstieg-Habecks-Taskforce-tueftelt-bereits-am-Masterplan.html, 22.01.2023

Siehe auch: Bundeszentrale für politische Bildung, https://www.bpb.de/kurz-knapp/hintergrund-aktuell/507243/deutschlands-abhaengigkeit-von-russischem-gas/, 22.01.2023

Siehe auch: Presseportal, Gutachten Deutsche Umwelthilfe, https://www.presseportal.de/pm/22521/5424753, 22.01.2023

Quelle: Zeit Online, https://www.zeit.de/politik/2022-01/gas-gruen-energie-uebergang-klimawandel-eu%3Futm_ref errer%3Dhttps%3A%2F%2Fmetager.de%2F, und Windkraft Journal, https://www.windkraft-journal.de/2022/01/10/eu-green-taxonomy-setzt-erdgas-im-waermemarkt-grenzen/170807, und ff, 22.01.2023

Siehe auch: ZDF, Junge Menschen zur Klimakrise:75 Prozent: „Die Zukunft ist beängstigend", https://www.zdf.de/nachrichten/panorama/klimakrise-angst-kinder-jugendliche-studie-100.html, und https://www.zdf.de/nachrichten/panorama/studie-deutsche-blicken-aengstlich-in-die-zukunft-100.html, 23.01.2023

Siehe auch: Schlosspark Klinik Dirmstein/Pfalz, https://www.schlosspark-klinik-dirmstein.de/klimaangst-wie-der-klimawandel-zukunftsaengste-ausloest/, 23.01.2023

Siehe auch: National Library of Medicine, USA, https://pubmed.ncbi.nlm.nih.gov/32623280/, 23.01.2023

Siehe auch: Studie University of Bath, https://papers.ssrn.com/sol3/papers.cfm%3Fabstract_id%3D3918955,203

Siehe auch: Olympic dam metal mine, https://www.bing.com/images/search%3Fq%3Dolympic+dam+metal+mine&qpvt%3DOlympic+Dam+Metal+Mine&form%3DIGRE&first%3D1, und https://www.gettyimages.com.au/detail/photo/lake-in-the-open-mining-of-an-abandoned-copper-mine-royalty-free-image/130838359, 24.01.2023

Siehe auch: Wikipedia, Mamut Mine, https://en.wikipedia.org/wiki/Mamut_Mine, 24.01.2023

Siehe auch: Atlantic Nickel, https://atlanticnickel.com/uk/, 24.01.2023

Siehe auch: Science ORF, https://science.orf.at/stories/3210385/, und Science Direct, https://www.sciencedirect.com/science/article/abs/pii/S0959378021001710?via%3Dihub, 24.01.2023

Siehe auch: Tagesspiegel, https://www.tagesspiegel.de/politik/ist-die-verehrung-von-greta-thunberg-religios-5327323.html, 24.01.2023

Siehe auch: Tagesspiegel, https://www.tagesspiegel.de/kultur/alle-verehren-greta-4059247.html, 24.01.2023

Siehe auch: DomRadio, https://www.domradio.de/artikel/ist-greta-thunberg-eine-moderne-prophetin, 24.01.2023

Siehe auch: Zeit Online, https://www.zeit.de/2021/30/fridays-for-future-klima-religion-umweltschutz, 24.01.2023

Siehe auch: Philosophie, https://www.philoclopedia.de/was-kann-ich-wissen/metaphysik/das-gute/, und Ethik-

Heute, https://ethik-heute.org/meta-ethik-handeln-aus-vernunft/, und Philarchiv, https://philarchive.org/archive/SCHAMD-7, Spektrum, https://www.spektrum.de/lexikon/philosophie/gut-das-gute/840, 24.01.2023

Siehe auch: Philosophie, https://www.philosophie.ch/2013-03-18-blum, und Ethik Heute, https://ethik-heute.org/was-ist-wahrheit/, und Philoclopedia, https://www.philoclopedia.de/was-kann-ich-wissen/wahrheit/, und TU Dresden, https://tu-dresden.de/gsw/phil/iphil/theor/ressourcen/dateien/braeuer/lehre/theophil_4/ET2-SS-2007.pdf?lang=de, 24.01.2023

Siehe auch: Research Gate, https://www.researchgate.net/publication/353561414_How_Do_Divided_Societies_Come_About_Persistent_Inequalities_Pervasive_Asymmetrical_Dependencies_and_Sociocultural_Polarization_as_Divisive_Forces_in_Contemporary_Society, und https://www.researchgate.net/publication/361189100_Theory_Comparison_Strong_Asymmetrical_Dependencies, und Bundeszentrale für politische Bildung, https://www.bpb.de/shop/zeitschriften/apuz/266589/die-gespaltene-gesellschaft/?p=all, 24.01.2023

Siehe auch: Spiegel, https://www.spiegel.de/politik/deutschland/merkel-fuerchtet-moegliche-klimaleugner-mehrheit-a-8679504a-16f9-47ce-affc-b09fc7dcacc7, und Wikipedia, https://de.wikipedia.org/wiki/Klimawandelleugnung, und RedaktionsNetzwerk Deutschland, https://www.rnd.de/politik/klimawandel-das-netzwerk-der-leugner-und-die-afd-K6IPXDWA45AITDQ3LKYXNBV2YQ.html, 24.01.2023

Siehe auch: Uni Heidelberg, Karl Jaspers, https://digi.ub.uni-heidelberg.de/diglitData/pdfOrig/kjg1_13.pdf, und Herder, https://www.herder.de/hk/schlagwoerter/christliche-ethik/, und Uni Thübingen, https://bibliographie.uni-tuebingen.de/xmlui/bitstream/

handle/10900/93115/Wendel_063.pdf?sequence=1, und Hans-Seidel-Stiftung, https://www.hss.de/fileadmin/user_upload/HSS/Dokumente/Berichte/160311_TB_Menschenbild.pdf, ff 24.01.2023

Siehe auch: Bundesfinanzministerium, https://www.bundesfinanzministerium.de/Content/DE/Pressemitteilungen/Finanzpolitik/2021/06/20210623-klimaschutz-sofortprogramm-2022.html%3Fcms_pk_campaign%3DNewsletter-23.06.2021&cms_pk_kwd%3D23.06.2021_Scholz+Deutschland+soll+Vorreiter+beim+Klimaschutz+werden, 24.01.2023

Siehe auch: Research Gate, https://www.researchgate.net/publication/277937823_The_German_Energiewende_-_History_and_status_quo, 24.01.2023

Siehe auch: The Guardian, https://www.theguardian.com/environment/2019/nov/05/climate-crisis-11000-scientists-warn-of-untold-suffering, Euronews

Siehe auch: Al Jazeera, https://www.aljazeera.com/news/2021/7/28/thousands-of-scientists-declare-worldwide-climate-emergency, 24.01.2023

Siehe auch: Washington Post, https://www.washingtonpost.com/science/2019/11/05/more-than-scientists-around-world-declare-climate-emergency/, 24.01.2023

Siehe auch: Greenpeace, https://www.greenpeace.de/klimaschutz/klimakrise/verursacht-mensch-erderwaermung, ff, 24.01.2023

Siehe auch: Bundesministerium für Umwelt, https://www.bmuv.de/kids/artikel/details/es-ist-der-mensch, ff, 24.01.2023

Siehe auch: Redaktionsnetzwerk Deutschland, https://www.rnd.de/wissen/klimawandel-2022-das-jahr-von-klima-hoelle-und-klima-klebern-QWQA254ZFQUY36HHSAQZNFQNWE.html, und

ARTE, https://www.arte-magazin.de/highway-in-die-klimahoelle/, Die Grünen, https://www.gruene-bundestag.de/themen/kohleausstieg, ff, 24.01.2023

Siehe auch: Frankfurter Allgemeine, https://www.faz.net/aktuell/wirtschaft/warum-der-kohleausstieg-nur-ein-symbolischer-ist-16069948.html, ff, 25.01.2023

Quelle: https://www.zeit.de/wissen/umwelt/2022-11/un-klimakonferenz-cop27-versagen-klimaschaeden-einigung, ff, 25.01.2023

Verweis: Hessenschau vom 12.04.2022: Klima-Aktivisten legen Frankfurter Stadtverkehr lahm. (22.04.2022)

Quelle: Barmer Krankenversicherung, https://www.barmer.de/gesundheit-verstehen/gesundheit-2030/nachhaltigkeit/klima-angst-1072176, 25.01.2023

Siehe auch: Wikipedia, https://de.wikipedia.org/wiki/Gustave_Le_Bon, und https://de.wikipedia.org/wiki/Psychologie_der_Massen, 26.01.2023

Siehe auch: Researchgate, Politische Psychologie von Gruppen, https://www.researchgate.net/publication/358141389_Politische_Psychologie_von_Gruppen, Spektrum, Psychologie der Macht, https://www.spektrum.de/news/was-macht-mit-uns-macht/1416651, 26.01.2023

Siehe auch: Fußnoten 433,468,ff213

Siehe auch: National Geographics, https://www.nationalgeographic.de/umwelt/2021/08/klimawandel-weltklimarat-zeigt-fuenf-moegliche-szenarien-fuer-die-zukunft-auf, 27.01.2023

Siehe auch: IEA, https://www.iea.org/reports/world-energy-outlook-2021/scenario-trajectories-and-temperature-outcomes, und IPCC, https://www.ipcc.ch/2022/04/04/ipcc-ar6-wgiii-pressrelease/, 25.01.2023

Siehe auch: Wikipedia, https://en.wikipedia.org/wiki/Climate_change_scenario, 27.01.2023

Siehe auch: Europäische Kommission, https://climate.ec.europa.eu/eu-action/european-green-deal_en, 26.01.2023

Siehe auch: Süddeutsche (Artikel), https://www.sueddeutsche.de/wissen/psychologie-mitlaeufer-konformitaet-1.5118387, ff 27.01.2023

Siehe auch: Spektrum, https://www.spektrum.de/magazin/fuehren-und-folgen/1010837, 26.01.2023

Quelle: Bundesverfassungsgericht, https://www.bundesverfassungsgericht.de/SharedDocs/Entscheidungen/DE/2021/03/rs20210324_1bvr265618.html, 26.01.2023

Siehe auch: Spiegel, https://www.spiegel.de/netzwelt/netzpolitik/generation-internet-viele-jugendliche-haben-angst-vor-komplett-digitaler-zukunft-a-1239314.html, und Wikipedia, https://de.wikipedia.org/wiki/Digital_Native, Manfred Spitzer, https://de.wikipedia.org/wiki/Manfred_Spitzer, 26.01.2023

Siehe auch: Planet Wissen, https://www.planet-wissen.de/gesellschaft/psychologie/egoismus/narzissmus-100.html, Deutsche Welle, Appel, https://www.dw.com/de/medienforscher-appel-narzissmus-und-social-media-in-selbstverst%C3%A4rkender-spirale/a-46365234, und Presseportal, Studie, https://www.presseportal.de/pm/30242/3589818, ff, 27.01.2023

Siehe auch: ResearchGate, https://www.researchgate.net/publication/323014365_The_impact_of_social_media_on_social_lifestyle_A_case_study_of_university_female_students, 27.01.2023

Quelle: Bundesnetzagentur, https://www.bundesnetzagentur.de/DE/Fachthemen/ElektrizitaetundGas/HandelundVertrieb/SMARD/Aktuelles/start.html, 28.01.2023

Quelle: Deutsche Windguard, https://www.windguard.com/year-2021.html, 27.01.2023

Siehe auch: VDE, https://www.vde-verlag.de/normen/0100340/din-vde-0100-712-vde-0100-712-2016-10.html, 27.01.2023

Siehe auch. Fraunhofer, https://www.ise.fraunhofer.de/de/veroeffentlichungen/studien/aktuelle-fakten-zur-photovoltaik-in-deutschland.html, 27.01.2023

Quelle: Wikipedia, Liste PV-Anlagen Deutschland, https://de.wikipedia.org/wiki/Liste_von_Solarkraftwerken_in_Deutschland, 27.01.2023

Quelle: Fraunhofer, https://www.ise.fraunhofer.de/de/veroeffentlichungen/studien/photovoltaics-report.html, 27.01.2023

Quelle: Bundesverband WindEnergie, https://www.wind-energie.de/themen/anlagentechnik/funktionsweise/energiewandlung/, 20.04.2022

Quelle: Windguard GmbH, https://www.windguard.de/jahr-2021.html, 27.01.2023

Quelle: BDEW Daten

Quelle: Fraunhofer, https://windmonitor.iee.fraunhofer.de/windmonitor_de/3_Onshore/5_betriebsergebnisse/3_investitionskosten/, 28.01.2023

Siehe auch: Weltbank, https://www.worldbank.org/en/topic/natural-capital#2, 28.01.2023

Siehe auch: Weltbank, https://www.wavespartnership.org/en/wealth-accounting-and-WAVES, 29.01.2023

Quelle: Windguard, https://www.windguard.de/veroeffentlichungen.html%3Ffile%3Dfiles/cto_layout/img/unternehmen/veroeffentlichungen/2022/Status%20des%20Offshore-Windenergieausbaus_Halbjahr%202022.pdf, 29.01.2023

Quelle: Windguard, https://www.windguard.de/veroeffentlichungen.html?file%3Dfiles/cto_layout/img/unternehmen/veroeffentlichungen/2022/

Status%20des%20Windenergieausbaus%20an%20Land_Jahr%202021.pdf, 29.01.2023

Quelle: Universität Leipzig, Fakultät für Physik und Geowissenschaften, https://home.uni-leipzig.de/energy/energie-grundlagen/15.html, 20.04.2022

Wikipedia, https://de.wikipedia.org/wiki/Sonnenwende, 29.01.2023

Siehe auch: Springer, Wind als stochastische Energiequelle, Lorenz Jarass, Gustav M. Obermair & Wilfried Voigt, https://doi.org/10.1007/978-3-540-85253-7_3, https://link.springer.com/chapter/10.1007/978-3-540-85253-7_3, 28.01.2023

Quelle: Fraunhofer Energy-Charts, 2018, https://energy-charts.info/charts/power/chart.htm%3Fl%3Dde&c%3DDE, 03.05.2019

Quelle: Fraunhofer Energy-Charts, 2018; https://energy-charts.info/charts/power/chart.htm%3Fl%3Dde&c%3DDE; 03.05.2019

Quelle: Daten Fraunhofer Energy-Charts, 2018; https://energy-charts.info/charts/power/chart.htm%3Fl%3Dde&c%3DDE; 03.05.2019, eigene Berechnungen und grafische Darstellung

Quelle: Europäisches Parlament, https://www.europarl.europa.eu/news/de/headlines/economy/20221019STO44572/verkaufsverbot-fur-neue-benzin-und-dieselfahrzeuge-ab-2035-was-bedeutet-das, 29.01.2023

Quelle: 100 Prozent Erneuerbar Stiftung, https://100-prozent-erneuerbar.de/, aus Studie: Windpotenzial
im räumlichen Vergleich, 21.03.2019

Siehe auch:

Siehe auch: Fraunhofer, Was kostet die Energiewende, https://www.ise.fraunhofer.de/de/veroeffentlichungen/studien/was-kostet-die-energiewende.html, und IFO Institut, Was uns die Energiewende wirklich kosten wird, https://www.ifo.de/medienbeitrag/2019-07-12/was-uns-die-energiewende-wirklich-kosten-wird, 28.01.2023

Siehe auch: Fraunhofer, Ausbauziele, https://windmonitor.iee.fraunhofer.de/windmonitor_de/3_Onshore/7_karten/, 28.01.2023

Quelle: Fraunhofer IEE, Windmonitor, https://windmonitor.iee.fraunhofer.de/windmonitor_de/3_Onshore/3_externe_Bedingungen/lokale-standortbedingungen/, 28.01.2023

Quelle: Fraunhofer IEE, Windmonitor http://windmonitor.iee.fraunhofer.de/windmonitor_de/; 15.10.2021

Siehe auch: Fraunhofer IEE, https://windmonitor.iee.fraunhofer.de/windmonitor_de/3_Onshore/5_betriebsergebnisse/1_volllaststunden/, 29.01.2023

Siehe auch: Eco Energy, https://shef-eco-energy.com/ee-grundlagen/windenergieanlagen/windverhaltnisse/, 29.01.2023

Quellen: Statista, https://de.statista.com/statistik/daten/studie/224720/umfrage/wind-volllaststunden-nach-standorten-fuer-wea/, 29.01.2023

Siehe auch: Windindustrie, https://www.offshore-windindustrie.de/windenergie/windstrom/offshore-windenergie-deutschland, 29.01.2023

Siehe auch: Fraunhofer, https://windmonitor.iee.fraunhofer.de/windmonitor_de/3_Onshore/5_betriebsergebnisse/3_investitionskosten/, 29.01.2023

Siehe auch: Bundesregierung, https://www.bundesregierung.de/breg-de/themen/klimaschutz/wind-an-land-gesetz-2052764, und https://www.bundesregierung.de/breg-de/themen/klimaschutz/windenergie-auf-see-gesetz-2022968, 29.01.2023

Quelle: Eigene Berechnungen. Quelle: Daten Quelle: Umweltbundesamt, eigene Zusammenstellung 2018, 16.04.2022

Quelle: Daten Umweltbundesamt, eigene Berechnungen 2018, 21.03.2019

Quelle: Bundesumweltministerium, https://www.umweltbundesamt.de/themen/klima-energie/erneuerbare-energien/erneuerbare-energien-in-zahlen#ueberblick, 21.03.2019

Datenquelle: https://www.energy-charts.info/charts/energy/chart.htm%3Fl%3Dde&c%3DDE&chartColumnSorting%3Ddefault&source%3Dsw&year%3D2018&interval%3Day&download-format%3Ftext%2Fcsv, eigene Berechnungen, 29.01.2023

Quelle: eigene Darstellungen

Quelle: Daten Bundesministerium für Wirtschaft und Klimaschutz https://www.erneuerbare-energien.de/EE/Navigation/DE/Service/Erneuerbare_Energien_in_Zahlen/Zeitreihen/zeitreihen.html, und https://de.wikipedia.org/wiki/Windenergie#cite_note-Zeitreihen_2020-126, 30.01.2023

Quelle: Eigene Berechnungen. Datenquellen siehe Fußnote 529

Quelle: Bundesverband WindEnergie, https://www.windenergie.de/themen/zahlen-und-fakten/deutschland/, 31.01.2023

Quelle: Daten Deutscher Wetterdienst, eigene grafische Darstellung, eigene Berechnungen, 21.11.2021

Datenquelle: Fraunhofer Energy-Charts, Monatsprofile, https://www.energy-charts.info/index.html%3Fl%3Dde&c%3DDE, 31.01.2023

Quelle: Verbraucherzentrale, https://www.verbraucherzentrale.de/aktuelle-meldungen/energie/was-kostet-eine-photovoltaikanlage-49155, 31.01.2023

Siehe auch: Verivox, https://www.verivox.de/strom/verbraucheratlas/strompreise-europa/, und https://www.verivox.de/strom/verbraucheratlas/strompreise-deutschland/, 31.01.2023

Quelle: Wikipedia https://de.wikipedia.org/wiki/Stromgestehungskosten, CC-by-sa-3.0, 15.11.2021

Siehe auch: https://www.ecologic.eu/de/11015, und https://www.erneuerbareenergien.de/onshore-wind/interview-die-zukunft-muss-co2-frei-sein, und https://www.wbgu.de/de/publikationen/publikation/welt-im-wandel-gesellschaftsvertrag-fuer-eine-grosse-transformation, 16.12.2022

GPSR Compliance
The European Union's (EU) General Product Safety Regulation (GPSR) is a set
of rules that requires consumer products to be safe and our obligations to
ensure this.

If you have any concerns about our products, you can contact us on

ProductSafety@springernature.com

In case Publisher is established outside the EU, the EU authorized
representative is:

Springer Nature Customer Service Center GmbH
Europaplatz 3
69115 Heidelberg, Germany

www.ingramcontent.com/pod-product-compliance
Lightning Source LLC
LaVergne TN
LVHW020326260326
834688LV00037B/883